普通高等教育“十二五”规划教材

大学化学

李新年　主编

中国石化出版社

内 容 提 要

《大学化学》是一门现代化学导论课程，其目的是给受教育者以高素质的化学通才教育。全书共分四部分：第一部分是化学基本原理，从宏观的角度揭示化学反应遵循的普遍规律，内容包括化学热力学初步和化学反应动力学；第二部分为物质、分子、原子结构，从微观的角度阐释物质所表现出来的宏观性质与微观内部结构的关联；第三部分主要研讨溶液四大平衡理论；第四部分主要介绍化学在社会中的应用，包括化学与能源、材料、环境、人类生活及化学与现代军事发展。

本书在深入浅出讨论化学"入门基础"的同时，更侧重于化学在人类社会可持续发展中的作用和应用以及已经取得的成果和发展展望，并适当增加一些科普知识和化学发展前沿知识，旨在培养学生学习化学的兴趣和积极性，加深化学是当代"中心"科学的认知与理解，适合于高等院校理工类非化学化工专业、军事院校各相关专业使用。

图书在版编目（CIP）数据

大学化学/李新年主编．—北京：中国石化出版社，2014.2（2017.1 重印）
普通高等教育"十二五"规划教材
ISBN 978-7-5114-2630-7

Ⅰ.①大… Ⅱ.①李… Ⅲ.①化学-高等学校-教材
Ⅳ.①06

中国版本图书馆 CIP 数据核字（2014）第 020780 号

中国石化出版社出版发行

地址：北京市朝阳区吉市口路 9 号
邮编：100020 电话：(010)59964500
发行部电话：(010)59964526
http://www.sinopec-press.com
E-mail:press@sinopec.com
北京科信印刷有限公司印刷
全国各地新华书店经销

*

787×1092 毫米 16 开本 23 印张 557 千字
2017 年 1 月第 1 版第 2 次印刷
定价：60.00 元

前　言

大学化学是部分理工类非化学化工专业和军队院校教育课程体系中一门不可缺少的基础课，是培养面向21世纪全面发展的现代军事科学技术专业人才知识结构和能力素质的重要支撑，其在军队院校学员掌握坚实的基础理论和培养全面的科学素养等方面发挥着积极的作用。然而，随着化学科学技术的发展，我们感到大学化学课程教学的基础作用在军队院校教育中，其作用发挥与形势和任务的要求存在一定的差距，致使化学教学生命力比较脆弱。其主要原因是教材本身的缺欠。即现行教材注意化学共性的东西多了，而注意从专业(“军”字特色)培养目标出发的个性少了(甚至抵制考虑专业的个性)。基于大学化学课程在军队院校教学中的尴尬，多年来我们一直想编写一部符合军队院校化学教学特点和规律的大学化学教材。因为“尤其重要的是，成为我们认识事物基础的东西，则是必须注意它的特殊点”，否则，便不能从本质上区分事物。为此我们重新编写大学化学教材。

在编写的过程中，我们有以下几点考虑：第一，是对大学化学的教学内容进行改革，从专业培养目标的矛盾的特殊性入手，选取内容，组成体系。第二，要从专业培养目标的个性出发，研究各专业与化学科学间的联系，研究这些专业需要什么化学理论知识，并要了解在这些专业的发展中起怎样的作用，以及将可能怎样的渗透，在此基础上选取化学的教学内容。军队院校是培养为部队现代化建设服务人才的，基础理论必须有一定的深度和鲜明的时代特征，但这并不意味着越深越好，而应实而不玄，注意能起到实际的基础作用。第三，必须把精选的内容组成完整的教学体系，决不能断章取义。所谓体系就是内容间的有机联结。在组成体系时，仍需坚持化学是基础课，基础理论的阐述应尽量围绕专业实际进行，努力做到“理论是说明实际的道理”，“实际”就是从原理揭示它，“理论”只有“实际”才是它的归宿。

本书的编写注重化学基本原理、基本理论、基本概念的阐述，相对于国内其他大学教材则更注重化学知识的普及与应用，力求用简洁规范的表述，使受教育者充分认识到作为三大基础学科之一，化学的“中心科学”的地位。在化学教育(相对于数理)日益不受重视的今天，编写展示化学与国民经济、人类生活方方面面息息相关的教科书或科普书籍是化学工作者应该担当起的责任与义务。“尽信书，不如无书”，在阅读本书时，希望您首先经过认真、独立的思考，因为这才是真正的参与。

参加本书编写的有王玉梅(第13、第14章)，刘长城(第2、第15章)，李新年(绪论、第6、第7章)，李争鸣(第9、第10章)，吴楠(第4、第5章)，徐新(第1、第8章)，徐芸芸(第3、第12章)。全书最后由李新年统稿。在编写过程中，我们参阅了部分大学化学及其他化学书籍，在此谨向作者和编辑们表示衷心的感谢！限于编者的水平，不妥之处在所难免，恳望读者批评指正。

编　者

目　　录

绪　论……………………………………………………………………… 1
1. 什么是化学 ……………………………………………………………… 2
2. 化学变化的特征 ………………………………………………………… 2
3. 化学的疆域 ……………………………………………………………… 3
4. 大学化学的教学目标 …………………………………………………… 5
5. 大学化学的学习方法 …………………………………………………… 5

第一部分　物质质变宏观论之化学变化的基本规律 ……………………… 7

第 1 章　化学热力学探析……………………………………………………… 8
1.1　化学热力学基本概念与反应热的测量 ……………………………… 8
1.1.1　几个基本概念 ……………………………………………………… 8
1.1.2　热效应及其测量…………………………………………………… 12
1.2　焓与焓变-盖斯定律 ………………………………………………… 13
1.2.1　热力学第一定律…………………………………………………… 13
1.2.2　化学反应热效应…………………………………………………… 14
1.2.3　焓和焓变…………………………………………………………… 14
1.2.4　化学反应热效应的计算…………………………………………… 16
1.3　熵……………………………………………………………………… 17
1.3.1　自发过程…………………………………………………………… 17
1.3.2　焓变与自发过程…………………………………………………… 18
1.3.3　熵变与自发过程…………………………………………………… 18
1.3.4　标准熵变及其计算………………………………………………… 20
1.4　吉布斯自由能………………………………………………………… 20
1.4.1　吉布斯自由能变…………………………………………………… 21
1.4.2　吉布斯自由能变(ΔG)的物理意义 ……………………………… 21
1.5　化学反应方向的判断——吉布斯-亥姆霍兹公式的应用 ……………… 22
1.5.1　自由能减小原理…………………………………………………… 22
1.5.2　化学反应的标准摩尔吉布斯自由能变($\Delta_r G_m^\ominus$)的计算 ………………… 22
1.5.3　吉布斯-亥姆霍兹公式的应用 …………………………………… 23
习题 ……………………………………………………………………… 24

第 2 章　化学平衡 ……………………………………………………………… 26
2.1　可逆反应与化学平衡………………………………………………… 26
2.1.1　可逆反应…………………………………………………………… 26
2.1.2　化学平衡…………………………………………………………… 26
2.2　化学平衡常数及其意义……………………………………………… 27
2.2.1　经验平衡常数……………………………………………………… 27

2.2.2 标准平衡常数……29
2.2.3 平衡常数与化学反应进行方向……31
2.3 标准平衡常数与吉布斯自由能变的关系……31
2.4 化学平衡的移动——勒·沙特里(Le Chatelier)原理……32
2.4.1 浓度对平衡的影响……32
2.4.2 压强对平衡的影响……33
2.4.3 温度对平衡的影响……34
习题……35
第3章 化学反应速率……37
3.1 反应速率……37
3.1.1 传统定义的化学反应速率……38
3.1.2 用反应进度定义的反应速率……38
3.2 浓度与反应速率……39
3.2.1 基元反应与非基元反应……39
3.2.2 反应级数……41
3.3 温度与反应速率——活化能……44
3.4 催化剂与反应速率……47
3.4.1 作用及基本特征……47
3.4.2 催化作用原理简介……48
3.4.3 绿色催化……50
习题……52
第二部分 物质质变微观探索之物质结构理论……54
第4章 原子结构与元素周期律……55
4.1 经典与近代原子结构理论……55
4.1.1 氢原子光谱……56
4.1.2 量子化和玻尔理论……57
4.2 微观粒子的特性及其运动规律……58
4.2.1 微观粒子的波粒二象性……58
4.2.2 微观粒子运动的统计规律和不确定原理……59
4.3 量子力学对原子核外电子运动状态的描述……60
4.3.1 波函数和原子轨道……60
4.3.2 四个量子数……61
4.3.3 原子轨道的图形描述……63
4.3.4 电子云与概率密度……66
4.3.5 电子云的图形表示……66
4.4 多电子原子结构与周期律……68
4.4.1 多电子原子轨道能级……68
4.4.2 核外电子分布原理和核外电子分布方式……71
4.4.3 原子结构与元素周期表……73
4.5 元素基本性质的周期性变化规律……75

4.5.1 原子半径…… 76
4.5.2 金属性和非金属性…… 76
4.5.3 电离能(I) …… 76
4.5.4 电子亲和能(E_{ea}) …… 78
4.5.5 元素的电负性(χ) …… 78
习题 …… 79
第5章 化学键与分子结构 …… 81
5.1 离子键理论…… 81
5.1.1 离子键的形成…… 81
5.1.2 晶格能(U) …… 82
5.1.3 离子键的特征…… 82
5.1.4 离子的特征…… 83
5.2 经典 Lewis 学说 …… 85
5.3 价键理论…… 86
5.3.1 共价键的形成和其本质…… 86
5.3.2 共价键的特征…… 87
5.3.3 共价键的类型…… 88
5.3.4 共价键的参数…… 89
5.4 杂化轨道理论…… 90
5.4.1 杂化轨道…… 91
5.4.2 杂化类型与分子几何构型…… 91
5.5 价层电子对互斥理论…… 93
5.5.1 价层电子对互斥理论基本要点…… 94
5.5.2 判断分子构型的一般原则…… 94
5.6 分子轨道理论简介…… 97
5.6.1 分子轨道理论的基本要点…… 97
5.6.2 几种简单的分子轨道的形成…… 97
5.6.3 同核双原子分子的分子轨道能级…… 98
5.6.4 分子轨道理论应用实例…… 99
5.7 分子的极性和离子极化 …… 100
5.7.1 分子的极性 …… 100
5.7.2 分子的偶极矩 …… 101
5.7.3 分子的极化 …… 101
5.7.4 离子的极化 …… 102
5.8 金属键理论 …… 103
5.9 分子间的作用力和氢键 …… 105
5.9.1 分子间力 …… 105
5.9.2 氢键 …… 107
5.10 晶体结构和性质…… 108
5.10.1 晶体的宏观特征…… 108
5.10.2 晶体的微观结构…… 108

5.10.3 晶体的基本类型 …… 109
习题 …… 114

第三部分 水溶液化学之四大平衡理论 …… 116

第6章 溶液和胶体 …… 117
6.1 分散系 …… 117
6.2 溶液 …… 118
6.2.1 溶液浓度的表示方法 …… 118
6.2.2 非电解质溶液的通性 …… 120
6.2.3 电解质溶液的通性 …… 123
6.3 表面现象和胶体化学简介 …… 124
6.3.1 表面张力和表面能 …… 124
6.3.2 表面现象 …… 124
6.3.3 胶体的基本性质 …… 126
习题 …… 128
第7章 酸碱平衡 …… 129
7.1 Bronsted 酸碱质子理论 …… 129
7.1.1 酸碱理论历史发展回顾 …… 129
7.1.2 酸碱的定义与共轭酸碱对 …… 130
7.1.3 酸碱反应的本质 …… 131
7.1.4 酸碱的相对强弱及共轭酸碱离解常数的关系 …… 131
7.1.5 小结 …… 132
7.2 处理酸碱平衡体系的方法 …… 132
7.2.1 酸碱平衡体系几个术语 …… 132
7.2.2 酸碱平衡体系中的几个关系式 …… 132
7.3 酸碱平衡体系中 pH 值的计算 …… 134
7.3.1 一元弱酸碱溶液 pH 值计算 …… 134
7.3.2 多元弱酸碱溶液 pH 值的计算 …… 135
7.3.3 两性物质溶液 pH 值的计算 …… 136
7.4 酸碱缓冲溶液 …… 139
7.4.1 缓冲溶液的定义、组成与分类、缓冲原理 …… 139
7.4.2 缓冲溶液 pH 值的计算 …… 140
7.4.3 缓冲容量与缓冲范围 …… 142
习题 …… 143
第8章 氧化还原反应与电化学 …… 145
8.1 氧化还原反应与原电池 …… 146
8.1.1 原电池与电解池 …… 146
8.1.2 原电池的半反应式与氧化还原反应方程式的配平 …… 148
8.1.3 原电池的表示方法——原电池符号 …… 150
8.2 电极电势与电池电动势 …… 151
8.2.1 电极电势与电池电动势的产生 …… 151

8.2.2 电极电势的确定和标准电极电势 …… 151
8.2.3 影响电极电势的因素——能斯特方程 …… 154
8.3 原电池热力学与电极电势及电池电动势的应用 …… 156
8.3.1 原电池热力学 …… 156
8.3.2 电极电势及电池电动势的应用 …… 157
习题 …… 161
第9章 沉淀溶解平衡 …… 163
9.1 溶度积原理 …… 163
9.1.1 沉淀溶解平衡的实现 …… 163
9.1.2 溶度积规则 …… 164
9.1.3 盐效应对溶解度的影响 …… 165
9.1.4 溶度积与溶解度的关系 …… 165
9.1.5 同离子效应对溶解度的影响 …… 166
9.2 沉淀的溶解与生成 …… 166
9.2.1 沉淀的生成 …… 166
9.2.2 沉淀的溶解 …… 167
9.3 分步沉淀与沉淀的转化 …… 168
9.3.1 分步沉淀法 …… 168
9.3.2 沉淀的转化 …… 169
9.4 沉淀反应在分析化学中的应用 …… 170
9.4.1 重量分析法 …… 170
9.4.2 沉淀滴定法 …… 173
习题 …… 177
第10章 配位化合物 …… 179
10.1 配位化合物及其组成 …… 179
10.1.1 配合物的定义 …… 179
10.1.2 配合物的组成 …… 180
10.2 配位化合物的命名和类型 …… 182
10.2.1 配合物的命名 …… 182
10.2.2 配合物的类型 …… 183
10.3 配合物的空间结构和异构现象 …… 184
10.3.1 配合物的化学键 …… 184
10.3.2 配合物的空间结构 …… 184
10.3.3 外轨配合物和内轨配合物 …… 186
10.3.4 配合物的异构现象 …… 186
10.4 配位平衡 …… 188
10.4.1 配离子的离解常数和稳定常数 …… 188
10.4.2 配位平衡的移动 …… 189
10.5 配位化合物的应用 …… 191
10.5.1 贵金属的湿法冶金 …… 191
10.5.2 分离和提纯 …… 191

10.5.3 配位催化…… 191
10.5.4 电镀与电镀液的处理…… 191
10.5.5 生物化学中的配位化合物…… 192
习题…… 192

第四部分 化学与社会之化学应用 …… 194

第11章 化学与能源 …… 195
11.1 能源概述…… 195
11.2 常规能源…… 196
11.2.1 煤炭…… 197
11.2.2 石油…… 199
11.2.3 天然气…… 202
11.3 核能…… 204
11.3.1 核能产生原理…… 205
11.3.2 核能的和平利用…… 205
11.3.3 核能系统的发展及展望…… 206
11.4 新能源…… 208
11.4.1 太阳和太阳能…… 208
11.4.2 风能…… 210
11.4.3 生物质能…… 211
11.5 化学电源…… 212
11.5.1 化学电源概念…… 212
11.5.2 锌-锰电池 …… 213
11.5.3 铅-酸电池 …… 214
11.5.4 镉-镍电池 …… 215
11.5.5 氢-镍电池 …… 217
11.5.6 锂电池…… 217
11.5.7 锂离子电池…… 219
习题…… 220

第12章 化学与材料 …… 221
12.1 引言…… 221
12.1.1 材料的发展过程…… 221
12.1.2 材料的分类…… 223
12.2 常用工程材料在周期系中的分布与应用…… 224
12.2.1 s区元素组成的工程材料 …… 224
12.2.2 p区与ⅡB族元素组成的工程材料 …… 224
12.2.3 d区与ⅠB族元素组成的工程材料 …… 225
12.3 新型金属材料…… 226
12.3.1 形状记忆合金…… 226
12.3.2 贮氢合金…… 227
12.4 功能无机非金属材料…… 228

12.4.1 光导纤维…… 228
12.4.2 超导陶瓷…… 229
12.4.3 纳米陶瓷…… 230
12.5 有机高分子材料…… 231
12.5.1 高分子化合物的基本概念…… 231
12.5.2 高分子化合物的命名与分类…… 232
12.5.3 高分子化合物的合成…… 232
12.5.4 高分子化合物的结构与性能…… 233
12.6 复合材料…… 234
12.6.1 纤维增强树脂基复合材料…… 237
12.6.2 纤维增强金属基复合材料…… 238
12.6.3 纤维增强陶瓷基复合材料…… 238
12.7 液晶材料…… 239
12.7.1 相转变和液晶相…… 239
12.7.2 液晶的种类…… 239
12.7.3 液晶特性与用途…… 240
习题…… 241
第13章 化学与环境 …… 242
13.1 环境与可持续发展…… 242
13.1.1 可持续发展是历史发展的必然趋势…… 242
13.1.2 可持续发展的内涵…… 243
13.1.3 中国环境与发展十大对策…… 244
13.1.4 实现可持续发展的具体对策…… 244
13.2 大气污染及其防治…… 245
13.2.1 大气圈的结构及大气组成…… 245
13.2.2 大气污染…… 247
13.2.3 主要大气污染物及分类…… 248
13.2.4 大气污染的防治…… 251
13.3 水体污染及其防治…… 253
13.3.1 水的组成和性质…… 253
13.3.2 水体污染与自净…… 254
13.3.3 水体污染的防治…… 257
13.4 土壤污染及其防治…… 259
13.4.1 土壤的组成及性质…… 259
13.4.2 土壤环境的污染…… 260
13.4.3 土壤污染的防治…… 262
13.5 室内污染及其消除…… 264
13.5.1 室内空气污染…… 265
13.5.2 室内气态污染物…… 265
13.5.3 室内颗粒污染物及其他污染物…… 267
13.5.4 室内污染的防治…… 268

13.6 绿色化学…… 269
13.6.1 绿色化学的基本概念…… 269
13.6.2 开发“原子经济”反应 …… 270
习题…… 271
第 14 章 化学与人类生活 …… 273
14.1 化学与营养…… 273
14.1.1 营养与健康…… 273
14.1.2 人体所需的基本营养素…… 274
14.1.3 常量元素和微量元素的生理功能…… 276
14.1.4 树立平衡营养观念…… 278
14.2 化学与食品加工…… 280
14.2.1 食品的颜色…… 280
14.2.2 食品的香味…… 282
14.2.3 食品的味…… 284
14.2.4 食品添加剂…… 287
14.3 化学与日用品…… 289
14.3.1 洗涤用品…… 289
14.3.2 纤维纺织品…… 292
14.3.3 化妆品与化学…… 294
14.4 化学与镇静剂和毒品…… 297
习题…… 301
第 15 章 化学与军事 …… 302
15.1 化学战简史…… 302
15.2 化学武器…… 303
15.3 化学毒剂…… 305
15.3.1 神经性毒剂…… 306
15.3.2 糜烂性毒剂…… 316
15.3.3 全身中毒性毒剂…… 323
15.3.4 窒息性毒剂…… 328
15.3.5 失能性毒剂…… 332
15.3.6 刺激剂…… 335
习题…… 345
附录…… 346
附录 1 一些基本物理常数 …… 346
附录 2 一些物质的标准生成焓 、标准生成吉布斯自由能、标准熵(101.3kPa, 298.15K) …… 346
附录 3 一些物质的溶度积 $K_{sp}^{\ominus}$(25℃) …… 350
附录 4 一些酸和碱的离解常数(298K) …… 350
附录 5 标准电极电势 (298.15K) …… 351
附录 6 一些配离子的稳定常数 $K_{稳}$ 和不稳定常数 $K_{离}$ …… 354
参考文献…… 355

绪　论

美国原化学会主席布里斯罗(R. Breslow)在《化学的今天和明天——化学是一门中心的、实用的和创造性的科学》一书中有一段对化学生动的描述：

从早晨开始，我们在用化学品建造的住宅和公寓中醒来，家具是部分地用化学工业生产的现代材料制作的，我们使用化学家们设计的肥皂和牙膏并穿上由合成纤维和合成燃料制成的衣着，即使是天然的纤维(如羊毛或棉花)也是经化学品处理过并染色的，这样可以改变它们的性能。

为了保护起见，我们的食品被包装起来，并且这些食品或是用肥料、除草剂和农药使之成长；或是家畜类用兽医药来防病；或是维生素类可以加到食品中或制成片剂后口服；甚至我们购买的天然食品，诸如牛奶，也必须要经化学检验来保证纯度。

我们的交通工具——汽车、火车、飞机——在很大程度上要依靠化学加工业的产品；晨报是印刷在经化学方法制成的纸上，所用的油墨是由化学家们制造的；用于说明事务的照片要用化学家们制造的胶片；在我们生活中所有金属制品都是用矿石经化学为基础的冶炼转化成金属或将金属变成合金，化学油漆还能保护他们。

化妆品是由化学家制造和检验过的；执法用的和国防用的武器要依靠化学。事实上，日常生活所用的产品中很难找出有哪一种不是在化学家们的帮助下制造出来的。

欢迎进入化学世界，这是一个迷人的科学领域，也是一个取得过无数辉煌成就的科学分支。在过去的几百年里，化学工作者辛勤的工作和无畏的探索为人类社会的发展作出了巨大的贡献，使得化学这门古老学科时时焕发出青春的光彩。作为三大基础学科之一，化学拥有一个光荣称号，即中心科学，或者说化学和物理是自然科学的轴心。为什么这样说呢？如果学科按照他们的研究对象由简单到复杂的程度可分为上、中、下学科，数学、物理是上游学科，生物、医药和社会科学等处于下游，而化学则处于中游，如图0-1所示。

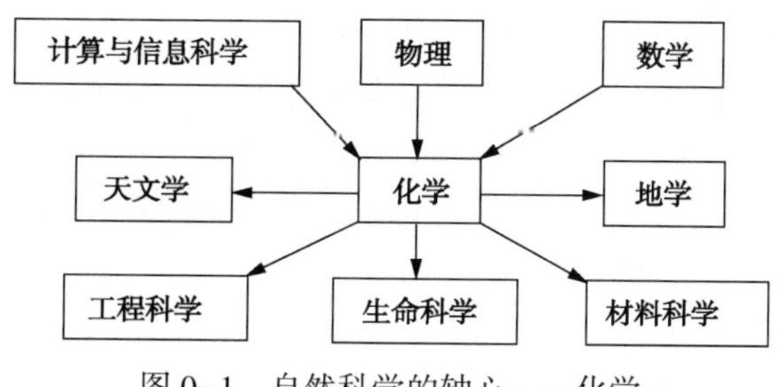

图0-1　自然科学的轴心——化学

从中我们可以看出众多科学分支的发展都与化学密切相关，例如，生命、能源、材料、环境等学科领域都从化学的知识宝库中汲取了无数创造灵感，使得化学得以矗立在众山之巅。不仅如此，化学自创立以来一直以解决问题为己任，因此化学对于人类的生活有着直接的、重大的影响。每一个重要的化学发现，都有可能成为人类文明的里程碑，例如炼铁技术、合成氨技术、高分子和纳米材料等等，都是最先出自于化学家之手。毫不夸张地说，化学是人类文明的基石之一。每时每刻，在世界的各个角落，化学家都在创造着新的物质，探索着自然的奥秘，为创造一个更加美好的世界而努力。在这里，我们可以学到数百年来人类的智慧结晶，我们也有机会像那些化学巨匠一样思考具体的科学问题，当然，还可以追随无数先辈，踏上探索未知世界之路。

1. 什么是化学

化学是一门关于如何创造新物质的科学，它主要是从分子、原子或离子等层次上研究物质的组成、结构、性质以及在化学变化过程中能量变化规律的一门自然科学。从化学二字的含义讲，化学是一门关于变化的科学，或者说，化学是一门关于创造前所未有的新物质的科学。

在现实生活中，化学可谓无所不在。从星际空间有机物的进化到地面上万物的聚散离合，再到地层深处矿物的生成与利用，化学的研究对象几乎包括整个世界。由于物质世界永远处于动态变化之中，因此化学注定会成为我们认识世界的重要工具。

化学是神奇的。化肥和杀虫剂的使用启动了绿色革命，使许多国家和无数人民摆脱了饥饿的威胁；塑料制品的普及大幅度地降低了日用品的价格，使无数普通人能够过上以前只有少数人才能够拥有的生活；青霉素以及其他药物的人工合成和批量生产拯救了无数垂危的生命，使无数家庭免于破碎；化学燃料的发展使人类实现了飞天的梦想。

化学是一把开启自然奥秘的钥匙。当我们在襁褓中睁开双眼，一天天长大的时候，大千世界的无穷变化令我们惊奇：花儿为什么那么鲜艳？铁器为什么会生锈？蜡烛为什么会燃烧？篝火为什么会发出炙热的光芒？一个个问题不时地涌现在脑海中，而化学就是解答这些问题的钥匙。在解决这些问题的过程中，化学本身得到了发展和壮大，成为了今天的三大基础学科之一。例如，花瓣的颜色引出了酸碱概念以及酸碱指示剂，金属的腐蚀引出了氧化还原问题，蜡烛的故事引出了燃烧的本质问题，等等。在寻找问题答案的过程中，化学家逐步建立起严谨的实验规范，发展出有效的实验技术，并通过归纳推理，描绘出自然法则。

化学是人类的无价财富。化学不仅可以化腐朽为神奇，可以满足人类的好奇心和求知欲，也能解决我们身边的现实问题。在工业文明高度发展之后，人类的生存环境遇到了前所未有的挑战。化石能源的过渡开采使得能源危机成为人类挥之不去的阴影，人类活动的不断扩大导致了水资源以及其他自然资源的日益枯竭。能源与环境已经成为限制人类发展的羁绊，而化学可以帮助我们在荆棘丛生中开辟一条可持续发展的道路。很多新的能源，如太阳能、核能的开发、存储和利用以及节能材料的发展与化学密切相关，环境的保护和恢复也需要化学工作者的不懈努力。当新时代来临的时候，我们会发现化学变得越来越重要，化学已经成为人类迎接未来各种挑战的有利武器。

尽管化学已经取得了巨大的成就，但是一般大众对化学的印象可能仍然是相当模糊的，人们仍会习惯地把喷着浓烟的烟筒、有害气体、发出呛人气味的废水、食品添加剂等等与化学联系起来。但是人们也许没有想到，所有“天然的”物质也都是由化合物组成的，天然与化学并无必然界限。在正常的操作规程下，某些有害化学品的危害是完全可以避免的。学习化学知识，就是为了将来可以利用化学制品为人类造福，为社会的进步作出贡献。

2. 化学变化的特征

物质的变化有化学变化和物理变化之分。化学家专门从事化学变化的研究。概括起来，化学变化大致有以下三个方面的基本特征。

1）化学变化是“质变”

化学变化是旧化学键破坏和新化学键的形成过程。如水的电解是化学变化。电解过程中水分子中的 O—H 键断开，并伴随 H_2 分子的 H—H 键 O_2 分子的 O ═O 键的形成。在这一变化过程中物质发生了质变。H_2O、H_2、O_2 是三种不同的物质。化学变化的本质是化学键的重新组合，因此有关化学健、分子结构和原子结构等知识，是化学学科的基础内容。

2）化学变化是“定量”变化

化学变化涉及原子核外电子的重新组合，而原子核并没有发生变化。因此，在化学变化的前后，参与反应的元素种类不会有变化，即反应中原有元素不会消失，更不会有新的元素产生。由于参与反应的各元素的原子核和核外电子总数没有变化，所以化学变化前后物质的总质量不变，即服从质量守恒定律。而且参与反应的各物质和生成的各物质之间有确定的计量关系。某些化学反应同时存在着多种副反应，这时各物质之间的计量关系就比较复杂些。

3）化学变化伴随着能量变化

由于各种化学键的键能不同，所以当化学键发生改组时，必然伴随着能量的变化，伴随着体系与环境的能量交换。旧化学键的断裂需要吸收能量，而新化学键的形成则将放出能量。在一个化学变化的过程中，如果放出的能量大于吸收的能量，则将有能量向环境释放。反之，如果放出的能量低于吸收的能量，则需从环境中吸收能量，才能维持化学变化的进行。化学热力学通过分析化学变化中的能量变化，可以预测化学反应的方向和限度，从而指导具体的生产实践。此外，化学动力学是研究化学反应快慢以及反应机理的化学分支学科。通过揭示化学反应机理，可以改进重要化合物的合成路线，降低生产成本，提高生产效率。化学热力学和化学动力学是化学的两大重要领域，它们之间相辅相成，是化学的重要理论支柱。

在大学化学课程里，我们将遇到大量的不同类型的化学变化，但这些化学变化大都符合上述三个基本特征。因此，了解并掌握化学变化的这些特征，将有助于加深对于各种化学变化实质的理解。

3. 化学的疆域

如前所述，化学是从分子、原子和离子等层次上来研究物质的组成、结构、性质及化学变化过程中能量变化的一门科学。从学科的角度上来看，化学属于一级学科，按其研究对象和目的的不同，它的分支学科有无机化学、有机化学、物理化学、高分子化学、分析化学等五大分支科学，这五大分支科学均为二级学科。现分别简要介绍。

1）无机化学

无机化学这一分支的形成是以 19 世纪 60 年代元素周期率的发现为标志的。它主要研究的对象是除碳氢化合物及其衍生物以外的所有元素及其化合物组成、性质、结构和有关化学基础理论的一门学科。时至今日，科学家已经发现的元素有 110 多种，无机化合物数量达数十万种。人类究竟能发现多少种元素，仍是一个世界性难题。据核物理理论预测，175 号元素可以“稳定”存在。是否正确有待于实践的验证。20 世纪以来，由于化学工业及其他相关产业的兴起，无机化学又有了更为广阔的舞台。如航空航天、石化能源、信息科学以及生命科学领域的出现和发展，推动了无机化学的革新步伐。在过去的30多年里，新兴的无机化学领域有无机材料化学、生物无机化学、有机金属化学、理论无机化学等等，这些新兴领域的出现，使传统的无机化学再次焕发出勃勃生机。

2）高分子化学

一般化合物的相对分子质量是几十、几百，而高分子的相对分子质量是几万、几十万。所谓高分子就是由成千上万的小分子单体聚合成链并蜷曲交织在一起。如纤维、橡胶、塑料等。高分子材料一般都具有弹性好、强度高、耐腐蚀、易加工成型等特殊性能，它们已广泛应用于工农业生产及日常生活的方方面面。目前纤维、橡胶、塑料等高分子材料每年的世界总产量已经超过1亿吨，其总产量超过各种金属总产量之和。如果我们按照使用材料种类来划分时代，人类已经历了石器时代、铜器时代、铁器时代，现在可以说我们已进入了“高分子时代”。聚乙烯和聚氯乙烯是高分子材料中两个最大的品种。虽然生产工艺比较成熟，但其中还有许多很有价值的研究课题。如若能使聚乙烯分子排列更为整齐，其强度可以超过钢材。定向聚合、络合聚合、模板聚合等新聚合方法的出现，已经制造出各种特殊性能的高分子材料，如半导体高分子材料、光敏高分子材料、吸水性纤维、耐热性橡胶、耐高温高强度塑料等。此外，生物高分子材料也正在迅速发展，假牙、人造肾、人造血管等都已经应用于临床。高分子化学早期归属于有机化学范畴，由于内容的不断丰富和发展，现已形成独立的分支。

3）物理化学

物理化学是化学学科的基础理论部分，物理化学的主要内容包括化学热力学、化学动力学、结构化学三个方面。化学热力学是化学各分支科学的普遍基础，根据热力学来判断系统的稳定性、化学反应的方向和进行的程度。热化学、电化学、溶液化学、胶体化学都是化学热力学的组成部分。化学动力学主要研究化学反应的速率和反应机理；量子力学和结构化学主要研究原子、分子的结构以及其结构与宏观性质的相互关系。

4）分析化学

分析化学的研究对象是物质的化学组成，它所要回答的问题是物质含有哪些组分，以及各组分的含量是多少，这些组分可以是元素、化合物也可以是官能团。按其任务可分为成分分析和结构分析，成分分析又可分为定性分析和定量分析，按分析方法可分为化学分析法和仪器分析法。化学分析又可分为容量分析和重量分析。仪器分析主要有光学分析法、电化学分析法、热分析法、色谱法等。分析化学在化学发展的历史上起着“眼睛”的作用，历史上一些化学基本定律的发现，如定比定律、倍比定律、质量守恒定律以及元素周期表的建立，都与分析化学的卓越贡献是分不开的。进入20世纪，分析化学学科的发展经历了三次巨大的变革。第一次在本世纪初，由于物理化学溶液理论的发展，为分析化学提供了理论基础，建立了溶液中四大平衡理论，使分析化学由一种技术发展为一门科学，第二次变革发生在第二次世界大战前后，物理学和电子学的发展，促进了各种仪器分析方法的发展，改变了分析化学以经典化学分析为主的局面。

自20世纪70年代以来，以计算机应用为主要标志的信息时代的到来，促使分析化学进入第三次变革时期。由于生命科学、环境科学、新材料科学发展的需要，基础理论及测试手段的完善，现代分析化学完全可能为各种物质提供组成、含量、结构、分布、形态等等全面的信息，使得微区分析、薄层分析、无损分析、瞬时追踪、在线监测及过程控制等过去的难题都迎刃而解。分析化学广泛吸取了当代科学技术的最新成就，成为当代最富有活力的学科之一，现代分析化学正向着快速、简便、自动化、精度高的方向发展。

5）有机化学

有机化学的研究对象是碳氢化合物及其衍生物。有机化合物也叫有机物。也有人认为它是研究“碳”的化学。碳位于元素周期表第二周期Ⅳ主族，它的核外的四个电子可以采取多种多样的方式与其他元素的原子成键。碳原子的正四面体结构是有机化合物结构的基础。国际上著名的有机化学杂志就以“Tetrahedron”命名。该杂志还颁发“四面体奖”，以表彰在有机化学方面作出突出贡献的科学家。有机化合物都含有 C、H 两种元素，有些还含有 O、P、Cl、N、S 等非金属元素，现在已知的有机化合物数量约接近 1000 万种。而周期表中 100 多种元素形成的无机化合物却只有几十万种。有机化学是化学研究的最庞大的领域。它与医药、农药、染料、日用化工等方面关系密切。

4. 大学化学的教学目标

大学化学是一门现代化学导论课程，其目的是给受教育者以高素质的化学通才与通识教育。通过大学化学的学习，使受教育者了解当代化学科学的概貌，能运用化学的观点、方法、理论审视公众关注的环境问题、能源危机、生命科学、健康与营养等社会热点问题，了解化学科学对人类社会的作用和贡献。

化学可以给人以知识，给人以智慧，给人以启迪，给人以思想。在学习化学这门课程的过程中，学习一点化学史对我们颇为有益。化学概念和化学理论的形成与发展都有其实验依据和历史背景。在客观真理发展的长河中，每一阶段的人类的认识总有其相对性和局限性，因此已经建立的化学理论又需要在科学与生产的不断实践中加以修正与完善。学习化学史，有助于我们对化学理论的认识更加深刻而不僵化。对于前人的研究成果，我们既要很好地继承，又要在继承中科学地学会扬弃。没有“继承”与“扬弃”就没有发展。此外，在学习化学史的过程中，我们将会了解为人类科学发展作出杰出贡献的科学巨匠们，为化学科学的发展付出了多么艰辛的劳动。他们成功的经验与失败的教训是我们在科学道路上前进的指路明灯。他们那种不怕困难、百折不挠的毅力，实事求是的治学态度无疑是我们人生最宝贵的财富。

展望未来，人类世界面临着一系列重大难题，如粮食匮乏、环境污染、能源不足等，这些问题的解决都离不开化学的知识和原理。学好化学，用好化学，用化学知识规范一个现代人的行为，启迪创新思维，将是未来高素质人才应具备最重要的基本素质。

5. 大学化学的学习方法

大学化学作为高等院校各专业本科生的第一门化学基础课，是大学生文化素质、知识结构中重要的组成部分。在学习大学化学的过程中，同学们一定要注意以下几个方面：

1）重视大学化学基本概念的学习

大学化学中的基本概念是在中学化学教学的基础上的延伸，是掌握化学基本原理的基础中的基础，同学们务必在学习的过程中了解掌握化学基本概念的精髓，领会其实质，灵活运用，切忌似是而非。

2）重视大学化学相关化学原理的学习

化学原理是人类在认识自然、了解自然的活动中，对化学知识内部联系规律的总结，体现了人类的聪明和智慧，在学习的过程中，我们不但要掌握化学原理的本质，更要注重化学原理产生的背景、提出的理由、解决问题的方法和思路。

3）强化自主学习的自觉性、多做练习

同学们在课前课后一定要注意课前的预习和课后的复习，并多做习题，以加强对化学基本概念和原理的理解和掌握。

4）重视难得的化学实验机会

化学是一门实验科学，实验教学在化学教学中的地位和重要性我不想用更多的语言去表达，我们的实验课时有限，做实验的机会不多，所以希望同学们一定要珍惜每次实验机会，实验前一定要做好实验的预习工作。

第一部分

物质质变宏观论之化学变化的基本规律

在研究化学反应的过程中，经常会遇到下列情况：需要从能量的角度研究化学反应及相关的物理化学过程，解释一些化学现象；在给定条件下化学反应究竟有多少反应物可以转化为产物，外界条件如温度、压力等对反应进行的限度有什么影响；化学反应的速率和机理是什么？为解决这些问题，本部分着重介绍化学热力学基础、化学平衡和化学反应速率的相关知识。

第1章　化学热力学探析

内容提要：化学反应发生时，除了有物质的变化之外，还伴随有能量的变化。例如，碳在空气中燃烧生成二氧化碳并放出热能，电化学反应可产生电能，这些化学反应，在给定条件下反应一经开始，不需要外加能量就能自己进行的反应或过程叫做自发反应。而有些反应，如由食盐制备烧碱必须耗用电能，也就是说此反应必须要外界供给能量才能进行。这类反应则是非自发的。因此，研究化学反应不仅要考虑它的反应物和产物，同时还必须研究反应过程中所伴随的能量变化。本章将主要讨论化学反应中热量变化的规律和化学反应进行方向的判断。

学习要求：

(1) 了解热力学第一定律和热化学定律的意义，掌握化学反应热效应的计算和热化学定律的应用。

(2) 明确热力学第二定律的意义，了解自发变化的共同性质及其相关函数的微观意义。

(3) 初步掌握化学反应的标准摩尔吉布斯函数($\Delta_r G_m^\ominus$)的近似计算，能应用 $\Delta_r G_m^\ominus$ 或 $\Delta_r G_m$ 判断反应进行的方向。

1.1　化学热力学基本概念与反应热的测量

1.1.1　几个基本概念

1. 系统和环境

为了科学研究的需要，常常人为地把被研究的对象和周围物质隔离开来。这种被研究的对象叫做系统，系统以外的部分统称环境。系统可以通过一个边界(范围)与它的环境区分开来，这个边界可以是具体的，也可以是假想的。例如研究硫酸和氢氧化钠在水溶液中的反应，那么含有这两种物质的水溶液就是系统，而溶液以外的周围物质，如盛溶液的容器、溶液上方的空气等都是环境。显然，容器的器壁及液面就是系统与环境的界面。

根据系统与环境有无物质和能量的交换，热力学中又将系统分成三类：敞开系统、封闭系统和孤立系统。

(1) 敞开系统：系统与环境之间既有物质交换也有能量交换，也称开放系统。

(2) 封闭系统：系统与环境之间没有物质交换，只有能量交换，这是热力学研究的主要系统。

(3) 孤立系统：系统与环境之间既没有物质交换也没有能量交换，又称为隔离系统。

2. 状态和状态函数

要描述或研究一个系统，就必须先确定它的状态。所谓状态，就是指系统一切性质的总和，如系统的组成、温度、压力、体积、各组分物质的量、物态及化学性质等等。当系统所有的性质一定时，系统的状态也就一定，若任何一个性质发生了变化，则系统的状态也就发生了变化。因此，系统的性质是它所处状态的函数。用来描述或确定系统状态的这些性质称为状态函数，如体积、压力、温度、密度等。状态函数的特征是：状态一定，状态函数的值也一定；若系统的状态发生变化，则状态函数的变化量只决定于系统的始态和终态，而与变化过程的具体途径无关。例如，若将一定量的水由 298K 升高至 323K，可以通过几个途径来实现。可以由 298K 直接加热到 323K；也可以由 298K 先加热到 333K，再降温到 323K，可以用明火直接加热，也可以通过水浴加热。但其状态函数 T 的变化值 ΔT 只与系统的始态和终态有关：$\Delta T = 323\text{K} - 298\text{K} = 25\text{K}$，而与它的变化途径无关。

按照性质的量值是否与物质的数量有关，状态函数可以分为两类：

（1）具有容量性质的状态函数　这类状态函数的数值与体系中物质的量成正比，且具有加和性。即整个体系的容量性质的函数数值，是体系中各部分该函数数值的总和。例如：体积、质量等。

（2）具有强度性质的状态函数　这类状态函数的数值与体系中物质的量无关，在体系中没有加和性。整个体系的数值与各个部分的数值相同。例如：气体压力、温度及密度等。

3. 标准态

热力学体系中某些热力学量的绝对值是未知的，只能测得由温度、压力等参数改变引起的变化值，因此有必要为物质确定一基准线，该基准线就是由国际纯粹与应用化学联合会（IUPAC）所引用和推荐的物质的热力学标准状态，简称标准态。原则上讲，标准态是带有任意性的，但基点是应该实用和统一的。由于热力学量均可表示为温度、压力和组成的函数，仅这些参量又不易于精确测量，故选择标准态时便规定了压力、温度和组成。

国际标准中规定 100.0 kPa 为标准压力，用 $p^{\ominus}$ 表示。在标准压力下各类体系的标准态规定如下：对于气相，每种气态物质的压力均处于标准压力时，即为标准态；对液体和固体物质，在其标准压力下，纯液体和固体中最稳定的晶态为标准态；对于溶液，其浓度为标准浓度 $c^{\ominus} = 1\text{mol/L}$ 时的状态，即为该溶液的标准态。标准态没有特别指明温度，通常用的是 298.15K（IUPAC 物理化学部热力学委员会已推荐优先选择 298.15K 作为参考温度）的数值，可不必指出。如为其他温度，则需要标明该温度的数值。

4. 化学计量数和反应进度

对于一般化学反应方程式

$$aA + bB = yY + zZ$$

若移项表示为

$$0 = -aA - bB + yY + zZ$$

令　$-a - \upsilon_A$，　$b = \upsilon_B$，　$y = \upsilon_Y$，　$z = \upsilon_Z$

代入上式得

$$0 = \upsilon_A A + \upsilon_B B + \upsilon_Y Y + \upsilon_Z Z$$

可简化写出化学计量式的通式：

$$0 = \sum_B \upsilon_B B$$

式中，大写字母 B 表示任一反应物或生成物的化学式；$\sum$ 表示求和；υ_B 就是 B 的化学计量数，规定 υ_B 对反应物取负值，对产物取正值。这和在化学反应中，反应物减少、产物增加是一致的。

需要注意的是，化学计量数只表示当发生某一化学反应时，反应物和产物转化的比例数，而并不是反应过程中各物质实际所转化的量，它的计量单位是 1。

例如合成氨的反应如果写成：

$$N_2(g)+3H_2(g) \xlongequal{} 2NH_3(g)$$

则各物质的化学计量数为：

$$\upsilon(N_2)=-1,\ \upsilon(H_2)=-3,\ \upsilon(NH_3)=2$$

若写作：

$$\frac{1}{2}N_2(g)+\frac{3}{2}H_2(g)=NH_3(g)$$

则

$$\upsilon(N_2)=-\frac{1}{2},\ \upsilon(H_2)=-\frac{3}{2},\ \upsilon(NH_3)=1$$

由此可见，对于同一个化学反应，化学计量数与化学反应方程式的写法有关。那么有没有一个统一的标准来描述化学反应进行的程度呢？这就是反应进度(ξ)。

反应进度是用来描述某一化学反应进行程度的物理量，它具有与物质相同的量纲。SI 单位为 mol，用符号 ξ 表示。

反应进度 ξ 的定义式为： $d\xi=\upsilon_B^{-1}dn_B$

移项后得到： $dn_B=\upsilon_B d\xi$

其中，n_B 为物质 B 的量；υ_B 为 B 的化学计量数。

对于有限的化学反应来说，对上式进行积分，从反应开始时 $\xi=0$ 积分到 $\xi=\xi$ 时，可得：

$$n_B(\xi)-n_B(0)=\upsilon_B(\xi-0)$$

即

$$\xi=\frac{n_B(\xi)-n_B(0)}{\upsilon_B}=\frac{\Delta n_B}{\upsilon_B}$$

可见，随着反应的进行，任一化学反应各反应物及其产物的改变量(Δn_B)均与反应进度(ξ)及各自的化学计量数(n_B)相关。

例如对于产物 B 来说，开始时，产物 B 的量为 0，$\xi=0$，当反应进行到一定程度时，产物 B 的量 $n_B=\upsilon_B\xi$。

以合成氨反应为例，$N_2(g)+3H_2(g)=2NH_3(g)$，反应到 t_1 和 t_2 时，反应进度分别为 ξ_1 和 ξ_2。

在 t_1 时刻时，对于 N_2 来说，根据反应进度的计算公式，得到

$$\xi_1=\frac{\Delta n_1(N_2)}{v(N_2)}=\frac{(2.0-3.0)\text{mol}}{-1}=1.0\text{mol}$$

同理可以得到

$$\xi_1(H_2)=\xi_1(NH_3)=1.0\text{mol}$$

由此可见，对同一反应方程式，不论选用反应物还是产物，反应进度均相同。

而 t_2 时刻的三个反应进度均相等为

$$\xi_2(N_2)=\xi_2(H_2)=\xi_2(NH_3)=1.5\text{mol}$$

由此可以看出，引入反应进度这个量的最大优点是：在反应进行到任意时刻时，可用任一反应物或产物来表示反应进行的程度，所得的值总是相等的。

需要注意的是当使用反应进度时，必须指明反应的时刻和化学反应方程式。

5. 热和功

体系状态发生变化时，体系与环境之间的能量交换有两种方式：传热和作功。

(1) 热(q)　体系状态发生变化时，由于温度之差而在体系与环境之间通过界面所传递

的能量形式称为热量，或简称为热。必须强调指出热量的传递只有在体系状态发生变化时才体现，而体系处于一定状态时，说“体系含有多少热”是毫无意义的。如“煤炭中包含着许多热量”这句话是不对的，应该表达为“煤炭燃烧时放出许多热量”或者说“煤炭中储存许多能量”。因为环境将热量传给体系后，这些热量变成了体系的内部能量。由于热量存在于传递过程，因此热量总是与体系状态变化的具体途径密切相关，沿不同的途径变化，体系与环境交换热的数值不同。因此，热不是状态函数而是途径的函数。

热量的符号在热力学中常用“q”表示。热力学上规定：体系从环境吸收热量为正值；体系放热给环境时为负值。热量的单位在SI制中为焦耳(J)或千焦耳(kJ)。

(2) 功(W)　在热力学中，功是指除热以外体系与环境之间交换的其它各种能量的形式。它包括体积功、机械功、电功、表面功等。热力学中的功主要分为体积功和非体积功。非体积功主要有表面功、电功等。体积功是指在一定外压下，由于系统的体积发生变化而与环境交换的功。在热力学中功的符号用“W”表示。因为一般情况下，化学反应都是在敞口容器中进行，外压p不变，这时系统所做体积功就等于压强乘以体积的变化量。

$$W = -p\Delta V = -p(V_2 - V_1)$$

体系对环境作功时W取正值，环境对体系做功时为负值。功的单位和热的单位是同一能量单位，在SI制中为焦耳(J)或千焦耳(kJ)。

功和热一样，是体系状态发生变化的过程中与环境交换的能量形式，其值随体系状态变化的途径而异，所以功也不是体系的状态函数。

例1-1　298K时，水的蒸发热为43.93kJ/mol。计算蒸发1mol水时的q，W和ΔU。

解：$H_2O(l) = H_2O(g)$

由题意可知，1 mol水完全汽化，系统吸热q=43.93kJ/mol，

$$W = p\Delta V = \Delta nRT$$

$$= 1\times 8.314\times 10^{-3}\times 298 = 2.48\text{kJ/mol}$$

根据热力学第一定律：

$$\Delta U = q - W = 43.93 - 2.48 = 41.45\text{kJ/mol}$$

计算结果说明，水蒸发过程系统的热力学能增加。

6. 热力学能(U)

能量的形式繁多，如机械能、动能、势能、电能等。宏观静止的物质也具有一定的能量，称为热力学能，用符号U表示。物质的热力学能包括组成物质的分子和原子的移动能、转动能、振动能以及组成原子的电子和核的能量等。由此可知，热力学能是体系内部能量的总和。

热力学能是状态函数，所以它的变化量只与始态、终态有关，而与变化途径无关。即若封闭系统由始态(热力学能为U_1)变到终态(热力学能为U_2)，则$\Delta U = U_2 - U_1$。热力学能的绝对值到目前为止还无法测量。但当体系从一种状态变化到另一种状态时，其热力学能的变化值却是可以根据能量守恒定律测量的。

热力学能发生了改变，根据热力学第一定律，变化的能量必然以另一种形式传递。最常见的就是热和功。

1.1.2 热效应及其测量

1. 热效应

化学反应的实质是反应系统中反应物化学键的断裂和生成物化学键的生成，是原子重新排列组合的物质变化过程。化学反应引起的吸收或放出的热量称为化学反应热效应，简称反应热。热效应与电、光、磁效应一样，可以反映化学变化过程的重要特征，基于这些效应来捕捉信息、探求规律是化学研究和实践中的基本方法。物理和化学过程常见的热效应有：反应热(如生成热、燃烧热、中和热与分解热)、相变热(如熔化热、蒸发热、升华热)、溶解热和稀释热等。研究化学反应中热量与其他能量变化的定量关系的学科叫做热化学。

热化学数据，具有重要的理论和实用价值。例如，反应热与物质结构、热力学函数、化学平衡常数等密切相关；反应热的多少与实际生产中能量衡算、设备设计、节能减排以及经济效益预计等具体问题有关。

2. 热效应的测量

热效应的数值大小与具体途径有关。热化学中，等温、等容过程发生的热效应称为等容热效应；等温、等压过程发生的热效应称为等压热效应。通过量热实验可以测量热效应，测量热效应所用的仪器称为热量计。

当需要测定某个热化学过程所放出或吸收的热量(如燃烧热、溶解热等)时，一般可利用测定一定组成和质量的某种介质(如溶液或水)的温度改变，再利用下式求得：

$$q = c_s \cdot m_s \cdot (T_2 - T_1) = -c_s \cdot m_s \cdot \Delta T = -C_s \cdot \Delta T \quad (1-1)$$

式中，q 表示一定量反应物在给定条件下的反应热；c_s 表示吸热介质的比热容[1]；m_s 表示介质的质量；C_s 表示介质的热容，$C_s = c_s \cdot m_s$；ΔT 表示介质终态温度 T_2 与始态温度 T_1 之差。对于反应热，负号表示系统放热，正号表示系统吸热。

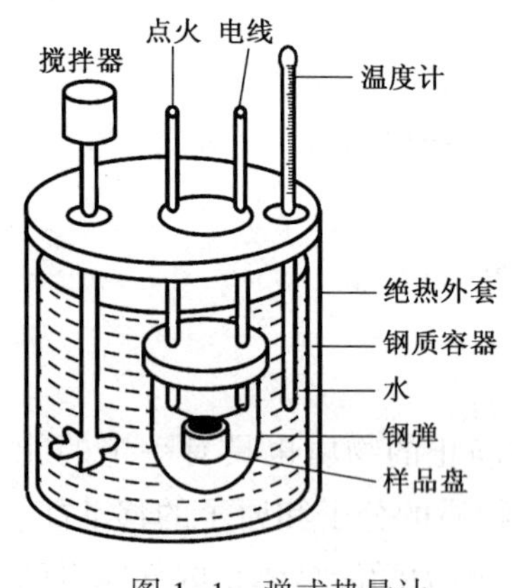

图 1-1　弹式热量计

在实验室和工业上，常用弹式热量计(也简称氧弹)精确测定固体、液体有机物的燃烧热，它实际上测得的是等容条件下的燃烧反应热效应 q_V。其主要部件是一厚壁钢制可密闭的耐压容器(叫做钢弹)，如图 1-1 所示。

测量燃烧热时，将已知精确质量的固态或液态有机物装入钢弹中的试样容器内，密封后充入过量氧气，将钢弹置于热量计中；加入足够的已知质量的吸热介质(水)，将钢弹淹没在水中；连接线路，精确测定水的起始温度；用电火花引发，包括钢弹、水等的温度升高，测定温度计所示的最高读数即环境的终态温度。根据始终态温度和热量计的仪器常数即可计算燃烧热数值。热量计的仪器常数常用国际量热学会推荐的苯甲酸来标定。

例 1-2　联氨(N_2H_4，又称肼)是一种火箭液体燃料。将 0.500gN_2H_4(l) 在盛有 1210gH_2O 的弹式热量计的钢弹内(通入氧气)完全燃烧。吸热介质水的温度由 293.18K 上升

[1] 比热容 c 的定义是热容 C 除以质量，即 $c = \frac{C}{m}$，SI 单位为 J/(kg·K)，常用单位为 J/(kg·K)。热容 C 的定义是系统吸收的微小热量 δ_q 除以温度升高 dT，即 $C = \frac{\delta q}{dT}$，热容的 SI 单位为 J/K。

至294.82K。已知钢弹组件在实验温度范围内的总热容 C_b 为848J/K，水的比热容为4.18J/(g·K)。试计算在此条件下联氨完全燃烧所放出的热量。

解：联氨在氧气中完全燃烧的反应[1]为 $N_2H_4(l)+O_2(g)=\!=\!=N_2(g)+2H_2O(l)$，如果忽略热损失，0.500g$N_2H_4(l)$的恒容燃烧热：

$$\begin{aligned} q &= -[C(H_2O)+C_b](T_2-T_1) \\ &= -[4.18J/(g\cdot K)\times 1210g+848J/K]\times(294.82K-293.18K) \\ &= -9690J=-9.69kJ \end{aligned}$$

即在此条件下0.500g联氨完全燃烧所放出的热量为9.69kJ。

反应热 q 与反应进度 ξ 之比等于摩尔反应热 q_m，即

$$q_m=\frac{q}{\xi} \tag{1-2}$$

摩尔反应热的SI单位为J/mol。显然，反应热是广度性质，摩尔反应热是强度性质。

对于可燃性气体或挥发性强的液体，如天然气、液化石油气，常采用火焰热量计测量其燃烧热，它实际上测得的是等容条件下的燃烧反应热效应 q_v。具体操作可参考有关文献。

现代量热学中还发展了多种精密的热量计，比如恒温滴定热量计(ITC)、差示扫描热量计(DSC)等，灵敏度和准确度很高，试样用量仅需几微升或几毫克，因而在化学、化工、能源、生物、医药和农业等领域都有特别的用途，已成为重要测试手段之一。

应当注意，同一反应可以在等容或等压条件下进行，弹式热量计测得的是等容反应热 q_v，在敞口容器中或用火焰热量计测得的却是等压反应热 q_p。所以，给出反应热的时候应当明确指出是等容反应热还是等压反应热。表示化学反应与热效应关系的方程式称为热化学方程式。写热化学方程式时注明反应热的同时，还必须注明物态、温度、压力、组成等条件。若没有特别注明，所说的“反应热”均指等温、等压反应热 q_p。习惯上，对不注明温度和压力的反应，皆指在 $T=298.15K$，$p=100kPa$ 下进行。

同时，还有两个问题值得思考。第一，在采用类似弹式热量计的量热实验中，精确测得的是 q_v 而不是 q_p，但大多数化学反应却在恒压条件下发生，能否确定 q_v 与 q_p 间的普遍关系，由此求得更常用的 q_p？第二，有些反应的热效应，包括设计新产品、新反应所需的反应热，难以直接用实验测得，那么应如何得知这些反应热？比如，碳的不完全燃烧反应：

$$C(s)+\frac{1}{2}O_2(g)=\!=\!=CO(g)$$

其热效应显然无法直接测定，因为实验中不能做到不产生 CO_2 的情况下使碳全部氧化为CO。因此，如何把与具体途径有关的反应热与反应系统自身的性质定量联系起来，实现互相推算，是十分重要的热化学理论问题。

1.2 焓与焓变-盖斯定律

1.2.1 热力学第一定律

能量守恒定律早已为人们所熟知，热力学第一定律就是能量守恒定律。它可以表述如

[1] 为了规范热化学数据，一般规定物质完全燃烧的产物(在298.15K和标准压力100kPa下)为：C变为 $CO_2(g)$，H变为 $H_2O(l)$，S变为 $SO_2(g)$，N变为 $N_2(g)$，Cl变为HCl(aq)等，其中aq是拉丁字aqua(水)的缩写，表示水溶液或水合。应特别注意规定氢的燃烧产物是液态水而不是水蒸气。

下：自然界一切物质都具有能量，能量有各种不同形式，可以从一种形式转化为另一种形式，可以从一种物质传递到另一种物质，在转化和传递过程中总能量不变。

根据热力学能、热和功的概念，如果有一体系，始态的热力学能为 U_1，向此体系输入一定量的热量 q，而且环境对体系作了一定量的功 W，体系变到终态，其热力学能为 U_2。根据热力学第一定律，应有下列关系：

$$U_2 = U_1 + (q + W)$$

$$\Delta U = U_2 - U_1 = q + W \tag{1-3}$$

这便是热力学第一定律的数学表示式。在式中，热力学规定：体系吸热，q 为正值，体系放热，q 为负值；环境对体系作功，W 为正值，体系对环境作功，W 为负值。如体系在某一过程中吸收了 50kJ 的热，做了 30kJ 的功，即

$$q_{系统} = 50\text{kJ},\ W_{系统} = -30\text{kJ}$$

$$\Delta U_{系统} = q_{系统} + W_{系统} = (50\text{kJ}) + (-30\text{kJ}) = 20\text{kJ}$$

表示在变化过程中体系净增了 20kJ 的能量。考虑在这一过程中环境发生的变化：环境失去了 50kJ 的热，获得了 30kJ 的功，即

$$q_{环境} = 30\text{kJ},\ W_{环境} = -50\text{kJ}$$

$$\Delta U_{环境} = q_{环境} + W_{环境} = (-50\text{kJ}) + (30\text{kJ}) = -20\text{kJ}$$

由此可知，体系的热力学能变化等于环境的热力学能变化，但符号相反，即

$$\Delta U_{系统} = -\Delta U_{环境}$$

$$\Delta U_{系统} + \Delta U_{环境} = 0$$

因此，热力学第一定律也可表达为：在宇宙中(体系加环境)的总能量是恒定不变的。

1.2.2 化学反应热效应

如果反应在等温等容，并且不作非体积功的条件下进行，反应的热效应称为等容反应热，用符号 q_v 表示。这时，因为反应在等容条件下进行，$\Delta V=0$，不作体积功，则热力学第一定律可写成：

$$\Delta U = q_v + W = q_v \tag{1-4}$$

即在等容、不作体积功的条件下，化学反应的热效应等于体系热力学能的变化。

如果反应在等压、不作非体积功的条件下进行，反应的热效应称为等压反应热，用符号 q_p 表示。这时热力学第一定律可以写成：

$$\Delta U = U_2 - U_1 = q_p + W = q_p - p_{外}\Delta V$$

$$q_p = \Delta U + p_{外}\Delta V \tag{1-5}$$

1.2.3 焓和焓变

1. 焓(H)

由式(1-5)得

$$q_p = \Delta U + p_{外}\Delta V = U_2 - U_1 + p(V_2 - V_1) = (U_2 + p_2V_2) - (U_1 + p_1V_1)$$

因为 U、p、V 都是状态函数，它们的组合($U+pV$)也是状态函数。热力学将这个组合后的状态函数定义为焓(enthalpy)，用符号 H 表示，即

$$H = U + pV \tag{1-6}$$

焓是具有容量性质的状态函数，绝对值无法确定，SI 单位为 J 或 kJ。

2. 焓变(ΔH)

系统在变化前后，焓的改变量为焓变(enthalpy change)，即

$$H_2 - H_1 = \Delta H$$

所以可得出定压下只做体积功的化学反应

$$q_p = \Delta H \tag{1-7}$$

上式表明在系统只做体积功条件下，定压热来源于系统的焓变 ΔH。

虽然系统的焓无法知道，但系统的焓变却可由测定定压热 q_p 而得到。

ΔH 也是具有容量性质的状态函数。

由于大多数化学反应只做体积功，且在定压条件下发生，所以焓变 ΔH 是一种最常用的反应热。本书介绍的反应热效应如无特殊声明，都是指定压反应热。

3. 热化学方程式

表示化学反应与反应热关系的方程式称为热化学方程式(thermochemical equation)。

在书写热化学方程式时要注意：

(1) 写出该反应的方程式，方程式写法不同，其热效应不同。

(2) 要注明系统中各物质的状态。用 s、l、g 分别表示固、液、气态。固体物质若有几种晶型，也要注明，如 C(石墨)、C(金刚石)等。

(3) 反应多在定压条件下完成，用焓变表示反应热，负值表示放热，正值表示吸热。

(4) 当反应系统中各物质都处于标准状态时，反应热效应记做 $\Delta_r H_m^{\ominus}$，称为该反应的标准摩尔焓变(change of standard molar enthalpy)(因温度对其影响不大，可不注明温度)。

4. 定压反应热与定容反应热的关系

在系统只做体积功的条件下，定容反应热 $q_v = \Delta U$，定压反应热 $q_p = \Delta H$，把 $q_v = \Delta U$，代入式(1-5)中，可得

$$q_p = q_v + p\Delta V \tag{1-8a}$$

同理可得

$$\Delta H = \Delta U + p\Delta V \tag{1-8b}$$

说明在定容条件下进行反应时，系统吸收的热增加了系统的热力学能；而在定压条件下进行反应时，系统吸收的热除了增加系统的热力学能外，还有一部分用于做体积功 $p\Delta V$。

反应系统中若只有固态、液态物质，反应前后系统的体积变化 ΔV 很小，$p\Delta V$ 可以忽略，即

$$q_p = q_v;\ \Delta H = \Delta U$$

若反应系统中有气态物质，如果把气体视为理想气体，根据理想气体状态方程

$$pV = nRT,\ p\Delta V = \Delta nRT$$

把上式应用于热化学方程式中，则有

$$q_p = q_v + \sum \upsilon_B(g)RT \tag{1-9a}$$

$$\Delta H = \Delta U + \sum \upsilon_B(g)RT \tag{1-9b}$$

式中 $\sum \upsilon_B(g)$ 是反应系统中各气体物质化学计量系数的代数和。

例 1-3 在 373K 和 100kPa 下，2.0mol 的 H_2 和 1.0mol 的 O_2 反应，生成 2.0mol 的水蒸

气，放热 484kJ，求该反应的 ΔU。

解：因反应

$$2H_2(g)+O_2(g) = 2H_2O(g)$$

是在定压条件下进行的，所以

$$\Delta_r H_m^{\ominus} = q_p = -484kJ/mol$$

$$\Delta U = \Delta_r H_m^{\ominus} - \Sigma \upsilon_B(g)RT$$

$$=-484kJ/mol-[2-(2+1)]\times 8.314kJ/mol\times 373K$$

$$=-481kJ/mol$$

1.2.4 化学反应热效应的计算

1. 盖斯定律

1840 年，俄国化学家盖斯(G. H. Hess)根据大量实验事实总结出："一个反应在定压或定容条件下，不管是一步完成还是分几步完成，其反应的热效应相同。"这就是盖斯定律(Hess's law)。

盖斯定律是热化学的一条基本规律，适用于所有的状态函数。

盖斯定律的建立，使热化学方程式可以像普通代数方程式一样进行计算，还可以从已知的反应热数据，计算出难以实验测定的反应热数据。

例 1-4 已知 298K，100kPa 下

(1) C(石墨)$+O_2(g)=CO_2(g)$ $\Delta_r H_m^{\ominus}(1)=-393.5kJ/mol$

(2) $CO(g)+\frac{1}{2}O_2(g)=CO_2(g)$ $\Delta_r H_m^{\ominus}(2)=-283.0kJ/mol$

求反应 C(石墨)$+\frac{1}{2}O_2(g)=CO(g)$ 的标准摩尔焓变 $\Delta_r H_m^{\ominus}(3)$

解：这三个反应有如下关系：

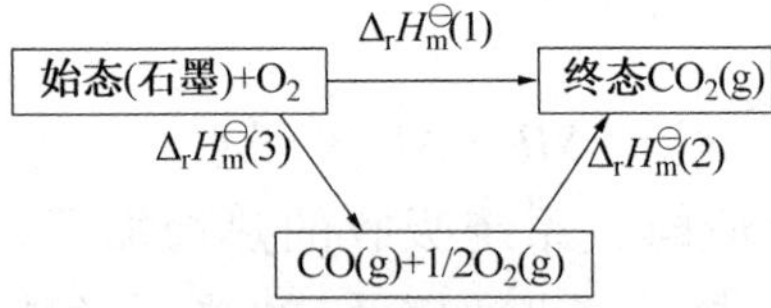

所以：根据盖斯定律 $\Delta_r H_m^{\ominus}(1)=\Delta_r H_m^{\ominus}(2)+\Delta_r H_m^{\ominus}(3)$

$$\Delta_r H_m^{\ominus}(3)=\Delta_r H_m^{\ominus}(1)-\Delta_r H_m^{\ominus}(2)=-393.5kJ/mol-(-283.0)kJ/mol=-110.5kJ/mol$$

也可以像代数式一样计算，方程(1)－方程(2)得方程(3)：

(3) $$C(石墨)+\frac{1}{2}O_2(g)=CO(g)$$

$$\Delta_r H_m^{\ominus}(3)=\Delta_r H_m^{\ominus}(1)-\Delta_r H_m^{\ominus}(2)=-110.5kJ/mol$$

C 与 O_2 的反应不可能控制在完全生成 CO 而无 CO_2 生成的程度，无法实验测定反应的热效应。利用盖斯定律，则很容易解决。

2. 标准摩尔生成焓与反应的热效应

(1) 标准摩尔生成焓 热力学规定，在指定温度及标准状态下，由元素指定的单质生成 1mol 某物质时反应的焓变称为该物质的标准摩尔生成焓(standard molar enthalpy of formation)用 $\Delta_f H_m^{\ominus}(T)$表示，下角标"f"表示"生成"(formation)，温度为 298K 时，T 可以省略。$\Delta_f H_m^{\ominus}$

的单位为 J/mol 或 kJ/mol。

元素指定单质一般为常见的、自然的、稳定的单质。如石墨、$H_2(g)$、$I_2(s)$、$Hg(l)$等。显然，元素指定单质的标准摩尔生成焓为零。一些常见物质在 298 K 时的标准摩尔生成焓，见附录 2。

（2）利用标准摩尔生成焓计算化学反应的热效应。

对于任意一个化学反应：$aA+dD=gG+hH$

都可以设计成如下两种反应途径：

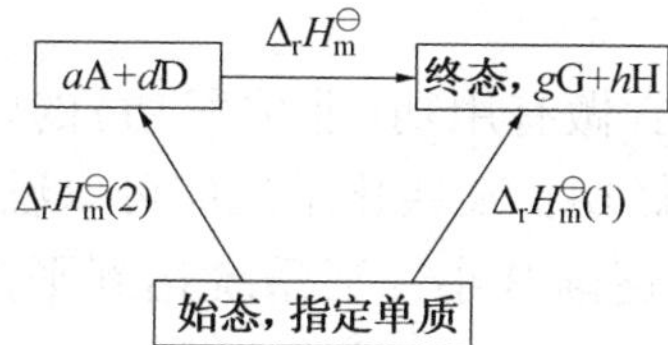

从图中可以看出

$$\Delta_r H_m^\ominus(1)=\Delta_r H_m^\ominus+\Delta_r H_m^\ominus(2)$$

则

$$\Delta_r H_m^\ominus=\Delta_r H_m^\ominus(1)-\Delta_r H_m^\ominus(2)$$

即

$$\begin{aligned}\Delta_r H_m^\ominus&=[g\Delta_f H_m^\ominus(G)+h\Delta_f H_m^\ominus(H)]-[a\Delta_f H_m^\ominus(A)+d\Delta_f H_m^\ominus(D)]\\&=\sum_B \upsilon_B \Delta_f H_m^\ominus(B)\end{aligned}\tag{1-10}$$

式中 $\sum \upsilon_B$ 为系统中各物质化学计量系数的代数和。

例 1-5 由附录 2 的数据计算反应

$$CO(g)+H_2O(g)=\!=\!=CO_2(g)+H_2(g)$$

在 298K，100kPa 时的反应热。

解：由附录 2 知，

$$\Delta_f H_m^\ominus(CO_2,\ g)=-393.51\text{kJ/mol},$$
$$\Delta_f H_m^\ominus(CO,\ g)=-110.53\text{kJ/mol},$$
$$\Delta_f H_m^\ominus(H_2O,\ g)=-241.82\text{kJ/mol}$$

根据式(1-10)得

$$\begin{aligned}\Delta_r H_m^\ominus&=\sum_B \upsilon_B \Delta_f H_m^\ominus(B)\\&=[\Delta_f H_m^\ominus(CO_2,\ g)+\Delta_f H_m^\ominus(H_2,\ g)]-[\Delta_f H_m^\ominus(CO,\ g)+\Delta_f H_m^\ominus(H_2O,\ g)]\\&=[(-393.51\text{kJ/mol})+0\text{kJ/mol}]-[(-110.53\text{kJ/mol})+(-241.82\text{kJ/mol})]\\&=-41.16\text{kJ/mol}\end{aligned}$$

1.3 熵

1.3.1 自发过程

在一定条件下，不靠任何外力的做功就能自动进行的过程叫自发过程（spontaneous process）。例如，水可以自动地从高处流向低处；热可以自动地从高温物体传给低温物体；空气总是自动地从高压区流向低压区等等，都是自发过程。

自发过程具有一些共同特点：

(1) 自发过程具有方向性。在一定条件下，自发过程只能自动地单向进行，其逆过程不能自发进行。若要使逆过程进行，必须要消耗能量，要对系统做功。例如，要消耗机械能才能把低处的水提到高处；冰箱要耗电才能制冷等。

(2) 自发过程有一定的限度。自发过程不会永远进行下去，总是进行到一定程度就自动停止。高处的水向低处流，到两处水位相等时停止流动；热传导是在温度相等时停止进行；化学反应进行到平衡态，从宏观上看化学反应也停止了。自发过程进行的限度就是系统达到平衡。

(3) 进行自发过程的系统具有做有用功(非体积功)的能力。高处流下的水可以推动水轮机做功；热机就是利用热传导做功；某些化学反应可以设计成电池做电功。但系统做有用功的能力随着自发过程的进行而逐渐减小，当系统达到平衡后，就不再具有做有用功的能力了。

1.3.2 焓变与自发过程

在研究自然现象的过程中，人们发现很多系统总是自发地释放出能量，使自身处于能量较低的状态，这就是能量降低原理，是一个不需要证明的自发变化普遍遵守的原理。前述的几个例子都可以用能量降低原理来解释。

在298K，标准状态下，大多数放热反应都能自发进行。例如：

$$HCl(g)+NH_3(g)=\!=\!=NH_4Cl \qquad \Delta_r H_m^{\ominus}=-177.13kJ/mol$$

$$CH_4(g)+2O_2(g)=\!=\!=2H_2O(l)+CO_2(g) \qquad \Delta_r H_m^{\ominus}=-890.36kJ/mol$$

但是，有些吸热反应和过程在一定条件下也能自发进行。例如，在标准状态下，当温度高于273.15K时，冰自动熔化为水，并吸收热量；而有的吸热反应在常温下是非自发的，但温度升高时却变为自发。如碳酸钙的分解反应：

$$CaCO_3(s)=\!=\!=CaO(s)+CO_2(g) \qquad \Delta_r H_m^{\ominus}=177.86kJ/mol$$

在标准状态及298K下，反应是非自发的，但是工业上将石灰石(主要成分为$CaCO_3$)煅烧至1173K，在100kPa下，就自发分解了。可见，判断一个反应或过程能否自发进行，除焓变外，还有另外的因素制约着变化的方向。

1.3.3 熵变与自发过程

1. 混乱度和熵

(1) 混乱度(randomness)　混乱度也称无序度(disorder)，它的大小与系统中微观粒子存在的状态数有关。热力学所指的系统是由大量的粒子所构成，这些粒子都处在不停的运动之中，每时每刻它们的空间位置和能量都在改变，系统的微观状态不断在变化。在一定条件下，系统内部微观粒子的无序程度就可以看成混乱度，用符号Ω表示(严格讲，混乱度是在一定的宏观条件下系统所具有的微观状态数)。

混乱度首先与物质的聚集状态有关，固态物质内部粒子排布整齐，有序度高，混乱度小；液态物质粒子可以自由移动，有序性差，混乱度较大；气态物质的粒子运动更激烈，有序性更低，混乱度更大；其次，同一种聚集状态的同一种物质，温度越高混乱度越大；混合物的混乱度比纯净物大；物质的分子组成越复杂，混乱度越大。

自发过程的混乱度常常增大。例如，一滴墨汁小心滴在一杯清水液面上，片刻后墨汁便会自动地混在水中；又如 $CaCO_3$ 分解虽是吸热过程，但生成 CO_2 气体使系统混乱度增大了，加热后能自发进行。

（2）熵　系统的状态一定，混乱度有确定值，状态变化，系统的混乱度也随之改变。混乱度与系统的状态密切相关。可以用状态函数熵（entropy）来表示系统混乱度的大小，混乱度大，熵值就大，反之亦然。熵用符号 S 表示。1887 年玻尔兹曼（Bohzmann）在研究分子运动的统计规律时，得到系统的混乱度与熵的对应关系：

$$S = k\ln\Omega \tag{1-11}$$

上式称为玻尔兹曼关系式，$k=1.38\times10^{-23}$ J/K，熵的单位是 J/K。

熵具有以下性质：

① 熵是具有容量性质的状态函数。

② 同种物质的聚集状态不同熵不同，一般是 $S(s)<S(l)<S(g)$；同一种聚集态的物质，组成越复杂熵越大。例如 $S(NaCl)<S(Na_2CO_3)$。

③ 同种物质温度升高，熵值增大。

2. 熵变与热力学第二定律

系统发生变化，若以 $S_{始}$ 和 $S_{终}$ 分别表示始态和终态的熵，则系统的熵变为

$$\Delta S=S_{终}-S_{始}$$

$\Delta S>0$，表示系统的熵增加，$\Delta S<0$，表示系统的熵减小，混乱度降低，有序度增大。

在孤立系统中，系统与环境没有能量交换，系统总是自发地向混乱度增大的方向变化。亦即在孤立系统中发生的任何变化，总是自发地向着熵增加的方向进行，或者说孤立系统中熵增加的方向总是自发的。这就是熵增加原理，是热力学第二定律（second law of thermodynamics）的一种表述。

如果不是孤立系统，则可以把系统与周围的环境一起作为孤立系统来考虑，熵增加原理仍然适用。例如，在常温常压下，当温度低于 273.2K 时，水会自发地结成冰。这个过程中系统的熵减小，似乎违背了熵增加原理。但应注意到，这个系统并非孤立系统，在系统与环境间发生了热交换。水变成冰的过程中系统放热给环境，环境吸热后熵值增大了，而环境熵值的增加超过了系统的熵的减小。因而系统的熵变与环境的熵变之和仍是大于零的。

通过对自发过程的研究，可以知道能量的传递不仅要遵守热力学第一定律，保持能量守恒，而且在能量传递的方向上有一定限制。热力学第二定律就说明了自发过程进行的方向和限度。

$$\Delta S_{孤}\begin{cases}>0 & 自发过程\\ =0 & 平衡态\\ <0 & 非自发过程\end{cases} \tag{1-12}$$

上式是孤立系统过程自发与否的熵判据。

热力学第二定律是热力学最基本的定律之一，它有几种不同的表述方式，熵增加原理只是其中的一种，与其他的表述都是等同的。热力学第二定律是人类经验的总结，其正确性和普遍性不容置疑。

1.3.4 标准熵变及其计算

1. 标准熵($S^{\ominus}$)

随着温度的降低，系统的无序度减小，熵也越来越小。当温度降低到绝对零度时，分子的热运动可以认为已完全停止，分子都位于理想的晶格结点上，只有一种微观状态，混乱度$\Omega=1$。这是一种理想的有序状态。根据玻尔兹曼关系式得

$$S(0\mathrm{K})=0$$

据此热力学总结出一条经验规律："在绝对零度时，任何纯物质完美晶体的熵都等于零"。这就是热力学第三定律(third law of thermodynamics)。

在标准状态下，将完美的晶体由0K加热到T，过程的熵变$\Delta S^{\ominus}$，即为该物质在T时的熵称为该物质在温度T时的标准绝对熵，简称物质的标准熵(standard entropy)，用符号$S^{\ominus}(T)$表示，即

$$\Delta S^{\ominus}=S^{\ominus}(T)-S^{\ominus}(0\mathrm{K})=S^{\ominus}(T)-0=S^{\ominus}(T)$$

通过实验和计算可以得到物质的绝对熵。在指定温度及标准状态下，1 mol纯物质的熵称为物质的标准摩尔熵(standard molar entropy)，用符号$S_{\mathrm{m}}^{\ominus}$表示，单位J/(mol·K)。本书附录2给出了298K时物质的标准摩尔熵值$S_{\mathrm{m}}^{\ominus}$。

2. 化学反应的标准摩尔熵变($\Delta_{\mathrm{r}}S_{\mathrm{m}}^{\ominus}$)的计算

当反应物和产物都处于标准状态下，化学反应的熵变，称为该反应的标准摩尔熵变(change of standard molar entropy)。用符号$\Delta_{\mathrm{r}}S_{\mathrm{m}}^{\ominus}$表示(因为温度对其影响不大，故可不注明温度)。

在标准状态下，化学反应

$$a\mathrm{A}+d\mathrm{D}=g\mathrm{G}+h\mathrm{H}$$

的标准摩尔熵变$\Delta_{\mathrm{r}}S_{\mathrm{m}}^{\ominus}$可根据反应物和产物的标准摩尔熵求得

$$\Delta_{\mathrm{r}}S_{\mathrm{m}}^{\ominus}=\sum_{\mathrm{B}}\upsilon_{\mathrm{B}}S_{\mathrm{m}}^{\ominus}(\mathrm{B}) \tag{1-13}$$

式中$\sum_{\mathrm{B}}\upsilon_{\mathrm{B}}$为系统中各物质化学计量系数的代数和。

例1-6 计算反应$2NO(g)+O_2(g)=\!=\!=2NO_2(g)$在298K时的标准摩尔熵变，并判断该反应混乱度是增大还是减小。

解： $2NO(g)+O_2(g)=\!=\!=2NO_2(g)$

由附录2查得$S_{\mathrm{m}}^{\ominus}$/J/(mol·K)　210.76　205.14　240.06

根据式(1-13)得

$$\begin{aligned}\Delta_{\mathrm{r}}S_{\mathrm{m}}^{\ominus}&=2S_{\mathrm{m}}^{\ominus}(NO_2, g)-[2S_{\mathrm{m}}^{\ominus}(NO, g)+S_{\mathrm{m}}^{\ominus}(O_2, g)]\\&=2\times240.06\mathrm{J/(mol\cdot K)}-[2\times210.76\mathrm{J/(mol\cdot K)}+205.14\mathrm{J/(mol\cdot K)}]\\&=-146.54\mathrm{J/(mol\cdot K)}\end{aligned}$$

$\Delta_{\mathrm{r}}S_{\mathrm{m}}^{\ominus}<0$，表示反应混乱度减小。

至此看出，自发过程的两个动力因素是ΔS和ΔH。单独用这两个状态函数都不能作为过程自发性的普遍判据。

1.4 吉布斯自由能

为了寻找过程自发性的普遍判据，1876年，美国物理学家吉布斯(J. W. Gibbs)提出了一

个综合焓、熵和温度的状态函数，称之为吉布斯自由能(Gibbs free energy)，用符号 G 表示。定义式为

$$G = H - TS \tag{1-14}$$

G 是具有容量性质的状态函数，与温度有关，绝对值也无法确定，SI 单位是 J 或 kJ。

1.4.1 吉布斯自由能变

定温定压下只做体积功的系统由始态变到终态，系统的自由能改变为

$$\Delta G = G_2 - G_1 = (H_2 - T_2S_2) - (H_1 - T_1S_1) = (H_2 - H_1) - T(S_2 - S_1)$$

所以

$$\Delta G = \Delta H - T\Delta S \tag{1-15a}$$

对于标准状态下发生的化学反应有

$$\Delta_r G_m^{\ominus}(T) = \Delta_r H_m^{\ominus} - T\Delta S_m^{\ominus} \tag{1-15b}$$

上两式叫做吉布斯-亥姆霍兹(Gibbs-Helmholtz)公式(为 $T=298K$ 时，可不注明温度)，它将驱动自发变化的两个因素——焓变和熵变定量地联系在一起。

自由能变是焓、熵两个因素及温度共同作用的结果，这个结果将决定化学反应进行的方向。

1.4.2 吉布斯自由能变(ΔG)的物理意义

考察 Zn 与 $CuSO_4$ 溶液的反应，在 298K 及 100kPa 下，让这个反应在烧杯中进行，计算反应的 $\Delta H^{\ominus}$、$\Delta S^{\ominus}$ 及 $\Delta G^{\ominus}$。

反应式及热力学数据为

	$Zn(s)$	$+Cu^{2+}(aq)$	$=\!=\!=Zn^{2+}(aq)$	$+Cu(s)$
$\Delta_f H_m^{\ominus}/(kJ \cdot mol)$	0	64.77	−153.9	0
$S_m^{\ominus}/[J/(mol \cdot K)]$	41.6	−99.6	−112	33.2

反应的焓变为

$$\Delta_r H_m^{\ominus} = [(-153.9kJ/mol) + 0kJ/mol] - [64.77kJ/mol + 0kJ/mol] = -218.67kJ/mol$$

反应的熵变为

$$\Delta_r S_m^{\ominus} = [(-112J/mol \cdot K) + 33.2J/mol \cdot K] - [41.6J/mol \cdot K + (-99.6J/mol \cdot K)] = -20.8J/(mol \cdot K)$$

反应的自由能变为

$$\begin{aligned}\Delta_r G_m^{\ominus} &= \Delta_r H_m^{\ominus} - T\Delta_r S_m^{\ominus} \\ &= -218.67kJ/mol - [298K \times (-20.8 \times 10^{-3})kJ/(mol \cdot K)] \\ &= -212.5kJ/mol\end{aligned}$$

计算结果 $\Delta_r G_m^{\ominus} < 0$。而且我们熟知，该反应是自发进行的。

如果将反应设计成原电池，测得该反应自发进行的同时，可做的最大电功为 212.45kJ，这个数值恰好与反应的自由能变的相反数相等，即

$$-\Delta_r G_m^{\ominus} = W_{电}$$

这说明反应的自由能变 ΔG 是系统对环境做最大有用功的量度。因此 ΔG 的物理意义可理解为是系统做最大有用功的那部分能量，或者说系统变化时的焓变(ΔH)只有一部分用来

做有用功，另一部分以热的形式耗散到环境中去了。

1.5 化学反应方向的判断——吉布斯-亥姆霍兹公式的应用

1.5.1 自由能减小原理

从式(1-15 a)看出：

当 $\Delta H<0$，$\Delta S>0$ 时，焓减少和熵增加两个因素对正向反应起推动作用，使之正向自发进行，这时 $\Delta G<0$。

当 $\Delta H>0$，$\Delta S<0$ 时，焓增加和熵减少两个因素对正向变化都起阻碍作用，正向变化不能自发进行，这时 $\Delta G>0$。

当 $\Delta H=T\Delta S$ 时，驱动变化的两个因素产生的作用大小相等，方向相反，系统不能向任何方向变化，达到平衡态，这时 $\Delta G=0$。

综合以上三种情况，可以总结出，定温定压下，只做体积功的封闭系统，自由能的判据是

$$\Delta G\begin{cases}<0 & \text{自发过程}\\ =0 & \text{平衡态}\\ >0 & \text{非自发过程}\end{cases} \tag{1-16}$$

上式表明，封闭系统中，在定温定压只做体积功的条件下，任何自发过程系统的自由能总是减小的，称为自由能减少原理。是热力学第二定律的另一种表述——自由能表述形式。

1.5.2 化学反应的标准摩尔吉布斯自由能变($\Delta_r G_m^\ominus$)的计算

(1) 标准摩尔生成吉布斯自由能($\Delta_r G_m^\ominus$) 在指定温度及标准状态下，由元素指定单质生成 1 mol 物质时的吉布斯自由能变，称为该物质的标准摩尔生成吉布斯自由能(standard molar Gibbs free energy of formation)。用符号 $\Delta_r G_m^\ominus(T)$ 表示，其单位是 kJ/mol。如果温度为 298K，可以简写为 $\Delta_f G_m^\ominus$。

显然，元素指定单质的标准摩尔生成吉布斯自由能为零。一些常见物质在 298 K 时的标准摩尔生成吉布斯自由能的数值可在附录 2 中查到。

(2) 化学反应的标准摩尔吉布斯自由能变($\Delta_r G_m^\ominus$)的计算。如同用标准摩尔生成焓计算化学反应的标准摩尔焓变一样，在 298K 时及标准状态下，对于下面的化学反应

$$a\mathrm{A}+d\mathrm{D}=g\mathrm{G}+h\mathrm{H}$$

其标准摩尔吉布斯自由能变为

$$\Delta_r G_m^\ominus=\sum_{\mathrm{B}} \upsilon_{\mathrm{B}} \Delta_f G_m^\ominus(\mathrm{B}) \tag{1-17}$$

式中 $\sum \upsilon_{\mathrm{B}}$ 为系统中各物质化学计量系数的代数和。

例 1-7 求 298K 标准状态下反应 $H_2O_2(l) = H_2O(l)+\frac{1}{2}O_2(g)$ 的标准摩尔吉布斯自由能变 $\Delta_r G_m^\ominus$，并判断反应的自发性。

解： 已知 $\Delta_f G_m^\ominus(H_2O_2,\ l)=-120.4\text{kJ/mol}$，$\Delta_f G_m^\ominus(H_2O,\ l)=-237.1\text{kJ/mol}$，$\Delta_f G_m^\ominus(O_2,\ g)=0$，故

$$\Delta_r G_m^\ominus = \Delta_f G_m^\ominus(H_2O, l) + \frac{1}{2}\Delta_f G_m^\ominus(O_2, g) - \Delta_f G_m^\ominus(H_2O_2, l)$$
$$= -237.1\text{kJ/mol} - (-120.4\text{kJ/mol})$$
$$= -116.7\text{kJ/mol}$$

$\Delta_r G_m^\ominus < 0$，反应可以自发进行。

1.5.3 吉布斯-亥姆霍兹公式的应用

吉布斯-亥姆霍兹公式反映了两方面的问题，首先表明了化学变化的净动力取决于变化的焓、熵两个因素；其次表明了自由能变与温度的关系，也就是说化学反应的自发性与温度有关。

热力学证明，反应的 ΔH 和 ΔS 受温度的影响很小，在温度变化不太大的范围内，可以认为它们与反应温度无关，所以在一般温度范围内的焓变和熵变都可以用 298K 时的焓变和熵变代替。这样吉布斯-亥姆霍兹公式可以写为

$$\Delta_r G_m^\ominus(T) \approx \Delta_r H_m^\ominus - T\Delta_r S_m^\ominus \quad (1-18)$$

上式是吉布斯-亥姆霍兹公式的一种重要而实用的形式，可以近似计算不同温度下反应的 $\Delta_r G_m^\ominus$，也可以估算反应自发进行的温度。

对于常见的化学反应，反应的自发性与温度的关系可有以下四种情况：

(1) 当反应的 $\Delta_r H_m^\ominus < 0$，$\Delta_r S_m^\ominus > 0$ 时，在任意温度下，恒有 $\Delta_r G_m^\ominus(T) < 0$，都能自发进行。

(2) 当反应的 $\Delta_r H_m^\ominus > 0$，$\Delta_r S_m^\ominus < 0$ 时，在任意温度下，恒有 $\Delta_r G_m^\ominus(T) > 0$，都不能自发进行。

(3) 当反应的 $\Delta_r H_m^\ominus < 0$，$\Delta_r S_m^\ominus < 0$ 时，若使 $\Delta_r G_m^\ominus(T) < 0$，需 $T < \frac{\Delta_r H_m^\ominus}{\Delta_r S_m^\ominus}$。反应低温下自发进行，高温非自发进行。

(4) 当反应的 $\Delta_r H_m^\ominus > 0$，$\Delta_r S_m^\ominus > 0$ 时，若使 $\Delta_r G_m^\ominus(T) < 0$，需 $T > \frac{\Delta_r H_m^\ominus}{\Delta_r S_m^\ominus}$。反应高温时可自发进行，低温下非自发进行。

例 1-8 计算压力为 100kPa，温度为 298K 及 1400K 时反应

$$CaCO_3(s) \xlongequal{} CaO(s) + CO_2(g)$$

的 $\Delta_r G_m^\ominus$，分别判断在这两个温度下反应的自发性，并估算该反应可以自发进行的最低温度。

解：

	$CaCO_3(s) \xlongequal{} $	$CaO(s) +$	$CO_2(g)$
查表得 $\Delta_f H_m^\ominus$/(kJ/mol)	-1 206.9	-635.1	-393.5
$S_m^\ominus$/[J/(mol·K)]	92.9	39.75	213.7

$$\Delta_r H_m^\ominus = \Delta_f H_m^\ominus(CaO) + \Delta_f H_m^\ominus(CO_2) - \Delta_f H_m^\ominus(CaCO_3)$$
$$= -635.1\text{kJ/mol} + (-393.5)\text{kJ/mol} - (-1206.9)\text{kJ/mol}$$
$$= 178.3\text{kJ/mol}$$

$$\Delta_r S_m^\ominus = S_m^\ominus(CaO) + S_m^\ominus(CO_2) - S_m^\ominus(CaCO_3)$$
$$= 39.8\text{J/(mol·K)} + 213.7\text{J/(mol·K)} - 92.9\text{J/(mol·K)}$$
$$= 160.6\text{J/(mol·K)}$$

$\Delta_r G_m^{\ominus} = \Delta_r H_m^{\ominus} - T\Delta_r S_m^{\ominus}$

$= 178.3\text{kJ/mol} - 298\text{K} \times 160.6 \times 10^{-3}\text{kJ/mol} \cdot \text{K}$

$= 130.4\text{kJ/mol}$

$\Delta_r G_m^{\ominus} > 0$，说明该反应在 298K 时不能自发进行。

$\Delta_r G_m^{\ominus}(1400\text{K}) = \Delta_r H_m^{\ominus} - 1400\Delta_r S_m^{\ominus}$

$= 178.3\text{kJ/mol} - 1400\text{K} \times 160.6 \times 10^{-3}\text{kJ/mol} \cdot \text{K}$

$= -46.5\text{kJ/mol}$

$\Delta_r G_m^{\ominus}(1400\text{K}) < 0$，此时该反应能自发进行。

设在温度 T 时反应可自发进行，则

$$T > \frac{\Delta_r H_m^{\ominus}}{\Delta_r S_m^{\ominus}} = \frac{178.3 \times 10^3 \text{J/mol}}{160.6\text{J/(mol} \cdot \text{K)}} = 1110\text{K}$$

温度高于 1110K 时，反应就可以自发进行。

习题

一、思考题

1. 什么是体系，什么是环境？两者有何区别？根据两者的关系，可以将体系分为哪几类？

2. 什么是等容热效应与等压热效应？两者有什么关系？在什么情况下它们相等？

3. 什么是状态函数？状态函数有什么特点？Q、W、H、U、S、G 中哪些是状态函数，哪些不是？

4. 标准熵的数值是如何确定的？如何根据 298.15K 时的标准熵的数值计算反应在 298.15K 时的标准摩尔熵变？其他温度时的标准摩尔熵变如何计算？

二、是非题（正确打“√”，错误打“×”）

1. 等压过程中，体系吸收的能量为体系内能的增加与体系对外做功的能量之和。（　　）

2. 反应的焓变和反应热是同一概念。（　　）

3. 1mol 物质在标准状态下的绝对焓称为标准焓。（　　）

4. 反应 $N_2(g) + O_2(g) = 2NO(g)$ 的 $\Delta_r H_m^{\ominus}(298\text{K}) = 180.68\text{kJ/mol}$，则 $\Delta_r H_m^{\ominus}(NO, g, 298\text{K}) = 180.68\text{kJ/mol}$。（　　）

5. 凡是体系 $\Delta_r G < 0$ 的过程都能自发进行。（　　）

三、选择题

1. 下列物理量中，可以确定其绝对值的为________。

A. H　　B. U　　C. G　　D. S

2. 如果体系经过一系列变化后，又变回初始状态，则体系的________。

A. $Q=0$，$W=0$，$\Delta U=0$，$\Delta H=0$　　B. $Q\neq 0$，$W\neq 0$，$\Delta U=0$，$\Delta H=Q$

C. $Q=-W$，$\Delta U=Q+W$，$\Delta H=0$　　D. $Q\neq W$，$\Delta U=Q+W$，$\Delta H=0$

3. 欲测定有机物燃烧热 Q_p，一般使反应在氧弹中进行，实测得热效应为 Q_v。公式 $Q_p = Q_v + nRT$ 中的 n 为________。

A. 生成物与反应物总物质的量之差

B. 生成物与反应物中气相物质的量之差

C. 生成物与反应物中凝聚相物质的量之差

D. 生成物与反应物的总热容差

4. 盖斯定律认为化学反应的热效应与途径无关。这是因为反应处在________。

A. 可逆条件下进行　　　　B. 恒压无非体积功条件下进行

C. 恒容无非体积功条件下进行　　　　D. 以上 B、C 都正确

5. 在下列反应中，反应________所放出的热量最少。

A. $CH_4(l)+2O_2(g)=\!=\!=CO_2(g)+2H_2O(g)$

B. $CH_4(g)+2O_2(g)=\!=\!=CO_2(g)+2H_2O(g)$

C. $CH_4(g)+2O_2(g)=\!=\!=CO_2(g)+2H_2O(l)$

D. $CH_4(g)+\frac{3}{2}O_2(g)=\!=\!=CO(g)+2H_2O(l)$

四、计算题

1. 1mol 理想气体，经过等温膨胀、等容加热、等压冷却三步，完成一个循环后回到原态。整个过程吸热 100kJ，求此过程的 W 和 ΔU。

2. 已知下列热化学方程式：

$Fe_2O_3(s)+3CO(g)=\!=\!=2Fe(s)+3CO_2(g)$；$Q_{p,1}=-27.6kJ/mol$

$3Fe_2O_3(s)+CO(g)=\!=\!=2Fe_3O_4(s)+CO_2(g)$；$Q_{p,2}=-58.6kJ/mol$

$Fe_3O_4(s)+CO(g)=\!=\!=3FeO(s)+CO_2(g)$；$Q_{p,3}=-38.1kJ/mol$

试利用盖斯定律计算下列反应的 Q_p。

$$FeO(s)+CO(g)=\!=\!=Fe(s)+CO_2(g)$$

3. 计算下列反应在 398.15K 下的吉布斯函数，并判断在 398.15K 及标准状态下反应能否自发进行。

函数	$CO(g)$	$O_2(g)$	$CO_2(g)$
$\Delta_f H_m^\ominus(298)/(kJ/mol)$	-110.525	0	-393.514
$S_m^\ominus(298)/[J/(mol\cdot K)]$	197.907	205.029	213.639

第2章 化学平衡

内容提要：本章主要介绍可逆反应、化学平衡以及化学平衡常数的相关概念，讨论化学平衡与 Gibbs 自由能变的关系，以及应用标准吉布斯自由能变化的数据来判断化学反应进行方向的方法，并在此基础上系统地介绍了浓度、压力和温度对化学平衡的影响及相关计算。

学习要求：

(1) 了解化学平衡和平衡常数的意义。

(2) 熟练掌握化学平衡的有关计算。

(3) 了解化学平衡移动原理及其应用。

(4) 了解反应的自由能变化与平衡常数的关系。

(5) 应用标准吉布斯自由能变化的数据来判断化学反应进行的方向。

化学工业生产的过程中，总会遇到很多与理论推测并不符合或者说实际与理论有时存在较大的差别问题或现象。如用焦炭还原三氧化二铁的反应是炼铁的主要反应，如果按方程式进行计算炼制 1t 铁需要多少焦炭，计算结果与实际用量情况具有较大的差别。说明焦炭与氧气的反应不会全部转化成一氧化碳，一氧化碳与三氧化二铁的反应也不会全部转化成铁和二氧化碳。也就是说，尽管这些反应可以自发进行，但反应进行的程度是有限的。人们在研究化学反应时不仅注意化学反应的快慢，同时十分关心化学反应进行的程度。本章化学平衡是研究在给定条件下，化学反应进行的程度，即化学反应所能达到的最大限度。

2.1 可逆反应与化学平衡

2.1.1 可逆反应

在一定的反应条件下，一个反应既能由反应物变成生成物，在相同条件下，也能由生成物变成反应物，这样的反应称为可逆反应。例如反应：

$$NO_2(g)+SO_2(g) \rightleftharpoons NO(g)+SO_3(g)$$

在化学反应中，原则上所有的反应都有可逆性，只是不同的反应其可逆程度有很大的区别，有些反应表面上看起来似乎只朝着一个方向进行，但本质上它们都是可逆反应。目前已知的化学反应中，除了放射性元素的衰变之外，绝大多数都有一定的可逆性。但是有的可逆性比较弱，例如 AgI(s)的沉淀反应，如果把 AgI(s)加到水中，搅动后，最终也可以达到平衡。

反应的可逆情况，有时与反应的条件有关。在高炉炼铁中炉温约 1000℃，通常加入生石灰用以除去炉气中的有毒气体三氧化硫，即下列反应中正反应占优势：

$$CaO(s)+SO_3(g) \rightleftharpoons CaSO_4(s)$$

但若炉温高于 1840℃，则可逆反应占优势，此时硫酸钙分解为三氧化硫和氧化钙，并在高温下建立新的平衡点。

2.1.2 化学平衡

可逆反应，当正反应速率与逆反应速率相等时，反应系统中各物质的分压(或浓度)不再随时间变化而改变，这时反应所处的状态叫化学平衡状态，简称化学平衡。例如，在一定温度下，将一定量的棕红色气体 NO_2 装入一个具有固定体积的密闭容器中，发生下列反应：

$$2NO_2(g) \rightleftharpoons N_2O_4(g)$$

在反应开始时，NO_2 以较快的速率生成 $N_2O_4(g)$（正反应），随着容器中 $N_2O_4(g)$ 的积累，$N_2O_4(g)$ 分解为 $NO_2(g)$（逆反应）的速率逐渐增大。当正反应和逆反应的反应速率相等时，系统内 NO_2 和 N_2O_4 分压（或浓度）便维持一定，只要系统的温度和压力维持不变，同时没有什么物质加到反应系统中或从反应系统中取走什么，那么平衡状态就可以继续维持下去。

化学平衡具有如下特征：

(1) 化学平衡是一种动态平衡，它是可逆反应在一定条件下达到的一种状态。达到化学平衡时，正反应和逆反应都仍在进行。

(2) 当达到平衡状态时，表示该反应已经进行到最大限度，体系中各物质的浓度将不随时间的变化而改变。达到平衡时只是正反应与逆反应的速度相等，而不是反应物和生成物的数量相等。

(3) 要使气相反应达到平衡状态，反应必须在密闭容器中进行。若容器为敞口，气态物质的分压或浓度会不断改变，就难于建立化学平衡。

(4) 化学平衡是有条件的、相对的、暂时的。如果外界条件不改变，平衡体系无论放置多久，其中各物质的浓度都不会发生任何变化。一旦外界条件改变，原有的平衡状态便不复存在，将建立新的平衡。

掌握化学平衡的特点，对指导生产有重要的作用。人们总是希望使反应物最大限度地转变为生成物。若反应还没有达到平衡，延长反应时间就会获得更多的生成物。若反应已达到平衡，继续延长反应时间便是徒劳的了。若生成物的量还不能令人满意，就必须寻求某些改变平衡混合物组成的条件。

历史上曾发生过这样一件事，1888 年勒夏特列对英国的钢铁工业进行了批评。原因是人们发现在高炉炼铁中，离开烟囱的气体含有大量的一氧化碳。当时认为这种不完全反应是由于一氧化碳与铁矿石缺乏足够的接触时间，于是提出增大炉子的尺寸。结果耗资巨大在英国建造了一个远比原来高大的炼铁高炉。但是问题并没有解决，排出气体中一氧化碳的含量仍然和原来一样。后来实验表明，一氧化碳还原氧化铁的反应是一个不可能进行到底的可逆反应。可见，只有掌握了化学平衡，才会使人们更经济地从事生产实践。

2.2 化学平衡常数及其意义

2.2.1 经验平衡常数

大量的实验事实表明，在一定的反应条件下，任何一个可逆反应经过或长或短的一段时间后，总会出现化学平衡。这时，反应系统（反应物和生成物的混合物）中各物质的浓度（或分压力）之间呈现出一定的比例关系，描述这种比例关系的常数，称为经验平衡常数（简称为平衡常数）。对于可逆反应：

$$PCl_5(g) \rightleftharpoons PCl_3(g) + Cl_2(g)$$

达到平衡时，生成物平衡浓度的乘积与反应物平衡浓度的乘积之比是一个恒定值，尽管每种物质的平衡浓度在各个体系中并不一致，即上述反应达到平衡时比值$\frac{[PCl_3][Cl_2]}{[PCl_5]}$为恒值。

对于反应式中各物质的计量数不全是 1 或全不是 1 的可逆反应，如：

$$2HI(g) \rightleftharpoons H_2(g)+I_2(g)$$

达到平衡时，比值$\frac{[H_2][I_2]}{[HI]^2}$是一个恒定值。

对于任一可逆反应

$$aA+bB \rightleftharpoons gG+hH \qquad (2-1)$$

研究结果表明，在一定温度下，达到平衡时，体系中各物质的浓度间有如下关系：

$$\frac{[G]^g[H]^h}{[A]^a[B]^b}=K \qquad (2-2)$$

式中 K 称为化学反应的经验平衡常数，或实验平衡常数。上面的结论可以总结出一条应用十分广泛的化学平衡定律：在一定温度下，可逆反应达平衡时，生成物的浓度以反应方程式中计量数的幂的乘积与反应物的浓度以反应方程式中计量数为指数的幂的乘积之比是一个常数。

从式(2-2)可以看出，经验平衡常数 K 一般是有量纲的量，只有当平衡常数表达式中，反应物的计量数之和与生成物的计量数之和相等时，K 才是无量纲的量。

式(2-2)中的平衡常数，由平衡浓度算得，这种经验平衡常数称为浓度平衡常数，用 K_c 表示。如果化学反应是气相反应，平衡常数既可以如上所述用平衡时各物质的浓度算得，也可以用平衡时各物质的分压算得。如果式(2-1)所示的反应是气相反应，即

$$aA(g)+bB(g) \rightleftharpoons gG(g)+hH(g)$$

那么达到平衡时，不仅各种物质的浓度不再改变，而且其分压也不再改变，于是有

$$K_p=\frac{(P_G)^g(P_H)^h}{(P_A)^a(P_B)^b} \qquad (2-3)$$

式中的经验平衡常数称为分压常数，用 K_p 表示，以示与 K_c 的区别。

某一时刻上面气相反应达到平衡，当然可以由平衡浓度计算出 K_c，同时也可以由平衡分压计算出 K_p。虽然 K_p 和 K_c 一般说是不相等的，但它们所表示的是同一平衡状态，因此二者之间应该有固有的数量关系。联系两者的最重要的关系式是

$$p=\left(\frac{n}{V}\right)RT \qquad (2-4)$$

在使用式(2-4)进行 K_p 和 K_c 的转换时，必须注意各种物理量的单位。

平衡常数的表达式中，不要出现反应体系中纯固体、纯液体以及稀溶液中水的浓度，因为他们在反应过程中可以认为浓度没有发生变化。

例如反应

$$CaCO_3(s) \rightleftharpoons CaO(s)+CO_2(g)$$

平衡常数可以表示为

$$K=p(CO_2)$$

液相反应

$$Cr_2O_7^{2-}(aq)+H_2O(l) \rightleftharpoons 2CrO_4^{2-}(aq)+2H^+(aq)$$

式中 H_2O 不要出现在平衡常数表达式中，但酯化反应

$$CH_3COOH+C_2H_5OH \rightleftharpoons CH_3COOC_2H_5+H_2O$$

中的少量产物水却要出现在平衡常数的表达式中。

这种复相反应的平衡常数，不是 K_c，也不是 K_p，也可以用 K 表示。

对于同一个化学反应，如果化学反应方程式中的计量数不同，平衡常数的表达式及其数值要有相应的变化，例如

$$N_2(g)+3H_2(g) \rightleftharpoons 2NH_3(g) \qquad K'_c=\frac{[NH_3]^2}{[N_2][H_2]^3}$$

$$\frac{1}{2}N_2(g)+\frac{3}{2}H_2(g) \rightleftharpoons NH_3(g) \qquad K''_c=\frac{[NH_3]}{[N_2]^{\frac{1}{2}}[H_2]^{\frac{3}{2}}}$$

$K'_C=(K''_C)^2$，这说明当方程式中计量数扩大 n 倍时，反应的平衡常数 K'将变成 K''。又如

$$2NH_3(g) \rightleftharpoons N_2(g)+3H_2(g) \qquad K'''_c=\frac{[N_2][H_2]^3}{[NH_3]^2}$$

$K'_C=\frac{1}{K'''_C}$，这说明化学反应的平衡常数与其逆反应的平衡常数互为倒数。

两个反应方程式相加(相减)时，所得的反应方程式的平衡常数，可由原来两个反应方程式的平衡常数相乘(相除)得到。

2.2.2 标准平衡常数

此处先给出相对浓度的定义。浓度一般是以 mol/L 为单位的物理量，若把浓度除以标准浓度(1mol/L)，即除以 $c^\ominus$，则得到一个比值，这个比值就是相对浓度。对于气相物质，将其分压除以标准压强 $P^\ominus$，则得到相对分压。相对浓度和相对分压显然都是无量纲的量。

对于在封闭系统中，可逆化学反应

$$aA(g)+bB(g) \rightleftharpoons gG(g)+hH(g)$$

如果反应是在溶液中进行，在指定温度下达到平衡时，反应物和产物的相对浓度($\frac{c}{c^\ominus}$)间具有下述关系：

$$K^\ominus=\frac{\left[\frac{c(G)}{c^\ominus}\right]^g\left[\frac{c(H)}{c^\ominus}\right]^h}{\left[\frac{c(A)}{c^\ominus}\right]^a\left[\frac{c(B)}{c^\ominus}\right]^b}$$

如果反应物和产物都是气体，则平衡时，它们的相对分压($\frac{P}{P^\ominus}$)之间的关系为

$$K^\ominus=\frac{\left[\frac{P(G)}{P^\ominus}\right]^g\left[\frac{P(H)}{P^\ominus}\right]^h}{\left[\frac{P(A)}{P^\ominus}\right]^a\left[\frac{P(B)}{P^\ominus}\right]^b}$$

上两式中 $K^\ominus$称为标准平衡常数。只由反应本性和温度决定，与平衡组成无关。以上两式表明，在一定的温度下，处于平衡态的化学反应系统，产物相对浓度(或相对分压)的乘幂和反应物相对浓度(或相对分压)的乘幂之比为常数。$K^\ominus$的大小表明化学反应程度的强弱，$K^\ominus$越大，化学反应完成的程度越大。

$K^{\ominus}$可由热力学函数求得，是国家标准的定义物理量。

使用标准平衡常数表达式同经验平衡常数类似，同样要注意以下几点：

(1)反应系统中的纯固体或液体，可把它们的浓度或压力视为常数，不写在平衡常数表达式中。例如反应

$$CaCO_3(s) \rightleftharpoons CaO(s) + CO_2(g)$$

$$K^{\ominus} = \frac{P(CO_2)}{P^{\ominus}}$$

(2) 稀溶液中进行的反应，水的浓度看作常数，不必写在平衡常数表达式中。例如：

$$Cr_2O_7^{2-}(aq) + H_2O(l) \rightleftharpoons 2CrO_4^{2-}(aq) + 2H^+(aq)$$

$$K^{\ominus} = \frac{\left[\frac{c(CrO_4^{2-})}{c^{\ominus}}\right]^2 \left[\frac{c(H^+)}{c^{\ominus}}\right]^2}{\frac{c(Cr_2O_7^{2-})}{c^{\ominus}}}$$

但在非水溶液中反应，水的浓度不可看作常数，必须写在标准平衡常数表达式中。例如：

$$CH_3COOH + C_2H_5OH \rightleftharpoons CH_3COOC_2H_5 + H_2O$$

$$K^{\ominus} = \frac{\left[\frac{c(CH_3COOC_2H_5)}{c^{\ominus}}\right]\left[\frac{c(H_2O)}{c^{\ominus}}\right]}{\left[\frac{c(CH_3COOH)}{c^{\ominus}}\right]\left[\frac{c(C_2H_5OH)}{c^{\ominus}}\right]}$$

(3) 若某反应可以表示成几个反应的总和，则反应的平衡常数为各个反应平衡常数的乘积，这种关系称为多重平衡原则。

例如反应

$$SO_2(g) + \frac{1}{2}O_2(g) \rightleftharpoons SO_3(g) \qquad K_1^{\ominus} = \frac{\frac{P(SO_3)}{P^{\ominus}}}{\left[\frac{P(SO_2)}{P^{\ominus}}\right]\left[\frac{P(O_2)}{P^{\ominus}}\right]^{\frac{1}{2}}}$$

$$NO_2(g) \rightleftharpoons NO(g) + \frac{1}{2}O_2(g) \qquad K_2^{\ominus} = \frac{\left[\frac{P(NO)}{P^{\ominus}}\right]\left[\frac{P(O_2)}{P^{\ominus}}\right]^{\frac{1}{2}}}{\frac{P(NO_2)}{P^{\ominus}}}$$

将两式相加可以可得

$$SO_2(g) + NO_2(g) \rightleftharpoons NO(g) + SO_3(g) \qquad K_3^{\ominus} = \frac{\left[\frac{P(NO)}{P^{\ominus}}\right]\left[\frac{P(SO_3)}{P^{\ominus}}\right]}{\left[\frac{P(SO_2)}{P^{\ominus}}\right]\left[\frac{P(NO_2)}{P^{\ominus}}\right]}$$

所以

$$K_3^{\ominus} = K_1^{\ominus} \times K_2^{\ominus}$$

另外，标准平衡常数与反应方程式的写法有关，这和经验平衡常数相当，这里就不再推导了。

2.2.3 平衡常数与化学反应进行方向

对于化学反应

$$aA \rightleftharpoons hH$$

可以定义某时刻的反应熵 Q

$$Q=\frac{\left(\frac{c(\mathrm{H})}{c^{\ominus}}\right)^{h}}{\left(\frac{c(\mathrm{A})}{c^{\ominus}}\right)^{a}}$$

式中 $c(\mathrm{H})$ 和 $c(\mathrm{A})$ 均表示反应进行到某一时刻的浓度，即非平衡浓度。反应达到平衡时的反应熵 Q 和标准平衡常数 $K^{\ominus}$ 相等，即

$$K^{\ominus}=\frac{\left(\frac{c(\mathrm{H})}{c^{\ominus}}\right)^{h}}{\left(\frac{c(\mathrm{A})}{c^{\ominus}}\right)^{a}}=Q$$

此处可以通过比较平衡常数 $K^{\ominus}$ 和某一时刻的反应熵 Q 的大小来判断该时刻的反应进行的方向。

假设在某一非平衡时刻，对上述反应来说有 $Q<K^{\ominus}$，反应向着该进行的方向进行，也就是向着平衡的方向进行，即此时刻反应是向正向进行的。当 $Q>K^{\ominus}$ 时，此时刻，反应向逆向进行。而当 $Q=K^{\ominus}$ 时，体系处于平衡状态。利用 K_p 和 K_c 与相应的反应熵 Q 相比较，也可以判断反应方向，但必须注意 K 与 Q 的一致性。

2.3 标准平衡常数与吉布斯自由能变的关系

前面已经学习过用 $\Delta_r G_m^{\ominus}$ 判据，判别恒温恒压无非体积功的化学反应，当各种物质均处于标准状态时的进行方向。我们也可以把判断对象，从“各种物质均处于标准状态”发展到“各种物质不均处于标准状态和均不处于标准状态”，讨论反应进行的方向。将其与比较 Q 与 $K^{\ominus}$ 大小的判断方法加以对比，揭示两者之间的内在联系。

设某时某刻化学反应

$$a\mathrm{A(aq)}+b\mathrm{B}(aq) \rightleftharpoons g\mathrm{G(aq)}+h\mathrm{H}(aq)$$

式中，各物质的浓度不处于标准状态，Q 为该时刻的反应熵。化学热力学中有下面关系式可以表明 $\Delta_r G_m$ 和 $\Delta_r G_m^{\ominus}$、Q 之间的关系

$$\Delta_r G_m=\Delta_r G_m^{\ominus}+RT\ln Q \tag{2-5}$$

式(2-5)称为化学反应等温式，这个公式的实质是通过反应熵 Q 对反应的标准摩尔自由能改变量 $\Delta_r G_m^{\ominus}$ 加以修正，而得到与反应熵 Q 相对应时刻反应的摩尔自由能改变量 $\Delta_r G_m$。当各种物质不处于标准状态时，反应的 $\Delta_r G_m$ 正是反应进行方向的判据。

当体系处于平衡状态时，$\Delta_r G_m=0$，同时 $Q=K^{\ominus}$，此时式(2-5)变成

$$0=\Delta_r G_m^{\ominus}+RT\ln K^{\ominus}$$

于是有

$$\Delta_r G_m^{\ominus}=-RT\ln K^{\ominus} \tag{2-6}$$

式(2-6)是一个很重要的公式，它给出了重要的热力学参数 $\Delta_r G_m^{\ominus}$ 和 $K^{\ominus}$ 之间的关系，为得到一些化学反应的平衡常数 $K^{\ominus}$ 提供了可行的方法。

例 2-1 查生成标准摩尔自由能表，计算过氧化氢分解反应的标准摩尔吉布斯自由能变化，并求 298K 反应的平衡常数。

$$H_2O_2(l) \rightleftharpoons H_2O(l) + \frac{1}{2}O_2(g)$$

解：通过查表计算可以可得 298K 反应的 $\Delta_r G_m^{\ominus}$，结果是

$$\Delta_r G_m^{\ominus} = -116.7\text{kJ/mol}$$

由式(2-6) $$\Delta_r G_m^{\ominus} = -RT\ln K^{\ominus}$$

得 $$\ln K^{\ominus} = -\frac{\Delta_r G_m^{\ominus}}{RT}$$

将 $\Delta_r G_m^{\ominus} = -116.7\text{kJ/mol}$ 代入

$$\ln K^{\ominus} = -\frac{-116.7\text{kJ/mol}}{8.314 \times 298\text{J/mol}} = 47.1$$

故 298K 时反应的平衡常数 $K^{\ominus} = 2.8 \times 10^{20}$

如果将式(2-6)代入到式(2-5)中，得到

$$\Delta_r G_m = -RT\ln K^{\ominus} + RT\ln Q$$

上式可变为 $$\Delta_r G_m = RT\ln \frac{Q}{K^{\ominus}} \tag{2-7}$$

式(2-7)将化学反应方向的 $\Delta_r G_m$ 判据和前面提到的 $K^{\ominus}$ 与 Q 的判断方法之间的联系清楚地表达出来。

当 $Q < K^{\ominus}$ 时，反应自发进行，$\Delta_r G_m < 0$；

当 $Q = K^{\ominus}$ 时，反应达到平衡，以可逆方式进行，$\Delta_r G_m = 0$；

当 $Q > K^{\ominus}$ 时，逆反应自发进行，$\Delta_r G_m > 0$。

2.4 化学平衡的移动——勒·沙特里(Le Chatelier)原理

化学平衡是在一定条件下出现的一种暂时的稳定状态。如果条件不变，平衡状态可以保持。一旦外界条件发生改变，体系的平衡状态就受到破坏，并在新的条件下，体系建立新的平衡状态。通常把可逆反应的原有平衡被破坏直至新的平衡建立的过程，称为化学平衡的移动。也可以这样理解，化学平衡移动是化学平衡由一个平衡点移向另一个平衡点的过程。化学平衡发生移动时，反应体系中各物质的浓度都将发生变化。能引起化学平衡发生移动的外部条件是浓度、压力和温度。

我们知道各种外界条件影响化学平衡的一般规律，即如果对平衡体系施加外部影响，平衡将向着减小该影响的方向移动，这就是勒·沙特里(Le Chatelier)原理。现在我们已经有条件对化学平衡的移动，以及影响平衡移动的因素进行定量讨论。某化学反应处于平衡状态时，$Q = K^{\ominus}$，改变条件使 $Q \neq K^{\ominus}$，平衡被破坏，反应向正向(或逆向)进行，之后重新建立平衡，我们说平衡右移(或左移)。改变温度时，$K^{\ominus}$ 发生变化，也会使 $Q \neq K^{\ominus}$，从而导致平衡移动。下面就从改变 Q 和 $K^{\ominus}$ 这两个方面定量讨论化学平衡移动。

2.4.1 浓度对平衡的影响

在温度和压力不变的条件下，改变系统中物质的浓度(或分压)，产生的影响集中表现在反应熵的变化。根据化学反应等温式，可以使 $\Delta_r G_m$ 发生变化，从而影响化学平衡。

以下列反应为例

$$CO(g)+H_2O(g) \rightleftharpoons H_2(g)+CO_2(g)$$

来讨论浓度对平衡的影响。

在某温度下该反应的 $K_c=9$，当 CO 和 H_2O 的起始浓度均为 0.02mol/L 时，可以计算出 CO 的平衡转换率为 75%，用同样的方法也可以算出当 CO 和 H_2O 的起始浓度分别为 0.02mol/L 和 1.00mol/L 时，CO 的平衡转化率为 99.8%，这说明增大了反应物的浓度，反应物的转化率得到了提高，这里通过计算得到了说明。在平衡体系中增大反应物的浓度，反应熵 Q 的数值因分母增大而减少，使 $Q < K^{\ominus}$ 。这时平衡被破坏，反应向正方向移动，重新达到平衡，即平衡右移。

推而广之，增加反应物的浓度或减少产物的浓度，反应 Q 变小，即 $Q < K^{\ominus}$ ，反应的 $\Delta_r G_m<0$，平衡向正反应方向移动；减少反应物的浓度或增加产物的浓度，将使 Q 变大，即 $Q > K^{\ominus}$ ，反应的 $\Delta_r G_m>0$，平衡向逆反应方向移动。

在生产实践中，常常根据这一原理，使反应物有较大的转化率。通常采取：

（1）为使某种原料充分有效地利用，就应尽量使另一种原料过量，以提高某种原料的转化率。例如接触法生产硫酸中，为使 SO_2 的转化率提高，在混合气中，常常加入过量的氧(空气)使之反应。

（2）不断地从体系中将生成物之一分离掉，以促使平衡向生成物的方向移动。例如在合成氨反应中，为了得到较多的产品——氨，在工业上采取迅速冷却的方法，使气态氨变为液氨后被分离出去。

2.4.2 压强对平衡的影响

压强的变化，对于有气体参加且反应前后气体的物质的量有变化的反应的化学平衡有影响。

例如反应

$$PCl_5(g) \rightleftharpoons PCl_3(g)+Cl_2(g)$$

在某温度下反应达到平衡时，有

$$K^{\ominus}=\frac{\left[\frac{P(PCl_3)}{P^{\ominus}}\right]\left[\frac{P(Cl_2)}{P^{\ominus}}\right]}{\frac{P(PCl_5)}{P^{\ominus}}}$$

如果将平衡体系的总压增加至原来的 2 倍，这时各组分的分压分别变为原来的 2 倍，体系处于不平衡状态，其反应熵为

$$Q=\frac{\left[\frac{2P(PCl_3)}{P^{\ominus}}\right]\left[\frac{2P(Cl_2)}{P^{\ominus}}\right]}{\frac{2P(PCl_5)}{P^{\ominus}}}=2K^{\ominus}$$

即 $Q > K^{\ominus}$ ，所以反应向左进行。随着反应的进行，$P(PCl_3)$ 和 $P(Cl_2)$ 下降，而 $P(PCl_5)$ 增高，导致 Q 逐渐减小，最后 $Q = K^{\ominus}$ ，体系在新的条件下重新达到平衡。从上面的分析可以看出，增大压强时，平衡向气体分子数减少的方向移动。

对于反应

$$CO(g)+H_2O(g) \rightleftharpoons H_2(g)+CO_2(g)$$

其反应前后气体分子数不变。在高温下反应达到平衡时

$$K^{\ominus}=\frac{\left[\dfrac{P(CO_2)}{P^{\ominus}}\right]\left[\dfrac{P(H_2)}{P^{\ominus}}\right]}{\left[\dfrac{P(CO)}{P^{\ominus}}\right]\left[\dfrac{P(H_2O)}{P^{\ominus}}\right]}$$

若体系的总压力增大到原来的 2 倍时，各组分的分压也分别变成原分压的 2 倍。这时的反应熵为

$$Q=\frac{\left[\dfrac{2P(CO_2)}{P^{\ominus}}\right]\left[\dfrac{2P(H_2)}{P^{\ominus}}\right]}{\left[\dfrac{2P(CO)}{P^{\ominus}}\right]\left[\dfrac{2P(H_2O)}{P^{\ominus}}\right]}=K^{\ominus}$$

平衡没有发生移动，即改变压强时对反应的前后气体分子数不变的反应的平衡状态没有影响。

同样，在恒定容积的情况下，向平衡系统加入惰性气体时，虽然系统的总压增大了，但系统中各气态物质的分压不会改变，不会引起平衡的移动。

通过上面的定量分析可以发现，压强的变化只是对那些反应前后气体分子数目有变化的反应的化学平衡有影响；在恒温下，增大压强，平衡向气体分子数目减少的方向移动，减小压强，平衡向气体分子数目增加的方向移动。

体积的变化，对于化学平衡也有影响。经常将体积的变化归结为浓度或压力的变化来讨论，当体积增大时相对于浓度减小或压强减小；而体积减小相对于浓度或压强的增大。

2.4.3 温度对平衡的影响

不论浓度变化，还是压强变化，它们对化学平衡的影响都是从改变 Q 而得以实现的。温度对平衡的影响却是从改变平衡常数 K 而产生的。

将
$$\Delta_r G_m^{\ominus}=-RT\ln K^{\ominus}$$
和
$$\Delta_r G_m^{\ominus}=\Delta_r H_m^{\ominus}-T\Delta_r S_m^{\ominus}$$
两式联立，得
$$-RT\ln K^{\ominus}=\Delta_r H_m^{\ominus}-T\Delta_r S_m^{\ominus}$$
可变为

$$\ln K^{\ominus}=\frac{\Delta_r S_m^{\ominus}}{R}-\frac{\Delta_r H_m^{\ominus}}{RT}$$

不同温度 T_1，T_2 时分别为

$$\ln K_1^{\ominus}=\frac{\Delta_r S_{m_1}^{\ominus}}{R}-\frac{\Delta_r H_{m_1}^{\ominus}}{RT_1}$$

$$\ln K_2^{\ominus}=\frac{\Delta_r S_{m_2}^{\ominus}}{R}-\frac{\Delta_r H_{m_2}^{\ominus}}{RT_2}$$

两式相减，且近似地认为 $\Delta_r S_m^{\ominus}$ 和 $\Delta_r H_m^{\ominus}$ 均不受温度影响，得

$$\ln\frac{K_2^{\ominus}}{K_1^{\ominus}}=\frac{\Delta_r H_m^{\ominus}}{R}\left(\frac{1}{T_1}-\frac{1}{T_2}\right)$$

整理后得

$$\ln\frac{K_2^{\ominus}}{K_1^{\ominus}}=\frac{\Delta_r H_m^{\ominus}}{R}\left(\frac{T_2-T_1}{T_1T_2}\right) \tag{2-8}$$

利用式(2-8)讨论温度变化对化学平衡的影响，即对平衡常数的影响，是很方便的。对于吸热反应，$\Delta_r H_m^{\ominus}>0$，当 $T_2>T_1$ 时，由式(2-8)可得 $K_2^{\ominus}>K_1^{\ominus}$，即平衡常数随温度升高而增大，反应物的平衡转化率增加。所有升高温度时吸热反应的化学平衡向正反应方向移动，当然降低温度吸热反应的化学平衡向逆反应方向移动。

对于放热反应，$\Delta_r H_m^{\ominus}<0$，当 $T_2>T_1$ 时，由式(2-8)可得 $K_2^{\ominus}<K_1^{\ominus}$，即平衡常数随温度升高而减小，升高温度平衡向逆反应方向移动。而当 $T_2<T_1$ 时 $K_2^{\ominus}>K_1^{\ominus}$，平衡向正反应方向移动。

公式(2-8)，表明了 T_1，$K_1^{\ominus}$，T_2，$K_2^{\ominus}$ 和 $\Delta_r H_m^{\ominus}$ 等热力学数据的数量关系。在已知反应热 $\Delta_r H_m^{\ominus}$ 的前提下，知道某一温度下的平衡常数，即可以求出另一温度下的平衡常数；也可以通过两种不同温度下的平衡常数，求出反应热。

催化剂对反应的影响，是一个动力学问题，它不改变化学反应的热力学参数 $\Delta_r H_m^{\ominus}$ 和 $\Delta_r G_m^{\ominus}$，故不影响化学平衡，只是改变平衡实现的时间。

对于液体的汽化，如水的汽化过程：

$$H_2O(l) \rightleftharpoons H_2O(g)$$

反应的标准平衡常数

$$K^{\ominus}=\frac{P(H_2O)}{P^{\ominus}}$$

即等于平衡时气体的相对蒸气压力。

由 $\ln\frac{K_2^{\ominus}}{K_1^{\ominus}}=\frac{\Delta_r H_m^{\ominus}}{R}\left(\frac{1}{T_1}-\frac{1}{T_2}\right)$ 得，$\ln\frac{P_2}{P_1}=\frac{\Delta_{vap} H_m^{\ominus}}{R}\left(\frac{1}{T_1}-\frac{1}{T_2}\right)$，这个公式称为克拉贝龙–克劳修斯方程，它表示 T_1 和 T_2 两个热力学温度与相应两个蒸气压力下的相应沸点温度间的关系。

例 2–2 压力锅内，水的蒸气压力可达到 150kPa，计算水在压力锅中的沸腾温度。

根据 $H_2O(l) \rightleftharpoons H_2O(g)$ 得水的汽化热 $\Delta_r H_m^{\ominus}=44.0\text{kJ/mol}$

水的正常沸点 $P_1=101.325\text{kPa}$，$T_1=373.15\text{K}$，故可得

$$\ln\frac{P_2}{P_1}=\frac{\Delta_{vap} H_m^{\ominus}}{R}\left(\frac{1}{T_1}-\frac{1}{T_2}\right)$$

$$\ln\frac{150\text{kPa}}{101.3\text{kPa}}=\frac{44.0\text{kJ/mol}}{8.314\text{J/mol}}\left(\frac{1}{373.15}-\frac{1}{T_2}\right)$$

得

$$T_2=383\text{K}$$

习题

1. 如何正确理解化学反应的平衡状态？

2. 什么是化学反应的经验平衡常数、标准平衡常数？两者之间在意义和用途上分别有何异同？K_p、K_c 的意义各是什么，对于气相反应两者之间怎样进行换算？

3. 下列反应达到平衡，写出 K_p 与 K_c 的表达式，并确定 K_p 与 K_c 间的关系。

(1) $N_2(g)+O_2(g) \rightleftharpoons 2NO(g)$;

(2) $CO(g)+3H_2(g) \rightleftharpoons CH_4(g)+H_2O(g)$;

(3) $HCl(g)+NH_3(g) \rightleftharpoons NH_4Cl(s)$

(4) $CaCO_3(s) \rightleftharpoons CaO(s)+CO_2(g)$

(5) $C(s)+H_2O(g) \rightleftharpoons CO(g)+H_2(g)$

4. 反应 $CO(g)+H_2O(g) \rightleftharpoons CO_2(g)+H_2(g)$ 在 723K 时达到平衡，测得混合气体中 CO_2 和 H_2 都等于 0.75mol。若反应是在 5.0L 容器中进行，开始时加入 1.0molCO 和 4.0mol$H_2O(g)$，试计算：

(1) 反应体系中各物质的平衡浓度；

(2) 反应的平衡常数 K_P 与 K_C。

5. 什么是化学等温式？如何由化学反应等温式推导出 $\Delta_r G_m^\ominus=-RT\ln K^\ominus$ 和 $\Delta_r G_m=RT\ln\frac{Q}{K^\ominus}$？

6. 反应物的浓度和外界压强如何影响化学平衡？如何将体积对化学平衡的影响归结为浓度和压强的影响？

7. 如何推导出温度与平衡常数关系的公式 $\ln\frac{K_2^\ominus}{K_1^\ominus}=\frac{\Delta_r H_m^\ominus}{R}\left(\frac{1}{T_1}-\frac{1}{T_2}\right)$？如何用该公式讨论温度对化学平衡的影响？

8. 某温度下，100kPa 时反应 $2NO_2 \rightleftharpoons N_2O_4$ 的标准平衡常数 $K^\ominus=3.06$，求 NO_2 的平衡转化率。

9. 已知下列反应：

(1) $2CO(g)+O_2(g) \rightleftharpoons 2CO_2(g)$；$\Delta H_m^\ominus=-566kJ/mol$

(2) $3H_2(g)+N_2(g) \rightleftharpoons 2NH_3(g)$；$\Delta H_m^\ominus=-93.7kJ/mol$

(3) $3CH_4(g)+Fe_2O_3(s) \rightleftharpoons 2Fe(s)+3CO(g)+6H_2(g)$；$\Delta H_m^\ominus=717kJ/mol$

如(1)增加压力；(2)降低温度，平衡将向何方移动？

10. 下列反应在 850K 时进行，根据热力学数据，判断各反应进行的方向：

(1) $2CO_2(g) \rightleftharpoons 2CO(g)+O_2(g)$

(2) $MgSO_4(s) \rightleftharpoons MgO(s)+SO_3(g)$

(3) $2SO_2(g)+O_2(g) \rightleftharpoons 2SO_3(g)$

(4) $N_2(g)+O_2(g) \rightleftharpoons 2NO(g)$

11. 合成氨反应 $N_2(g)+3H_2(g) \rightleftharpoons 2NH_3(g)$ 在 648K 时，$\Delta G_m^\ominus=43.2kJ/mol$。试计算：

(1) 该反应 $K^\ominus$；

(2) 在混合气体中，若 $P(N_2)=2.0625\times10^3Pa$，$P(H_2)=3.0397\times10^5Pa$，$P(NH_3)=1.0133\times10^4Pa$。反应向哪个方向进行？

12. 下列反应 $4Ag(s)+O_2(g) \rightleftharpoons 2Ag_2O(s)$，试计算：

(1)在 298K 时的 $\Delta G_m^\ominus$ 和 $K^\ominus$；

(2)在平衡时氧的压力。

13. 反应 $3H_2(g)+N_2(g) \rightleftharpoons 2NH_3(g)$

200℃时的平衡常数 $K_1^\ominus=0.64$，400℃时的平衡常数 $K_2^\ominus=6.0\times10^{-4}$，据此求该反应的标准摩尔反应热 $\Delta_r H_m^\ominus$ 和 $NH_3(g)$ 的标准摩尔生成热 $\Delta_f H_m^\ominus$。

14. 用有关的热力学数据计算反应：$CO_2(g)+H_2(g) \rightleftharpoons CO(g)+H_2O(g)$ 在 873K 时的 $K^\ominus$ 是多少？若系统中各组分气体的分压 $P(CO_2)=P(H_2)=76kPa$，$P(CO)=P(H_2O)=127kPa$，计算此条件下反应的 $\Delta_r G_m$，并判断反应进行的方向。

第3章　化学反应速率

内容提要：本章主要是对化学动力学的初步探讨，着重讨论了化学反应速率的表示方法以及浓度、温度和催化剂对化学反应速率的影响。

学习要求：

(1) 掌握反应速率的表示方法。

(2) 了解浓度与反应速率的关系。了解基元反应和反应级数的概念。

(3) 了解温度与反应速率的关系。能用活化能和活化分子的概念，说明浓度、温度、催化剂对化学反应速率的影响。

(4) 了解催化作用的原理及绿色催化的概念。

在讨论化学平衡时曾经指出，一个可逆的化学反应，只要反应时间足够长，它总能达到平衡状态，但是一个化学反应究竟需要多长的时间才能达到平衡状态，也是令人十分关心的问题，这就涉及反应速率的问题。化学反应速率和化学平衡是化学反应研究工作中十分重要的两个方面，这两个方面是缺一不可的。例如，对于合成氨反应

$$N_2(g)+3H_2(g)\rightleftharpoons 2NH_3(g)$$

$$\Delta G_{298}^{\ominus}=-33.2\text{kJ/mol}$$

$$K^{\ominus}=6.1\times 10^5$$

从化学平衡角度看，在常温常压下这个反应的转化率是很高的，无奈它的反应速率太慢，以致毫无工业价值，至今尚未找到一种合适的催化剂，使合成氨反应能在常温常压条件下顺利进行。又例如 CO 和 NO 是汽车尾气中的两种有毒气体，若使它们发生下列反应变成 CO_2 和 N_2，则将大大改善汽车尾气对环境的污染。

$$CO(g)+NO(g)\longrightarrow CO_2(g)+\frac{1}{2}N_2(g)$$

$$\Delta G_{298}^{\ominus}=-344\text{kJ/mol}$$

$$K^{\ominus}=1.9\times 10^{60}$$

该化学反应的限度是很大的，可惜它的反应速率极慢，不能付诸实用。研制这个反应的催化剂是当今环境保护工作者非常感兴趣的课题。反应速率的大小，主要决定于反应物的化学性质，但也受浓度、温度、压力及催化剂等因素的影响。在化工生产和化学实验过程中，化学平衡和反应速率的变化，以及外界条件对它们的影响是错综复杂的。前一章已介绍过化学平衡，本章将集中讨论反应速率问题，许多实际问题需要从两方面综合考虑。

3.1　反应速率

不同化学反应的速率千差万别，如火药的爆炸可在瞬间完成，水溶液中简单离子的反应在分秒之内实现，反应釜中乙烯的聚合过程按小时计算，室温条件下普通塑料橡胶的老化速率按年计，而自然界岩石的风化速率则按百年以至千年计算。

3.1.1 传统定义的化学反应速率

化学反应速率是用来定量比较化学反应的快慢的。传统的定义为：在一定条件下，在单位时间内某化学反应的反应物转变成生成物的速率。对于均匀体系的恒容反应，习惯上用单位时间内某反应物浓度的减小或生成物浓度的增加来表示，而且习惯上取正值。物质的浓度以 mol/L 表示，时间单位可视反应进行的快慢，分别用秒(s)、分(min)或小时(h)表示。例如，在给定条件下合成 NH_3 的反应

	N_2+	$3H_2$ ⟶	$2NH_3$
起始浓度/(mol/L)	2.0	3.0	0
2s 末浓度/(mol/L)	1.8	2.4	0.4

该反应的平均速率若用不同物质浓度随时间的变化可分别表示为

$$v(N_2)=-\frac{\Delta c(N_2)}{\Delta t}=-\frac{(1.8-2.0)\text{mol/L}}{(2-0)\text{s}}=0.1\text{mol/(L·s)}$$

$$v(H_2)=-\frac{\Delta c(H_2)}{\Delta t}=-\frac{(2.4-3.0)\text{mol/L}}{(2-0)\text{s}}=0.3\text{mol/(L·s)}$$

$$v(NH_3)=\frac{\Delta c(NH_3)}{\Delta t}=\frac{(0.4-0)\text{mol/L}}{(2-0)\text{s}}=0.2\text{mol/(L·s)}$$

由上例可以看出：①反应进行时，反应物总是被消耗，故用反应物浓度随时间的变化表示的是反应的消耗速率，而用产物浓度随时间的变化表示的是反应的生成速率；②对同一化学反应，用系统中不同物质的浓度随时间的变化来表示速率时，其数值可能有所不同，具体选用什么物质表示，主要取决于在实验过程中什么物质最易测定；③比较上述计算结果可以看出：$\bar{v}(N_2):\bar{v}(H_2):\bar{v}(NH_3)=1:3:2$，即用不同物质浓度变化表示同一化学反应速率时，速率比等于化学方程式中相应物质的系数比。

对于大多数反应来讲，反应速率是一个随着反应的进行而不断变化的数量，因而有平均速率和瞬间速率之分。

以上介绍的是 Δt 时间间隔内的平均速率，某反应瞬间($\Delta t\to 0$)的速率称为瞬时速率，可用下式表示：

$$v=\lim_{\Delta t\to 0}\left(\pm\frac{\Delta c}{\Delta t}\right)=\pm\frac{\mathrm{d}c}{\mathrm{d}t}$$

式中，Δc 表示物质浓度的变化；Δt 表示反应时间。物质为生成物时，v 表示式取“+”号；物质为反应物时，v 表示式取“-”号。

3.1.2 用反应进度定义的反应速率

按国际纯粹与应用化学联合会(IUPAC)推荐，反应速率定义为：单位体积中反应进度随时间的变化率。即

$$v=\frac{1}{V}\cdot\frac{\mathrm{d}\xi}{\mathrm{d}t} \tag{3-1}$$

式中 V 为反应系统的体积。将反应进度公式 $\mathrm{d}\xi=\frac{\mathrm{d}n_B}{v_B}$代入式(3-1)得

$$v=\frac{1}{V}\cdot\frac{\mathrm{d}n_B}{v_B}\cdot\frac{1}{\mathrm{d}t}=\frac{1}{v_B}\cdot\frac{\mathrm{d}n_B}{V\mathrm{d}t}$$

对于恒容反应，V 为定值，可用浓度 c 代替 n/V，$\mathrm{d}n_B/V=\mathrm{d}c_B$，上式可写作

$$v = \frac{1}{v_B} \cdot \frac{dc_B}{dt} \tag{3-2}$$

这表明，在恒容条件下的反应速率，常表示为单位时间内 B 物质的量浓度变化除以其计量数。不难看出，这样定义的反应速率与物质 B 的选择无关。由于 v_B 是物质的化学计量数，其值与化学反应方程式的书写形式有关。

例 3-1 已知反应 $2N_2O_5 \longrightarrow 4NO_2+O_2$

0s 时，c_0/(mol/L) 2.1 0 0

10s 时，c_{10}/(mol/L) 1.95 0.3 0.075

试计算该反应的反应速率 v。

解：由题条件知

$v(N_2O_5)=-2$，$v(NO_2)=4$，$v(O_2)=1$

$\Delta c[N_2O_5]=1.95-2.1=-0.15$mol/L，$\Delta c[NO_2]=0.3$mol/L，

$\Delta c[O_2]=0.075$mol/L

$$v = \frac{\Delta c[N_2O_5]}{v(N_2O_5)\cdot\Delta t} = \frac{\Delta c[NO_2]}{v(NO_2)\cdot\Delta t} = \frac{\Delta c[O_2]}{v(O_2)\cdot\Delta t}$$

$$= \frac{-0.15}{(-2)\times 10} = \frac{0.3}{4\times 10} = \frac{0.075}{1\times 10} = 7.5\times 10^{-3}[\text{mol/(L·s)}]$$

3.2 浓度与反应速率

3.2.1 基元反应与非基元反应

过氧化氢分解反应时，随着反应的进行，H_2O_2 浓度逐渐减小，反应速率也逐渐变小。由实验测得 H_2O_2 浓度在 0.40mol/L、0.20mol/L 和 0.10mol/L 时的瞬时速率如表 3-1 所示。

表 3-1 H_2O_2 的瞬时速率

H_2O_2 浓度/(mol/L)	0.10	0.20	0.1
$v=-\frac{d[H_2O_2]}{dt}$[mol/(L·min)]	0.014	0.0075	0.0038

这些数据表明 H_2O_2 浓度减小一半，速率减慢一半，也就是反应速率与反应物的浓度成正比。它们的数学表达式可写作：

$$v=-\frac{d[H_2O_2]}{dt}=k[H_2O_2] \tag{3-3}$$

式中比例常数 k 叫做反应速率常数，也叫比速常数，k 可以看作$[H_2O_2]=1$mol/L 时的反应速率。

NO_2 和 CO 起反应生成 NO 和 CO_2 的反应速率表达式与上述表达式有所不同。选择一系列不同起始浓度的 NO_2-CO 体系进行试验，测定反应速率，一些实验数据列入表 3-2，分别比较甲乙丙三组试验。当各组 NO_2 的浓度相同时，CO 的浓度加倍，反应速率也加倍，即反应速率与 NO_2 的浓度成正比。再从表的横向进行比较，CO 浓度固定时，当 NO_2 浓度加倍，反应速率也加倍，即反应速率与 NO_2 浓度也成正比。由此可见该反应速率与 CO 浓度及 NO_2 浓度乘积成正比，即

$$v=-\frac{d[NO_2]}{dt}=-\frac{d[CO]}{dt}=k[NO_2][CO] \tag{3-4}$$

速率方程式是依据实验结果写出的。

表 3-2 在 673K 时，反应 $CO(g)+NO_2(g) \longrightarrow CO_2(g)+NO(g)$ 反应物的浓度与初速率

mol/(L·s)

甲组			乙组			丙组		
CO 浓度	NO_2 浓度	初速率	CO 浓度	NO_2 浓度	初速率	CO 浓度	NO_2 浓度	初速率
0.1	0.1	0.005	0.10	0.20	0.010	0.10	0.30	0.015
0.2	0.1	0.010	0.20	0.20	0.020	0.20	0.30	0.030
0.3	0.1	0.015	0.30	0.20	0.030	0.30	0.30	0.045
0.4	0.1	0.020	0.40	0.20	0.040	0.40	0.30	0.060

化学反应速率与路径有关。有些化学反应的历程很简单，反应物分子相互碰撞，一步就起反应而变为生成物。但多数化学反应历程较为复杂，反应物分子要经过几步，才能转化为生成物。前者叫“基元反应”，后者叫“非基元反应”。基元反应的速率方程比较简单，在恒温条件下，反应速率与反应物浓度的乘积成正比，并且各浓度的方次也与反应物的系数相一致。若下列反应是基元反应，

$$a\mathrm{A}+b\mathrm{B} \longrightarrow c\mathrm{C}$$

那么表示反应速率和浓度关系的速率方程式就是：

$$v=-\frac{1}{a}\times\frac{d[A]}{dt}=-\frac{1}{b}\times\frac{d[B]}{dt}=\frac{1}{c}\times\frac{d[C]}{dt}=k[A]^a[B]^b \tag{3-5}$$

其中，速率常数 k 是化学反应在一定温度的特征常数，即 k 由反应的性质和温度决定，而与浓度无关。式(3-5)表明基元反应速率与浓度的相互关系，这个规律称为质量作用定律。

非基元反应的速率方程式比较复杂，浓度的方次和反应物的系数不一定相符。例如过二硫酸铵[$(NH_4)_2S_2O_8$]和碘化钾(KI)在水溶液中发生下列氧化还原反应：

$$S_2O_8^{2-}+3I^- \longrightarrow 2SO_4^{2-}+I_3^-$$

参考表 3-3 数据，可以看到反应速率既能与 $S_2O_8^{2-}$ 浓度成正比，也与 I^- 浓度成正比，即

$$-\frac{d[S_2O_8^{2-}]}{dt}=k[S_2O_8^{2-}][I^-]$$

而不是

$$-\frac{d[S_2O_8^{2-}]}{dt}=k[S_2O_8^{2-}][I^-]^3$$

化学平衡常数式中平衡浓度的方次和化学方程式里的系数总是一致的，按化学方程式即可写出平衡常数式，因为化学平衡只取决于反应的始态和终态而与路径无关。但化学反应速率与路径密切有关，速率式中浓度的方次要由实验确定，不能直接按化学方程式的系数写出。在后面讨论反应机理时还将讨论这个问题。

速率方程式里浓度的“方次”叫做反应的“级数”，例如对于速率 $v=k[A]^a[B]^b$，若实验测得 $a=1$，$b=2$，则对反应物 A 来说是一级的；对反应物 B 来说是二级的；若 $a+b=2$，那么总反应为二级反应。总之，要正确写出速率方程表示浓度与反应速率的关系，必须由实验

测定速率常数和反应级数。

表 3-3 在室温下反应 $S_2O_8^{2-}+3I^- \longrightarrow 2SO_4^{2-}+I_3^-$ 的反应速率

起始浓度/(mol/L)		$-\frac{d[S_2O_8^{2-}]}{dt}$/[mol/(L·s)]
$[S_2O_8^{2-}]$	$[I^-]$	
0.038	0.060	1.4×10^{-5}
0.076	0.060	2.8×10^{-5}
0.076	0.030	1.4×10^{-5}

3.2.2 反应级数

化学反应按反应级数可以分为一级、二级、三级以及零级反应等等。各级反应都有特定的浓度-时间关系。确定反应级数是研究反应速率的首要问题。现分别讨论各级反应的特点。

1. 一级反应

凡是反应速率与反应物浓度的一次方成正比的都是一级反应。如:

$$H_2O_2 \longrightarrow H_2O+\frac{1}{2}O_2$$

$$N_2O_5 \longrightarrow 2NO_2+\frac{1}{2}O_2$$

$${}^{226}_{88}Ra \longrightarrow {}^{222}_{86}Rn+{}^{4}_{2}He$$

$$\underset{\text{蔗糖}}{C_{12}H_{22}O_{11}}+H_2O \longrightarrow \underset{\text{葡萄糖}}{C_6H_{12}O_6}+\underset{\text{果糖}}{C_6H_{12}O_6}$$

它们都是一级反应。设反应物 A 转变为生成物 P 代表一级反应,那么反应 A→P 的速率方程式为:

$$\upsilon=-\frac{d[A]}{dt}=k[A], \quad \frac{d[A]}{[A]}=-kdt$$

设起始态 $t=0$ 时,A 的浓度为 $[A_0]$,终态时间为 t 时,A 的浓度为 $[A]$,对上式进行积分,

$$\int_{[A_0]}^{[A]}\frac{dA}{A}=-\int_0^t kdt$$

$$\ln[A]-\ln[A_0]=-kt$$

或

$$\lg[A]=\lg[A_0]-\frac{k}{2.30}t$$

$$\vdots \quad\quad \vdots \quad\quad \vdots \quad \vdots$$

$$y = c + m\ x \tag{3-6}$$

按式(3-6)将 $\lg[A]$ 对 t 作图可得一直线,其斜率为 $-\frac{k}{2.30}$,截距为 $\lg[A_0]$。

当 $[A]=\frac{1}{2}[A_0]$ 时,此刻的反应时间 $t=t_{1/2}$,也就是反应进行一半所需的时间,这一时间称为半衰期($t_{1/2}$)。一级反应的半衰期是由速率常数决定的,而与反应物的浓度无关,由上式,

$$\lg\frac{[A]}{[A_0]}=\lg\frac{1}{2}=-\frac{k}{2.30}t_{1/2}$$

$$t_{1/2}=\frac{2.30\lg2}{k}=\frac{0.693}{k} \quad (3-7)$$

式(3-7)是一级反应的另一种表达式。

放射性核蜕变都是一级反应，习惯用半衰期表征核衰变速率的快慢。例如：

$^{238}_{92}U \longrightarrow ^{206}_{82}Pb+8^{4}_{2}He+6^{\ 0}_{-1}e$ $\quad t_{1/2}=4.5\times10^{9}a$

$^{226}_{88}Ra \longrightarrow ^{222}_{86}Rn+^{4}_{2}He$ $\quad t_{1/2}=1620a$

$^{14}_{6}C \longrightarrow ^{14}_{7}N+^{\ 0}_{-1}e$ $\quad t_{1/2}=5720a$

$^{60}_{27}Co \longrightarrow ^{60}_{28}Ni+^{\ 0}_{-1}e$ $\quad t_{1/2}=5.26a$

半衰期越长，k 值越小，即反应速率越慢。

例 3-2 放射性$^{60}_{27}Co$所产生的强 γ 辐射广泛应用于癌症治疗，放射性物质的强度以“居里”表示，某医院购买一个含 20 居里的钴源，在使用 10 年后，还剩多少？

解：先由半衰期求速率常数，再用式(3-7)求 10 年后的剩余量。

$$t_{1/2}=\frac{0.693}{k}=5.26a,\quad k=0.132a^{-1}$$

$$\lg\frac{(^{60}_{27}Co)}{(^{60}_{27}Co)_0}=-\frac{0.132}{2.30}t$$

$$\lg\frac{(^{60}_{27}Co)}{20}=-\frac{0.132\times10}{2.30}$$

$$(^{60}_{27}Co)=5.4\ 居里$$

即 10 年后钴源的剩余量为 5.4 居里。

2. 二级反应

凡是反应速率与反应物浓度二次方成正比的都是二级反应，如：

$$CO+NO_2 \longrightarrow CO_2+NO$$

$$S_2O_8^{2-}+3I^- \longrightarrow 2SO_4^{2-}+I_3^-$$

$$2HI \longrightarrow H_2+I_2$$

$$CH_3CHO \longrightarrow CH_4+CO$$

$$CH_3COOC_2H_5+OH^- \longrightarrow CH_3COO^-+C_2H_5OH$$

它们都是二级反应，且反应物浓度倒数与时间 t 呈直线关系。

3. 三级反应

凡反应速率与反应物浓度三次方成正比的是三级反应，三级反应为数较少。例如以下几个与 NO 有关的反应都已确认为三级反应。

$$2NO+Br_2 \longrightarrow 2NOBr$$

$$2NO+O_2 \longrightarrow 2NO_2$$

$$2NO+H_2 \longrightarrow 2N_2O+H_2O$$

4. 零级反应

凡反应速率与浓度无关(即与浓度的零次方成正比)的都是零级反应。已知的零级反应中最多是在表面上发生的多相反应。如 N_2O 在金(Au)粉表面热分解生成 N_2 和 O_2：

$$2N_2O \xrightarrow{Au} 2N_2 + O_2$$

金粉表面能吸附 N_2O，但能促使 N_2O 分解的表面位置是有限量的，当金表面已为 N_2O 饱和时，被吸附的 N_2O 不断分解，气相的 N_2O 就不断补充到金的表面，因此再增加气相 N_2O 浓度对反应速率就没有影响，而呈零级反应。酶的催化反应，光敏反应往往也是零级反应。

综上所述，化学反应的级数不同，反应速率变化规律也不同，现简要归纳如下：

一级反应	$-\frac{d[A]}{dt}=k[A]^1$ lg[A]对 t 作图呈直线	$\lg[A]=\lg[A_0]-\frac{k}{2.30}t$ 斜率 $=-\frac{k}{2.30}$
二级反应	$-\frac{d[B]}{dt}=k[B^2]$ $\frac{1}{[B]}$对 t 作图呈直线	$\frac{1}{[B]}=\frac{1}{[B_0]}+kt$ 斜率 $=k$
三级反应	$-\frac{d[C]}{dt}=k[C]^3$ $\frac{1}{[C]^2}$对 t 作图呈直线	$\frac{1}{[C]^2}=\frac{1}{[C_0]^2}+2kt$ 斜率 $=2k$
零级反应	$-\frac{d[D]}{dt}=k[D]^0=k$ [D]对 t 作图呈直线	$[D]=[D_0]-kt$ 斜率 $=-k$

实验测定了时间 t 与反应物浓度的关系，可以参考这些关系式确定反应的级数和速率常数。这里都用典型的简单例子进行介绍。实际情况往往复杂得多，需要依据具体情况适当简化进行处理。

确定了反应级数和速率常数，就能正确写出速率方程式并进行有关的计算，化工生产过程中关心的一类问题是“一定时间之后，反应物剩余多少？或一定量反应物起反应需要多少时间？”或反应物浓度降低到某个程度需要多少时间？”这些都可用速率方程进行计算。

例 3-3 在 300K，氯乙烷的一级分解反应速率常数是 $2.50\times10^{-3}min^{-1}$。如果起始浓度为 0.40mol/L，问

(1) 反应进行 8h 后，氯乙烷浓度剩多少？

(2) 氯乙烷浓度由 0.40mol/L 降为 0.010mol/L 需要多长时间？

(3) 氯乙烷分解一半需要多长时间？

解：(1) 这是一级反应，

$$\lg[C_2H_5Cl]=\lg[C_2H_5Cl]_0-\frac{k}{2.30}t$$

$$=\lg 0.40-\frac{2.5\times10^{-3}\times8\times60}{2.30}=-0.92$$

$$[C_2H_5Cl]=0.12mol/L$$

即 8h 后 C_2H_5Cl 的剩余浓度为 0.12mol/L。

(2) $\lg\frac{0.010}{0.40}=-\frac{2.5\times10^{-3}\times t}{2.30}$，故

$$t=1.5\times10^3 min=25h$$

(3) 分解一半所需的时间就是半衰期 $t_{1/2}$

$$t_{1/2}=\frac{0.693}{k}=\frac{0.693}{2.5\times10^{-3}}=277\text{min}=4.62\text{h}。$$

3.3 温度与反应速率——活化能

一般说来，“温度越高反应进行越快，温度越低反应进行越慢”，这不仅是化学工作者熟悉的现象，也是人们的生活常识。夏季室温高，食物容易腐烂变质，但放在冰箱里的食物就能贮存较长的时间。大米泡在25℃的水里做不成米饭，只有加热沸腾米变成饭的过程才能很快进行，而用高压锅烧饭的速率更快，因为其中水温可达110℃。

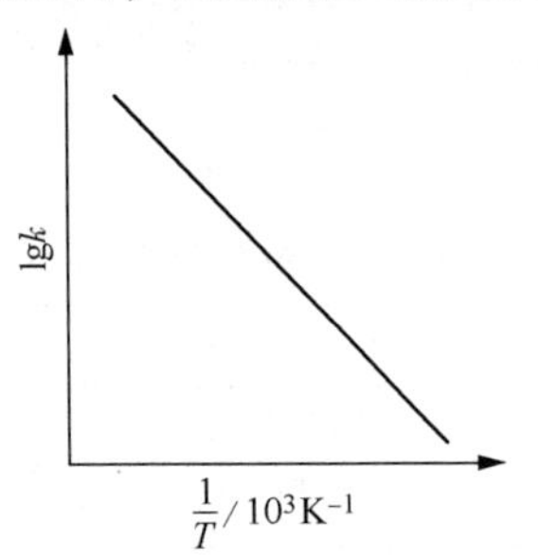

图 3-1 N_2O_5 分解反应的 lg$k$-1/T 图

反应速率快慢可以用速率常数 k 代表，化学家们系统地研究了许多化学反应速率与温度(T)的关系之后发现，lg$k$ 和 1/T 呈直线关系，即

$$\lg k = A + \frac{B}{T} \tag{3-8}$$

$$y=c+mx$$

式中 A 和 B 都是常数。表 3-4 列举 N_2O_5 在不同温度的分解反应速率常数 k，该反应 lg$k$ 对 1/T 的直线关系见图 3-1。

表 3-4 在不同温度下反应 $2N_2O_5 \longrightarrow 4NO_2+O_2$ 的速率常数

T/K	$\frac{1}{T}$	k/s^{-1}	lg$k$
338	2.96×10^{-3}	487×10^{-5}	−2.31
328	3.05×10^{-3}	150×10^{-5}	−2.82
318	3.15×10^{-3}	49.8×10^{-5}	−3.30
308	3.25×10^{-3}	13.5×10^{-5}	−3.87
298	3.36×10^{-3}	3.46×10^{-5}	−4.47

1889 年 Arrhenius 根据实验结果，并参考 Van't Hoff 方程，提出反应速率经验公式：

$$\lg k = -\frac{E_a}{2.30R}\times\frac{1}{T}+C$$

或

$$k = Ae^{-E_a/RT} \tag{3-9}$$

其中 C 和 A 都是积分常数，R 是气体常数，E_a 叫做“实验活化能”。实验测定不同温度的速率常数 k，将 lg$k$ 对 1/T 作图，由所得直线斜率可求算 E_a。Arrhenius 对活化能曾作以下解释：反应物的分子 R 必须经过一个中间活化状态(R^*)才能转变成产物 P，

$$R \longrightarrow R^* \longrightarrow P$$

R 与 R^* 处于动态平衡，由 $R\rightarrow R^*$ 需要吸收的能量即为 E_a(kJ/mol)，Arrhenius 提出“活化分子 R^*”的假想，并把

$$R \rightleftharpoons R^*$$

当作平衡问题，套用 Van't Hoff 方程，而得到 Arrhenius 公式。

若某一给定反应，温度为 T_1 时的反应速率常数为 k_1，温度为 T_2 时的反应速率常数为 k_2，则有

$$\lg k_1=-\frac{E_a}{2.30R}\times\frac{1}{T_1}+C \qquad \lg k_2=-\frac{E_a}{2.30R}\times\frac{1}{T_2}+C$$

两式相减得

$$\lg\frac{k_2}{k_1}=\frac{E_a}{2.30R}\left(\frac{1}{T_1}-\frac{1}{T_2}\right)$$

应用此公式可以由两个不同温度下的反应速率常数 k 求得反应的活化能；也可以由已知反应的活化能及某一温度下的反应速率常数 k 值，去求算该反应在其他温度下的反应速率常数 k 值。

由于 Arrhenius 公式确实适用于不少化学反应，所以活化分子以及活化能的设想也就为人们所接受。但是对于活化能的理论解释至今各家说法不尽相同。各种教科书对这一问题的阐述也不一致。现就反应速率的碰撞理论和过渡态理论对活化能的含义作简要介绍。

最早的反应速率理论是碰撞理论(collision theory)。这一理论，创建于 20 世纪初。它的主要论点如下：

(1) 反应物分子必须相互碰撞才有可能发生反应，反应速率的快慢与单位时间内碰撞次数 Z(即碰撞频率)成正比。化学反应是旧键破坏新键生成的过程，相互碰撞就是指两个分子以很大的速度相互趋近，彼此落到电场作用力的范围之内，发生化学键改组。在常温常压的气体分子之间相互碰撞的机会是很大的，其数量级高达 10^{29} 次/(mL · s)。碰撞频率显然与浓度成正比，此外温度越高碰撞次数也越多，这是因为温度越高分子运动的速率越快。

设有 A，B 两种分子相互碰撞起反应生成 C，A 和 B 的浓度分别是[A]和[B]，那么 A 和 B 的碰撞频率 Z_{AB} 为：

$$Z_{AB}=Z_0[A][B] \tag{3-10}$$

其中 Z_0 是单位浓度时的碰撞频率，它与 A、B 分子的大小、摩尔质量、浓度的表示方法等有关。各种气体分子的大小和质量差别并不很大(也就是说 Z_0 值的差别不大)，但各种反应速率的差别却是很大的，所以除 Z_{AB} 外还需要从碰撞过程中能量和方位两个因素来考虑反应速率。

(2) 分子之间发生反应碰撞是必要条件，但非充分条件。当 A 和 B 两个分子(一对分子)趋近到一定距离时，相互之间的斥力也增大。若这对分子的动能不够大，不足以克服这种斥力，这对分子就不能继续趋近而发生反应；只有那些动能足够大的“分子对”相撞才能发生反应的有效碰撞。有效碰撞在总碰撞次数中所占的分数，符合 Maxwell-Boltzmann 分布律：

$$f=\frac{\text{有效碰撞频率}}{\text{总的碰撞频率}}=e^{-E/RT}$$

式中 E 是指能发生有效碰撞的“分子对”所具有的最低动能。在碰撞理论中 $f=e^{-E/RT}$ 叫做能量因子。

(3) 此外分子还必须处于有利的方位上才能发生有效的碰撞，如反应 $CO+NO_2 \longrightarrow CO_2+NO$ 是氧的转移反应。如图 3-2 所示，若 CO 与 NO_2 沿着 C 和 N 原子的方向相撞是无效的，而沿 C 和 O 原子方向的相撞则是有效的。用 P 代表反应速率的方位因子。P 越大，表示碰撞的方位越有利。总之，只有能量足够，方位适宜的分子对碰撞才是有效的碰撞，所以反应速率 v 等于总碰撞次数 Z，能量因子 f 以及方位因子 P 的乘积

$$v=Z\times f\times P=Z\cdot P\cdot e^{-E/RT} \tag{3-11}$$

取对数，就有

$$\lg v=\lg(Z\cdot P)-\frac{E_a}{2.30RT} \tag{3-12}$$

与 Arrhenius 公式比较

$$\lg k=c-\frac{E_a}{2.30RT}$$

可见按碰撞理论导出的式(3-12)和 Arrhenius 经验公式相符。

式(3-11)也可改写为，

$$v=-\frac{d[A]}{dt}=Z_0[A][B]\cdot f\cdot P=Z_0\cdot P\cdot e^{-E/RT}[A][B]$$

令 $Z_0\cdot P\cdot e^{-E/RT}=k$，则 $v=k[A][B]$。

这就是速率方程式(3-5)，由此可见速率常数 k 与 Z_0、P、$e^{-E/RT}$有关，即 k 与反应分子的质量、大小、温度、活化能，碰撞的方位等因素有关。总之，碰撞理论对 Arrhenius 经验公式进行了理论上的论证，并阐明了速率常数的物理含义。

按碰撞理论看，当两个能量都足够大的分子相撞当然能起反应，但当一个能量很大和一个能量较低的分子相撞时，可能是有效的，也可能是无效的碰撞。所以很难确切地区分哪些分子是“活化分子”，而应从相撞“分子对”的总动能来考虑碰撞的有效性。还须指出此处所谓“能量足够大的分子碰撞是有效碰撞”或“发生有效碰撞的最低能量”等各种描述都具有 Maxwell-Boltzmann 分布律的统计含义。

反应速率的另一个重要理论是过渡状态理论(transition state theory)，这是 20 世纪 30 年代提出的，该理论用量子力学方法对简单反应进行处理，计算反应物分子对相互作用过程中的位能变化，认为反应物在相互接近时要经过一个中间过渡状态，即形成一种“活化络合物”，然后再转化成产物，这个过渡状态就是活化状态，如

$$\underbrace{A+BC}_{\substack{\text{反应物}\\(\text{始态})}}\longrightarrow\underbrace{A\cdots B\cdots C}_{\substack{\text{活化络合物}\\(\text{过渡态})}}\longrightarrow\underbrace{AB+C}_{\substack{\text{产物}\\(\text{终态})}}$$

过渡态的位能高于始态也高于终态，由此形成一个能垒，这种关系可用一个简化的图形表示，见图 3-3。过渡态和 Arrhenius 活化态的设想是一致的。按照过渡状态理论，过渡态和始态的位能差就是活化能，或者说活化络合物具有的最低能量与反应物分子最低能量之差为活化能。过渡状态理论计算若干典型简单反应的活化能与 Arrhenius 实验活化能数值相符。

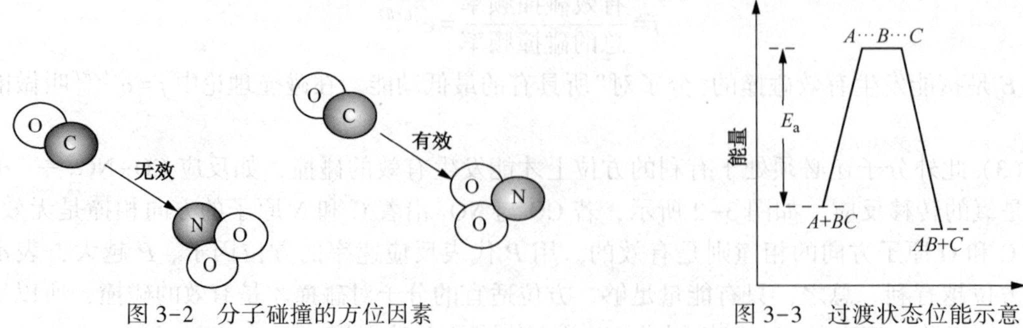

图 3-2　分子碰撞的方位因素　　图 3-3　过渡状态位能示意

综上所述，人们在研究温度和反应速率关系时，提出了“活化能”概念，并由实验测定了一些反应的活化能，随后反应速率理论的研究正在对活化能作微观的阐明。碰撞理论着眼

于相撞“分子对”的动能，而过渡状态理论着眼于分子相互作用的位能。它们都能说明一些实验现象，但理论计算与实验结果相符的还只限于很少的几个简单反应。最近 30 年随着分子束以及激光等新技术的应用，使化学反应速率的实验工作和理论研究都有迅速的发展，是当今很活跃的研究领域。

3.4 催化剂与反应速率

将热力学上可能进行的反应应用于实际生产时，往往因反应速率十分小，实际上并不能得到产品，升高温度虽然可以提高反应速率，但一方面会增大过程能耗，同时又不可避免会引发一些副反应，使产物复杂化，这不仅使反应物的有效利用率降低，同时使产品的分离提纯困难，甚至可能会得不到预期产物。实际工作中行之有效的方法是使用催化剂，催化剂可显著选择性地加快反应速率。若催化剂与反应组分处于同一相中，我们称之为均相催化反应(Homegeneous Catalysis)，如溶液中的酸、碱催化反应、酶催化反应等。若催化剂与反应组分处于不同相，称之为多相催化反应(Heterogeneous Catalysis)，如在钒催化剂作用下 SO_2 氧化为 SO_3，在铁催化剂作用下，由 H_2 和 N_2 合成 NH_3 等。本节我们介绍催化反应的基本特征及原理。

3.4.1 作用及基本特征

催化剂(Catalyst)是一种可以改变反应速率但本身化学组成不变，也不明显消耗的物质，其用量与化学反应计量式没有定量关系。其中使反应速率加快的催化剂为正催化剂，其催化作用为正催化作用，反之为负催化剂和负催化作用，如为防止塑料老化在高分子材料中加入的添加剂就属于负催化剂。催化作用的主要特征如下。

(1) 催化剂改变反应机理，降低反应的活化能，但不改变反应的热力学平衡。如图 3-4 所示，对于气固催化反应 $R(g)\xrightarrow{\text{催化剂 K}}P(g)$，首先反应物 R 在催化剂表面的活性部位发生吸附，吸附态的反应物分子 R(ad)中，一些化学键松弛，易于经表面活化络合物≠(ad)反应生成吸附态产物 P(ad)，产物再解吸扩散进入气相。催化反应的活化能 E_a' 比直接生成气态活化络合物≠(g)的活化能 E_a 低得多，所以催化剂使反应沿更低能量途径进行。因活化能降低，使反应速率加快，表 3-5 示出一些反应的活化能，在催化剂存在下，反应的活化能均明显低于非催化反应的活化能。

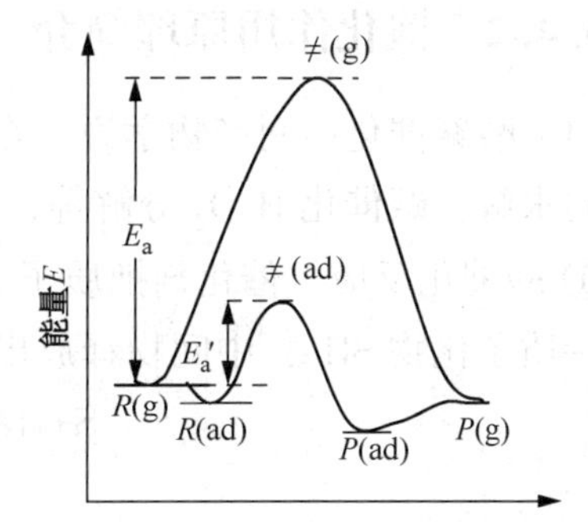

图 3-4 催化剂改变后反应途径示意

表 3-5 一些反应在催化和非催化条件下的表观活化能

反应	E_a/(kJ/mol)		
	非催化反应	催化反应	催化剂
$2HI \longrightarrow H_2+I_2$	184.1	104.6	Au
$2H_2O \longrightarrow 2H_2+O_2$	244.8	136.0	Pt
$2SO_2+O_2 \longrightarrow 2SO_3$	251.0	62.8	Pt
$2H_2+N_2 \longrightarrow 2NH_3$	334.7	167.4	$Fe/Al_2O_3/K_2O$
蔗糖水解为果糖和葡萄糖	107.1	39.3	转化酶

由图 3-9 还可以看出，催化剂未改变反应的始终态，故不改变反应的 $\Delta_r G_m^{\ominus}$ 和 $K^{\ominus}$，即催化剂只能加快反应达到平衡的速度，而不能改变平衡。所以，能加快正反应的催化剂也可加快逆反应，热力学上不能进行的反应，同样不能通过使用催化剂来实现。

（2）催化剂有特殊的选择性。催化剂在存在多种热力学可能性的情况下，仅加快指定反应速率的性质为催化剂的选择性（Selectivty of Catalyst）。好的催化剂，不仅具有高的活性（即加快反应速率的特性），同时应具有高的选择性，才可能得到较单一的预期产物。实验表明，不同的催化剂可以加快不同的反应，而同一反应，当使用不同的催化剂时，可以得到不同的产物。如乙醇分解反应：

473~523K：$C_2H_5OH \xrightarrow{Cu} CH_3CHO+H_2$

623~633K：$C_2H_5OH \xrightarrow{Al_2O_3} C_2H_4+H_2O$

673~723K：$2C_2H_5OH \xrightarrow{ZnO-Cr_2O_{33}} CH_2{=}CH{-}CH{=}CH_2+2H_2O+H_2$

413K：　$2C_2H_5OH \xrightarrow{浓\ H_2SO_4} CH_3CH_2OCH_2CH_3+H_2O$

以上实例表明，催化反应具有复杂机理，同时也表明，要获得预期产物，使用高选择性的催化剂十分重要。

（3）少量杂质可使催化剂失活。有害杂质的存在，可与催化剂的活性中心发生强烈的吸附，因活性中心被占据而失活。同时，催化剂在使用过程中，因晶型转化，粉尘沉积，孔隙阻塞，或金属的价态改变，均会引起活性降低，故应定期处理或更换。

3.4.2 催化作用原理简介

（1）酸碱催化中间产物学说　在均相催化反应中，最常见的是酸碱催化反应，如酸催化淀粉的水解，碱催化 H_2O_2 分解等，这类催化反应的主要特征是质子的转移。

① 酸催化反应　催化剂把质子 H^+转移给反应物 S，反应物接收质子后形成不稳定中间物——质子化物 SH^+，中间物释放出 H^+并生成产物 P：

$$S+HA(酸催化剂) \longrightarrow SH^+ + A^-$$

$$SH^+ + A^- \longrightarrow P+HA$$

这里的酸指可以释放出质子 H^+的广义酸。如酸催化乙醛水合物脱水反应，催化机理为：

$$CH_3CH(OH)_2+HA \longrightarrow CH_3CH(OH)_2H^+ + A^-$$

$$CH_3CH(OH)_2H^+ + A^- \longrightarrow CH_3CHO+H_2O+HA$$

总反应为　$CH_3CH(OH)_2 \xrightarrow{H^+} CH_3CHO+H_2O$

催化剂活性的高低与失去 H^+的能力有关，催化反应的速率常数与酸离解常数成正比。

② 碱催化反应类似于酸催化反应，碱接收反应物 S 释放的质子，反应物形成不稳定中间产物并再进一步生成产物，同时使碱复原。机理可表示为

$$S+B(碱催化剂) \longrightarrow S^- + HB^+$$

$$S^- + HB^+ \longrightarrow P+B$$

这里的碱为可以接收质子的广义碱，如 OH^-、CH_3COO^-等。如硝酰胺在水中分解是典型的碱催化反应，可用 OH^-催化剂。

$$NH_2NO_2+OH^- \longrightarrow NHNO_2^-+H_2O$$

$$NHNO_2^- \longrightarrow N_2O+OH^-$$

总反应为

$$NH_2NO_2 \xrightarrow{OH^-} N_2O+H_2O$$

反应速率通常由第一步决定，故速率常数与碱离解常数成正比。生物体内有许多重要的酸碱催化反应，如蛋白质的水解脱聚反应，一些药物在一定 pH 值条件下能进行催化水解反应，因此配制成药液时应注意调节 pH 值，以保持稳定。

（2）多相催化反应——活性中心学说　多相催化反应中催化剂通常为固相，反应物为气相或液相。固体催化剂比表面积大且表面结构呈超微不均匀性，表面化学键力不饱和程度高的部分为活性中心。化学键力的不饱和性主要来自于以下几个因素：过渡金属，如 Ni、Pt、Pd 等的未成对 d 电子的作用，半导体催化剂，如 ZnO、NiO、Fe_2O_3、V_2O_5 等的自由电子或电子空穴的授受电子作用，绝缘体催化剂，如 SiO_2、Al_2O_3、分子筛等表面的酸碱中心，可以接收电子对或给出电子对的作用等。催化剂表面化学键力的作用，可以选择性地吸附反应物分子，形成表面活化络合物，催化剂与反应物分子间新的化学键力作用，使反应物分子内电子分布发生变化，旧键易于削弱并逐渐断裂，原子重新组合，形成吸附态产物，产物最终解吸并扩散进入气相或液相。催化剂表面的活性中心仅占有总表面积的极小部分，但只要不失活，以上过程可以不断进行，使反应以较快速率进行。

（3）酶催化作用　酶（Enzyme）是一种具有催化作用的蛋白质，大多数含有微量元素，它存在于生物体内，如人体内许多对生命现象起重要作用的生化反应，就是通过酶催化作用实现的。酶具有非常高的催化活性，比一般催化剂效率高 $10^6 \sim 10^{10}$ 倍。酶具有非常高的催化选择性，一种酶只对某种物质或某类物质的反应起催化作用，对其他物质则完全无催化作用。这是因为酶具有复杂的结构，只有空间结构和化学结构同时与之匹配的反应物，才可能与它的活性部位作用，生成活化络合物。这种高度选择性可用图 3-5 所示的酶催化剂与反应物结构的锁钥关系表示。酶催化反应的条件温和，通常可在常温（37℃）、常压和中等酸碱度条件下进行，而一般多相催化反应要在催化剂具有活性的高温下进行。

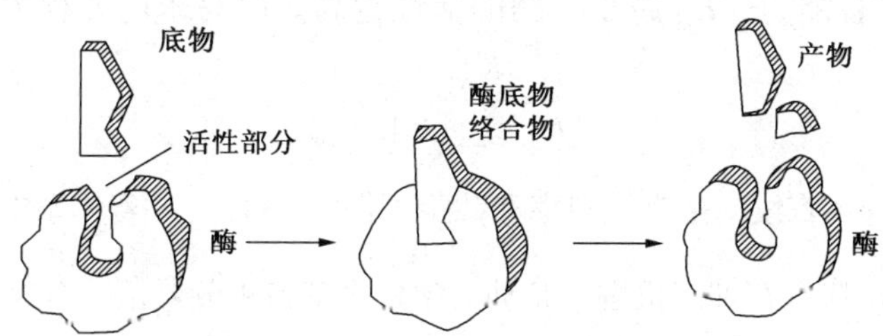

图 3-5　酶催化作用的锁钥关系

外界条件变化对酶的活性影响十分敏感。温度升高引起酶蛋白变性，pH 值变化会引起蛋白质电荷状态及分子结构改变，这些均会引起酶失活，另外紫外线、重金属盐等也会使酶失活。

一般认为酶催化作用也是通过中间活化络合物实现的，酶（E）与底物（S）（酶催化反应中反应物称之为底物）生成中间络合物 ES，ES 再分解为产物 P 并释放出酶，其机理可表示为：

$$E+S \underset{k_{-1}}{\overset{k_1}{\rightleftharpoons}} ES \qquad ES \xrightarrow{k_2} E+P$$

中间化合物分解为产物为反应的决速步骤，即

$$r=\frac{d[P]}{dt}=k_2[ES]$$

对[ES]采用稳态处理：

$$\frac{d[ES]}{dt}=k_1[E][S]-k_{-1}[ES]-k_2[ES]=0$$

$$[ES]=\frac{k_1[E][S]}{k_{-1}+k_2}=\frac{[E][S]}{K_m}$$

式中 K_m 为米氏常数。因反应过程中游离酶 E 的浓度难以实验测定，而起始浓度$[E]_0$易于准确测定，起始浓度应为游离酶和底物结合酶浓度的总和，即：

$$[E_0]=[E]+[ES] \quad 或 \quad [E]=[E]_0-[ES]$$

代入[ES]表达式并整理得

$$[ES]=\frac{[E_0][S]}{K_m+[S]}$$

所以

$$r=\frac{k_2[E_0][S]}{K_m+[S]}$$

当[S]很高时，所有酶均以 ES 形式存在，$[E_0]=[ES]$，此时速率 r 达最大值 r_{max}：

$$r_{max}=k_2[E_0] \quad 或 \quad [E_0]=r_{max}/k_2$$

得

$$r=\frac{r_{max}[S]}{K_m+[S]}$$

这就是酶催化反应的 Michadis(米氏)方程。当 $r=\frac{1}{2}r_{max}$ 时，数值上$[S]=[K_m]$，可见 K_m 代表酶与反应物的结合能力，K_m 越小，酶的活性越高。改写米氏方程为

$$\frac{1}{r}=\frac{K_m}{r_{max}}\frac{1}{[S]}+\frac{1}{r_{max}}$$

以$\frac{1}{r}$对$\frac{1}{[S]}$作图为一直线，由直线斜率和截距可得 K_m 和 r_{max}。若体系中存在使酶催化作用降低的物质即抑制剂，反应存在抑制机理，其动力学处理变得十分复杂，有关内容请参阅专著。

3.4.3 绿色催化

传统的催化反应注重用催化剂改变反应的机理，降低反应的活化能，加快反应进行的速率。催化剂的使用，对于化学反应研究和化学工业的发展起了巨大的推动作用，但不少催化反应，并未充分考虑反应物的科学利用，减少生产过程中污染物的排放，而一些废弃的含重金属的催化剂，同时带来了对环境的直接污染。在人类面临资源枯竭，环境逐步恶化等问题的严峻形势下，合理利用资源，从化学反应的源头上消除污染，实现经济的可持续发展，已成为当务之急。绿色化学这一全新的化学反应理念，应运而生，它涉及污染物零排放的化学反应过程开发，传统生产过程的绿色化学改造，用可再生资源代替不可再生的天然资源，无污染溶剂或试剂的开发等。在这些研究中，催化剂扮演着不可取代的加快反应速率和环境友

好的双重角色，这就是我们称之为绿色催化的新型催化反应。下面我们举几个典型的例子。

（1）乙酸合成　乙酸合成经历了以下几个发展阶段。

① 乙醛氧化法：

$$CH_2=CH_2+\frac{1}{2}O_2 \longrightarrow CH_3CHO$$

$$CH_3CHO+\frac{1}{2}O_2 \longrightarrow CH_3COOH$$

20 世纪以来，由于原料乙烯价格上升，反应中副产物分离困难，生产成本高使该法已失去竞争力。

② 丁烷液相氧化法：

$$C_4H_{10}+\frac{1}{2}O_2 \longrightarrow 2CH_3COOH+H_2O$$

因产物中同时含甲酸、乙醇、丙酸等，分离复杂，原料有效利用率不高，现已逐步被淘汰。

③ 低压甲醇羰基化法：

$$CH_3OH+CO \longrightarrow CH_3COOH$$

原子利用率为 100%。反应中使用可溶性羰基铑和碘化钾催化体系，羰基化反应的选择性大于 99%，转化率达 99%，且反应条件也较温和：175~200℃、6MPa 以下。因该反应不依赖石油和天然气，原料 CH_3OH 可由丰富的炭和水制取的 CO 和 H_2 反应得到，因而认为是典型的绿色催化反应。

（2）丙烯氧化制环氧丙烷　环氧丙烷是一种重要的有机化工原料，主要用于制取聚氨酯所需的丙二醇和其他多元醇，也用作溶剂或制取其他的精细化学品的原料，传统的生产工艺为氯醇法：

$$CH_3CH{=\!=}CH_2+2HOCl \longrightarrow CH_3\text{—}\underset{\displaystyle Cl}{\underset{|}{CH}}\text{—}\underset{\displaystyle OH}{\underset{|}{CH_2}}+CH_3\text{—}\underset{\displaystyle OH}{\underset{|}{CH}}\text{—}\underset{\displaystyle Cl}{\underset{|}{CH_2}}$$

$$CH_3\text{—}\underset{\displaystyle Cl}{\underset{|}{CH}}\text{—}\underset{\displaystyle OH}{\underset{|}{CH_2}}+CH_3\text{—}\underset{\displaystyle OH}{\underset{|}{CH}}\text{—}\underset{\displaystyle Cl}{\underset{|}{CH_2}}+Ca(OH)_2 \longrightarrow CH_3\underbrace{CH\text{—}CH_2}_{O}+CaCl_2+2H_2O$$

此法消耗大量的氯气和石灰，同时生成 $CaCl_2$，生产过程中设备腐蚀和环境污染严重，现采用钛硅分子筛(TS-1)作催化剂的生产新工艺：

$$CH_3CH\text{—}CH_2+H_2O_2 \xrightarrow{TS\text{-}1[\ ]} CH_3\underbrace{CH\text{—}CH_2}_{O}+H_2O$$

反应温度 40~50℃，反应压力 0.1MPa，催化剂无腐蚀性，产物无环境污染，氧化剂为 30%的过氧化氢水溶液，安全易得。

目标产物反应选择性为 97%以上，以 H_2O_2 计的转化率为 93%，唯一副产物水是环境可接受的物质，是一个典型的低能耗、无污染的绿色催化实例，具有很好的工业应用前景。

（3）甲基化试剂碳酸二甲酯合成　碳酸二甲酯是重要的甲基化试剂，它可以取代剧毒和有致癌作用的硫酸二甲酯，长期以来，碳酸二甲酯是由光气合成的：

$$COCl_2+2CH_3OH \longrightarrow (CH_3O)CO+2HCl$$

光气同样有剧毒，不仅对设备腐蚀严重，而且一旦处理不当，造成泄漏事故，会产生灾害性后果。现已实现利用绿色催化反应取代以上反应：

$$2CH_3OH+CO+\frac{1}{2}O_2 \xrightarrow{PdCl_2-CuCl_2} (CH_3O)_2CO+H_2O$$

反应成本低、完全且无污染。

碳酸二甲酯可参与重要的甲基化反应，如：

苯胺甲基化：$PhNH_2+(CH_3O)CO \xrightarrow{\text{相转移催化}} PhNHCH_3+CH_3OH+CO_2$

芳基乙腈甲基化：

$$R-C_6H_4-CH_2CN+(CH_3O)_2CO \longrightarrow R-C_6H_4-CH(CH_3)CN+CH_3OH+CO_2$$

反应在 180~220℃、碳酸钾存在下进行，2-芳基丙腈选择性在 99%以上。

甲基化反应的产物 CH_3OH 可用于原料碳酸二甲酯的合成，CO_2 收集后可用于苯胺羰化合成异氰酸酯，因此，基本无废物排放。

绿色催化剂的设计和开发，涉及化学科学的各个领域，特别是结构化学、材料化学、生物化学和生物技术等交叉学科，绿色催化反应的工业化，还涉及化工工艺、化工设备等工程技术领域，因此，这一新兴领域的研究前景美好，但任重道远。

习题

1. 判断下列说法是否正确并说明理由。

(1) 对于基元反应，单分子反应是一级反应，双分子反应是二级反应。

(2) 温度升高使反应速率加快的主要原因是：温度升高使碰撞次数增多，从而使反应速率加快。

(3) 有了化学反应方程式，我们就能够根据质量作用定律写出它的速率方程。

(4) 任何反应的反应速率都是随时间而变化的。

(5) 对于同一个反应，加入的催化剂虽然不同，但活化能的降低是相同的。

2. 现有化学反应 $S_2O_8^{2-}+3I^- = 2SO_4^{2-}+I_3^-$，当反应速率 $-\frac{dc[S_2O_8^{2-}]}{dt}=2.0\times10^{-3}mol/(L\cdot s)$ 时，求 $\frac{-dc[I^-]}{dt}$ 和 $\frac{dc[SO_4^{2-}]}{dt}$ 各为多少？

3. 某人工放射性元素放出 α 粒子，半衰期为 $t_{\frac{1}{2}}=15min$，求反应的速率常数 k 和试样分解 80%所需的时间。

4. 已知一化学反应：A+2B=2C，在 250K 时反应速率和浓度间的关系如下：

实验序号	$c/(mol/L)$		$-v(A)/[mol/(L\cdot s)]$
	A	B	
1	0.10	0.010	1.2×10^{-3}
2	0.10	0.040	4.8×10^{-3}
3	0.20	0.010	2.4×10^{-3}

(1) 写出该反应的速率方程，并指出反应级数。

（2）求该反应的速率常数。

（3）求出当 $c[A]=0.010mol/L$，$c[B]=0.020mol/L$ 时的反应速率。

5. 反应 $H_2(g)+I_2(g) = 2HI(g)$ 为二级反应，若 H_2 和 I_2 的浓度均为 2. 0mol/L 时，该条件下的反应速率为 0. 10mol/L · s。

（1）求 $c[H_2]=0.10mol/L$，$c[I_2]=0.05mol/L$ 时的反应速率。

（2）该反应进行一段时间后，系统内 $c[H_2]=0.60mol/L$，$c[I_2]=0.10mol/L$，$c[HI]=0.20mol/L$，求开始时的反应速率。

6. 测定化合物 S 的一种酶催化反应速率的实验结果为：

t/min	0	20	60	100	160
c/(min/L)	1. 00	0. 90	0. 70	0. 50	0. 20

试判定在上述浓度范围内的反应级数和速率常数。

7. 青霉素 G 的分解为一级反应，实验数据如下：

T/K	310	60	100
c/(min/L)	2.16×10^{-2}	4.05×10^{-2}	0. 119

8. 在 300K 时，H_2O_2 分解成 H_2O 和 O_2 的活化能为 75. 3kJ/mol。如果在酶催化下，反应的活化能为 25. 1kJ/mol。设指前因子不变，求在该温度下有酶催化与无酶催化时反应速率的倍数。

9. 元素放射性蜕变是一级反应。^{14}C 的半衰期为 5730a。今在一古墓的木质样品中测得 ^{14}C 含量只有原来的 68. 5%。此古墓距今多少年？

10. 阿司匹林的水解为一级反应。已知 373K 时速率常数为 $7.92d^{-1}$，活化能为 56. 464kJ/mol，求 300K 时阿司匹林水解 20%所需的时间。

第二部分

物质质变微观探索之物质结构理论

前面的章节已从宏观的角度探讨了化学反应的基本原理和规律。然而，物质之间究竟为什么会发生这样或那样的化学变化？自然界中为什么会形成如此繁多的化合物，而不同的化合物又具有不同的特性与功能？根源就在于物质内部的组成和结构不同。物质的微观结构决定了物质的性质。物质结构的千变万化，造就了绚丽多彩的物质世界。所以有必要从更深的层次——微观的角度来研究物质的组成和结构。

第4章　原子结构与元素周期律

内容提要：本章根据近代原子结构理论探讨了原子中电子的运动状态、核外电子的排布规律以及周期系与原子结构的关系。

学习要求：

(1) 了解原子核外电子运动的基本特征；了解波函数和原子轨道的意义；了解s、p、d原子轨道和电子云的角度分布特征。

(2) 掌握四个量子数的意义和取值范围，能用四个量子数描述核外电子的运动状态。

(3) 掌握核外电子排布规律及各类元素的电子层结构特点与周期性变化规律。

(4) 了解电子层结构、原子半径、有效核电荷与元素性质变化规律的关系。

从微观的角度出发，物质是由分子、原子和离子组成，要研究物质的结构，应该从以下几个方面着手：原子自身的结构如何？元素的化学性质与其结构有着怎样的关联？原子如何结合成为分子的？原子、分子、离子如何组成物质？

人们对原子、分子和离子的认识比对宏观物体的认识要艰难得多，因为它们的体积过于微小，所以人们只能通过观察宏观实验现象来研究它们的性质。研究的方法一般是先根据实验事实提出原子或分子模型，如果设想的模型不符合新的实验事实，那么就必须对已有的模型进行修改，舍弃旧的模型，创建新的模型。这样一个认识过程经历了由浅入深、由低级到高级的发展，这期间虽然经历了无数次的失败，但却积累了许多宝贵的经验和实验数据。人类对真理的探索也是在曲折中前进，只有实践是检验真理的唯一标准。

4.1　经典与近代原子结构理论

自从19世纪初，道尔顿提出物质的原子论学说以后，人们几乎都认为原子是不可再分的。直到19世纪末，物理学上的一系列重大发现(1895年发现了X射线、1896年发现了放射性、1897年发现了电子、1911年发现了α粒子的散射现象)，才使人们敲开了原子结构的大门。在此后近一个世纪里，经过众多科学家的不懈努力，根据一系列实验事实，先后提出多种原子结构模型，使得人类对原子结构的认识逐步深入。

1911年英国物理学家卢瑟福(E. Rutherford，1871~1937年)提出了原子的核式结构模型。他的基本观点是：原子由原子核与核外电子组成，原子核位于原子中心，它集中了原子的全部正电荷和几乎全部质量，但半径却仅为原子半径的万分之一至十万分之一。带负电荷的电子只占原子质量的微小部分，并在原子核的静电引力作用下，在以原子核为圆心的圆形轨道上高速运动。

卢瑟福的带核原子模型的建立，正确地解答了原子的组成问题。然而，对于原子中核外电子的分布规律和运动状态等问题的解决，以及近代原子结构理论的确立，则是从氢原子光谱实验开始的。

4.1.1 氢原子光谱

光谱(spectrum)是指复色光经过棱镜或光栅后，形成的按波长(或频率)的大小依次排列的图案。光谱分为连续光谱和不连续光谱。例如可见光通过棱镜折射后，可以得到红、橙、黄、绿、青、蓝、紫连续分布的彩色光谱，这类光谱就是连续光谱(continuous spectrum)；而氢原子光谱是不连续光谱。在抽成真空的放电管中充入少量氢气，并通过高压放电，经过高压电激发后，氢气发出光束，光束经过狭缝，通过棱镜折射后，得到四条亮色的线状光谱(linear spectrum)，这就是氢原子光谱，是最简单的不连续光谱(uncontinuous spectrum)，如图 4-1。

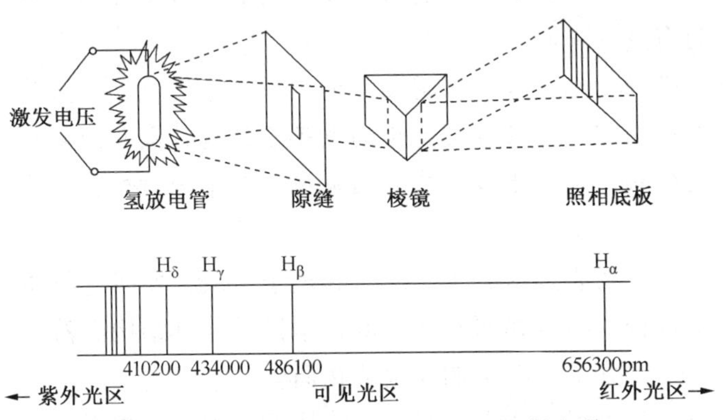

图 4-1　氢光谱仪示意图及氢原子发射光谱

1885 年巴尔末(Balmer J. J.)发现氢原子光谱中可见区各谱线的频率遵循一定的数学关系式：

$$\lambda = \frac{3646.00 \times n^2}{n^2 - 4} \tag{4-1}$$

后来 Rydberg 将此式归纳整理，成为更简单的经验公式：

$$\bar{\nu} = \frac{1}{\lambda} = R_H(\frac{1}{2^2} - \frac{1}{n^2}) \tag{4-2}$$

式中，$\bar{\nu}$为波数，即波长(λ)的倒数；R_H 称为氢原子里德伯常量(Rydberg constant)，其实验值为 $1.0973731534 \times 10^7 m^{-1}$；$n$ 为大于 2 的正整数，当 n 分别为 3，4，5，6，7 时，上式能很精确地分别给出 H_α，H_β，H_γ，H_δ，H_ε 5 条谱线的频率。

继巴尔末之后，莱曼(Lyman)、帕邢(Paschen)、布拉开(Bracket)、普丰德(Pfund)等又相继发现分布在氢可见光区左右侧的紫外及红外光谱区的若干谱线系，它们也可以用下述公式来表示：

$$\bar{\nu} = \frac{1}{\lambda} = R_H(\frac{1}{n_1^2} - \frac{1}{n_2^2}) \tag{4-3}$$

式中，n_1，n_2 为正整数，且 $n_2 > n_1$；当 $n_1 = 1$ 时，该谱线系称为紫外光谱区 Lyman 线系；$n_1 = 2$时，即为可见光区 Balmer 线系；而当 $n_1 = 3$、4、5 时，依次代表红外光谱区 Paschen 线系、Bracket 线系及 Pfund 线系。

如何解释氢原子线状光谱的实验事实呢？如果根据经典电磁学理论：电子绕核作圆周运动，原子不断发射连续的电磁波，放出能量，随后电子能量不断降低，最后落在原子核上。

这样，原子将发射出短暂的具有任意波长的连续光谱，并且将不复存在。但事实上，原子是稳定存在的，而且原子光谱是线状光谱且有一定的规律性，这些都是经典电磁学理论无法解释的。由此可见，卢瑟福的原子模型并不完善。

4.1.2 量子化和玻尔理论

1900 年德国物理学家普朗克(M. Planck，1858~1947 年)在研究黑体辐射问题时，提出了著名的量子化理论。该理论指出，物质吸收和发射能量是不连续的，而是按照一个基本量或基本量的整数倍放出或吸收，这种情况称作量子化(quantization)，这个最小的基本量称为能量子，或简称量子(quantum)。

1905 年，爱因斯坦(Einstein A)引用普朗克的量子理论并加以推广，用于解释光电效应，提出光子学说，当能量以光的形式传播时，其最小单位是光量子，或简称光子(photon)。实验证明，光子的能量与光的频率成正比：

$$E=h\nu \tag{4-4}$$

式中，E 是光子的能量；ν 为光的频率；$h=6.626\times10^{-34}\text{J}\cdot\text{s}$，称为普朗克常量(Planck constant)。

普朗克和爱因斯坦的发现令人惊异。由此可见，如果某种转变需要能量，例如绿色植物的光合作用是由吸收光能引起的，那么起重要作用的是光的频率而不是光的强度。

能量及其他物理量的不连续性是微观世界的重要特征。微观粒子(如电子、原子、分子、离子等)物理量变化的不连续性，也是微观粒子与宏观物体的一个重要区别。单个原子的质量非常非常小，一个原子的质量为 2.7×10^{-24}g，假设向一个质量为 1g 的宏观物体不断地、一个一个地添加原子，由于原子的质量相对于宏观物体的质量来说微乎其微，因此，每添加一个原子，宏观物体的质量不会发生明显的变化，可以理解为质量是连续变化的。但对于微观粒子来说，如一个分子，它本身的质量就很小，所以每增加或减少一个原子，质量的变化都十分显著，呈现明显的跳跃式变化，这种变化就是量子化特征。

1913 年，丹麦物理学家玻尔在卢瑟福有核模型的基础上，吸收了爱因斯坦的光子学说和普朗克的量子论，并结合氢原子的光谱实验，提出了原子结构模型，建立了波尔理论。

波尔理论的内容主要是三点假设：

(1) 定态假设。电子只能在若干圆形的符合一定条件(量子化条件)的固定轨道上绕核运动，具有一定能量，这些允许能态统称为定态。这些固定的轨道具有确定的半径和能量，电子只能在这些有确定半径和能量的定态轨道上运动，既不吸收能量也不辐射能量。电子在这些轨道运动的角动量 $m_e vr$ 必须满足 $h/2\pi$ 的整数倍：

$$m_e vr=n\frac{h}{2\pi} \tag{4-5}$$

式中，m_e 是电子的质量；v 是电子运动的速度；r 是轨道半径；h 是普朗克常量；n 为正整数。当 $n=1$ 时，轨道离核最近，此时轨道半径 $a_0=53$pm，a_0 称为玻尔半径。

(2) 能级假设。电子在不同轨道上运动时具有确定的、不同的能量。电子运动时所处的能量状态称为能级(energy level)。能级是量子化的。不同轨道上运动的电子的能量要符合关系式：

$$E=-\frac{1}{n^2}\times2.179\times10^{-18}\text{J} \tag{4-6}$$

其中，n 表示能级，当 $n=1$ 时，轨道离核最近，能量最低，这时的能量状态称为氢原子的基态；当 $n=2$、3、4…等时，轨道依次离核渐远，能量逐渐升高，这些能量状态分别称为氢原子的第一，第二，第三，……，激发态。如图 4-2 所示。

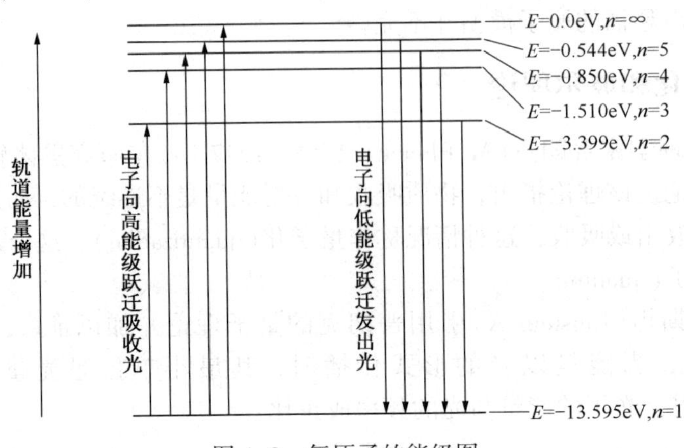

图 4-2　氢原子的能级图

根据电子能量与能级的关系式可以看出，在不同轨道上运动的电子其能量均为负值，当 $n\to\infty$ 时，电子所处的轨道能量为零。这是因为当电子在原子核周围运动时，受到原子核的吸引，被束缚，离核越远，这种束缚作用也就越弱。

(3) 跃迁假设。电子从某一轨道跳跃到另一轨道的过程称为电子的跃迁。正因为不同轨道的能量不同，所以当电子从一个轨道跃迁到另一轨道时，需要吸收或放出能量。如果是从能量较高(E_2)的轨道跃迁到能量较低(E_1)的轨道，原子就会以光子的形式放出能量。由于轨道的能量是量子化的，所以电子跃迁时放出的能量也是量子化的。光子的能量等于两个轨道能量之差，且与辐射的频率成正比。

$$\Delta E=E_2-E_1=h\nu \tag{4-7}$$

所以得到的氢原子光谱是不连续的。玻尔计算出的各谱线波长和频率，与氢原子光谱的实际谱线排布非常接近。

波尔理论成功解释了单电子原子(如 H 原子、He^+、Li^{2+} 和 Be^{3+} 离子)的原子光谱；说明了原子的稳定性；也能解释其他发光现象(如 X 射线的形成)；还可以正确计算氢原子的电离能。但也有许多不足之处，它不能解释氢原子光谱的精细结构；也不能解释氢原子光谱在磁场中的分裂；更不能解释多电子原子的光谱。这是因为玻尔原子模型是建立在牛顿经典力学基础上的，认为电子在核外的运动就犹如行星围绕着太阳旋转一样。但实际上微观粒子的运动有着其自身的特殊性，牛顿经典力学的原理很难适用于微观粒子。

4.2　微观粒子的特性及其运动规律

宏观物体(如地球、飞机、汽车等)的质量体积较大，但运动速度远远小于光速；微观粒子(如光子、电子、质子、中子及原子等)的质量体积很小，但运动速度接近光速。正是由于这些差别，所以微观粒子的运动具有特殊性，不能用经典力学来描述。

4.2.1　微观粒子的波粒二象性

1924 年，法国物理学家德布罗依(De Broglie，1892～1987 年)在光的波粒二象性的启发下，提出了大胆的假设：微观粒子也具有波粒二象性。也就是说，实物微粒除了具有粒子性外，还具有波的性质。这种波称为物质波，后人也称德布罗意波。并预言了高速运动的微观

粒子(如电子等)，其波长为

$$\lambda=\frac{h}{p}=\frac{h}{mv} \tag{4-8}$$

式中，m 是粒子的质量；v 是粒子运动的速度；p 是粒子的动量。该式把微观粒子波动性和粒子性联系在一起，可以计算出电子等微粒的波长。

1927 年，戴维逊(C. J. Davisson)的电子衍射实验证明了微观粒子的波粒二象性。将一束电子流，通过晶体光栅，如果电子流很弱，电子可以一个一个地到达照相底片上，电子到达后，会在底片上留下一个感光点，这就表现出了电子的粒子性。当电子比较少时，感光点并不重合，也看不出电子的波动性，但如果衍射时间足够长，大量的感光点在底片上就会形成了一系列明暗相间的衍射圆环，表现出了电子的波动性，如图 4-3。

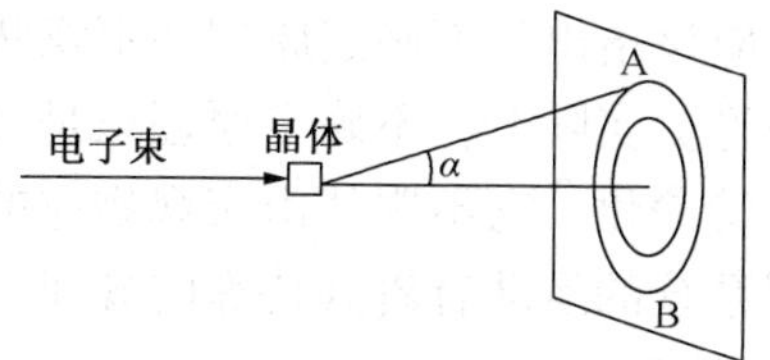

图 4-3　电子衍射示意图

由此可见，微观粒子的波动性是大量粒子作用的结果，所以除了波粒二象性以外，微观粒子的运动还符合统计规律和测不准原理。

4.2.2　微观粒子运动的统计规律和不确定原理

1. 微观粒子运动的统计规律

通过慢射电子衍射实验发现，开始时，由于时间短，只有少数电子先后一个一个地投射到屏幕上，电子落在哪里是毫无规律的，如图 4-4(a)。但是经过足够长的时间，有大量的电子落到屏幕上以后，在感光底片上就得到了明暗相间的电子衍射环纹，如图 4-4(b)。

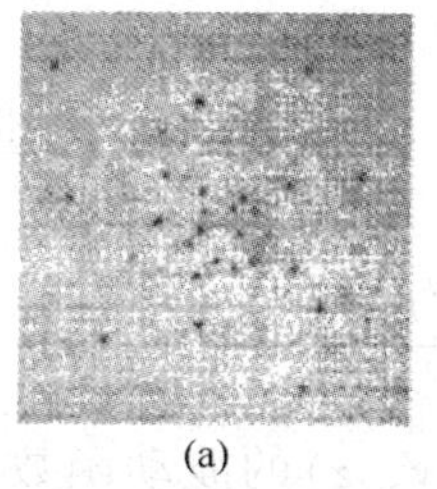
(a)

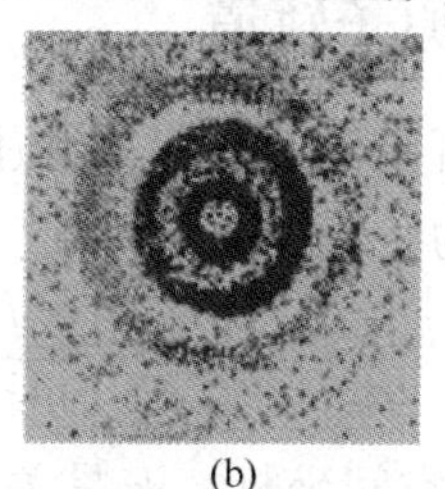
(b)

图 4-4　电子衍射图的产生

由于电子是逐个射出的，这就可以认为电子衍射图不是因为电子间相互影响形成的，而是大量电子的运动或是少量电子的千万次运动的统计结果。这就是微观粒子的统计性。感光点密集，衍射强度大，即电子波强度大的地方，单位微体积内电子出现的概率大——概率密度大；反之，概率密度小。就是说，空间任何一点电子波的强度和电子在该处单位微体积内出现的概率密切相关，因此物质波又称概率波。

2. 不确定原理

在经典力学中，一个宏观粒子在任一瞬间的位置和动量是可以同时准确测定的。例如，发出一枚炮弹，炮弹的质量、初速度和起始位置已知，根据经典力学，可以准确测算出任一时刻该炮弹的位置和速度(或动量)。也就是说，它的运动轨迹可追踪。但是对于微观粒子而言，因为其运动的统计性规律，就不可能同时确定微观粒子的位置和动量。

1927 年，德国物理学家海森堡(W. Heisenberg，1901～1976 年)提出了著名的不确定原理(或测不准原理)，即对于具有波粒二象性的微粒而言，不可能同时准确确定它们在某瞬间的位置和速度(或动量)，其数学表达式为：

$$\Delta x \cdot \Delta p_x \geqslant h \tag{4-9}$$

式中，Δx、Δp_x 分别是粒子在 x 轴方向上的位置不准确量和动量不准确量；h 为普朗克常数。由此可见，对于微观粒子，动量测定得越准确，则相应的位置就越不准确，反之亦然。不确定关系证实了微观粒子不存在像宏观物体那样的运动轨道。

应该指出，不确定原理并不意味着微观粒子的运动是不可认识的，并由此得出唯心的不可知论。实际上，不确定原理正是反映了微观粒子具有波粒二象性，是对微观物体运动规律认识的深化，它不服从由宏观物体的实验研究总结出来的经典力学的规律。不确定原理表明微观系统的运动有着其特殊的规律，它是由微粒的本质决定的，而不是人们在主观能力上的“测不准”。

海森堡的不确定原理，对玻尔理论是一个沉重的打击。因为玻尔理论虽然采用了“量子化”观点，但它的基本方面，如稳定轨道概念、计算方程等，仍然是以经典力学为基础，在经典力学的基础上加进一些与其不相容的量子化条件，构成了它不能自圆其说的内在矛盾，这也是导致玻尔理论失败的根本原因。研究微观粒子的运动规律，应该有一个适合它的新的力学，这就是量子力学。

1926 年奥地利物理学家薛定谔建立了描述微观粒子(如原子、电子等)运动规律的量子力学理论(又称波动力学)，提出了著名的波动方程，即薛定谔方程，来描述核外电子的运动状态。在运用量子力学理论研究原子结构的过程中，逐步形成了原子理论的近代概念。

4.3 量子力学对原子核外电子运动状态的描述

4.3.1 波函数和原子轨道

正如宏观物体运动可用牛顿方程来描述一样，电子的运动，在量子力学中是用薛定谔方程来描述的。其表达式为：

$$\left(\frac{\partial^2\psi}{\partial x^2} + \frac{\partial^2\psi}{\partial y^2} + \frac{\partial^2\psi}{\partial z^2}\right) + \frac{8\pi^2 m}{h^2}(E - V)\psi = 0 \tag{4-10}$$

式中，x、y、z 是粒子的空间坐标；ψ 是关于(x、y、z)的波动函数；E 为核外电子总能量；V 为核外电子的势能；h 为普朗克常数；m 为电子的质量。

薛定谔方程把电子的粒子性(m、E、V)与波动性(ψ)有机地融合在一起，更真实地反映出电子的运动状态。其物理意义是：对于一个质量为 m，势能为 V 的微粒来说，薛定谔方程的每一个合理的解 ψ，就表示该微粒运动的某一定态；与该解 ψ 对应的能量值即为该定态所对应的能级。因此求解薛定谔方程，一般可以同时得到一系列的波函数 ψ 和相应的能量值 E，每一个合理的解，就代表电子在原子中的一种可能的运动状态。由此可见，在量子力学中微观粒子的运动状态可以用波函数以及相应波函数所对应的能量来描述。

因为微观粒子是在三维空间运动的，而波函数 ψ 正是空间坐标 x、y、z 的函数 ψ(x、y、z)，所以可以形象地将 ψ 看成粒子在三维空间运动的一个区域，量子力学将其称之为原子轨道，所以波函数又称为原子轨函(原子轨道函数之意)。由薛定谔方程解出的每一个合理的 ψ，就称为一条原子轨道。需要注意的是：这里提到的原子轨道与玻尔原子模型中所指的原子轨道截然不同。前者指电子在原子核外运动的某个空间范围，后者是指原子核外电子运动的某个确定的圆形轨道。

可以在 ψ 所代表的区域内找到核外运动的相应电子，但是该电子在此区域内(即这一轨道中)的运动是随机地、测不准地出现的。

在氢原子、氦离子等单电子系统中，只存在电子与原子核间的作用力，情况较为简单，薛定谔方程易于建立且可以精确求解，但需要较深的数学基础，不是本课程的内容。所以在本节内容中主要以氢原子为例，介绍量子力学处理原子结构问题的思路和一些重要结论。

4.3.2 四个量子数

在求解薛定谔方程的过程中，为了得出合理的解，即为了使“解”符合电子在核外“有限空间”运动的实际和微观粒子的物理量量子化特性，根据数学和量子力学方法，需引进三个参数，这三个参数的取值必须是量子化的，因而统称为量子数(quantum number)。它们分别是主量子数 n、角量子数 l 和磁量子数 m。当这三个量子数确定时，波函数便可确定。每一个由一组量子数确定的波函数都表示电子的一种运动状态。而电子的每一种运动状态都对应于一组量子数。因此这三个量子数的取值是有一定的规定的，只有符合规定的量子数才能使波函数有合理的解。

1. 主量子数 *n*

主量子数是描述电子层能量高低顺序和电子离核远近的量子数。它的取值是除 0 以外的正整数，如 1，2，3 等。当 $n=1$ 时称为第一电子层轨道，其他的依次称为第二、第三……电子层轨道。n 值越大表示电子离核的平均距离越远，电子层能级越高。

不同的 n 值对应于不同的电子壳层。习惯上用英文大写字母来表示。

主量子数：　n　=1，2，3，4，5，6，……

电子层数：　　　K，L，M，N，O，P，……

对于单电子原子，电子能量只决定于主量子数；而多电子原子，除决定于主量子数以外，还决定于其他因素，如原子轨道、电子云形状等。

例如氢原子核外电子的能量只决定于 n：

$$E=\frac{2.179\times10^{-18}}{n^2}\mathrm{J} \tag{4-11}$$

2. 角量子数 *l*

电子绕核转动，不仅具有一定的能量，而且具有一定的角动量，也就是说在同一个电子层中电子的运动状态和所具有的能量还有所不同，即存在亚层。而角量子数就是描述电子在空间运动的角动量的量子数。

l 的数值可取 0，1，2，3，……，$n-1$，共 n 个数值，受主量子数 n 的限制。

例如，$n=1$　$l=0$

$n=2$　$l=0$，1

$n=3$　$l=0$，1，2

l 的每一个数值表示一个亚层或表示一种形状的电子云。如

角量子数 l=	0	1	2	3	4	5
亚层符号	s	p	d	f	g	h
电子云形状	球形	哑铃形	花瓣形	形状复杂不介绍		

例如，当 $n=3$ 时，l 可以取值 0，1，2，分别表示 3s、3p、3d 亚层，相应的电子分别称为 3s、3p、3d 电子，电子云的形状分别为球形对称、哑铃形和花瓣形。

在单电子原子中，各轨道的能量只与 n 有关。例如氢原子的原子轨道能量 $E_{3s}=E_{3p}=E_{3d}$；在多电子原子中，n 和 l 共同决定电子能量高低。同一电子层中的轨道，l 值越大，能量越高。例如 $E_{3d}>E_{3p}>E_{3s}$。

3. 磁量子数 *m*

在外加磁场的作用下，原子光谱中某几条靠得很近的谱线，能分裂出若干条新的谱线。当外加磁场消除，这几条谱线又合并为原来的谱线。这说明原子中某些原子轨道在核外空间有不同的伸展方向。磁量子数就是用来描述原子轨道或电子云在空间的伸展方向的量子数。

m 取值受角量子数取值限制，m 可取 0，±1，±2，……，$\pm l$，共可取 $2l+1$ 个数值。

m 的每一个数值都表示具有某种空间方向的一个原子轨道。也就是说同一亚层中 m 有几个可能的取值，就表示这一亚层有几个不同伸展方向的原子轨道。即 m 决定同一亚层中原子轨道的数目。

但磁量子数 m 与轨道能量无关。所以同一亚层(即 l 相同)中伸展方向不同(即 m 不同)的原子轨道称为等价轨道或简并轨道(degeneracy track)。

例如：当 $l=0$ 时，$m=0$，表示球形原子轨道只有一种伸展方向，s 亚层只包含一条原子轨道——s 轨道；当 $l=1$ 时，$m=-1$、0、+1，表示哑铃形原子轨道有三种空间伸展方向，p 亚层包含三条简并原子轨道——p_x、p_y、p_z 轨道。当 $l=2$ 时，$m=-2$、-1、0、+1、+2，表示花瓣形原子轨道有五种空间伸展方向，d 亚层包含五条简并的原子轨道——d_{xy}、d_{yz}、d_{xz}、d_{z^2}、$d_{x^2-y^2}$轨道。

氢原子中可能存在的各轨道能量高低，轨道个数和轨道类型的多少综合表示于图 4-5。由图可见，氢原子中主量子数相同的轨道，能量相同，主量子数增大，轨道能量升高，轨道个数增多。

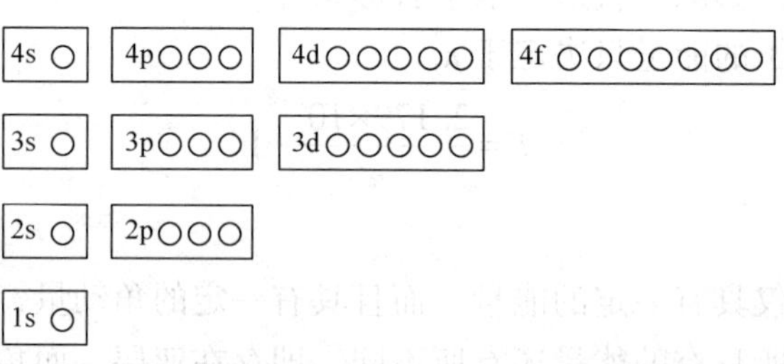

图 4-5 氢原子中各轨道能量高低次序和各层中轨道的个数

（注：图中每一个小圆圈代表一个轨道。）

4. 自旋量子数 m_s

以上 3 个量子数是由氢原子波动方程解出，与实验相符。但在应用分辨率很高的光谱仪观察氢原子光谱时，发现氢原子在无外磁场时，电子由 2p 能级跃迁到 1s 能级时得到的不是一条谱线而是靠得很近的 2 条谱线，这一现象用前面 3 个量子数不能解释。

Stern-Gerlach 实验，这是一个证明电子自旋的实验，如图 4-6。将一束 Ag 原子束通过狭缝再通过非均匀磁场，结果原子束在磁场中沿磁场梯度方向发生分裂，一半原子向上偏转，一半向下偏转。由于磁场梯度的存在，使通过磁场的带有磁矩的粒子受到磁场作用力，因此上述实验证明电子具有两种微观状态，两种状态在非均匀磁场中表现出大小相同、符号相反的磁矩。

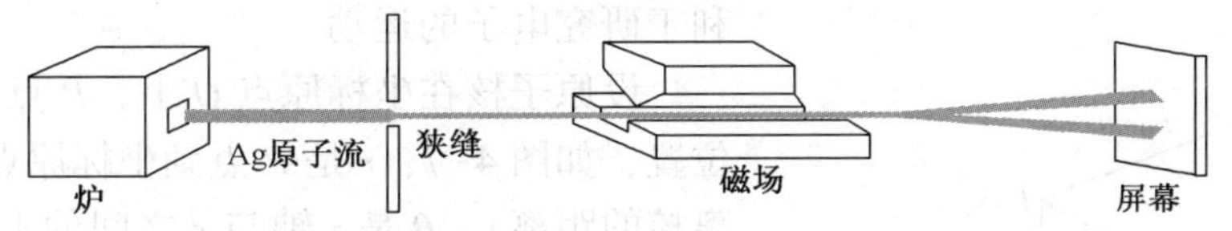

图 4-6　证明电子有自旋运动的实验

实验证明，原子中的电子，除了绕原子核运动外，还可以自转，称为电子自旋。电子自旋的方向只有顺时针和逆时针两种情况。也就是说为了更确切地表示电子的运动状态，需要引入第四个量子数，即自旋量子数。

自旋量子数是与电子自旋相联系的量子数，用符号 m_s 表示。它只有两个取值 $+\frac{1}{2}$ 和 $-\frac{1}{2}$，分别表示逆时针自旋和顺时针自旋，在轨道表示式中分别用向上“↑”和向下“↓”表示。需要说明的是：

（1）自旋量子数是不依赖于其他量子数存在的独立量；

（2）“电子自旋”并不是电子真像地球自转一样，它只是表示电子的两种不同的运动状态。

综合以上，原子中核外电子的运动状态包括轨道运动和自旋运动，需要用四个量子数才能完全表达清楚。

每一个核外电子的运动状态都对应于一套量子数。主量子数 n，确定电子所处的电子层；角量子数 l，确定电子所处的亚层以及原子轨道的形状；磁量子数 m，确定原子轨道的伸展方向；以上三个量子数确定了，电子所处的原子轨道也就确定了。而自旋量子数 m_s，则确定了电子自身的运动状态。

因此电子的每一种运动状态都对应于一组量子数。而电子的运动状态是唯一的，所以不可能有完全相同的两组量子数。

核外电子的可能运动状态归纳在表 4-1 中。

表 4-1　核外电子运动的可能状态

主量子数 n	1	2		3			4			
电子层符号	K	L		M			N			
轨道角动量量子数 l	0	0	1	0	1	2	0	1	2	3
电子亚层符号	1s	2s	2p	3s	3p	3d	4s	4p	4d	4f
磁量子数 m	0	0	0	0	0	0	0	0	0	0
			±1		±1	±1		±1	±1	±1
						±2			±2	±2
										±3
亚层轨道数 $(2l+1)$	1	1	3	1	3	5	1	3	5	7
电子层轨道数	1	4		9			16			
各层可能容纳的电子数	2	8		18			32			

4.3.3　原子轨道的图形描述

电子运动的波函数等同于原子轨道，可以将波函数中直角坐标转换为球坐标，这样更有

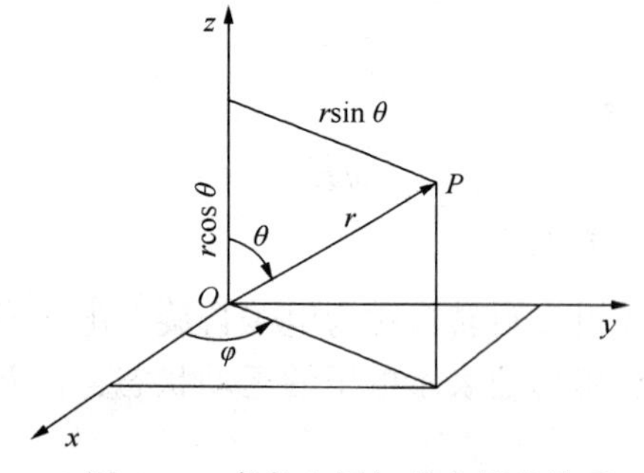

图 4-7　直角坐标与球坐标的关系

利于研究电子的运动。

设原子核在坐标原点 O 上，P 点为核外电子的位置，如图 4-7，r 是 P 点到坐标原点的距离(电子离核的距离)，θ 是 z 轴与 r 之间的夹角，φ 是 r 在 xOy 平面投影与 x 轴的夹角。

$$x=r\sin\theta\cos\varphi$$
$$y=r\sin\theta\sin\varphi$$
$$z=r\cos\theta$$
$$r=\sqrt{x^2+y^2+z^2}$$

通过坐标变换和变量分离可得

$$\psi_{n,l,m}(r,\ \theta,\ \varphi)=R_{n,l}(r)\cdot Y_{l,m}(\theta,\ \varphi) \tag{4-12}$$

其中，R 与 n，l 有关，是变量 r 的函数，称为波函数的径向部分；Y 与 l，m 有关，是变量 θ，φ 的函数，称为波函数的角度部分。

对应 n，l，m 的一组合理组合所解得的 $\psi_{n,l,m}$ 实际上代表的是一个数学函数式，见表 4-2，及其对应的能量 E，即

$$E=-2.179\times10^{-18}\left(\frac{1}{n^2}\right) \tag{4-13}$$

式中，n 即主量子数。E 的数值主要取决于 n，n 越大，E 的代数值也越大。

表 4-2　氢原子的波函数(a_0 为波尔半径)

n，l，m	$\psi_{n,l,m}(r,\ \theta,\ \varphi)$	$R_{n,l}(r)$	$Y_{l,m}(\theta,\ \varphi)$
1，0，0(1s)	$\sqrt{\frac{1}{\pi a_0^3}}e^{-r/a_0}$	$2\sqrt{\frac{1}{a_0^3}}e^{-r/a_0}$	$\sqrt{\frac{1}{4\pi}}$
2，0，0(2s)	$\frac{1}{4}\sqrt{\frac{1}{2\pi a_0^3}}(2-\frac{r}{a_0})e^{-r/2a_0}$	$\sqrt{\frac{1}{8a_0^3}}(2-\frac{r}{a_0})e^{-r/2a_0}$	$\sqrt{\frac{1}{4\pi}}$
2，1，0($2p_z$)	$\frac{1}{4}\sqrt{\frac{1}{2\pi a_0^3}}(\frac{r}{a_0})e^{-r/2a_0}\cdot\cos\theta$		$\sqrt{\frac{3}{4\pi}}\cos\theta$
2，1，+1($2p_x$)	$\frac{1}{4}\sqrt{\frac{1}{2\pi a_0^3}}(\frac{r}{a_0})e^{-r/2a_0}\cdot\sin\theta\cdot\cos\varphi$	$\sqrt{\frac{1}{24a_0^3}}(\frac{r}{a_0})e^{-r/2a_0}$	$\sqrt{\frac{3}{4\pi}}\sin\theta\cdot\cos\varphi$
2，1，-1($2p_y$)	$\frac{1}{4}\sqrt{\frac{1}{2\pi a_0^3}}(\frac{r}{a_0})e^{-r/2a_0}\cdot\sin\theta\cdot\sin\varphi$		$\sqrt{\frac{3}{4\pi}}\sin\theta\cdot\sin\varphi$

由表 4-2 可知，氢原子的每一个波函数 $\psi(r,\ \theta,\ \varphi)$ 可分解为 $R_{n,l}(r)$ 函数式和 $Y_{l,m}(\theta$、$\varphi)$ 函数式两部分。如果研究核外电子离核平均距离，用 $R_{n,l}(r)$ 函数式，相应的图形称为波函数的径向分布图；如果研究波函数随 θ，φ 变化情况及其空间取向问题，则用 $Y_{l,m}(\theta$、$\varphi)$ 函数式，相应的图形称为波函数的角度分布图。

波函数的角度分布图的画法是从坐标原点出发，引出方向为 θ、φ 的直线，长度取 r 值大小，再将所有这些直线的端点连成光滑的曲线，在空间旋转 180°得到一个曲面。

以 p_z 原子轨道为例，其角度部分 $Y_{p_z}=\sqrt{\frac{3}{4\pi}}\cos\theta$，代入不同的 θ 值可得到对应的 Y_{p_z} 值，如表 4-3 所示。由于 Y_{p_z} 只与 θ 有关而与 φ 无关，所以其角度分布图是绕 z 轴旋转一周的曲面。可先作一个平面图(图 4-8)，在 xz 平面，从坐标原点出发，分别画出以 θ 为不同角度时的直线，再分别在直线上取线段等于 r 值，连接所有线段端点得到两个相切的圆。然后再绕 z 轴旋转 180°得到 p_z 原子轨道角度分布图的立体图形，是一个相切于原点的双球面。由图可知，Y_{p_z} 角度分布图在 z 轴上伸展，且在 z 轴的正方向上是正值，在负方向上是负值。

表 4-3 不同 θ 值时的 Y_{p_z} 值和 $Y_{p_z}^2$ 值

θ	$\cos\theta$	Y_{p_z}	$Y_{p_z}^2$	θ	$\cos\theta$	Y_{p_z}	$Y_{p_z}^2$
0°，360°	1	0. 489	0. 239	120°，240°	-0. 5	-0. 244	-0. 0595
30°，330°	0. 866	0. 423	0. 179	150°，210°	-0. 866	-0. 423	-0. 179
60°，300°	0. 50	0. 244	0. 0595	180°	-1	-0. 489	-. 0. 239
90°，270°	0	0	0				

同理，角度部分 $Y(\theta、\varphi)$ 随角度 θ 和 φ 的变化作图，可得到各种波函数的角度分布图，如图 4-9 所示。

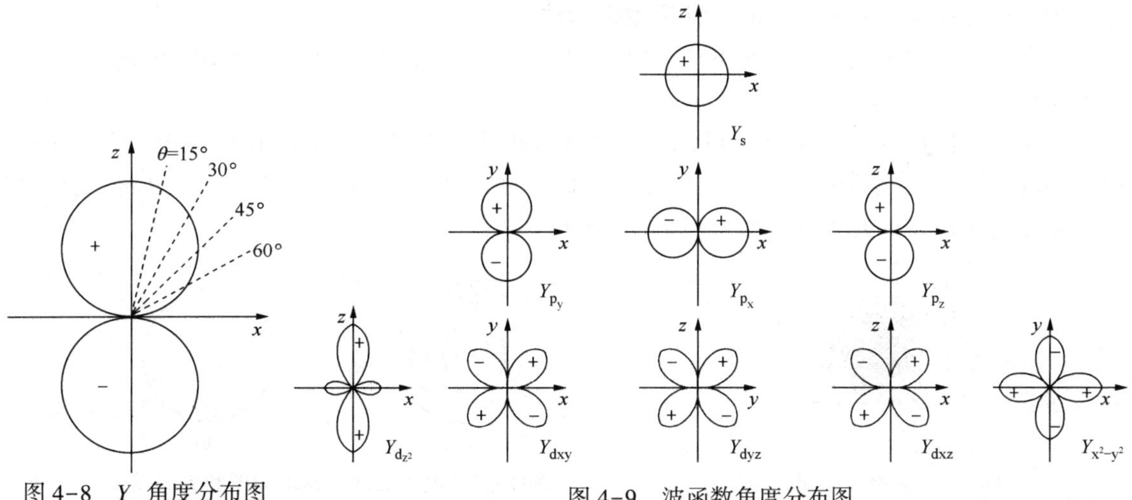

图 4-8 Y_{p_z} 角度分布图

图 4-9 波函数角度分布图

由图 4-9 可以看出，s 轨道呈球形。说明电子处于 s 态($l=0$)时，在核外空间各个方向运动特点相同。

p 轨道呈哑铃形。因为角量子数 $l=1$ 时，磁量子数 m 可以取 0，+1 和-1 共 3 个值，所以 p 态有三条轨道，分别沿着 x、y、z 坐标轴方向伸展，记为 p_x、p_y 和 p_z。说明电子处于 p 态时，占据不同的 p 轨道，在核外空间运动的方向特点不同。

d 轨道呈花瓣形。由于 $l=2$ 时，磁量子数 m 可以取-2，-1，0，+1，+2 共 5 个数值，所以 d 态有五条轨道。其中 dxy、dxz、dyz 轨道分别沿 xy、xz、yz 每对坐标轴的角平分线方向伸展，dz^2 沿 z 轴伸展，dx^2-y^2 沿 x 轴和 y 轴伸展。

f 轨道有 7 条，形状更加复杂，在此不作介绍。

需要注意的是，角度分布图中的正、负号只表示角度函数的对称性，并不代表正负电荷。

4.3.4 电子云与概率密度

虽然波函数可以形象地称为“原子轨道”，并代表“电子的一种运动状态”，但由于波函数的数值随着坐标角度取值的变化可能是正值、负值或零，所以波函数本身很难表达具体的物理意义，只有波函数的平方$|\psi|^2$才有明确的物理意义。

物理学中光的强度与其振幅的平方成正比。相应的波动力学中，微粒波的强度就与波函数的平方$|\psi|^2$成正比。而微粒波的强度就是指微粒在空间某个区域内出现的概率。为了便于比较电子在原子空间内各点出现的频繁程度，常用单位体积内电子出现的概率——概率密度来表示。

$$概率=概率密度\times体积$$

为了形象地表示核外电子运动的概率分布情况，化学上习惯用小黑点分布的疏密来表示电子出现概率的相对大小。小黑点较密的地方，表示该点$|\psi|^2$数值较大，电子在该点概率密度较大，单位体积内电子出现的机会较多；小黑点较稀的地方，表示该点$|\psi|^2$数值较小，电子在该点概率密度较小，单位体积内电子出现的机会较少。

像这样用黑点的疏密来表示电子在原子核外空间概率密度分布的图形叫做电子云。图4-10所示就是氢原子1s电子的电子云，在离核较近的地方，电子云密度较大，电子出现的几率较大；而在离核较远的地方，电子云密度较小，电子出现的几率较小。因此，电子云是电子在核外运动具有统计性的一种形象表示法。

需要注意，图中点的数目并不代表电子的数目，而只代表这个电子在瞬间出现的那些可能的位置。

除了黑点图以外，电子云还可以用等密度面图[见图4-11(a)]和界面图[见图4-11(b)]来表示。所谓等密度面就是将核外空间概率密度相等的各点连成的一个曲面。所谓界面就是指电子出现的几率为90%~95%的等密度面。

图4-10 氢原子1s电子云

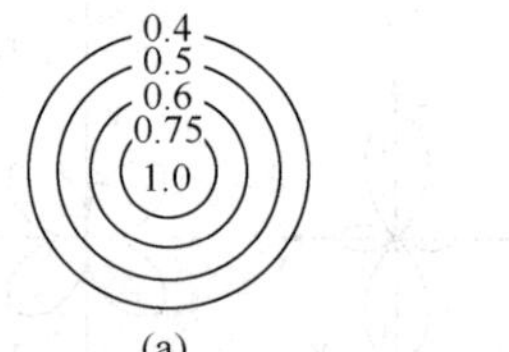

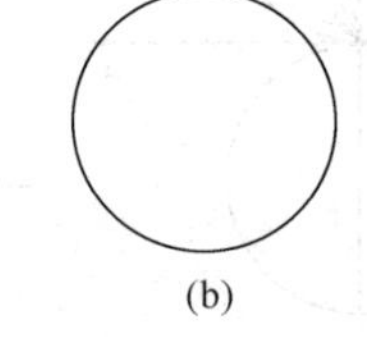

图4-11 电子云的等密度面图和界面图

4.3.5 电子云的图形表示

与处理波函数的方法相似，$\psi^2_{n,l,m}(r、\theta、\varphi)$也可以分解为两个部分，即：

$$\psi^2_{n,l,m}(r、\theta、\varphi)=R^2_n(r)\cdot Y^2_{l,m}(\theta、\varphi) \tag{4-14}$$

其中$R^2_n(r)$称为电子云的径向部分；${Y_{l,m}}^2(\theta、\varphi)$称为电子云的角度部分。对$R^2$作图，称电子云的径向分布图；对$Y^2$作图，称电子云的角度分布图。

1. 电子云的径向分布图

径向分布函数表示的是：在以原子核为球心，r为半径，单位厚度的薄球壳中电子出现的概率。

因为，以原子核为球心，r 为半径，厚度为 dr 的薄球壳体积为

$$d\tau = 4\pi r^2 dr$$

所以薄球壳电子出现的概率=概率密度×体积，即

$$d\rho = |R|_n^2(r)\,d\tau = 4\pi r^2 |R|_n^2(r)\,dr$$

令 $D(r) = 4\pi r^2 |R|_n^2(r)$ 为径向分布函数，以 r 为横坐标，以 D 为纵坐标作图，即可得到 $D-r$ 图——径向分布图。

电子云径向分布图反映了在核外空间距核 r 的球面附近，单位厚度的球壳内找到电子的概率。它只能反映电子出现概率的大小与离核远近的关系，不能反映概率与角度的关系。图 4-12是氢原子电子云径向分布示意图。

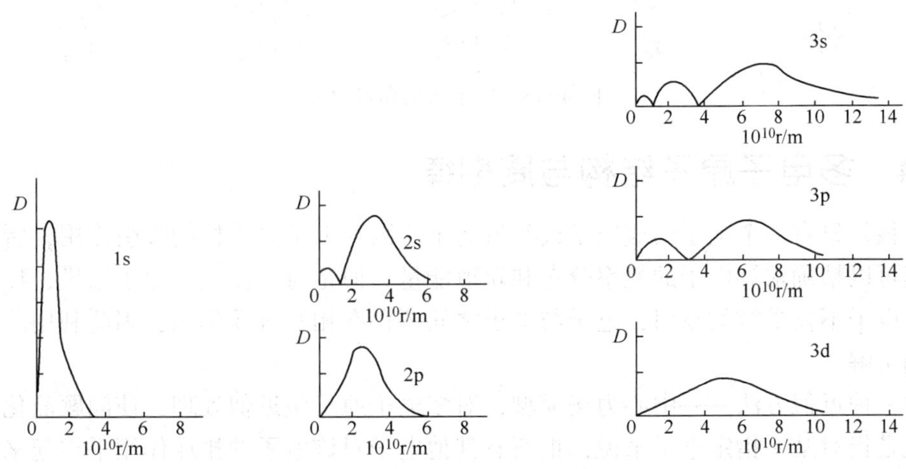

图 4-12 氢原子电子云径向分布

这里应区别概率和概率密度这两个含义不同的概念。在原子核附近尽管概率密度最大，但在该处球的体积则几乎小到等于零。随着 r 的增大，一方面球壳的体积越来越大，另一方面电子出现的概率密度愈来愈小，而概率是由概率密度和体积这两个变化趋势相反的因素决定的，因此必将在某处出现最大值，即在 $r=a_o$ 处。

由图可见，对 s 态(1s，2s，3s，……)出现峰值最大(即最高点)的个数正好与各自的主量子数 n 相等，而主峰的位置则随着 n 的增加而右移(即离核越来越远)。当 n 相同时，比较 2s 和 2p 态，则峰的数目决定于$(n-l)$值。对 2s 态，$n=2$，$l=0$，$(n-l)=2$，有两个峰；2p 态，$n=2$，$l=1$，$(n-l)=1$，有一个峰；峰的数目少了，但主峰离核的距离却近了。由此可见，核外电子是“分层”排布的说法虽然不够准确，但总的规律是主量子数 n 值越大，电子出现概率最大的区域离核越远。

2. 电子云的角度分布图

电子云角度分布图反映了电子在核外空间不同角度分布的概率密度。图 4-13 所示就是 s 轨道、p 轨道和 d 轨道电子云的角度分布图。

电子云角度分布图和波函数角度分布图有什么相同和不同之处？

(1) 波函数角度分布图有正、负之分，而电子云角度分布图没有；

(2) 两种图形状相似，但电子云角度分布图比波函数角度分布图要“瘦”些。这是因为 $|Y|$值总小于 1，故 Y^2 值更小。

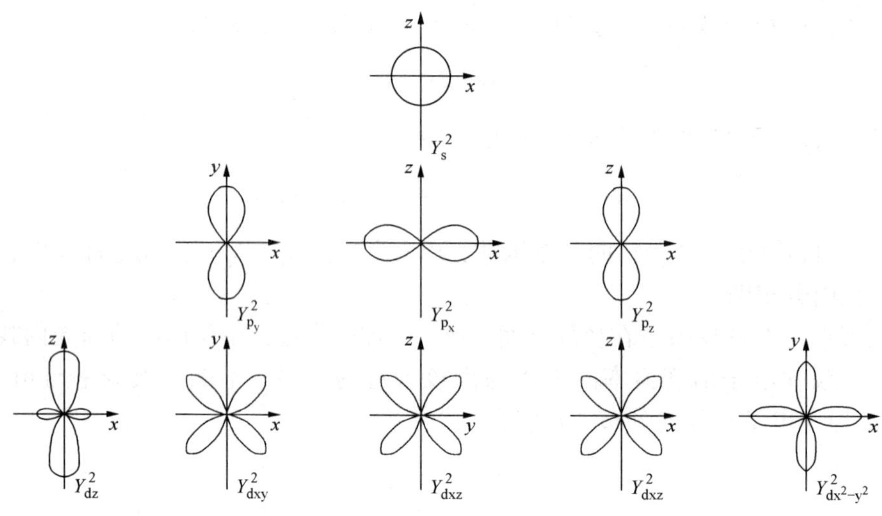

图 4-13　电子云的角度分布

4.4　多电子原子结构与周期律

对于核外只有一个电子的氢原子或类氢离子，因为电子只受核的吸引作用，所以利用薛定谔方程可以精确求算电子的概率分布和轨道能量。但是对于多电子原子来说，核外不只一个电子，电子不仅受核的吸引，电子与电子之间还存在相互排斥作用，因此利用薛定谔方程很难精确求解。

采用一种近似方法——中心力场模型，对多电子原子做近似处理，使问题简化。中心力场模型就是指对某一指定电子来说，把所有其他电子对该电子的排斥作用平均起来看成是球形对称的，它降低了中心原子核正电场对该电子的作用力。指定电子可以看作是只受到来自原子中心的，被减弱了的正电场的吸引作用。

经过这样处理后的多电子原子，十分类似于单电子原子中电子的受力情况，因此可以利用薛定谔方程近似求解。计算得到的结果与实验结果是一致的。

由此可见，多电子原子体系的原子轨道和氢原子的原子轨道相似，适合氢原子的四个量子数同样可应用于多电子原子体系，其波函数的形状和空间分布等和单电子原子基本相同，只不过多电子原子的能级变得较为复杂。

4.4.1　多电子原子轨道能级

1. 鲍林的原子轨道能级图

1939 年鲍林根据光谱实验数据和理论计算结果，得出多电子原子中原子轨道能级图，称之为鲍林近似能级图，如图 4-14 所示。

图中每一个小圆圈代表一个原子轨道，每个小圆圈所在位置的高低就表示原子轨道能量的高低。能量相近的原子轨道被划分为了能级组，图中每一个实线方框表示的就是一个能级组，用汉字序号表示该能级组的序号。

根据鲍林近似能级图可以看出：

① 主量子数 n 相同时，随着角量子数 l 的增大，轨道能量升高。例如 $E_{2s}<E_{2p}$，$E_{3s}<E_{3p}<E_{3d}$。这种在同一能级组中的能量差别称为能级分裂；

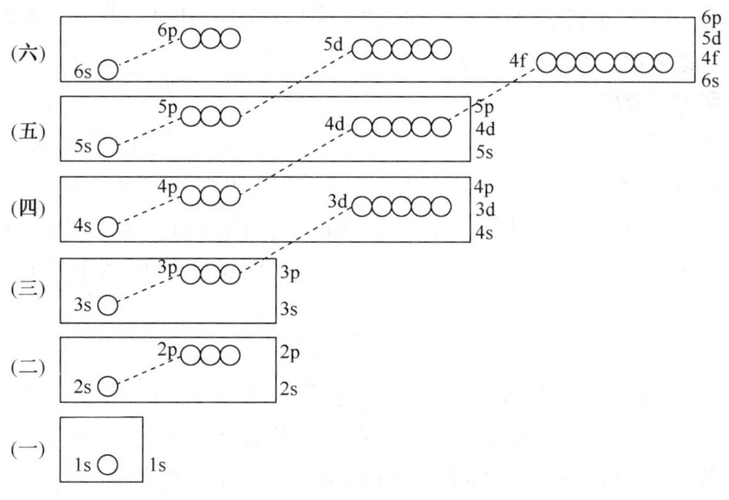

图 4-14　鲍林近似能级图

② 角量子数 l 相同时，随着主量子数 n 的增大，轨道能量升高。例如 $E_{1s}<E_{2s}<E_{3s}$。而同一亚层中原子轨道能量相等，如 p 亚层有 3 个原子轨道，能量相同；d 亚层有 5 个原子轨道，能量也相同；

③ 当主量子数 n 和角量子数 l 都不相同时，有能级交错现象。能级交错现象是指内电子层某些亚层的轨道能级比外电子层某些轨道能级要高。例如 $E_{4s}<E_{3d}<E_{4p}$，$E_{5s}<E_{4d}<E_{5p}$。

必须指出，鲍林的近似能级图，只是反映了多电子原子核外电子的一般能级次序，如果忽略了不同元素的原子的个性，认为所有元素的原子都能满足近似能级图，显然是不现实的。后来的光谱实验和量子力学的理论证明，随着元素原子序数的增加，核对电子的引力增加，轨道的能力都有所下降，由于下降的程度不同，所以能级的相对位置也随之而变。

鲍林近似能级图是一般规律，并不可能完全反映出每种元素的原子轨道能级的相对高低；而且由于它并未考虑原子序数与轨道能量的关系，所以不能用来比较不同元素原子轨道能级的相对高低。

2. 柯顿能级图

柯顿能级图(图 4-15)反映了原子轨道能级与原子序数的关系。从总的趋势来看，原子序数越大，核电荷数越大，核对电子的吸引力就越大，电子离核越近，轨道能量也就降低得越多。

我国量子化学家徐光宪先生总结出了一个经验公式：$n+0.7l$，用来比较不同轨道能量的高低。$(n+0.7l)$ 值越大，轨道的能量越高。如果计算所得数值的整数部分都相同，就属于同一能级组，且和能级组的序号一致。

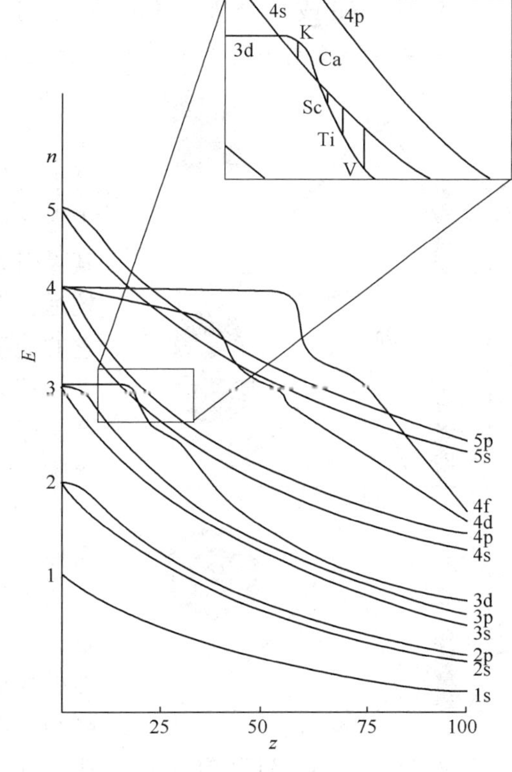

图 4-15　柯顿能级图

例如，4s、3d、4p 轨道的(n+0.7l)的数值分别为 4.0、4.4、4.7，整数部分均为 4，所以它们同属于第 4 能级组，能量依次增大。

3. 屏蔽效应和钻穿效应

(1) 屏蔽效应　多电子原子中，对一个指定的电子而言，它由于受到其他电子对它的排斥作用，而减弱了中心原子核对它的吸引力，这种现象就称为屏蔽效应。其他电子对它的排斥作用在空间是球形对称的，可以看作是一个屏蔽罩，而经过屏蔽后中心原子核对该电子的吸引，可以看作是有效核电荷(Z^*)对该电子的吸引。轨道能级可按下式计算：

$$E=-\frac{Z^{*2}}{n^2}\times 13.6\text{eV} \tag{4-15}$$

式中，Z^* 表示有效核电荷，有效核电荷小于核电荷：$Z^*=Z-\sigma$，σ 代表屏蔽造成的核电荷数减少或被抵消的部分，称为屏蔽常数。σ 越大，表明指定电子受其他电子的屏蔽作用越大，轨道能量越高。一般情况下，屏蔽常数的 σ 值可粗略地按斯莱特(Slater)规则计算。Slater 规则将原子中的电子分成以下几组，以(　　)表示：

(1s)；(2s，2p)；(3s，3p)；(3d)；(4s，4p)；(4d)；(4f)；(5s，5p)；(5d)；(5f)等。

① 位于某组电子右边的各组，对该组的 $\sigma=0$，近似地可以理解为外层电子对内层电子没有屏蔽作用；

② 同组电子间的 $\sigma=0.35$(如果同在 1s 层上，$\sigma=0.30$)；

③ 对于 ns 或 np 能级上的电子，($n-1$)电子层中的电子的屏蔽常数 $\sigma=0.85$，小于($n-1$)的各层电子的屏蔽常数 $\sigma=1.00$；

④ 对于 nd 或 nf 能级上的电子，位于它左边的各组电子对它们的屏蔽常数 $\sigma=1.00$。

式(4-15)说明多电子原子中原子轨道的能量取决于核电荷 Z、主量子数 n 和屏蔽常数 σ，而 σ 又取决于电子所处状态和其余电子的数目和状态，因而电子的能量和它所处轨道的量子数(n，l)及其余电子的数目和状态有关。由此可见，一个内层电子不仅由于它靠近原子核，而且它被其他电子屏蔽得少，所以核对其吸引力强，它的能量低；而一个外层电子不仅由于它离核远，而且它受内层电子屏蔽多，所以核对其吸引力弱，它的能量高。

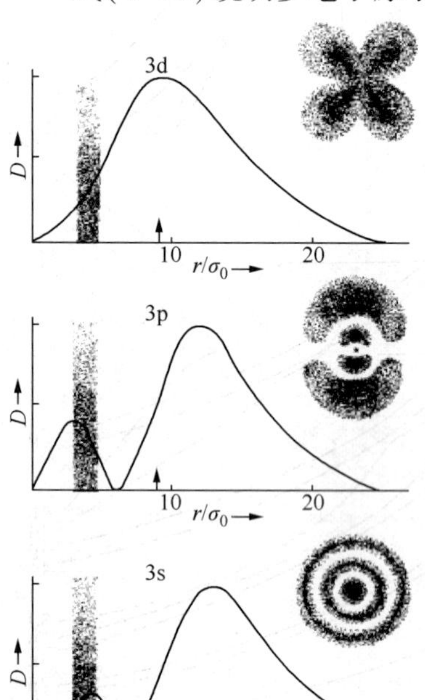

图 4-16　3s、3p、3d 轨道的径向分布图和电子云图

那么为什么主量子数 n 相同、角量子数 l 不同的轨道产生能级分裂现象，n，l 均不相同的轨道产生能级交错现象呢？

(2) 钻穿效应　多电子原子中的钻穿作用，可以借用氢原子的径向分布图来粗略地加以解释。

由图 4-16 可见，3s 有 3 个峰，其中最小的峰离核最近，这表明 3s 电子能穿透内层电子空间而靠近原子核，这种作用称为钻穿(或穿透)作用。3p 有 2 个峰，最小波峰与核的距离比 3s 最小峰远些，这说明 3p 电子钻穿作用小于 3s 电子。同理 3d 电子钻穿作用更小。钻穿作用的大小对轨道能量有明显的影响。电子钻得越深，受其他电子屏蔽的作用越小，受核的吸引力越大，因而能量越低。由此可见，钻穿与屏蔽是相互联系的，n 相同，l 不同的各个电子，钻穿回避内层电子的能力一般是 $ns>np>nd>nf$，由此，$E_{ns}<E_{np}<E_{nd}<E_{nf}$，这与光谱实验结果完全一致。

由于电子钻穿作用的不同，而导致轨道能量发生变化的现象，称为钻穿效应。钻穿效应使得同一原子多电子中同一电子层中不同亚层的轨道发生了“能级分裂”，甚至形成了“能级交错”现象，即内电子层某些亚层的轨道反而比外层的某些轨道能级高。如图 4-17，4s 的最大峰比 3d 距核远，但它的小峰却在离核很近处，对降低轨道能量影响很大，致使 4s 轨道能量低于 3d。类似的还有 $E_{5s}<E_{4d}$，$E_{6s}<E_{4f}<E_{5d}$ 等。

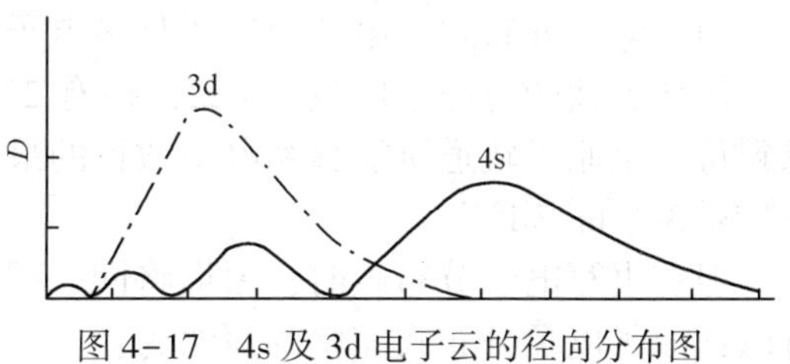

图 4-17　4s 及 3d 电子云的径向分布图

正因为屏蔽和钻穿作用的存在，多电子原子的轨道能级已经远不像单电子那么简单了。

4.4.2　核外电子分布原理和核外电子分布方式

1. 核外电子分布原理

多电子原子中，电子在原子核外的分布要遵循三大原理：泡利不相容原理、能量最低原理、洪特规则。

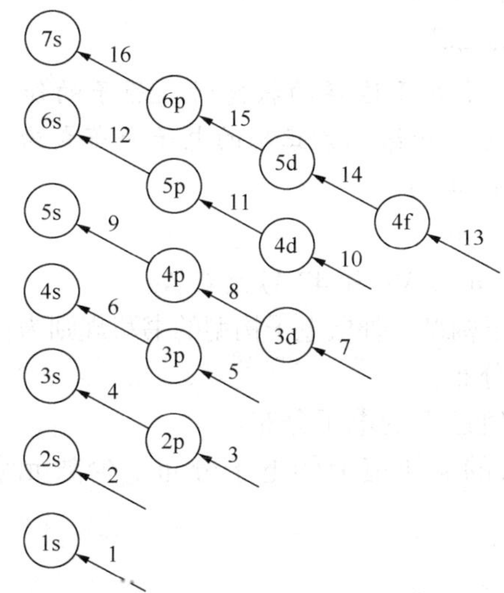

图 4-18　原子中电子排布顺序

（1）泡利不相容原理(Pauli exclusion priciple)　泡利不相容原理是指同一原子中不能存在运动状态完全相同的电子，或者说同一原子中不能存在四个量子数完全相同的电子。换言之，每一种运动状态的电子只能有 1 个，在同一轨道上最多只能容纳自旋方向相反的 2 个电子。由于每个电子层中原子轨道的总数是 n^2 个，因此各电子层中电子的最大容量是 $2n^2$ 个。

（2）能量最低原理　能量最低原理是指原子中电子总是尽可能排布到能量较低的轨道，以使原子系统的能量最低。因此根据鲍林近似轨道能级图，得出原子中电子排布顺序图(图 4-18)。

但要注意：铬($Z-24$)之前的原了严格遵守这一顺序，钒($Z=23$)之后的原子有时会出现例外。

电子填入轨道的顺序为：1s 2s 2p 3s 3p 4s 3d 4p 5s 4d 5p 6s 4f 5d 6p 7s 5f 6d 7p。

(3)洪特规则　美国化学家洪特(F. Hund，1826~1892 年)从光谱实验数据中总结出：“电子在能量相同的轨道(即等价轨道)上排布时，总是尽可能以自旋相同的方向分占不同的轨道，因为这样的排布方式总能量最低”，称为洪特规则(Hund's rule)。例如，碳原子 2p 轨道上的 2 个电子以自旋相同 |↑|↑| | 的方向排布，而不会按 |↑|↓| | 或 |↑↓| | | 方式排布。因为电子分占简并轨道，可以减小同一轨道两个电子的相互排斥作用，有利于系统能量最低。

洪特规则还有一个特例，即在等价轨道中，电子处于全充满(p^6、d^{10}、f^{14})、半充满(p^3、d^5、f^7)和全空(p^0、d^0、f^0)时，原子的能量较低，体系较稳定。

鲍林不相容原理和洪特规则最初都是从实验中归纳出来的一种假定，后来证明它们符合量子力学的原理。洪特规则实际上是能量最低原理的具体化。

2. 核外电子分布式

(1) 电子分布式　电子分布式是多电子原子核外所有电子分布的表达式。

例如，钛(Ti)原子序数 $Z=22$，核有 22 个电子，按照三大原理和电子排布顺序图，考虑到每一个原子轨道所能容纳电子数目的最大值，钛(Ti)原子电子的分布情况应为：$1s^2 2s^2 2p^6 3s^2 3p^6 4s^2 3d^2$。

但在书写电子分布式时，习惯将同一层的放在一起，而且将原子序数标在元素符号前，所以钛原子电子分布式完整的写法为：

$_{22}Ti$：$1s^2 2s^2 2p^6 3s^2 3p^6 3d^2 4s^2$。

又如锰(Mn)原子序数 $Z=25$，有 25 个电子，其电子分布式为：

$_{25}Mn$：$1s^2 2s^2 2p^6 3s^2 3p^6 3d^5 4s^2$。

对于原子序数大于 18 的元素，为了书写方便，常将内层已达到稀有气体电子层结构的部分，用该稀有气体元素符号加方括号来表示。氩原子($Z=18$)的基态电子分布式为：

$_{18}Ar$：$1s^2 2s^2 2p^6 3s^2 3p^6$。

所以锰原子电子分布式就可以写为：$_{25}Mn$：[Ar] $3d^5 4s^2$。

例 4-1　书写铜元素和铬元素的电子分布式。

解：按照正常的排序，它们的电子分布式应分别为

$$_{29}Cu：1s^2 2s^2 2p^6 3s^2 3p^6 3d^9 4s^2；$$

$$_{24}Cr：1s^2 2s^2 2p^6 3s^2 3p^6 3d^4 4s^2。$$

但是因为 d^{10} 是全充满状态，d^5 是半充满状态，当电子处于这样的状态时，原子的能量较低，体系较稳定，所以电子优先填入 d 轨道。所以铜元素和铬元素正确的电子分布式为：

$$_{29}Cu：1s^2 2s^2 2p^6 3s^2 3p^6 3d^{10} 4s^1；$$

$$_{24}Cr：1s^2 2s^2 2p^6 3s^2 3p^6 3d^5 4s^1。$$

除了铜元素和铬元素以外，还有一些特例，如 42 号元素 Mo 和 47 号元素 Ag。

(2) 外层电子分布式　外层电子分布式又称为外层电子构型。外层电子构型的书写规则为：

主族元素：写出最外层的 s 轨道和 p 轨道上的电子分布。

过渡金属元素：写出次外层的 d 轨道和最外层的 s 轨道上的电子分布。

镧系和锕系元素：写出($n-2$)层的 f 轨道和最外层的 s 轨道上的电子分布。少数元素($n-1$)层的 d 轨道上有电子，也应写出。

例如，氯原子的外层电子分布式为：$3s^2 3p^5$；

钛原子和锰原子的外层电子分布式分别为：$3d^2 4s^2$ 和 $3d^5 4s^2$。

当原子失去电子或得到电子时，就要写出离子的外层电子分布式。

(3) 离子的外层电子分布式　离子的外层电子分布式要写出同一层的全部电子分布。当原子得到电子成为负离子时，原子所得的电子总是分布在它的最外电子层上，符合电子的填充顺序。

例如，Cl^- 的外层电子分布式为：$3s^2 3p^6$。

当原子失去电子成为正离子时，一般是能量较高的最外层的电子先失去，而且往往引起电子层数的减少。

例如，Mn^{2+} 的外层电子构型为 $3s^2 3p^6 3d^5$，而不是 $3s^2 3p^6 3d^3 4s^2$ 或 $3d^3 4s^2$，也不能只写成 $3d^5$。又如 Ti^{4+} 的外层电子构型为：$3s^2 3p^6$。

根据对基态原子和离子内层轨道能级的研究和大量的光谱数据，归纳出了两条经验规律：

基态原子外层电子填充顺序为：→ns→$(n-2)$f→$(n-1)$d→np；

外层电子电离顺序为：→np→ns→$(n-1)$d→$(n-2)$f。

4.4.3 原子结构与元素周期表

原子结构决定元素性质，那么不同的原子结构之间有没有一定的规律性呢？电子在原子轨道的排列顺序为：3s→3p→4s→3d→4p→5s→4d→5p→6s→4f→5d→6p，这样一种排列顺序是否具有周期性呢？

这种排列方式可以看作是 s→p，s→d→p，s→f→d→p，总是从 s 开始，至 p 终止，所以说电子的排布是有周期性的。

元素性质取决于原子的价电子构型。由于原子的价电子构型具有周期性，因此元素性质也具有周期性。也就是说，随着原子序数的递增，原子结构(外层电子构型、原子半径、外层电子的有效核电荷)呈现周期性变化，导致元素性质的周期性变化，这就是元素周期律。依照这个规律把众多元素组织在一起形成的系统叫化学元素周期系。周期系的具体表达形式就是元素周期表。元素周期表有多种形式，其中最常用的是长式周期表。

1. 周期

周期表中有 7 行，分别表示 7 个周期，对应于顺序图中的 7 个能级组(表 4-4)。第一周期只有 2 种元素是特短周期；第二、第三周期各有 8 种元素是短周期；第四、第五周期分别有 18 种元素是长周期；第六周期有 32 种元素是特长周期；第七周期至今只发现了 23 种元素，是未完成周期。

除第一、第七周期外，每一周期均以填充 s 轨道的元素开始，并以填充 p 轨道的元素告终。在微观上完成一次由 ns^1 到 $ns^2\ np^6$ 的重复。在宏观上则表现出元素性质的周期性变化。

表 4-4　各周期元素与相应能级组的关系

周　　期	能　级　组	能级组内各原子轨道	能级组内各轨道所能容纳的电子数	各周期元素数
1	一	1s	2	2
2	二	2s 2p	8	8
3	三	3s 3p	8	8
4	四	4s 3d 4p	18	18
5	五	5s 4d 5p	18	18
6	六	6s 4f 5d 6p	32	32
7	七	7s 5f 6d 7p	未满	23(未完)

通过表 4-4 可以得出周期与电子层结构的关系：

(1) 周期数分别与电子层数和最外电子层的主量子数 n 相等。

(2) 各周期内元素的数目与相应能级组中原子轨道所能容纳的电子总数相等。

由此可见，能级组的划分是元素划分为周期的本质原因。

2. 族

周期表中有 18 列，共分 16 个族：8 个主族和 8 个副族。

当元素原子最后填入电子的亚层为 s 层或 p 层，则该元素称为主族元素，用 A 表示，用罗马数字表示序号。例如ⅠA 表示第一主族。在 8 个主族中包括一个稀有气体族，因为其性质稳定，不易得失电子，所以也被称为零族。

当元素原子最后填入电子的亚层为 d 或 f 亚层，则该元素称为副族元素，又称过渡元素，用 B 表示。例如ⅠB 表示第一副族。在 8 个副族中包括一个第Ⅷ副族，其中含有三列，也就是说这三列合称为一族，其余的都是一列为一族。另外副族的排列顺序是从第三副族开始排列。

每一族中的元素，其外层电子数相同、电子层结构相同或相近，只是主量子数不同。

族序号也与元素的价电子数有着一定的对应关系：

（1）主族元素的族序号数等于它们的最外层电子数；

（2）副族元素中，ⅠB、ⅡB 副族元素的族序号数等于其最外层电子数；

（3）ⅢB 副族到第ⅧB 副族元素的族序号数等于其最外层 s 电子数与次外层 d 电子数之和。

3. 元素的分区

根据原子的价电子构型，周期表中元素可以分成 5 个区：s 区、p 区、d 区、ds 区和 f 区（表 4-5）。

s 区元素——最后一个电子填在 s 轨道上，包括ⅠA、ⅡA 族元素，外层电子构型为 $ns^{1\sim2}$。

p 区元素——最后一个电子填在 p 轨道上，包括第ⅢA 族到第ⅧA 族元素，外电子层结构是 $ns^2\ np^{1\sim6}$。

d 区元素——最后一个电子填在 d 轨道上，包括第ⅢB 族到第ⅧB 族元素，外层电子构型是 $(n-1)d^{1\sim9}\ ns^{1\sim2}$。

ds 区元素——最后一个电子填在 d 轨道上，并且达到 d^{10} 状态，包括第ⅠB 和第ⅡB 族元素，外层电子构型是 $(n-1)d^{10}\ ns^{1\sim2}$。

f 区元素——最后一个电子填在 f 轨道上，包括镧系和锕系元素，外层电子构型是 $(n-2)f^{1\sim14}(n-1)ns^{1\sim2}$。而外面两层电子组态相近，因此元素所表现出的性质非常相似，分别与镧和锕一起占据周期表中同一个位置，镧系与锕系都属于ⅢB 族。

第四、五、六周期，最后的电子填充次外层 d 亚层电子的元素各有 10 个，分别称为第一、第二、第三系列过渡元素。镧系和锕系元素称为内过渡元素。

表 4-5　周期中元素的分区

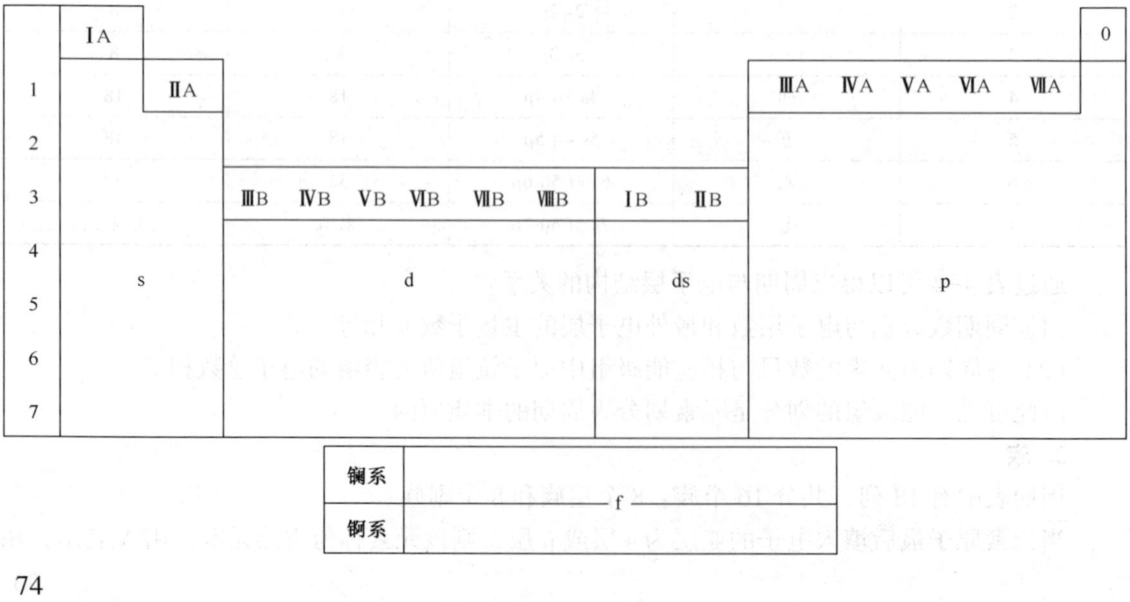

	ⅠA	ⅡA	ⅢB	ⅣB	ⅤB	ⅥB	ⅦB	ⅧB	ⅠB	ⅡB	ⅢA	ⅣA	ⅤA	ⅥA	ⅦA	0
1																
2																
3																
4	s		d						ds		p					
5																
6																
7																

镧系	f
锕系	

4.5 元素基本性质的周期性变化规律

由于原子的电子层结构呈现周期性变化，所以与电子层结构有关的元素的基本性质，如原子半径、电离能、电子亲合能和电负性等，也呈现周期性的变化。

4.5.1 原子半径

原子核外的空间没有确定的边界。一般所谓原子半径是指形成共价键或金属键时，原子处于平衡位置所显示出来的半径。若同种元素的两个原子以共价单键结合时，它们核间距离的一半称为该原子的共价半径(covalent radius)；在金属晶体中，两个相邻金属原子核间距的一半称为该原子的金属半径(metallic radius)。原子的金属半径一般比其单键共价半径大10%~15%。稀有气体原子半径，是指在稀有气体晶体中两原子核间距的一半，称为范德华(Van der Waals，1837~1923年荷兰物理学家)半径(Van der Waals radius)或接触半径。范德华半径明显大于共价半径和金属半径。图4-19是三种原子半径示意图。

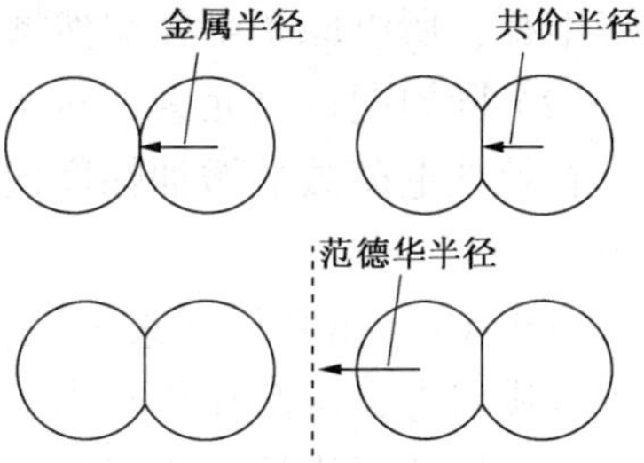

金属半径　共价半径

范德华半径

图4-19　三种原子半径示意图

不同类型的原子半径之间的差异很大。表4-6给出了各元素的共价半径，其中稀有气体是范德华半径。

表4-6　元素原子半径 r/pm

	ⅠA	ⅡA	ⅢB	ⅣB	ⅤB	ⅥB	ⅦB	ⅧB			ⅠB	ⅡB	ⅢA	ⅣA	ⅤA	ⅥA	ⅦA	0
1	H 37																	He 120
2	Li 154	He 112											B 82	C 77	N 75	O 73	F 72	Ne 160
3	Na 154	Mg 159											Al 143	Si 111	P 106	S 102	Cl 99	Ar 191
4	K 234	Ca 197	Sc 162	Ti 146	V 133	Cr 126	Mn 126	Fe 126	Co 125	Ni 121	Cu 127	Zn 137	Ga 140	Ge 136	As 119	Se 116	Br 114	Kr 200
5	Rb 248	Sr 214	Y 179	Zr 159	Nb 145	Mo 139	Tc 135	Ru 133	Rh 134	Pd 137	Ag 144	Cd 154	In 166	Sn 162	Sb 159	Te 135	I 133	Xe 220
6	Cs 267	Ba 221	La 187	Hf 158	Ta 145	W 139	Re 137	Os 135	Ir 135	Pl 138	Au 143	Hg 157	Tl 171	Pb 174	Bi 170	Po 176	At	Rn

镧系	La	Ce	Pr	Nd	Pm	Sm	Eu	Gd	Tb	Dy	Ho	Er	Tm	Yb	Lu
	187	182	182	182	—	180	198	180	178	177	176	175	174	193	173

周期表中原子半径变化的一般规律为：电子层数越多，原子半径越大；有效核电荷数越大，核对外层电子的吸引力越强，原子半径越小。而有效核电荷的大小是与屏蔽作用密切相关的。

对于同周期元素，从左到右，原子序数增加，核电荷增大，但同时增加的电子对外层电子的屏蔽作用也增大，只是根据电子填入轨道的不同，增加幅度也不同。

主族元素的增加幅度大于过渡元素和内过渡元素(即镧系、锕系元素)。这是因为主族元素，电子逐个填加在最外层，对同层电子的屏蔽效应很小；过渡族元素，电子逐个填加在次外层 d 轨道，对原来最外层上电子的屏蔽较强；内过渡族元素，电子逐个填加在外数第三层 f 轨道，对原来最外层上电子的屏蔽更强。

因此同周期元素原子半径的变化规律为：

(1) 同周期的主族元素，从左到右，有效核电荷增大(核电荷明显增大，但同层电子的屏蔽增大较小)，核对外层电子的引力增大，原子半径减小。到了稀有气体族，由于变为范德华半径，所以原子半径突然增大。

(2) 同周期过渡元素，对于ⅢB 族到第ⅧB 族元素来说，从左到右，随着原子序数的增加，有效核电荷数的增加幅度比主族元素小，所以原子半径仍然减小，但减小幅度比主族元素小。

对于ⅠB、ⅡB 族元素来说，虽然从左到右，核电荷也是增大的，但由于次外层 d 轨道处于全满状态，屏蔽作用较大，所以有效核电荷反而减小了，原子半径突然增大。

(3) 同族元素原子半径自上而下增大，因为电子层依次增加。

(4) 第五周期和第六周期的同族元素之间，原子半径非常接近。这主要是镧系收缩所造成的结果。

4.5.2 金属性和非金属性

同周期主族元素从左到右，原子外层电子受到有效核电荷的作用增加，原子半径缩小，外层电子构型逐渐过渡到 s^2p^6 稳定结构，因此金属性逐渐减弱，非金属性逐渐增强；同一主族从上到下，外层电子结构相同，有效核电荷变化很小，但由于电子层数增加，使原子半径增大，非金属性逐渐减弱，金属性逐渐增强。

对副族元素来说，同周期从左到右，新增加电子都填充在次外层 d 亚层，有效核电荷增加不显著，原子半径减小的幅度较小，元素的金属性逐渐减弱得极为缓慢，它们都保持着金属元素的特征；同一族从上到下，外层电子结构基本不变，由于有效核电荷增加不多，而原子半径因镧系收缩而变化不大，使得金属性递变与主族元素有所不同。除ⅢB 族元素的金属性依次增强外，其他副族元素的金属性略有减弱。镧系元素最外层电子结构基本不变，有效核电荷和原子半径变化甚小，其性质差别比副族元素更小，相似性更强。总之副族元素都是金属。

4.5.3 电离能(I)

从基态(能量最低的状态)的中性气态原子失去一个电子形成气态一价正离子所需要的能量，称元素的第一电离能，表示为 I_1。从一价气态正离子再失去一个电子成为二价正离子所需要的最低能量称为第二电离能。依此类推，还有第三、第四电离能等。通常说的电离能，如果没有特别说明，指的就是第一电离能。由于原子失去电子必须消耗能量，克服核对外层电子的吸引力，所以电离能总为正值。SI 单位为：J/mol，常用 kJ/mol。同一元素的第一、第二、第三、……电离能逐级增大，即 $I_1<I_2<I_3$……。因为原子失去电子形成正离子后，外层电子的有效核电荷增大，离子半径依次变小，所需电离能越来越大。

电离能可以用来衡量原子失去电子的难易程度。电离能越大，原子越难失去电子，金属性越弱；电离能越小，原子容易失去电子，金属性越强。所以可以利用电离能来比较元素的金属性强弱。表 4-7 中列出了各元素的第一电离能。

表 4-7　元素的第一电离能 I_1　　J/mol

ⅠA	ⅡA	ⅢB	ⅣB	ⅤB	ⅥB	ⅦB	Ⅷ			ⅠB	ⅡB	ⅢA	ⅣA	ⅤA	ⅥA	ⅦA	0
H 1310																	He 2372
Li 519	Be 900											B 799	C 1088	N 1406	O 1314	F 1682	Ne 2080
Na 498	Mg 736											Al 577	Si 787	P 1063	S 1000	Cl 1255	Ar 1519
K 418	Ca 590	Sc 632	Ti 661	V 653	Cr 653	Mn 715	Fe 761	Co 757	Ni 763	Cu 745	Zn 904	Ga 577	Ge 782	As 966	Se 941	Br 1142	Kr 1351
Rb 402	Sr 548	Y 636	Zr 669	Nb 653	Mo 695	Te 699	Ru 724	Rh 745	Pd 803	Ag 732	Cd 866	In 556	Sn 707	Sb 833	Te 870	I 1008	Xe 1172
Cs 377	Ba 502	La 540	Hf 675	Ta 761	W 770	Re 761	Os 841	Ir 887	Pt 866	Au 891	Hg 1008	Tl 509	Pb 715	Bi 774	Po	At	Rn 1038

电离能的大小，主要取决于原子的电子层结构、有效核电荷以及原子半径。从表 4-7 中可以看出，电离能的变化规律为：

（1）同周期元素，从左到右电离能一般是增大的，增大的幅度随周期数的增大而减小。第二、第三周期元素由左向右，电离能变化有两个转折。B 和 Al 的最后一个电子是加在钻穿能力较小的 p 轨道上，轨道能量升高，所以它们电离能低于 Be 和 Mg；O 和 S 最后一个电子是加在已有一个 p 电子的 p 轨道上，由于 p 轨道成对电子间的排斥作用使它们的电离能减小。一般来说，具有 p^3，d^5，f^7 等半充满电子构型的元素都有较大的电离能，即比其前、后元素的电离能都要大。稀有气体原子与外层电子为 ns^2 结构的碱土金属以及具有 $(n-1)d^{10}ns^2$ 构型的ⅡB 族元素，都属于轨道全充满的构型，它们都有较大的电离能。同一周期过渡元素和内过渡元素，由左向右电离能增大的幅度不大，且变化没规律。

（2）同一主族元素，从上到下，原子半径增大，有效核电荷增加不多，所以电离能逐渐减小，元素金属性增强。

（3）同一副族元素最后一个电子填在内层，由于电子层结构因素和镧系收缩的影响，不论在同一周期内还是同一族内，I_1 变化幅度都较小，并且不太规则，甚至同一族内有下面元素的 I_1 大于上面元素 I_1 的情况。

电离能除了可以说明元素的金属性和非金属性强弱以外，对于主族元素，还可以说明其常见价态。例如 Na、Mg、Al 都是金属元素，钠原子的第二电离能比第一电离能大得多，所以通常只失去一个电子形成+1 价离子；镁原子的第一、第二电离能较小，第三电离能较高，所以通常形成+2 价离子；而铝原子的第四电离能特别大，所以形成+3 价离子。

根据以上电离能的变化规律，为什么 N($2s^2 2p^3$)的第一电离能偏大，而 B($2s^2 2p^1$)的第一电离能偏小？因为 N 原子的特征电子构型为 p 轨道半充满，较稳定(不易电离)，B 原子失去一个 2p 电子后变成 $2s^2 2p^0$ 的稳定结构。

4.5.4 电子亲和能(E_{ea})

元素的基态气态原子得到一个电子形成一价气态负离子时放出或吸收的能量，称为电子第一亲和能，用 E_{ea_1} 表示，单位 J/mol，常用 kJ/mol。元素的一价负离子再继续结合电子，就有第二电子亲和能 E_{ea_2}、第三电子亲和能 E_{ea_3}……。如不特别指明，一般都是指第一亲和能。元素第一电子亲和能一般为负值，当-1 价的离子要获得电子时，要克服电荷之间的排斥力，因此要吸收能量，所以，元素的第二亲和能一般为正值。表 4-8 列出了主族元素的电子亲和能。

表 4-8 主族元素的电子亲和能 E_{ea} kJ/mol

H -72.7								He +48.2
Li -59.6	Be +48.2	B -26.7	C -121.9	N +6.75	O -141.0	(844.2)	F -328.0	Ne +115.8
Na -52.9	Mg 38.6	Al -42.5	Si -133.6	P -72.1	S -200.4	(531.6)	Cl -349.0	Ar +96.5
K -48.4	Ca +28.9	Ga -28.9	Ge -115.8	As -78.2	Se -195.0		Br -324.7	Kr +96.5
Rb -46.9	Sr +28.9	In -28.9	Sn -115.8	Sb -103.2	Te -190.2		I -295.1	Xe +77.2

* 本表数据依据 H. hotop and W. C. Lineberger，J. Phys. Chem. Ref. Data，14，731(1985)，括号内数值为第二电子亲和能。

电子亲和能较难测定，有些是用计算方法推测的，因此数据不全且可靠性也差一些。但总的来看，电子亲和能的变化不规律。在同一周期中，从左到右，电子亲和能增大。在同一族中，从上到下，电子亲和能减小。

电子亲和能可以用来衡量原子结合电子的难易程度。元素的电子亲和能越大，表示该元素气态原子得到电子的能力越强，非金属性越强。

4.5.5 元素的电负性(χ)

有些元素在形成化合物时，既不是完全失去电子、也不是完全得到电子，如 NH_3 中的 N 和 H。因此不能仅仅从电离能来衡量元素的金属性或从电子亲和能来衡量元素的非金属性，需要把两者结合起来考虑。鲍林在 1932 年引入了电负性(electronegativity)的概念，通常用χ 表示。所谓电负性是指元素的原子在分子中吸引成键电子的能力的相对大小，电负性越大，原子对成键电子的吸引能力越强。它较全面地反映了元素金属和非金属性的强弱。

鲍林规定氟的电负性为 4.0，依此为参照标准，求出其他元素的电负性值，如表 4-9 所示。

表 4-9　元素的电负性值

Li 1.0	Be 1.5					H 2.1						B 2.0	C 2.5	N 3.0	O 3.5	F 4.0
Na 0.9	Mg 1.2											Al 1.5	Si 1.8	P 2.1	S 2.5	Cl 3.0
K 0.8	Ca 1.0	Sc 1.3	Ti 1.5	V 1.6	Cr 1.6	Mn 1.5	Fe 1.8	Co 1.9	Ni 1.9	Cu 1.9	Zn 1.6	Ca 1.6	Ge 1.8	As 2.0	Se 2.4	Br 2.8
Rb 0.8	Sr 1.0	Y 1.2	Zr 1.4	Nb 1.6	Mo 1.8	Tc 1.9	Ru 2.2	Rh 2.2	Pd 2.2	Ag 1.9	Cd 1.7	In 1.7	Sn 1.8	Sb 1.9	Te 2.1	I 2.5
Cs 0.7	Ba 0.9	La-Lu 1.0-1.2	Hf 1.3	Ta 1.5	W 1.7	Re 1.9	Os 2.2	Ir 2.2	Pt 2.2	Au 2.4	Hg 1.9	Tl 1.8	Pb 1.9	Bi 1.9	Po 2.0	At 2.2
Fr 0.7	Ra 0.9	Ac 1.1	Th 1.3	Pa 1.4	U 1.4	Np-No 1.4-1.8										

从表中可以看出，元素的电负性也是呈周期性变化的，递变规律如下：

① 同一周期元素从左到右，电负性逐渐增加，过渡元素的电负性变化不大；

② 同一主族元素从上到下，电负性逐渐减小，副族元素从上到下电负性逐渐增强；

③ 稀有气体的电负性是同周期元素中最高的；

④ 一般以 2.0 作为金属性的分界。小于 2.0 是金属元素，大于 2.0 是非金属元素。

注意不能将电负性与电离能和电子亲和能混用。虽然电负性与电离能和电子亲和能之间的确存在某种联系，即电负性大的元素通常是那些电子亲和能大的元素(非金属性强的元素)，电负性小的元素通常是那些电离能小的元素(金属性强的元素)。但电离能和电子亲和能通常用来讨论离子化合物形成过程中的能量关系；电负性概念则用于讨论共价化合物的性质。

习题

一、思考题

1. 为什么原子光谱是线状光谱？怎样用 Bohr 氢原子模型解释氢原子光谱？Bohr 理论对原子结构理论的发展有什么贡献？这一理论存在什么缺陷？

2. 为什么宏观粒子的位置和速度可以测得准确，而微观粒子却不能？微观粒子运动规律的主要特点是什么？

3. 量子力学怎样描述电子在原子中的运动状态，一个原子轨道要用哪几个量子数来描述？说明各量子数的物理意义、取值要求和相互关系。

4. Bohr 原子轨道与波动力学的“原子轨道”有哪些主要差别，它们有无相似之处？

5. 判断下列说法是否正确？为什么？

(1) s 电子轨道是绕核旋转的一个圆圈，而 p 电子是走 8 字形。

(2) 电子云图中黑点越密之处表示那里的电子越多。

(3) 氢原子中原子轨道的能量由主量子数 n 来决定。

(4) 氢原子的核电荷数和有效核电荷数不相等。

6. 周期表中可分成哪几个区？每区包括哪几个族，各区外层电子构型有什么特征？

7. 为什么不用电离能来衡量吸引成键电子的能力而用电负性？两者有何异同？电负性数值大小与元素的金属性、非金属性之间有何联系？

二、是非题(判断下列说法是否正确并说明理由)

(1) 电子具有波粒二象形，所以每个电子都既是粒子，又是波。

(2) 电子的波动性是大量电子运动表现出的统计性规律的结果。

(3) 波函数就是电子波的振幅。

(4) 不存在四个量子数完全相同的两个电子。

(5) 最外层电子排布为 ns^1 的元素是碱金属元素。

(6) 第Ⅷ族元素的外层电子排布为 $(n-1)d^6ns^2$。

三、选择题

1. 下列各组量子数组合中能量最低的是(　　)

A. $n=4$，$l=0$，$m=0$，$m_s=+\frac{1}{2}$　　B. $n=3$，$l=1$，$m=-1$，$m_s=-\frac{1}{2}$

C. $n=2$，$l=0$，$m=0$，$m_s=+\frac{1}{2}$　　D. $n=2$，$l=1$，$m=1$，$m_s=-\frac{1}{2}$

2. 下列量子数组合中，原子轨道符号为 2p 的是(　　)

A. $n=3$，$l=0$，$m=0$　　B. $n=4$，$l=1$，$m=1$

C. $n=2$，$l=0$，$m=0$　　D. $n=2$，$l=1$，$m=1$

3. 已知某元素的外层电子结构式为 $4d^{10}5s^1$，该元素的原子序数为(　　)

A. 45　　B. 46　　C. 47　　D. 48

4. 假设有下列电子的各套量子数，其中可能存在的是(　　)

A. 3，2，2，$\frac{1}{2}$　　B. 3，0，-1，$\frac{1}{2}$　　C. 2，2，2，2　　D. 1，0，0，0

四、简答题

1. 什么叫屏蔽作用和钻穿作用？试用这两个理论解释下列轨道能级次序的高低：

(1) $E_{2p}<E_{3p}<E_{4p}<E_{5p}$；

(2) $E_{3s}<E_{3p}<E_{3d}$。

2. 写出下列轨道的符号：

(1) $n=4$，$l=0$；(2) $n=3$，$l=1$；(3) $n=2$，$l=1$；(4) $n=5$，$l=3$。

3. 下列元素的外层电子结构为(1) $(n-1)d^6ns^2$；(2) ns^2np^1；(3) $(n-1)d^{10}ns^1$；(4) ns^2np^6，请指出它们各属于哪一族？哪一区？

4. 指出具有下列电子层结构的元素在周期表中的位置。

(1) $3s^23p^6$；(2) $4s^24p^3$；(3) $4d^{10}5s^2$；(4) $4d^55s^1$；(5) $5s^25p^1$；(6) $7s^1$

5. 写出符合下列条件的元素符号：

(1) 次外层有 8 个电子，最外层电子构型为 $4s^2$；

(2) 位于零族元素，但最外层没有 p 电子；

(3) 在 3p 轨道上只有一个电子。

第5章 化学键与分子结构

内容提要：本章在原子结构理论的基础上，阐述了分子的形成过程及分子结构和物质性质的关系；讨论了各种类型的化学键，重点是共价键及特性；探讨了杂化轨道理论、价层电子对互斥理论与分子空间构型的关系。并用离子极化理论、分子轨道理论、分子间力和氢键等理论对物质的性质进行了讨论。简述了晶体结构，探讨了常见的晶体类型及其性质。

学习要求：

（1）了解离子键理论的要点和离子键的特点，掌握离子的基本特征。

（2）理解价键理论的要点，掌握共价键的特点、类型和键参数等知识。

（3）掌握杂化轨道理论要点和杂化类型与分子构型的关系，能正确判断简单分子的空间构型。

（4）了解分子的极性与分子构型的关系，能够用离子极化、分子间力和氢键等理论解释物质的性质。

（5）了解常见的晶体类型及其性质。

绝大多数的物质不是以单原子的形式存在，而是以原子之间相互结合而成的分子或晶体的形式存在的。为什么结构相似的元素，组成化合物后，性质却产生较大的变化。例如由氧原子结合而成的氧分子以气体形式存在，而结构相似的硫原子结合成分子后则以固体的形式存在。这是因为物质的性质不仅与原子的结构有关，还与物质的分子结构或晶体结构有关。那么原子是如何结合成分子，分子之间又是通过什么力量聚集成了宏观物质？这些都是本章将要探讨的内容。

分子或晶体既然能存在，说明分子或晶体内原子（或离子）之间必定存在着某种较强的相互吸引作用。化学上把这种强烈的相互吸引作用称为化学键。此外，分子间还存在一种微弱的相互作用力，即分子间力或范德华力，其能量一般在几百焦每摩尔。还有氢键，它属于一种较强的有方向性的范德华力，氢键的键能一般不超过几千焦每摩尔。它们对物质的一些性质起着很重要的作用。

分子中的化学键主要有三种类型：离子键、共价键和金属键。当组成化学键的两个原子间电负性之差大于1.8时，一般生成离子键；小于1.8时一般生成共价键；金属原子之间则生成金属键。化学反应中发生变化的主要是离子键和共价键。

5.1 离子键理论

1916年，德国化学家柯塞尔（W. Kossel）根据稀有气体原子的电子层结构具有高度稳定性的事实，提出了离子键（ionic bond）的概念。

5.1.1 离子键的形成

当活泼金属原子和活泼非金属原子在一定条件下相遇时，由于活泼金属易失去电子，活泼非金属易得到电子，所以会发生原子间的电子转移，形成正、负离子。正、负离子间由于静电作用相互吸引，当它们充分接近时，两核之间和电子云之间产生排斥作用，当引力和斥力达到平衡时，系统的能量最低，最稳定，这时正、负离子之间就形成了化学键，即离子键。

因此离子键形成的本质原因其实就是正负离子之间的相互吸引作用。按库仑定律，它们之间的静电引力为：

$$f = \frac{q^{+} \cdot q^{-}}{R^{2}} \qquad (5-1)$$

其中，q^{+}表示正离子所带的电荷；q^{-}表示负离子所带的电荷；R 是二者之间的距离。

由此可见，离子的电荷越大，离子间距离越小，离子间的引力越强，离子键越强。

通过离子键形成的化合物叫做离子型化合物。如盐类、碱类和一些金属氧化物。

5.1.2　晶格能(U)

在离子化合物中常以晶格能(lattice energy)表示离子键的强度。晶格能是指在标准状态下，将 1mol 晶体拆开成组成该晶体的气态正、负离子时所需要的能量。单位为 kJ/mol。

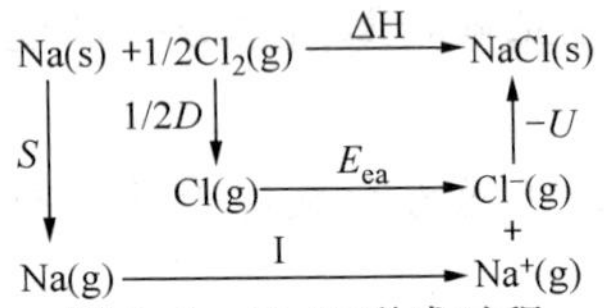

Na(s) +1/2Cl$_2$(g) —ΔH→ NaCl(s)
1/2D ↓　　↑ $-U$
S ↓　Cl(g) —E_{ea}→ Cl$^-$(g)
　　　　　　　　+
Na(g) —I→ Na$^+$(g)

图 5-1　NaCl 形成过程中的能量变化

晶格能可由玻恩-哈伯(Born Haber)循环，根据实验数据来计算。例如，在标准状态、298K 下，由 1mol 固态金属钠与 0.5mol 氯气化合，生成 1molNaCl 晶体时，$\Delta_r H_m^{\ominus} = -410.9$kJ/mol，过程如图 5-1 所示。这个过程分 5 步进行：

(1) Na(s)→Na(g)　　$\Delta_r H_{m,1}^{\ominus} = S$(升华能)= 108.8kJ/mol

(2) 1/2Cl$_2$(g)→Cl$^-$(g)　　$\Delta_r H_{m,2}^{\ominus} = \frac{1}{2}D$(离解能)= 119.7kJ/mol

(3) Na(g)→Na$^+$(g)+e$^-$　　$\Delta_r H_{m,3}^{\ominus} = I$(电离能)= 493.3kJ/mol

(4) Cl(g)+e$^-$→Cl$^-$(g)　　$\Delta_r H_{m,4}^{\ominus} = -E_{ea}$(电子亲和能)= -361.9kJ/mol

(5) Na$^+$(g)+Cl$^-$(g)→NaCl(s)　　$\Delta_r H_{m,5}^{\ominus} = -U$(晶格能)

根据盖斯定律，则

$$\Delta_r H_m^{\ominus} = \Delta_r H_{m,1}^{\ominus} + \Delta_r H_{m,2}^{\ominus} + \Delta_r H_{m,3}^{\ominus} + \Delta_r H_{m,4}^{\ominus} + \Delta_r H_{m,5}^{\ominus}$$

晶格能

$$U = \Delta_r H_{m,1}^{\ominus} + \Delta_r H_{m,2}^{\ominus} + \Delta_r H_{m,3}^{\ominus} + \Delta_r H_{m,4}^{\ominus} - \Delta_r H_m^{\ominus}$$

$$= (108.8 + 119.7 + 493.3 - 361.9 + 410.9)\text{kJ/mol}$$

$$= 770.8\text{kJ/mol}$$

由气态的正、负离子结合成 1mol 离子晶体时，有能量释放，因此，从热力学的角度，晶格能应为负值，但通常使用时，常取绝对值。从手册中查得的晶格能数据一般也为绝对值。晶格能越大，说明正负离子结合越牢固，晶体能量越低，稳定性越好。

5.1.3　离子键的特征

1. 离子键无方向性

离子键是由带正、负电荷的离子通过静电引力结合而成，离子电场具有球形对称性，阴、阳离子之间的静电引力与方向无关，所以离子在其任何方向上均可与相反电荷的离子相互吸引而形成离子键。

2. 离子键无饱和性

只要空间条件许可(俗话说“挤得下”)，每种离子均可结合更多的相反电荷的离子。吸引异号离子的数目由正、负离子的半径比 r^+/r^-、电荷多少等因素决定。比值大、电荷高，离子周围吸引异号离子的数目越多。但实际上，在离子晶体中，每一个离子周围排列相反电荷的离子的数目都是固定的。

例如，在 NaCl 晶体中，每个 Na^+周围距离 r_0 处有 6 个 Cl^-，每个 Cl^-周围也有 6 个 Na^+。但这并不意味着每个 Na^+(或 Cl^-)周围吸引了 6 个 Cl^-(或 Na^+)后它的电场就饱和了。事实上，除了 r_0 处有 6 个 Cl^-或 Na^+外，在稍远的距离(约为$\sqrt{2}r_0$)处，又有 12 个 Cl^-或 Na^+，再远一些(约为$\sqrt{3}r_0$)，又有 8 个 Cl^-或 Na^+。只不过静电引力随距离的增大而减弱。所以说在 NaCl 晶体中，并不存在孤立的氯化钠分子，“NaCl”只是化学式而不是分子式，它表示在整个晶体中，Na^+离子与 Cl^-离子的数目之比为 1 : 1。

5.1.4　离子的特征

离子的性质在很大程度上决定着离子型化合物的性质。离子的性质决定于离子电荷、离子的电子层构型和离子半径这三个特征。

1. 离子电荷

从电荷上来看，正离子通常只由金属原子形成，其电荷等于中性原子失去的电子数目。负离子通常只由非金属原子形成，其电荷等于中性原子获得电子的数目；出现在离子晶体中的负离子还可以是多原子离子(如 SO_4^{2-})。

2. 离子半径

离子半径是指离子在晶体中的接触半径，一般把正、负离子中心之间的距离(核间距)当作两种离子半径之和。用 X 射线衍射法可以测出核间距值。如果已知一个离子的半径，就可以算出另一个离子的半径。但是因为核外电子没有固定的运动轨道，所以实际上如何把核间距划分为两个离子的半径，还是很复杂的。

推算离子半径的方法很多，例如戈德施米特(Goldschmidt)以光学法测得的 F^-半径和 O^{2-}半径为基础，推算出 80 多种离子的半径。鲍林从核电荷数和屏蔽常数出发，也推算出一套离子半径。常用离子半径数据见表 5-1。

表 5-1　离子半径

pm

		Li^+	Be^{2+}													
		68	35													
O^{2-}	F^-	Na^+	Mg^{2+}	Al^{3+}												
132	133	97	66	51												
S^{2-}	Cl^-	K^+	Ca^{2+}	Se^{3+}	Ti^{4+}	Cr^{3+}	Mn^{2+}	Fe^{3+}	Co^{2+}	Ni^{2+}	Cu^{2+}		Zn^{2+}	Ga^{3+}	Ge^{2+}	As^{3+}
184	181	133	99	73	68	63	80	64	72	69	72		74	62	73	58
Se^{2-}	Br^-	Rb^+	Sr^{2+}					Fe^{2+}				Ag^+	Cd^{2+}	In^{2+}	Sn^{2+}	Sb^{3+}
191	196	147	112					74				126	97	81	93	76
Te^{2-}	I^-	Cs^+	Ba^{2+}										Hg^{2+}	Tl^{3+}	Pb^{2+}	Bi^{3+}
211	220	167	134										110	95	120	96
外层8(或2)个电子					外层9~17个电子							外层18个电子			外层18+2个电子	

由表中数据可见，离子半径呈现规律性变化，变化规律为：

① 同一主族元素，自上而下电子层数依次增多，具有相同电荷的离子半径逐渐增大。如 $r(Li^+)<r(Na^+)<r(K^+)<r(Rb^+)<r(Cs^+)$；$r(F^-)<r(Cl^-)<r(Br^-)<r(I^-)$。

② 同一周期元素，正离子半径随离子电荷增加而减小，负离子半径随离子电荷增加而增加。如 $r(Na^+)>r(Mg^{2+})>r(Al^{3+})$；$r(F^-)<r(O^{2-})$。

③ 同一元素的负离子半径大于原子半径，正离子半径小于原子半径，且正电荷越高，半径越小。如 $r(S^{2-})>r(S)$；$r(Fe^{3+})<r(Fe^{2+})<r(Fe)$。

④ 周期表中某元素与其紧邻的右下角或左上角元素的离子半径相近，这条规则称为对角线规则。如 $r(Li^+)\approx r(Mg^{2+})$；$r(Na^+)\approx r(Ca^{2+})$。

离子半径是决定离子化合物中正、负离子吸引力的重要因素，也是决定离子型化合物离子键强弱的因素之一。一般来讲，离子半径越小，离子间吸引力越大，相应离子化合物的熔点和沸点也越高。例如 NaF 和 LiF，钠和锂都是+1 价的离子，但 Na^+的半径比 Li^+大，故 NaF 的熔点(870℃)比 LiF 的熔点(1040℃)低。离子半径的大小不仅影响离子化合物的熔点和沸点，对离子型化合物的其他性质也有影响。例如，在 NaI、NaBr 和 NaCl 中，I^-、Br^-、Cl^-的还原性依次降低，而 AgI、AgBr、AgCl 的溶解度依次增大，都与离子半径的大小密切相关。

3. 离子的电子构型

简单负离子(如 F^-、Cl^-、S^{2-}等)通常具有稳定的 8 电子构型。但正离子的电子构型比较复杂，有如下几种：

① 2 电子构型($1s^2$)——外层有 2 个电子的离子，如 Li^+、Be^{2+}等；

② 8 电子构型($ns^2\ np^6$)——最外层有 8 个电子的离子，如 Na^+、Al^{3+}等；

③ 9~17 电子构型($ns^2\ np^6\ nd^{1\sim9}$)——最外层有 9~17 个电子的离子，主要是 d 区金属离子和少数 ds 区金属离子，如 Fe^{2+}、Mn^{2+}等，又称为不饱和电子构型；

④ 18+2 电子构型[$(n-1)s^2(n-1)p^6(n-1)d^{10}ns^2$]——最外层有 2 个电子，次外层有 18 个电子的离子，主要是 p 区低氧化态的金属阳离子，如 Sn^{2+}、Pb^{2+}等。

⑤ 18 电子构型($ns^2np^6nd^{10}$)——最外层有 18 个电子的离子，主要是 ds 区元素和 p 区高氧化态金属阳离子，如 Ag^+、Hg^{2+}等；

离子的电子构型对化合物性质有一定的影响。离子构型不同，正离子对负离子的作用力不同，离子化合物的性质也会有所差异。例如，Na^+和 Cu^+离子电荷相同，离子半径也几乎相等，但 NaCl 易溶于水，CuCl 不溶于水。显然，这是由于 Na^+和 Cu^+具有不同的电子构型所造成的。

离子键理论可以很好地说明离子化合物的形成和特性，但不能说明相同原子如何形成单质分子(如 O_2、N_2 等)，也不能说明电负性相近的元素原子如何形成化合物分子(如 H_2O、NH_3 等)。

1916 年，路易斯(Lewis)提出了共价学说，建立了经典的共价键理论。近 50 年来共价键理论发展很快。之后海特勒-伦敦(Heitler-London)用量子力学，阐明了共价键的本质，鲍林等人建立了现代价键理论(valencebond theory，缩写成 VB，有时也称为电子配对法)和杂化轨道理论。1932 年米利肯(Millikan R A)和洪特提出了分子轨道理论(molecular-orbital theory，MO)。

5.2 经典 Lewis 学说

Lewis 学说的出现是由于人们注意到惰性气体原子外围具有 ns^2np^6(包括 $1s^2$)稳定电子结构。Lewis 通过对实验现象的归纳总结，提出分子中原子之间可以通过共享电子对而使分子中的每一个原子具有稳定的惰性气体电子结构，这样形成的分子称为共价分子，原子通过共用电子对而形成的化学键称为共价键(covalent bond)。如果用黑点代表原子的价电子(即最外层 s，p 轨道上的电子)，则可以用下面的 Lewis 结构图描述分子的形成情况。

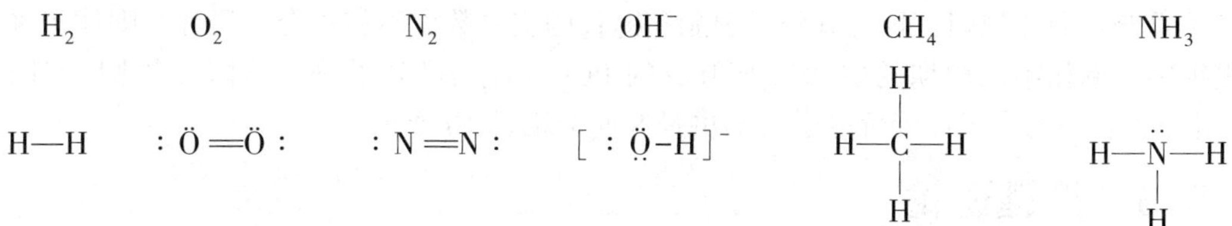

有时为了方便，也可以用一根短线代替一对共享价电子，表示原子间的共价成键，两根短线代表共享两对电子形成双键(double bond)，三根短线代表叁键(triple bond)。分子中两原子间共享电子对的对数叫做键级(bond order)，原子中未参与成键的电子称为孤对电子(lone pair electrons)。表 5-2 给出实验测得的 N_2、O_2、F_2 的键长和键能，从中可以看出不同键级化学键之间的键长和键能存在显著差别。

表 5-2 N_2、O_2、F_2 的键级、键能和键长

项　目	N_2	O_2	F_2	项　目	N_2	O_2	F_2
键级	3	2	1	键长/pm	110	121	142
键能/(kJ/mol)	945	498	159				

一般键级越高，原子之间的结合力越强，键能越大，键长越短。

Lewis 结构图的画法规则又称为八隅体规则(octet rule)，具体归纳如下：

(1) 计算共享电子对数：先计算分子中所有原子形成惰性电子结构所需的电子总数 a，再计算分子中各原子的价电子总数 b，$a-b=c$ 则是共享电子数。若是离子式，只要把阴离子电荷数加入 b，或把阳离子电荷数从 b 减去。将上述所得电子数除以 2 就得到共享电子对数，即成键个数。

(2) 画出分子或离子的骨架结构，用单键将原子连接起来。当分子或离子中的原子数大于 2 的时候，需要考虑把哪些原子放在中间，以及把哪些原子放在中心原子周围与中心原子成键。一般的原则是：

① H 原子永远放在中心原子的周围，因为 H 原子出现在中心的情况很罕见。

② C 原子应当总是位于中心。

③ 电负性低的原子一般位于中心，例如 SO_3 分子中，S 的电负性低于 O，S 位于中心。

(3) 多重键的确定：除骨架键之外，剩下的共享电子对归属到适当的位置形成双键或三键。一般地，只有少数主族原子之间可以形成多重键，例如 C、N、P、O、S 之间可以形成双键，C、N、P 之间可以形成三键。

(4) 除了成键电子之外，剩余电子属于孤对电子。画出所有原子的孤对电子，使每个原子都满足惰性电子结构。孤对电子的数目加上成键电子的数目应当等于总的价电子数。

(5) 若标出孤对电子后，分子或离子中仍有原子不满足八电子构型，则可以使用形式上的电荷或配键来满足八电子。

Lewis 八隅体规则能够初步解释很多主族元素化合物的成键情况，也可以作为进一步几何结构分析的基础，至今仍然受到广泛重视。但由于 Lewis 规则起源于早先人们对于少数主族元素的了解，因此具有较大的局限性。Lewis 结构没有阐明共价键的本质和特性，不能解释某些分子的一些性质，例如含有未成对电子的分子通常是顺磁性的（即它们在磁场中表现出磁性）。人们熟悉的氧分子，其 Lewis 结构式应是 :Ö═Ö:，式中不含有未成对电子，但实验测定氧分子是顺磁性的，若把 O_2 的结构式改写成 :Ȯ—Ȯ:，虽可说明 O_2 的顺磁性但又不符合八隅体规则，且与氧分子键能和键长的实验数据不相符合。另外八隅体规则的例外也很多，例如第三周期的磷和硫所形成的 PCl_3、H_2S 等分子符合八隅体规则，但 PCl_5、SF_6 等分子，中心原子周围价电子数不再是 8 而分别是 10 或 12。

5.3 价键理论

经典共价键理论没有说明共价键形成的本质，直到 1927 年海特勒和伦敦等人用量子力学处理了氢分子结构，共价键的本质才得到理论上的证明。

5.3.1 共价键的形成和其本质

以 H_2 分子的形成为例来说明。

海特勒和伦敦用量子力学处理氢原子形成氢分子时，得到了 H_2 分子的位能曲线（图 5-2），反映出氢分子的能量与核间距之间的关系以及电子状态对成键的影响。

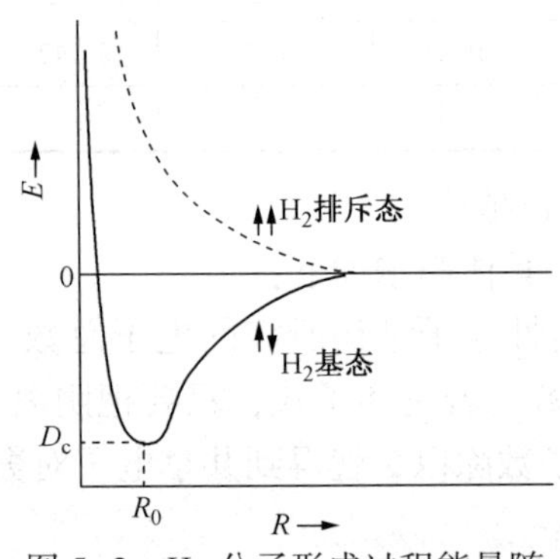

图 5-2 H_2 分子形成过程能量随核间距变化示意图

当电子自旋方向相反的两个氢原子相互靠近时，原子轨道可以发生重叠，随着两原子间距离的不断减小，系统能量也在不断降低，当达到平衡位置 R_0 时，系统能量最低。如果原子继续靠近，由于原子核间斥力增大，系统的能量反而升高。所以在 R_0 处两个氢原子能量最低，系统最稳定，形成了 H_2 分子，这种状态称为氢分子的基态。R_0 称为平均核间距，实验测得 $R_0 = 74\text{pm}$。

当电子自旋方向相同的两个氢原子相互靠近时，电子云很难重叠，系统的能量高于两个单独存在的氢原子能量，所以不能成键。这种不稳定的状态就称为 H_2 分子的排斥态。

利用量子力学的原理，可以计算基态分子和排斥态电子云分布。计算结果表明，基态分子中两个核间的电子概率密度 $|\Psi|^2$ 远远大于排斥态分子中核间的电子概率密度 $|\Psi|^2$，见图5-3（a）和（b）。由图可见，由于自旋相反的 2 个电子的电子云密集在 2 个原子核之间，使系统的能量降低，从而能形成稳定的共价键。而排斥态 2 个电子的电子云在核间稀疏，概率密度几乎为零，系统的能量增大，所以不能成键。从 2 个原子的原子轨道来看［见图 5-3（c）和（d）］，由于 2 个氢原子的 1s 轨道 ψ_{1s} 都是正值，叠加后使两个核间的概率密度增加，降低了两核之间的正电排斥，系统的势能降低，因而能够成键。对双原子分子来说，原子轨道重叠的部分越大，成键越牢，分子也越稳定。而对于排斥态来说，重叠部分相互抵消，两核之间出现空白区，两核之间的斥力增大，因而不能成键。

量子力学对氢分子的处理可推广到其他分子系统，并发展成为量子化学中最近似的方法之一。由此可见，要形成共价键必须满足以下三点：

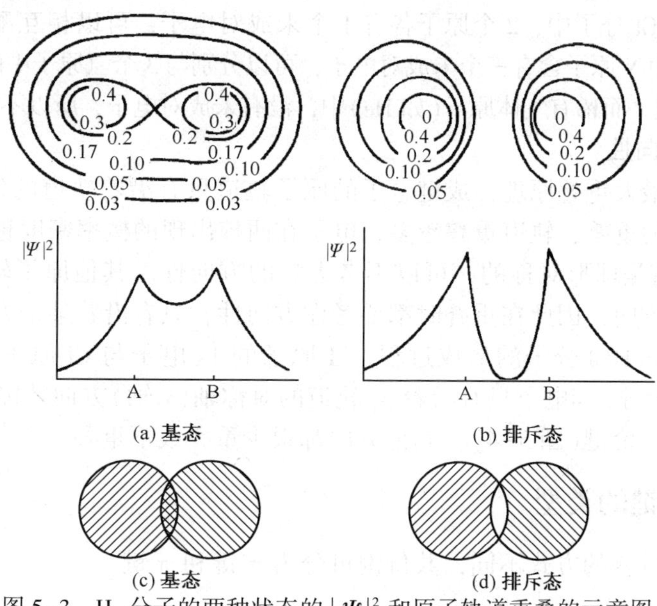

图 5-3　H_2 分子的两种状态的 $|\Psi|^2$ 和原子轨道重叠的示意图

(1) 电子配对原理——即只有自旋方向相反的未成对电子才能参与形成共价键。如果 A、B 两个原子各有一个未成对的电子，且它们的自旋相反，则可以互相配对，这对电子为两个原子所共有，形成稳定的共价单键。

如果 A、B 两个原子各有 2 个或 3 个未成对电子，则自旋相反者可以两两配对，形成共价双键或共价叁键。例如，2 个氮原子可以形成共价叁键。如果 A 原子有 2 个成单电子，B 原子只有 1 个成单电子，则 1 个 A 原子就能和 2 个 B 原子形成 AB_2 型分子。例如：

$$2H\cdot + \cdot\underset{\cdot\cdot}{\overset{\cdot\cdot}{O}}\cdot \longrightarrow H:\underset{\cdot\cdot}{\overset{\cdot\cdot}{O}}:H$$

如果 A、B 两个原子都没有成单电子，或者虽有成单电子，但自旋方向相同，则不能形成分子。如氦原子虽然有 2 个 1s 电子，但不能形成 He_2 分子。

(2) 最大重叠原理——即成键原子总是尽可能沿着原子轨道最大重叠方向成键，重叠程度越大，键越牢。

(3) 对称性匹配原理——即原子轨道重叠时必须考虑波函数的正负号，只有同号的轨道才能发生有效重叠，即对称性匹配。因为电子运动具有波的特性，原子轨道的正负号类似于经典机械波中含有波峰和波谷的部分；当两波相遇时，同号则相互加强(如波峰与波峰或波谷和波谷相遇时叠加)，异号则相互减弱，甚至完全抵消(如波峰与波谷相遇时，相互减弱或完全抵消)。

5.3.2　共价键的特征

1. 共价键的饱和性

所谓共价键的饱和性是指每个原子成键的总数或以单键相连的原子数目是一定的。因为根据电子配对原理，一个原子有几个未成对的价电子，一般就只能和几个自旋方向相反的电子配对成键。也就是说如果两个原子的未成对电子已经配对成键，那么它们就不能再和别的原子形成共价键。

在分子中，某原子所能形成的共价键的数目就等于该原子的未成对电子数，称为共价数。

例如，Cl—Cl、H—Cl 分子中，2 个原子各有 1 个未成对电子，可以相互配对，形成 1 个共价键；又如 NH_3 分子中 N 原子含有三个未成对电子，可以分别与 3 个氢原子中的未成对电子相互配对，形成 3 个共价键。而稀有气体原子(如 He)中，没有未成对电子，所以不能形成共价键。

2. 共价键的方向性

根据原子轨道最大重叠原理，成键电子的原子轨道只有沿着轨道的伸展方向进行重叠，才能实现最大程度的重叠，轨道重叠越多，电子在两核出现的概率密度越大，形成的共价键也就越稳定。s 轨道是球形对称的，可以不考虑它的方向性。其他原子轨道(p、d、f)在空间都有一定的伸展方向，因此在重叠时都要考虑方向性，只有沿着某个方向重叠，才能形成稳定的共价键。例如 HCl 分子的形成过程，H 原子的 1s 电子与 Cl 原子的一个未成对电子(设为 $2p_x$)形成共价键，s 电子只有沿着 p_x 轨道的对称轴(x 轴)方向才能达到最大程度的重叠，而形成稳定的共价键(图 5-4)。其他方向都很少重叠或不重叠。

5.3.3 共价键的类型

根据原子轨道重叠的方式不同，共价键可分为 σ 键和 π 键。

1. σ 键

σ 键的特点：原子轨道沿键轴方向，以“头碰头”的方式进行重叠形成的共价键，轨道重叠部分沿着键轴(两核连线)呈圆柱形对称。例如 s—s 轨道的重叠，s—p_x 轨道的重叠，p_x—p_x 轨道的重叠，形成的就是 σ 键(图 5-5)。

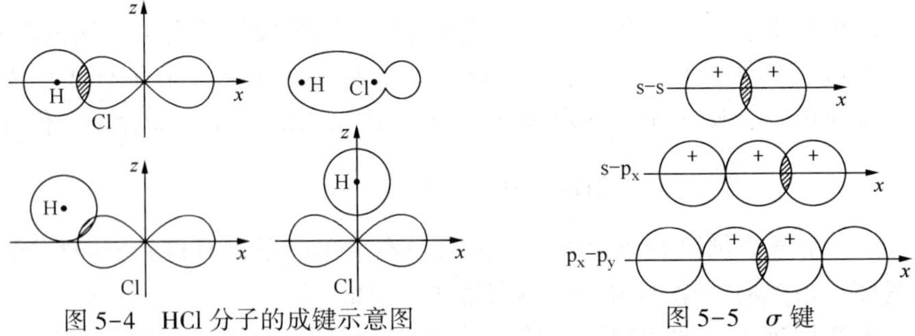

图 5-4 HCl 分子的成键示意图

图 5-5 σ 键

2. π 键

π 键的特点：原子轨道沿键轴方向，以“肩并肩”的方式进行重叠形成的共价键，轨道重叠部分相对于垂直键轴的平面呈镜面反对称(形状相同，符号相反)。例如 p_x—p_x 轨道的重叠，p_y—p_y 轨道的重叠，形成的就是 π 键，见图 5-6。

以 N_2 的结构为例，N 原子的电子结构为 $1s^2\,2s^2\,2p_x^1\,2p_y^1\,2p_z^1$，通常把两个 N 原子原子核的连线称为键轴。设键轴为 x 轴，当两个 N 原子结合时，每个 N 原子上未成对的 p_x 电子，彼此沿着 x 轴的方向，以“头碰头”的方式进行重叠，形成一个 σ 键。在这种情况下，每个 N 原子的其余 2 个 p_y 和 p_z 电子，只能采取“肩并肩”的方式重叠，形成两个 π 键，如图 5-7 所示。

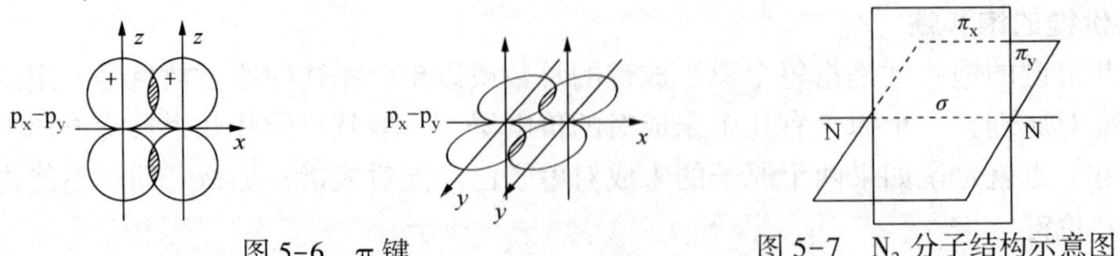

图 5-6 π 键

图 5-7 N_2 分子结构示意图

由于形成 π 键时不能实现原子轨道的最大重叠，且 π 键电子云分布在键轴(两核连线)平面两侧，不像 σ 键那样集中在两核连线上，受两原子核作用不如 σ 键大，易受外电场的作用而变形，所以一般来说 π 键没有 σ 键稳定，π 电子容易参加化学反应。

在形成共价键时，如果共价键的共用电子对是由成键的两个原子中的一个原子提供的，则称为配位共价键，或称为配位键。提供电子对的原子称为电子对给予体，接受电子对的原子称为电子对接受体。例如：

```
   F    H                 F    H
   |    |                 |    |
F—B+ : N—H   ⟶   F—B  : N—H
   |    |                 |    |
   F    H                 F    H
```

在生成 F_3BNH_3 时，NH_3 分子中的 N 原子提供一对未成键的电子，与 B 原子共用形成配位键，N 原子为给予体，B 原子为接受体，F_3BNH_3 的结构式表示为

```
   F        H
   |        |
F—B  ⟵  N—H
   |        |
   F        H
```

通常用“→”表示配位键，箭头方向表示由给予体供给接受体电子对的方向，以区别于正常键。

但应该注意，正常共价键和配位键的差别，仅仅表现在键的形成过程中，虽然共用电子对的电子来源不同，但在键形成后，二者并无任何差别。如在 NH_4^+ 中，4 个 N—H 键是完全等同的。

```
⎡       H      ⎤+
⎢       |      ⎥
⎢ H ⟵ N—H    ⎥
⎢       |      ⎥
⎣       H      ⎦
```

大量化学事实表明，上述 σ 键和 π 键只是共价键中最简单的模型，此外还存在多种类型的共价键，如苯环的 p-p 大 π 键、SO_4^{2-} 中的 d-pπ 配键、硼烷中的多中心键等，这里不再一一详述。

5.3.4 共价键的参数

共价键参数是指表征共价健特性的物理量，如键长、键角、键能等都属于共价键参数。利用共价键参数可以预测共价型分子的空间构型、分子的极性以及分子稳定性等。

1. 键长

键长是指分子中成键原子两核间的距离。键长与键的强度有关：键长愈短，键的强度愈高，所形成的分子愈稳定。

2. 键角

键角是指分子中相邻两键之间的夹角。键角是确定分子空间构型的重要因素。一般说来，知道了分子的键长和键角数据，就可以确定分子的几何构型。

3. 键能

一般规定，在 298K 和 100kPa 时，将 1mol 理想气体 AB 拆开，成为气态中性原子 A 和 B 时所需要的能量，称为 AB 的解离能，用符号 *D* 表示。不同分子中键能的计算方法不同。

对于双原子分子，键的解离能就是键能。如：

$$H_2(g) \longrightarrow 2H(g) \qquad D(H—H)=436kJ/mol$$

对于多原子分子，键能是各等价键解离能的平均值。例如，H_2O 分子中有两个等价的 H—O 键，但每个键的离解能不一样：

$$H_2O(g) \longrightarrow H(g)+OH(g) \qquad D_1(H—OH)=499kJ/mol$$

$$OH(g) \longrightarrow H(g)+O(g) \qquad D_2(O—H)=429kJ/mol$$

H_2O 分子中的 H—O 键的键能为

$$E(H—O)=\frac{1}{2}(D_1+D_2)=\frac{1}{2}(499+429)kJ/mol=464kJ/mol$$

表 5-3 列出部分化学键的键长与键能。

表 5-3　某些键的键长和键能

共价键	键长/pm	键能/(kJ/mol)	共价键	键长/pm	键能/(kJ/mol)
H—F	92	570	H—H	74	436
H—Cl	127	432	C—C	154	346
H—Br	141	366	C=C	134	602
H—I	161	298	C≡C	120	835
F—F	141	159	N—N	145	159
Cl—Cl	199	243	C≡C	110	946
Br—Br	228	19	C—H	109	414
I—I	267	151	O—H	96	464

从表中可以看出，单键的键能小于双键的键能，双键的键能小于叁键的键能。一般说来，键能越大，相应的共价键越牢固，形成的分子越稳定。

除此以外，还可以利用键能的数值来计算标准状态下气态物质反应的反应热，即反应的标准摩尔焓变 $\Delta_r H_m^{\ominus}$。

例 5-1　利用键能数据计算反应 $H_2(g)+Cl_2(g)=2HCl(g)$ 的反应热。

解： 查表知 $E(H—H)=436kJ/mol$

$E(Cl—Cl)=244kJ/mol$

$E(H—Cl)=432kJ/mol$

$$\Delta_r H_m^{\ominus}(298K)=E(H—H)+E(Cl—Cl)-2E(H—Cl)$$
$$=(436+244-2\times432)kJ/mol$$
$$=-184kJ/mol$$

由此可见，气态反应的标准焓变可以用反应物的键能总和减去生成物的键能总和来近似求解，即 $\Delta_r H_m^{\ominus}=\sum E_{反应物}-\sum E_{生成物}$。

5.4　杂化轨道理论

价键理论简明地描述了共价键的本质并且解释了共价键的特点，但在解释分子的空间结构时却遇到困难。随着近代物理实验技术的发展，许多共价分子的空间构型已经能用实验方法确定，但是用简单的电子配对法却不能成功地加以解释。例如 CH_4 分子中，按照价键理论，碳原子($1s^22s^22p^2$)p 轨道上有 2 个单电子，可以与 2 个 H 原子形成 2 个 C—H 共价键，且键角应为90°，但根据实验测得，CH_4 分子中共有4个C—H共价键，且C—H键之间的夹角为109°28′，分子的空间构型为正四面体形。又比如 H_2O 分子中，按照价键理论，氧原子($1s^22s^22p^4$)中p轨道上有2个未成对的电子，可以与2个H原子形成2个O—H键，且O—H键之间的夹角为90°，但根据实验测得两个O—H键间的夹角是104°28′，分子空间构型为V形。

为了说明共价键的立体结构，解释分子的空间构型，1931年，鲍林在电子配对假说的基础上，提出了杂化轨道理论(hybrid orbital theory)，进一步完善和补充了价键理论。

5.4.1 杂化轨道

在形成分子过程中，由于原子间的相互作用，使同一原子中若干不同类型、能量相近的原子轨道重新组合，形成与原来轨道形状、能量都不相同的一系列新轨道，这样的新轨道就叫做杂化轨道(hybrid orbital)，这种过程就叫做杂化(hybridization)。

由此可见，杂化轨道具有以下特点：

(1) 参与杂化的轨道能量相近。因为只有能量相近的轨道才能相互杂化，所以常见的杂化轨道有sp杂化、spd杂化等。

(2) 杂化后轨道的成键能力增强。因为轨道在杂化时电子云分布更集中，所以杂化轨道的成键能力大于未杂化轨道的成键能力，形成的分子更稳定。

(3) 杂化后原子轨道数目不变。也就是说有几个能级相近的原子轨道参与杂化，就只能组合成几个杂化轨道。例如，同一原子的一个s轨道和一个p轨道，只能杂化成两个sp杂化轨道。而一个s轨道和二个p轨道，就可以组合成三个 sp^2 杂化轨道。

总的说来，正因为能量相近，原子轨道才可以杂化；而杂化后，轨道成分变了，能量变了，形状变了，更有利于成键了，所以原子轨道才发生杂化。

5.4.2 杂化类型与分子几何构型

根据参与杂化的原子轨道的类型和数目不同，可以将杂化轨道分为s-p杂化、s-p-d杂化、d-s-p杂化等，这里我们主要介绍s-p杂化的类型。s-p杂化包括sp杂化、sp^2 杂化和 sp^3 杂化。

1. sp 杂化

原子中，同层s轨道上的一个电子经过激发后进入p轨道，一个s轨道和一个p轨道发生杂化，这个过程称为sp杂化，杂化后形成的新轨道称为sp杂化轨道。sp杂化只能得到两个sp杂化轨道。每个sp杂化轨道都含有1/2s轨道成分和1/2p轨道的成分。杂化轨道间夹角为180°，分子呈直线型。

例如：$BeCl_2$ 分子中Be原子的原子轨道就发生了这种类型的杂化。基态Be原子的电子构型为 $1s^22s^2$，没有单电子，表面看来似乎是不能形成共价键。但是Be原子中的一个2s电子可以被激发到2p空轨道上去，2s轨道和刚跃进一个电子的2p轨道发生sp杂化，形成二个能量、形状等同的sp杂化轨道。因为sp杂化轨道间的夹角为180°，所以 $BeCl_2$ 分子的空间构型为直线型，如图5-8所示。

2. sp^2 杂化

原子内，由1个s轨道和2个p轨道发生杂化，形成3个 sp^2 杂化轨道，这个过程称为 sp^2 杂化。每个 sp^2 杂化轨道都含1/3s轨道成分和2/3p轨道成分。杂化轨道间夹角为120°，

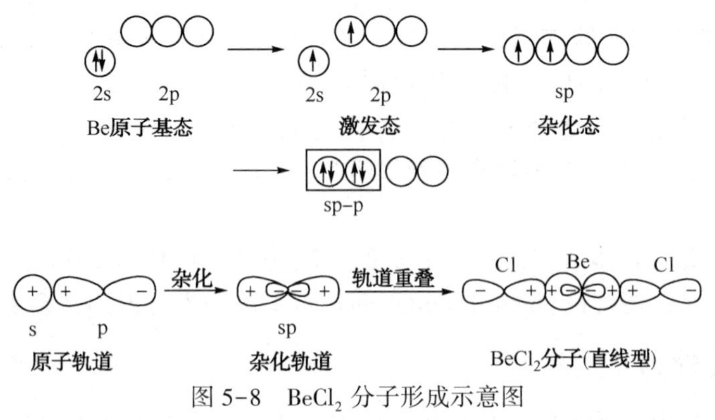

图 5-8　$BeCl_2$ 分子形成示意图

分子呈平面三角形，如图 5-9 所示。

例如 BF_3 分子中 B 原子的杂化。基态 B 原子的价层电子构型为 $2s^22p^1$，表面看来似乎只能形成一个共价键。但 2s 轨道上的一个电子可以激发到一个空的 2p 轨道，激发后的 2s 轨道与两个 2p 轨道发生 sp^2 杂化，形成三个能量等同的 sp^2 杂化轨道，如图 5-10 所示。因为 sp^2 杂化轨道间的夹角为 120°，所以 BF_3 分子的空间构型为平面三角形，如图 5-11 所示。

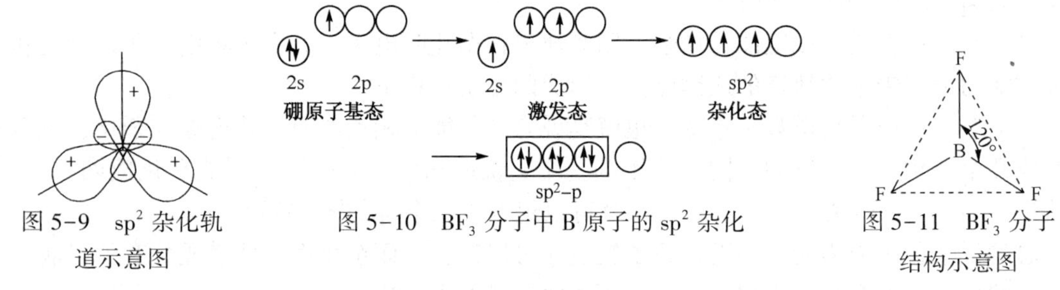

图 5-9　sp^2 杂化轨道示意图

图 5-10　BF_3 分子中 B 原子的 sp^2 杂化

图 5-11　BF_3 分子结构示意图

3. sp^3 杂化

由一个 s 轨道和三个 p 轨道发生的杂化，称为 sp^3 杂化，杂化后组成的轨道称为 sp^3 杂化轨道。sp^3 杂化包括等性杂化和不等性杂化。如果参与杂化的是不成对电子的原子轨道，那么杂化后各杂化轨道的成分相同，称为等性杂化；如果参与杂化的是有孤对电子的原子轨道，那么杂化后各杂化轨道的成分不同，称为不等性杂化。

例如 CH_4 分子中，C 原子的原子轨道就采取了 sp^3 等性杂化。基态 C 原子的价层电子构型为 $2s^22p_x^12p_y^1$，表面看来似乎只能形成 2 个共价键。但 2s 轨道上的一个电子可以激发到一个空的 2p 轨道，激发后的 2s 轨道与 3 个 2p 轨道发生 sp^3 杂化，形成 4 个能量等同的 sp^3 杂化轨道。如图 5-12 所示。每个 sp^3 杂化轨道都含 1/4s 轨道成分和 3/4p 轨道成分。因为 4 个 sp^3 杂化轨道是等同的，键角为 109°28′，所以 CH_4 分子的空间构型为正四面体形，如图 5-13 所示。

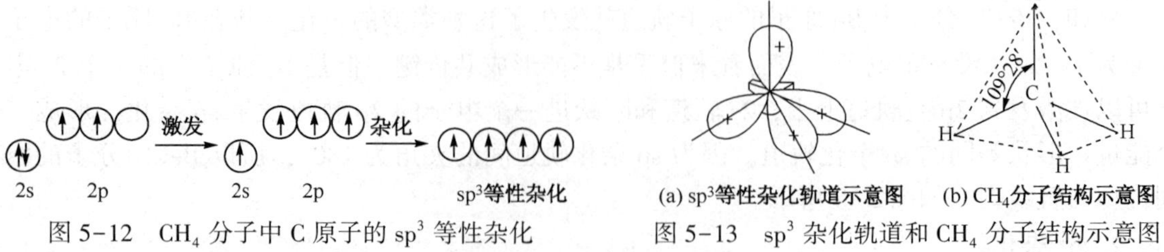

图 5-12　CH_4 分子中 C 原子的 sp^3 等性杂化

图 5-13　sp^3 杂化轨道和 CH_4 分子结构示意图

而在 NH_3 分子中，N 原子的价层电子构型为 $2s^22p^3$，p 轨道上有 3 个未成对电子，应该可以与 H 原子形成 3 个 N—H 键，如果是这样成键，N—H 键之间的夹角应为 90°。但根据实验测定结果，N—H 键的夹角为 107°，与 CH_4 分子的键角 109°28′非常接近。

H_2O 分子中，O 原子的价层电子构型为 $2s^22p^4$，p 轨道上有 2 个未成对电子，应该可以与 H 原子形成 2 个 O—H 键，如果是这样成键，O—H 键之间的夹角也应为 90°。但根据实验测定结果，O—H 键的夹角为 104°40′，与 CH_4 分子的键角 109°28′也非常接近。

由此推测 NH_3 分子中的 N 原子和 H_2O 分子中的 O 原子也发生了 sp^3 杂化，且是不等性杂化。

NH_3 分子中，N 原子成键时 1 个 2s 轨道和 3 个 2p 轨道发生 sp^3 不等性杂化，得到 4 个 sp^3 杂化轨道。其中 3 个 sp^3 杂化轨道各有 1 个未成对电子，1 个 sp^3 杂化轨道被孤对电子占据，如图 5-14 所示。成键时 3 个 sp^3 杂化轨道分别与 3 个 H 原子的 1s 轨道重叠，形成三个 N—H 键；其余 1 个 sp^3 杂化轨道上的电子对没有参加成键，这一对孤对电子因靠近 N 原子核，其电子云在 N 原子外占据着较大的空间，对 3 个 N—H 键的电子云有较大的静电排斥力，使键角从 109°28′压缩到 107°，所以 NH_3 分子的空间构型为三角锥形，如图 5-15 所示。

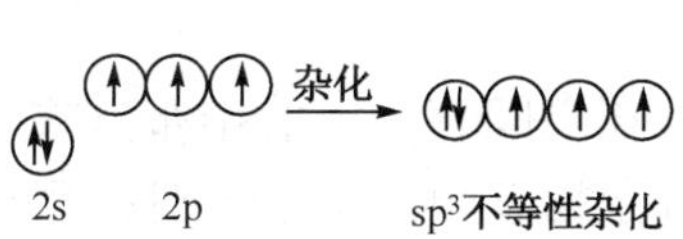

图 5-14　NH_3 分子中 N 原子的 sp^3 不等性杂化

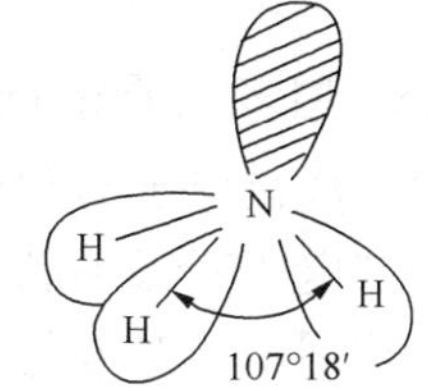

图 5-15　NH_3 分子结构示意图

H_2O 分子中，O 原子也发生了 sp^3 不等性杂化，形成了 4 个不完全等同的 sp^3 杂化轨道，如图 5-16 所示。其中 2 个 sp^3 杂化轨道各有 1 个未成对电子，分别与 H 原子的 1s 电子形成 2 个 O—H 键；其余 2 个 sp^3 杂化轨道被孤对电子对所占据，这两对孤对电子靠近 O 原子核，对 2 个 O—H 键的电子云有更大的静电排斥力，使键角从 109°28′压缩到 104°45′，所以 H_2O 分子的空间构型为 V 形，如图 5-17 所示。

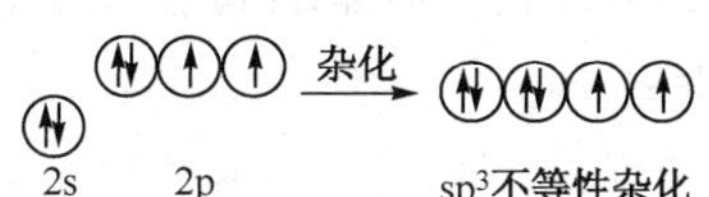

图 5-16　H_2O 分子中 O 原子的 sp^3 不等性杂化

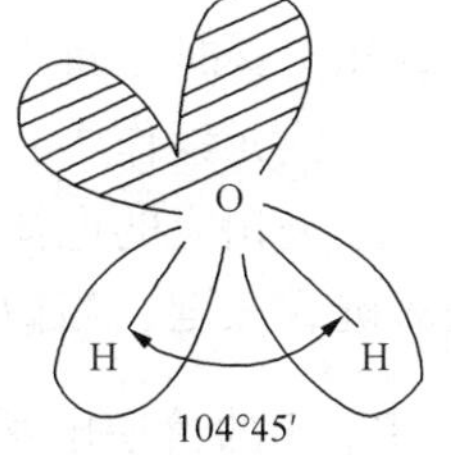

图 5-17　H_2O 分子结构示意图

由 s 轨道和 p 轨道形成的杂化轨道和分子的空间构型列于表 5-4。

表 5-4　一些杂化轨道(s-p 型)分子空间构型

杂化轨道类型	sp	sp^2	sp^3	sp^3(不等性)	
参与杂化的轨道	1 个 s，1 个 p	1 个 s，2 个 p	1 个 s，3 个 p	1 个 s，3 个 p	
杂化轨道数	2	3	4	4	
成键轨道夹角(θ)	180°	120°	109°28′	$0<\theta<109°28′$	
空间构型	直线形	平面三角形	正四面体形	三角锥形	V 字形
实例	$BeCl_2$，$HgCl_2$	BF_3，BCl_3	CH_4，$SiCl_4$	NH_3，PH_3	H_2O，H_2S

5.5　价层电子对互斥理论

杂化轨道理论比较成功的说明了共价键的方向性，并可预测分子的空间构型，但是却不能预测某种分子具体呈什么形状。例如，H_2O 和 CO_2 都是 AB_2 型分子，中心原子周围都配位两个原子，但 H_2O 为 V 字形，键角为 104.5°，而 CO_2 为直线形。又如，NH_3 和 BF_3 同是 AB_3 型分子，但前者为三角锥形，后者为平面正三角形。这些都是杂化轨道理论无法很好阐明的。分子呈什么形状是个重要的问题，因为物质的许多物理性质和化学性质与它们组成原子的三维排列方式密切相关。分子形状的最好理论解释需要在量子力学和原子轨道图像的基础上进行深层次的研究，但这些都需要较深的理论基础。1940 年由西奇威克(Sidgwick N V)和鲍威尔(Powell H M)提出，后经吉莱斯皮(Gillespie R J)和尼霍姆(Nyholm R S)发展完善的，一种在概念上较为简单又能比较准确地判断分子几何构型的新理论，称为价层电子对互斥理论(VSEPR，Valence Shell Electron-Pair Repulsion)。这个理论的假设非常简单，而且可以准确地解释和判断 AX_m 型分子的空间构型。

5.5.1 价层电子对互斥理论基本要点

(1) AX_m 型多原子分子或离子的空间构型取决于中心原子 A 周围的价层电子对数。价层电子对包括成键电子对和孤电子对两种。

(2) 价层电子对必须满足最小排斥原理，因此在空间有一定的排布方式。

(3) 当价层电子对数与配体原子数相等时，分子构型与价层电子对构型相同；当价层电子对数大于配体原子数时，要根据斥力最小的原则确定构型。

5.5.2 判断分子构型的一般原则

1. 确定中心原子 A 周围的价层电子对数

中心原子的价层电子对数可用下式计算：

$$\text{价层电子对数}=\frac{1}{2}\left[\text{中心原子的价电子数}+\text{配体提供的价电子数}\pm\text{离子电荷数}\begin{pmatrix}\text{负离子}\\\text{正离子}\end{pmatrix}\right]$$

配体是氢和卤素时，每个原子各提供 1 个价电子；配体是氧或硫时，每个原子提供的价电子数为零。主族元素作中心原子，价电子数等于最外层的电子数(即主族数)；如果是离子，应加上或减去相应的电荷数；如果有单电子可以当成一对来看待，分子(离子)中成键的两原子是双键或三键，当做单键(一对电子)处理。

如 SO_4^{2-} 中，S 的价层电子对数 $=\dfrac{6+0+2}{2}=4$

根据斥力最小原则，中心原子的价层电子对数与电子对空间构型的关系为：

价层电子对数	2	3	4	5	6
电子对空间构型	直线形	平面三角形	四面体	三角双锥	八面体

2. 判断分子构型

如果中心原子没有孤对电子，即价层电子对数与配体原子数相等，那么电子对的空间构型就是分子的空间构型。如：

NH_4^+ 价层电子对数 $=\dfrac{5+4-1}{2}=4$，配体电子对数为 4，NH_4^+ 为正四面体；

CO_2 价层电子对数 $=\dfrac{4+0}{2}=2$，配体电子对数为 2，CO_2 为直线；

NO_3^- 价层电子对数 $=\dfrac{5+0+1}{2}=3$，配体电子对数为 3，NO_3^- 为平面三角形。

如果中心原子有孤对电子，即价层电子对数多于配体原子，那么电子对的空间构型与分子的空间构型不同。由于孤对电子只受到中心原子的吸引，比成键电子对更靠近中心原子，所以孤电子对产生的斥力大于成键电子对的斥力。即电子对之间斥力大小的顺序为：孤电子对与孤电子对>孤电子对与成键电子对>成键电子对与成键电子对。另外，电子对间的夹角越小，斥力越大。因此在可能有的构型中应根据斥力最小原则确定最稳定的分子构型。如 NH_3 和 H_2O，中心原子的价层电子数都为 4，电子对的空间构型都为四面体，而实际分子空间构型分别为三角锥形和 V 字形。这是由于孤对电子的斥力较大，使 NH_3 中键角小于四面体中的 109°28′，变为 107°18′，使 H_2O 中键角进一步压缩为 104°30′。

孤对电子对数=价层电子对数-配位原子数。

表 5-5 列出各种分子构型，知道孤对电子对数，就可确定分子的空间构型。

表 5-5 各种分子类型的空间构型

A 的价层电子对数	电子对空间构型	化学式	孤对电子对数	示 例	实际分子形状
2	: —A— :	AX_2	0	CO_2(直线形)	
3		AX_3	0	BF_3(平面正三角形)	
		AX_2	1	SO_2(V 形或角形)	
4		AX_4	0	CH_4(正四面体)	
		AX_3	1	NH_3(三角锥)	
		AX_2	2	H_2O(V 形)	

续表

A 的价层电子对数	电子对空间构型	化学式	孤对电子对数	示　例	实际分子形状
5	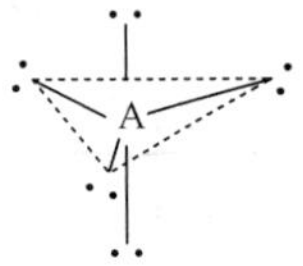	AX_5	0	PCl_5（三角双锥）	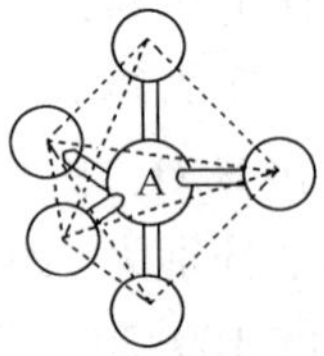
		AX_4	1	$TeCl_4$（变形四面体）	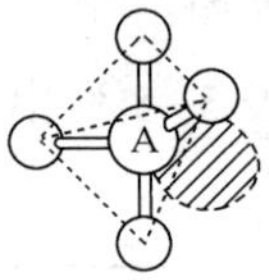
		AX_3	2	ClF_3（T 形）	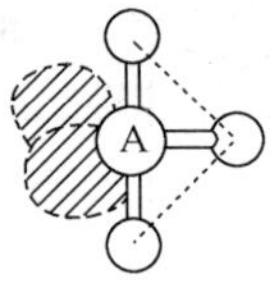
		AX_2	3	XeF_2（直线形）	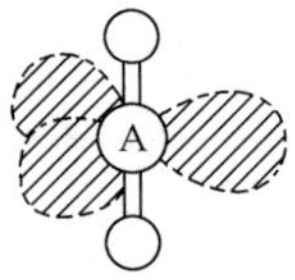
6	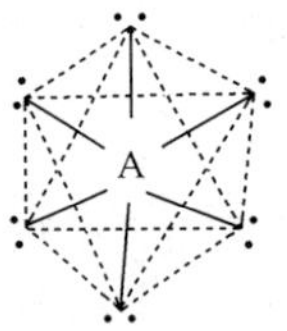	AX_6	0	SF_6（正八面体）	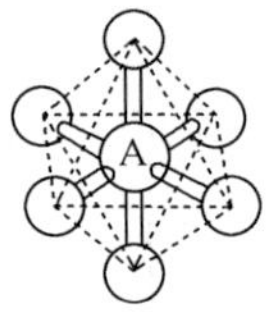
		AX_5	1	IF_5（四方锥）	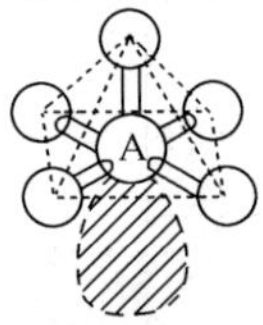
		AX_4	2	XeF_4（平面正方形）	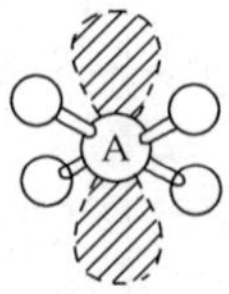

注：图中间斜线部分代表孤电子对占据的杂化轨道。

当有多重键（双键或叁键）时，虽然不影响价层电子对数或配位原子数，但 π 键的存在同孤对电子相似，即多重键对其他成键电子对斥力较大，使键角发生变化，对分子构型产生一定影响。如在 $COCl_2$ 中，∠ClCCl = 111°18′，而∠OCCl = 124°21′，这是由于双键对 2 个 C−Cl 键的斥力造成的，如图 5-18 所示。

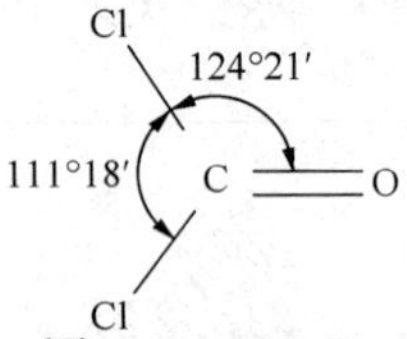

图 5-18　$COCl_2$ 中的键角

原子的电负性也影响分子的空间构型。如 NF_3 分子中∠FNF = 102°，而 NH_3 分子中∠HNH = 107°18′，这是因为共用电子对偏向电负性大的原子而远离中心原子，使成键电子对间的斥力减小，键角也随之减小。如果中心原子的电负性减小，键角也随之减小，如 NH_3 的键角为 107°18′，PH_3 的键角为 93°18′，AsH_3 的键角为 91°24′。

目前，价层电子对互斥理论还存在一些问题，而且如何说明过渡元素的分子构型还需要进一步完善。

5.6 分子轨道理论简介

价键理论、杂化轨道理论和价层电子对互斥理论，虽然能较好地说明分子的形成和空间构型，但是不能说明 H_2^+ 中的单电子键，O_2 中的叁电子键以及 O_2 分子、B_2 分子等的顺磁性问题，因此化学家们又提出了一种新的理论——分子轨道理论(Mdecular Orbital Theory，简称 MO 法)。

5.6.1 分子轨道理论的基本要点

(1) 分子是一个整体，在分子中电子不再从属于某个特定的原子，而是在遍及整个分子的范围内运动。每个电子的运动状态都可以用波函数 ψ 来描述，ψ 称为分子轨道。

(2) 分子轨道其实是由原子轨道线性组合而成，轨道的数目不变，但轨道的能量改变。能量低于原子轨道的称为成键分子轨道，以 σ、π 表示；能量高于原子轨道的称为反键分子轨道，以 σ^*、π^* 表示。

(3) 为了有效地组成分子轨道，参与组成分子轨道的原子轨道必须满足三个原则：

① 能量相近原则——只有能量相近的原子轨道才能有效地组成分子轨道，而且能量越相近越好。如果两个原子轨道能量相差很大，则不能组成有效的分子轨道，只可能发生电子的迁移，形成离子键。

② 最大重叠原则——原子轨道重叠越多，成键轨道相对于组成的原子轨道的能量降低得越显著，成键效应越强，形成的化学键也越牢固。

③ 对称性匹配原则——为了有效地组成分子轨道，必须是原子轨道波函数同号区域相重叠，使能量降低，组成成键分子轨道，如图 5-19(a)～(c)所示；如果原子轨道的异号区域相重叠，将使能量升高，组成反键分子轨道，如图 5-19(d)和(e)所示。

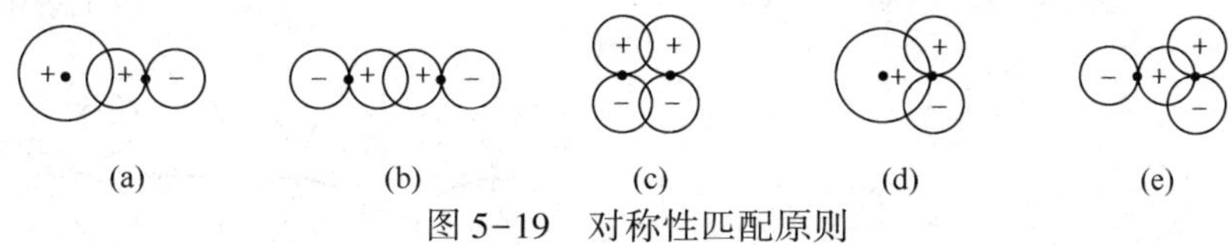

图 5-19 对称性匹配原则

在上述三个原则中，对称性是首要的，它决定原子轨道能否组成分子轨道，而能量相近和最大重叠则决定组合的效率问题。

(4) 电子在分子轨道中的排布与原子轨道中电子的排布一样，同样要遵守三大原理，即能量最低原理、泡利不相容原理和洪特规则。

① 能量最低原理——电子尽量先占据能量较低的轨道，低能级轨道填满后才进入能级较高的轨道；

② 泡利不相容原理——每条分子轨道最多只能填入 2 个自旋相反电子；

③ 洪特规则——分布到等价分子轨道时总是尽可能分占轨道。

5.6.2 几种简单的分子轨道的形成

原子轨道的线性组合方式有如下几种：

（1）s-s 组合　如图 5-20 中（a）所示，两个原子的 s 轨道相加（即相叠合）而成为成键分子轨道 σ，两者相减则成为反键轨道 σ^*，其分子轨道的图形如图所示。若是 1s 电子，则分子轨道分别是 σ_{1s} 和 σ_{1s}^*，若为 2s 电子，则写作 σ_{2s} 和 σ_{2s}^*。

（2）s-p 组合　如图 5-20 中（b）所示，s 轨道和 p_x 轨道以“头碰头”的方式叠合，形成的键分别为 σ_{sp} 和 σ_{sp}^*，后者能量较高。

（3）p-p 组合　如图 5-20 中（c）所示，两个 p_x 轨道以“头碰头”的方式叠合，组成的键分别为 σ_p 和 σ_p^*，单质卤素 X_2 就是这种叠合方式。

当两个 p_y（或 p_z）垂直于键轴（习惯上以 x 轴为键轴），二者以“肩并肩”的方式叠合，形成 π 分子轨道，如图 5-20（d）所示。成键的分子轨道 π_{p_y}，在通过键轴垂直于 z 轴平面上（即垂直于纸面的平面上），其电子云密度分布等于 0。这个平面有时称为节面。在节面上、下两个核的区域内，电子出现的概率密度大，其分子轨道的界面图如同两个冬瓜。其反键轨道 $\pi_{p_y}^*$ 的分子轨道界面图如同 4 个鸡蛋。

两个原子各有 3 个 p 电子轨道，故可以形成 6 个分子轨道，即 σ_{p_x}、$\sigma_{p_x}^*$、π_{p_y}、$\pi_{p_y}^*$、π_{p_z} 和 $\pi_{p_z}^*$，其中 3 个是成键轨道，3 个是反键轨道。成键轨道能量低于其相应的反键轨道。

（4）p-d 组合和 d-d 组合分别见图 5-20（e）和（f）所示。

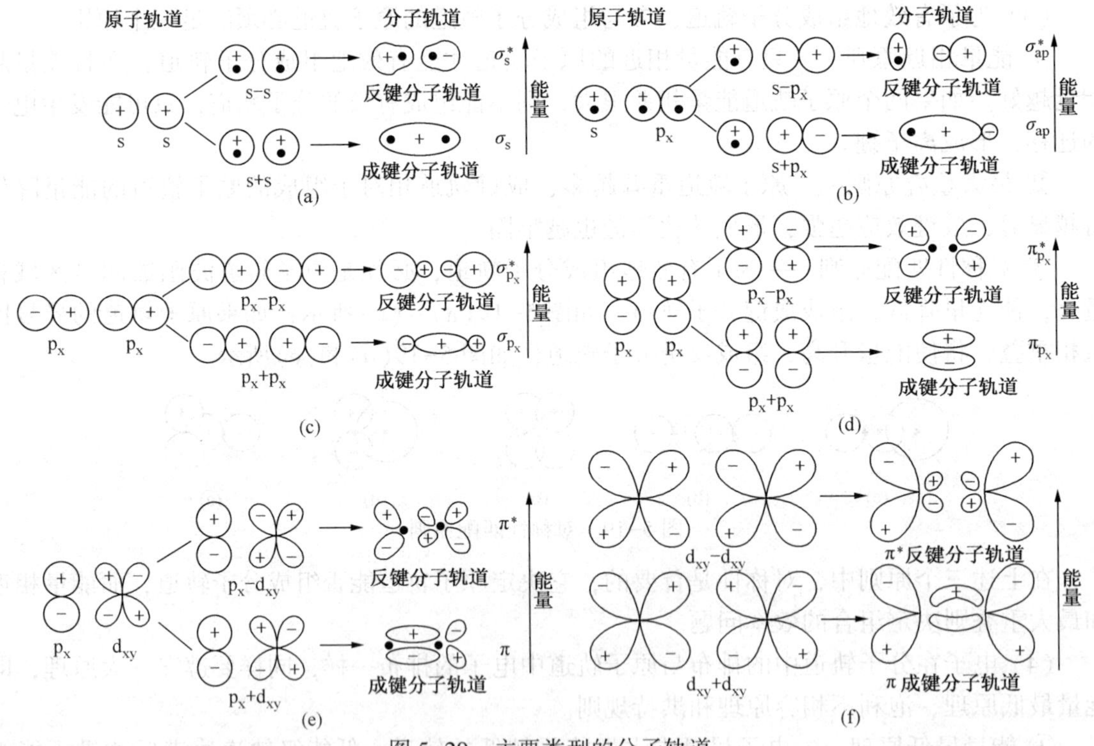

图 5-20　主要类型的分子轨道

5.6.3　同核双原子分子的分子轨道能级

1. 同核双原子分子的分子轨道能级图

分子轨道的能级顺序目前主要是从光谱实验数据来确定。把分子轨道能级按能量高低排列，得到分子轨道能级图。图 5-21 是同核双原子分子的分子轨道能级图。根据能量近似原则，如果组成原子的 2s 和 2p 轨道能量差较小，当原子相互靠近时，不但会发生 s-s 和 p-p

重叠，也会发生 s-p 重叠，以至改变了能量顺序，如图 5-21(a)所示，此时 $E_{\pi_{2p}}<E_{\sigma_{2p}}$。当组成原子的 2s 和 2p 轨道能量差较大时，2s 和 2p 轨道之间不能有效地组成分子轨道，形成分子时分子轨道的能级顺序如图 5-21(b)所示，此时 $E_{\pi_{2p}}>E_{\sigma_{2p}}$。

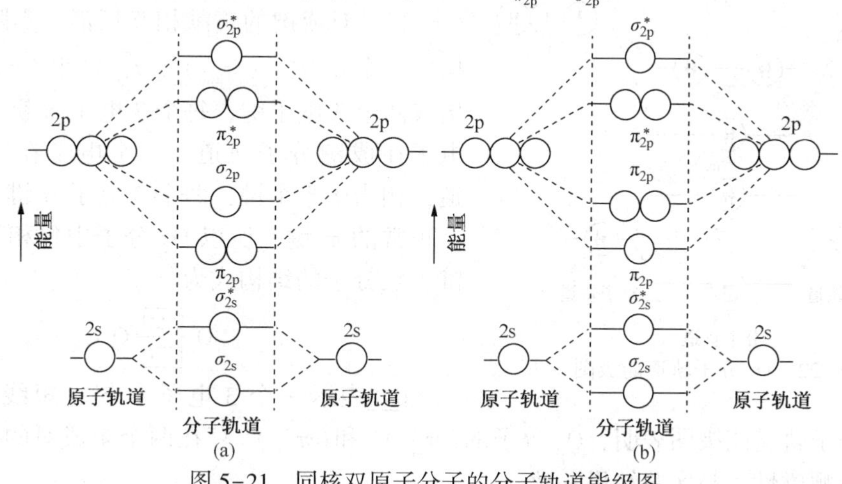

图 5-21　同核双原子分子的分子轨道能级图

第二周期中，O 和 F 两原子的 2s 和 2p 之间能级差较大(大于 15eV)，因此不考虑 2s 和 2p 之间的重叠，只考虑 s-s、p-p 组合，分子轨道能级的顺序如图 5-21(b)所示。B、C、N 等元素 2s 和 2p 之间的能级差较小(一般约为 10eV)，除了 s-s、p-p 重叠外，还应考虑 s-p 之间重叠，使 σ_{2p}能级高于 π_{2p}，如图 5-21(a)所示。例如从 Li_2 到 N_2，其分子轨道的能量顺序是 $\sigma_{1s}\sigma_{1s}^*\sigma_{2s}\sigma_{2s}^*(\pi_{2p_y}\pi_{2p_z})\sigma_{2p_x}(\pi_{2p_y}^*\pi_{2p_z}^*)\sigma_{2p_x}^*$，$O_2$ 和 F_2 的分子轨道能量顺序是 $\sigma_{1s}\sigma_{1s}*\sigma_{2s}\sigma_{2s}*\sigma_{2p_x}(\pi_{2p_y}\pi_{2p_z})(\pi_{2p_y}^*\pi_{2p_z}^*)\sigma_{2p_x}^*$。

2. 键级

在分子轨道理论中，以成键电子数与反键电子数之差的一半表示键级，即

$$键级=\frac{1}{2}(成键电子总数-反键电子总数)$$

键级大于零，说明成键分子轨道上电子数多于反键轨道上电子数，系统能量降低，分子能够稳定存在。键级越大，分子越稳定。若键级等于零，说明成键和反键轨道上的电子数相等，系统能量没有降低，不能有效成键。

5.6.4　分子轨道理论应用实例

1. H_2 分子的成键情况

两个 H 原子 1s 轨道相互重叠，组合成 1 个 σ_{1s}成键轨道和 1 个 σ_{1s}^*反键轨道，两个电子填入能量最低的 σ_{1s}轨道，分子轨道式为$(\sigma_{1s})^2$。

$键级=\frac{1}{2}(2-0)=1$，说明 H_2 分子能稳定存在。

2. O_2 分子的成键情况

O 原子的电子构型为：$1s^22s^22p_x^22p_y^12p_z^1$。$O_2$ 分子共有 16 个电子，分子轨道式为：$(\sigma_{1s})^2(\sigma_{1s}^*)^2(\sigma_{2s})^2(\sigma_{2s}^*)^2(\sigma_{2p_x})^2(\pi_{2p_y})^2(\pi_{2p_z})^2(\pi_{2p_y}^*)^1(\pi_{2p_z}^*)^1$。能级图如图 5-22 所示。

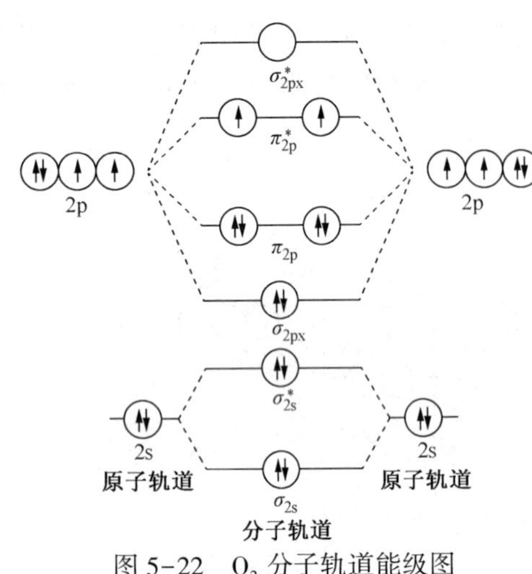

图 5-22 O_2 分子轨道能级图

$$键级=\frac{1}{2}(10-6)=2$$

在 O_2 分子中 $(\sigma_{1s})^2$ 和 $(\sigma_{1s}^*)^2$，$(\sigma_{2s})^2$ 和 $(\sigma_{2s}^*)^2$，对成键的贡献相互抵消，实际上 $(\sigma_{2p_x})^2$ 构成一个 σ 键，$(\pi_{2p_y})^2(\pi_{2p_y}^*)^1$ 和 $(\pi_{2p_z})^2(\pi_{2p_z}^*)^1$ 构成两个 3 电子键，每个 3 电子 π 键中，有两个电子在成键分子轨道，一个电子在反键分子轨道，相当于半个键，两个 3 电子 π 键，相当于一个正常的 π 键，所以 O_2 分子中仍相当于一个双键。氧分子的结构式为：

:O [···] O:（上下各一个 [···]，中间短线）

[···]表示一个 3 电子 π 键，短线表示 σ 键。O_2 分子的分子轨道能级图表明，O_2 分子的 $(\pi_{2p_y}^*)^1$ 和 $(\pi_{2p_z}^*)^1$ 存在两个未成对的电子，所以 O_2 分子具有顺磁性，与实验结果一致。

3. N_2 分子的成键情况

N 原子的电子构型为：$1s^2 2s^2 2p_x^1 2p_y^1 2p_z^1$。所以 N_2 分子的分子轨道式为：$(\sigma_{1s})^2(\sigma_{1s}^*)^2(\sigma_{2s})^2(\sigma_{2s}^*)^2(\sigma_{2p_x})^2(\pi_{2p_y})^2(\pi_{2p_z})^2$。

$$键级=\frac{1}{2}(10-4)=3$$

对成键有贡献的主要是 $(\pi_{2p})^4$ 和 $(\sigma_{2p})^2$ 这三对电子，即形成两个 π 键和一个 σ 键，构成 N_2 分子中的叁键，与价键理论讨论的结果一致。

5.7 分子的极性和离子极化

分子是电中性的，原子核所带正电荷的电量等于分子中电子所带负电荷的电量。但这是从整体上来看的，是大量电子聚集在一起的结果。实际上如果从单个分子的内部结构来看，正负电荷的分布是不均匀的。

5.7.1 分子的极性

假定在分子中，正、负电荷都有一个“电荷中心”。如果正电荷中心与负电荷中心重合，这个分子没有极性，称为非极性分子；若正电荷中心与负电荷中心不重合，这个分子有极性，称为极性分子。因此分子是否存在极性就取决于分子的正、负电荷中心是否重合。

在双原子分子中，分子的极性和键的极性一致。如 H_2 分子中，H—H 是非极性键，所以分子的正、负电荷中心重合，H_2 分子为非极性分子。而 HCl 分子中，H—Cl 键是极性键，所以成键电子云偏向于电负性较大的氯原子一端，使分子的负电荷中心比正电荷中心更偏向于氯。HCl 分子是极性分子。

对于多原子分子来说，情况稍微复杂一些。分子是否有极性，不仅要考虑键的极性，还要考虑分子的空间构型。例如 H_2O 分子中，O—H 键为极性键，而且 H_2O 分子的空间构型是 V 形不对称结构，所以 H_2O 分子是极性分子。而在 CO_2 分子中，虽然 C═O 键为极性键，但 CO_2 分子的空间构型是直线形对称的，正负电荷中心重合，所以 CO_2 分子是非极性分子。

总之，共价键是否有极性，决定于相邻两原子间共用电子对是否有偏移；而分子是否有极性，决定于整个分子的正、负电荷中心是否重合。

5.7.2 分子的偶极矩

偶极矩是分子极性的量度，用符号μ表示。它的定义为：设分子中正、负两极为两个带电荷q_+和q_-的点，两点之间的距离是d，分子偶极矩为：

$$\mu = q \times d$$

偶极矩是一个矢量，方向规定为：从正极指向负极。偶极矩的数值可以通过实验测得。表5-6列出一些分子的偶极矩。

表5-6 一些分子的偶极矩μ 10^{-30}C·m

分子	偶极矩μ	分子	偶极矩μ
H_2	0	H_2O	6.16
N_2	0	HCl	3.43
CO_2	0	HBr	2.63
CS_2	0	HI	1.27
H_2S	3.66	CO	0.40
SO_2	5.33	HCN	6.99

由分子的电偶极矩数据可以判断分子是极性分子还是非极性分子。$\mu=0$的分子，正、负两极是重合的($d=0$)，是非极性分子，例如H_2分子、CO_2分子等；$\mu>0$的分子，$d\neq0$，正、负两极是不重合的，为极性分子。μ越大，分子的极性越强。

分子是否具有极性对一些物质的某些性质会产生影响。例如，在一般情况下，非极性溶质易溶于非极性溶剂；极性溶质易溶于极性溶剂。NH_3、HCl等极性溶质在水中的溶解度大，而H_2、CH_4、C_6H_6等非极性溶质在水中的溶解度就很小。

5.7.3 分子的极化

分子在外电场的影响下极性发生变化的现象叫做分子的极化。

非极性分子，在外电场中，正电荷中心偏向负电场，负电荷中心偏向正电场，使正、负电荷中心不再重合，分子由非极性转化为极性，分子发生了变形，如图5-23(a)所示。

极性分子，在外电场中，也会发生类似的变化，结果极性增强，如图5-23(b)所示。

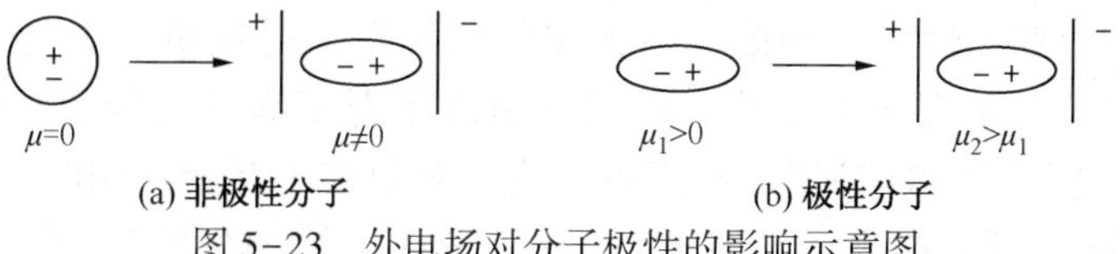

(a) **非极性分子** (b) **极性分子**

图5-23 外电场对分子极性的影响示意图

由于分子的极化而产生的偶极称为诱导偶极。电场所起的作用叫极化作用(polarization)。极化作用与电场强度及分子的变形性有关，电场越强，分子越易变形，极化作用越强。电场消失，诱导偶极随即消失，分子复原。

即使没有外电场存在情况下，由于分子中电子和原子核的相对运动，在某一瞬间，分子中的正、负电荷中心也可能不重合，这时产生的偶极叫做瞬间偶极。分子变形性越大，瞬间偶极越大。

正是由于固有偶极、诱导偶极和瞬间偶极的存在，分子之间才产生了相互作用力。

5.7.4 离子的极化

与分子极化类似，在离子型化合物中，一种离子对它周围的离子也可产生极化作用，使它们发生变形。这就是离子极化(ionic polarization)。由于离子的极性(电场)强于极性分子，所以离子的极化效应有时很强。分子极化作用只影响物质的聚集状态，并不改变化学键性质；而离子极化会改变化学键性质，并影响到离子化合物的性质。离子间的相互极化越显著，离子键就向共价键过渡，甚至转变为共价分子。离子键与共价键并无严格界限。

离子极化效应的强弱取决于外电场即离子的极化力和被极化离子的变形性。

1. 离子的极化力(极化作用)

离子的极化力主要取决于离子电荷、离子的外电子层结构和离子半径三个因素。

(1) 离子电荷　正离子所带电荷越多，极化力越强。如极化力 $Al^{3+}>Mg^{2+}>Na^{+}$。

(2) 离子构型　不同外层结构的阳离子极化力不同。2 电子、18 电子和(18+2)电子构型的正离子极化力最强，如 Li^{+}、Ag^{+}和 Pb^{2+}等；(9~17)电子构型的正离子极化力次之，如 Cr^{3+}、Mn^{2+}和 Cu^{2+}等；8 电子构型的正离子极化力最弱，如 Na^{+}、Mg^{2+}和 Ca^{2+}等。这是因为 d 电子屏蔽能力差，所以含 d 电子的阳离子极化力比稀有气体结构的正离子强。

(3) 离子半径　离子的外层结构相似、电荷相同时，半径越小，极化力越强。例如极化力 $Mg^{2+}>Ca^{2+}$，$F^{-}>Cl^{-}$。

2. 离子的变形性

离子的变形性也与上述三个因素有关。

(1) 离子电荷的性质与数量　离子构型相同时，阳离子的电荷越高，变形性越小；阴离子的电荷越高，变形性越大。如变形性 $Na^{+}>Mg^{2+}>Al^{3+}$、$O^{2-}>F^{-}$。

(2) 离子构型　外层结构是(9~17)电子、18 电子和(18+2)电子构型的阳离子变形性大，如 Fe^{3+}、Ag^{+}、Pb^{2+}等；外层结构为 8 电子和 2 电子构型的阳离子变形性小，如 Al^{3+}、Li^{+}、Be^{2+}等。

(3) 离子半径　外层结构相同或类似，电荷数相同的离子，半径越大，变形性也越大，如变形性 $I^{-}>Br^{-}>Cl^{-}>F^{-}$。

复杂阴离子的变形性通常不大，且随中心原子氧化数的升高变形性减小。这主要是中心原子对与其结合的其他原子的极化作用强、拢得紧的原因。常见阴离子变形性顺序是：$ClO_4^{-}<F^{-}<NO_3^{-}<OH^{-}<CN^{-}<Cl^{-}<Br^{-}<I^{-}$。

3. 离子极化和无机化合物性质的关系

总地说来，正离子带正电荷，体积小，极化力强而变形性一般较小；负离子半径大，带负电荷，极化力小而变形性大。因此，在大多数情况下，讨论负、正离子相互作用(极化)时，主要考虑正离子对负离子的极化，而忽略负离子对正离子的极化。但是对容易变形的(9~17)电子、18 电子和(18+2)电子构型的正离子和负离子互相作用时，一方面正离子极化负离子，而使负离子变形(产生诱导偶极)；另一方面，变形的负离子也反过来极化正离子，而使正离子变形。这种由于相互极化，使负、正离子间的极化效应增强的作用称为附加极化作用。离子这种互相极化作用的结果，对物质的结构和性质产生了影响。

由于离子极化作用，正、负离子原来对称的电子云发生变形，电子云较多地分布在正、负离子之间，使正、负离子距离缩短，增大了离子间引力，发生轨道重叠，从而使化学键型由离子键向共价键过渡。如图 5-24 所示。化学键型的变化对物质的溶解度、颜色、稳定性、熔点都有显著的影响。一般说来，离子极化作用使物质在水中溶解度减小、颜色加深、稳定性减小、熔点降低。

如 AgX，Ag^+ 是 18 电子构型，极化力和变形性都很大，负离子随 F^-、Cl^-、Br^-、I^- 顺序离子半径增大，变形性也增大，负、正离子间相互极化作用增强。所以，AgF、AgCl、AgBr、AgI 的共价程度依次增大，在水中的溶解度下降、熔点降低，颜色加深，稳定性减小。同理，d 区、ds 区及 p 区的金属正离子，分别属于 9~17、18 和 18+2 电子构型，或半径小、高电荷的 8 电子构型，它们与 S^{2-}、O^{2-} 结合时，负、正离子极化作用，使得它们的硫化物和氧化物一般都难溶，特别是 S^{2-} 的变形性大于 O^{2-}。所以，同一正离子的硫化物比氧化物更难溶，且颜色也较氧化物深。

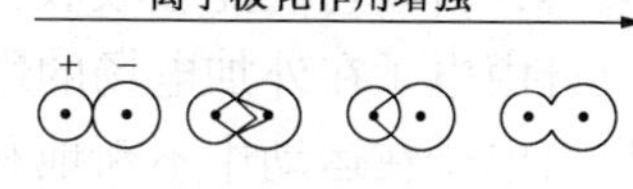

图 5-24　离子键向共价键过渡示意图

又如位于 d 区元素的氯化物，大多熔点较低，也与相互极化作用有关。并且对于相同元素不同价态的某些 d 区元素的氯化物，低氧化态的氯化物熔、沸点偏高，高氧化态的氯化物熔、沸点偏低。例如 $FeCl_2$ 的熔点为 945K，而 $FeCl_3$ 的熔点为 579K，它们的化学键虽然都处于离子键与共价键之间的过渡状态，但低氧化态的氯化物偏向于离子键，晶体偏向于离子晶体；高氧化态的氯化物偏向于共价键，晶体偏向于分子晶体。

显然，典型的离子键或共价键化合物很少，大多数是处于中间的过渡态化合物。

有必要指出，影响熔点因素除离子极化、价键结构外，晶体结构、分子间作用力等也是重要的因素，所以熔、沸点的变化常有例外。

5.8　金属键理论

周期表中 80%的元素是金属元素。在常温下，除汞为液体外，其他金属均为晶状固体。金属都具有金属光泽，有良好的导电性和导热性，以及良好的机械加工性能。金属的特性是由金属内部特有的化学键的性质决定的。

金属原子的半径都比较大，价电子数目较少，因此与非金属原子相比，原子核对其自身价电子或其他原子电子的吸引力都较弱，电子容易脱离金属原子成为自由电子或离域电子。这些电子不再属于某一金属原子，而可以在整个金属晶体中自由流动，为整个金属所共有，留下的正离子就浸泡在这些自由电子的“海洋”中，如图 5-25(a)所示。金属中这种自由电子与正离子间的作用力将金属原子胶合在一起而成为金属晶体，这种作用力即称为金属键。

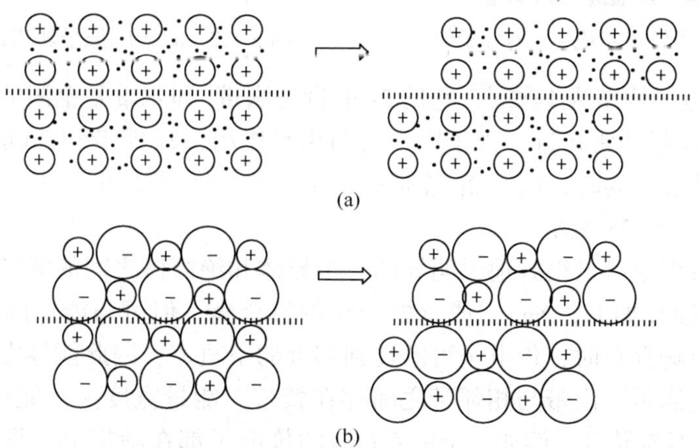

图 5-25　外力作用下金属晶体(a)和离子晶体(b)内部结构的变化

金属的特性和其中存在着自由电子有关。自由电子并不受某种具有特征能量和方向的键的束缚，所以它们能够吸收并重新发射很宽波长范围的光线，使金属不透明而具有金属光泽。自由电子在外加电场的影响下可以定向流动而形成电流，使金属具有良好的导电性。由于自由电子在运动中不断地和金属正离子碰撞而交换能量，当金属一端受热，加强了这一端离子的振动，自由电子就能把热能迅速传递到另一端，使金属整体的温度很快升高，所以金属具有好的传热性。又由于自由电子的胶合作用，当晶体受到外力作用时，金属正离子间容易滑动而不断裂，所以金属经机械加工可压成薄片和拉成细丝，表现出良好的延展性和可塑性。对比离子晶体就不具有这些性质了，当外力作用时离子层发生移动，使得相同电荷的离子靠近，由于斥力增加，导致离子晶体碎裂，如图 5-25(b)所示。

经典的自由电子“海洋”概念虽能解释金属的某些特性，但关于金属键本质的更加确切的阐述则需借助近代物理的能带理论。能带理论把金属晶体看成一个大分子，这个分子由晶体中所有原子组合而成。由于各原子的原子轨道之间相互作用，便组成一系列相应的分子轨道，其数目与形成它的原子轨道数目相同。根据分子轨道理论，一个气态双原子分子 Li_2 的分子轨道是由 2 个 Li 原子的原子轨道($1s^22s^1$)组合而成，2 个 Li 原子所提供的 6 个电子在分子轨道中的分布如图 5-26 所示。成键价电子对占据 σ_{2s} 成键轨道，而 σ_{2s}^* 反键轨道没有电子填入。现在若有 n 个 Li 原子聚积成金属晶体大分子，则各价电子波函数将相互重叠而组成 n 个分子轨道，其中 $n/2$ 个分子轨道有电子占据，而另 $n/2$ 个分子轨道是空着的。

由于金属晶体中原子数目 n 极大，所以这些分子轨道之间的能级间隔极小，形成所谓能带(energy band)。由已充满电子的原子轨道所形成的低能量能带，称为满带；由未充满电子的能级所组成的高能量能带，称为导带；满带与导带之间的能量间隔较大，电子不易逾越，故又称为禁带或禁区(见图 5-27)，但这也不是绝对的。

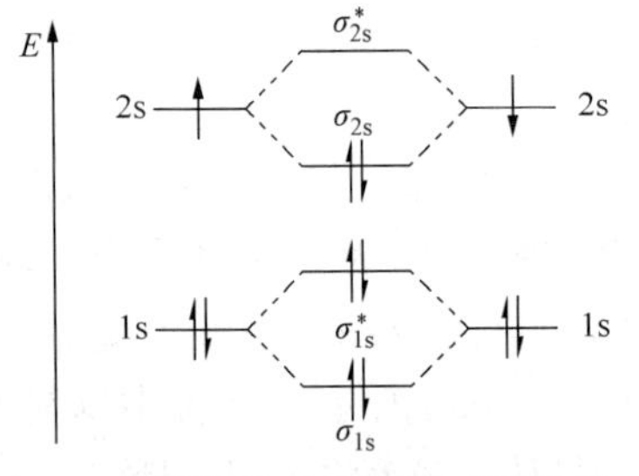

图 5-26　2 个 Li 原子轨道组成 Li_2 的分子轨道

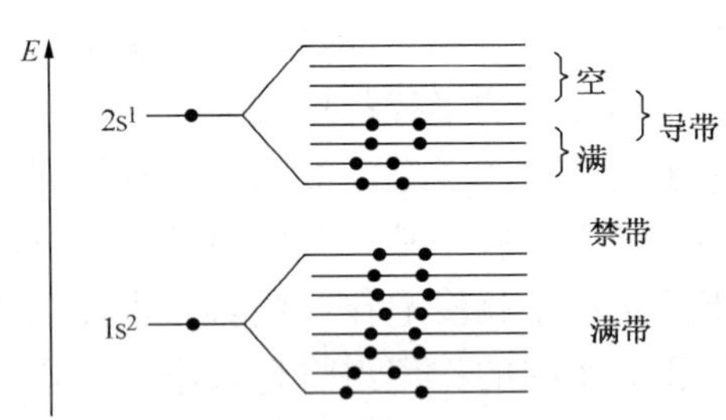

图 5-27　n 个 Li 原子轨道组成金属键中的能带

例如，Be 的电子构型为 $1s^22s^2$，它的 2s 能带是满带(即基带是全满的)，可是 2s 能带与全空的 2p 能带的能量非常接近，由于原子间的相互作用，2s 能带和 2p 能带相互部分重叠，它们之间已没有禁带。同时，由于 2p 能带原本是空的，所以 2s 能带中的电子很容易跃迁到空带 2p 上去，如图 5-28 所示。

金属键的能带理论可以很好地说明导体、半导体和绝缘体之间的区别。一般金属导体的价电子能带是半满的(如 Li、Na)，或价电子能带虽全满，但可与能量间隔不大的空带发生部分重叠，当外电场存在时，价电子可跃迁到邻近的空轨道，因此能导电。绝缘体中的价电子所处的能带都是满带，满带与相邻带之间存在禁带，能量宽度大，能量间隔 $E_g \geqslant 5eV$[见图 5-29(b)]，故不能导电。例如，金刚石(C)的价电子都在满带上，虽然上面的导带是空的，但因禁带宽度大，电子不能越过禁带跃迁到上面的能带，所以不能导电。半导体的价电子也处于满带，例如 Si、Ge 有与金刚石相似的电子结构，但与邻近空带间的禁带宽度较小，E_g<3eV[见图 5-29(a)]。低温时是电子绝缘体，高温时电子能激发越过禁带而导电，所以半导体的导电性随温度的升高而升高，而金属的导电性却相反，随温度升高金属原子振动加剧，电子运动受到阻碍，金属的导电性随温度的升高而降低。

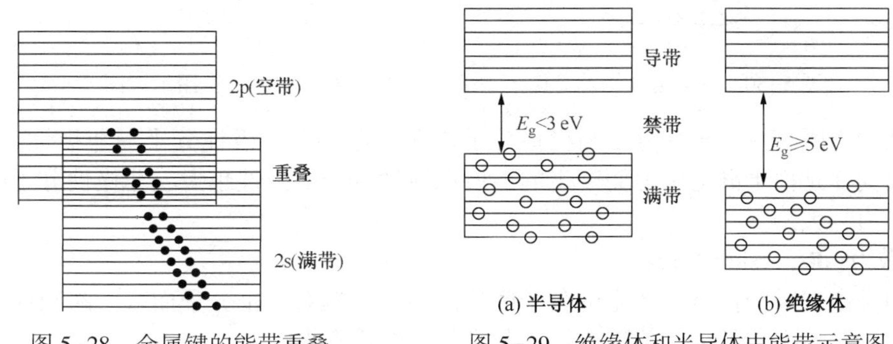

图 5-28　金属键的能带重叠　　图 5-29　绝缘体和半导体中能带示意图

金属键强弱与各金属原子的大小、电子层结构等许多因素密切有关，这是一个比较复杂的问题。金属键强弱可以用金属原子化热来衡量。金属原子化热是指 1mol 金属变成气态原子所需要吸收的能量(如 298K 时的气化热)。一般说来金属原子化热的数值较小时，这种金属的质地较软，熔点较低；而金属原子化热数值较大时，这种金属的质地较硬而且熔点较高。

5.9　分子间的作用力和氢键

化学键(离子键、共价键、金属键)是分子内部原子间的作用力，原子通过这些化学键结合成各种分子和晶体。但除了这些原子间较强的作用力(键能约为 100~600kJ/mol)以外，分子和分子之间还存在一种比化学键弱得多的相互作用力，就是靠这种分子间作用力气体分子才能凝聚成相应的液体和固体。这种分子间作用力通常较弱，只有几到几十 kJ/mol，称为分子间力(intermolecular force)。在一部分含氢化合物中，还有一种特殊的分子间力，叫做氢键(hydrogen bond)。分子间力与氢键对物质的熔点、沸点、溶解度及颜色等有较大的影响。

5.9.1　分子间力

1837 年，范德华(Van der Waals)第一个提出了分子间力，所以又称为范德华力。根据作用力的性质，可分为取向力、诱导力和色散力。

1. 取向力(orientation force)

取向力是由于固有偶极的取向而引起的分子间作用力。当两个极性分子相互靠近时，由于固有偶极之间的相互作用，两个分子在空间会按照异极相邻的状态取向，如图 5-30 所示。

分子的极性越大，取向力越大；温度升高，取向力迅速减小。这是因为温度升高，分子活动剧烈，很难再有规律的排布，所以取向力减小。

2. 诱导力(induction force)

诱导力是指诱导偶极与固有偶极之间的作用力。

当极性分子与非极性分子相互接近时，由于极性分子的静电引力，使非极性分子原来重合的正负电荷的中心分离，产生诱导偶极，从而产生诱导力。而当极性分子与极性分子相互接近时，由于静电引力，使它们的诱导偶极增强，进一步加强了相互吸引力，如图 5-31 所示。

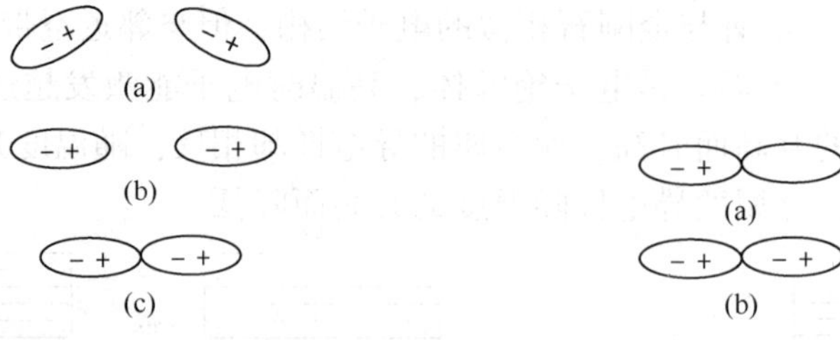

图 5-30　取向力作用示意图　　　　图 5-31　诱导力作用示意图

因此诱导力既存在于极性分子与极性分子之间，也存在于极性分子与非极性分子之间。由于诱导力同样是由于静电引力而产生的，所以极性分子的极性越大、非极性分子的变形性越大，诱导力越大。

3. 色散力(dispersion force)

色散力是由于瞬间偶极而产生的分子间作用力。虽然对一个分子而言，瞬间偶极存在的时间极短，但是对大量的分子系统来说，却自始至终都存在。

又因为不管是极性分子还是非极性分子都存在瞬间偶极，所以色散力普遍存在于各种分子之间。

一般说来，分子的变形性越大，色散力越大。对于化学性质相似的同类分子，如卤素分子间、稀有气体分子间等，相对分子质量越大，色散力越大。

不管是取向力、诱导力还是色散力，它们都具有一些共同的特征：

(1) 这三种力只存在于分子之间，没有饱和性和方向性；

(2) 它们是短程力，与分子间距离成反比；

(3) 分子间作用力较弱，一般比化学键低 1~2 个数量级；例如水中，要打破 H_2O 分子与 H_2O 分子之间的作用力，需要消耗 47.28kJ/mol 的能量，而要打破 H—O 键所需消耗的能量为 463kJ/mol。由此可见，化学键的强度较大。

(4) 一般情况下，色散力是主要的，只有当分子的极性很大时，才以取向力为主。

由此可见，在非极性分子之间只有色散力的作用；而在极性分子和非极性分子之间有诱导力和色散力的作用；在极性分子之间，除了有取向力的作用外，还有色散力和诱导力的作用。根据量子力学计算结果，表 5-7 列出一些分子三种作用力的能量分配情况。

表 5-7　分子间力的能量分配

分子	取向力/(kJ/mol)	诱导力/(kJ/mol)	色散力/(kJ/mol)	分子间力/(kJ/mol)
Ar	0.000	0.000	8.49	8.49
CO	0.002	0.008	8.74	8.75
HI	0.025	0.113	25.86	25.99
HBr	0.686	0.502	21.92	23.10
HCl	3.305	1.004	16.82	21.11
NH_3	13.31	1.548	14.94	29.80
H_2O	36.83	1.929	8.996	47.76

分子间力对物质的物理性质，如熔沸点、溶解度等都有很大影响。一般来说，分子间力越大，物质的熔点、沸点越高。例如，卤素分子都是非极性分子，分子间只有色散力，从 F_2 到 I_2 随着摩尔质量的增大，色散力增强。因此，熔沸点依次增高。在常温下，F_2、Cl_2 为气体，Br_2 为液体；而 I_2 为固体。

用分子间力可以解释物质溶解时的“相似相溶”经验规则，即极性物质易溶于极性溶剂，非极性(或弱极性)物质易溶于非极性(或弱极性)溶剂。因为这时溶质分子间、溶剂分子间、溶质与溶剂分子间的作用力相似。

5.9.2 氢键

氢键是存在于某些化合物的分子间或分子内的，与分子间力大小接近的另一种作用力。例如，除了 HF 以外，NH_3、H_2O 分子等，它们的熔沸点都比同类物质偏高，这是因为氢键的存在。

1. 氢键的形成

当 H 原子与一个电负性很大的原子 X(如 F、O、N 等)以共价键相结合后，电子云强烈的偏向于 X 原子一方，使 H 原子带有较多正电荷，它可以吸引另一个电负性较大的 Y 原子的孤对电子，从而形成氢键。表示为 X—H···Y。其中的“···”代表氢键。以下是几种氢键的示意图(图 5-32)：

可见 X 和 Y 既可以相同，也可以不同。而形成氢键也要满足两个条件：

(1)有一个与电负性很大的 X 原子以共价键相连的 H 原子；

(2)有一个电负性很大，且带有孤对电子对的原子 X 或 Y。

2. 氢键的特征

(1) 氢键具有方向性和饱和性　氢键的方向性是指：X、H、Y 三个原子在同一条直线上。因为当 Y 原子与连接在 X 原子上的 H 原子形成氢键时，只有当这三个原子在同一条直线上，X 和 Y 相距最远，两原子间电子云的排斥力才最小，形成的氢键最强，体系更稳定。

氢键的饱和性是指：连接在 X 原子上的一个 H 原子只能与一个 Y 原子形成氢键。因为氢原子的原子半径很小，当它与一个 Y 原子形成氢键后，如果再有一个极性分子的 Z 原子靠近它们，则这个原子受到 X、Y 原子的电子云的排斥力要比受到的 H 核的吸引力大得多，所以很难形成第二个氢键。

(2) 氢键是弱作用力，与分子间力相当　虽然氢键也是由于原子核对电子云的吸引，与共价键的形成相似，但氢键的强度较小，既不同于化学键，又不同于一般的范德华力，所以氢键是一种特殊的分子间作用力。

根据氢键的这两个特征我们可以比较出化学键、氢键、范德华力这三者之间强弱关系为：化学键>氢键>范德华力；而氢键之间的强弱顺序，则与成键原子的电负性和原子半径有关。电负性越大，半径越小，氢键越强。因此氢键的强弱顺序为：

F—H···F>O—H···O>O—H···N>N—H···N

3. 氢键的类型

根据氢键存在的位置不同，可分为分子内氢键和分子间氢键。一般分子内氢键不在同一条直线上。例如硝酸分子内氢键如图 5-33 所示。

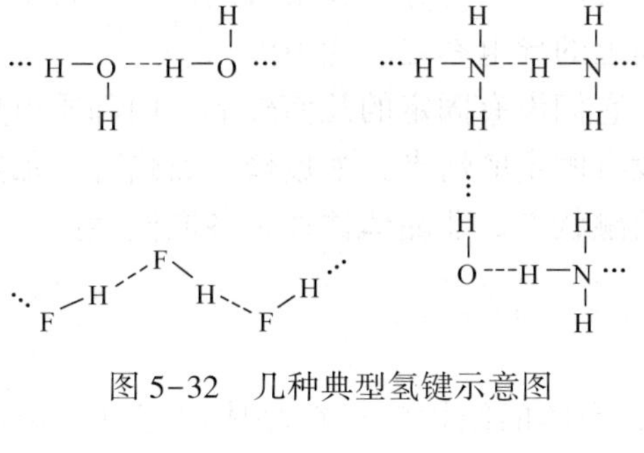

图 5-32　几种典型氢键示意图

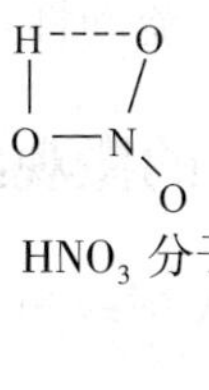

图 5-33　HNO_3 分子内氢键

4. 氢键对化合物性质的影响

(1) 对物质熔沸点的影响　分子间氢键使物质的熔、沸点升高；

如：	CH_4	SiH_4	GeH_4	SnH_4	HF
T_b/℃	-164	-112	-90	-52	20

分子内氢键使物质的熔、沸点降低。例如邻硝基苯酚因形成分子内氢键，沸点是 318K，而间位和对位的硝基苯酚则分别是 369K 和 387K。

(2) 对物质溶解性的影响　一般来说，凡是能与水分子形成氢键的物质，在水中的溶解度较大，甚至能互溶。如乙醇和水可以无限混溶。

此外，氢键的形成对于物质的酸碱性、密度、介电常数甚至反应性等都有影响。氢键在生物大分子如蛋白质、核酸及糖类等中有重要的作用。蛋白质分子的 α-螺旋结构就是靠羰基(C＝O)上的氧和氨基(—NH)上的氢以氢键(C＝O…H—N)彼此联合而成。DNA 脱氧核糖核酸的双螺旋结构各圈之间也是靠氢键联合，而增强其稳定性。

5.10　晶体结构和性质

常温常压下，物质的聚集状态有三种：气态、液态和固态。固态物质中，根据其微观结构和性质特点又可分成晶态物质和非晶态物质，简称晶体和非晶体。非晶体又称做无定型体。大多数固态物质是晶体。

不论是晶体还是非晶体在工程上都有许多实际应用。例如，具有高硬度、高强度，优良的磁性和优越的耐腐蚀性的“金属玻璃”就是微观结构类似于普通玻璃的非晶态金属或合金。

5.10.1　晶体的宏观特征

晶体是内部粒子(离子、分子、原子等)按照某种规则有序地排列成的固态物质。

由于内部结构的规律性，晶体一般具有 3 个宏观特征：

(1) 有一定的几何外形：晶体在生长过程中，自发地形成晶面，晶面相交形成晶棱，晶棱会聚成顶点，从而出现具有多面体的外形。因此晶体最明显的特征是具有规则的几何外形。同一种晶体由于生长条件的不同，所得到的晶体在外形上会有些差别，但晶体的晶面与晶面之间的夹角(称为晶面角)总是不变的。

(2) 有固定的熔点：将晶体加热至一定温度时便开始熔化。继续加热时，在晶体没有完全熔化以前，温度保持恒定，待晶体完全熔化后，温度才开始上升。

(3) 表现各向异性：由于晶体中各个方向排列的质点间的距离和取向不同，因此晶体在各个方向上的物理性质(如导热性、热膨胀、导电性、折光率、机械强度等)不一样，即各向异性。例如云母特别容易沿着和底面平行的方向，平行分裂成很薄的薄片；石墨的导电性能，在与层平行方向上的导电率与层垂直方向上的导电率之比为 $10^4:1$。

与晶体不同，非晶体没有以上几个特征。它们没有固定的几何外形，内部质点作无规则排列，与液体相似，存在短程有序。非晶体没有固定的熔点，如玻璃、石蜡等，加热时先软化，随温度的升高，流动性逐级增大，直至熔融状态。非晶体往往是各向同性的。

5.10.2　晶体的微观结构

对晶体结构的 X 射线衍射研究表明，组成晶体的结构粒子在晶体内部是有规律地排列在一定点上，这些在空间有规律排列的点形成的空间格子称为晶格[见图 5-34(a)]，晶格中排有微粒的那些点称为晶格结点。能够代表晶体结构特征的最小组成部分，也即晶格中的最小重复单位称为晶胞[见图 5-34(b)]。晶胞在空间无限重复排列就形成了晶格。因此晶体的性质与晶胞的大小、形状和组成有关。所有晶体的晶胞都是一个平行的六面体。晶胞的大小和形状用晶胞参数(也称点阵常数)表示，a，b，c 是晶胞六面体的边长，α，β，γ 是晶轴间夹角，如图 5-35 所示。

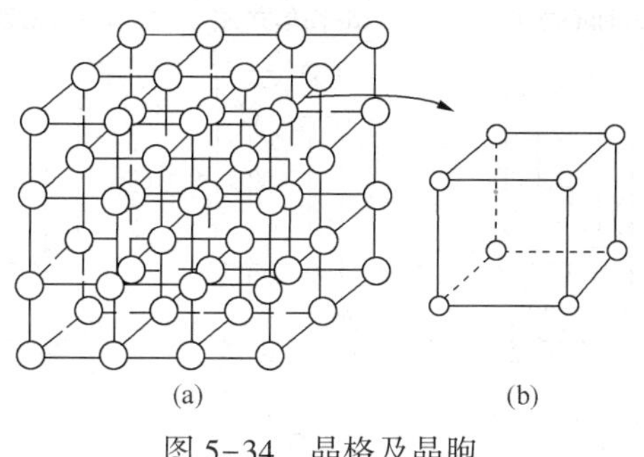

图 5-34　晶格及晶胞

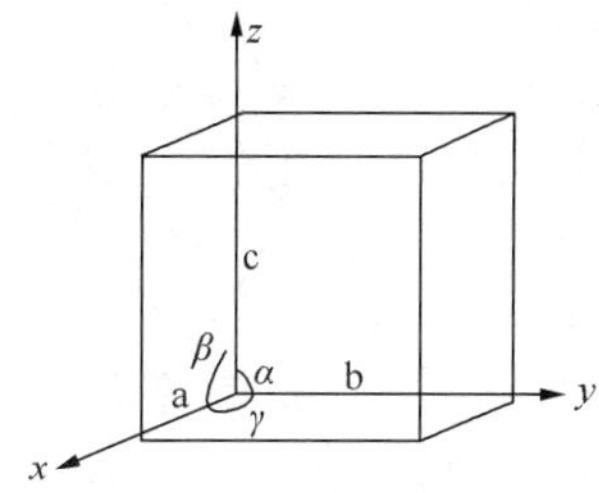

图 5-35　晶体的晶胞参数

按照晶胞参数的差异将晶体分成七种晶系(见表 5-8)，再考虑六面体的面上和体中有无面心或体心，又可将七大晶系分为 14 种型式(见图 5-36)。如立方晶系可分为简单立方、体心立方和面心立方三种型式。

表 5-8　七种晶系

晶　系	边　长	夹　角	晶体实例
立方晶系	$a=b=c$	$\alpha=\beta=\gamma=90°$	NaCl，ZnS
三方晶系	$a=b=c$	$\alpha=\beta=\gamma\neq90°$	Al_2O_3，Bi
四方晶系	$a=b\neq c$	$\alpha=\beta=\gamma=90°$	SnO_2，Sn
六方晶系	$a=b\neq c$	$\alpha=\beta=90°$，$\gamma=120°$	AgI，SiO_2(石英)
正交晶系	$a\neq b\neq c$	$\alpha=\beta=\gamma=90°$	$HgCl_2$，$BaCO_3$
单斜晶系	$a\neq b\neq c$	$\alpha=\gamma=90°$，$\beta\neq90°$	$KClO_3$，$Na_2B_4O_7$
三斜晶系	$a\neq b\neq c$	$\alpha\neq\beta\neq\gamma\neq90°$	$CuSO_4\cdot5H_2O$

5.10.3　晶体的基本类型

按晶格格点上微粒间作用力的不同，晶体可分为离子晶体、原子晶体、分子晶体、金属晶体、过渡型晶体及混合型晶体几种类型。

1. 离子晶体

格点上交替排列着正、负离子，其间以离子键结合而构成的晶体称为离子晶体。典型的离子晶体主要是活泼金属元素与活泼非金属元素形成的离子型化合物。例如 Cl^- 和 Na^+ 可形成 NaCl 离子型晶体。组成离子晶体的正、负离子在空间的排列方式有不同类型，常见的有五种类型离子晶体：NaCl 型、CsCl 型、ZnS 型、CaF_2 型和 TiO_2 型，其特征见表 5-9。

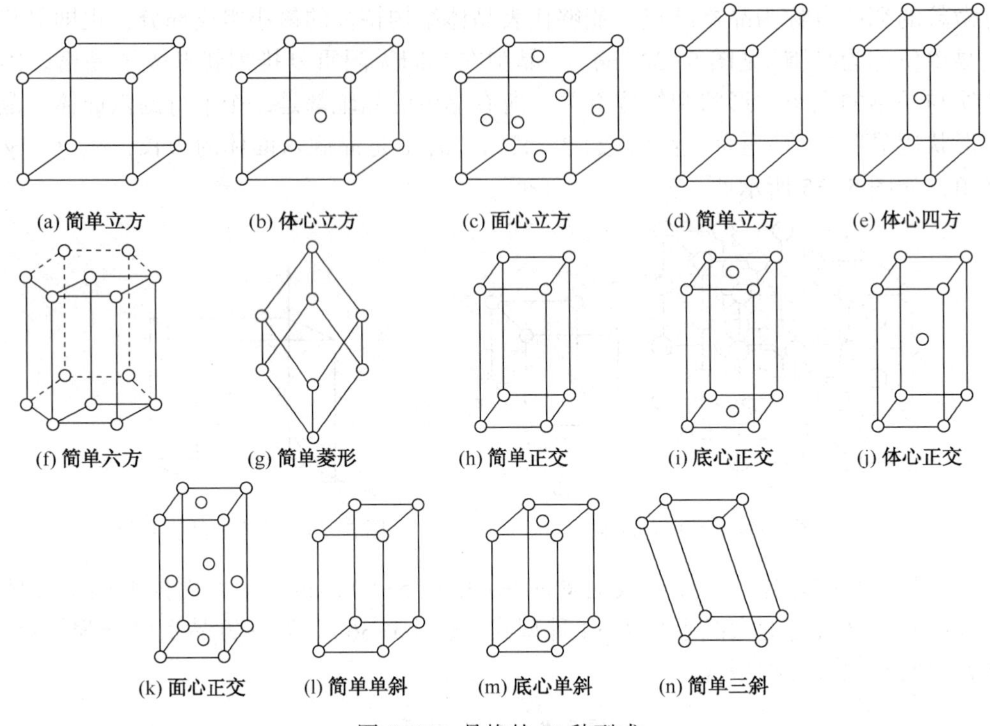

图 5-36　晶格的 14 种型式

表 5-9　离子晶体结构类型的配位情况

<table>
<tr><th>离子晶体
的类型</th><th>配 位 情 况</th><th>离子晶体
的类型</th><th>配 位 情 况</th></tr>
<tr><td>NaCl 型</td><td>正离子与负离子的配位数均为 6</td><td>CaF_2</td><td>正离子的配位数均为 8；
负离子的配位数均为 4</td></tr>
<tr><td>CsCl 型</td><td>正离子与负离子的配位数均为 8</td><td rowspan="2">TiO_2</td><td rowspan="2">正离子的配位数均为 6；
负离子的配位数均为 3</td></tr>
<tr><td>ZnS 型</td><td>正离子与负离子的配位数均为 4</td></tr>
</table>

由于离子键不具有饱和性和方向性，所以在离子晶体中各离子将尽可能多的与异号离子接触，以使系统尽可能处于最低能量状态而形成稳定的结构。因此离子晶体具有高配位数（晶体中 1 个微粒最邻近的其他微粒数目）。例如在氯化钠晶体中，每个钠离子被六个氯离子所包围，同样每个氯离子也被六个钠离子所包围，交替延伸为整个晶体，见图 5-37。所以在食盐晶体中并不存在单个的氯化钠(NaCl)分子，仅有钠离子和氯离子，只有在高温蒸汽中才能以单分子形式存在。

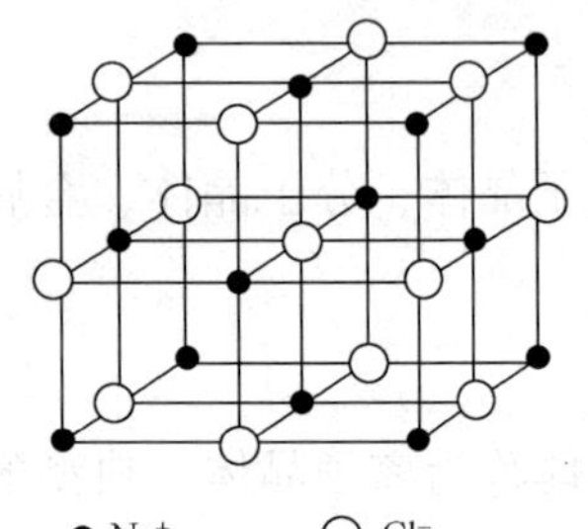

图 5-37　氯化钠的晶体结构示意图

在离子晶体中，正负离子之间有很强的静电作用，离子键的键能比较大，所以离子晶体都具有较高的熔点、沸点和硬度。这些特性都与离子型晶体的晶格能的大小有关。晶格能愈大，则晶格愈稳定，其熔点也愈高，硬度愈大。一些离子化合物的性质如表 5-10 所示。

表 5-10　一些离子化合物的性质

晶体(NaCl 型)	离子电荷	$r_+ + r_-$/pm	熔点/℃	晶格能/(kJ/mol)	莫氏硬度
NaF	1	230	993	891.19	3.2
NaCl	1	278	801	771	
NaBr	1	293	747	733	
NaI	1	317	661	684	
MgO	2	198	2852	3889	5.6~6.5
CaO	2	231	2614	3513	4.5
SrO	2	244	2430	3310	3.8
BaO	2	266	1918	3152	3.3

大多数离子晶体溶于极性溶剂中，特别是水中，而不溶于非极性溶剂中。这是因为极性溶剂分子和离子间的吸引力较大，足以克服晶体内各种离子间的引力，且随溶剂分子电偶极矩增大，溶解度也增大。离子晶体在熔融状态或是在水溶液中都是电的良导体，但在固体状态，离子被局限在晶格的某些位置上振动，几乎不导电。又因为晶体在受到冲击力时，各层离子发生错动，吸引力会大大减弱而破碎，所以离子晶体虽硬但比较脆。

2. 原子晶体

组成晶格的格点上排列的微粒是原子，原子间以共价键结合构成的晶体称为原子晶体。在金刚石中，碳原子形成 4 个 sp^3 杂化轨道，以共价键彼此相连，每个碳原子都处于与它直接相连的 4 个碳原子所组成的正四面体的中心，组成了整个一块晶体，所以在原子晶体中也不存在单个的小分子，如图 5-38 所示。

周期系第Ⅳ主族元素碳(金刚石)、硅、锗、锡(灰锡)等单质的晶体是原子晶体；周期系第Ⅲ，Ⅳ，Ⅴ主族元素彼此组成的某些化合物，如碳化硅(SiC)、氮化铝(AlN)、石英(SiO_2)也是原子晶体。碳化硅(工程上称作金刚砂)的晶格与金刚石一样，只是碳原子和硅原子相间地排列起来。而方石英(SiO_2)的晶体结构如图 5-39 所示，每 1 个硅原子位于四面体的中心，每 1 个氧原子与 2 个硅原子相连，硅氧原子个数比为 1∶2。

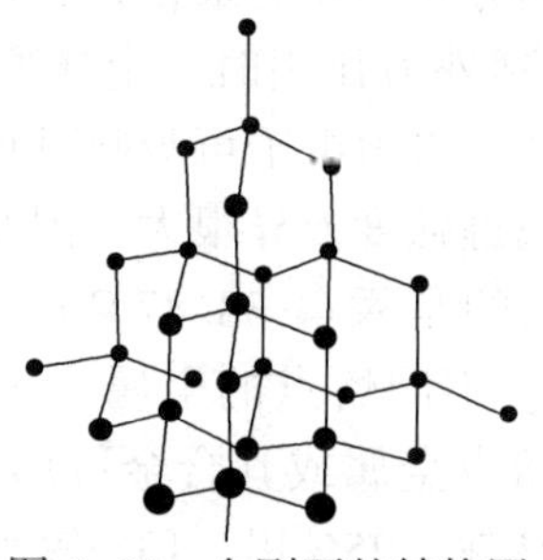

图 5-38　金刚石的结构图

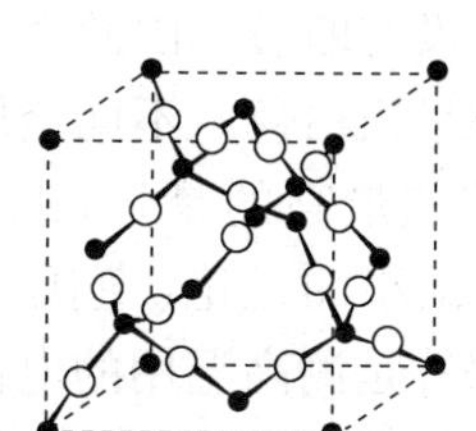

图 5-39　方石英的结构图

原子晶体格点上的微粒是通过共价键结合起来的，结合力极强，所以原子晶体的熔点极高，硬度极大，不导电，不溶于常见的溶剂中，延展性差。如金刚石熔点高达 3750℃，硬度最大(莫氏硬度 10)。

原子晶体同离子晶体一样，没有单个分子存在，化学式 SiC，SiO_2 等只代表晶体中各种元素原子数的比例。

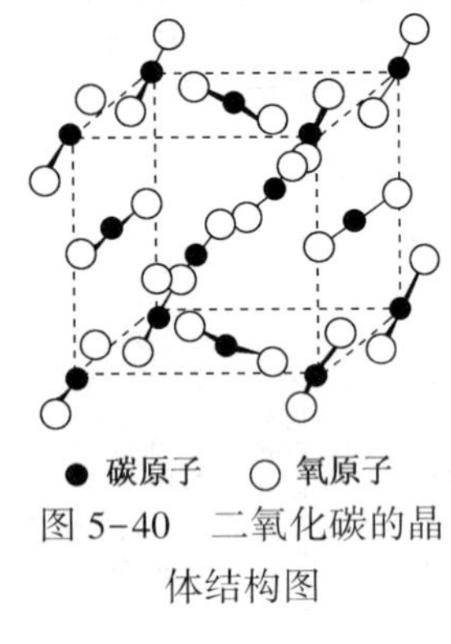

图 5-40 二氧化碳的晶体结构图

3. 分子晶体

格点上排列的微粒为共价分子或单原子分子，微粒间以分子间力或氢键结合构成的晶体称为分子晶体。分子晶体通常包括非金属单质以及由非金属之间(或非金属与某些金属)所形成的化合物。固体二氧化碳(又称为干冰)是分子晶体。如图 5-40 所示，CO_2 分子分别占据立方体的八个顶角和六个面的中心位置，它们之间靠微弱的范德华力结合在一起。二氧化碳气体在低于 300K 时，加压容易液化。液态二氧化碳自由蒸发时，一部分冷凝成固体二氧化碳。常压下，194.5K 时固体二氧化碳直接升华为气态 CO_2 分子。

分子间力比分子内部原子间的作用力弱得多，克服分子间的结合力所需的能量是比较小的，所以分子晶体一般具有较低的熔点，硬度小，易挥发。如萘熔点为 80℃，单质碘熔点为 113℃。由于分子间力没有饱和性和方向性，所以分子晶体内部的分子一般尽可能趋于紧密堆积的形式，配位数可高达 12。在干冰晶体中，由于格点上是中性 CO_2 分子，所以化学式 CO_2 代表 1 个分子的组成，即分子式。分子晶体在固态和熔融态时均不导电，是电的绝缘体。六氟化硫(SF_6)是非极性分子晶体，它的熔点、沸点低，稳定性好，不着火，能耐高电压而不被击穿，主要用于变压器及高压电装置中。但有一些分子晶体溶于水后生成水合离子而能导电。如 HCl 晶体、HAc 晶体等。

4. 金属晶体

格点上排列的微粒为金属原子或正离子，这些原子或正离子和从金属原子上脱落下来的自由电子以金属键结合构成的晶体称为金属晶体。金属晶体犹如大小相同的钢球堆积而成紧密的结构。

金属原子的半径较大，外层价电子受原子核的吸引力较小，容易失去电子，形成正离子。在这些正离子中间存在着从原子上脱落下来的电子。这些电子能够在离子晶格中自由运动，称为自由电子。由于自由电子不停地运动，把原子或离子联系在一起，形成金属键。金属键没有方向性和饱和性，在空间许可的条件下，每个金属原子或离子尽可能多的与其他金属原子或离子堆积。所以金属结构一般总是按紧密的方式堆积起来，具有较大的密度。配位数也高，可达 12。金属是热和电的良导体。金属受到外力作用时，金属原子层之间发生相对位移，但金属键并没有断裂，因此金属具有延展性。自由电子可吸收可见光，随即又放射出来，所以金属一般呈银白色。不同金属单质的金属键强度差异很大，因此金属单质的熔点和硬度相差较大。熔点最高的是钨(3410℃)，最低的是汞(-38.87℃)，硬度最大的是铬(莫氏硬度为 9.0)，最小的是铯(莫氏硬度为 0.2)。不同熔点的金属在工程上有不同的用途。高熔点的钨、铼等是测高温用的电偶材料，低熔点金属或其合金可用于自动灭火设备、锅炉安全装置、信号仪表、电路保险丝等。如由 50%铋、25%铅、13%锡和 12%镉组成的伍德(Wood)合金熔点为 71℃。

以上四种晶体中，构成晶体的粒子整体一致(例如，或者都是正、负离子，或者都是金属原子和离子，或者都是原子、分子，等等)，而且粒子之间作用力是单一类型，这样的晶体就统称为基本类型的晶体。表 5-11 归纳出了这四种基本晶体的结构特征和宏观性质特征。

表 5-11　四种基本晶体的结构和特点

晶体类型	实例	晶格结点上的微粒	结合力	结构特点	力学性质	热学性质	电学性质	溶解性质
离子晶体	NaCl，CaO	正、负离子	离子键	无方向性，配位数较大	硬度较大、脆、无延展性	熔点较高，膨胀系数小	固体为非导体，熔融和溶液为导体	大多数溶于极性溶剂
分子晶体	干冰，N_2，O_2，He	分子间力、氢键	分子间力、氢键	无方向性时，配位数大	疏松，质软	熔点低，膨胀系数大，易挥发	绝缘体，有的水溶液为导体	结构相似者相溶
原子晶体	金刚石，SiC，SiO_2	原子	共价键	方向性明显，配位数少	硬度大、脆、无延展性	熔点高，膨胀系数小	绝缘体（半导体）	在大多数溶剂中不溶
金属晶体	Cu，Ag，合金	原子、离子	金属键	无方向性，配位数大，密度大	硬度各不相同，有延展性	熔点高低不等，导热性好	导电性良好	难溶

5. 过渡型晶体

在千姿百态的晶体世界中，由于离子的极化作用，有一类晶体格点上微粒之间的键型发生了变异，使离子键向共价键过渡，从而形成过渡型晶体。极化作用与离子的电荷、半径、电子构型有关。正离子电荷越高，半径越小，它的极化能力越强；负离子电荷越高，半径越大，变形性越大。离子极化的结果，使正、负离子之间发生了额外的吸引力，甚至有可能使二个离子的原子轨道或电子云产生变形而导致原子轨道的相互重叠，趋向于生成极性较小的键，即离子键向共价键转变。例如，Fe^{3+} 比 Fe^{2+} 极化能力强，与 Cl^- 形成 $FeCl_3$ 和 $FeCl_2$ 时，$FeCl_2$ 是离子键，$FeCl_3$ 则向共价键过渡，晶体类型也由离子晶体向分子晶体过渡，所以 $FeCl_2$ 的熔点（672℃）高于 $FeCl_3$ 的熔点（306℃）。

过渡型晶体的这个特性在工程实际中应用较广。例如二碘化钨（WI_2）是一类过渡型晶体，熔点低，易挥发，在灯管中加入少量 I_2 可制得碘钨灯。当钨丝受热温度维持在 250～650℃时，钨升华到灯管壁与 I_2 生成 WI_2，WI_2 在整个灯管内扩散，碰到高温钨丝便重新分解，并把钨留在灯丝上，这样循环不息，可以大大提高灯的发光率和寿命。

6. 混合型晶体

粒子之间作用力有两种或两种以上类型的晶体称为混合型晶体。混合型晶体主要有层状晶体和链状晶体。

（1）层状晶体：这类晶体粒子间作用力的特点是，在同一平面层内原子间以共价键结合，层与层之间则相当于以分子间力结合。石墨是典型的层状晶体。石墨分子中，同一层的碳原子以 3 个 sp^2 杂化轨道，分别与相邻的 3 个碳原子形成 C—Cσ 键，键长 142pm，键角 120°，6 个碳原子在同一平面上形成正六边形的环，伸展形成片层结构（图 5-41）。而每个 C 原子剩余 1 个 2p 电子所在的轨道垂直于该平面，6 个 C 原子的 6 个 p 轨道相互平行，“肩并肩”地形成大 π 键，其中的电子是非定域电子，可以在同一层面内自由移动，因而石墨具有金属光泽，有良好的导电性和传热性。

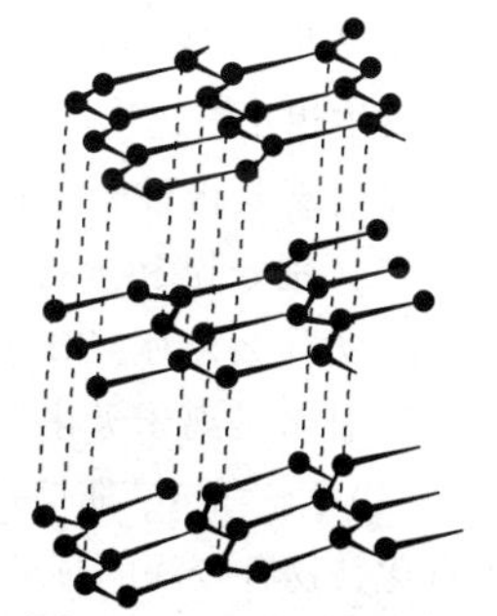

图 5-41　石墨的层状结构示意图

石墨晶体中层与层之间是以微弱的范德华力结合起来的，距离较大，为 340pm。所以在外力作用下，石墨片层之间容易滑动，工业上以石墨作为固体润滑剂正是利用此特性。但是，由于同一平面层上的碳原子间结合力很强，极难破坏，所以石墨的熔点很高，化学性质稳定。在高温实验仪器中，常用石墨制作器皿。高纯石墨可制成纤维，经某些高分子处理成型后可制成质轻、坚韧、耐热、抗辐射等的材料。

类似石墨结构的还有氮化硼(BN)，为白色粉末，有“白色石墨”之称，是一种比石墨更耐高温的固体润滑剂，熔点高、导热性好，几乎对所有熔融金属均呈化学惰性，因而是一种新型的耐火材料，用于制作熔化金属的容器和高温实验仪器。

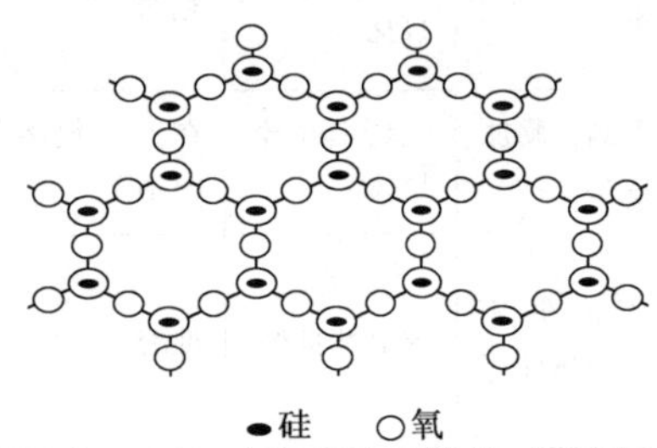

图 5-42 片状硅酸盐结构示意图

自然界存在的天然硅酸盐云母也是一种片状晶体。云母很容易一层层地剥离，但垂直劈开则难。这是因为，云母层中是以 Si—O 的共价键连成片状阴离子，而层间是填充的低价阳离子，见图 5-42。

(2) 链状结构晶体：自然界中硅酸盐的基本结构单位是 1 个硅原子和 4 个氧原子所组成的四面体，根据四面体连接方式不同可得到链状晶体和层状晶体(如云母)。若各个四面体通过 2 个顶角的氧原子分别与另外 2 个四面体中的硅原子相连，便构成链状结构的硅酸盐负离子长链，链与链之间填充着低价金属正离子(如 Na^+，Ca^{2+}等)，如图 5-43 所示。

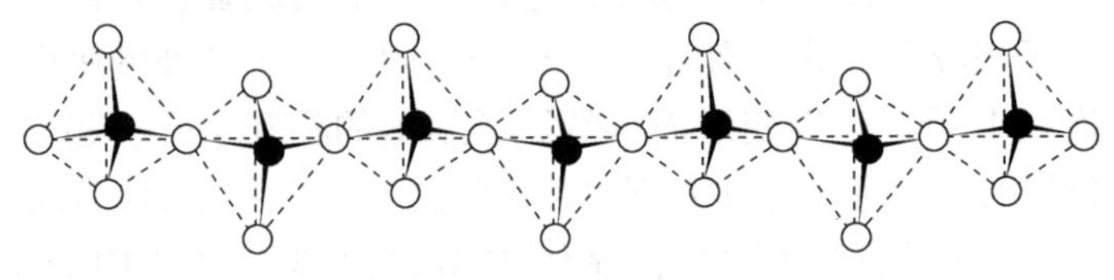

图 5-43 链状硅酸盐结构示意图

由于带负电荷的长链与金属正离子之间的离子键比链内共价键弱，因此沿平行于链的方向用力，晶体往往易裂开成柱状或纤维状。石棉就是类似这类结构的晶体。

习题

一、思考题

1. 周期表中哪些元素之间可能形成共价键？哪些元素之间可能形成典型的离子键？哪些元素的离子之间易发生相互极化作用，使化合物的键型由离子键向共价键过渡？

2. 什么是极性分子和非极性分子？它们与键的极性有什么关系？分子极性的大小由什么来衡量？

3. 区别 σ 键和 π 键，比较单键、双键和叁键的活泼性。

4. 为什么干冰(CO_2)和石英(SiO_2)性质相差很大？

5. 什么是离子极化？试用离子极化理论说明：

(1) Na^+和 Ag^+都是+1 价正离子，为什么钠盐都易溶于水且化合物多数是无色，而银盐大多数难溶于水且化合物有较深的颜色？

(2) 比较 KCl、AgI、Ag_2S 的溶解度。

6. 分子轨道理论的基本要点是什么？用分子轨道理论说明：

(1) 氧分子为什么具有顺磁性?

(2) N_2^+ 与 N_2 的稳定性，为什么?

二、是非题(判断下列说法是否正确并说明理由)

(1) 非极性分子内的化学键总是非极性键。

(2) 色散作用仅存在于非极性分子间。

(3) 取向作用仅存在于极性分子间。

(4) CCl_4 的熔、沸点低，所以 CCl_4 分子不稳定。

(5) 色散力是主要的分子间力。

(6) 石墨属层状晶体，可用来做导电体和润滑剂。

三、选择题

1. 下列能说明氦分子以单原子分子存在的电子排布式为(　　)

A. $(\sigma_{1s})^2(\sigma_{1s}^*)^2$　　B. $(\sigma_{1s})^2(\sigma_{2s})^2$　　C. $(\sigma_{1s})^2(\sigma_{1s})^1(\sigma_{2s})^1$　　D. $(\sigma_{1s})^2(\sigma_{2p})^2$

2. 下列分子构型中以 sp^3 杂化轨道成键的是(　　)

A. 直线形　　B. 平面三角形　　C. 八面体　　D. 正四面体

3. 下列物质分子间有氢键存在的是(　　)

A. HCl　　B. NH_3　　C. HF　　D. H_2O

4. 下列分子中既有键又有键的是(　　)

A. N_2　　B. $MgCl_2$　　C. CO_2　　D. Cu

5. 下列属于分子晶体的是(　　)

A. KCl　　B. Fe　　C. $H_2O(s)$　　D. CO_2

四、简答题

1. 用分子轨道表示式写出下列分子或离子，并指出它们的键级：He_2^+，O_2^+，N_2，F_2。

2. 根据分子结构和成键原子的电负性，比较下列分子的偶极矩大小：

(1) HF，HCl；(2) F_2O，CO_2；(3) CCl_4，CH_4；(4) PH_3，NH_3；(5) BF_3，NF_3。

3. 第Ⅶ主族元素的单质，常温时 F_2、Cl_2 为气体，Br_2 为液体，而 I_2 为固体，为什么?

4. 下列化合物的分子之间是否有氢键存在，说明原因。

C_2H_6；NH_3；C_2H_5OH；H_3BO_3；CH_4。

5. 比较下列化合物的熔点高低：

(1) NaF，NaCl，NaBr，NaI；(2) SiF_4，$SiCl_4$，$SiBr_4$，SiI_4

6. 指出下列分子之间存在哪些分子间作用力(取向力、诱导力、色散力)?

(1) H_2；(2) CS_2；(3) H_2O；(4) SiO_2；(5) CO_2；(6) NH_3-H_2O；(7) I_2-CCl_4。

7. 判断 BF_3 和 NF_3 的杂化轨道类型和分子构型。

8. 利用价层电子对互斥理论指出下列分子(离子)的几何构型：

(1) BBr_3；(2) SiH_4；(3) NO_3^-；(4) $HgCl_2$；(5) NH_3；(6) PCl_5；(7) SO_4^{2-}。

第三部分

水溶液化学之四大平衡理论

前面的学习内容从宏观的角度探讨了化学平衡和化学反应速率等问题，利用化学热力学的基本规律阐述化学反应的一般规律；从微观的视野讨论了物质微观结构与其宏观性质的内在规律性，结构决定性质，性质反映结构，是物质宏观性质与微观结构规律的科学概括。本部分则重点讨论水溶液化学之四大平衡理论，即酸碱平衡、氧化还原平衡、沉淀溶解平衡、配位平衡等问题。

第6章　溶液和胶体

内容提要：本章介绍了分散系的基本概念和分散系的分类，简述了溶液浓度的表示方法，重点讨论了稀溶液的通性及其应用，适当简洁地介绍了表面现象和有关胶体化学的基础知识。

学习要求：

（1）掌握分散系的的概念及分散系的分类方法。

（2）掌握溶液浓度的表示方法，特别是物质量的浓度表示的有关规定。

（3）掌握稀溶液的通性及其在工农业生活中的应用。

（4）了解表面现象及其产生的原因，了解溶胶的一般性质。

6.1　分散系

一种物质或几种物质分散在另一种物质中所形成的系统叫做分散系统，简称分散系(dispersed system)。被分散的物质叫做分散质或分散相(dispersed phase)，容纳分散质的物质叫做分散剂或分散介质(dispersed medium)。

分散系按不同的分类标准可分为各种类型：

（1）按分散质直径大小分类的各种分散系见表6-1。

表6-1　按分散质直径分类的分散系

<table>
<tr><td>分散质直径小于1nm</td><td colspan="2">分散质直径1~100nm</td><td>分散质直径100nm~10μm</td></tr>
<tr><td rowspan="2">分子或离子分散系</td><td colspan="2">胶体分散系</td><td>粗分散系</td></tr>
<tr><td>高分子溶液</td><td>溶胶</td><td>悬浊液、乳状液</td></tr>
<tr><td>能通过滤纸及半透膜</td><td colspan="2">能通过滤纸不能通过半透膜</td><td>不能透过滤纸</td></tr>
<tr><td>超显微镜下观察不到</td><td colspan="2">普通显微镜下观察不到，超显微镜下观察可见</td><td>普通显微镜下可以观察到</td></tr>
<tr><td colspan="2">单相系统(homogeneous)</td><td colspan="2">多相系统(heterogeneous)</td></tr>
<tr><td>最稳定</td><td>很稳定</td><td>稳定</td><td>不稳定</td></tr>
</table>

（2）根据分散质与分散剂的聚集状态分类见表6-2。

表6-2　按分散质与分散剂聚集状态分类的分散系

<table>
<tr><td>分　散　质</td><td>分　散　剂</td><td>应用实例</td><td>分　散　质</td><td>分　散　剂</td><td>应用实例</td></tr>
<tr><td>气</td><td>气</td><td>空气、家用煤气等</td><td>固</td><td>液</td><td>泥浆、油漆</td></tr>
<tr><td>液</td><td>气</td><td>云、雾</td><td>气</td><td>固</td><td>泡沫塑料、乳石</td></tr>
<tr><td>固</td><td>气</td><td>烟、灰尘</td><td>液</td><td>固</td><td>肉冻、硅胶</td></tr>
<tr><td>气</td><td>液</td><td>泡沫、汽水</td><td rowspan="2">固</td><td rowspan="2">固</td><td rowspan="2">红、蓝宝石、各种合金、有色玻璃</td></tr>
<tr><td>液</td><td>液</td><td>牛奶、豆浆等</td></tr>
</table>

6.2 溶液

一种物质以分子、原子和离子形式分散于另一种物质中所构成的均匀分散的体系叫做溶液。例如，空气就是 O_2、N_2 等多种气体混合而成的气态溶液。由于气体分子间作用力很小，各种分子互不干扰，行动自由，所以气态溶液就是气体的均匀混合物。钢和黄铜其实都是固态溶液。少量的 C 溶于 Fe 而成钢，Zn 溶于 Cu 而成黄铜，他们都是均匀稳定的分散体系。但组成元素原子间的作用力较强，结构也比较复杂。这类固态溶液属于“合金”的范畴。溶液由溶质和溶剂组成。溶液的形成过程总是伴随着能量变化、体积变化、有时还有颜色的变化。如 H_2SO_4 溶于水放热，而 NH_4NO_3 溶于水则吸热；50mL 无水乙醇与 50mL 水相溶的总体积小于 100mL，而 50mL 醋酸与 50mL 水相溶的总体积大于 100mL；无水硫酸铜是白色粉末，溶于水却成了蓝色溶液。这些现象说明溶解不是机械混合的物理过程，而是总伴有一定程度的化学变化。但这种变化又与通常纯的化学变化过程不同，为什么这样说呢？因为对于液体溶液我们能够很容易用蒸馏、结晶等物理方法将溶质与溶剂进行分离。所以说溶解过程是一种特殊的物理化学过程。溶解过程实际上应包括两个步骤，一是溶质分子或离子的离散，这一过程需要吸热以克服原有分子间质点的吸引力，这个过程倾向于使溶液的体积增大；另一步骤是溶剂分子与溶质分子产生新的结合，即“溶剂化”，这个过程是放热、使溶液体积缩小的过程。整个过程是吸热还是放热、体积是减少还是增大，全部受到这两个过程因素的制约。颜色变化则与“溶剂化”有关，2 价铜离子本身无色，但溶于水生成的水合铜离子则是蓝色的，$CuSO_4 \cdot 5H_2O$ 固体显蓝色，是因为其中的铜离子和水生成四水合铜离子的缘故。

不论化工生产还是科学实验都经常使用溶液。在制备使用溶液时，首要的问题是溶液的浓度和溶解度，即溶液中溶剂和溶质的相对含量。溶液可分为电解质溶液和非电解质溶液。

6.2.1 溶液浓度的表示方法

我们为什么要讨论溶液的浓度表示方法？因为同一种溶液或不同种溶液其浓度不同所表现出来的性质也是不同的。例如，若将水倒入浓硫酸，因大量放热会引起水的沸腾，那就有可能导致硫酸飞溅而伤人伤物，但将水倒入稀硫酸则平静无事。铁和稀硫酸因发生置换反应放出氢气，但浓硫酸则可将铁钝化，在铁的表面生成致密的氧化膜而阻止硫酸与铁的作用，因此浓硫酸可储存于铁制容器中。一浓一稀，性质迥异。所以配制好一份溶液以后，不仅要标明溶质与溶剂的名称，还必须标明浓度。

浓度的表示方法很多，可分为两大类：一类是用溶剂与溶质的相对量表示，其单位可以用克或摩尔；另一类是用一定体积溶液中所含溶质的量表示。

1. 质量摩尔浓度

单位质量(kg)溶剂中所含溶质物质的量叫做质量摩尔浓度，常用 m 表示，其国际单位(SI)为 mol/kg，即

$$\text{质量摩尔浓度} = \frac{\text{物质的量}}{\text{溶剂质量(kg)}} \qquad (6-1)$$

2. 物质的量分数(摩尔分数)

溶质(或溶剂)的物质的量占全部溶液的物质的量的分数称为物质的量分数。若溶液是由溶质 A 和溶剂 B 两种组分组成的，以 n_A 和 n_B 分别表示溶质 A 和溶剂 B 的物质的量，则：

溶质 A 的物质的量分数 $$x_A = \frac{n_A}{n_B + n_A} \tag{6-2}$$

溶质 B 的物质的量分数 $$x_B = \frac{n_B}{n_B + n_A} \tag{6-3}$$

溶液中溶质和溶剂的物质的量分数之和等于 1。

通过物质的量分数我们可以直接或间接的获得溶质和溶剂间量的关系。

3. 质量分数(质量百分比浓度)

溶剂与溶质都用克来表示。溶质占全部溶液质量的分数，称为质量分数。用式子表示就是：

$$\text{质量分数} = \frac{\text{溶质的质量(g)}}{\text{溶质的质量(g)} + \text{溶剂的质量(g)}} \times 100\% \tag{6-4}$$

上述三种溶液浓度的表示方法中，溶剂和溶质都是用质量或物质的量来表示，其优点是浓度数值不随温度的变化而变化，缺点是用天平或台秤来称量液体很不方便。我们知道实验室经常用量筒或容量瓶来量度溶液的体积，下面我们介绍一种用液体体积表示溶液浓度的方法。

4. 物质的量浓度

单位体积的溶液中所含溶质的物质的量叫做物质的量浓度。常用 c 表示

$$c_B = \frac{n_B}{V} \tag{6-5}$$

由于物质的量的数值取决于基本单元的选择，因此，表示物质的量的浓度时，必须指明基本单元。如某硫酸溶液的浓度，由于选择不同的基本单元，其摩尔质量就不同，因而浓度也就不同：

$$c[H_2SO_4] = 0.1\text{mol/L}$$

$$c\left[\frac{1}{2}H_2SO_4\right] = 0.2\text{mol/L}$$

$$c[2H_2SO_4] = 0.05\text{mol/L}$$

由此可以得出：

$$c[B] = \frac{1}{2}c\left[\frac{1}{2}B\right] = 2c[2B]$$

其通式为：

$$c\left[\frac{b}{a}B\right] = \frac{a}{b}c[B]$$

表示溶液浓度的方法除了上述常见的四种方法以外，在工农业生产中还有比例浓度，如 1∶1 盐酸溶液，是指盐酸与水的体积比是 1∶1。这种表示溶液浓度的方法只是粗略的。还有 μg/g 和 μg/kg 等表示微量浓度的表示方法，如空气中 SO_2 浓度为 0.2μg/g(或 0.2μL/L)，可以指质量，可以指物质的量，有时也可以是体积。

前已所述，溶液有电解质与非电解质之分。非电解质溶液的性质比电解质溶液简单一些。溶液有浓有稀，实际工作中浓溶液使用的多些，但稀溶液在化学发展中却中有十分重要的地位。人们对溶液性质规律的认识，最先认识的是非电解质的稀溶液规律，而后才逐步认识电解质溶液和浓溶液的规律。那么非电解质的稀溶液具有那些特性或者说共性呢？

6.2.2 非电解质溶液的通性

虽然不同的溶液有其不同的特性，但对于难挥发的非电解质稀溶液来说却存在着一定的共性或者说通性。这种通性就是难挥发的非电解质稀溶液的蒸气压下降、沸点升高、凝固点下降和渗透压，也叫做稀溶液的依数性。现分别讨论之。

1. 溶液的蒸气压下降

对于纯净的液体溶剂来说，在一定的条件下，液体内部那些能量较大的分子会克服液体分子间的引力从液体表面逸出，成为蒸气分子，这个过程叫做蒸发又称为汽化，蒸发是吸热过程。相反蒸发出来的蒸气分子也可能撞到液面，为液体分子所吸引而重新进入液体中，这个过程叫做凝聚，凝聚是放热过程。当凝聚的速率和蒸发速率相等时，液体和它的蒸气就处于平衡状态。此时，蒸气所具有的压力叫做该温度下液体的饱和蒸气压，简称蒸气压，如图 6-1 所示。

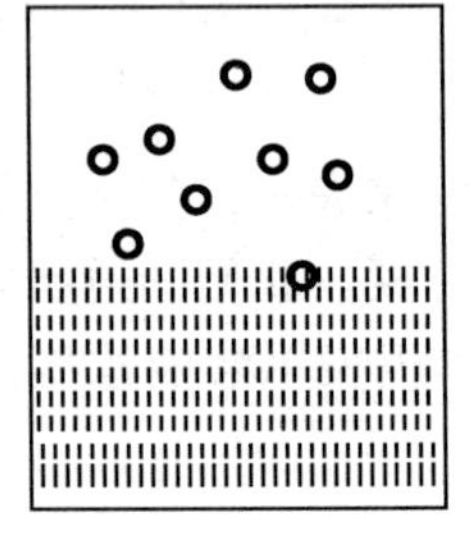
图 6-1 溶液蒸汽压示意图

通过上面的讨论可以知道，纯溶剂的蒸气压是随温度的升高而增大，即纯溶剂的蒸气压与温度是有关系的。因为温度升高，会使纯溶剂更多的液态分子获得能量而逸出液体表面，从而使气相的溶剂分子数目比温度低时多，压力增大。为什么当向溶剂中加入难挥发的非电解质后溶液的蒸气压会下降呢？可以从以下两个不同的方面来理解。

一种解释是：当气体和液体处于相平衡时，液态分子汽化的分子数目和气态分子凝聚成液态的分子数目相等。如果溶质不挥发，则溶液的蒸气压全部由溶剂分子挥发而产生，而由液相逸出的溶剂分子数目自然应该与溶液中溶剂的摩尔分数成正比，也就是说，气相中溶剂分子的多少决定了溶液蒸气压的大小。即

$$\frac{\text{溶液的蒸气压}}{\text{纯溶剂的蒸气压}}=\frac{\text{溶剂的摩尔分数 } x_1}{\text{纯溶剂的摩尔分数 } 1}$$

即：
$$\frac{p}{p^0}=\frac{x_1}{1} \text{ 或 } p=p^0x_1 \quad (6-6)$$

$$\because \Delta p=p^0-p \qquad \therefore \Delta p=p^0-p^0x_1=p^0(1-x_1)=p^0x_2 \quad (6-7)$$

由式(6-7)可以得出这样的结论：

在一定温度下，难挥发非电解质稀溶液的蒸气压下降与溶质的摩尔分数成正比，而与溶质的本性无关，仅决定于溶液的浓度。这一规律后来被称为拉乌尔定律(Raoult's law)。

再将式(6-7)作进一步的处理。

$$\because x_2=\frac{n_2}{n_1+n_2}$$

当溶液很稀时
$$\because x_2=\frac{n_2}{n_1+n_2}\approx\frac{n_2}{n_1};$$

则
$$x_2=\frac{n_2}{n_1+n_2}\approx\frac{n_2}{n_1}=\frac{n_2}{\frac{w_1}{M_1}}=m\times M_1$$

$$\therefore \Delta p=p^0\times x_2=p^0\times M_1\times m=K_pm \quad (6-8)$$

式(6-8)中 K_p 为比例常数，其数值取决于纯溶剂的蒸气压和摩尔质量。该式同时也表明，难挥发非电解质溶液的蒸气压下降与溶质的质量摩尔浓度成正比，而与溶质的本性

无关。

对于溶液蒸气压下降的第二种解释不妨如此理解：由于溶剂中溶解了溶质之后，溶剂的一部分表面或多或少地被溶质的微粒所占据，从而使得单位时间内从溶剂中蒸发出来的分子减少了，以致蒸发和凝聚达到平衡时蒸气分子比纯溶剂的蒸气分子要少，蒸气压力比纯溶剂的蒸气压减小，并且浓度越大，溶液蒸气压下降的越多。

像氯化钙、五氧化二磷这些易潮解的物质常可被用作干燥剂，就是出于它们强的吸水性，使其表面在空气中因潮解而形成饱和溶液，该溶液的蒸气压比空气中水蒸气的分压小．从而使空气中的水分不断凝结进入溶液所至。

例 6-1 已知 20℃ 时水的饱和蒸气压为 2.33kPa，将 17.1g 蔗糖与 3.00g 尿素分别溶于 100g 水中。计算这两种溶液的蒸气压各是多少？

解：根据拉乌尔定律 $p=p^0x_1$，对于蔗糖有：

$$x_1=\frac{\frac{100}{18}}{\frac{100}{18}+\frac{17.1}{342}}=\frac{5.55}{5.55+0.05}=0.991$$

$$\therefore p=p^0x_1=2.33\text{kPa}\times0.991=2.31\text{kPa}$$

同理，可计算加入尿素时的蒸气压也为 2.31kPa。由于溶液的蒸气压下降导致了稀溶液沸点和凝固点也产生了变化。

2. 溶液的沸点上升，凝固点下降

液体的汽化方式有两种，即蒸发和沸腾。当液体的蒸气压等于外界压力时，液体的汽化将在其表面和内部同时发生，我们称之为液体的沸腾，此时气相与液相两相平衡共存，这时的温度我们称为该液体的沸点(bioling point) T_b。当外界的压力等于 101.325kPa 时的沸点称为正常沸点。

一定外压下，纯物质发生固相与液相间相互转变时的温度，我们称之为物质固相的熔点或液相的凝固点(freezing point) T_{fp}。物质的正常凝固点或熔点是指外界压力等于 101.325kPa 时，其液相和固相蒸气压相等时的温度。任何纯净物质，在一定的压力下都有固定的沸点和凝固点。但如果在一定量的溶剂中加入难挥发的溶质，由于溶液的蒸气压下降，使得溶液的沸点上升和凝固点下降。即溶液的沸点比纯溶剂的高，凝固点比纯溶剂的低。

为什么会产生这种现象呢？其根本原因就是由于蒸气压下降而引起的。其道理也不难理解，请看图 6-2。

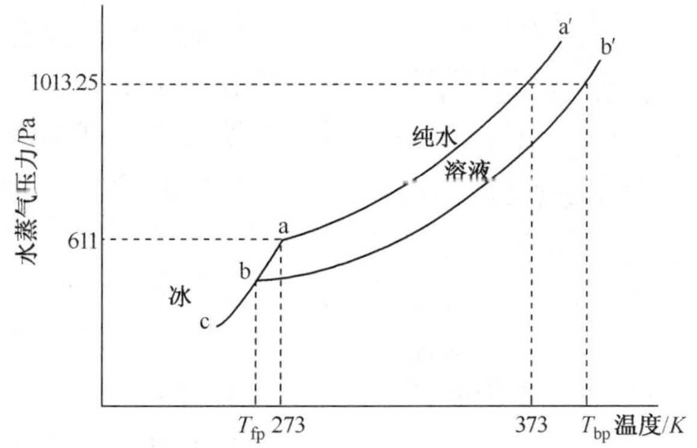

图 6-2 水、冰和溶液的蒸汽压与温度的关系

图中 aa′、bb′、ac 分别表示纯水、溶液和冰的蒸气压随温度的变化曲线。

纯水的沸点是 100℃，但溶液的温度达到 100℃ 时，由于其蒸汽压没有达到外界大气压，此时溶液的温度必须上升才能使溶液的蒸气压等于外界大气压，这样溶液才会沸腾，显然溶液的沸点要比纯水的高，即溶液的沸点上升。

纯水的凝固点是0℃，但由于溶液的蒸气压下降，当溶液的温度降到0℃时，溶液的蒸气压还大于冰的蒸气压，此时溶液如要凝固，则必须继续降低温度，才能使冰的蒸气压等于溶液的蒸气压，所以溶液的凝固点相比纯水来讲，其凝固点是下降的。

我们可能对固体也有蒸气压感到不好理解，其实生活中的许多例子都能够说明固相表面的分子也能蒸发。比如防蛀用的樟脑丸在常温下就易逐渐挥发；严冬里，凉晒的衣物结成冰同样可以凉干。这就说明，如果把固体放在密闭的容器中，固体(固相)和它的蒸气(气相)间也能达到平衡，此时固体具有一定的蒸气压。固体的蒸气压也随温度的升高而增大。。

溶液的沸点上升与凝固点下降都与溶液的质量摩尔浓度成正比，用式子可表示为：

$$\Delta T_{fp} = k_{fp} \cdot m_B \text{ 和 } \Delta T_{bp} = k_{bp} \cdot m_B \qquad (6-9)$$

式中，k_{bp}和k_{fp}分别为沸点升高常数和凝固点降低常数，它们只与溶剂的性质有关，其理论意义为当溶液的质量摩尔浓度等于1mol/kg时溶液的沸点升高和凝固点下降的数值。

溶液的凝固点下降和沸点升高的现象在实际生活中具有广泛的应用。海水在高于100℃时才能开始沸腾；冬天为了防止汽车水箱冻裂，常在水箱中加入少量的甘油或乙醇，以降低水的凝固点；食盐和冰的混合物是常用的制冷剂，在100g冰中加入20g食盐可获得-22℃的低温。在100g冰中加入42.5g $CaCl_2$ 作制冷剂，最低温度可达218K(-55℃)，这种方法有利于冬季的施工。另外溶液的凝固点下降也有利于植物的耐寒，在白雪皑皑的寒冬，松树叶子却能长青而不冻，这是因为在入冬以前树叶内已经储存了大量的糖分，使树叶溶液的冰点大为降低。再如生活在南极鱼类的血液中，存在着糖与蛋白质结合在一起的一种糖蛋白，这种物质的存在降低了鱼血液的凝固点，使得其能在极为寒冷的条件下生存。

稀溶液的通性除了溶液的蒸气压下降、凝固点下降和沸点上升外，稀溶液还能产生渗透压。

3. 渗透压

稀溶液的渗透压现象最早是由法国哲学教授诺莱特(A. NOlllet，1700～1770)于1748年发现的。当时他把盛酒的瓶口用猪膀胱封住，浸放在水中，发现水通过膀胱膜进入酒中，使瓶口膀胱膜逐渐膨胀，最后破裂。

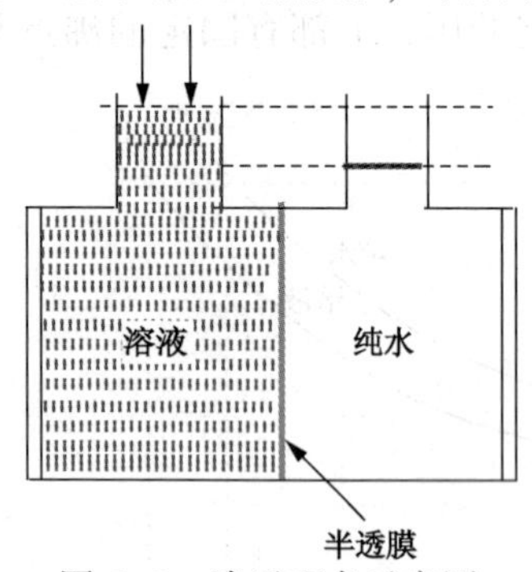

图6-3　渗透现象示意图

像动物的膀胱膜、细胞膜、肠衣等是天然的半透膜，人工合成的半透膜有硝化纤维半透膜和醋酸纤维半透膜等。半透膜(semipermeable membrane)的特性是溶剂分子可自由通过，而溶质分子则不能，这种由于半透膜的存在，使两种不同浓度溶液间产生溶剂分子的单向扩散现象叫做渗透(osmosis)，如图6-3所示。

溶剂分子通过半透膜扩散到溶液中，此时溶液中的溶剂分子也会通过半透膜进入到纯水中，但在单位时间内纯水中的水分子通过半透膜进入到溶液的水分子数目比单位时间内溶液中溶剂分子通过半透膜进入纯水中的水分子要多，其结果是溶液的体积不断增大液面上升。从宏观上来看，渗透是溶剂分子通过半透膜进入溶液的单方向扩散过程。而若使溶液与纯溶剂的液面相平，即使溶液的液面不上升，则必须在溶液液面上增加一定压力，此时单位时间内，溶剂分子从两个相反的方向通过半透膜的数目相等，即达到渗透平衡，这时，溶液液面上所增加的压力就是溶液的渗透压力。如果在溶液面上施加如此渗透压力相等的额外压力，就能阻止渗透现象的发生。这种为了阻止渗透作用发生所需施加液面上的最小压力叫做该溶液的渗透压。

如果外加压力超过了渗透压，则反而会使溶液中的溶剂向纯溶剂方向流动、使纯溶剂的体积增加，这个过程叫做反渗透(reverse osmosis)。反渗透为海水淡化、工业废水与污水处理和溶液浓缩等过程提供了重要的方法。

在发现渗透现象的100多年间，人们一直试图寻找描述渗透压大小与溶液浓度之间的数学关系式。直到1877年德国的普菲弗尔(F. P. Pfeiffer，1845~1920年)总结许多结果发现：在同一温度下，溶液的渗透压与溶液的浓度成正比，溶液的浓度越大，渗透压就越大；浓度相同的溶液，渗透压与绝对温度成正比。

1885年荷兰化学家范特霍夫在得知普菲弗尔的实验结论后，指出稀溶液的渗透压可以和理想气体方程完全相同的方程式表示，即

$$\Pi = cRT = \frac{n}{V}RT \text{ 或 } \Pi V = nRT \quad (6-10)$$

式中，Π 表示溶液的渗透压，Pa；n 表示溶质的物质的量，mol；V 表尔溶液的体积，m^3；c 为溶液的物质的量浓度，mol/m^3；R 是气体常数，其数值为8.314J/(K·mol)；T 是热力学温度。此式被称为范特霍夫公式。该公式最初是经验公式，后经热力学推证了它与拉乌尔定律的联系及其正确性。

渗透现象在生物界中非常重要，因为大多数有机体的细胞膜都具有半透性。一般植物细胞汁的渗透压可达2000kPa，所以水分子可以从植物的根部运送到数十米的顶端。鱼的鳃具有半透性，由于海鱼和淡水鱼的鳃渗透功能不同，其体液的渗透压不同，所以海鱼不能在淡水中养殖。对于人体来说渗透现象更为重要，当人们食用过咸的食物或排汗过多时，由于机体组织中的渗透压升高而有口渴的感觉，因此口渴时饮用白开水比饮用含糖等成分过高的饮料要解渴；医院在给病人作静脉注射或输液时必须采用与血液渗透压(正常体温时为780kPa)基本相同的溶液，比如0.90%(0.154mol/L)的生理盐水或5.0%的葡萄糖注射液，生物医学上称之为等渗溶液。渗透压力相对低的为低渗溶液，相对高的为高渗溶液。

综上所述，难挥发的非电解质所形成的稀溶液有蒸气压下降、沸点上升、凝固点下降并产生渗透压的特性，且这些性质与一定量溶剂中所溶解溶质(物质的量)成正比，而与溶质的本性无关，故称为依数性，又称为稀溶液定律或依数性定律。

6.2.3 电解质溶液的通性

前面只讨论了溶液的一种情况　　难挥发的非电解质，而对于浓度较大的非电解质溶液和电解质溶液也同样具有蒸气压下降、沸点上升、凝固点下降和渗透压等性质。但是，非电解质稀溶液的通性——依数性与浓度的定量关系不适用于浓溶液或电解质溶液。这是因为浓溶液的溶质微粒较多，溶质微粒之间的相互影响以及溶质微粒与溶剂分子之间的相互影响加大。这些复杂的因素使稀溶液定律的定量关系产生偏差。而在电解质溶液中，这种偏差的产生则是由于电解质的电离。如果将电解质溶质溶于水中测定他们的依数性，则实验结果比理论计算值大。对于导电性强的强电解质，依数性较同浓度的非电解质几乎是整数倍的增加，而对于导电性差的弱电解质，依数性介于非电解质和强电解质之间。对于同浓度的溶液来说，其沸点高低或渗透压大小的顺序为：

A_2B 或 AB_2 型强电解质溶液>AB型强电解质溶液>弱电解质溶液>非电解质溶液，而蒸气压或凝固点的顺序正好相反。

6.3　表面现象和胶体化学简介

表面化学(surface chemistry)是研究任何两相界面上发生的物理化学过程的科学。胶体化学(colloid chemistry)是一门研究胶体分散体系和粗分散体系的科学。表面化学与胶体化学之间有着十分密切的联系。表面化学和胶体化学的应用非常广泛。它涉及石油开发、催化、涂料、建材、造纸、塑料、皮革、农药、环保、纺织、医药、食品、化妆品、燃料等众多领域。本节主要介绍表面化学、胶体化学有关的基础知识及应用，初步了解它们重要的理论意义和应用价值。

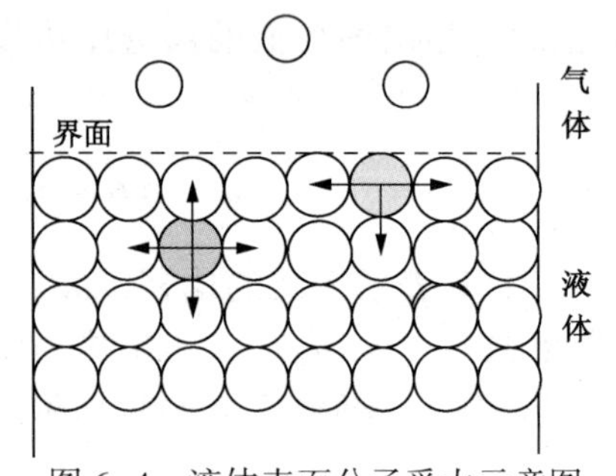

图 6-4　液体表面分子受力示意图

6.3.1　表面张力和表面能

由于物质内部分子间存在着相互吸引力，分子在系统内部与表面上所处环境不同，因而其受力情况、能量也不同，如图 6-4 所示。

内部分子受到各个方向的力，合力为零。表面分子所受到的相邻分子的力，合力指向液体内部并与液面垂直。结果有把表面分子拉入液体内部的趋势，所以液体表面有自动缩小的倾向，如微小液滴总是呈球形，肥皂泡要用力吹才能变大。这种与液面相切方向上垂直作用于单位长度上的紧缩力称为表面张力(surface tension)。若要增大表面积，就必须将分子从液体内部拉到表面，这一过程需要做功，这种功作为表面分子多余的能量储藏在液体表面上，称为表面能(sueface energy)。表面积越大，表面能就越高，系统或体系就越不稳定。因此，液体表面具有自动收缩、减少表面能和降低表面张力的倾向或趋势。

影响表面张力的因素主要有：

(1) 物质的本性　表面张力是分子间相互作用的结果，分子间作用力越大，表面张力就越大。一般来说，极性液体如水，有较大的表面张力，而非极性液体表面张力则较小。

(2) 温度　同种物质的表面张力会因温度不同而不同，温度升高，物质膨胀，分子间距离增大，分子间的作用力减弱，所以大多数物质的表面张力都随温度升高而降低。

需要特别指出的是，固体物质也有表面张力，而且由于构成固体物质粒子间的作用力远远大于液体的。因此，固体物质一般有比液态物质更大的表面张力。

6.3.2　表面现象

表面张力的存在，是一切表面现象产生的根本原因。润湿、亚稳定状态和吸附即是其中三种典型代表。

1. 润湿(wetting)

润湿是固体(或液体)表面上的气体被液体液体取代的过程。我们都知道，水滴在玻璃板上呈半月形，在荷叶上的水滴则呈球形。说明水能够润湿玻璃而不能润湿荷叶。液体能否润湿固体的根本原因在于润湿前后表面能的变化情况：表面能降低者能够润湿，而使表面能增加的则不能润湿。

润湿现象在生产实践中得到广泛的应用。例如脱脂棉易被水润湿，但经憎水剂处理后，可变得不被润湿，这时水滴在布上呈球状，而不易进入布的毛细孔中，故可制成防雨布。农药喷洒在植物上，若能被叶片及虫体润湿，将会明显地提高杀虫效果。另外，在矿物的浮选、注水采油、金属焊接、印染、洗涤以及毛细现象的产生等方面都涉及到与润湿理论有密切关系的技术。

2. 固体表面的吸附

在一充满溴蒸气的瓶中加入活性炭，棕红色的溴蒸气会渐渐消失，这表明活性炭具有吸附溴分子的能力。物质的分子、原子或离子能自动地附着在某固体表面上的现象，称为固体的吸附(adsorption)。具有吸附能力的物质称为吸附剂，被吸附的物质称为吸附质。活性炭吸附溴时，活性炭为吸附剂，溴则是吸附质。一定温度和压力下，吸附质被吸附的量随着吸附面积的增大而增大。因此，比表面很大的物质，如粉末状或多孔物质，往往都具有良好的吸附性能。换言之，良好的吸附剂都是具有很大比表面的物质。

吸附的应用很广，如用活性炭吸附蔗糖水溶液中的杂质使之脱色；用硅胶吸附气体中的水蒸气使之干燥；用分子筛吸附混合气体中某一组分使之分离等。按吸附作用力的性质的不同，吸附分为物理吸附和化学吸附。它们的主要区别见表6-3。

表6-3　物理吸附与化学吸附的区别

项　目	物理吸附	化学吸附
吸附力	范德华力	化学键力
吸附热	较小，近于液化热	较大，近于化学反应热
选择性	无选择性	有选择性
吸附稳定性	不稳定，易分解	比较稳定，不易解吸
分子层	单分子层或多分子层	单分子层
吸附速率	较快，不受温度影响，一般不需要活化能	较慢，温度升高速率加快，需活化能

3. 溶液表面的吸附

溶液的表面层对溶质也可产生吸附作用，使其表面张力发生变化。例如在纯水中(见图6-5)，分别加入不同种类的溶质，溶质的浓度对表面张力的影响大致可分为三种情况，如图所示：曲线Ⅰ表明，随着溶质浓度的增加，表面张力略有升高；曲线Ⅱ表明，有时随着溶质浓度的增加，表面张力缓慢地下降；曲线Ⅲ表明在水中加入少量的某溶质时，能引起表面张力的急剧下降。至某一浓度后，表面张力几乎不再随浓度的增大而变化。

以上情况与溶液表面的吸附有关，一定温度和压力条件下，溶液的表面积一定，降低体系表面能的唯一途径是使溶液的表面张力降低。若加入溶质后表面张力增加，溶质会自动地离开表面层进入本体，以使表面张力尽可能地增加。但表面层与本体间浓度差的存在，又导致溶质向表面扩散，力图使浓度趋于均匀，两种相反的趋势达到平衡后，在溶液表面层就形成了溶液浓度低于本体浓度的负吸附。若溶剂中加入溶质后表面张力降低，则溶质将从溶液本体自动地富集于表面，使溶液的表面张力降低得更多，但扩散的影响使表面层中的分子难以都进入溶液本体，达到平衡时形成表面层浓度高于本体浓度的正吸附。

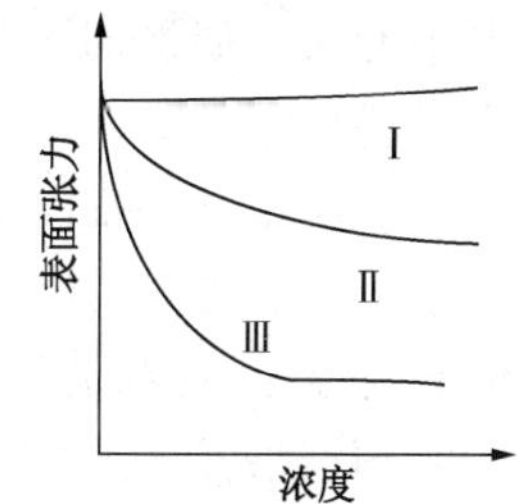

图6-5　表面张力与浓度的关系

在图6-5第三类吸附中，第Ⅲ类物质特别有用。人们将这类加入少量即可使表面张力急剧降低的物质称为表面活性剂(Surface Active Agent，SAA)。

SAA 是一类具有广泛用途的物质。它有润湿、助磨、乳化、分散、增溶、发泡、消泡和消除静电等作用。其独特的性质是与其结构密切相关的：它们的分子都是由亲水性的极性基团和憎水(亲油)性的非极性基团(一般为长碳氢链)构成，这种双亲的结构决定了他独特的性质和应用。

从 SAA 双亲的分子结构模型可知：在水溶液中，其亲水基团受到极性水分子的吸引，有竭力进入水中的趋势；憎水性的非极性基团则倾向翘出水面或钻入非极性的有机溶剂或油类的另一相中，使 SAA 分子定向地排列在界面层中。因此 SAA 在纯水中时，其分子主要排列于溶液的表面层，稍增其浓度，其绝大部分分子仍将自动地聚集于表面层，使水和空气的接触面积减少，溶液的表面张力急剧降低。当其浓度足够大，在液面上排满一层定向排列的 SAA 分子，形成单分子膜后，在溶液本体开始形成具有一定形状的胶束，它是由若干个 SAA 分子排列成憎水基团向内，亲水基团向外的多分子聚集体。因此，把形成一定形状的胶束所需 SAA 的最低浓度，称为临界胶束浓度(Critical Micelle Concentration，CMC)。

当液面上形成紧密、定向排列的单分子膜达到饱和状态时，再增加 SAA 的浓度，只能增加胶束的个数或使每个胶束所包含的分子数增多。胶束存在与体相，不能使表面张力进一步降低。

CMC 和在液面上开始形成饱和吸附层对应的浓度范围是一致的。在这个窄小的浓度范围前后，不仅溶液的表面张力发生明显的变化，其他物理性质，如电导率、渗透压、蒸气压、去污能力及增溶作用等均存在着很大的差异。利用这些差异，可以有许多重要的应用。

6.3.3 胶体的基本性质

胶体在自然界和生产生活中普遍存在。例如石油、造纸、肥皂、制药、食品、橡胶、印刷等工业，以及吸附剂、润滑剂、催化剂、感光材料和塑料生产等，在一定程度上都需要或涉及胶体知识，土壤中的多种过程也都不同程度地与胶体现象相联系。

胶体分散系按分散剂和分散质的聚集状态可分为液溶胶、固溶胶和气溶胶。其中液溶胶(简称溶胶)是胶体的典型代表。

1. 溶胶的制备

(1) 分散法(dispersion method)　将固体研细至胶体范围的方法。常用的有研磨法、超声波法和胶溶法。例如，研磨法就是用研磨机或胶体磨把粗粒的固体磨细。为防止细小颗粒的聚集变大，研磨时要加入一种稳定剂，如丹宁或明胶。磨细的颗粒表面吸附了稳定剂后，就不容易聚结了。

(2) 凝聚法(coacervation method)　使分子或离子聚结成胶体颗粒范围内的方法。主要有化学反应和更换溶剂法。前者包括所有能生成难溶物的反应。例如用水解反应制备 $Fe(OH)_3$ 溶胶；后者是利用一种物质在不同溶剂中溶解度的悬殊差别来制备溶胶。例如将硫黄的酒精溶液滴入水中，由于硫黄在水中的溶解度很低，溶质便以较大的颗粒析出，形成硫黄的水溶液。

2. 胶体的基本性质

胶体体系的基本性质主要有三个：光学、动力学和电学性质。其中电学性质是最主要的。

(1) 光学性质——丁达尔现象　将一束光线照射到置于暗处的溶胶时，有一条发亮的光柱，这种现象是丁达尔(J. Tyndall)1869 年首次发现的，称为丁达尔现象。

丁达尔现象的产生，是由于胶体粒子对光的散射造成的。当光线照射分散质颗粒时，如颗粒直径大于入射光的波长，发生光的反射，在粒子粗大的悬浊液中可观察到该现象；如颗粒直径小于入射光的波长，发生光的散射，散射出来的光叫乳光。这时颗粒本身好像是一个小光源，向各个方向“发光”。人们能在光线传播方向的侧面看到一条光柱。在夜空中能看到明亮的探照灯光，正是丁达尔现象的结果；若分散质的颗粒直径太小(<1nm)，则光的散射作用极弱。因此在真溶液中看不到丁达尔现象。

根据溶胶对光的散射现象发明了超显微镜。它和普通显微镜的区别在于光不是从下而上进入目镜，而是从侧面照射溶胶，因而在黑暗的背景上进行观察，会看到由于散射作用使溶胶粒子成为一个个发光点。所以超显微镜下观察到的不是分散系中的颗粒本身，而是散射光的光点。

(2) 动力学性质——布朗运动　在超显微镜下观察胶体溶液可以看到胶体颗粒不断地作无规则的运动。这是生物学家布朗(Brown)首先发现的，称为布朗运动。

布朗运动是分散剂分子的热运动不断地撞击溶胶粒子而产生。溶胶粒子受到四面八方分散剂分子的撞击，各个方向对粒子的撞击难以完全抵消，使粒子始终以不同的速度、沿着不同方向做无规则运动。同时胶体粒子本身也有热运动。布朗运动实际上是胶体粒子本身热运动和分散剂分子对它撞击的总结果。

粗分散系由于分散质颗粒较大，瞬间从各方向受到无数次撞击，结果互相抵消。而且颗粒质量大，惯性较大，运动非常细小不易观察到。但较小的溶胶粒子受到各个方向的撞击次数要少得多，不能完全抵消，便表现出了布朗运动。真溶液由于粒子太小，形成了高速的热运动同样也观察不到布朗运动。

布朗运动的存在，使溶胶粒子能自发地从浓度大的区域向浓度小的区域流动，即有扩散作用，也有渗透压。但因粒子较大，扩散速度比真溶液要慢许多倍，渗透压很小。并且溶胶的稳定性小。通常不易制得浓度很大的溶液。

(3)电学性质——电泳和电渗　将电极插入溶胶中，在外电场的作用下，分散质颗粒在分散剂中定向移动称为电泳(electrophoresis)。若将分散质固定不动，分散剂在电场中的定向移动称为电渗(electroosmosis)。

电泳现象说明胶体粒子是带电的。胶粒带电是这种热力学不稳定体系得以较为稳定存在的主要原因。一般说来，氢氧化物(如氢氧化铁)、蛋白质酸性溶液以及碱性染料(如次甲基蓝)等溶胶带正电，硫化物、硅酸、蛋白质碱性溶液、酸性染料(如刚果红)以及土壤溶液等溶胶带负电。

3. 溶胶的稳定性和聚沉

(1) 溶胶的稳定性　包括动力稳定性和聚结稳定性两方面。

动力稳定性是指溶胶在重力场内，分散质粒子不从分散剂中沉淀下来的现象。其原因是溶胶粒子的布朗运动，阻止了溶胶下沉。真溶液也具有动力稳定性。而悬浊液下沉快，不具有动力稳定性。

聚结稳定性是指溶胶在放置过程中不发生分散质粒子相互聚结的作用。从本质上看，聚结不稳定性是溶胶的基本特性，是自发趋势。但事实上许多溶胶都具有一定的聚结稳定性。其主要原因是胶粒具有双电层结构，每个胶粒都带有相同的电荷而互相排斥；其次，由于胶粒吸附的电势离子和反离子都能溶剂化，在胶粒周围形成了一层溶剂化膜，这层膜或多或少地具有定向排列的结构。当胶粒接近时，水化层受到挤压而变形，并有力图恢复原来定向排列的趋向，即表现出一定的弹性，成为胶粒接近的机械阻力，阻碍了胶粒的聚结，有利于溶胶的稳定。

(2) 溶胶的聚沉　溶胶的稳定性是相对的，有条件的。只要减弱或消除使它稳定的因素，就能使胶粒聚集成较大的颗粒而沉降。这一过程称为聚沉(aggregation)或凝结(coagulation)。外观上表现为颜色的改变，并由澄清变为浑浊。因为溶胶粒子增大到一定程度后，当光线照射时便发生各个方向的反射而产生浑浊感。使溶胶聚沉的方法很多，主要有：

① 电解质的聚沉作用　溶胶对外加电解质十分敏感，极少量的电解质即可引起溶胶聚沉。因为电解质的加入，增大了溶液中的离子浓度，反离子“压缩”扩散层，使扩散层变薄，甚至“挤入”吸附层，逐步中和胶粒表面的电荷，破坏双电层结构，使粒子间主要表现为相互吸引而聚沉。

② 一般来说，有机离子都有非常强的聚沉能力。

③ 加热　吸附大多是放热过程，升温有利于解吸，从而降低溶胶的稳定性。同时，提高温度加速溶胶粒子的热运动，增加相互碰撞的机会，有利于溶胶的聚沉

④ 溶胶浓度过大　使胶粒的碰撞机会增大，也易发生聚沉。在实际化学过程中，有时破坏溶胶是必须的。如分离沉淀时，如果生成胶状沉淀，它不但能够透过滤纸，还会使过滤时间延长，此时则要设法破坏胶体。但有时根据需要还要对溶胶进行保护。保护溶胶的方法很多，可以加入适量的保护剂，如动物胶等，以增加胶粒的溶剂化保护膜；也可以对溶胶进行渗析，以减少溶胶中所含电解质的浓度，防止胶粒聚沉。

习题

1. 为什么海水比淡水难以结冰？

2. 为什么明矾能净水？

3. 为什么施肥过多会将作物“烧死”？

4. 海水中的鱼类能生活在淡水中吗？为什么？

5. 用井水洗衣服时，为什么肥皂的去污能力比较差？

6. 溶质是难挥发物质的溶液，在不断沸腾时，他的沸点是否恒定？其蒸汽在冷却过程中的凝固点是否恒定，为什么？

7. 为什么在冰冻的田上撒些草木灰，冰较易融化？

8. 胶体为什么具有动力稳定性？如何使溶胶聚沉？举例说明。

9. 尼古丁的实验式为 C_5H_7N，今有 0.60g 尼古丁溶于 12.0g 水中，所得溶液在 101.325kPa 下的沸点是 100.33℃，求尼古丁的分子式。

10. 现有两种溶液，一为 1.5g 尿素溶在 200g 水中，另一为 42.75g 未知物溶在 1000g 水中，这两个溶液在同一温度结冰，问未知物的摩尔质量是多少？

11. 在 500g 溶液中含有 50gNaCl，溶液的密度为 1.07kg/L。试求此溶液的物质的量浓度、质量摩尔浓度和 NaCl 的摩尔分数。

12. 银币是在 Ag 中含有 10%的 Cu，完全融化时为 875.2℃，已知 Ag 的熔点为 960.0℃，求 Ag 的凝固点下降常数。

第7章　酸碱平衡

内容提要：本章主要介绍了酸碱质子理论有关酸碱的概念及其关系，讨论了处理酸碱平衡体系的方法，在此基础上系统地介绍了简单及其较为复杂的酸碱平衡体系有关pH值的计算；讨论了缓冲溶液的缓冲原理和缓冲溶液的pH值的计算。

学习要求：

(1) 掌握酸碱质子理论、酸碱的概念及其关系，了解酸碱理论的发展简史。

(2) 掌握处理酸碱平衡体系的方法，能够用MBE、CBE、PBE处理较为简单的酸碱平衡体系。

(3) 掌握缓冲溶液的缓冲原理并了解缓冲溶液的有关计算。

(4) 一般了解两性物质溶液的pH值计算。

7.1　Bronsted酸碱质子理论

7.1.1　酸碱理论历史发展回顾

人们对酸碱认识经历一个由浅入深，由低级到高级的认识过程。最初，人们从物质所表现出来的性质区分酸碱，认为酸具有酸味，能使石蕊变为红色的物质，而碱就是有涩味、滑腻感，使石蕊变蓝，并能与酸反应生成盐和水的物质。后来随着生产和科学技术的发展和进步，人们相继提出了一系列的酸碱理论，其中比较重要的有1887年阿累尼乌斯(S. A. Arrhenius)提出的电离理论，这一理论认为：所谓的酸是指电解质在水溶液中电离出来的阳离子全部是氢离子的物质；而碱是指电解质在水溶液中电离出来的阴离子全部是氢氧根离子的物质。也就是说，能电离出H^+是酸的特征，能电离出OH^-是碱的特征。如盐酸与氢氧化钠

$$HCl(aq) \longrightarrow H^+(aq) + Cl^-(aq) \text{酸}$$

$$NaOH(aq) \longrightarrow Na^+(aq) + OH^-(aq) \text{碱}$$

二者反应的本质是H^+与OH^-的反应，即中和反应。

应当承认，自1887年阿累尼乌斯提出电离理论以来，它的确对化学科学的发展起到了积极作用，直到现在仍在普遍地应用着。然而，这个理论有其不可避免的局限性，它把酸碱只限于水溶液，并限于分子，又把碱限制为氢氧化物，这个理论指出了酸碱是两种不同的物质，但却忽视了酸碱在对立中的相互联系和统一。后来，富兰克林(E. C. Franklin)又提出了著名的酸碱溶剂理论。这一理论认为凡是能够离解而产生溶剂正离子的物质为酸，能够离解而产生溶剂负离子的物质为碱。例如，以液态NH_3为溶剂时，溶剂的离解反应为：

$$2NH_3(l) = NH_4^+(aq) + NH_2^-(aq)$$

铵离子　　氨基离子

NH_4Cl表现为酸，它的离解反应为：

$$NH_4Cl(aq) = NH_4^+(aq) + Cl^-(aq)$$

氨基化钠$NaNH_2$表现为碱，它的离解反应为：

$$NaNH_2(aq) \longrightarrow Na^+(aq) + NH_2^-(aq)$$

酸碱反应是 NH_4^+ 和 NH_2^- 结合为 NH_3 的反应

$$\underset{碱}{NaNH_2(aq)} + \underset{酸}{NH_4Cl(aq)} \longrightarrow \underset{盐}{NaCl(aq)} + \underset{溶剂}{NH_3(aq)}$$

再如，以液态 SO_2 为溶剂，液态 SO_2 离解为 SO^{2+} 和 SO_3^{2-} 离子，在液态 SO_2 中，二氯亚硫酰 $SOCl_2$ 为酸，因为它离解后产生溶剂的特征正离子 SO^{2+}：

$$SOCl_2(l) \longrightarrow SO^{2+}(aq) + 2Cl^-(aq)$$

而亚硫酸钠则表现为碱，因为它离解产生溶剂的特征负离子：

$$Na_2SO_3(aq) \longrightarrow 2Na^+(aq) + SO_3^{2-}(aq)$$

中和反应主要是溶剂正离子和溶剂负离子化合产生溶剂分子：

$$\underset{酸}{SOCl_2(aq)} + \underset{碱}{Na_2SO_3(aq)} \longrightarrow \underset{盐}{2NaCl(aq)} + \underset{溶剂}{2SO_2(aq)}$$

从上述几例可以说明，水只是众多溶剂中的一种。各种溶剂离解产生的正、负离子不同，因而也就有不同的酸碱。所以溶剂理论把酸碱的概念扩大了。但它也有片面性，它把酸碱只限于溶剂能够离解成正、负离子的体系，对于不能离解的溶剂以及无溶剂的酸碱体系就不适用了。

如：NH_3 与 HCl 在水溶液中能够生成 NH_4Cl，而 NH_3 与 HCl 在以苯为溶剂时也能够生成 NH_4Cl，对于这一实验事实，阿累尼乌斯的电离学说以及富兰克林溶剂理论学说是无法解释的，1923 年丹麦化学家 Bronsted 和英国化学家 Loyer 提出了酸碱质子理论.

7.1.2 酸碱的定义与共轭酸碱对

质子理论认为；凡是能够给出质子的物质为酸，凡是能够接受质子的物质为碱。

按此定义，一种碱 B，接受一个质子后其生成物 HB^+ 便成为酸；同理，一种酸给出质子后余下部分便成为碱。酸与碱的这种关系可表示如下：

$$\underset{碱}{B} + H^+ \rightleftharpoons \underset{酸}{HB^+}$$

由此可见，酸与碱彼此是不可分开的，一方的存在以另一方的存在为条件，他们的这种关系我们称为酸碱共轭关系，HB^+—B 称为共轭酸碱对，即 HB^+ 是碱 B 的共轭酸，B 是酸 HB^+ 的共轭碱。酸给出质子形成碱或碱接受质子形成酸的反应我们称为酸碱半反应。例如：

$$HCl \rightleftharpoons H^+ + Cl^-$$

$$NH_4^+ \rightleftharpoons H^+ + NH_3$$

$$H_2PO_4^- \rightleftharpoons H^+ + HPO_4^{2-}$$

$$H_2CO_3 \rightleftharpoons H^+ + HCO_3^-$$

从上面的例子和讨论中不难得出以下结论：

(1) 酸、碱可以是中性分子、阳离子或阴离子。

(2) 酸碱关系是共轭关系，即有酸就有碱，有碱就有酸。知酸便知碱，知碱便知酸。如 NH_4^+—NH_3 组成了共轭酸碱对。

(3) 酸碱具有相对性，如 HCO_3^- 既能给出质子，也能接受质子，它即可以是酸，也可以是碱。

7.1.3 酸碱反应的本质

按照酸碱质子理论，酸碱反应的本质是质子的转移，例如：

$$HCl+H_2O \xlongequal{} H_3O^++Cl^-$$
酸 1 碱 2 　　酸 2 　碱 1

$$Ac^-+H_2O \xlongequal{} HAc+OH^-$$
碱 1 酸 2 　　酸 1 　碱 2

$$NH_4^++H_2O \xlongequal{} H_3O^++NH_3$$
酸 1 碱 2 　　酸 2 　碱 1

通过上述酸碱反应我们可以看出或得出这样的结论：酸碱反应的本质是质子的转移，不管是中性分子的离解，还是阳离子、阴离子的水解，都是质子的转移的结果，是两个共轭酸碱对共同作用的结果，因此按照 Bronsted 酸碱质子理论，不存在“盐”的概念。

7.1.4 酸碱的相对强弱及共轭酸碱离解常数的关系

酸碱的相对强弱首先取决于物质的本性，即事务发展的内因；其次还与溶剂的性质等因素有关，即事务发展的外因。例如，我们都知道硝酸在水溶液中是一种无机强酸，但如果以冰醋酸为溶剂，则硝酸的酸性大大减弱，成为了一种弱酸，而如果以液氨为溶剂，则酸性比在水溶液中大大增强。

在水溶液中，酸碱的强度决定于酸将质子给予水分子和碱从水分子夺取质子的能力，而这种能力的大小通常可用酸碱在水溶液中的离解常数的大小来衡量。如：

$$HCl+H_2O \xlongequal{} H_3O^++Cl^- \qquad K_a \gg 1$$

$$HAc+H_2O \rightleftharpoons H_3O^++Ac^- \qquad K_a=1.8\times10^{-5}$$

$$H_2S+H_2O \rightleftharpoons H_3O^++HS^- \qquad K_{a1}=5.7\times10^{-8}$$

显然这三种酸的强弱顺序是 $HCl>HAc>H_2S$。

那么这三种酸的共轭碱的碱性的强弱关系又是如何呢？

通过前面的学习我们已经知道，酸碱的关系既然是共轭的，其共轭酸碱的离解常数之间也必然存在着一定的定量关系。

我们以 NH_4^+-NH_3 共轭酸碱对在水溶液中的行为来予以说明：共轭酸碱对在水溶液中有如下平衡：

$$H_2O+H_2O \xlongequal{} H_3O^++OH^-$$

$$k_w=c[H_3O^+]\cdot c[OH^-] \qquad ①$$

$$NH_3+H_2O \xlongequal{} NH_4^++OH^- \qquad K_b=\frac{\dfrac{c[NH_4^+]}{c^0}\cdot\dfrac{c[OH^-]}{c^0}}{\dfrac{c[NH_3]}{c^0}} \qquad ②$$

$$NH_4^++H_2O \xlongequal{} NH_3+H_3O^+ \qquad K_a=\frac{\dfrac{c[NH_3]}{c^0}\cdot\dfrac{c[H_3O^+]}{c^0}}{\dfrac{c[NH_4^+]}{c^0}} \qquad ③$$

②式×③式并利用①式得：

$$K_w = K_a \times K_b \tag{7-1}$$

这就是水溶液中共轭酸碱的关系，如果是其他溶剂，若溶剂的离解常数用 K_s 表示，则有

$$K_s = K_a \times K_b \tag{7-2}$$

对于多元酸碱，由于多元酸碱在水溶液中是分步离解的，因此存在着多个共轭酸碱对，每个共轭酸碱对也存在着上述关系。例如：

$$H_3PO_4 \underset{+H^+、K_{b3}}{\overset{-H^+、K_{a1}}{\rightleftharpoons}} H_2PO_4^- \underset{+H^+、K_{b2}}{\overset{-H^+、K_{a2}}{\rightleftharpoons}} HPO_4^{2-} \underset{+H^+、K_{b1}}{\overset{-H^+、K_{a3}}{\rightleftharpoons}} PO_4^{3-}$$

7.1.5 小结

综上所述，酸碱质子理论告诉我们，酸与减是相互对立的，又是统一的，它们的强弱是相对的，在一定条件又可相互转化。如硝酸是一种强酸，但它如果在纯硫酸溶剂中，它就变成了一种碱。这也就是说，一个物质是酸还是碱，首先由物质的本性“内因”来决定，但有时外界条件也起着重要作用。

酸碱质子理论扩大了酸和碱的范围，它不仅适用于水溶液，并能很好地解决水溶液 pH 计算问题。也适用于某些非水溶液，同时也不限于电离的液体，这有助于我们加深对酸碱的认识。质子理论局限性在于它把酸碱仅限于质子的给予与接受，而对于无质子参加的酸碱反应，它就无能为力了。

7.2 处理酸碱平衡体系的方法

按照布朗斯特酸碱质子理论，酸是能够给出质子的物质，而碱是能够接受质子的物质，酸碱的关系是共轭的，即酸中有碱，碱中有酸，有酸就有碱，有碱就有酸。酸碱反应的本质是质子的转移，酸碱的强度取决于物质本身的性质和溶剂的性质，共轭酸碱 K_a 与 K_b 有一定的关系，在上一节的基础上，本节我们来讨论处理酸碱平衡体系的方法。

7.2.1 酸碱平衡体系几个术语

1. 标签浓度、平衡浓度

在处理平衡酸碱体系时，我们把溶液的浓度称为标签浓度，如 0.1000mol/L HCl 溶液，其标签浓度、总浓度均为 0.1000mol/L，而平衡浓度是指在平衡状态时，溶液中溶质存在的各种型体的浓度。习惯上用 $c[B]$ 表示，如在 0.1000mol/L HAc 溶液中，溶质醋酸以 Ac^- 和 HAc 分子两种型体存在，其平衡浓度分别用 $c[Ac^-]$ 和 $c[HAc]$ 表示。

2. 酸的浓度和酸度

酸的浓度即是酸的标签浓度，而酸度则是溶液中氢离子的浓度(严格地讲应是氢离子的活度)，常用 pH 表示，其大小与酸的种类及浓度有关。

7.2.2 酸碱平衡体系中的几个关系式

1. 物料平衡(mass balance equation)

在任何一个平衡体系中，溶质各型体的平衡浓度之和，必然等于其标签浓度或总浓度，这一结论，称为物料平衡(简称 MBE)

如：0.1mol/L HAc 溶液

MBE：0.1mol/L=c[HAc]+c[Ac^-]

又如 Cmol/L H_2CO_3 溶液

MBE：$C=c[CO_3^{2-}]+c[HCO_3^-]+c[H_2CO_3]$

思考：① 氢离子为何不是一种型体？

② Cmol/L Na_2CO_3 溶液的 MBE 式与 Cmol/L H_2CO_3 有无区别？

2. 电荷平衡(charge balance equation)

单位体积的溶液中，阳离子所带的正电荷总数必然等于阴离子所带的负电荷总数，或者说带正电荷的阳离子的总浓度必然等于带负电荷的阴离子的总浓度。

$$\sum i \text{ 种阳离子的电荷总数} = \sum j \text{ 种阴离子的电荷总数}$$

如：Cmol/L Na_2CO_3

$VNc[Na^+]+VNc[H^+]=VNc[OH^-]+2VNc[CO_3^{2-}]+VNc[HCO_3^-]$

式中，V 代表溶液的体积；N 代表阿伏伽德罗常数。

其电荷平衡式为：$c[Na^+]+c[H^+]=c[OH]+2c[CO_3^{2-}]+c[HCO_3^-]$

又如：Cmol/L H_2CO_3 的 CBE 式是：

$$c[H^+]=c[HCO_3^-]+2c[CO_3^{2-}]+c[OH^-]$$

结论：①电荷等恒式中不包括中性分子；②离子所带的电荷数就是它在 CBE 式中该离子的系数；③对于简单的酸碱平衡体系 CBE 就是 PBE 式。

3. 质子平衡(PBE)

酸碱反应的本质是质子的转移，既然如此，当酸碱反应达到平衡时，酸失去的质子数应等于碱得到的质子数。

$$\sum i \text{ 种碱得到的质子数} = \sum j \text{ 种酸失去的质子数}$$

如 $NaHCO_3$

$$H_3O^+ \longleftarrow \boxed{H_2O} \xrightarrow{\text{失 1 个 } H^+} OH^-$$

$$H_2CO_3 + \xleftarrow{\text{得 1 个 } H^+} \boxed{HCO_3^-} \xrightarrow{\text{失 1 个 } H^+} CO_3^{2-}$$

$NVc[H_2CO_3]+NVc[H_3O^+]=NVc[CO_3^{2-}]+NVc[OH^-]$

即：$c[H_2CO_3]+c[H_3O^+]=c[CO_3^{2-}]+c[OH^-]$

对于简单酸碱平衡体系，如 HAc 体系的 CBE 式就是其 PBE 式；对于复杂的酸碱平衡体系的 PBE 式，可以通过 MBE、CBE 联立而求得。如 Cmol/L Na_2CO_3

MBE：$C=c[CO_3^{2-}]+c[HCO_3^-]+c[H_2CO_3]$；$c[Na^+]=2C$ ①

CBE：$c[Na^+]+c[H^+]=c[OH]+2c[CO_3^{2-}]+c[HCO_3^-]$ ②

联立方程式①、②的

PBE：$c[H^+]+c[HCO_3^-]+2c[H_2CO_3]=c[OH^-]$

利用电荷平衡和物料平衡来书写质子平衡是一种比较安全可靠的方法，但这种方法写起来比较繁琐。比较快速的方法是根据酸碱平衡体系的组成直接写出质子平衡式，其详细步骤为：

① 选取参与质子得失的基准态物质(或称质子参考水平)；

② 以基准态物质为基础，比较基准态物质其他存在型体质子得失，列出质子得失示意图；

③ 根据得失质子平衡原理写出 PBE 式。

如：$NaNH_4HPO_4$

得质子产物		参考水平		失质子产物
$H_2PO_4^-$	得1个H^+	HPO_4^{2-}	失1个H^+	PO_4^{3-}
H_3PO_4	得2个H^+	NH_4^+	失1个H^+	NH_3
H_3O^+	得1个H^+	H_2O	失1个H^+	OH^-
得		=		失

PBE 式：$c[H^+]+2c[H_3PO_4]+c[H_2PO_4^-]=c[NH_3]+c[PO_4^{3-}]+c[OH^-]$

7.3 酸碱平衡体系中 pH 值的计算

7.3.1 一元弱酸碱溶液 pH 值计算

以 Cmol/L HA 为例，在弱酸 HA 溶液中存在以下平衡：

$$HA(aq)=H^+(aq)+A^-(aq)K_a=\frac{\frac{c[H^+]}{c^0}\cdot\frac{c[A^-]}{c^0}}{\frac{c[HA]}{c^0}} \qquad ①$$

$$H_2O(l)=H^+(aq)+OH^-(aq)K_w=c[H_3O^+]\cdot c[OH^-] \qquad ②$$

PBE 式：
$$c[H^+]=c[A^-]+c[OH^-] \qquad ③$$

将式①②代入式③得公式(7-3)：

$$c[H^+]=\sqrt{K_a c[HA]+K_w} \qquad (7-3)$$

$$\because C=c[HA]+c[A^-] \qquad ④$$

利用式 ③、式 ④ 得： $c[HA]=C-c[H^+]+c[OH^-]$ ⑤

将式⑤代入式(7-3)得：

$$c^3[H^+]+K_a c^2[H^+]-(K_w+CK_a)c[H^+]-K_aK_w=0 \qquad (7-4)$$

对式(7-3)进行简化处理。

1. 忽略水的离解

式(7-3)变为：$c[H^+]=\sqrt{K_a c[HA]}$ (7-5)

此时：$c[HA]=C-c[H^+]$，将此式代入式(7-5)得：

$$c[H^+]=\frac{-K_a+\sqrt{K_a^2+4K_aC}}{2} \qquad (7-6)$$

式(7-6)是计算溶液中氢离子浓度的近似式，用此式计算产生的 $c[H^+]$ 误差为：

$$\frac{\sqrt{K_a c[HA]+K_w}-\sqrt{K_a c[HA]}}{\sqrt{K_a c[HA]+K_w}}=1-\frac{1}{\sqrt{1+\frac{K_w}{K_a c[HA]}}}\approx 1-\frac{1}{\sqrt{1+\frac{K_w}{K_a C}}}$$

取$\frac{K_w}{K_a c}$不同数值，计算误差如下表：

$\frac{K_w}{K_a c}$	1/5	1/10	1/15	1/20	1/25
相对误差(%)	8.7	4.7	3.2	2.4	2.0

一般地，相对误差在2.4%左右即可满足准确度对计算结果的要求。因此，欲忽略水的离解，必须满足 $CK_a \geqslant 20K_w$ 这一条件，如果 $CK_a \leqslant 5K_w$，则计算结果的相对误差将大于8.7%，此时忽略水的离解显然是不合理的，一般地将 $CK_a \geqslant 20K_w$ 作为忽略水电离的条件(即忽略溶液中水电离产生提供的氢离子浓度)。

2. 忽略酸的离解

忽略酸的离解则式(7-5)变为 $c(H^+)=\sqrt{K_a C}$ (7-7)

此时用式(7-7)计算 H^+浓度的误差为：

$$\frac{\sqrt{K_a c[HA]}-\sqrt{K_a C}}{K_a c[HA]}=1-\frac{1}{\sqrt{\frac{c[HA]}{C}}}\approx 1-\frac{1}{\sqrt{\frac{1-c[H^+]}{C}}}=1-\frac{1}{\sqrt{1-\alpha}}$$

取不同的 α 值，计算相对误差如下表：

α	10%	8.0%	5.0%	4.0%	3.0%	2.0%
C/K_a	90	144	380	600	1077	2450
相对误差(%)	5.41	4.26	2.60	2.06	1.53	1.02

从上面的数值可以看出，弱酸的电离度 α 值越小，忽略酸的电离就越合理，当 $\alpha<5\%$ 时，相对误差小于2.6%，此时 $\frac{C}{K_a}\geqslant 400$，所以一般把 $\frac{C}{K_a}\geqslant 500$ 做为忽略酸电离的条件。

根据以上的讨论，对一元弱酸可得如下结论：

① $CK_a>20K_w$；$\frac{C}{K_a}>500$；$c[H^+]=\sqrt{K_a C}$ 最简式

② $CK_a<20K_w$；$\frac{C}{K_a}>500$；$c[H^+]=\frac{-K_a+\sqrt{K_a^2+4K_a C}}{2}$ 近似式

③ $CK_a<20K_w$；$\frac{C}{K_a}>500$；$c[H^+]=\sqrt{K_a C+K_w}$

一元弱碱溶液pH值的计算我们可以按照一元弱酸同样的处理方式得到如下公式：

① $CK_b>20K_w$；$\frac{C}{K_b}>500$；$c[OH^-]=\sqrt{K_b C}$ 最简式

② $CK_b>20K_w$；$\frac{C}{K_b}<500$；$c[OH^-]=\frac{-K_b+\sqrt{K_b^2+4K_b C}}{2}$ 近似式

③ $CK_b<20K_w$；$\frac{C}{K_b}>500$；$c[OH^-]=\sqrt{K_b C+K_w}$

7.3.2 多元弱酸碱溶液pH值的计算

以Cmol/L H_2A 多元弱酸为例讨论：

PBE式为： $$c[H^+]=c[OH^-]+c[HA]^-+2c[A^{2-}] \quad ①$$

$$c[H^+]=\frac{K_{a1}c[H_2A]}{c[H^+]}+\frac{2K_{a1}K_{a2}c[H_2A]}{c^2[H^+]}+\frac{K_w}{c[H^+]} \quad ②$$

忽略水的离解：式①变为：

$$c[H^+]=c[HA^-]+2c[A^{2-}] \quad ③$$

整理③式得

$$c[H^+]=\frac{K_{a1}c[H_2A]}{c[H^+]}+\frac{2K_{a1}K_{a2}c[H_2A]}{c^2[H^+]}=\frac{K_{a1}c[H_2A]}{c[H^+]}\left[1+\frac{2K_{a2}}{c[H^+]}\right] \quad ④$$

若$\frac{2K_{a2}}{c[H^+]}\ll 1$则进一步处理得：

$$c[H^+]=\sqrt{K_{a1}c[H_2A]} \quad (7-8)$$

式(7-8)表明，当$CK_{a1}>20K_w$、$\frac{2K_{a2}}{c[H^+]}\ll 1$时，我们可将多元酸做一元弱酸来处理，从而可使问题得到简化。也就是

① $CK_a>20K_w$；$\frac{C}{K_a}>500$；$c[H^+]=\sqrt{K_{a1}C}$

② $CK_{a1}>20K_w$；$C/K_{a1}<500$；$c[H^+]=\frac{-K_{a1}+\sqrt{K_{a1}^2+4K_{a1}C}}{2}$

多元弱碱溶液，可仿照多元弱酸的处理方式进行处理，如Cmol/L Na_2A二元弱碱，其PBE式(也即电荷平衡式)为：

$$c[OH^-]=c[HA^-]+2c[H_2A]+c[H^+] \quad ①$$

若$CK_{b1}>20K_w$，可忽略水的离解得：

$$c[OH^-]=c[HA^-]+2c[H_2A] \quad ②$$

$$c[OH^-]=\frac{K_{b1}c[A^{2-}]}{c[OH^-]}+\frac{2K_{b1}K_{b2}c[A^{2-}]}{c^2[OH^-]}=\frac{K_{b1}c[A^{2-}]}{c[OH^-]}\left[1+\frac{2K_{b2}}{c[OH^-]}\right]$$

当$CK_{b1}>20K_w$、$\frac{2K_{b2}}{c[OH^-]}\ll 1$时，多元弱碱可按一元弱碱来处理，可得到：

$\frac{C}{K_{b1}}>500$；$c[OH^-]=\sqrt{K_{b1}C}$

$\frac{C}{K_{b1}}<500$；$c[OH^-]=\frac{-K_{b1}+\sqrt{K_{b1}^2+4K_{b1}C}}{2}$

7.3.3 两性物质溶液 pH 值的计算

两性物质除了我们常见的酸式盐如$NaHCO_3$、Na_2HPO_4等，还有弱酸弱碱等组成的两性物质，下面我们分别就二者溶液的pH值计算介绍如下：

1. 酸式盐(NaHA)

对于酸式盐Cmol/L NaHA：在溶液中存在以下离解：

$NaHA \rightarrow Na^+ + HA^-$

$HA^- + H_2O \rightarrow H_2A + OH^- \qquad K_{b2}=\frac{\frac{c[H_2A]}{c^0}\cdot\frac{c[OH^-]}{c^0}}{\frac{c[HA^-]}{c^0}}$

$$HA^-+H_2O \rightarrow A^{2-}+H_3O^+ \qquad K_{a2}=\frac{\frac{c[A^{2-}]}{c^0}\cdot\frac{c[H^+]}{c^0}}{\frac{c[HA^-]}{c^0}}$$

PBE 式为：$c[H^+]+c[H_2A]=c[A^{2-}]+c[OH^-]$

或写作：$c[H^+]+\frac{c[H^+]\cdot c[HA^-]}{K_{a1}}=\frac{K_{a2}c[HA^-]}{c[H^+]}+\frac{K_w}{c[H^+]}$

则：$$c[H^+]=\sqrt{\frac{K_{a2}c[HA^-]+K_w}{1+\frac{c[HA^-]}{K_{a1}}}} \tag{7-9}$$

式(7-9)为计算酸式盐氢离子浓度的精确表达式。

$$\because c[HA^-]\approx C \qquad \therefore c[H^+]=\sqrt{\frac{K_{a2}C+K_w}{1+\frac{C}{K_{a1}}}} \tag{7-10}$$

若 $CK_{a2}>20K_w$，则可略去 K_w 项，公式变为：$$c[H^+]=\sqrt{\frac{K_{a2}C}{1+\frac{C}{K_{a1}}}} \tag{7-11}$$

若$\frac{C}{K_{a1}}\gg 1$，则公式可进一步简化为：$$c[H^+]=\sqrt{K_{a1}\cdot K_{a2}} \tag{7-12}$$

对于任一酸式盐 Na_xH_yA，其$[H^+]$计算公式表达式为：

$$c[H^+]=\sqrt{\frac{K_{a(x+1)}C+K_w}{1+\frac{C}{K_{a(x)}}}} \tag{7-13}$$

2. 弱酸弱碱盐溶液

此处以 Cmol/L NH_4A 为例说明。在 NH_4A 溶液中，存在下列平衡：

$$NH_4A \rightarrow NH_4^++A^-$$

$$NH_4^++H_2O=NH_3+H_3O^+ K_a=\frac{\frac{c[NH_3]}{c^0}\cdot\frac{c[H^+]}{c^0}}{\frac{c[NH_4^+]}{c^0}}$$

$$A^-+H_2O=HA+OH^- K_b=\frac{\frac{c[HA]}{c^0}\cdot\frac{c[OH^-]}{c^0}}{\frac{c[A^{2-}]}{c^0}}$$

PBE 式为：$c[H^+]+c[HA]=c[NH_3]+c[OH^-]$

整理得：$c[H^+]+\frac{K_bc[A^-]}{c[OH^-]}=\frac{K_ac[NH_4^+]}{c[H^+]}+c[OH^-]$

进一步整理得：$c[H^+]+\frac{c[H^+]\cdot c[A^-]}{K'_a}=\frac{K_ac[NH_4^+]}{c[H^+]}+\frac{K_w}{c[H^+]}$

（注：K'_a为碱 A^-共轭酸的离解常数，共轭酸碱在水溶液中 K_a 与 K_b 的关系为 $K_a\times K_b=K_w$。）

即：$c[H^+]=\sqrt{\dfrac{K_a c[NH_4^+]+K_w}{1+\dfrac{c[A^-]}{K_a'}}}$ （7-14）

这就是计算弱酸铵盐的精确表达式。

$$\because c[NH_4^+]\approx C \quad c[A^-]\approx C \quad \therefore c[H^+]=\sqrt{\dfrac{K_a C+K_w}{1+\dfrac{C}{K_a'}}} \qquad (7-15)$$

若 $K_a C \gg K_w$；$\dfrac{C}{K_a'}\gg 1$，则公式可简化为：$c[H^+]=\sqrt{K_a \times K_a'}$ （7-16）

例 7-1 试计算 1.0×10^{-5}mol/L 溶液的 $c(H^+)$（已知 HCN 的 $K_a=7.2\times10^{10}$）。

解： 弱酸或弱碱的水溶液的氢离子及氢氧根离子，来源于弱酸或弱碱的离解及水的电离。在一般情况下，可不考虑水的电离。但如果酸或碱很弱或浓度很稀，则往往需要考虑水的电离。

$\because CK_a=1.0\times10^{-5}\times7.2\times10^{-10}=7.2\times10^{-15}\not> 20K_w$，故不能忽略水的离解，但可以忽略酸的离解。

则：$c[H^+]=\sqrt{K_a C+K_w}=\sqrt{7.2\times10^{-10}\times1.0\times10^{-5}+1.0\times10^{-14}}=1.31\times10^{-7}$mol/L

例 7-2 计算 0.10mol/L CH_3COONa 溶液的 pH 值（已知 CH_3COOH 的 $K_a=1.8\times10^{-5}$）

解： 按照酸碱质子理论，CH_3COONa 是一元弱碱，据共轭酸碱离解常数的关系有：$K_b=\dfrac{K_w}{K_a}=\dfrac{1.0\times10^{-14}}{1.8\times10^{-5}}=5.56\times10^{-10}$

$CK_b=0.1\times5.56\times10^{-10}>20K_w \quad \dfrac{C}{K_b}=\dfrac{0.1}{5.56\times10^{-10}}>500$

$\therefore [OH^-]=\sqrt{cK_b}=\sqrt{0.1\times5.56\times10^{-10}}=7.5\times10^{-6}$mol/L

则 $pOH=-\lg 7.5\times10^{-6}=5.14$，$pH=14-pOH=14-5.14=8.86$

例 7-3 试求 0.2mol/L $NaHCO_3$、0.2mol/L NaH_2PO_4 溶液的 $c[H^+]$ 浓度。（已知：H_2CO_3；$K_{a1}=4.3\times10^{-7}$，$K_{a2}=5.6\times10^{-11}$；$K_{a1}=7.6\times10^{-3}$；$K_{a2}=6.3\times10^{-8}$；$K_{a3}=4.4\times10^{-13}$）

解： $NaHCO_3$ 与 NaH_2PO_4 溶液均为酸式盐，属于两性物质。

$NaHCO_3$：$c[H^+]=\sqrt{\dfrac{K_{a2}c+K_w}{1+\dfrac{c}{K_{a1}}}}\approx\sqrt{K_{a1}\times K_{a2}}=\sqrt{4.3\times10^{-7}\times5.6\times10^{-11}}$

$=4.9\times10^{-9}$mol/L

NaH_2PO_4：$c[H^+]=\sqrt{\dfrac{K_{a2}c+K_w}{1+\dfrac{c}{K_{a1}}}}\approx\sqrt{K_{a1}\times K_{a2}}=\sqrt{7.6\times10^{-3}\times5.6\times10^{-8}}$

$=2.3\times10^{-5}$mol/L

例 7-4 计算 0.10mol/L NH_4HCO_3 溶液的 $c[H^+]$ 浓度。[已知：H_2CO_3；$K_{a1}=4.3\times10^{-7}$，$K_{a2}=5.6\times10^{-11}$；$K_a(NH_4^+)=5.56\times10^{-10}$]

解： 碳酸氢铵属于弱酸弱碱组成的盐类，计算比较复杂

解法一：NH_4HCO_3 质子平衡式为：$c[NH_3]+c[OH^-]+c[CO_3^{2-}]=c[H_2CO_3]+c[H^+]$

将式子进行变换有：

$$\frac{K_a(NH_4^+)\times c[NH_4^+]}{c[H^+]}+\frac{K_w}{c[H^+]}+\frac{K_{a2}\times c[HCO_3^-]}{c[H^+]}=c[H^+]+\frac{K_{a1}\times c[HCO_3^-]}{c[H^+]}$$

从碳酸和铵根的离解常数可以看出，上式可简化为：

$$c[H^+]=\sqrt{K_a(NH_4^+)\times K_{a1}}=\sqrt{5.56\times10^{-10}\times4.3\times10^{-7}}=1.55\times10^{-8}\text{mol/L}$$

解法二：利用双水解进行求算，设水解后 $NH_3.H_2O$ 的浓度为 x。碳酸氢铵在水中存在下列水解平衡：

$$NH_4^++HCO_3^-+H_2O=NH_3\cdot H_2O+H_2CO_3$$

$$0.1-x\quad 0.1-x\qquad\qquad x\qquad\qquad x$$

$$K=\frac{c[NH_3\cdot H_2O]\cdot c[H_2CO_3]}{c[NH_4^+]\cdot c[HCO_3^-]}=\frac{c[NH_3\cdot H_2O]\cdot c[H_2CO_3]\cdot K_w}{c[NH_4^+]\cdot c[HCO_3^-]\cdot c[H^+]\cdot c[OH^-]}$$

$$=\frac{K_w}{K_b(NH_3)\times K_{a1}}=\frac{1.0\times10^{-14}}{1.8\times10^{-5}\times4.3\times10^{-7}}=1.3\times10^{-3}$$

$K=\dfrac{x^2}{(0.1-x)^2}$解得：$x=3.6\times10^{-3}\text{mol/L}$

则：$c[NH_4^+]=c[HCO_3^-]=0.1-3.6\times10^{-3}\approx0.1\text{mol/L}$

根据 $NH_3\cdot H_2O=\!=\!=NH_4^++OH^-$

$$3.6\times10^{-3}\qquad 0.1\qquad y$$

$K_b=\dfrac{0.1y}{c[NH_3\cdot H_2O]}=1.8\times10^{-5}$解得：$y=[OH^-]=6.48\times10^{-7}\text{mol/L}$

所以 $c[H^+]=\dfrac{1.0\times10^{-14}}{6.48\times10^{-7}}=1.55\times10^{-8}\text{mol/L}$

由以上讨论可知，在计算复杂酸碱平衡体系溶液的 pH 值时，千万不能死记公式，生搬硬套，必须了解每一种处理酸碱平衡体系的方法，如果发现了问题，可以写出质子平衡式进行检查，可以帮助我们找到问题的所在。

7.4 酸碱缓冲溶液

当把一定量的强酸或强碱加入到溶液中去时，溶液的 pH 值会发生两种变化，一种是溶液的$[H^+]$离子浓度不发生明显的改变，基本不变；另一种情况是溶液中的 H^+离子浓度发生明显的变化。而前 种则是缓冲溶液。

7.4.1 缓冲溶液的定义、组成与分类、缓冲原理

1. 定义

能够抵抗少量的外加强酸或强碱或稀释而使溶液的 pH 基本上不发生改变的溶液，叫作缓冲溶液。缓冲溶液在化学中应用是多方面的。

2. 缓冲溶液的组成和分类

缓冲溶液一般分为两类：一类是由一定浓度的共轭酸碱对所组成，这类缓冲溶液大多用于控制溶液的酸度，如 $NH_3\cdot H_2O$—NH_4Cl、HAc—NaAc 等。另一是标准缓冲溶液，它是由规定浓度的某些逐级离解常数相差较小的单一两性物质，或由不同型体的两性物质所组成，标准缓冲溶液的 pH 值是在一定温度下准确地经过实验确定的，它主要用于测量溶液 pH 值

时的参照溶液，即当用酸度计测量溶液 pH 值时，用标准缓冲溶液来校正仪器。常见的标准缓冲溶液见表 7-1。

表 7-1　常见的标准缓冲溶液

pH 标准溶液	pH(实验值，25℃)	pH 标准溶液	pH(实验值，25℃)
0.034mol/L 饱和酒石酸氢钾	3.56	0.025mol/L KH_2PO_4-0.025mol/L Na_2HPO_4	6.86
0.05mol/L 邻苯二甲酸氢钾	4.01	0.01mol/L 硼砂	9.18

3. 缓冲溶液缓冲原理

下面以由弱酸 HA 及其共轭碱 NaA 组成的溶液予以说明。在该混合溶液中存在下列平衡(为了方便，忽略溶液中水的电离)

$$NaA \rightarrow Na^+ + A^-\text{(碱浓度为 }C_b\text{)}$$

$$HA = H^+ + A^-$$

平衡浓度　$C_a - x$　　x　　$C_b + x$

溶液中由于 NaA 的完全电离而产生的 A^-浓度较大(与纯 HA 溶液中的 A^-浓度相比)，同时由于同离子效应使 HA 的电离平衡向生成 HA 分子的方向移动，降低了 HA 的电离度，使 HA 分子浓度接近未电离时的浓度，因此，弱酸分子与其共轭碱的浓度都较大，这是 HA-NaA 这类缓冲溶液在组成上的特点。根据 HA 的电离平衡，在溶液中 $c[H^+]=K_a\dfrac{c[HA]}{c[A]}$，当往该缓冲溶液中加入少量强酸时，强酸电离出来的 H^+就与 A^-结合生成难电离的 HA，即 HA 的电离平衡向左移动。由于溶液中 A^-的浓度较大，加入强酸的量又相对较少，这样，大量的 A^-中只有少量用来同 H^+结合。当建立起新的平衡时，$c[HA]$仅略有增加，$c[A^-]$略有减少，$\dfrac{c[HA]}{c[A^-]}$这一比值几乎保持不变，因此溶液中的$[H^+]$很少改变，即溶液的 pH 值保持相对的稳定。如果加入少量的强碱，强碱电离出来的 OH^-就会与 HA 分子反应生成难电离的 H_2O 和 A^-。HA 的电离平衡向右移动，由于溶液中的 HA 分子浓度较大，大量的 HA 分子的存在足够把加入的少量 OH^-中和掉。当建立起新的平衡时 $c[HA]$仅略有减少，$c[A^-]$略有增加，$\dfrac{c[HA]}{c[A^-]}$的比值则几乎保持不变，因而可维持溶液的氢离子浓度相对稳定。

总之，在 HA-NaA 缓冲溶液中，$c[HA]$、$c[A^-]$都较大，加入少量的强酸、强碱或稀释，$c[HA]$、$c[A^-]$相对改变较小，使得$\dfrac{c[HA]}{c[A^-]}$改变很小，因而 $c[H^+]$改变也很小，所以，在一定条件下，缓冲溶液具有保持 pH 相对稳定的性能，即具有一定的缓冲能力。

7.4.2　缓冲溶液 pH 值的计算

以 Cmol/L HA 和 Cmol/L NaA 为例说明计算过程：

在此缓冲溶液中存在以下平衡：

$$HA+H_2O=H_3O^++A^-\quad K_a=\frac{\dfrac{c[H^+]}{c^0}\times\dfrac{c[A^-]}{c^0}}{\dfrac{c[HA]}{c^0}} \qquad ①$$

$$NaA \longrightarrow Na^++A^-$$

$$A^- + H_2O = HA + OH^- \quad K_b = \frac{\frac{c[OH^-]}{c^0} \times \frac{c[HA]}{c^0}}{\frac{c[A^-]}{c^0}} \qquad ②$$

$$H_2O + H_2O = H_3O^+ + OH^- \quad K_w = c[OH^-] \times c[H^+] \qquad ③$$

该溶液中的电荷平衡为：$c[Na^+] + c[H^+] = c[A^-] + c[OH^-]$ ④

物料平衡关系为：$C_a + C_b = c[HA] + c[A^-]$ ⑤

将式④、⑤代入①得：

$$c[H^+] = K_a \times \frac{C_a - c[H^+] + c[OH^-]}{C_b + c[H^+] - c[OH^-]} \qquad (7-17)$$

对式(7-17)进行简化处理如下：

① 如果缓冲溶液在酸性溶液中起缓冲作用，则：

$c[H^+] > c[OH^-]$，则⑥式可简化为：$c[H^+] = K_a \times \frac{C_a - c[H^+]}{C_b + c[H^+]}$ (7-18)

② 如果缓冲溶液体系在碱性范围内起作用，则：

$c[OH^-] > c[H^+]$，式⑥可简化为：$c[H^+] = K_a \times \frac{C_a + c[OH^-]}{C_b - c[OH^-]}$ (7-19)

③ 如果 C_a、C_b 远远大于$[H^+]$和$[OH^-]$，可忽略水的离解和酸的离解，此时式(7-18)，式(7-19)变为：

$$c[H^+] = K_a \cdot \frac{C_a}{C_b} \qquad pH = pK_a - \lg \frac{C_a}{C_b} \qquad (7-20)$$

$$c[OH^-] = K_b \cdot \frac{C_b}{C_a} \qquad pOH = pK_b - \lg \frac{C_b}{C_a} \qquad (7-21)$$

由于缓冲溶液的 pH 值受酸或碱离解常数、酸碱浓度等诸多因素的影响，所以在计算缓冲溶液的 pH 值时，常常运用观察验证相结合的方法进行运算。

例 7-5 计算 0. 2mol/L NH_3-0. 3mol/L NH_4Cl 溶液 pH 值。

(1) 400mL 该缓冲溶液中加入 100mL 0. 05mol/L NaOH；

(2) 往 400mL 该缓冲溶液中加入 100mL 0. 05mol/L HCl。

解：该缓冲溶液的各组分浓度不太小，故按最简式计算：

$$pOH = pK_b - \lg \frac{C_b}{C_a} = 474 - \lg \frac{0.2}{0.3} = 4.92 \quad pH = 9.08$$

(1) 加入 NaOH 以后，NH_3 和 NH_4^+ 的浓度分别为

$$C_{NH_3} = \frac{400 \times 0.2 + 100 \times 0.05}{500} = 0.17 mol/L$$

$$C_{NH_4^+} = \frac{400 \times 0.3 - 100 \div 0.05}{500} = 0.23 mol/L$$

$$pOH = pK_b - \lg \frac{C_b}{C_a} = 4.74 - \lg \frac{0.17}{0.23} = 4.87$$

pH = 9. 13

(2) 加入 HCI 以后，NH_3 和 NH_4^+ 的浓度分别为

$$C_{NH_3} = \frac{400 \times 0.2 - 100 \times 0.05}{500} = 0.15 mol/L$$

$$C_{NH_4^+}=\frac{400\times0.3+100\div0.05}{500}=0.25mol/L$$

$$pOH=pK_b-Lg\frac{C_b}{C_a}=4.74-lg\frac{0.15}{0.25}=4.96$$

$pH=9.04$

例 7-6 计算 0.1mol/L HAc-2.0×10^{-3}mol/L NaAc 溶液的 pH 值

解： 先按最简式计算

$$pH=pK_a-lg\frac{C_a}{C_b}=474-lg\frac{0.1}{2\times10^{-3}}=3.04$$

由于溶液显酸性，所以 $c[H^+]>c[OH^-]$，但 NaAc 的浓度不远大于 $c[H^+]$，故应按近似式进行计算。

$$c[H^+]=K_a\cdot\frac{C_a-c[H^+]}{C_b+c[H^+]}\quad [H^+]=6.7\times10^{-4}mol/L\quad pH=3.17$$

例 7-7 将 0.4mol/L HA-1.000mol/L NaA 缓冲溶液稀释至 50 倍和 500 倍，比较稀释前后溶液的 pH 值，已知 $pK_a=3.74$。

解： (1)溶液未稀释时，酸同其共轭碱的浓度都较大，按最简式计算得：

$$pH=pK_a-lg\frac{C_a}{C_b}=4.14，c[H^+]=7.2\times10^{-5}mol/L。$$

(2)稀释 50 倍以后，$C_{HA}=8\times10^{-3}mol/L$；$C_{A^-}=2\times10^{-2}mol/L$，按最简式计算得$c[H^+]=7.2\times10^{-5}mol/L$，共轭酸碱的浓度较$[H^+]$大 200 倍以上，说明稀释 50 倍以后，按最简式计算仍为合理。

(3) 稀释 500 倍以后，$C_{HA}=8\times10^{-4}mol/L$；$C_{A^-}=2\times10^{-3}mol/L$，如按最简式计算得 $c[H^+]=7.2\times10^{-5}mol/L$，虽然共轭酸碱浓度较$[H^+]$大，但倍数有限，须按近似式计算。

$$c[H^+]=6.0\times10^{-5}mol/L，pH=4.21。$$

可见，如果按最简式计算，所得$[H^+]$将有较大的误差，但如果其他条件不变，仅将酸的强度降低，令 $K_a=1.8\times10^{-5}$，则由最简式计算的 $c[H^+]=7.2\times10^{-6}mol/L$，显然共轭酸碱的浓度仍较 $c[H^+]$大许多，此时按最简式计算仍为合理，这说明在实际计算过程中，到底应选用何种公式进行计算应视具体情况而定。

7.4.3 缓冲容量与缓冲范围

一切缓冲溶液，只能在加入一定数量的强酸或强碱或适当稀释时，才能保持溶液的 pH 基本上不变。所以，每一种缓冲溶液只具有一定的缓冲能力。早在 1922 年范斯莱克提出以缓冲容量作为衡量缓冲溶液能力大小的尺度。其定义可用数学式表示为：

$$\beta=\frac{db}{dpH}=-\frac{da}{dpH}\qquad(7-22)$$

式中，β 为缓冲容量，又称为缓冲指数；db 和 da 分别代表强酸或强碱的物质的量；dpH 表示 pH 改变值。由于β 总是保持正值，而 pH 则随酸的加入而降低，故第二个等式前需要引入负号。该式的物理意义是：为使 1L 缓冲溶液的 pH 值增加(或减少)1 个单位所需加入的强碱(酸)的物质的量。

缓冲溶液缓冲容量的大小与缓冲溶液的总浓度及组分比有关。总浓度越大，缓冲容量越大；总浓度一定时，缓冲组分的浓度比越接近于 1∶1，缓冲容量越大，当 $pH=pK_a$ 时，缓冲容量最大。

缓冲组分的浓度比离 1∶1 越远，缓冲容量越小，甚至可能失去缓冲作用。因此，任何缓冲溶液的缓冲作用都有一个有效的 pH 范围，这个有效的 pH 范围叫作缓冲范围。它大约在 pK_a 两侧各一个 pH 单位之内，即：$pH=pK_a\pm1$ 或 $pH=pK_w-(pK_b\pm1)$。

例如：HAc-NaAc 缓冲溶液，$pK_a=4.74$，其缓冲范围是 $pH=3.74\sim5.74$。又如NH_3-NH_4Cl 缓冲溶液，$pK_b=4.74$，其缓冲范围是 $pH=8.26\sim9.26$。

习题

1. 酸碱质子理论如何定义酸和碱？有何优越性？什么叫做共轭酸碱对？举例说明之。

2. 为什么某酸越强，则其共轭碱就越弱，或某酸越弱，其共轭碱越强？共轭酸碱对电解常数有何定量关系？

3. 为什么计算多元弱酸弱碱中的氢离子浓度时，可近似地用一级电离平衡进行计算？

4. 何谓缓冲容量，决定缓冲容量大小的主要因素是什么？

5. 试判断下列化学反应方向，并用质子理论说明其原因。

(1) $HAc+CO_3^{2-}\rightleftharpoons HCO_3^-+Ac^-$

(2) $H_3O^++HS^-\rightleftharpoons H_2S+H_2O$

(3) $H_2O+H_2O\rightleftharpoons OH^-+H_3O^+$

(4) $HS^-+H_2PO_4^-\rightleftharpoons H_3PO_4+S^{2-}$

(5) $H_2O+SO_4^{2-}\rightleftharpoons HSO_4^-+OH^-$

6. 某次酸雨分析结果如下：

$c[NH_4^+]=2.0\times10^{-5}$mol/L；$c[Cl^-]=7.0\times10^{-6}$mol/L；

$c[Na^+]=3.0\times10^{-6}$mol/L；$c[NO_3^-]=2.3\times10^{-5}$mol/L；

$c[SO_4^{2-}]=2.8\times10^{-5}$mol/L

试计算酸雨的 pH 值。

7. 欲配制 pH=9 的缓冲溶液 500mL，需 28%、密度为 0.9 的氨水和 10.0mol/L 的 HCl 各多少 mL？（已知缓冲溶液中 NH_3 和 NH_4^+ 的总浓度为 1.0mol/L，$K_b=1.76\times10^{-5}$）

8. 在烧杯中盛放 20.00mL 0.10mol/L 氨水溶液，逐步加入 0.10mol/L HAc 溶液，试计算：

(1) 当加入 10.00mL HCl 后，混合溶液的 pH 值；

(2) 当加入 20.00mL HCl 后，混合溶液的 pH 值；

(3) 当加入 30.00mL HCl 后，混合溶液的 pH 值。

($K_b(NH_3\cdot H_2O)=1.76\times10^{-5}$)

9. 20.00mL 0.10mol/L 的 Na_3PO_4 水溶液与 20.00mL 0.10mol/L 的 H_3PO_4 水溶液混合，计算混合液的 pH？（已知 H_3PO_4 的 $K_{a1}=7.6\times10^{-3}$；$K_{a2}=6.3\times10^{-8}$；$K_{a3}=4.4\times10^{-13}$）

10. 写出下列各溶液的质子平衡式：

(1) NH_4Ac　(2) NaH_2PO_4　(3) $(NH_4)_2HPO_4$　(4) $HAc+H_3BO_3$

(5) NaH_2PO_4+HCl　(6) $NaHCO_3+Na_2CO_3$

11. 写出含物种 F^-、HF、HF_2^- 和 Ba^{2+}的饱和的 BaF_2 溶液的物料平衡式。

12. 计算 0.10mol/L $NaHCO_3$ 溶液中的 Na^+、H_2CO_3、HCO_3^-、CO_3^{2-} 和 H^+离子的浓度。

13. 写出 HB+NaB 混合溶液的 MBE、CBE、PBE。

14. 溶解 0.010mol NaAc 和 0.002mol HCl 加足量的水配制成 1L 溶液，试问：

(1) 该溶液中有哪些物种？

(2) 写出该溶液中所有的物料平衡式。

(3) 计算所有物种的浓度，参与(2)中平衡的物种除外。

(4) 有几种物种的浓度是未知的？要想求出这几个未知的浓度需要几个方程，列出你认为必要的方程。

15. 甲溶液为一元弱酸，其 $c[H^+]=a$mol/L，乙溶液为该一元弱酸的钠盐溶液，其 $c[H^+]=b$mol/L，当上述甲溶液与乙溶液等体积混合后，测得其 $c[H^+]=r$mol/L，试求该一元弱酸的离解常数。

第8章　氧化还原反应与电化学

内容提要：

(1) 氧化还原反应与原电池的基本概念，原电池的表示方法及原电池的电池反应和电池半反应，离子-电子法配平氧化还原反应方程式。

(2) 电池电动势和电极电势的基本概念及基本理论。

(3) 原电池热力学，重点是“桥梁公式”、能斯特方程式及其应用——判断氧化还原反应的方向、限度等。

(4) 简单介绍化学电源和腐蚀电池的有关知识。

学习要求：

(1) 了解原电池的组成，会用原电池符号表示原电池；掌握离子-电子法配平氧化还原反应方程式的方法。

(2) 了解电极电势和电池电动势的概念，能用能斯特方程式计算原电池的电动势及电对的电极电势。

(3) 理解电池电动势与氧化还原反应的吉布斯函变、电极的标准电极电势与标准吉布斯函变及氧化还原反应标准平衡常数之间的关系，并掌握有关的基本计算。

(4) 掌握电极电势及电池电动势的基本应用：判断氧化还原反应进行的方向和程度、判断氧化剂和还原剂的相对强弱。

(5) 了解常见的化学电源，了解金属腐蚀与防护原理。

氧化还原概念最早是在18世纪末由法国化学家拉瓦锡(A. L. Lavoisier)在发现氧元素之后首先提出的：“氧化”是指物质与氧气化合，“还原”是指氧化物失去氧。随后化学家又认为氧化不仅指与氧化合，也包括除去氢的反应，而还原则不仅指除去氧，也包括与氢结合的反应。到了19世纪的50年代有了化合价的概念后，人们把化合价升高的过程叫作氧化(oxidation)，把化合价降低的过程叫作还原(reduction)。再后来到了1892年，被誉为“物理化学之父”的德国物理化学家奥斯特瓦尔德(F. W. Ostwald)又提出氧化还原反应是由于电子转移引起的，把失电子的过程叫氧化，得电子的过程叫还原。例如

$$Zn(s)+Cu^{2+}(aq) \rightleftharpoons Zn^{2+}(aq)+Cu(s)$$

在此过程中，Cu^{2+}得到两个电子发生还原反应，Cu^{2+}是氧化剂(oxidant)，本身处于氧化态(oxidation state)；Cu^{2+}得到电子后转变成的Cu具有重新失去电子的倾向，因而处于还原态(reducing state)。与此同时，Zn失去两个电子，发生氧化反应，Zn是还原剂(reductant)，本身处于还原态。以上总的结果是电子从Zn转移到Cu^{2+}。有失电子的，必有得电子的，得失电子必定同时发生，所以合称为氧化还原反应(redox reaction)。物质的氧化态和还原态的这种共轭关系类似于酸碱共轭关系，只不过在氧化还原反应中是电子的转移，而在酸碱反应中是质子的传递。

在一定条件下，氧化还原反应中转移的电子若能定向移动就形成电流，把这种利用自发氧化还原反应产生电流的装置叫原电池(galvanic cell)；利用电流促使非自发氧化还原反应

发生的装置叫电解池(electrolytic cell)。原电池和电解池通称为化学电池(electrochemical cell)。研究化学电池中氧化还原反应过程以及化学能和电能相互转化规律的化学分支叫电化学(electrochemistry)。本章主要介绍氧化还原反应和电化学的有关内容。

8.1 氧化还原反应与原电池

8.1.1 原电池与电解池

1. 原电池的组成

可以说电化学研究始于 18 世纪和 19 世纪之交化学反应中电效应的研究，而化学反应中电效应的研究又从意大利科学家伽伐尼(L. Galvani，1737~1798 年)发现电和意大利物理学家伏特(A. Vlota，1745~1827 年)发明电池开始。

1786 年，伽伐尼在一次偶然的机会中发现，放在两块不同金属之间的蛙腿会发生痉挛现象，他认为这是一种生物电现象。1791 年伏特得知了这一发现，并对其产生了极大的兴趣，做了一系列实验。他用两种金属接成一根弯杆，一端放在嘴里，另一端和眼睛接触，在接触的瞬间就有光亮的感觉产生；他用舌头舔着一枚金币和一枚银币，然后用导线把硬币连接起来，就在连接的瞬间，舌头有发麻的感觉。因此他认为伽伐尼电并非动物生电，而在本质上是一种物理的电现象，蛙腿本身不放电，是外来电使蛙腿神经兴奋而发生痉挛。后来为了验证他自己的观点，他用锌片和铜片插入盛有盐水的容器中，在锌片和铜片的两端即可测出电压，甚至他将锌片和铜片插在柠檬中也可产生电压，这就是最早的“柠檬电池”，从而证明了只要有两片不同的金属和溶液存在，不用动物体也可以有电产生。在此基础上，1800 年他又通过实验进一步证明了他的观点：他把银和锌的小圆片相互重叠成堆，并用食盐水浸透过的厚纸片把各对圆片互相隔开，在头尾两圆片上连接导线，当这两条导线接触时，产生火花放电。这就是科学史上著名的“伏特电堆”。

19 世纪初，化学家们开始使用伏特电堆发出的电流做实验，从而促使电化学研究有了一个巨大的发展。

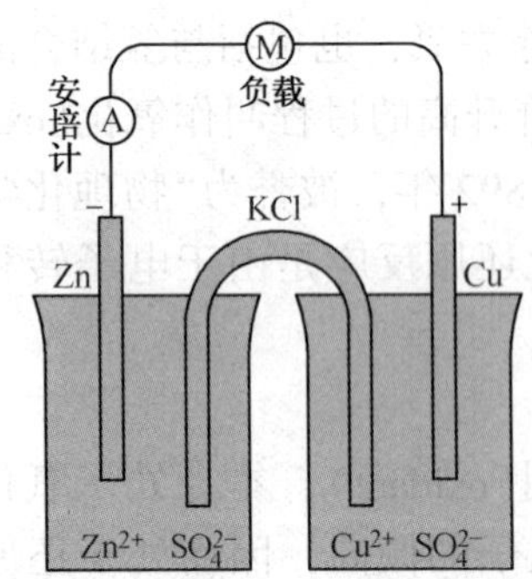

图 8-1 Daniell 原电池示意图

原电池真正被广泛应用还是在 1836 年英国化学家丹尼尔(J. F. Daniell，1790~1845 年)提出的丹尼尔电池以后。该电池的原理与伏特电池基本相同，所不同的是每个金属分别插在它们自己的金属离子溶液中组成两个半电池(half cell)，被称作两个电极(electrode)，中间通过一个盐桥将两个半电池相连，如图 8-1 所示。

用导线将两个电极接通后，检流计指针发生偏转，表明有电流通过，且通过指针偏转方向可以知道，电流由铜电极流向锌电极。即反应过程中，锌板由于放出电子发生氧化反应而逐渐溶解，本身成为 Zn^{2+} 进入 $ZnSO_4$ 溶液中，电子从锌板经导线流向铜极，而 $CuSO_4$ 溶液中的 Cu^{2+} 在铜板上获得电子发生还原反应，变为铜而析出。

电极反应写作

Zn 极 $$Zn \longrightarrow Zn^{2+} + 2e^-$$

Cu 极 $$Cu^{2+} + 2e^- \longrightarrow Cu$$

总反应方程式为 $$Zn(s) + Cu^{2+}(aq) \rightleftharpoons Zn^{2+}(aq) + Cu(s)$$

根据热力学数据计算可知，该反应的 $\Delta_r G_m^\ominus = -212$ kJ/mol，是一个典型的自发反应。如果将锌片直接插入 $CuSO_4$ 溶液中，反应的结果是铜在锌片上析出，化学能基本上转变为热能放出，而得不到电流。但同一自发进行的反应在原电池中进行时，则可将化学能转变为电能。后来，人们利用能自发进行的化学反应制得了各种各样的电池。

从伏特电池和丹尼尔电池可见，一个原电池必须由两个基本部分组成：两个电极和电解质溶液。对于给出电子发生氧化反应的电极，如丹尼尔电池中的 Zn 极，由于其电势较低，被称为负极(negative electrode)；而接受电子发生还原反应的一极，如 Cu 极，由于其电势较高，而称作正极(positive electrode)。如果两个电极同插在同一个电解质溶液中，就称作单液电池(one-fluid cell)，若分别插在两个电解质溶液中，就称作双液电池(double-fluid cell)。如丹尼尔电池就是双液电池。对于双液电池，如果不接通溶液内电路，两个溶液中就会由于电极上所发生的氧化或还原反应，而使两溶液分别积累正电荷或负电荷，从而阻止电子继续从负极通过导线流向正极，导致反应终止。为此，对于双液电池，为保持溶液呈电中性，使电流持续产生，必须在两溶液中放一盐桥(salt bridge)，使内电路接通。它是一只装满饱和电解质(如 KCl 或 NH_4NO_3)溶液(用胶冻状的琼脂固定)的倒置 U 形管。

从 Daniell 电池中，我们还可以看出，每个电极必须同时存在某一物质的氧化态和还原态，如 Zn 电极的氧化态 Zn^{2+} 和还原态 Zn，Cu 极的氧化态 Cu^{2+} 和还原态 Cu。把组成电极的一对氧化态和还原态物质称为一对氧化还原电对(redox couple)，简称电对，通常表示为：氧化态/还原态(或 Ox/Red)。

按照氧化态、还原态物质状态的不同，电极可以分为三类。

第一类电极是金属电极和气体电极。金属电极是由金属与其离子的溶液组成，如丹尼尔电池中锌电极和铜电极分别由锌与硫酸锌溶液、铜与硫酸铜溶液组成，简记为 $Zn^{2+} \mid Zn$ 和 $Cu^{2+} \mid Cu$。气体电极是由气体与其离子的溶液及能够吸附气体的惰性电极所构成，常用的惰性电极有铂和石墨等，其作用只是导体，本身并不参加电极反应。如氢电极就是由将镀有铂黑的铂片插入含有 H^+ 的溶液中，并向铂片上不断地通氢气而构成，如图 8-2 所示，用符号表示即为 $H^+ \mid H_2 \mid Pt$。常用气体电极还有氧电极和氯电极等，分别表示为 $Pt \mid O_2(g) \mid OH^-$，$Pt \mid Cl_2(g) \mid Cl^-$。

第二类电极是金属-金属难溶盐电极及金属-金属难溶氧化物电极。电极的结构是在金属的表面上覆盖一层该金属的难溶盐或难溶氧化物，再将其插入含有与该金属难溶盐具有相同阴离子的易溶盐的溶液或碱性溶液中而构成。如 Ag-AgCl 电极就是较常用的这一类电极，如图 8-3 所示，用符号表示为 $Ag \mid AgCl(s) \mid Cl^-$。

第三类电极是氧化还原电极。任一电极皆为氧化还原电极，这里所说的氧化还原电极是专指参加电极反应的物质均在同一个溶液中，电极的极板必须借助于惰性电极(如 Pt 电极)，如电极 Fe^{3+}，$Fe^{2+} \mid Pt$(如图 8-4 所示)、Cu^{2+}，$Cu^+ \mid Pt$ 和 MnO_4^-，$Mn^{2+} \mid Pt$ 等均为氧化还原电极。

2. 原电池与电解池的异同

原电池和电解池通称为化学电池。从组成上来看，它们都由两个电极和电解质溶液组成，肯定有一些相同之处，但从原理上来讲，它们是不同的两种电池。另外，在使用原电池时，习惯上常用正、负极称两个电极，而在电解过程中，对于电解池的两极，人们又常习惯于将它们分别称为阴级(cathode)和阳极(anode)。原电池和电解池存在如下区别。

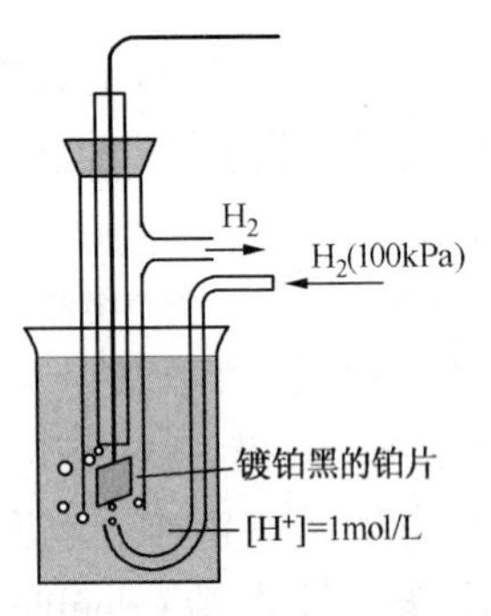

图 8-2　标准氢电极示意图

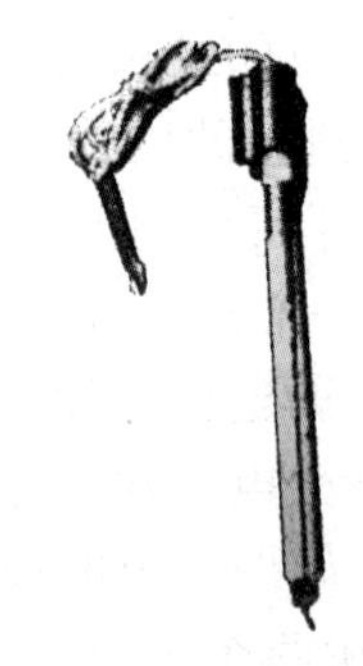
图 8-3　Ag-AgCl 电极

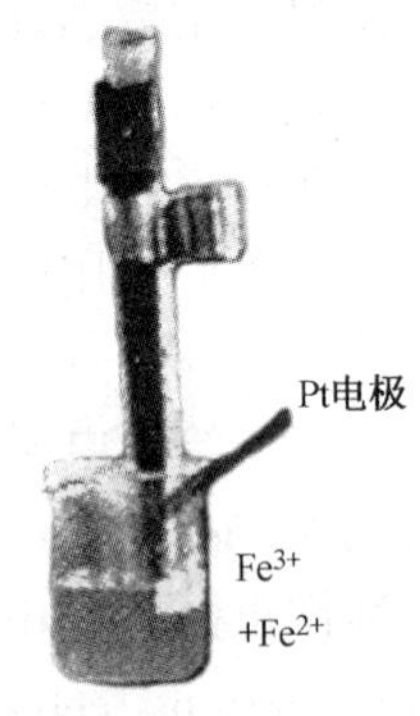

图 8-4 氧化还原电极

（1）能量转变形式不同　原电池是将化学能转变为电能，而电解池则是将电能转变为化学能。

（2）导致电极电势高低的因素不同　对于原电池，电极的极性由电极性质本身决定。易给出电子的一极，电势低为负极；易接受电子的一极，电势高为正极。而对于电解池，电极的极性由外电源决定，与外接电源的正极相连的一极，电势高，发生氧化反应为阳极，与电源负极相连的一极，电势低，发生还原反应为阴极，见图 8-5。

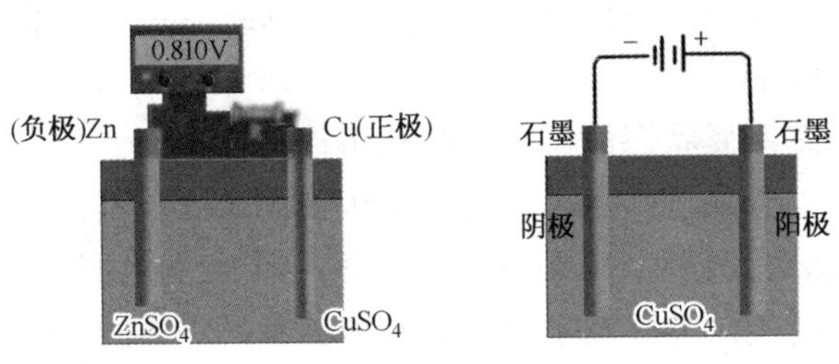

图 8-5　原电池与电解池的比较

8.1.2　原电池的半反应式与氧化还原反应方程式的配平

任何原电池都由两个电极部分组成，每个电极部分被称作一个半电池，每个半电池所发生的氧化或还原反应，即电极反应被称为原电池的半反应(half-reaction)。利用半反应式可以配平氧化还原反应，这种方法被称为配平氧化还原反应方程式的半反应式法或离子-电子法。该方法的具体步骤如下：

（1）以离子的形式表示出反应物和氧化还原产物；

（2）把一个氧化还原反应拆分成两个半反应，一个表示氧化剂的被还原，另一个表示还原剂的被氧化；

（3）分别配平每个半反应式，使两边的各种元素原子总数和电荷总数均相等；

（4）按氧化剂得电子总数和还原剂失电子总数必须相等的原则将两个半反应式各乘以适当的系数，使得失电子数相等，然后合并两个半反应即得总反应方程式。

例 8-1　将 $FeSO_4$ 溶液加入到酸化后的 $KMnO_4$ 溶液中，$KMnO_4$ 的紫色褪去，完成并配平该化学反应方程式。

解： 第一步：以离子的形式表示出反应物和氧化还原产物。将 $FeSO_4$ 溶液加入到酸化后的 $KMnO_4$ 溶液中，$KMnO_4$ 的紫色褪去，生成了 Mn^{2+}，而 Fe^{2+} 被氧化成 Fe^{3+}，表示为

$$Fe^{2+}+MnO_4^- \longrightarrow Fe^{3+}+Mn^{2+}$$

第二步：把上述反应拆成两个半反应

$$MnO_4^- \longrightarrow Mn^{2+} \qquad (\text{还原反应})$$

$$Fe^{2+} \longrightarrow Fe^{3+} \qquad (\text{氧化反应})$$

第三步：分别配平两个半反应式，使两边的各种元素原子总数和电荷总数均相等，由于反应在酸性条件下进行，对于有氢或氧参加的反应，可以通过加 H^+ 或 H_2O 来调整半反应式两边的氢、氧原子个数。

$$MnO_4^-+8H^++5e^- = Mn^{2+}+4H_2O$$

$$Fe^{2+} = Fe^{3+}+e^-$$

在第一个半反应中，由于反应物中多 4 个 O，在酸性条件下可通过加 8 个 H^+ 生成 4 个 H_2O 而使两边的氢、氧原子个数相等。

第四步：按氧化剂得电子总数和还原剂失电子总数必须相等的原则将两个半反应各乘以适当系数，使两个半反应得失电子总数相等，并等于它们的最小公倍数，然后再将两个半反应方程式相加，即得配平了的总的反应(电池反应)方程式。

$$\begin{array}{rl|l} & MnO_4^-+8H^++5e^- = Mn^{2+}+4H_2O & \times 1 \\ +) & Fe^{2+} = Fe^{3+}+e^- & \times 5 \\ \hline & MnO_4^-+8H^++5Fe^{2+} = Mn^{2+}+5Fe^{3+}+4H_2O & \end{array}$$

例 8-2 配平 $ClO^-+Cr(OH)_4^{2-} \longrightarrow Cl^-+CrO_4^{2-}$ （碱性介质）

解：配平步骤同上：

第一步 $$ClO^-+Cr(OH)_4^{2-} \longrightarrow Cl^-+CrO_4^{2-}$$

第二步 $$ClO^- \longrightarrow Cl^- \qquad (\text{还原反应})$$

$$Cr(OH)_4^{2-} \longrightarrow CrO_4^{2-} \qquad (\text{氧化反应})$$

第三步 $$ClO^-+H_2O+2e^- = Cl^-+2OH^-$$

$$Cr(OH)_4^{2-}+4OH^- = CrO_4^{2-}+4H_2O+3e^-$$

在第一个半反应中，由于反应物中多 1 个 O，在碱性条件下只能通过加 1 分子 H_2O 生成 2 个 OH^- 而使两边的氢、氧原子个数相等。而在第二个半反应中，反应物中多 4 个 H 原子，在碱性条件下，可通过加 4 个 OH^- 生成 4 分子水而使两边的氢、氧原子个数相等。

第四步

$$\begin{array}{rl|l} & ClO^-+H_2O+2e^- = Cl^-+2OH^- & \times 3 \\ +) & Cr(OH)_4^{2-}+4OH^- = CrO_4^{2-}+4H_2O+3e^- & \times 2 \\ \hline & 3ClO^-+2Cr(OH)_4^{2-}+2OH^- = 3Cl^-+2CrO_4^-+5H_2O & \end{array}$$

从上述例题中可见，利用半反应式法配平氧化还原反应的关键是配平半反应式，而配平半反应式的关键，一是根据反应物和产物确定半反应得到或失去电子的数目，再就是反应式两边氢、氧原子个数的调整。由于反应介质不同，反应物较产物中少 O 还是多 O 的情况也不同，所以调整 H、O 原子个数方法也就不同。如例 8-1 中，是在酸性条件下，反应物中多 O，可通过加 H^+ 生成水来调整，而在例 8-2 中，是碱性条件，反应物中再多 H 时就不能靠加 H^+ 来调整，而只能靠加 H_2O 生成 OH^- 来调整。另外还有反应物中少 O 的情况，调整 H、

O 原子个数的方法也有所不同。下面将几种调整 H、O 原子的方法总结于表 8-1 中。

表 8-1　不同介质中氧化还原半反应中氢、氧原子的调整方法

介质种类	反应物中	
	多一个 O 原子	少一个 O 原子
酸	$+2H \xrightarrow{结合[O]} H_2O$	$+H_2O \xrightarrow{提供[O]} 2H^+$
碱	$+H_2O \xrightarrow{结合[O]} 2OH^-$	$+2OH^- \xrightarrow{提供[O]} H_2O$
中性	$+H_2O \xrightarrow{结合[O]} 2OH^-$	$+H_2O \xrightarrow{提供[O]} 2H^+$

8.1.3　原电池的表示方法——原电池符号

为了表示方便，原电池可以用原电池符号(cell notation)来表示，如丹尼尔电池可表示为

$$(-)Zn \mid ZnSO_4(c_1) \parallel CuSO_4(c_2) \mid Cu(+)$$

在原电池符号中，通常采用如下规定：将发生氧化反应的负极写在左边，将发生还原反应的正极写在右边；按原电池中各种物质实际接触顺序用化学式从左到右依次排列，并列出各个物质的组成及聚集状态(气、液、固)，溶液应注明浓度，气体则应标明分压；用实垂线"｜"表示不同相之间的界面，用双垂线"‖"表示由盐桥联结着两种不同的溶液。

任何一个氧化还原反应都可以将其设计成一个原电池，使氧化还原反应在原电池中进行，从而将化学能转变为电能。在由氧化还原反应设计原电池时，首先将氧化还原反应分解为两个半反应，从而确定两个相应的电极，然后根据失电子的为负极写在电池符号的左边，得电子的为正极写在电池符号的右边，即得原电池的符号。

例 8-3　对于下列氧化还原反应

$$2Ag^+(aq)+Zn(s) = 2Ag(s)+Zn^{2+}(aq)$$

$$2Ag(s)+2H^+(aq)+2I^-(aq) = 2AgI(s)+H_2(g)$$

① 写出对应的半反应式；

② 按这些反应设计原电池，并写出原电池符号。

解：①对于反应　$2Ag^+(aq)+Zn(s) = 2Ag(s)+Zn^{2+}(aq)$

先将反应分解为两个半反应

$$2Ag^+(aq)+2e^- = 2Ag(s)\quad(正极)$$

$$Zn(s) = Zn^{2+}(aq)+2e^-\quad(负极)$$

按半反应式确定相应的两个电极

正极为　$Ag^+ \mid Ag$，负极为 $Zn^{2+} \mid Zn$

按写电池符号的规定写出电池符号

$$(-)Zn \mid Zn^{2+}(c_1) \parallel Ag^+(c_2) \mid Ag(+)$$

② 对于反应　$2Ag(s)+2H^+(aq)+2I^-(aq) = 2AgI(s)+H_2(g)$

半反应式

$$2H^+(aq)+2e^- = H_2(g)\quad(正极)$$

$$2Ag(s)+2I^-(aq) = 2AgI(s)+2e^-\quad(负极)$$

确定两个电极正极为 $H^+(aq) \mid H_2(g) \mid Pt$，负极为 $I^-(aq) \mid AgI(s) \mid Ag$

电池符号为　$(-)Ag \mid AgI(s) \mid I^-(c_1) \parallel H^+(c_2) \mid H_2(p_1) \mid Pt(+)$

8.2 电极电势与电池电动势

8.2.1 电极电势与电池电动势的产生

按图 8-1 装置，当用导线把丹尼尔原电池的两个电极连接起来时，检流计指针就会偏转。这表明在两个电极之间存在电势差，也就是说两个电极的电势不同。什么是电极电势？它是如何产生的？早在 1889 年，德国化学家能斯特在解释金属活动顺序表时提出了一个金属在溶液中的双电层理论(double electrode layer theory)，并用此理论定性地解释了电极电势产生的原因。下面以锌电极为例来说明。

当把金属锌放在锌离子溶液中时，会同时出现两种相反的趋向。一方面锌表面上的锌离子由于受极性很大的水分子的作用，有离开金属锌表面而溶解于溶液中的趋向，金属锌的表面由于失去锌离子而带负电；另一方面，溶液中的锌离子碰撞到锌的表面受电子的吸引也可沉积到金属表面上。此两过程可表示如下

$$Zn \underset{\text{沉积}}{\overset{\text{溶解}}{\rightleftharpoons}} Zn^{2+} + 2e^-$$

当溶解与沉积的速率相等时，则达到一种动态平衡。由于锌较活泼，其溶解趋势大于沉积趋势，结果锌表面因自由电子过剩而带负电荷，锌附近溶液则具有带正电荷的剩余电量，而在锌片和溶液间形成了双电层如图 8-6 所示。与锌相比，对于活泼性较差的金属如铜，当达到平衡时，沉积趋势大于溶解趋势，使金属带正电荷，而附近的溶液带负电荷，也构成双电层。像这种形成的双电层之间的电势差就是电极的电极电势(electrode potential)。其他类型的电极与金属电极类似，也由于在电极与溶液之间形成双电层产生电势差而具有电极电势。

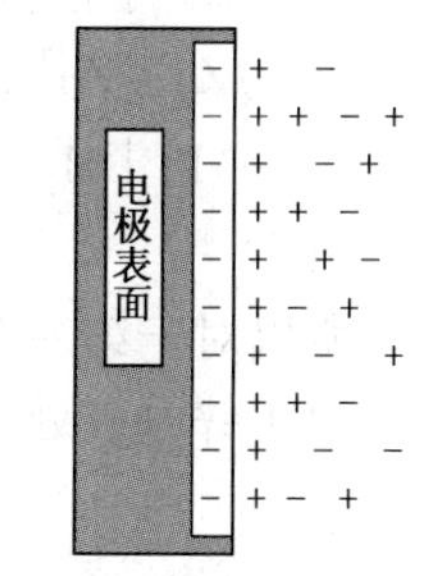

图 8-6 双电层示意图

不同的电极形成双电层的电势差不同，电极电势就不同。电极电势用 E(氧化态/还原态)表示。当两个电极电势不同的电极组合时，电子将从负极流向正极，从而产生电流。例如，在 Daniell 电池中，若两种溶液的浓度相等，则因锌比铜活泼，在锌极上集聚的电子要比铜极上的多，电极电势相对较低，用导线连接时，就有一定数量的电子流向铜极。锌极上电子的减少和铜极上电子的增加，破坏了两极的双电层。这样，锌极上又会有一定数量的锌离子溶入溶液中，同时也有相应数量的铜离子在铜极上获得增加的电子而析出。因此就使电子再由锌极流向铜极，并使锌的溶解和铜的析出过程继续下去。原电池就持续不断地产生电流。显然，此电流的产生是由于两个电极间存在电势差所致。

在接近零电流条件下，原电池两极之间的电势差就是原电池的电动势(electromotive force)，常用 E 表示。电极电势高的为正极($E_{正}$)，电极电势低的为负极($E_{负}$)，则电池的电动势 E 为

$$E = E_{正} - E_{负} \tag{8-1}$$

8.2.2 电极电势的确定和标准电极电势

不同电极的电极电势不同，迄今为止，人们还无法直接测出单个电极电势的绝对值。因为用电位差计直接测出的是电池两极的电势差，而不是单个电极的电势。实际上，人们并不关心单个电极的绝对电极电势的大小，而更关心的是不同电极的电势相对大小，类似于在了

解物质的焓(H)或吉布斯函数(G)时，更需要知道的是ΔH或ΔG，而不是其绝对值一样。为了比较不同电极的电极电势之间的相对大小，人们通常采用选择一个标准电极(standard electrode)，并将其电极电势人为地规定为零，然后将任一电极与标准电极组成原电池，测定电动势，这样就可确定该电极的电极电势的相对值。

按 IUPAC 规定，采用标准氢电极(standard hydrogen electrode)为标准电极，并将其电极电势定义为零。标准氢电极的组成和装置如图 8-2 所示，当H^+及$H_2(g)$均处于标准态，即H^+浓度为 1mol/L、氢气为纯净的且其压力为标准压力$p^{\ominus}$(即 100kPa)时，就组成标准氢电极，可用符号表示为

$$H^+(1mol/L) \mid H_2(100kPa) \mid Pt,\ E^{\ominus}(H^+/H_2)=0.0000V$$

E右上角"⊖"表示组成电极的各物质均处于标准态，即溶液浓度为 1mol/L，或气体压力为标准压力 100kPa。

规定了标准电极后，其他任何电极若与标准电极组成电池，当测定电池的电动势之后，即可确定该电极的电势。若待测电极也处于标准态，则测得的电极电势就称为该电极的标准电极电势(standard electrode potential)，用符号$E^{\ominus}$(氧化态/还原态)表示。

如实验可测定如下电池的电动势。电极的正、负可由电位差计指针的偏转来确定。

$$(-)Zn \mid Zn^{2+}(1mol/L) \parallel H^+(1mol/L) \mid H_2(100kPa) \mid Pt(+) \qquad E^{\ominus}=0.7618V$$

$$(-)Pt \mid H_2(100kPa) \mid H^+(1mol/L) \parallel Cu^{2+}(1mol/L) \mid Cu(+) \qquad E^{\ominus}=0.337V$$

由于 $$E=E_{正}-E_{负}$$

所以对于第一个电池 $E=E^{\ominus}(H^+/H_2)-E(Zn^{2+}/Zn)=0.7618V$

由于锌电极处于标准态，所以

$$E(Zn^{2+}/Zn)=E^{\ominus}(Zn^{2+}/Zn)=E^{\ominus}(H^+/H_2)-0.7618V$$
$$=0.0000V-0.7618V=-0.7618V$$

即锌电极的标准电极电势为-0.7618V。

对于第二个电池，也由于铜电极处于标准态，所以

$$E=E^{\ominus}(Cu^{2+}/Cu)-E^{\ominus}(H^+/H_2)=0.337V$$

$$E^{\ominus}(Cu^{2+}/Cu)=0.337V+E^{\ominus}(H^+/H_2)=0.337V+0.0000V=0.337V$$

即铜电极的标准电极电势为 0.337V。

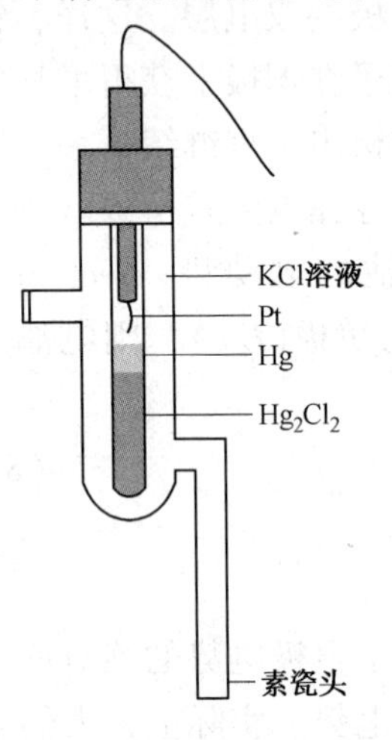

图 8-7 甘汞电极结构示意图

可见，电极的电势可以是正值，也可以是负值。正负值是相对于标准氢电极为零而言的。锌电极的$E^{\ominus}(Zn^{2+}/Zn)=-0.7618V$，意味着标准锌电极的电势比标准氢电极低 0.7618V；同理，铜电极的$E^{\ominus}(Cu^{2+}/Cu)=0.337V$，意味着标准铜电极的电势比标准氢电极高 0.337V。

在实际测定中，由于控制标准氢电极的条件十分严格，使用不方便，常采用某些电极电势非常稳定、且使用非常方便的参比电极(reference electrode)代替标准氢电极进行测定。最常用的参比电极是甘汞电极(calomel electrode)，如图 8-7 所示。甘汞电极属于金属和金属难溶盐电极，是由少量汞、甘汞(Hg_2Cl_2)和氯化钾制成糊状物，放入氯化钾溶液中而制成，用铂丝导电。对应的电极反应为

$$Hg_2Cl_2(s)+2e^- \rightleftharpoons 2Hg(l)+2Cl^-(aq)$$

甘汞电极的电极电势与KCl溶液的浓度和温度有关，其中KCl浓度达饱和时的甘汞电极即饱和甘汞电极(saturated calomel electrode)是最常用的，用符号SCE表示。298.15K时饱和甘汞电极的电极电势为0.2412V。其他浓度下的电极电势见表8-2。

表8-2　甘汞电极的电极电势与KCl浓度的关系

KCl溶液浓度	0.1mol/L	1mol/L	饱和溶液
E(25℃)/V	0.3337	0.2801	0.2412

根据上述方法，可以测定出各种电极的标准电极电势。通常列成标准电极电势表(见表8-3及附录5)以供查用。

表8-3　常见电极的标准还原势(水溶液，298.15K)

特点	电对	电极反应	$E^{\ominus}$/V	特点
	氧化态/还原态	氧化态+$ne^-\rightleftharpoons$还原态		
	Li^+/Li	$Li^++e^-\rightleftharpoons Li$	-3.0401	
	K^+/K	$K^++e^-\rightleftharpoons K$	-2.931	
	Ca^{2+}/Ca	$Ca^{2+}+2e^-\rightleftharpoons Ca$	-2.868	
	Na^+/Na	$Na^++e^-\rightleftharpoons Na$	-2.71	
	Mg^{2+}/Mg	$Mg^{2+}+2e^-\rightleftharpoons Mg$	-2.372	
	Al^{3+}/Al	$Al^{3+}+3e^-\rightleftharpoons Al$	-1.662	
	Zn^{2+}/Zn	$Zn^{2+}+2e^-\rightleftharpoons Zn$	-0.7618	
	Fe^{2+}/Fe	$Fe^{2+}+2e^-\rightleftharpoons Fe$	-0.447	
	Cd^{2+}/Cd	$Cd^{2+}+2e^-\rightleftharpoons Cd$	-0.4030	
	Sn^{2+}/Sn	$Sn^{2+}+2e^-\rightleftharpoons Sn$	-0.1375	
	Pb^{2+}/Pb	$Pb^{2+}+2e^-\rightleftharpoons Pb$	-0.1262	
还原态的还原性减弱↓	H^+/H_2	$2H^++2e^-\rightleftharpoons H_2$	0.0000	氧化态的氧化性增强↓
	Sn^{4+}/Sn^{2+}	$Sn^{4+}+2e^-\rightleftharpoons Sn^{2+}$	+0.151	
	Cu^{2+}/Cu	$Cu^{2+}+2e^-\rightleftharpoons Cu$	+0.3419	
	O_2/OH^-	$O_2+2H_2O+4e^-\rightleftharpoons 4OH^-$	+0.401	
	I_2/I^-	$I_2+2e^-\rightleftharpoons 2I^-$	+0.5355	
	Fe^{3+}/Fe^{2+}	$Fe^{3+}+e^-\rightleftharpoons Fe^{2+}$	+0.771	
	Hg^{2+}/Hg	$Hg_2^{2+}+2e^-\rightleftharpoons 2Hg$	+0.7973	
	Ag^+/Ag	$Ag^++e^-\rightleftharpoons Ag$	+0.7996	
	Hg_2^{2+}/Hg	$Hg_2^{2+}+2e^-\rightleftharpoons 2Hg$	+0.851	
	Br_2/Br^-	$Br_2+2e^-\rightleftharpoons 2Br^-$	+1.066	
	O_2/H_2O	$O_2(g)+4H^++4e^-\rightleftharpoons 2H_2O(l)$	+1.229	
	$Cr_2O_7^{2-}/Cr^{3+}$	$Cr_2O_7^{2-}+14H^++6e^-\rightleftharpoons 2Cr^{3+}+7H_2O$	+1.232	
	Cl_2/Cl^-	$Cl_2(g)+2e^-\rightleftharpoons 2Cl^-$	+1.35827	
	Au^{3+}/Au	$Au^{3+}+3e^-\rightleftharpoons Au$	+1.498	
	MnO_4^-/Mn^{2+}	$MnO_4^-+8H^++5e^-\rightleftharpoons Mn^{2+}+4H_2O$	+1.507	
	Au^+/Au	$Au^++e^-\rightleftharpoons Au$	+1.692	
	$S_2O_8^{2-}/SO_4^{2-}$	$S_2O_8^{2-}+2e^-\rightleftharpoons 2SO_4^{2-}$	+2.010	
	F_2/F^-	$F_2(g)+2e^-\rightleftharpoons 2F^-$	+2.866	

使用表中的数据时，应注意如下几点。

① 表中电对按氧化态/还原态顺序书写，电极反应按还原反应书写，即

$$氧化态+ne^-\rightleftharpoons还原态$$

所以这种电势被称为标准还原电势或还原氢标电势。电极电势的高低表明电子得失的难

易，同时表明了氧化还原能力的强弱。还原电极电势越正或越大(代数值)，表明该电对氧化态物质结合电子的能力越强，即氧化能力越强；反之，还原电极电势越小或越负，则表明该电对还原态物质失去电子的能力越强，即还原态的还原能力越强。如表 8-3 中从上往下，电极电势逐渐增大，各电对还原态的还原能力逐渐减弱，氧化态的氧化能力逐渐增强。比如对于金属元素来说，金属(还原态)的还原性逐渐减弱，而相应的金属离子(氧化态)的氧化能力逐渐增强，此顺序完全同金属的活泼顺序，这就从理论上解释了金属的活泼顺序。

② 标准电极电势的数值由物质本性决定，不因物质数量或浓度的变化而变化，即不具有加和性。例如

$$Ag^+ + e^- \rightleftharpoons Ag$$

$$2Ag^+ + 2e^- \rightleftharpoons 2Ag$$

其 $E^\ominus(Ag^+/Ag)$ 都是 0.7996V。

8.2.3 影响电极电势的因素——能斯特方程

电极电势的大小主要与电极的本性有关，此外还与温度、溶液的浓度及气体的分压等因素有关。表 8-3 中所列的数据是在 298.15K、各物质均处在标准态即溶液的浓度为 1mol/L、压力为 $p^\ominus$(100kPa)条件时的数据(标准电极电势)，而实际反应过程中，大多数溶液中的反应虽然都是在室温或接近室温下进行的，但各个物质却不一定都处在标准态，而导致电池电动势 E 与 $E^\ominus$ 有较大的差别。1889 年，德国化学家能斯特通过热力学理论推导出电池电动势随反应中各物质的浓度或气体物质的压力变化而变化的关系式，即电化学中著名的能斯特方程式(Nernst equation)，也被称为原电池的基本方程。

$$E = E^\ominus - \frac{RT}{nF}\ln Q \tag{8-2}$$

或

$$E = E^\ominus - \frac{2.303RT}{nF}\lg Q \tag{8-3}$$

式中，E 为反应处于任意状态时电池的电动势；$E^\ominus$ 为标准电池电动势(即 $E^\ominus_正 - E^\ominus_负$)；$R$ 是气体常数，8.314J/(mol·K)；F 为法拉第常数，96485℃/mol；T 为热力学温度；Q 为反应熵。当 T=298.15K(25℃)时，将 298.15K 及 R 和 F 的数值代入上式，可得

$$E = E^\ominus - \frac{0.0592}{n}\lg Q \tag{8-4}$$

当浓度发生变化时，反应熵 Q 发生变化，电池电动势 E 随之发生变化。上述 3 个式子表示了浓度对电池电动势的影响，都被称作电池电动势的能斯特方程式。

对于电极反应，能斯特方程式同样适用，只不过式中的 Q 指的是电极反应的反应熵，E 是电极电势，$E^\ominus$ 是标准电极电势。因为 $E^\ominus$ 是还原氢标电势，所以电极反应都要以还原反应表示。如若以 Ox 代表氧化态，用 Red 表示还原态，则任一电极反应表示为

$$a\text{Ox} + ne^- \rightleftharpoons b\text{Red} \qquad E^\ominus(\text{Ox/Red})$$

可推导得电极电势的能斯特方程为

$$E(Ox/\text{Red}) = E^\ominus(\text{Ox/Red}) - \frac{2.303RT}{nF}\lg\frac{[c(\text{Red}/c^\ominus)]^b}{[c(\text{Ox}/c^\ominus)]^a}$$

或

$$E(Ox/\text{Red}) = E^\ominus(\text{Ox/Red}) + \frac{2.303RT}{nF}\lg\frac{[c(\text{Ox}/c^\ominus)]^a}{[c(\text{Red}/c^\ominus)]^b} \tag{8-5}$$

25℃时，

$$E(\mathrm{Ox/Red}) = E^{\ominus}(\mathrm{Ox/Red}) + \frac{0.0592}{n}\lg\frac{[c(\mathrm{Ox}/c^{\ominus})]^a}{[c(\mathrm{Red}/c^{\ominus})]^b} \tag{8-6}$$

式(8-5)及式(8-6)表示了浓度对电极电势的影响，称为电极电势的能斯特方程式。

用能斯特方程计算电对的电极电势及电池电动势时，应注意以下几点。

(1) 电极中的氧化态(Ox)或还原态(Red)是固体或纯液体时，其浓度为常数，视为1。对于气体组分，用分压代替浓度，并要将分压作标准化处理(即分压除以$p^{\ominus}$)。

(2) 方程式中$c(\mathrm{Ox})$、$c(\mathrm{Red})$是指所有参加反应的反应物或生成物的浓度，并非只有电子得失的物质的浓度，浓度的方次等于电池反应或电极反应中各物质的计量系数。为此有H^+或OH^-参加的反应，酸度的变化将严重影响电极电势及电池电动势的数值，从而改变物质的氧化及还原能力的强弱，甚至改变氧化还原反应的方向。例如对于如下电极反应(假定MnO_4^-和Mn^{2+}的浓度均为1mol/L。)

$$MnO_4^- + 8H^+ + 5e^- \rightleftharpoons Mn^{2+}(aq) + 4H_2O \quad E^{\ominus}(MnO_4^-/Mn^{2+}) = 1.507V$$

$$E(MnO_4^-/Mn^{2+}) = E^{\ominus}(MnO_4^-/Mn^{2+}) + \frac{0.0592}{5}\lg\frac{[c(MnO_4^-/c^{\ominus})]\cdot[c(H^+/c^{\ominus})]^8}{[c(Mn^{2+}/c^{\ominus})]}$$

即$pH=0[c(H^+)=1mol/L]$时的电极电势为1.507V，当$pH=5$时：

$$E(MnO_4^-/Mn^{2+}) = 1.507 + \frac{0.0592}{5}\lg\frac{(10^{-5})^8}{1} = 1.034(V)$$

可见，酸度降低后，$E(MnO_4^-/Mn^{2+})$明显降低，使MnO_4^-的氧化能力显著下降，所以MnO_4^-在强酸性条件下的氧化能力强。

另外由能斯特方程式可以看出，对于同一氧化还原电对，当氧化态或还原态的浓度不同时，其电极电势不同，这样的两个电极组成电池也能输出电流。像这种由两个种类相同而电极反应物浓度不同的电极所组成的电池叫做浓差电池(concentration cell)。可分为双液浓差电池如$Ag(s)\mid AgNO_3(c_1)\parallel AgNO_3(c_2)\mid Ag(s)$和单液浓差电池如$Pt\mid H_2(p_1)\mid H^+(c)\mid H_2(p_2)\mid Pt$。

对于双液浓差电池如$Ag(s)\mid AgNO_3(c_1)\parallel AgNO_3(c_2)\mid Ag(s)$

正极 $Ag^+(c_2) + e^- \rightleftharpoons Ag(s)$

负极 $Ag(s) \rightleftharpoons Ag^+(c_1) + e^-$

电池反应为 $Ag^+(c_2) \rightleftharpoons Ag^+(c_1)$

由能斯特方程式可知，该电池的电动势为

$$E = -\frac{RT}{F}\ln\frac{c_2}{c_1} \tag{8-7}$$

对于单液浓差电池如$Pt\mid H_2(p_1)\mid H^+(c)\mid H_2(p_2)\mid Pt$

正极 $2H^+(c) + 2e^- \rightleftharpoons H_2(p_2)$

负极 $H_2(p_1) \rightleftharpoons 2H^+(c) + 2e^-$

电池反应为 $H_2(p_1) \rightleftharpoons H_2(p_2)$

由能斯特方程式可知，该电池的电动势为

$$E = -\frac{RT}{2F}\ln\frac{p_2}{p_1} \tag{8-8}$$

浓差电池由于正、负两极种类相同，其标准电池电动势$E^{\ominus}=0$，所以电池电动势只取决于两电极的浓度。

8.3 原电池热力学与电极电势及电池电动势的应用

将热力学的基本原理应用在电化学中，可以得到一些非常重要的结论，利用这些结论可以解决许多实际问题。

8.3.1 原电池热力学

在将热力学的基本原理应用于电化学所得的结论中，最重要的是电池电动势、吉布斯函数变和化学平衡常数之间的关系。

在电动势的作用下，溶液中的离子定向移动形成电流，假设所移动的电量为 q，则所作的电功 W 可通过下式计算得到

$$W=-qE \tag{8-9}$$

式中“-”表示系统对环境作功。根据法拉第定律 1mol 电子所带电量为 1 法拉第，即 9.6485×10^4C，用 F 表示，若在氧化还原反应中得失电子总数为 $n$mol，则转移的总电量 q 为 nF，所作电功 W 为

$$W=-qE=-nFE \tag{8-10}$$

根据热力学原理，对于一个能自发进行的反应，在等温等压条件下，其吉布斯函数变 $\Delta_r G_m<0$，而反应吉布斯函数的减少($-\Delta_r G_m$)等于体系所做的最大非体积功 $-W_{max}$，即

$$\Delta_r G_m=W_{max}$$

若设计一个原电池使一个能自发进行的氧化还原反应在原电池中进行，把化学能转变为电能，此时最大的非体积功即为电功，等于 $-nFE$。则

$$\Delta_r G_m=-nFE \tag{8-11}$$

若反应物和产物均处在标准态，则

$$\Delta_r G_m^{\ominus}=-nFE^{\ominus} \tag{8-12}$$

式(8-11)和式(8-12)的左边是代表热力学的物理量，而右边 E 及 $E^{\ominus}$ 是代表电化学的重要物理量，所以这两个公式将热力学和电化学有机地联系起来，被称为热力学和电化学的“桥梁公式”。

另外对于电极而言，其标准电极电势 $E^{\ominus}$(氧化态/还原态)与电极反应的 $\Delta_r G_m$ 之间也有下列关系

$$\Delta_r G_m^{\ominus}=-nFE^{\ominus}\quad (\text{氧化态/还原态}) \tag{8-13}$$

利用此桥梁公式，电池电动势的测量就成为热力学数据的重要来源，反之，利用热力学数据，也可以计算电池电动势(见 8.3.2)。

测量标准电池电动势，不仅可以利用桥梁公式得到反应的标准吉布斯函数变 $\Delta_r G_m^{\ominus}$，再结合热力学公式 $\Delta_r G_m^{\ominus}=-RT\ln K^{\ominus}$，还可计算出氧化还原反应的平衡常数，从而了解氧化还原反应进行的限度，即

$$\Delta_r G_m^{\ominus}=-\mathrm{n}FE^{\ominus}=-\mathrm{R}T\ln K^{\ominus}$$

$$\ln K^{\ominus}=\frac{nF\mathrm{E}^{\ominus}}{RT} \tag{8-14}$$

或

$$\lg K^{\ominus}=\frac{\mathrm{n}FE^{\ominus}}{2.303RT} \tag{8-15}$$

当 $T=298.15\text{K}$ 时，

$$\lg K^{\ominus}=\frac{nE^{\ominus}}{0.0592} \quad (8-16)$$

图 8-8 总结了 $K^{\ominus}$ 、$\Delta_r G_m^{\ominus}$ 和 $E^{\ominus}$ 之间的各种关系。

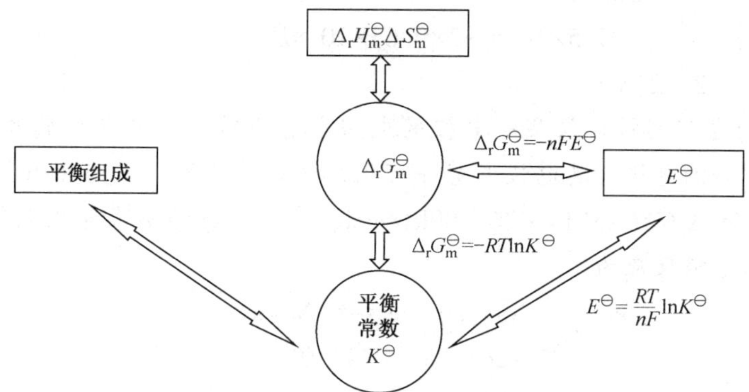

图 8-8　$K^{\ominus}$ 、$\Delta_r G_m^{\ominus}$ 和 $E^{\ominus}$ 之间的各种关系

8.3.2　电极电势及电池电动势的应用

利用上述原电池热力学的重要关系式，再结合能斯特方程式，可以解决化学中的许多问题，现总结如下。

1. 电极电势与反应的吉布斯函数变的互算

根据“桥梁公式”[式(8-12)]，可以通过设计原电池，由标准电极电势计算某反应的标准吉布斯函数的变化，反之，利用热力学数据，也可以计算电池电动势或电极电势。

例 8-4　利用标准电极电势计算反应

$$2Ag^+(aq)+Zn(s)\rightleftharpoons 2Ag(s)+Zn^{2+}(aq)$$

在 25℃时的标准吉布斯函数变。

解：将该氧化还原反应设计为原电池

$$(-)\quad Zn\mid Zn^{2+}(aq)\parallel Ag^+(aq)\mid Ag\ (+)$$

电极反应为

正极　$2Ag^+(aq)+2e^-\rightleftharpoons 2Ag(s)$　　$E^{\ominus}(Ag^+/Ag)=0.7996V$

负极　$Zn(s)\rightleftharpoons Zn^{2+}(aq)+2e^-$　　$E^{\ominus}(Zn^{2+}/Zn)=-0.7618V$

所以电池电动势为　$E^{\ominus}=E^{\ominus}_{正}-E^{\ominus}_{负}=E^{\ominus}(Ag^+/Ag)-E^{\ominus}(Zn^{2+}/Zn)$

$$=0.7996V-(-0.7618V)=1.5614V$$

$$\Delta_r G_m^{\ominus}=-nFE^{\ominus}=-2\times 96485\times 1.5614=-3.0130\times 10^5(J/mol)$$

即 25℃时反应 $2Ag^+(aq)+Zn(s)\rightleftharpoons 2Ag(s)+Zn^{2+}(aq)$ 的标准吉布斯函数变为 -301.30kJ/mol。

例 8-5　利用标准摩尔生成吉布斯函数的数值，计算由锌电极和氯电极组成的原电池的标准电池电动势。电池反应为

$$Zn(s)+Cl_2(g)\rightleftharpoons Zn^{2+}(aq)+2Cl^-(aq)$$

解：单质的标准摩尔生成吉布斯函数为 0，查附录 5 得到 Zn^{2+} 及 Cl^- 的标准摩尔生成吉布斯函数的数值

$$Zn(s)+Cl_2(g) \rightleftharpoons Zn^{2+}(aq)+2Cl^-(aq)$$

$\Delta_f G_m^{\ominus}/kJ/mol$　　0　　0　　-147.03　　$2\times(-131.26)$

所以　$\Delta_r G_m^{\ominus} = -147.03+2\times(-131.26)-0$

$= -409.55kJ/mol$

代入式(8-12)　　$-4.0955\times10^5 = -2\times9.65\times10^4\times E^{\ominus}$

所以　　$E^{\ominus} = 2.12(V)$

利用式(8-13)也可间接计算某一电极的电极电势，特别是易与水作用的、难于测定的活泼元素的电极，如钠电极，其电极电势即可用此法计算得到，见例8-6。

例8-6　可查得 $\Delta_f G_m^{\ominus}(Na^+) = -261.89kJ/mol$，求钠电极的标准电极电势。

解：钠电极的电极反应为

$$Na^+(aq)+e^- \rightleftharpoons Na(s)$$

$\Delta_f G_m^{\ominus}/kJ/mol$　　-261.89　　0

所以　$\Delta_r G_m^{\ominus} = 0-(-261.87) = 261.89(kJ/mol)$

代入式(8-12)得

$$261.89\times10^3 = -1\times9.6485\times10^4\times E^{\ominus}(Na^+/Na)$$

所以　$E^{\ominus}(Na^+/Na) = -2.714(V)$

2. 判断氧化剂和还原剂的相对强弱

电极电势的大小反映了氧化还原电对中氧化态和还原态的氧化还原能力的相对强弱。电极电势越正或越大(代数值)，表明该电对的氧化态结合电子的能力越强，是越强的氧化剂；反之，电极电势越小，则表明该电对的还原态失去电子的能力越强，是越强的还原剂。所以根据电极电势的大小就可定量判断氧化剂的氧化能力和还原剂的还原能力的相对强弱。通常当各个物质都处于标准态时，可直接利用标准电极电势的大小进行比较，但当各个物质处于非标准态时，就要先由能斯特方程式算出给定条件下各电极的电极电势，然后再进行比较。

例8-7　实验室现有三种氧化剂 $K_2Cr_2O_7$、$KMnO_4$、$Fe_2(SO_4)_3$。为了使含有 Cl^-、Br^-、I^- 三种离子的混合溶液中 I^- 离子氧化为 I_2，而 Cl^-、Br^- 不被氧化，应选用哪一种氧化剂？

解：已知

反应	标准电极电势
$Cl_2(g)+2e^- \rightleftharpoons 2Cl^-$	$E^{\ominus}(Cl_2/Cl^-) = 1.3583V$
$Br_2+2e^- \rightleftharpoons 2Br^-$	$E^{\ominus}(Br_2/Br^-) = 1.066V$
$I_2+2e^- \rightleftharpoons 2I^-$	$E^{\ominus}(I_2/I^-) = 0.5355V$
$MnO_4^-+8H^++5e^- \rightleftharpoons Mn^{2+}+4H_2O$	$E^{\ominus}(MnO_4^-/Mn^{2+}) = 1.507V$
$Cr_2O_7^{2-}+14H^++6e^- \rightleftharpoons 2Cr^{3+}+7H_2O$	$E^{\ominus}(Cr_2O_7^{2-}/Cr^{3+}) = 1.232V$
$Fe^{3+}+e^- \rightleftharpoons Fe^{2+}$	$E^{\ominus}(Fe^{3+}/Fe^{2+}) = 0.771V$

如果选用 $KMnO_4$ 溶液作氧化剂，则因

$$E^{\ominus}(MnO_4^-/Mn^{2+}) > E^{\ominus}(Cl_2/Cl^-) > E^{\ominus}(Br_2/Br^-) > E^{\ominus}(I_2/I^-)$$

故 $KMnO_4$ 溶液能将 I^-、Br^-、Cl^- 氧化成 I_2、Br_2、Cl_2；

如果选用 $K_2Cr_2O_7$，作氧化剂，因

$$E^{\ominus}(Cr_2O_7^{2-}/Cr^{3+}) > E^{\ominus}(Br_2/Br^-) > E^{\ominus}(I_2/I^-)，而$$

$$E^{\ominus}(Cr_2O_7^{2-}/Cr^{3+}) < E^{\ominus}(Cl_2/Cl^-)，$$

故 $K_2Cr_2O_7$ 溶液能氧化 I^-、Br^-，而不能氧化 Cl^-；

如果选用 $Fe_2(SO_4)_3$ 作氧化剂，因

$$E^{\ominus}(Fe^{3+}/Fe^{2+}) > E^{\ominus}(I_2/I^-),$$

而
$$E^{\ominus}(Fe^{3+}/Fe^{2+}) < E^{\ominus}(Br_2/Br^-) < E^{\ominus}(Cl_2/Cl^-),$$

故 $Fe_2(SO_4)_3$ 溶液只能氧化 I^- 离子成 I_2，而不能氧化 Br^- 离子、Cl^- 离子。

因此，按题意应选用 $Fe_2(SO_4)_3$ 作氧化剂。

3. 判断氧化还原反应进行的方向

任何氧化还原反应均能组装成原电池，在原电池中，发生还原反应的电对为正极部分，发生氧化反应的电对为负极部分，根据 $\Delta_r G_m = -nEF$，

① 当 $E>0$，即 $E_{正} > E_{负}$ 时，$\Delta_r G_m < 0$，反应正向进行；

② $E<0$，即 $E_{正} < E_{负}$ 时，$\Delta_r G_m > 0$，反应逆向进行；

③ $E=0$，即 $E_{正} = E_{负}$ 时，$\Delta_r G_m = 0$，反应达到平衡。

为此计算原电池电动势或比较两电极的电极电势，就可以判断氧化还原反应的方向。只要电极电势大的电对的氧化态物质与电极电势小的还原态物质发生的反应，反应就能自发进行。即自发进行的氧化还原反应是朝着电极电势较高的电对的氧化态得电子及电极电势较低的电对的还原态失电子的方向进行的。

同在判断氧化剂或还原剂的相对强弱时一样，如反应物中各物质均处于标准态，则可用标准电池电动势或标准电极电势来判断，否则需按能斯特方程式计算出任一条件下的电池电动势或电极电势后再进行判断。只有当体系处于标准态时，才能用 $\Delta_r G_m^{\ominus}$ 判断反应进行的方向，否则必须先计算出 $\Delta_r G_m$ 再判断。

例 8-8 用碘量法测定 Cu^{2+} 的质量分数是基于如下反应

$$2Cu^{2+} + 4I^- = 2CuI\downarrow + I_2$$

即在待测的 Cu^{2+} 溶液中先加入过量的 KI，按上述反应定量地生成单质 I_2，然后用标准的硫代硫酸钠溶液滴定生成的 I_2，根据滴定时所消耗的硫代硫酸钠的量即可计算出被测 Cu^{2+} 的量。已知

$$E^{\ominus}(Cu^{2+}/Cu^+) = 0.17V, \quad E^{\ominus}(I_2/I^-) = 0.54V$$

若从标准电极电势判断，应当是 I_2 氧化 Cu^+。事实上，Cu^{2+} 氧化 I^- 的反应进行得很完全，假设溶液中 I^- 和 Cu^{2+} 的浓度均为 1mol/L，试通过计算说明这一事实。

解：在各个物质都处于标准态时，我们可以按标准电极电势的大小判断反应方向，但对于电对 Cu^{2+}/Cu^+，在有 I^- 存在时，由于 Cu^+ 生成 CuI 沉淀而使平衡时 Cu^+ 的浓度大大降低，处于非标准态。所以应按能斯特方程式计算出该电对在此条件下的电极电势。当溶液中 I^- 的浓度为 1mol/L 时，Cu^+ 的浓度可由 CuI 的 $K_{sp}^{\ominus}$ 计算得到。因此在 I^- 存在下，Cu^{2+}/Cu^+ 电对的电极电势的计算方法为

$$E(Cu^{2+}/Cu^+) = E^{\ominus}(Cu^{2+}/Cu^+) + \frac{0.0592}{n}\lg\frac{c(Cu^{2+})/c^{\ominus}}{c(Cu^+)/c^{\ominus}}$$

$$= E^{\ominus}(Cu^{2+}/Cu^+) + \frac{0.0592}{n}\lg\frac{c(Cu^{2+})/c^{\ominus}}{\frac{K_{sP}^{\ominus}(CuI)}{c(I^-)/c^{\ominus}}}$$

$$= 0.17 + \frac{0.0592}{1}\lg\frac{1}{1.3\times10^{-12}} = 0.87(V)$$

由计算结果可见，由于还原态 Cu^+ 浓度的降低，使电对 Cu^{2+}/Cu^+ 的电极电势由标准态时

的 0.17V 升高到 0.87V，大于 $E^{\ominus}(I_2/I^-)=0.54V$，所以 Cu^{2+} 能使 I^- 氧化为 I_2，反应

$$2Cu^{2+}+4I^- \xlongequal{} 2CuI\downarrow+I_2$$

能自发进行。

上例说明了沉淀的形成对电极电势及反应方向的影响，另外当氧化态或还原态形成弱电解质(如配合物)时，同样会改变平衡时氧化态或还原态的浓度，从而改变电极电势的大小，使氧化态的氧化能力及还原态的还原能力也随之发生改变，甚至还会改变反应方向。

例 8-9 用碘量法测定 Cu^{2+} 的质量分数时，由于

$$E^{\ominus}(Fe^{3+}/Fe^{2+})=0.771V>E^{\ominus}(I_2/I^-)=0.5355V,$$

所以 Fe^{3+} 也能氧化 I^-，即发生如下反应

$$2Fe^{3+}+2I^-=2Fe^{2+}+I_2$$

从而干扰 Cu^{2+} 的测定。如果在溶液中加入 NaF，则 Fe^{3+} 与 F^- 形成稳定的配合物，Fe^{3+}/Fe^{2+} 电对的电极电势显著降低，就不再能氧化 I^-，消除了 Fe^{3+} 的干扰。试通过计算说明这一事实。已知 $[FeF_3]$ 的 $K^{\ominus}_{稳}$ 为 1.1×10^{12}，假设 F^- 的平衡浓度为 0.04mol/L，$[FeF_3]$ 和 Fe^{2+} 的平衡浓度均为 1.0mol/L。

解： 对于电对 Fe^{3+}/Fe^{2+} 在有 F^- 存在时，Fe^{3+} 由于生成 $[FeF_3]$ 配合物而使平衡时 Fe^{3+} 的浓度大大降低，处于非标准态。所以应按能斯特方程式计算出该电对在有 F^- 存在时的电极电势。Fe^{3+} 的平衡浓度可通过 $[FeF_3]$ 的 $K^{\ominus}_{稳}$ 算出。

$$c(Fe^{3+})=\frac{c([FeF_3])}{K^{\ominus}_{稳}\cdot[c(F^-)]^3}=\frac{1}{1.1\times10^{12}\times(0.04)^3}=1.42\times10^{-8}(mol/L)$$

将此浓度代入能斯特方程式得

$$E(Fe^{3+}/Fe^{2+})=E^{\ominus}(Fe^{3+}/Fe^{2+})+\frac{0.0592}{n}\lg\frac{c(Fe^{3+})/c^{\ominus}}{c(Fe^{2+})/c^{\ominus}}$$

$$=0.77+\frac{0.0592}{1}\lg\frac{1.42\times10^{-8}}{1}=0.31(V)$$

由计算结果可见，由于氧化态 Fe^{3+} 的浓度降低，使电对 Fe^{3+}/Fe^{2+} 的电极电势由标准态时的 0.77V 降低到 0.31V，小于 $E^{\ominus}(I_2/I^-)=0.54V$，所以 Fe^{3+} 不能再氧化 I^- 为 I_2，即反应 $2Fe^{3+}+2I^-=2Fe^{2+}+I_2$ 不能自发进行。

4. 判断氧化还原反应进行的程度

从式(8-14)、式(8-15)及式(8-16)可以看出，$E^{\ominus}$ 值越大，$K^{\ominus}$ 值也越大，表明反应进行得越完全；反之，$E^{\ominus}$ 值越小，$K^{\ominus}$ 值也越小，反应越不完全。因此，可以用 $E^{\ominus}$ 的大小，计算一个氧化还原反应的平衡常数，进而判断氧化还原反应进行的程度。

例 8-10 计算例 8-4 中所示反应的平衡常数。

解： 已求得电池反应

$$2Ag^+(aq)+Zn(s)\rightleftharpoons 2Ag(s)+Zn^{2+}(aq)$$

的标准电池电动势 $E^{\ominus}=1.5614V$，所以

$$\lg K^{\ominus}=\frac{nE^{\ominus}}{0.0592}=\frac{2\times1.5614}{0.0592}=52.75$$

$$K^{\ominus}=5.62\times10^{52}$$

例 8-11 已知 $E^{\ominus}(AgCl/Ag)=0.2223V$，利用电化学方法求反应 $Ag^++Cl\rightleftharpoons AgCl\downarrow$ 在 25℃时的平衡常数 $K^{\ominus}$ 及 $K^{\ominus}_{sp}(AgCl)$。

解：为了利用电化学方法求反应的平衡常数，就必须先将所给反应设计为原电池，求出电池的$E^{\ominus}$，进而可求得反应的$K^{\ominus}$。由于所给反应不是氧化还原反应，可以通过在反应式的两边分别加一物质，使出现氧化还原电对，从而确定组成原电池的电极及电解质溶液。如在反应式两端分别加上 Ag，则

$$Ag^{+}+Cl^{-}+Ag \rightleftharpoons AgCl\downarrow +Ag$$

负极 $Ag+Cl^{-} \rightleftharpoons AgCl+e^{-}$ $E^{\ominus}(AgCl/Ag)=0.2223V$

正极 +) $Ag^{+}+e^{-} \rightleftharpoons Ag$ $E^{\ominus}(Ag^{+}/Ag)=0.7996V$

电池总反应为 $Ag^{+}+Cl^{-} \rightleftharpoons AgCl\downarrow$

与所给反应相同，所以该电池反应的标准电池电动势$E^{\ominus}$为

$$E^{\ominus}=E^{\ominus}(Ag^{+}/Ag)-E^{\ominus}(AgCl/Ag)=0.7996V-0.2223V=0.5773(V)$$

所以

$$\lg K^{\ominus}=\frac{nE^{\ominus}}{0.0592}=\frac{1\times 0.5773}{0.0592}=9.75$$

$$K^{\ominus}=5.65\times 10^{9}$$

$$K_{sp}^{\ominus}(AgCl)=1/K^{\ominus}=1.77\times 10^{-10}。$$

习题

一、判断题

1. 取两根铜棒，将一根插入盛有 0.1mol/L。$CuSO_4$ 溶液的烧杯中，另一根插入盛有 1mol/L$CuSO_4$ 溶液的烧杯中，并用盐桥将两只烧杯中的溶液连结起来，可以组成一个浓差原电池。(　　)

2. 金属铁可以置换 Cu^{2+}，因此三氯化铁不能与金属铜反应。(　　)

3. 电动势 E(或电极电势 ψ)的数值与电池反应(或半反应式)的写法无关，而平衡常数 $K^{\ominus}$的数值随反应式的写法(即化学计量数不同)而变。(　　)

4. 有下列原电池：

$$(-)Cd \mid CdSO_4(1mol/dm^3) \parallel CuSO_4(1mol/dm^3) \mid Cu(+)$$

若往 $CdSO_4$ 溶液中加入少量 Na_2S 溶液，或若往 $CuSO_4$ 溶液中加入少量 $CuSO_4 \cdot 5H_2O$ 晶体，都会使原电池的电动势变小。(　　)

二、选择题

1. 在标准状态下，下列反应皆正向进行，

$$Cr_2O_7^{2-}+6Fe^{2+}+14H^{+} = 2Cr^{3+}+6Fe^{3+}+7H_2O$$

$$2Fe^{3+}+Sn^{2+} = 2Fe^{2+}+Sn^{4+}$$

由此判断反应所涉及的物质中，还原性最强的是(　　)。

A. H_2O_2　　B. I^-　　C. H_2O　　D. $S_2O_3^{2-}$

2. 有一个原电池由两个氢电极组成，其中一个是标准氢电极，为了得到最大的电动势，另一个电极浸入的酸性溶液[设 $p(H_2)=100kPa$]应为(　　)。

A. 0.1mol/LHCl　　B. 0.1mol/LHAc+0.1mol/LNaAc

C. 0.1mol/LHAc　　D. 0.1mol/LH_3PO_3

3. 在电池反应 $Ni(s)+Cu^{2+}(aq)=Ni^{2+}(1.0mol/L)+Cu(s)$中，当该原电池的电动势为零时，$Cu^{2+}$浓度为(　　)。

A. 5.05×10^{-27}mol/L　　B. 5.71×10^{-21}mol/L

C. 7.10×10^{-14}mol/L　　D. 7.56×10^{-11}mol/L

4. 电镀工艺是将欲镀零件作为电解池的(　　)；阳极氧化是将需处理的部件作为电解池的(　　)。

A. 阴极　　B. 阳极　　C. 任意一个极

三、填空题

1. 有一种含 Cl^-、Br^- 和 I^- 的溶液，要使 I^- 被氧化而 Cl^-、Br^- 不被氧化，则在以下常用的氧化剂中应选(　　)为最适宜。

A. $KMnO_4$ 酸性溶液　　B. $K_2Cr_2O_7$ 酸性溶液

C. 氯水　　D. $Fe_2(SO_4)_3$ 溶液。

2. 有下列原电池：

$(-)Pt\mid Fe^{2+}(1mol/L),\ Fe^{3+}(0.01mol/L)\parallel Fe^{2+}(1.0mol/L),\ Fe^{3+}(1mol/L)\mid Pt(+)$

该原电池的负极反应为(　　)，正极反应为(　　)。

3. 电解含有下列金属离子的盐类水溶液：Li^+、Na^+、K^+、Zn^{2+}、Ca^{2+}、Ba^{2+}、Ag^+。其中(　　)能被还原成金属单质，(　　)不能被还原成金属单质。

四、计算题

1. 根据下列原电池反应，分别写出各原电池中正、负电极的电极反应(须配平)。

(1) $Zn+Fe^{2+}=\!=\!=Zn^{2+}+Fe$

(2) $2I^-+2Fe^{3+}=\!=\!=I_2+2Fe^{2+}$

(3) $Ni+Sn^{4+}=\!=\!=Ni^{2+}+Sn^{2+}$

(4) $5Fe^{2+}+8H^++MnO_4^-=\!=\!=Mn^{2+}+5Fe^{3+}+4H_2O$

2. 将上题组成原电池，分别用图示表示各原电池。

3. 将锡和铅的金属片分别插入含有该金属离子的溶液中，并组成原电池(用图式表示，注明溶液)。

(1) $C_{Sn^{2+}}=0.0100mol/L$，$C_{Pb^{2+}}=1.00mol/L$；

(2) $C_{Sn^{2+}}=1.00mol/L$，$C_{Pb^{2+}}=0.100mol/L$。

分别计算原电池的电动势，写出原电池的两极反应和总反应式。

4. 将下列反应组成原电池(温度为 298.15K)：

$$2I^-+2Fe^{3+}=\!=\!=I_2+2Fe^{2+}$$

(1) 计算原电池的标准电动势；

(2) 计算反应的标准摩尔吉布斯函数变；

(3) 用图示表示原电池；

(4) 计算 $c(I^-)=1.0\times10^{-2}mol/L$ 以及 $c(Fe^{3+})=c(Fe^{2+})/10$ 时原电池的电动势。

已知：$I_2+2e^-=\!=\!=2I^-$　　$\varphi^{\ominus}_{I_2/I^-}=0.5355V$

$Fe^{3+}+e^-=\!=\!=Fe^{2+}$　　$\varphi^{\ominus}_{Fe^{3+}/Fe^{2+}}=0.771V$

第9章　沉淀溶解平衡

内容提要：本章研究的对象，是难溶性的强电解质。所以，将讨论难溶电解质在溶液中建立的沉淀-溶解平衡，以及建立在此平衡基础上的沉淀滴定法，这类平衡问题在科学实验和化工生产中占有重要的位置。

学习要求：

(1) 掌握溶度积原理以及其与溶解度的关系。

(2) 掌握沉淀生成和溶解的条件。

(3) 掌握分步沉淀法的原理。

(4) 理解分析化学中的重量分析法和沉淀滴定法。

难溶意味着溶液的浓度很低；强电解质表明溶液中存在的是离子。所以这里的平衡，是难溶性的强电解质与其溶解后生成的离子之间的平衡。AgCl 属于难溶性的强电解质，它在水中少量溶解后，得到 Ag^+ 和 Cl^-。这种沉淀溶解平衡的化学反应方程式可以写成：

$$AgCl \rightleftharpoons Ag^+ + Cl^-$$

左边是固相，右边是水溶液相。这是难溶性强电解质沉淀溶解平衡的特点。

中学阶段，我们把物质在 100g 水中溶解的质量定义为该物质的溶解度。在本章中，我们用难溶性强电解质在水中溶解部分所生成的离子的浓度，表示该物质的溶解度，故溶解度的单位是浓度单位——mol/L。

9.1　溶度积原理

9.1.1　沉淀溶解平衡的实现

把固体 AgCl 放到水中，它将与水分子发生作用。H_2O 是一种极性分子，一些水分子的正极与固体表面上的氯负离子相互吸引，而另一些水分子的负极与固体表面上的银正离子相互吸引。这种相互作用使得一部分 Ag^+ 和 Cl^- 成为水合离子，脱离固体表面进入溶液，从而完成溶解过程。另一方面，随着溶液中 Ag^+ 和 Cl^- 的不断增多，其中一些水合 Ag^+ 和 Cl^- 在运动中受固体表面的吸引，重新析出到固体表面上来，这一过程称为沉淀。

当溶解过程产生的 Ag^+ 和 Cl^- 的数目和沉淀过程消耗的 Ag^+ 和 Cl^- 的数目相同，即两个过程进行的速率相等时，便达到沉淀溶解平衡。平衡建立后，溶液中离子的浓度不再改变，但两个过程仍在各自独立地不断地进行，所以沉淀溶解平衡像所有化学平衡一样，属于动态平衡。在溶液中存在的沉淀溶解平衡可以表示成

$$AgCl \rightleftharpoons Ag^+ + Cl^-$$

该平衡的平衡常数表达式为

$$K = \alpha_{Ag^+} \cdot \alpha_{Cl^-}$$

由于反应方程式的左侧是固体，所以平衡常数表达式是离子活度乘积的形式。这种能够反映出物质溶解性质的乘积形式的平衡常数，称为活度积常数，用标准活度积常数 $K_{sp}^{\ominus}$ 表示。

本章讨论的难溶性强电解质的溶液，都是稀的溶液，可以近似地认为活度系数f为1，均用浓度代替活度，称为溶度积常数。故上述沉淀溶解平衡的$K_{sp}^{\ominus}$可以表示为

$$K_{sp}^{\ominus}=c[Ag^{+}]\cdot c[Cl^{-}] \quad (9-1)$$

作为平衡常数的$K_{sp}^{\ominus}$，其大小和浓度无关。只要体系实现沉淀溶解平衡，有关物质的浓度就必然满足类似于式(9-1)所示关系。如反应

$$CuS \rightleftharpoons Cu^{2+}+S^{2-}$$

达到平衡时，必然有

$$K_{sp}^{\ominus}(CuS)=c[Cu^{2+}]\cdot c[S^{2-}]$$

再比如反应

$$PbCl_2 \rightleftharpoons Pb^{2+}+2Cl^{-}$$

达到平衡时，则有

$$K_{sp}^{\ominus}(PbCl_2)=c[Pb^{2+}]\cdot c^2[Cl^{-}]$$

和其它平衡常数一样，$K_{sp}^{\ominus}$也随温度变化而改变。

9.1.2 溶度积规则

有了$K_{sp}^{\ominus}$，就可以利用比较反应熵Q和$K^{\ominus}$的大小的方法来判断难溶性强电解质溶液中反应进行的方向了。这种方法在化学平衡中曾经学习过。某溶液中有如下反应

$$A_aB_b \rightleftharpoons aA^{b+}+bB^{a-}$$

其中A_aB_b为难溶性强电解质，某时刻其反应熵Q可以表示为

$$Q=c^{a}[A^{b+}]\cdot c^{b}[B^{a-}] \quad (9-2)$$

式(9-2)中的$[A^{b+}]$和$[B^{a-}]$分别表示该时刻离子的非平衡浓度。由于反应式的左边为固体物质，所以这里的反应熵实际上也是与平衡常数相似的积的形式。

当$Q>K_{sp}^{\ominus}$时，过饱和溶液，沉淀从溶液中析出；

当$Q=K_{sp}^{\ominus}$时，饱和溶液，与沉淀物平衡；

当$Q<K_{sp}^{\ominus}$时，溶液不饱和，若体系中有沉淀物，则沉淀物将发生溶解。

这就是溶度积规则，据此可以判断沉淀的生成和溶解。现将一些难溶性强电解质的$K_{sp}^{\ominus}$值列于表9-1中。

表9-1　某些难溶性强电解质的$K_{sp}^{\ominus}$(291~298K)

化合物	$K_{sp}^{\ominus}$	化合物	$K_{sp}^{\ominus}$
AgCl	1.8×10^{-10}	Ag_2S	6.3×10^{-50}
AgI	8.5×10^{-17}	$BaCO_3$	2.6×10^{-9}
Ag_2CrO_4	1.1×10^{-12}	$BaSO_4$	1.1×10^{-10}
$BaCrO_4$	1.2×10^{-10}	Hg_2I_2	5.2×10^{-29}
$CaCO_3$	5.0×10^{-9}	$Mg(OH)_2$	5.6×10^{-12}
CaC_2O_4	2.3×10^{-9}	MnS	2.5×10^{-13}
CaF_2	2.3×10^{-9}	$PbCO_3$	1.5×10^{-13}
CuI	1.3×10^{-12}	$PbCrO_4$	2.8×10^{-13}
$Fe(OH)_3$	2.8×10^{-39}	$Pb(OH)_2$	1.4×10^{-15}
FeS	1.6×10^{-19}	$PbSO_4$	2.5×10^{-5}
Hg_2Cl_2	1.4×10^{-18}	PbS	9.0×10^{-29}
Hg_2Br_2	6.4×10^{-23}	ZnS	2.9×10^{-25}

9.1.3 盐效应对溶解度的影响

在配制溶液或进行化学反应时，有时候我们计算的 Q 值已经略大于 $K_{sp}^{\ominus}$，但尚未观察到有沉淀生成。这可能是由于 Q 是按浓度 c 计算的，不是按活度 α 计算的。比如说当 $c[Ag^+]$ $c[Cl^-]$略大于 $K_{sp}^{\ominus}$时，而按 $\alpha_{Ag^+}\cdot\alpha_{Cl^-}$计算，则可能 Q 仍然略小于 $K_{sp}^{\ominus}$，故沉淀不能生成。当溶液中离子的浓度偏大，溶液的离子强度偏大时，活度系数 f 偏离 1 的程度略大，溶解的离子的有效浓度变小，故活度之积小于溶度积。这种现象可以认为是盐效应使溶解度增大所导致的。

向饱和的 AgCl 溶液中加入 KNO_3 固体，KNO_3 全部离解成 K^+和 NO_3^-，结果溶液的离子强度增大，使 Ag^+和 Cl^-的活度降低，于是导致 $\alpha_{Ag^+}\cdot\alpha_{Cl^-}<K_{sp}^{\ominus}$。这时若有 AgCl 固体与离子共存，它将溶解以保持平衡。这也是说盐效应使 AgCl 的溶解度增大。

盐效应引起的溶解度的变化很小，一般情况下不予考虑。

即使活度之积已经略大于溶度积，也可能观察不到沉淀的生成，因为溶液可能以过饱和状态存在。由于没有结晶中心存在，固相暂时尚不能析出，故观察不到沉淀的生成。此外人眼的观察能力有限，故溶液中产生的沉淀量过少时，也可能观察不到。

9.1.4 溶度积与溶解度的关系

溶度积 $K_{sp}^{\ominus}$从平衡常数角度表示难溶物溶解的趋势，溶解度——难溶物饱和溶液的浓度——也可以表示难溶物溶解的程度，两者之间有着必然的联系。

例 9-1 已知 AgCl 的 $K_{sp}^{\ominus}=1.8\times10^{-10}$，求 AgCl 的溶解度。

解： $AgCl \rightleftharpoons Ag^+ + Cl^-$

起始相对浓度 0 0

平衡相对浓度 x x

x 表示 Ag^+和 Cl^-的相对浓度，为无量纲的量。本章中的一些例题均用这种表示方法。

$$K_{sp}^{\ominus}=c[Ag^+]\cdot c[Cl^-]=x^2=1.8\times10^{-10}$$

计算得 $x=1.3\times10^{-5}$

故 AgCl 的溶解度为 1.3×10^{-5}mol/L。

从例 9-1 看出，溶解度与 $K_{sp}^{\ominus}$之间的换算，关键在于找出难溶性强电解质溶解得到的离子浓度与溶解度之间的关系。本例中平衡时的 $c[Ag^+]$和 $c[Cl^-]$均等于 AgCl 的溶解度。

例 9-2 已知某温度下 Ag_2CrO_4 的溶解度为 6.5×10^{-5}mol/L，求 Ag_2CrO_4 的 $K_{sp}^{\ominus}$。

解： $Ag_2CrO_4 \rightleftharpoons 2Ag^+ + CrO_4^{2-}$

平衡时浓度 $2x$ x

饱和溶液中 $c(CrO_4^{2-})$可以代表 Ag_2CrO_4 的溶解度，而 $c[Ag^+]$则是 Ag_2CrO_4 溶解度的 2 倍。

$$K_{sp}^{\ominus}=c^2[Ag^+]\cdot c[CrO_4^{2-}]=(2x)^2x=4x^3=1.1\times10^{-12}$$

两个例子反映了 $K_{sp}^{\ominus}$和溶解度之间具有明确的换算关系。更重要的是，尽管两者均表示难溶物的溶解性质，但 $K_{sp}^{\ominus}$大的其溶解度不一定就大。例题中 AgCl 的 $K_{sp}^{\ominus}$比 Ag_2CrO_4 的 $K_{sp}^{\ominus}$大，但 AgCl 的溶解度却比 Ag_2CrO_4 的溶解度小。为什么同样可以定量表示物质溶解性能的 $K_{sp}^{\ominus}$和溶解度，在大小关系上却不一致呢？其原因是 AgCl 的正负离子数目之比为 1∶1，而

Ag_2CrO_4 为 2∶1，故 $K_{sp}^{\ominus}$ 与溶解度的关系会出现上述情形。不难得出结论，只要两种难溶物具有相同的正负离子个数比，其 $K_{sp}^{\ominus}$ 和溶解度的大小关系就会一致。

9.1.5 同离子效应对溶解度的影响

例 9-3 求在 1.0mol/L 的盐酸中，AgCl 固体的溶解度。

解：在 1.0mol/L 的盐酸中，

$$AgCl \rightleftharpoons Ag^{+} + Cl^{-}$$

起始相对浓度　　0　　1.0

平衡相对浓度　　x　　$1.0+x$

溶液中的 $c(Ag^{+})$ 都是 AgCl 电离出来的，所以达到饱和时 $c(Ag^{+})$ 可以代表 AgCl 的溶解度。

$$K_{sp}^{\ominus} = c[Ag^{+}] \cdot c[Cl^{-}] = x(1.0+x)$$

从例 9-1 得到，AgCl 的溶解度为 1.3×10^{-5}mol/L，故本例中有

$$x<1.0\text{，所以 } 1.0+x \approx 1.0$$

$$x = K_{sp}^{\ominus} = 1.8\times10^{-10}$$

在 1.0mol/L 的盐酸中，AgCl 的溶解度为 1.8×10^{-10}mol/L。它仅是 AgCl 在纯水中溶解度 1.3×10^{-5}mol/L 的 7.2 万分之一。在难溶性强电解质的溶液中，加入与其具有相同离子的强电解质，将使难溶性强电解质的溶解度减小，这一作用称为同离子效应。

9.2 沉淀的溶解与生成

9.2.1 沉淀的生成

根据溶度积规则，欲使溶液中某离子沉淀，必须加入它的沉淀剂，使溶液中 $Q>K_{sp}^{\ominus}$。

例 9-4 25℃时将 0.004mol/L $AgNO_3$ 溶液与 0.006mol/L K_2CrO_4 溶液等体积混合，是否能产生 Ag_2CrO_4 沉淀？

解：两溶液等体积混合后，各物质浓度均减小一半，即：

$c[Ag^{+}] = 0.002$mol/L；$c[CrO_4^{2-}] = 0.003$mol/L

$Q = c^2[Ag^{+}] \cdot c[CrO_4^{2-}] = 0.002^2\times0.003 = 1.2\times10^{-8}$

$Q > K_{sp}^{\ominus}(Ag_2CrO_4) = 1.12\times10^{-12}$

故溶液中有 Ag_2CrO_4 砖红色沉淀生成。

例 9-5 计算 25℃时 PbI_2 在 0.01mol/L 的 KI 溶液中的溶解度。

解：设 PbI_2 在 0.01mol/LKI 溶液中的溶解度为 Smol/L，则

$$PbI_2 \rightleftharpoons Pb^{2+} + 2I^{-}$$

平衡时　　S　　$2S+0.01\approx0.01$

$$K_{sp}^{\ominus}(PbI_2) = c[Pb^{2+}]\times c^2[I^{-}] = S\times0.01^2$$

$$S = K_{sp}^{\ominus}/10^{-4} = 8.49\times10^{-5}(\text{mol/L})$$

已知 PbI_2 在水溶液中的溶解度为 1.3×10^{-3}mol/L，而在 KI 溶液中，由于 $c(I^{-})$ 增大，使 PbI_2 的沉淀溶解，平衡向着生成 PbI_2 的方向移动，从而在达到新的平衡后，PbI_2 的溶解度

降低。前面我们已经学习过了同离子效应和盐效应。因为加入含有相同的易溶强电解质，使难溶电解质的溶解平衡发生移动，从而使其溶解度降低的作用，称为同离子效应。若在难溶电解质饱和溶液中加入不含相同离子的强电解质，则其溶解度略有增大，这种作用称为盐效应。

要使溶液中某种离子沉淀出来，在选择和使用沉淀剂时注意以下几个问题：

① 根据同离子效应，欲使沉淀完全，需加入过量沉淀剂。但沉淀剂的过量会使得盐效应增大，有时也会发生如配位反应等其它反应，反应常使沉淀物溶解度增大，故沉淀剂不可过量太多，一般以过量20%~50%为宜。

② 溶液中沉淀物的溶解度越小，沉淀越完全，故应选择沉淀物溶解度最小的沉淀剂，以使沉淀完全。如 Ag^+ 离子可以 AgCl、AgBr、AgI 的形式沉淀出来，其中 AgI 溶解度最小，故应选择 KI，为沉淀剂使 Ag^+ 沉淀完全。

③ 注意沉淀剂的电离度。沉淀是否完全，取决于构成沉淀离子的浓度。如欲使 Mn^{2+} 沉淀为 $Mn(OH)_2$，选用 NaOH 为沉淀剂比用氨水的效果要好的多。此外，还应注意沉淀剂的水解等问题。

9.2.2 沉淀的溶解

根据溶度积规则，$Q<K_{sp}^{\ominus}$ 是沉淀发生溶解的必要条件。因此，任何能降低多相离子平衡体系中有关离子浓度的方法都能促进沉淀平衡向着沉淀溶解的方向移动。常用的方法有以下几种：

① 生成弱电解质。常见的弱酸盐和氢氧化物沉淀都易溶于强酸，这是由于弱酸根和 OH^- 都能与 H^+ 结合成难电离的弱酸和水，从而降低了溶液中弱酸根及 OH^- 浓度，使 $Q<K_{sp}^{\ominus}$ 即沉淀溶解。

例如，难溶草酸盐、碳酸盐、乙酸盐和一些难溶的氢氧化物，如 $Mg(OH)_2$、$Mn(OH)_2$、$Fe(OH)_3$、$Al(OH)_3$ 等都能溶于 HCl 等强酸，即

$$CaC_2O_4+H^+ \rightleftharpoons Ca^{2+}+HC_2O_4^-$$

$$CaCO_3+2H^+ \rightleftharpoons Ca^{2+}+H_2O+CO_2\uparrow$$

$$Mg(OH)_2(s)+2H^+ \rightleftharpoons Mg^{2+}+2H_2O$$

溶度积较大的 $Mg(OH)_2$、$Mn(OH)_2$ 等还能溶于足量的铵盐溶液中生成弱碱 NH_3

$$Mn(OH)_2(s)+2NH_4^+ \rightleftharpoons Mn^{2+}+H_2O+2NH_3$$

② 发生氧化还原反应。加入氧化剂或还原剂，使沉淀因氧化还原反应而溶解。如 CuS 不溶于盐酸，但溶于热的 HNO_3 中

$$3CuS+8HNO_3 \xrightleftharpoons{\Delta} 3Cu(NO_3)_2+3S\downarrow+2NO\uparrow+4H_2O$$

③ 生成配合物。加人配位剂，使沉淀生成配位化合物而溶解。如 AgCl 溶于氨水中

$$AgCl+2NH_3\cdot H_2O \rightleftharpoons Ag(NH_3)_2^++Cl^-+2H_2O$$

溶解度极小的 HgS 不溶于热的浓硝酸，只溶于王水中

$$3HgS+2HNO_3+12HCl \rightleftharpoons 3H_2[HgCl_4]+3S\downarrow+2NO\uparrow+4H_2O$$

这时溶液中发生了氧化还原反应，又生成了配合物，因而大大降低了 Hg^{2+}、S^{2-} 的浓度，使 $Q<K_{sp}^{\ominus}$，沉淀溶解。

9.3 分步沉淀与沉淀的转化

9.3.1 分步沉淀法

利用分步沉淀法可将一种或一组离子从离子混合物中分离出来。所谓分步沉淀法的原理如下：假定溶液中有几种离子都可和某种试剂反应，现通过控制沉淀条件，仅仅使混合物中的某一种或几种离子的浓度与试剂的浓度的乘积超过溶度积，形成沉淀，而其他离子不沉淀，达到分步沉淀的目的。一般地，在沉淀剂浓度逐渐增加的过程中，所需沉淀剂浓度(或量)最小的离子首先沉淀(请注意：并不一定指溶度积最小的物质，因为 $K_{sp}^{\ominus}$ 不仅与溶解度有关，且与难溶电解质的价型有关)。进一步加入沉淀剂可能引起其他离子同时沉淀，或在第一种离子完全沉淀后再沉淀，这主要取决于混合物中被沉淀物质溶解度的差别和离子的浓度。

为说明分级沉淀，现以 I^- 和 Cl^- 分级沉淀的例子加以说明。

假设溶液中含有 0.01mol/L 的 I^- 和 0.01mol/L 的 Cl^-，滴入 $AgNO_3$ 溶液后，两种离子中哪种离子首先沉淀？[已知 $K_{sp}^{\ominus}(AgCl)=1.8\times10^{-10}$，$K_{sp}^{\ominus}(AgI)=8.5\times10^{-17}$]

解决这个问题要根据溶度积，求出开始沉淀 AgI 和 AgCl 所需要的 Ag^+ 的浓度，哪个所需浓度最低，那个就首先沉淀出来。据此

AgCl 开始沉淀时所需 Ag^+ 浓度：

$$c[Ag^+]=(\frac{1.8\times10^{-10}}{0.01})\text{mol/L}=1.8\times10^{-8}\text{mol/L}$$

AgI 开始沉淀时所需 Ag^+ 浓度：

$$c[Ag^+]=(\frac{9.3\times10^{-17}}{0.01})\text{mol/L}=9.3\times10^{-15}\text{mol/L}$$

显然，在滴加 Ag^+ 的过程中，AgI 首先达到其溶度积，故 AgI 首先沉淀。但 AgI 开始沉淀后，溶液中 $c[I^-]$ 不断降低，所以要有更高的 Ag^+ 浓度才能使 AgI 继续沉淀。继续加入 $AgNO_3$ 溶液，直到 Ag^+ 浓度刚好到达 1.8×10^{-8}mol/L 时，AgCl 开始沉淀。此时，Ag^+ 的浓度应同时满足两个平衡，即

$$AgI(s) \rightleftharpoons Ag^+ + I^- \qquad c[Ag^+]=\frac{K_{sp}^{\ominus}(AgI)}{c[I^-]}$$

$$AgCl(s) \rightleftharpoons Ag^+ + Cl^- \qquad c[Ag^+]=\frac{K_{sp}^{\ominus}(AgCl)}{c[Cl^-]}$$

从两式中消去 $c(Ag^+)$ 得到

$$c[I^-]=\frac{K_{sp}^{\ominus}(AgI)}{K_{sp}^{\ominus}(AgCl)}c[Cl^-]=\frac{8.5\times10^{-17}}{1.8\times10^{-10}}\times0.01\text{mol/L}=5.9\times10^{-9}\text{mol/L}$$

可见当 AgCl 开始沉淀时，I^- 浓度已由原来的 0.01mol/L 降低到 5.2×10^{-9}mol/L(在一般分析中，当浓度降低到 1×10^{-6}mol/L 叫时就认为是完全沉淀了)，先达到溶度积者，先沉淀，这就是分步沉淀的原理。(试考虑当 AgCl 开始沉淀之后，是否还有 AgI 再沉淀出来？)

从热力学角度看，$K_{sp}^{\ominus}$ 是平衡常数，应满足 $\Delta_r G_m^{\ominus}=-RT\ln K_{sp}^{\ominus}$ 的关系。

$$Ag^+ + Cl^- \rightleftharpoons AgCl；\ K_{sp}^{\ominus}(AgCl)=1.8\times10^{-10} \quad \Delta_r G_m^{\ominus}(AgCl)=-4.8\text{kJ/mol}$$

$$Ag^+ + Br^- \rightleftharpoons AgBr; \quad K_{sp}^{\ominus}(AgBr) = 5.0\times10^{-15} \quad \Delta_r G_m^{\ominus}(AgBr) = -28.5\text{kJ/mol}$$

$$Ag^+ + I^- \rightleftharpoons AgI; \quad K_{sp}^{\ominus}(AgI) = 9.3\times10^{-17} \quad \Delta_r G_m^{\ominus}(AgI) = -59.4\text{kJ/mol}$$

$\Delta_r G_m^{\ominus}$ 的负值愈大，反应进行的倾向性愈大，所以，分级沉淀的本质就是反应优先向 ΔG 更负的方向进行。

分级沉淀能否进行，主要取决于溶度积的大小，但二者溶度积相差的倍数不大，而且两物质的浓度又相差过于悬殊的话，就要具体分析，通过计算来说明问题。例如比较一下 AgI 和 AgBr 的溶度积，只相差两个数量级，当 I^- 和 Br^- 的浓度相等时，当然是 AgI 先沉淀，但如果溶液中 $c[Br^-] \gg c[I^-]$，就需要具体问题具体分析，通过计算来判断。例如若 $c[Br^-]=1.0\text{mol/L}$，$c[I^-]=1.0\times10^{-4}\text{mol/L}$，则当它们开始沉淀所需要的 $c(Ag^+)$ 分别为

$$c[Ag^+] = K_{sp}^{\ominus}(AgI) : c[I^-] = \frac{9.3\times10^{-17}}{1.0\times10^{-4}}\text{mol/L} = 9.3\times10^{-13}\text{mol/L}$$

$$c[Ag^+] = K_{sp}^{\ominus}(AgBr) : c[Cl^-] = \frac{5.0\times10^{-15}}{1.0}\text{mol/L} = 5.0\times10^{-15}\text{mol/L}$$

显然在这种情况下，首先沉淀的是 AgBr，而不是 AgI。判断反应方向的是 ΔG，而不是 $\Delta_r G_m^{\ominus}$。只有当 $\Delta_r G_m^{\ominus}$ 的值较大时，才可用 $\Delta_r G_m^{\ominus}$ 来判别反应进行的方向。当浓度项的值较大时，它也可以改变 ΔG 的符号，从而改变反应方向，对分步沉淀来说，可改变分级沉淀的次序。

9.3.2 沉淀的转化

在实际工作中，常常需要将沉淀从一种形式转化为另一种形式，例如锅炉中锅垢含有 $CaSO_4$ 不易去除，可以用 Na_2CO_3 处理，使其转化为易溶于酸的 $CaCO_3$ 沉淀，易于清除。又如 $BaSO_4$ 不溶于酸，可以将其转化为 $BaCO_3$，然后再溶于酸。从不溶物变为易溶物易于分析，这也是分析化学上的要求(此类常常是将难溶的强酸盐转化为难溶的弱酸盐，然后再酸解，使要分析的阳离子进入溶液)。例如在 $CaSO_4$ 中加入 Na_2CO_3 溶液：

$$CaSO_4 \rightleftharpoons Ca^{2+} + SO_4^{2-}$$

$$Ca^{2+} + CO_3^{2-} \rightleftharpoons CaCO_3$$

总反应(即转化反应)　$CaSO_4 + CO_3^{2-} \rightleftharpoons CaCO_3 + SO_4^{2-}$

转化反应的平衡常数：

$$K^{\ominus} = \frac{SO_4^{2-}}{CO_3^{2-}} = \frac{c[Ca^{2+}]\cdot c[SO_4^{2-}]}{c[Ca^{2+}]\cdot c[CO_3^{2-}]} = \frac{K_{sp}^{\ominus}(CaSO_4)}{K_{sp}^{\ominus}(CaCO_3)} = \frac{9.1\times10^{-6}}{2.8\times10^{-9}} = 3.3\times10^3$$

表明转化反应进行得很彻底。

根据 $CaSO_4$ 的 $K_{sp}^{\ominus}(CaSO_4)$，在饱和溶液 $CaSO_4$ 中的 Ca^{2+} 浓度为

$$c[Ca^{2+}] = c[SO_4^{2-}] = \sqrt{K_{sp}^{\ominus}(CaSO_4)} = 3.0\times10^{-3}$$

需要多大的 $c[CO_3^{2-}]$ 才能生成 $CaCO_3$ 沉淀呢？根据 $K_{sp}^{\ominus}(CaCO_3)$：

$$c[CO_3^{2-}] = \frac{K_{sp}^{\ominus}(CaCO_3)}{c[Ca^{2+}]} = \frac{2.8\times10^{-9}}{3.0\times10^{-3}} = 9.3\times10^{-7}\text{mol/L}$$

即只要 $c[CO_3^{2-}]$ 的浓度大于 $9.3\times10^{-7}\text{mol/L}$，转化作用即可进行，这个条件是很容易满足的。

转化反应的平衡常数越大(即被转化沉淀的平衡常数越大)，则转化反应就更容易进行。如果两个难溶盐的溶度积相差不大，则转化反应难以达到要求，甚至不能发生转化。

例 9-6 欲使 1.0g $BaCO_3$ 转化为 $BaCrO_4$，需加入多少毫升 0.1mol/L K_2CrO_4 溶液？

解：沉淀转化反应：

$$BaCO_3+CrO_4^{2-} \rightleftharpoons BaCrO_4+CO_3^{2-}$$

假设需加入 K_2CrO_4 溶液的体积为 V，则沉淀全部转化后，溶液中 $c[CO_3^{2-}]$ 的浓度：

$$c[CO_3^{2-}]=\frac{m(BaCO_3)}{M(BaCO_3)V}=\frac{1}{179.34\times V}=\frac{5.1\times10^{-3}}{V}$$

$c[CO_3^{2-}]$ 与 $c[CrO_4^{2-}]$ 之比：

$$\frac{c[CO_3^{2-}]}{c[CrO_4^{2-}]}=\frac{K_{sp}^{\ominus}(BaCO_3)}{K_{sp}^{\ominus}(BaCrO_4)}=\frac{2.58\times10^{-9}}{1.17\times10^{-10}}=22.1$$

$$\frac{5.1\times10^{-3}/V}{0.1-5.1\times10^{-3}/V}=22.1$$

$$V=5.3\times10^{-3}L=5.3mL$$

说明欲使 1g$BaCO_3$ 转化为 $BaCrO_4$，加入 0.10mol/L K_2CrO_4 溶液应不小于 5.3mL。

由此可见，借助适当的试剂，可将许多难溶化合物转化为更难溶的化合物，后者溶解度愈小，这种变化愈容易。

将溶解度较小的化合物转化为溶解度较大的化合物也并非是不可能的，不过这要困难得多。例如，$BaSO_4$ 的溶解度要比 $BaCO_3$ 的溶解度小 $K_{sp}^{\ominus}(BaSO_4)=1.1\times10^{-10}$，$K_{sp}^{\ominus}(BaCO_3)=2.58\times10^{-9}$，可能认为不能借 Na_2CO_3 的作用将 $BaSO_4$ 转化为 $BaCO_3$，但是，如果用 Na_2CO_3 重复操作几次，这种转化还是可能的，条件是

$$\frac{c[CO_3^{2-}]}{c[SO_4^{2-}]}=\frac{K_{sp}^{\ominus}(BaCO_3)}{K_{sp}^{\ominus}(BaSO_4)}=\frac{2.58\times10^{-9}}{1.1\times10^{-10}}=23$$

表明要将 $BaSO_4$ 转化为 $BaCO_3$，溶液中 $c[CO_3^{2-}]$ 应超过 $c[SO_4^{2-}]$ 23 倍以上。由于 $c[SO_4^{2-}]$ 很低，所以这一条件是可以满足的。但在反应进行中，$c[CO_3^{2-}]$ 随反应的进行而逐渐降低，$c[SO_4^{2-}]$ 则不断增大，最后当 $c[CO_3^{2-}]/c[SO_4^{2-}]=23$ 的时候，反应趋于平衡，转化反应不能继续进行。

但是如果在转化停止后，倒掉上层清液，再加入新鲜的 Na_2CO_3 溶液，转化反应重新发生。如此反复处理 3~4 次，就能将 $BaSO_4$ 全部转化为 $BaCO_3$。

应该指出，这种转化只能适用于溶解度相差不大的沉淀。如果两种沉淀的溶解度相去甚远，要将这种转化进行到底，将是非常困难甚至是不可能的。例如 $K_{sp}^{\ominus}(AgCl)=1.8\times10^{-10}$，$K_{sp}^{\ominus}(AgI)=8.5\times10^{-17}$ 两者相差达 10^7 数量级，因此将 AgCl 转化为 AgI 非常容易，只需用 KI 溶液处理 AgCl 一次即可，但是即使用 KCl 溶液多次处理 AgI 沉淀也不可能将其转化为 AgCl。

9.4 沉淀反应在分析化学中的应用

以沉淀反应为基础的分析方法主要有重量分析法和沉淀滴定法两种。

9.4.1 重量分析法

根据称量质量来确定组分含量的测定方法称为重量分析法。用重量分析法确定待测组分含量时，一般是将被测定的组分从试样中分离出来，经过处理后称量其质量，最后计算该组分的含量。

1. 重量分析法的分类和特点

根据使被测组分与试样中其它成分分离手段的不同，重量分析常分挥发法和沉淀法等方法。

（1）挥发法　挥发法适用于挥发性组分的测定。一般是通过加热或其它方法使试样中某种被测组分气化逸出，然后根据试样重量的减轻计算出该组分的含量；或者使该组分逸出后选用某种吸收剂来吸收它，可根据试剂的增重来计算被测组分的含量。例如，试样中的结晶水的测定、试样中 CO_2 的测定等均可用此法。

（2）沉淀法　沉淀法是将被测组分以沉淀的形式从溶液中析出，然后沉淀过滤、洗涤、烘干或灼烧至组成一定的物质，然后称量，最后计算其含量。例如，测定 Ba^{2+} 可用 SO_4^{2-} 作为沉淀剂，生成 $BaSO_4$ 沉淀，经处理后，可称得 $BaSO_4$ 的质量，由此计算出 Ba 的含量。

挥发法和沉淀法是重量分析法中重要的分析方法，也是常用的分离技术。

重量分析法通过称量得到分析结果，不用基准物(或标准溶液)进行比较，其精确度较高，相对误差一般为 0.1%~0.2%。缺点是分析程序长，费事，分析速度慢，已逐渐被滴定法所取代。但目前硅、硫、磷、镍以及几种稀有元素的精确测定仍采用重量分析法。

2. 重量分析法对沉淀的要求

重量分析法中沉淀有两种形式，一种为沉淀形式，另一种为称量形式。

被测物与沉淀剂反应后，以适当的沉淀析出，该沉淀的化学形式称沉淀形式。称量形式是指沉淀经过过滤、烘干或灼烧成最后可进行称量的形式。沉淀形式与称量形式有时相同，有时不同。例如测定 Ba^{2+}，用 SO_4^{2-} 作沉淀剂，得到 $BaSO_4$ 沉淀，$BaSO_4$ 在 800℃下灼烧时不发生变化，此时沉淀形式与称量形式相同。再如测定 Mg^{2+} 时，Mg^{2+} 沉淀形式为 $MgNH_4PO_4 \cdot 6H_2O$。经过 1100℃下灼烧后得到的称量形式为 $Mg_2P_2O_7$，此时沉淀形式和称量形式就不同。为了保证测定有足够的准确度并便于操作，重量分析中对沉淀形式和称量形式都有一定要求。

（1）对沉淀形式的要求：

① 沉淀溶解度要小。沉淀的溶解度越小，被测组分沉淀越完全。根据一般分析结果的误差要求，沉淀的溶解损失不应超过分析天平的称量误差，即 0.2mg。

② 沉淀必须纯净。

③ 沉淀应易于过滤和洗涤，故总是希望得到粗大的晶形沉淀，以便于操作，保证沉淀纯度。沉淀也应易于转变为称量形式。

（2）对称量形式的要求：

① 称量形式必须组成固定，符合一定的化学式，以便于结果计算。

② 称量形式要有足够的化学稳定性，不受空气中 CO_2、水分、O_2 等因素的影响而发生变化，本身也不应分解或变质。

③ 称量形式应具有尽可能大的摩尔质量。称量形式摩尔质量越大，则被测组分在称量形式中的含量越小，称量误差越小，分析结果的准确度越高。

3. 重量分析中的化学计算和化学因数

① 称量形式与待测组分一致时。例如，水分测定时，称量形式与测定结果的表示形式相同，则被测组分 B 的质量分数 w_B 的一般计算公式为

$$w_B = \text{被测组分 B 的质量/试样质量} \tag{9-3}$$

② 称量形式与待测组分不一致时。例如，在硫酸钡沉淀法中，称量形式是 $BaSO_4$，但

待测组分可能是 Ba^{2+}、SO_4^{2-}、SO_3、S，在以待测组分的质量分数表示测定结果时，要把 $BaSO_4$ 的质量换算成待测组分的质量，就得乘以一个因数，该因数称为化学因数或换算因数，常用 F 表示。它是待测组分的摩尔质量与称量形式的摩尔质量之比，为一个常数。上述四个待测组分的化学因数的计算及其数值分别为

$$\frac{M(\mathrm{Ba})}{M(\mathrm{BaSO_4})}=0.5884 \qquad \frac{\mathrm{M}(\mathrm{SO_4^{2-}})}{M(\mathrm{BaSO_4})}=0.4116$$

$$\frac{M(\mathrm{SO_3})}{M(\mathrm{BaSO_4})}=0.3430 \qquad \frac{M(\mathrm{S})}{M(\mathrm{BaSO_4})}=0.1374$$

必须注意化学因数的分子分母中被测元素的质量应相等。例如，若以 $Mg_2P_2O_7$ 为称量形式，当被测组分为 Mg 及 P_2O_5 时，相应的化学因数分别为

$$\frac{2M(\mathrm{Mg})}{M(\mathrm{Mg_2P_2O_7})}=0.2184 \qquad \frac{M(\mathrm{P_2O_5})}{M(\mathrm{Mg_2P_2O_7})}=0.6375$$

故化学因数表示为

$$化学因数\ F=\frac{a\times M_1}{b\times M_2} \tag{9-4}$$

式中，M_1 表示被测组分的摩尔质量，M_2 表示称量形式的摩尔质量。在计算化学因数时，有时必须在待测组分的摩尔质量和称量形式的摩尔质量上乘以适当的系数 a 或 b，使分子分母所含的原子数或分子数相等。

在这种情况下，重量分析中计算物质 B 的质量分数的一般公式为

$$w_{\mathrm{B}}=称量形式的质量\times化学因数/试样质量$$

例 9-7 分析某铬矿（不纯的 Cr_2O_3）中的 Cr_2O_3 含量时，把 Cr 转变为 $BaCrO_4$ 沉淀。设称取 0.5000g 试样，最后得 $BaCrO_4$ 质量为 0.2530g。求此矿中 Cr_2O_3 的质量分数。

解：由称量形式 $BaCrO_4$ 的质量换算为 Cr_2O_3 的质量，其化学因数为

$$F(\mathrm{Cr_2O_3})=\frac{M(\mathrm{Cr_2O_3})}{2M(\mathrm{BaCrO_4})}=\frac{152.0}{2\times253.3}=0.3000$$

所以

$$w_{\mathrm{B}}(\mathrm{BaCrO_4})=称量形式的\ \mathrm{BaCrO_4}\ 质量\times化学因数/试样质量$$
$$=0.2530\times0.3000/0.5000=15.18\%$$

例 9-8 测定四草酸氢钾的含量，用 Ca^{2+} 为沉淀剂，最后灼烧成 CaO 称量。称取样品质量为 0.5172g，最后得 CaO 为 0.2665g，计算样品中 $KHC_2O_4 \cdot H_2C_2O_4 \cdot 2H_2O$ 的质量分数。

解：因为 $KHC_2O_4 \cdot H_2C_2O_4 \cdot 2H_2O$ 相当于 $2CaC_2O_4$ 相当于 2CaO，所以四草酸氢钾的化学因数为

$$F=\frac{254.2}{2\times56.08}=2.266$$

故

$$w=\frac{0.2265\times2.266}{0.5172}=99.24\%$$

4. 应用示例

重量分析法是一种准确、精密的分析方法，在此列举一些常用的重量分析实例。

（1）硫酸根的测定　测定硫酸根时一般都用 $BaCl_2$ 将 SO_4^{2-} 沉淀成 $BaSO_4$，再灼烧，称量，但较费时。多年来，对于重量法测定 SO_4^{2-} 曾做过不少改进，力图克服其烦琐费时的缺

点，但均未取得明显效果。由于 $BaSO_4$ 沉淀颗粒较细，浓溶液中沉淀时可能形成胶体，$BaSO_4$ 不易被一般溶剂溶解，不能进行二次沉淀，因此，沉淀作用应在稀盐酸中进行。溶液中不允许有酸不溶物和易被吸附的离子（如 Fe^{3+}、NO^{3-} 等）存在。对于存在的 Fe^{3+}，常采用 EDTA 配位掩蔽。

采用玻璃砂漏斗抽滤 $BaSO_4$，烘干，称量。虽然其精确度比灼烧法稍差，但可缩短分析时间。硫酸钡重量法测定 SO_4^{2-} 的方法应用很广。磷肥、萃取磷酸、水泥中的硫酸根和许多其它可溶硫酸盐都可以用此法测定。

（2）硅酸盐中二氧化硅的测定　硅酸盐在自然界中分布很广，绝大多数硅酸盐不溶于酸，因此，试样一般需要用碱性溶剂熔融后，再加酸处理。此时金属元素成为离子溶于酸中，而硅酸根则大部分成胶状硅酸（$SiO_2 \cdot xH_2O$）析出。少部分仍分散在溶液中，需要脱水才能沉淀。

经典方法是用盐酸反复蒸干脱水，精确度虽高，但操作麻烦、费时。后来多采用动物胶凝聚法，即利用动物胶吸附 H^+ 而带正电荷（蛋白质中氨基酸的氨基吸附 H^+），与带负电荷的硅酸根胶粒发生胶凝而析出。但必须蒸干，才能完全沉淀。

近来，有的用长碳链季铵盐，如十六烷基三甲基溴化铵（简称 CTMAB）作沉淀剂，它在溶液中成带正电荷胶粒，可以不再加盐酸蒸干，而将硅酸根定量沉淀，所得沉淀疏松而易洗涤。这种方法比动物胶法优越，且可缩短分析时间。得到的硅酸沉淀，需经高温灼烧才能完全脱水和除去带入的沉淀剂。但即使经过灼烧，一般还可能带有不挥发的杂质（如铁、铝等的化合物）。在要求较高的分析中，与灼烧、称量后，还需要加氢氟酸及硫酸，再加热灼烧，使 SiO_2 生成 SiF_4 挥发逸去，最后称量，从两次质量差即可得纯 SiO_2 质量。

（3）五氧化二磷的测定　常采用磷钼酸喹啉重量法。也可以将磷钼酸喹啉沉淀分离出来，进行滴定分析，但重量法精密度高，易获得准确结果。磷钼酸喹啉沉淀颗粒比磷钼酸铵沉淀颗粒粗些，较易过滤，但喹啉具有特殊气味，因此，要求实验室通风良好。磷矿中的磷酸盐分解后，可能成为偏磷酸 HPO_3 或次磷酸 H_3PO_2 等存在。故在沉淀前要用硝酸处理，使之全部变成正磷酸 H_3PO_4。磷酸在酸性溶液中（7%～10% HNO_3）与钼酸钠和喹啉作用形成磷钼酸喹啉沉淀：

$$H_3PO_4+3C_9H_7N+12Na_2MoO_4+24HNO_3 \rightleftharpoons$$
$$(C_9H_7N)_3H_3[PO_4 \cdot 12MoO_3] \cdot H_2O+11H_2O+24NaNO_3$$

沉淀经过滤、烘干、除去水分后称量。

沉淀剂用喹钼柠试剂（含有喹啉、钼酸钠、柠檬酸、丙酮）。柠檬酸的作用是在溶液中与钼酸配位，以降低钼酸浓度，避免沉淀出硅钼酸喹啉（它对测定有干扰），同时可能防止钼酸钠水解析出 MoO_3。丙酮的作用是使沉淀颗粒增大而疏松，便于洗涤，同时可增加喹啉的溶解度，避免其沉淀析出而干扰测定。

9.4.2　沉淀滴定法

沉淀滴定法是以沉淀溶解平衡为基础的滴定分析法。沉淀反应很多，但能用于沉淀滴定的并不多。主要原因是很多沉淀组成不稳定、易形成过饱和溶液、共沉淀现象严重等。可以用于沉淀滴定的反应必须满足下列条件：

① 生成的沉淀溶度积必须很小，以满足滴定误差的要求；

② 沉淀的组成恒定，反应能定量地完成；

③ 沉淀反应必须迅速，沉淀物要稳定，不易形成过饱和溶液；

④ 沉淀的颜色要浅，不可过深，能够有适当的指示剂或其它方法确定终点。

目前，用得较广的是生成难溶银盐的沉淀滴定法，称为银量法。用银量法可以测定 Cl^-、Br^-、I^-、CN^-、SCN^-、Ag^+等离子。

根据滴定方式的不同，沉淀滴定可分为直接法和间接法两大类。根据所用指示剂的不同，按照创立者的名字命名，可将银量法分为莫尔法、佛尔哈德法和法扬司法等几种方法。

1. 莫尔法

莫尔(Mohl)法是以铬酸钾为指示剂，在中性或弱碱性溶液中，用 $AgNO_3$ 标准溶液直接滴定 Cl^-或 Br^-。溶液中的 Cl^-与 CrO_4^{2-} 能分别和 Ag^+形成白色的 AgCl 及砖红色的 Ag_2CrO_4。由于两者的溶度积不同，根据分步沉淀的原理，首先生成的是 AgCl 沉淀，随着 Ag^+的不断加入，溶液中的 $c[Cl^-]$越来越少，$c[Ag^+]$相应地增大，至等计量点时，砖红色的 Ag_2CrO_4 沉淀出现，指示滴定终点。

其反应为

$$Ag^+ + Cl^- \rightleftharpoons AgCl\downarrow(\text{白色}) \qquad K_{sp} = 1.8\times10^{10}$$

$$2Ag^+ + CrO_4^{2-} \rightleftharpoons Ag_2CrO_4\downarrow(\text{砖红色}) \qquad K_{sp} = 1.1\times10^{12}$$

莫尔法中指示剂的用量和溶液的酸度是两个主要问题。

若能使 Ag_2CrO_4 沉淀恰好在化学计量点时产生，就能准确滴定 Cl^-。关键问题是控制指示剂的用量。若浓度过高，终点将出现过早且颜色过深，影响终点的观察；而若指示剂浓度过低，则终点出现过迟，也影响滴定的准确度。

根据溶度积规则，化学计量点时溶液中 $c[Ag^+]$和 $c[Cl^-]$的浓度为

$$c[Ag^+] = c[Cl^-] = \sqrt{K_{sp}(AgCl)} = \sqrt{1.8\times10^{-10}} = 1.3\times10^{-5}(\text{mol/L})$$

在化学计量点刚好析出 Ag_2CrO_4 沉淀以指示终点，此时溶液中的 CrO_4^{2-} 的浓度为

$$c[CrO_4^{2-}] = \frac{K_{sp}(Ag_2CrO_4)}{c^2[Ag^+]} = \frac{1.1\times10^{-12}}{(1.3\times10^{-5})^2} = 6.5\times10^{-3}(\text{mol/L})$$

一般常用的 CrO_4^{2-} 浓度以 5.0×10^{-3}mol/L 为宜。在实验室中常用的是 100mL 溶液中加入 1mL5%K_2CrO_4 较合适，由此引起的误差不超过 0.1%，符合滴定要求。

应用莫尔法时应注意：

① 滴定应当在中性或弱减性介质中进行，最适宜的酸度是 pH6.5～10.5。在酸性溶液中，CrO_4^{2-} 与 H^+发生下列反应

$$2H^+ + 2CrO_4^{2-} \rightleftharpoons 2HCrO_4^- \rightleftharpoons Cr_2O_7^{2-} + H_2O$$

这样就降低了溶液中 CrO_4^{2-} 的浓度，Ag_2CrO_4 沉淀出现过迟，甚至不会沉淀。但若碱性太高，又将会析出 Ag_2O 沉淀

$$2Ag^+ + 2OH^- \rightleftharpoons 2AgOH \longrightarrow Ag_2O$$

若溶液中碱性太强，可先用稀硝酸中和至甲基红变橙，再滴加稀 NaOH 至橙色变黄。酸性太强，则用 Na_2CO_3、$CaCO_3$ 或硼砂中和。

② 不能在含有 NH_3 或其它能与 Ag^+生成配合物的物质存在的条件下滴定，否则会增大 AgCl 和 Ag_2CrO_4 的溶解度，影响测定结果。若试液中有 NH_3 存在，应当先用 HNO_3 中和，而在有 NH_4^+ 存在时，pH 应控制在 6.5～7.2。

③ 莫尔法能测 Cl^-、Br^-，但不能测定 I^-和 SCN^-。因为 AgI 或 AgSCN 沉淀强烈吸附 I^-或

SCN^-，使终点过早出现，且变化不明显。在滴定时 $C1^-$、Br^-必须强烈摇晃，使 AgCl、AgBr 溶解。

④ 莫尔法选择性较差，凡能与 CrO_4^{2-} 或 Ag^+生成沉淀的阴、阳离子均干扰滴定。前者如 Ba^{2+}、Pb^{2+}和 Hg^{2+}等，后者如 PO_4^{3-}、AsO_4^{3-}、S^{2-}、$C_2O_4^{2-}$ 等。

莫尔法选择性较差，应用受到一定限制。但它是直接测定法，比较简单，对含氯量低、干扰少的试样(如天然水、纯氯化物)的分析，可得准确结果。

2. 佛尔哈德法

用铁铵矾($NH_4Fe(SO_4)_2 \cdot 12H_2O$)作指示剂的银量法称为佛尔哈德(Volhard)法。按照滴定方式的不同，可分为两类：

(1) 直接滴定法(测定 Ag^+)

在含有 Ag^+的酸性溶液中，加入铁铵矾作指示剂，用 NH_4SCN 标准溶液来滴定。溶液中首先产生白色 AgSCN，当 Ag^+全部与 SCN^-结合沉淀后，过量一滴 NH_4SCN 溶液与 Fe^{3+}生成血红色 $Fe(SCN)^{2+}$配离子，即为终点。反应如下

滴定反应 $Ag^+ + SCN^- \rightleftharpoons AgSCN\downarrow$ (白色)

指示终点反应 $Fe^{3+} + SCN^- \rightleftharpoons Fe(SCN)^{2+}\downarrow$ (血红色)

滴定时，溶液的酸度一般控制在 0.1～1mol/L。这时 Fe^{3+} 主要以 $Fe(H_2O_6)^{3+}$的形式存在，颜色较浅。如果酸度较低，则 Fe^{3+}易水解成 $Fe(H_2O)_5OH^{2+}$等深色配合物，影响终点观察。酸度更低甚至会析出 $Fe(OH)_3$ 沉淀。

为了终点时刚好能观察到 $Fe(SCN)^{2+}$明显的红色，所需 $Fe(SCN)^{2+}$的最低浓度为 6×10^{-6}mol/L。要维持 $Fe(SCN)^{2+}$的配位平衡，Fe^{3+}的浓度应远远高于这一数值，但 Fe^{3+}的浓度过大，它的黄色会干扰终点的观察。因此，终点时 Fe^{3+}的浓度一般控制在 0.015mol/L。

在滴定过程中，不断有 AgSCN 沉淀形成，由于它具有强烈的吸附作用，所以有部分 Ag^+被吸附于其表面上，往往产生终点出现过早的情况，使结果偏低。所以在滴定时，必须充分摇动，使吸附的 Ag^+及时释放出来。

(2) 返滴定法(测定卤素及 SCN^-)

在含有卤素离子的硝酸溶液中，加入一定量过量的 $AgNO_3$，以铁铵矾为指示剂，用 NH_4SCN 标准溶液返滴定过量的 $AgNO_3$。

滴定反应 $Ag^+ + X^- \rightleftharpoons AgX\downarrow$

$Ag^+ + SCN^- \rightleftharpoons AgSCN\downarrow$

终点反应 $SCN^- + Fe^{3+} \rightleftharpoons Fe(SCN)^{2+}$(血红色)

由于滴定是在 HNO_3 介质中进行的，许多弱酸如 PO_4^{3-}、AsO_4^{3-}、S^{2-}等都不干扰卤素离子的测定，因此该法选择性较高。

在用此法测定 Cl^-的含量时，终点的判断会遇到困难，这是因为 AgSCN 的溶解度(1.8×10^{-4}g/L)小于 AgCl 的溶解度(1.9×10^{-5}g/L)。接近终点时，加入的 SCN^-将与 AgCl 发生沉淀转化。

$$AgCl\downarrow + SCN^- \rightleftharpoons AgSCN\downarrow + Cl^-$$

沉淀转化的速度较慢，滴加 NH_4SCN 形成的红色随着溶液的摇动而消失。即

$$AgCl + Fe(SCN)^{2+} \rightleftharpoons AgSCN + Cl^- + Fe^{3+}$$

显然到达终点时，多消耗了 NH_4SCN 标准溶液，引入较大的滴定误差。为了避免上述现

象的发生，通常采用下列措施：

① 试液中加入过量的 $AgNO_3$ 后，将溶液加热煮沸，使 AgCl 沉淀凝聚，以减少 AgCl 沉淀对 Ag^+ 的吸附，滤去沉淀，并用稀硝酸洗涤沉淀，洗涤液并入滤液中，然后用 NH_4SCN 标准溶液返滴定滤液中过量的 $AgNO_3$。

② 在滴加标准溶液 NH_4SCN 前，加入有机溶剂如硝基苯或邻苯二甲酸二丁酯等有机覆盖剂 1~2mL，用力摇动之后，硝基苯将 AgCl 沉淀包住，使它与溶液隔开，不再与滴定溶液接触。这就阻止了上述现象的发生。此法很方便，但硝基苯有毒，使用时应注意安全。

③ 提高 Fe^{3+} 的浓度以减小终点时 SCN^- 的浓度，从而减小上述误差。实验证明，当溶液中 Fe^{3+} 浓度为 0.2mol/L 时，滴定误差将小于 0.1%。

用返滴定法测定溴化物或碘化物时，由于 AgBr 和 AgI 的溶解度比 AgSCN 小，所以，不会发生沉淀转化反应，不必采取上述措施。

应用佛尔哈德法需要注意以下几点：

① 应当在酸性介质中进行，一般酸度大于 0.3mol/L。若酸度太低，Fe^{3+} 将水解成 $Fe(OH)^{2+}$ 等深色配合物，影响终点的观察。

② 测定碘化物时，必须先加 $AgNO_3$，后加指示剂，否则会发生如下反应而影响准确度。

$$2Fe^{3+}+2I^- \rightleftharpoons 2Fe^{2+}+I_2$$

③ 强氧化剂和氮的氧化物以及铜盐、汞盐都与 SCN^- 作用，因而干扰测定，必须事先除去。

3. 法扬司法

用吸附指示剂指示终点的银量法称为法扬司法。吸附指示剂是一些有机染料。它的阴离子在溶液中容易被正电荷的胶状沉淀所吸附，吸附后结构变形而引起颜色变化，从而指示终点。

用 $AgNO_3$ 滴定 Cl^- 时，以荧光黄作指示剂，荧光黄是一种有机弱酸，用 HFIn 表示：

$$HFIn \rightleftharpoons H^+ + FIn^-\text{(黄绿色)}$$

在化学计量点前，溶液中 Cl^- 过量，这时 AgCl 沉淀胶粒吸附 Cl^- 而带负电荷，FIn^- 受排斥而不被吸附，溶液呈黄色。而在计量点后，加入稍过量的 $AgNO_3$ 使 AgCl 沉淀胶粒吸附 Ag^+ 而带正电荷，这时溶液中 FIn^- 被异性离子所吸附，溶液颜色由黄色变为粉红色。

Cl^- 过量时： $(AgCl)Cl^- + FIn^-$(黄绿色)

Ag^+ 过量时： $(AgCl)Ag^+ + FIn^- \rightleftharpoons (AgCl)Ag^+ | FIn^-$(粉红色)

为了使终点颜色变化明显，应用吸附指示剂应注意几点：

① 由于颜色的变化是发生在沉淀表面，欲使终点变色明显，应尽量使沉淀的比表面大一些。为此，常加入一些保护胶体(如糊精、淀粉)，阻止卤化银聚沉，使其保持胶体状态。

② 溶液的酸度要恰当。常用的吸附指示剂大多是有机弱酸，而起指示剂作用的是它们的阴离子，为此，必须控制适宜的酸度。

③ 滴定中应当避免强光照射，否则影响终点观察。

④ 待测离子浓度不能太低，因浓度太低时沉淀少，终点观察不明显。对于 Cl^- 至少大于 0.005mol/L，否则不能用荧光黄作指示剂，浓度也不能太大，否则会引起胶体聚沉。

⑤ 胶体微粒对指示剂的吸附能力应略小于对被测离子的吸附能力，否则指示剂将在计量点前变色，但也不能太小，否则终点出现过迟。

卤化银对卤离子和常用指示剂的吸附能力顺序为

$I^- > SCN^- > Br^- >$ 曙红 $> Cl^- >$ 荧光黄

吸附指示剂除用于银量法以外，还可用于测定 Ba^{2+} 及 SO_4^{2-}。

吸附指示剂种类很多，现将常用的列于表 9-2 中。

表 9-2　常用吸附指示剂

指示剂名称	待测离子	滴定剂	适用的 pH 范围
荧光黄	Cl^-、Br^-、I^-、SCN^-	Ag^+	7~10
二氯荧光黄	Cl^-、Br^-、I^-、SCN^-	Ag^+	4~6
曙红	Br^-、I^-、SCN^-	Ag^+	2~10
甲基紫	SO_4^{2-}、Ag^+	Cl^-、Br^-	酸性溶液
溴酚蓝	Cl^-、Ag^+	Ag^+	2~3
罗丹明 6G	Ag^+	Br	稀 HNO_3

习题

1. 何谓溶解度？何谓溶度积？二者有何区别和联系？何谓溶度积规则？沉淀的溶解有几种方法？

2. 分步沉淀的顺序与哪些因素有关？

3. 何谓同离子效应？何谓盐效应？二者有何区别？

4. 试述莫尔法、佛尔哈德法和法扬司法指示剂的作用原理及反应条件。

5. 为什么佛尔哈德法只能在酸性溶液中进行测定？测定氯化物时，为什么标准溶液容易过量？怎样才能得到准确结果？

6. 在下列情况下，分析结果是准确的、还是偏高或偏低？并说明原因。

（1）pH=4 时，用莫尔法测定 Cl^-。

（2）pH=8 时，用莫尔法测定 I^-。

（3）莫尔法测定 Cl^- 时，指示剂 K_2CrO_4 溶液浓度过稀。

（4）佛尔哈德法测定 Cl^- 时，没有将 $AgNO_3$ 沉淀滤去或加热促其凝聚，也没有加硝基苯或邻苯二甲酸二丁酯。

（5）佛尔哈德法测定 I^- 时，先加铁铵矾指示剂，再加入过量 $AgNO_3$ 标准溶液。

7. 为了使终点颜色变化明显，使用吸附指示剂应注意哪些问题？

8. 写出下列难溶电解质的溶度积常数表达式：

Ag_2S、$Ca_2(PO_4)_2$、$PbCl_2$、$Mg(OH)_2$

9. 已知下列各难溶电解质的溶解度或每升溶液中所含难溶电解质的质量，计算它们的溶度积。

（1）CaC_2O_4 的溶解度为 5.07×10^{-5} mol/L；

（2）$Ag_2Cr_2O_4$ 的溶解度为 3.86×10^{-3} mol/L；

（3）碳酸银饱和溶液中，每升含 Ag_2CO_3 0.035g。

10. 已知 $Mg(OH)_2$ 的 $K_{sp}=1.80\times10^{-11}$，计算：

（1）$Mg(OH)_2$ 在水中的溶解度；

（2）在饱和溶液中的 $c[OH^-]$ 和 $c[Mg^{2+}]$；

（3）在饱和溶液中加入 $MgCl_2$ 溶液，其浓度恰好为 0.01mol/L 时的 $Mg(OH)_2$ 的溶解度；

（4）在饱和溶液中加入 NaOH 溶液，其浓度为 0.01mol/L 时的 $c[Mg^{2+}]$。

11. 已知 $BaSO_4$ 的 $K_{sp}=1.0\times10^{-10}$，在 10mL、0.010mol/L 的 $BaCl_2$ 溶液中，加入 50mL、0.020mol/L Na_2SO_4 溶液。问有无 $BaSO_4$ 沉淀生成？

12. 某溶液中有 Fe^{3+} 和 Fe^{2+} 离子，它们的浓度都是 0.050mol/L，如果只要求 $Fe(OH)_3$ 沉淀，而不产生 $Fe(OH)_2$ 沉淀，溶液的应控制在什么范围？

13. 将 $AgNO_3$ 溶液逐滴加到含有 Cl^- 和 CrO_4^{2-} 离子浓度都是 0.10mol/L 的溶液中，并忽略溶液的体积的变化，已知 $K_{sp}(AgCl)=1.0\times10^{-10}$；$K_{sp}(Ag_2CrO_4)=9\times10^{-12}$ 问：

（1）AgCl 与 Ag_2CrO_4 哪一种先沉淀？

（2）当 Ag_2CrO_4 开始沉淀时，溶液中 Cl^- 离子的浓度是多少？

14.（1）在 10mL1.5×10^{-3} mol/L $MnSO_4$ 溶液中，加入 5.0mL0.15mol/L $NH_3 \cdot H_2O$ 溶液，能否生成 $Mn(OH)_2$ 沉淀？

（2）若在上述 10mL1.5×10^{-3}mol/L $MnSO_4$ 溶液中，先加入 0.495g 固体 $(NH_4)_2SO_4$（假设加入量对体积影响不大），然后再加入 5.0mL 0.15mol/L $NH_3 \cdot H_2O$ 溶液，是否有 $Mn(OH)_2$ 沉淀？

15. 在下列溶液中不断通入：①0.10mol/L $CuSO_4$；②0.10mol/L $CuSO_4$ 与 1.0mol/L HCl 的混合溶液使溶液始终保持饱和状态（即溶液中 H_2S 浓度为 0.10mol/L）。计算在这两种溶液中残留的 Cu^{2+} 浓度。

16. 试计算用 1.0L 盐酸来溶解 0.10mol 固体 PbS 所需的 HCl 浓度？沉淀能否溶于盐酸？

17. 0.4892g 合金钢溶解后，将 Ni^{2+} 离子沉淀为丁二同肟镍（$NiC_8H_{14}O_4N_4$），烘干后的重量为 0.2671g。计算试样中的 Ni^{2+} 质量分数。

18. 有纯的 AgCl 和 AgBr 混合试样重 0.8132g，在 Cl_2 气流中加热，使 AgBr 转化为 AgCl，则原试样的质量减轻了 0.1450g，计算原样品中氯的质量分数。

19. 称取不纯的 $MgSO_4 \cdot 7H_2O$ 0.5000g，首先使 Mg^{2+} 生成 $MgNH_4PO_4$，最后灼烧成 $Mg_2P_2O_7$，称得 0.1980g，试计算试样中 $MgSO_4 \cdot 7H_2O$ 的质量分数。

20. NaCl 试液 20.00mL，用 0.1032mol/L $AgNO_3$ 溶液滴定至终点。求每升溶液中含 NaCl 多少克？

第 10 章　配位化合物

内容提要：配位化合物是无机化学研究的主要对象之一。本章主要介绍配位化合物的基本概念、基础结构理论，然后从化学平衡的角度介绍配位平衡，最后介绍配位化合物在科学研究和生产实践中的重要作用。

学习要求：

(1) 掌握配位化合物的定义及组成；

(2) 掌握配位化合物的命名方法，了解配位化合物的异构现象；

(3) 掌握配位平衡原理，并能运用其解决实际问题；

(4) 了解配位化合物在其他学科领域的应用。

配位化合物简称配合物，也称络合物，是一类非常重要的复杂化合物。最早有记载的配合物可能是 18 世纪初用作颜料的普鲁士蓝，其化学式为 $Fe_4[Fe(CN)_6]_3$。但通常认为配位化学始自 1798 年 $CoCl_3 \cdot 6NH_3$ 的发现。19 世纪后，陆续发现了更多的配合物，积累了更多的事实。1893 年维尔纳(WernerA，1866~1919 年，法国-瑞士化学家)在前人和他本人研究的基础上，首先提出了配合物的正确化学式和它们成键的本质，被看作是近代配位化学的创始人，从此配位化学的研究得到了迅速的发展。20 世纪以来，由于结构化学的发展和各种物理化学方法的采用，使配位化学成为化学中一个十分活跃的研究领域，并已逐渐渗透到有机化学、分析化学、物理化学、量子化学、生物化学等许多学科中，对近代科学的发展起了很大的作用。例如，植物中的叶绿素是镁的配合物，植物的光合作用靠它来完成；动物血液中的血红蛋白是铁的配合物，在血液中起着输送氧气的作用。动物体内的各种酶几乎都是以金属配合物形式存在的。

然而，在很长时期内，建立在配位平衡基础上的配位滴定法并未得到很大的发展。这是因为大多数无机配位剂存在逐级平衡现象，使得它与被测物(通常是金属离子)不存在确定的化学计量关系。直到 1945 年后，瑞士化学家许伐岑巴赫(Schwazenbareh G)提出了以 EDTA(乙二胺四乙酸)为代表的一系列氨羧配位剂，配位滴定法才得到迅速发展和广泛应用。现在元素周期表中的大多数金属元素和部分非金属元素都可用配位滴定法测定。

10.1　配位化合物及其组成

10.1.1　配合物的定义

要给配合物下一个定义并不容易。历史上曾经出现过一些定义，例如维尔纳把所有确定的化合物分为初级化合物(即简单化合物)和高级化合物，高级化合物是初级化合物相互加合的产物。他把在水溶液中稳定的化合物称为配合物。这一定义的缺点是稳定性不容易界定。以后又出现过一些定义，但大多未从成键的特点来考虑。

为了说明什么是配合物，先看一下从 $CoCl_3$ 衍生出的含 NH_3 化合物的一些实验事实。

将 $CoCl_2$ 水溶液用过量 NH_3 处理，随后氧化，从溶液中析出几种化合物，其中重要的有：

（1）$CoCl_3 \cdot 6NH_3$ 是橘黄色晶体。该化合物在固态时以硫酸处理，所有的氯以 HCl 的形式释出，剩下 $Co_2(SO_4)_3 \cdot 12NH_3$。如将固体 $CoCl_3 \cdot 6NH_3$ 以盐酸处理，甚至在 100℃时也不会除去 NH_3。对该化合物所作的电导测量表明，每一个分子中含有 4 个离子。如果将固体 $CoCl_3 \cdot 6NH_3$ 与湿的 Ag_2O 作用，得到组成为 $CoO(OH) \cdot 6NH_3$ 的强碱性的溶于水的化合物。将此化合物加酸 HX，则又形成 $CoX_3 \cdot 6NH_3$ 型化合物。以上事实说明在 $CoCl_3 \cdot 6NH_3$ 中，氯以 Cl^- 离子形式存在，而 Co^{3+} 和 NH_3 的键是稳定的。

（2）$CoCl_3 \cdot 5NH_3 \cdot H_2O$ 是粉红色晶体。这一化合物中的水在常温下结合得很牢，仅在 100℃或更高温度时才失去水，产生新的化合物 $CoCl_3 \cdot 5NH_3$ 电导测量表明，每一个 $CoCl_3 \cdot 5NH_3 \cdot H_2O$ 分子中也存在 4 个离子，所有的氯也都能被 $AgNO_3$ 立即沉淀，说明氯是以离子形式存在的。虽然本化合物比前一种 $CoCl_3 \cdot 6NH_3$ 少一个 NH_3，多一个 H_2O，但两者性质很相似，可以认为水和氨在这两种化合物的结构上是等价的。

（3）$CoCl_3 \cdot 5NH_3$ 是紫色的化合物。以硫酸处理此化合物时，仅有两个氯以 HCl 逸出。剩下产物 $CoClSO_4 \cdot 5NH_3$，其水溶液与 $AgNO_3$ 并不立即生成 AgCl 沉淀。$CoCl_3 \cdot 5NH_3$ 的电导测量表明它存在 3 个离子。其溶液与 $AgNO_3$ 作用仅有两个氯沉淀下来，而第三个氯仅能很慢沉淀或沸腾后沉淀，说明第三个氯与前两个氯在键合上是不同的，它不是自由离子。

（4）$CoCl_3 \cdot 4NH_3$ 这一组成的化合物有两种：紫色的和绿色的。这两种组成相同的化合物，其化学行为不同。但电导测量表明，它们都只有两个离子。用 $AgNO_3$ 仅能沉淀其中的一个氯离子，另两个氯并非自由离子。

根据以上事实，可以把上述 4 种化合物的组成分别表示为

① $[Co(NH_3)_6]Cl_3$　　② $[Co(NH_3)_5(H_2O)]Cl_3$

③ $[Co(NH_3)_5Cl]Cl_2$　　④ $[Co(NH_3)_4Cl_2]Cl$

在上述几个化合物中，Co 是中心原子又称中心离子，在中心原子周围有 6 个配体通过配位键与其结合。这里配位体(简称配体)是 NH_3、H_2O 或 Cl^-。

类似于此类化合物的还有$[Ag(NH_3)_2]Cl$、$K_2[HgI_4]$、$K_4[Fe(CN)_6]$、$[Cu(NH_3)_4]SO_4$ 等等。在这些化合物中 Ag、Hg、Fe、Cu 是中心原子，NH_3、I^-、CN^-是配体，它通过配位键与中心原子相结合。这些化合物可以由简单的化合物加合而成，例如：

$$AgCl+2NH_3 \rightleftharpoons [Ag(NH_3)_2]Cl$$

$$HgI_2+2KI \rightleftharpoons K_2[HgI_4]$$

在加合过程中，没有电子得失和价态的变化，也没有形成共用电子的共价键，而是通过配位体的孤对电子与中心原子相结合。

1980 年中国化学会公布的《无机化学命名原则》，给配合物下的定义是：“配位化合物是由可以给出孤对电子或多个不定域电子的一定数目的离子或分子(称为配体)和具有接受孤对电子或多个不定域电子的空位的原子或离子(中心原子)按一定的组成和空间构型所形成的化合物。”基于如上的讨论，结合以上的定义，我们将定义加以简化：由中心原子(或离子)和可以提供孤对电子的配位体(它们可以是阴离子或分子)以配位键的形式相结合而成的复杂分子或离子，通常称这种复杂的离子为配位单元。凡是含有配位单元的化合物都称为配合物。

10.1.2　配合物的组成

中心原子与配体构成配合物的内配位层，又称内界，放在方括号内，方括号外是外界。

内界和外界之间是离子键。方括号内与中心原子配位的原子的总数称为配位数。现以[$Co(NH_3)_5Cl]Cl_2$ 为例，Co 是中心原子，内界中 5 个 NH_3 和一个 Cl^- 为配体，配位数为 5+1=6，外界有两个 Cl^-。现把中心原子、配体和配位数归纳如下。

1. 中心原子(或离子)

一般是带正电荷的阳离子，如 Cu^{2+}、Ag^+、Fe^{2+}、Co^{3+} 等，也有电中性的原子或带负电荷的阴离子。例如[$Ni(CO)_4$]和[$Co(CO_3)NO$]中的 Ni 和 Co 是电中性原子。又如 $HCo(CO)_4$ 和 $H_2Fe(CO)_4$ 中 Co 和 Fe 的氧化数分别为-1 和-2。中心原子绝大多数是金属离子，特别是过渡金属离子。非金属元素也可作为中心原子，如 BF_4^-、SiF_6^{2-}、PF_6^- 中的 B(Ⅲ)、Si(Ⅳ)、P(Ⅴ)等。

配合物中只含一个中心原子的称为单核配合物，含两个或两个以上中心原子的称为多核配合物。

2. 配体

原则上任何路易斯碱(或含一个或一个以上可起路易斯碱作用的原子或分子)均可与起路易斯酸作用的中心原子配位，也就是说配体含有未键合的孤对电子。配体可以是中性分子，如 NH_3、H_2O 等，也可以是阴离子，如 Cl^-、CN^- 等。配体中直接与中心原子配位的原子称为配位原子。只含一个配位原子的配体称为单齿配位体(亦称为单基配位体)，如 X^-、H_2O、NH_3 等。含有两个或两个以上配位原子的配体称为多齿配位体(双齿、三齿等等)，亦称为多基配位体。

一些常见的配位体列于表 10-1。

表 10-1 常见的一些配位体

单齿配位体	F^-，Cl^-，Br^-，I^-，CN^-，$-SCN^-$，$-NCS$(异硫氰酸根)，OH^-，$-NO_2^-$， $-ONO^-$(亚硝酸根)，CH_3COO^-(乙酸根)，SO_3^{2-}，$S_2O_3^{2-}$ H_2O，NH_3，CO(羰基)，NO(亚硝酰基)，CH_3NH_2(甲胺)，C_5H_5N(吡啶)， $(NH_2)_2CO$(尿素)
双齿配位体	$H_2N—CH_2—CH_2—NH_2$(乙二胺，缩写 En) $H_2N—CH_2—COO^-$(氨基乙酸根) $^-OOC—COO^-$(草酸根) [联吡啶结构式](联吡啶，缩写 DiDy) [8-羟基喹啉根结构式，含 N、O^-](8-羟基喹啉根)
多齿配位体	$H_2NCH_2CH_2NHCH_2CH_2NH_2$(二亚乙基三胺，三齿) $N(CH_2COO^-)_3$(次氨基三乙酸根，缩写 NTA，四齿) $(^-OOCCH_2)_2N—CH_2—CH_2—N(CH_2COO^-)_2$(乙二胺四乙酸根，缩写 EDTA)

3. 配位数

与中心原子配位的原子数目称为该中心原子的配位数。一般中心原子的配位数有 2、4、6、8 等，其中最常见的是 4 和 6(5 和 7 不常见)。元素的配位数并不是固定不变的，它决定于中心原子和配体的性质(如体积、电荷以及它们之间的相互作用等)。此外，还和配合物形成时的条件，特别是浓度和温度有关。中心原子的体积愈大，其周围可以容纳的配体也愈多。例如，Al^{3+}有 AlF_6^{3-} 而 B^{3+} 只有 BF^{4-}。又如硅的配位数可达 6，可形成 SiF_6^{2-} 等。反之，配体的体积愈大，则中心原子周围容纳的配体数目也愈少，配位数也就愈小。例如，Al^{3+}和 Cl^-、Br^-只能形成 $AlCl_4^-$、$AlBr_4^-$；Fe^{3+}有 FeF_6^{3-} 和 $FeCl_7^{4-}$。然而，上面仅是从容积因素本身考虑，这只是一个方面，实际上还要考虑中心原子和配体之间的引力以及配体与配体之间的斥力等因素。中心原子电荷愈高，则吸引配体的数目将增加，有利于增大配位数，例如 $PtCl_4^{2-}$ 和 $PtCl_6^{2-}$。另一方面，配体负电荷增加，虽能增强和中心原子的引力，但同时配体之间的斥力也随之增加，总的结果是配位数减小，例如 SiF_6^{2-} 和 SiO_4^{2-}，PF_6^{2-} 和 PO_4^{3-} 等。

影响配位数的因素固然很多，但一个中心原子常具有一定的特征配位数，例如 Co^{3+}的特征配位数为 6，Cu^{2+}为 4，Ag^+为 2 等。

4. 配位单元(或配离子)的电荷

配离子的电荷数等于中心离子和配位体总电荷的代数和。例如，在$[Cu(NH_3)_4]^{2+}$中，由于配位体 NH_3 是中性分子，所以配离子的电荷就等于中心离子的电荷数，为+2。而在$[HgI_4]^{2-}$中，I 是−1 价，所以配离子的电荷数为$+2+4\times(-1)=-2$。由于配合物作为整体是电中性的，因此，外界离子的电荷总数和配离子的电荷总数相等，而符号相反，所以由外界离子的电荷也可以推断出配离子的电荷。

10.2 配位化合物的命名和类型

10.2.1 配合物的命名

由于配合物种类繁多，有些配合物的组成相对比较复杂，因此配合物的命名也较为复杂。这里仅简单介绍配合物命名的基本原则。

1. 配离子的命名

配离子(或称为配位单元)是指方括弧[ ]中的物质，它包含配体和中心原子，其命名次序是：(1)配体；(2)中心原子。在(1)和(2)之间加一个“合”字。配体的数目用汉字写在配体名称的前面，中心离子的氧化数用罗马字写在中心离子名称的后面，并加括弧，如：

$[Ag(NH_3)_2]^+$	$[Co(NH_3)_6]^{3+}$	$[PtCl_6]^{2-}$
二氨合银(Ⅰ)离子	六氨合钴(Ⅲ)离子	六氯合铂(Ⅳ)离子

2. 配离子的先后顺序

如有两种或两种以上的配体时，首先写阴离子，再写中性分子，中间加圆点“·”分开。当阴离子不止一种时，则先写简单的，再写复杂的，最后写有机酸根离子，如：

$[PtCl_3NH_3]^-$　　三氯-氨合铂(Ⅱ)离子

$[CoCl(SCN)(en)_2]^+$　　一氯-硫氰酸根-二(乙二胺)合钴(Ⅲ)离子

当中性分子不止一种时，则按配位原子元素符号的拉丁字母顺序排列。

$[Co(NH_3)_5H_2O]^{3+}$　　五氨-水合钴(Ⅲ)离子

3. 含配阴离子的配合物的命名

次序为(1)配体；(2)中心原子；(3)外界的金属离子。在(2)和(3)之间加一个“酸”字。如

$K_2[PtCl_6]$	六氯合铂(Ⅳ)酸钾
$K_4[Fe(CN)_6]$	六氰合铁(Ⅱ)酸钾

若外界不是金属原子而是氢原子，则在词尾加一个“酸”字。如

$H_2[PtCl_6]$	六氯合铂(Ⅲ)酸
$H_4[Fe(CN)_6]$	六氰合铁(Ⅱ)酸

4. 含配阳离子的配合物的命名

命名次序为：(1)外界阴离子；(2)配体；(3)中心原子。在(1)和(2)之间，有时需加一“化”字。如：

$[Cu(NH_3)_4]SO_4$	硫酸四氨合铜(Ⅱ)
$[Co(NH_3)_5 \cdot H_2O]Cl_3$	三氯化五氨·水合钴(Ⅲ)

5. 没有外界的配合物

中心原子的氧化数可不必标明，如：

$[Ni(CO)_4]$	四羰基合铂
$[PtCl_4(NH_3)_2]$	四氯·二氨合铂

10.2.2 配合物的类型

配合物的范围极其广泛。如前所述根据配体所提供的电子对的数目，配体可分为单齿配体和多齿配体，它们与金属离子分别形成简单配合物和螯合物。此外，如果配合物有两个以上中心原子的，称为多核配合物。

1. 简单配合物

此类化合物是由单齿配体(如 X^-、H_2O、NH_3 等)与中心原子直接配位而成。如 $[Ag(NH_3)_2]Cl$、$K_2[PtCl_6]$ 等。大量的水合物实际上是以水为配体的简单配合物，如 $FeCl_3 \cdot 6H_2O$ 实际上是 $[Fe(H_2O)_6]Cl_3$，而 $CuSO_4 \cdot 5H_2O$ 实际上是 $[Cu(H_2O)_4]SO_4 \cdot H_2O$。在前者中，6 个 H_2O 都和 Fe 配位，在后者中，只有 4 个 H_2O 配位，另一个 H_2O 是结晶水。

2. 螯合物

此类化合物是由中心原子和多齿配位体结合而成的配合物，配位体中含有 2 个或 2 个以上的配位原子。中心离子与配位体结合时形成环状结构，其结构形状类似蟹以双螯钳住中心离子，故此类化合物称为螯合物。这种配位体也称为螯合剂。例如，2 个乙二胺和 Cu^{2+} 可形成两个五元环：

```
CH2—NH2          NH2—CH2
 |      ↘      ↙      |
 |        Cu2+        |
 |      ↗      ↖      |
CH2—NH2          NH2—CH2
```

二乙二胺合铜(Ⅱ)离子

又例如，EDTA 在水溶液中以双极离子形式存在，即两个羧基上的质子转移到两个胺氮上：

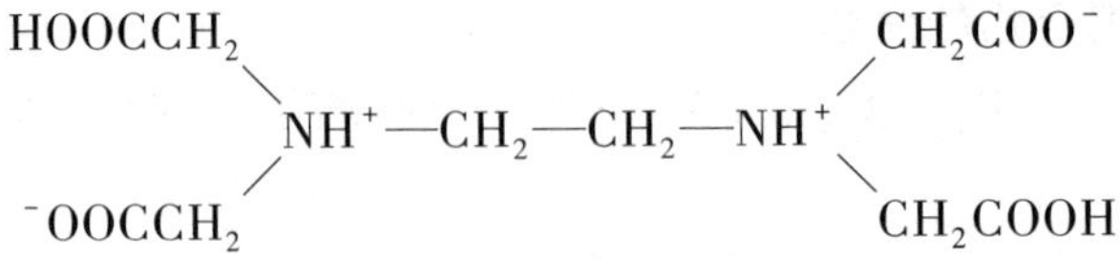

```
HOOCCH2                          CH2COO-
       \                        /
        NH+—CH2—CH2—NH+
       /                        \
-OOCCH2                          CH2COOH
```

在 EDTA 分子中的 6 个可配位原子(即 2 个胺氮和 4 个羧氧)可以不同的方式与金属离子 M 形成多个五元环的螯合物，它可以形成四面体结构或八面体结构等。

有些金属与螯合剂所形成的螯合物具有特殊的颜色，常可用于金属元素的分离或鉴定，例如 1，10-二氮菲(1，10-phen，又译作菲绕啉)与 Fe^{2+} 可生成橙红色螯合物，可用以鉴定 Fe^{2+} 的存在，故其常被称为亚铁试剂。其螯合物为

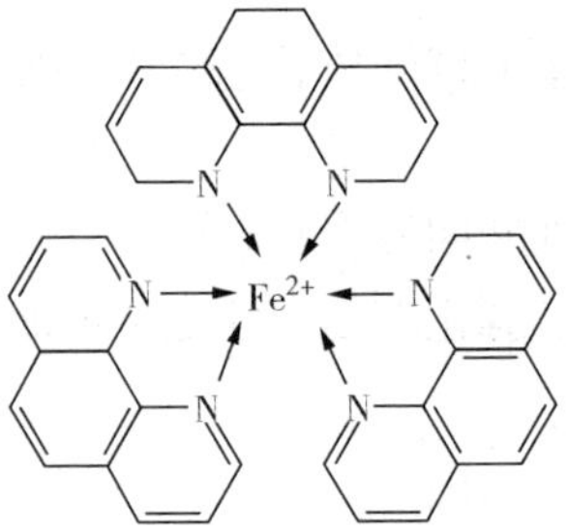

该化合物有 3 个由—Fe—N—C—C—N—所构成的五元环。

螯合物之所以特别稳定，这可从结构的角度以及从热力学的角度予以说明。从结构的角度看，螯合物的螯合环大多是五元环和六元环，这两种环的键角分别是 108°和 120°，有利于成键。若是四元环或七元环，则键角分别为 90°和 128.6°，这样的环张力较大，不易形成。从热力学的角度看，螯合反应的标准吉布斯自由能变化值由两部分所构成，$\Delta G=\Delta H-T\Delta S$，反应的焓变 ΔH 主要来源于反应前后键能的变化，一般是负值，而 ΔS 则决定于系统的混乱程度。举螯合反应为例，乙二胺(En)与 $Cu(NH_3)_4^{2+}(aq)$ 形成的螯合物 $Cu(En)_3^{2+}(aq)$：

$$Cu(NH_3)_4^{2+}+3en \rightleftharpoons Cu(En)_3^{2+}+4NH_3$$

反应前后都是 4 个 N→Cu 键，键能的变化值不是很大。但反应前后的分子数却增加了，3 个 En 变成了 6 个 NH_3，导致混乱度大大增加。在焓因素和熵因素中，后者起较大的作用。$-T\Delta S$ 是很大的负值，ΔG 大大降低，故反应的生成物 $Cu(En)_3^{2+}$ 更趋稳定。

10.3 配合物的空间结构和异构现象

10.3.1 配合物的化学键

1931 年鲍林首先将分子结构的价键理论应用于配合物，后经他人修正补充，逐步完善形成了近代配合物价键理论。

价键理论认为，配合物的中心体(M)和配体(L)之间是通过配位键结合的；成键的中心体的原子轨道必须杂化然后再与配位体成键；杂化轨道的类型决定配离子的空间构型。通常可用 L→M 来表示配位键。

10.3.2 配合物的空间结构

参加成键的中心体的杂化轨道的类型决定配合物的几何构型，例如，杂化轨道为 sp 的配合物为直线形，杂化轨道为 sp^2 的配合物为平面三角形，杂化轨道为 sp^3。的配合物为正四面

体，杂化轨道为 dsp^2 的配合物为平面正方形，杂化轨道为 d^2sp^3、sp^3d^2 的配合物为八面体。而中心体杂化轨道的类型主要取决于它的价层电子结构和配位数，同时也与配位体有一定的关系。

1. 配位数为 2 的配合物

氧化数为+1 的离子常形成配位数为 2 的配合物，如 $Ag(NH_3)_2^+$、$AgCl_2^-$ 和 AgI_2^- 等。中心体 Ag^+的价电子层的 5s 和 5p 轨道是空的，它们以 sp 方式杂化，形成两个直线型的 sp 杂化轨道，可以接受两个配位体中的孤对电子成键。由于两个 sp 杂化轨道的夹角为 180°，所以它们的空间构型是直线型结构。

2. 配位数为 4 的配合物

配位数为 4 的配合物有两种空间构型，中心体以 sp^3 杂化，则形成的配合物空间构型为四面体，如果以 dsp^2 杂化则配合物为平面正方形。杂化方式取决于中心体的价层电子结构和配体的性质。

例如，Ni^{2+}形成配位数为 4 的配合物时，既有四面体的构型，也有平面正方形的构型，如在 $NiCl_4^{2-}$ 中 Ni^{2+}采用的是 sp^3 杂化，而在 $Ni(CN)_4^{2-}$ 中，Ni^{2+}采用的是 dsp^2 杂化。

3. 配位数为 6 的配合物

配位数为 6 的配合物大多数是八面体构型，但是中心体采用的杂化轨道有区别。一种是 sp^3d^2 杂化，另一种是 d^2sp^3 杂化。例如，Fe^{3+}可以形成 FeF_6^{3-} 和 $Fe(CN)_6^{3-}$ 配离子，在 FeF_6^{3-} 中，Fe^{3+}离子的 3d 轨道中的电子排布保持原态，以外层的 1 个 4s、3 个 4p 和 2 个 4d 空轨道进行 sp^3d^2 杂化，并分别接受 6 个 F^-离子的孤对电子成键。在 $Fe(CN)_6^{3-}$ 中 Fe^{3+}离子的 3d 电子发生重排，空出两个 3d 轨道与其的 1 个 4s、3 个 4p 空轨道进行 d^2sp^3 杂化，并分别接受 6 个 CN^-离子的孤对电子成键。

4. 配位数为 3、5 的配合物

配位数为 3 的配合物空间结构为平面三角形，如$[Cu(CN)_3]^-$。配位数为 5 的配合物有两种结构形态：一种空间结构为三角双锥，如 $Fe(CN)_5$、$[CuCl_5]^{3-}$等；另一种空间结构为正方锥体，如$[TiF_5]^{2-}$、$[SbF_5]^{2-}$等。配位数为奇数的配合物均很少见。

由此可见，配合物的空间构型取决于中心体杂化方式。杂化轨道与配合物空间构型的关系见表 10-2。

表 10-2　配合物杂化方式与空间构型的关系

配位数	杂化轨道		空间构型	实　例	配离子的类型
	轨道数	杂化方式			
2	2	sp	直线型	$Ag(NH_3)_2^+$，$Ag(CN)_2^-$	外轨型
3	3	sp^2	平面三角型	$CuCl_3^{2-}$	外轨型
4	4	sp^3	正四面体型	$Zn(NH_3)_2^{2+}$，HgI_4^{2-}	外轨型
		dsp^2	平面正方形	$Ni(CN)_4^{2-}$，$PtCl_4^{2-}$，$Cu(NH_3)_4^{2+}$	内轨型
6	6	d^2sp^3	正八面体型	$Fe(CN)_6^{4-}$，$Fe(CN)_6^{3-}$，$PtCl_6^{2-}$，$Co(NH_3)_6^{3+}$	内轨型
		sp^3d^2		$Ni(NH_3)_6^{4+}$，FeF_6^{3-}，AlF_6^{3-}，$Co(NH_4)_6^{2+}$	外轨型

10.3.3 外轨配合物和内轨配合物

中心离子以最外层的轨道(ns、np 和 nd)组成杂化轨道后和配位原子形成的配键，称为外轨配键。其对应的配合物叫做外轨型配合物，如 $NiCl_4^{2+}$ 和 FeF_6^{3-} 等。

在形成外轨型配合物时，中心离子的电子排布不受配体的影响，仍保持自由离子的电子层构型，所以，配合物中心离子的未成对电子数和自由离子中未成对的电子数相同，此时具有较多的未成对电子数。

中心离子以部分次外层轨道如$(n-1)$d 轨道参与组成杂化轨道，则形成内轨配键，其对应的配合物称为内轨型配合物。如 $Ni(CN)_4^{2-}$ 和 $Fe(CN)_6^{3-}$ 等。

在形成内轨配合物时，中心离子的电子分布在配体的影响下发生变化，进行电子归并，共用电子对深入到中心离子的内层轨道，配合物中心离子的未成对电子数比自由离子的未成对电子少，此时具有较少的未成对电子数。

配合物是内轨型还是外轨型主要取决于中心离子的电子构型、离子所带电荷和配位体的性质。

具有 d^{10}构型的离子，只能用外层轨道形成外轨型配合物，如 Ag^+、Cu^{2+}和 Zn^{2+}等；具有 d^8 构型的离子，大多数情况下形成内轨型化合物，如 Ni^{2+}、Pt^{2+}等；具有其他构型的离子，既可形成内轨型也可形成外轨型配合物，另外，中心离子电荷的增多有利于形成内轨型配合物。

通常电负性大的原子如 F、O 等易形成外轨型配合物。C 原子作为配位原子时，常形成内轨型配合物。N 原子作为配位原子时，既有外轨型又有内轨型配合物。

对于相同的中心离子，当形成相同配位数的配离子时，一般内轨型比外轨型稳定。内轨型配离子在水中较难离解，而外轨型配离子在水溶液中则容易离解。另外，由于形成了内轨型配合物，中心体的成单电子数明显减少，所以外轨型配合物一般为顺磁性物质，而内轨型配合物的磁性则明显降低，有些甚至是反磁性物质。

物质磁性可用磁矩 μ 的大小来衡量，μ 与未成对电子数咒之间的关系为

$$\mu=\sqrt{n(n+2)}$$

式中，μ 的单位为波尔磁子，用符号 μ_B 表示。在实际应用中可利用测定配合物的磁矩来判断它是内轨型配合物还是外轨型配合物。

10.3.4 配合物的异构现象

凡具有相同的化学式而分子中原子的排列不同的化合物，均称为异构体。在配合物中异构现象极为普遍。一般可分为结构异构和空间异构。

1. 结构异构

多种配体同时存在时，由于配位竞争的原因，配体和中心体原子间的配位键的不同而造成的配位异构。例如$[CoSO_4(NH_3)_5]Br$(红色)和$[CoBr(NH_3)_5]SO_4$(紫色)，在这两种配合物中，SO_4^{2-} 和 Br^-在内界和外界的分配恰好相反。前者加 $AgNO_3$ 可得 AgBr 沉淀，后者加 $BaCl_2$ 可得 $BaSO_4$ 沉淀。又例如$[Cr(H_2O)_6]Cl_3$(紫色)、$[CrCl(H_2O)_5]Cl_2 \cdot H_2O$(亮绿色)和$[CrCl_2(H_2O)_4]Cl \cdot 2H_2O$(暗绿色)，内界中的 H_2O 分子数依次减少。

2. 空间异构

这是由于中心离子外的配体在空间的排布不同而产生的异构现象。例如$[PtCl_2(NH_3)_2]$

是平面四边形，其空间构型有两种：顺式是指同种配位体处于相邻的位置，反式是指同种配位体处于相反的位置。它们的性质不同。顺式[$PtCl_2(NH_3)_2$]是橙黄色，反式[$PtCl_2(NH_3)_2$]是亮黄色。前者的溶解度大于后者约 7 倍(298K 时)。前者稳定性差，当加热到 443K 时，顺式转变为反式，它们的偶极矩也不相同。

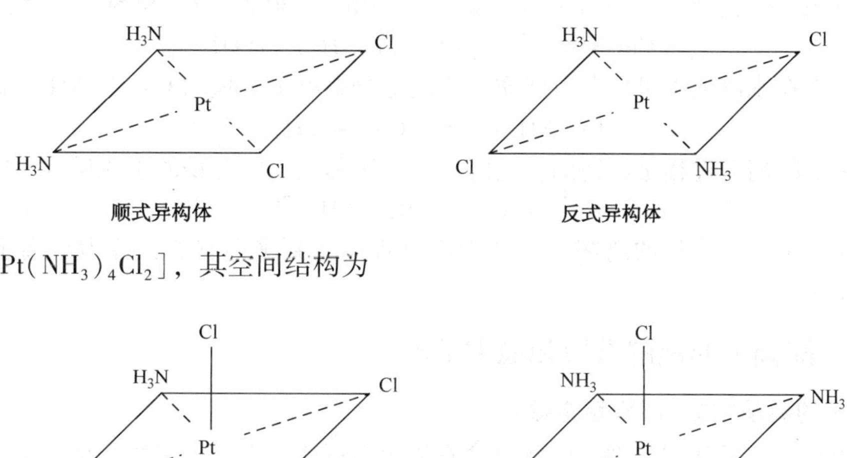

顺式异构体　　　　反式异构体

又如[$Pt(NH_3)_4Cl_2$]，其空间结构为

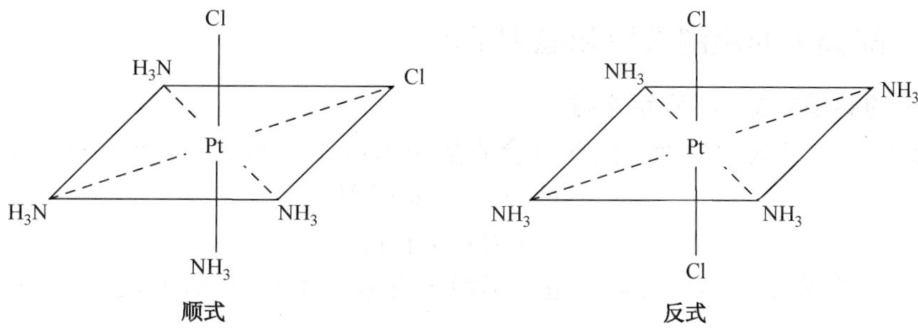

顺式　　　　反式

顺式和反式[$Pt(NH_3)_4Cl_2$]，有时简称为顺铂和反铂。它们非但有不同的物理和化学性质，而且具有不同的生理活性。人们已经发现顺铂对癌症有治疗效果，而反铂则不具有此种性质。其原因很可能是它们与人体内的 DNA(脱氧核糖核酸的缩写)的反应机理有所不同。前者能干扰 DNA 的复制，阻止癌细胞的再生。

以上都是从几何结构的角度来看配合物的空间构型。空间的异构体除了几何异构体外，还有一种是旋光异构体，有左旋和右旋之分。它们是手性的。它们的结构就像人的左右手一样，互成镜像(即右手在镜子中的形象就是左手，左手在镜子中的形象就是右手，而左右手是不能叠合的，再好的医生也不能把右手接肢到左手的位置上)。两种分子具有镜像对称而不能叠合的这种性质称为手征性。分子的手征性是具有旋光的必要条件。例如，[$PtBr_2Cl(NH_3)_2H_2O$]的两个旋光异构体在镜面上互成镜像，却不能叠合。

具有旋光异构的配合物能使平面偏振光发生方向相反的偏转。向左偏转者称为左旋体，用“z”表示，向右偏转者称为右旋体，用“d”表示。等量左旋体和右旋体的混合物互相抵消，而不具有旋光性，称为外消旋混合物。

旋光异构现象对人类有密切的关系。多数天然产物具有旋光性。例如烟草中，天然尼古丁是左旋的，有很大的毒性。而人工合成的尼古丁毒性很小。显然它们的生理作用有很大的区别。又如二羟基苯基-1-丙氨酸其左旋体可作为药物，是治疗震颤性麻痹症的特效药，而其右旋体则毫无药效。许多细菌也只对某一化合物的某一种旋光异构体发生作用。这种专一性的原因正是化学家研究的对象。化学家也正在寻求各种有效的方法，把 d-，l-型旋光异构体分开，或者寻找“不对称”合成方法，只合成某一种指定的旋光异构体，以进一步研究它们的特性。

10.4 配位平衡

配离子和外界离子之间以离子键相结合，这种结合与强电解质类似。所以，一般的配合物在水中几乎完全离解为配离子和外界离子。

例如，$[Cu(NH_3)_4]SO_4$ 在水溶液中可以完全离解成 $Cu(NH_3)_4^{2+}$ 和 SO_4^{2-}，即：

$$[Cu(NH_3)_4]SO_4 \rightleftharpoons Cu(NH_3)_4^{2+}+SO_4^{2-}$$

$Cu(NH_3)_4^{2+}$ 在水溶液中可像弱电解质一样能部分离解出少量的 Cu^{2+} 和 NH_3，即：

$$Cu(NH_3)_4^{2+} \rightleftharpoons Cu^{2+}+4NH_3$$

上述配离子的离解过程是可逆的，它的逆反应实际上是配合物的生成反应，即

$$Cu^{2+}+4NH_3 \rightleftharpoons Cu(NH_3)_4^{2+}$$

在一定条件下，配合物的离解过程和生成过程能达到平衡状态，称为配离子的离解平衡，叫配位平衡。

10.4.1 配离子的离解常数和稳定常数

1. 配离子的离解常数(不稳定常数)

配位平衡是化学平衡的一种，同样符合质量作用定律，如上述离解平衡，平衡时满足

$$K_{离}=\frac{c[Cu^{2+}]\cdot c^4[NH_3]}{c[Cu(NH_3)_4^{2+}]}$$

式中，$K_{离}$ 为配离子的离解常数，也叫不稳定常数。离解常数越大，表示配离子稳定性越弱。

2. 配离子的稳定常数

离解常数是以配离子的离解为基础的，通常也以它的逆过程，即配离子的形成为基础，则得到的是配离子的稳定常数。如上述平衡可写成

$$Cu^{2+}+4NH_3 \rightleftharpoons Cu(NH_3)_4^{2+}$$

平衡时有

$$K=\frac{c[Cu(NH_3)_4^{2+}]}{c[Cu^{2+}]\cdot c^4[NH_3]}$$

式中，K 为配离子的稳定常数，记为 $K_{稳}$。显然，配离子的稳定常数在数值上等于离解常数的倒数，即

$$K_{稳}=\frac{1}{K_{离}}$$

稳定常数越大，表示配离子稳定性越强。

实际上，多配位体的配离子 ML_n 的生成和离解都是逐级进行的，每一级反应均有一个相对应的平衡常数，称为配离子的逐级稳定常数 $K_{稳n}$ 或离解常数 $K_{离n}$。

$$M+L \rightleftharpoons ML \qquad K_{稳1}=\frac{c[ML]}{c[M]\cdot c[L]}$$

$$ML+L \rightleftharpoons ML_2 \qquad K_{稳2}=\frac{c[ML_2]}{c[ML]\cdot c[L]}$$

$$\cdots \qquad \cdots$$

$$ML_{n-1}+L \rightleftharpoons ML_n \qquad K_{稳n}=\frac{c[ML_n]}{c[ML_{n-1}]\cdot c[L]}$$

将逐级稳定常数依此相乘，称各级累积稳定常数(β_n)。

$$\beta_1=K_1=\frac{c[\mathrm{ML}]}{c[\mathrm{M}]\cdot c[\mathrm{L}]}$$

$$\beta_2=K_1\cdot K_2=\frac{c[\mathrm{ML}_2]}{c[\mathrm{M}]\cdot c^2[\mathrm{L}]}$$

$$\cdots \qquad \cdots$$

$$\beta_n=K_1\cdot K_2\cdots\cdots K_n=\frac{c[\mathrm{ML}_n]}{c[\mathrm{M}]\cdot c^n[\mathrm{L}]}$$

显然最后一级累积稳定常数就是配合物的总稳定常数。

同理可得 ML_n 总的离解常数为

$$K_{离}=K_{离1}\cdot K_{离2}\cdots\cdots K_{离n}$$

需要注意的是，配离子的每一级稳定常数和其对应的离解常数的关系为

$$K_{稳1}=\frac{1}{K_{离1}},\ K_{稳2}=\frac{1}{K_{离2}},\ \cdots\cdots,\ K_{稳n}=\frac{1}{K_{离n}}$$

10.4.2 配位平衡的移动

配位平衡是一个动态平衡，当平衡体系中某一组分的浓度或存在形式发生改变时，配位平衡就会发生移动，在新的条件下达成新的平衡。配位平衡与溶液的酸度、沉淀反应、氧化还原反应等有着密切的关系，下面将分别加以讨论。

1. 酸碱平衡和配位平衡

在配离子中，若配位体为弱酸根(如 F^-、SCN^-、Y^{4-}等)，当溶液的酸度增大时，它们会结合溶液中的 H^+使其自身溶液浓度降低，使配离子的离解度增大。如 FeF_6^{3-} 在溶液中存在着如下平衡：

$$FeF_6^{3-} \rightleftharpoons Fe^{3+}+6F^-$$

当溶液的酸度增大时，F^-会与 H^+结合生成 HF，降低了 F^-的浓度，使平衡右移，促使离解，当 $c(H^+)>0.5$mol/L 时，FeF_6^{3-} 则有可能完全离解。

另外，形成配离子的中心体是易水解的金属离子时，若溶液的酸度降低，则它们会与 OH^-结合生成氢氧化物或羟基配合物，而使溶液中金属离子的浓度降低，使配离子的稳定性减小。如在 FeF_6^{3-} 的平衡中，pH 较大时，Fe^{3+}会发生如下的水解反应：

$$Fe^{3+}+OH^- \rightleftharpoons Fe(OH)^{2+}$$

$$Fe(OH)^{2+}+OH^- \rightleftharpoons Fe(OH)_2^+$$

$$Fe(OH)_2^++OH^- \rightleftharpoons Fe(OH)_3\downarrow$$

随着水解反应的进行，溶液中的浓度降低，配位平衡左移，FeF_6^{3-} 必然遭到破坏。

酸度对配位平衡的影响是多方面的，但常以酸效应为主。至于在某一酸度下，以哪个变化为主，要由配位体的性质、金属氢氧化物的溶度积和配离子的稳定性来决定。

2. 沉淀平衡和配位平衡

当配位平衡体系中有能够与金属离子生成沉淀的物质存在时，也会影响配位平衡。沉淀平衡和配位平衡的关系，可看成是沉淀剂与配位剂共同争夺金属离子的过程。

例如，AgCl 沉淀能溶于 $NH_3\cdot H_2O$ 生成$[Ag(NH_3)_2]Cl$，就是由于配位剂 NH_3 夺取了与 Cl^-结合的 Ag^+，反应如下：

$$AgCl(s)+2NH_3 \rightleftharpoons Ag(NH_3)_2^+ + Cl^- \qquad K_1$$

在上述溶液中加入 KI，I^-能夺取与 NH_3 配位的 Ag^+，生成 AgI 沉淀从而使配离子离解，即

$$Ag(NH_3)_2^+ + I^- \rightleftharpoons 2NH_3 + AgI \qquad K_2$$

转化作用向何方向进行以及进行的程度，可以根据多重平衡规则，通过求算转化作用的平衡常数来判断。例如，通过计算上述第一个转化反应的平衡常数为

$$K_1 = \beta[Ag(NH_3)_2^+] \cdot K_{sp}(AgCl) = 1.7\times10^7\times1.8\times10^{-10} = 3.1\times10^{-3}$$

若 K_1 不是很小，只要 NH_3 的浓度足够大就可以使 AgCl 溶解。这与实验结果完全吻合。

同理可计算出第二个反应的平衡常数为：

$$K_2 = \frac{1}{\beta[Ag(NH_3)_2^+] \cdot K_{sp}(AgI)} = \frac{1}{1.7\times10^7\times8.3\times10^{-17}} = 6.9\times10^{-9}$$

若 K_2 相当大，说明转化作用很容易进行。

实践证明，配离子与沉淀之间的转化作用的难易，取决于配离子稳定常数和沉淀的溶度积的大小。配离子的 $K_{稳}$ 越大，或沉淀的 K_{sp} 越大，则沉淀愈易被配合溶解。反之，配离子的稳定常数越小，或沉淀的 K_{sp} 越小，则配离子易离解转化为沉淀。

3. 氧化还原平衡和配位平衡

配离子的形成使溶液中金属离子的浓度降低，金属离子相应电对的电极电位值就会发生相应的改变，对应物质的氧化还原性能也会发生改变。

例 10-1 已知 $\varphi^{\ominus}(Cu^+/Cu) = +0.521V$，$\beta(CuCl_2^-) = 3.2\times10^5$，求 $\varphi^{\ominus}(CuCl_2^-/Cu)$。

解：$\varphi(Cu^+/Cu) = \varphi^{\ominus}(Cu^+/Cu) + 0.059\lg c[Cu^+]$

由于 $$Cu^+ + 2Cl^- \rightleftharpoons CuCl_2^-$$

有 $$\beta(CuCl_2^-) = \frac{c(CuCl_2^-)}{c[Cu^+] \cdot c^2[Cl^-]}$$

则 $$c[Cu^+] = \frac{c[CuCl_2^-]}{\beta(CuCl_2^-) \cdot c^2[Cl^-]}$$

$$\varphi(CuCl_2^-/Cu) = \varphi^{\ominus}(Cu^+/Cu) + \lg\frac{c[CuCl_2^-]}{\beta(CuCl_2^-) \cdot c^2[Cl^-]}$$

当 $c[CuCl_2^-] = c[Cl^-] = 1.0mol/L$ 时，有

$$\varphi^{\ominus}(CuCl_2^-/Cu) = \varphi^{\ominus}(Cu^+/Cu) + \lg\frac{c[CuCl_2^-]}{\beta(CuCl_2^-) \cdot c^2[Cl^-]}$$

$$= 0.52 - 0.0592\times\lg3.2\times10^5 = 0.20V$$

计算说明，形成了配离子$[CuCl_2^-]$后，Cu^+/Cu 的电极电位值由 0.52V 降低到 0.20V，Cu^+的氧化能力发生了明显的改变。

电极电位的改变值与生成的配合物的稳定常有关，生成的配合物越稳定，金属离子浓度下降的越大，电极电位的改变越大。

在一定条件下不能溶解的金属，可用通过形成配合物的方法促使它们溶解。如 Au 很难溶解在单一的酸中，但易溶解于王水，主要是因为 Au 能与王水中的 Cl^-结合生成 $Au/AuCl_4^-$ 配离子，大大降低了 Au^{3+}/Au 的电极电位。又如 Cu 在又过量 X^-、CN^-离子存在的情况下，会生成 CuX_2^- 而溶解。

10.5 配位化合物的应用

配位化合物具有特殊的结构和性质，近代有关物质结构的理论和测试手段为深入研究配位化合物提供了非常有利的条件。有关配位化合物的研究已发展成一门独立的学科分支即配位化学。配位化学无论在基础理论研究或实际应用方面都具有非常重要的意义，并已渗透到其他学科领域，如生物化学、药物化学、环境化学、催化、冶金、有机化学、地球化学等，其应用范围极其广泛。

在物质的定性和定量分析中，广泛利用配位反应生成的有色配合物通过各种方法来鉴定金属离子和测定它们的含量，这在前面几节中已有叙述，今再简略介绍配位反应在其他方面的一些应用。

10.5.1 贵金属的湿法冶金

将含有金、银单质的矿石放在NaCN(或KCN)的溶液中，经搅拌，借助于空气中氧的作用，使Au和Ag分别形成配合物$Au(CN)_3^-$和$Ag(CN)_2^-$而溶解。以Au为例，反应为

$$4Au+8CN^-+2H_2O+O_2 \rightleftharpoons 4[Au(CN)_2]^-+4OH^-$$

然后在溶液中加Zn还原，即可得到Au。反应为

$$2[Au(CN)_2]^-+Zn \rightleftharpoons [Zn(CN)_4]^{2-}+2Au$$

我国铜矿的品位一般较低，通常是采用一种配位剂(或螯合剂，如2-羟基-5-仲辛基二苯甲酮肟等)使铜富集起来。20世纪70年代以来，应用溶剂萃取法回收铜是湿法冶金的一个较为突出的成就。

10.5.2 分离和提纯

稀土金属元素的离子半径几乎相等，其化学性质也非常相似，难以用一般的化学方法使之分离。可利用它们和某种螯合物如二苯基-18-冠-6[$C_{20}H_{24}O_6$，简称冠醚]对稀土进行萃取分离。较大、较轻的稀土离子可以和冠醚生成螯合物，易溶于有机溶剂，而重稀土离子则不能形成稳定的配合物。经用冠醚萃取后，重稀土留在水相，而轻金属则在有机相中。

又例如，对含镍矿粉在一定条件下通入CO气，可得剧毒的液态[$Ni(CO)_4$](四羰基镍配合物)，然后再加热使之分解为高纯度的金属镍。钴不能与CO发生上述反应，故可利用这种方法分离镍和钴。

10.5.3 配位催化

过渡金属化合物$PdCl_2$可以和乙烯分子配位，在形成的配合物中，乙烯分子中的C—C键增长，导致活化，经过这个中间体，乙烯转变为乙醛。反应过程较为复杂，可简单写为

$$PdCl_2+C_2H_4 \rightleftharpoons 配合物+Cl^-$$

$$配合物+H_2O \rightleftharpoons CH_3CH_2O+2HCl+Pd$$

配位催化反应在石油化学工业、合成橡胶等工业常被使用。

10.5.4 电镀与电镀液的处理

为了获得光滑、均匀、附着力强的金属镀层，需要降低电镀液中被镀金属离子的浓度。通常是使金属离子形成配合物，常用的配合剂是KCN、酒石酸、柠檬酸等。

用过的电镀液中含有的 CN^- 是剧毒物质，可在电镀废液中加入 $FeSO_4$，使与 CN^- 配位，形成无毒的 $[Fe(CN)_6]^{4-}$，而后排放。电镀废液对水源的污染是非常严重的问题。当前电镀大都尽量采用无毒电镀液，只在特殊的不得已的情况下才使用氰化物。

10.5.5 生物化学中的配位化合物

金属配合物在生物化学中的应用非常广泛而且极为重要。在人体中存在的许多酶，它所起的作用与其结构中含有金属配位离子有关。生物体中能量的转换、传递或电荷转移、化学键的断裂或生成等，很多是通过金属离子与有机体生成的复杂配合物而起着重要的作用。

例如与生物体的呼吸作用有密切关系的血红蛋白就是铁和球蛋白(一种有机大分子物质)以及水所形成的配合物。该物质中的配位水分子可被氧气所置换。用 X 表示血红蛋白，反应可写成：

$$X \cdot H_2O(aq) + O_2 \rightleftharpoons X \cdot O_2 + H_2O$$

血红蛋白在肺里和 O_2 结合，然后随着血液循环再将氧释放给人体的其他需要氧的器官。血红蛋白是生物体在呼吸过程中传送氧的物质，所以又称为氧的载体。当有 CO 气体存在时，血红蛋白中的氧很快被 CO 置换(这是 CO 与血红蛋白中的 Fe^{2+} 能生成更稳定的螯合物)：

$$X \cdot O_2 + CO \rightleftharpoons X \cdot CO + O_2$$

从而失去输送氧的功能。在约 37℃时(这是人体的体温)，上述置换反应的平衡常数约为 200，这意味着当空气中的 CO 浓度达到 O_2 浓度的 0.5%时，血红蛋白中的氧就会被 CO 取代，生物体就会因为得不到氧而窒息。人们就是根据血红蛋白的配位结构及其作用机理去研究仿制人造血。

又如植物中的叶绿素，是以镁原子为中心的配合物，它能进行光合作用，把太阳能转变成化学能，同时它既是人体的营养物质，又具有某种抗菌作用。

在人体中许多生物酶其本身就是金属离子的配合物。它需要少量某种金属离子(如 Fe、Zn、Cu 的离子等)的存在才能起催化作用，这些金属就是人体中不能缺少的有益元素。但也有些元素例如 Pb、Hg、Cd 等，它们能抑制酶的作用，这些元素就是有毒元素。

在医药上许多有毒金属元素的解毒药物也与配合作用有关，如 Pb 中毒，就可在肌肉中直接注射一定量的 EDTA 溶液。EDTA 也是排除人体内 U、Th、Pu 等放射性元素的高效解毒剂。类似的砷、汞中毒也都是通过配位化学反应来解毒。与此相反，人们也用许多配合物作为药物来治疗各种病症，如治疗糖尿病的胰岛素就是 Zn 的一种配合物，具有抗癌作用的顺式一二氯二氨合铂也是一种配合物。

习题

1. 什么是配位化合物、配位单元、内界、外界、中心、配体？
2. 举例说明配位化合物的命名原则和异构现象？
3. 影响配合物空间构型的主要因素是什么？
4. 配位化合物对生物有何意义？配位化合物还有哪些应用？
5. 命名下列配位化合物：

(1) $[Zn(NH_3)_4]Cl_2$；(2) $K_2[Zn(OH)_4]$；(3) $K_3[Co(NO_2)_6]$；(4) $Pt(NH_3)_2(OH)_2Cl_2$；

(5) $[CoCl_2(H_2O)_4]Cl$；(6) $K_3[Fe(CN)_5(CO)]$；(7) $Na_2[SiF_6]$；(8) $Cr[H_2O)_2(NH_3)_4]_2SO_4$

(9) $[Ni(En)_3]Cl_2$；(10) $K_2[Cu(C_2O_4)_2]$。

6. 根据配合物的名称，写出其化学式：

(1) 六氟合铝(Ⅲ)酸钠；(2) 五氰-一羰基合铁(Ⅱ)酸钠；(3) 四氯-二氨合铂(Ⅳ)；

(4) 硫酸三(乙二胺)合钴(Ⅲ)；(5) 氯-水-草酸根-乙二胺合铬(Ⅲ)；

(6) 一羟基-一草酸根-一水-一(乙二胺)合钴(Ⅲ)；(7) 六氰合铁(Ⅱ)酸铵。

7. 向浅蓝色 $CuSO_4$ 溶液中滴加氨水，出现蓝色沉淀，继而沉淀溶解，得一深蓝色溶液，用水稀释又出现蓝色沉淀；向 $AgNO_3$ 中滴加氨水，出现白色沉淀，很快转为棕色沉淀，继续滴加氨水，沉淀消失，得一无色溶液。请解释以上现象，并写出反应方程式。

8. 某溶液中 $c[Ag(NH_3)_2^+]=0.01mol/L$，$c[NH_3]=0.01mol/L$，计算溶液中 Ag^+ 的浓度。

9. 将 0.1mol/L$AgNO_3$ 与 0.1mol/LKCl 溶液以等体积混合，加入浓氨水(浓氨水加入体积变化忽略)使 AgCl 沉淀恰好溶解。试问：

(1) 混合溶液中游离氨的浓度是多少?

(2) 混合溶液中加入固体 KBr，并使 KBr 的浓度为 0.2mol/L，有无 AgBr 沉淀产生?

10. 在游离 NH_3 的浓度为 2.5mol/L 及 Cu^{2+} 浓度为 1.5×10^{-4} mol/L 溶液中，计算下列离子 $Cu(NH_3)^{2+}$、$Cu(NH_3)_2^{2+}$、$Cu(NH_3)_3^{2+}$、$Cu(NH_3)_4^{2+}$ 的浓度各是多少?

11. 要使 0.1mol/L AgI 沉淀溶解于 1.0LNaCN 溶液中，NaCN 的初始浓度至少应为多少?

12. 通过计算说明，为什么在标准状态下，Cu^+ 在水溶液中能发生歧化反应，但 $Cu(NH_3)_2^+$ 的歧化反应 $2Cu(NH_3)_2^+ \rightleftharpoons Cu+Cu(NH_3)_4^{2+}$ 却不能发生。

13. 在含有 $c[Cu(NH_3)]_4^{2+}=0.10mol/L$ 和 $c[NH_3]=0.1mol/L$ 的混合溶液中，有无 $Cu(OH)_2$ 沉淀生成?

14. 等体积混合 0.3mol/L 的氨水、0.3mol/L 的 NaCN 和 0.03mol/L 的 $AgNO_3$ 溶液，试求：达到平衡时 $c[NH_3]$ 和 $c[CN^-]$ 的浓度比。

15. 将 35mL 0.25mol/L NaCN 与 30mL 0.1mol/L $AgNO_3$ 溶液混合，计算所得溶液中 Ag^+、CN^-、和 $Ag(CN)_2^-$ 的浓度。

第四部分

化学与社会之化学应用

长期以来，化学是通过以其本身为基础的能源工业、冶金工业、化学工业、军事工业来促进社会发展的，而今天，化学已成为现代高科技发展和社会进步的基础。今天的化学不应该仅仅满足人类社会高质量生活的需求，而且还要承担保卫自然界生态环境的责任，使大自然与科学技术协调共存。

第 11 章　化学与能源

内容提要：物质和能量是构成客观世界的基础，物质存在着各种不同的运动形态，因此能量也就具有不同形式。人类的一切活动都与能量及其应用密切相关，如果说劳动创造了世界，那这种创造首先就是由能量的应用开始的。

学习要求：

(1) 掌握能源的主要分类及相应特点。

(2) 掌握主要能源的利用现状。

(3) 了解未来能源利用的发展趋势。

11.1　能源概述

《大英百科全书》认为能源是一个包括所有燃料、流水、阳光和风的术语，人类可以利用它，采取适当的转换手段便能让其为自己提供所需的能量。中国编著的《能源百科全书》则解释为：能源是可以直接或经转换提供人类所需的光、热和动力等任一形式能量的载能体资源。《现代汉语词典》对能源所下的概念是能够产生能量的物质，如燃料、水力和风力等。有关专家在《科学技术百科全书》对能源所作的表述是，它是某种可以获得热、光和动力的资源。可见尽管表述有所不同，但都认为能源是一种具有多种形式，且可以相应转换的能量来源。综上所述，可以将能源这样定义：它是自然界中能为人类社会利用、可以集中提供某种形式能量的物质资源。

能源按能量来源及蕴藏方式，可分为三大类：

第一类是来自地球之外的太阳能。从古至今，太阳能除了给地球源源不断地无偿送来光和热外，就是那些千百万年前由原始植被和低等动物在光合作用下，经过漫长地质变迁所形成的、现代人类生活须臾不可少的煤炭、石油、天然气，以及生物质能、水能、海洋能和风能等，也都是来自于太阳能量的作用。

第二类是来源于地球本身产生的能量。它们主要指地热能，核能及以地震、火山喷发和温泉等自然形式呈现的能量。现在已经通过计算，知道地球表面每年从地球内部获得的大地热流量为 1.07×10^{21} J，这一热量的量级比起地球表面从太阳获得的热量要小一千多倍。全球的大地热流平均值用 1.6HFU 表示。有专家曾对中国 960 万平方公里的大地，利用全球热平均值 1.6HFU 为基数进行估算，得出的结果是每年其排出热的总量相当于 6.336×10^{11} t 标准煤燃烧释放的热量。如果再加上核资源(铀、钍)和核聚变资源(氘、氚)，只要应用得当，即使将来每年耗能比现在多 1000 倍，它们也足以让人类用上百亿年。

第三类是来源于太阳系天体引力形成的能量。这里主要是指太阳、地球、月球等天体间对海洋发生作用而产生的巨大的能量。海洋能包括潮汐能、海浪能、海水温差能、海流能等依附于海水的可再生能源。海洋占地球面积的 71%，它是一个庞大的蓄能库。据联合国教科文组织 1981 年提供的资料表明，全世界地球海洋能的再生量从理论上说，总计有 7.66×10^{10} kW，技术上可开发功率为 6.4×10^{9} kW。这样巨大的储藏能量，也可说是用之不尽的。

它又是无污染的清洁能量，是人类的理想能源。但因其能量密度小，前期开发投资大，而利用效率低，所以至今未被广泛采用。尽管如此，它的前景不容忽视。

能源还有以下分类：

（1）一次能源和二次能源　一次能源（或称初级能源）是指在大自然中天生储蕴着的、并可直接取用的能源，如煤炭、石油、天然气、水能、风能等，它们一般具有自然属性；二次能源是指由一次能源经必要的加工而转换成另一种形态的能源，如蒸汽、电力、煤气、焦炭和各种石油制品以及生产过程中可利用的余热、余蒸汽、余能等，并具有便于输送和分配使用及相对品质高、污染少的特征。一次能源不管经过几次转换所取得的另一种形式的能源，都称为二次能源，如人们常见的利用水力与煤炭发电所产生的热能、机械能、电能等都属于二次能源。

（2）可再生能源和非再生能源　可再生能源是指在一定时间内，通过自然循环不断得到补充的能源，如太阳能、水能、风能、生物质能、氢能、海洋能、地热能等，它们不会由于其本身的转换或人类的利用而逐渐减少。而非再生能源又称枯竭性能源，它是指那些经过数亿年地质运动而形成的，较长时间无法恢复、不能再生的自然资源，如原煤、石油、天然气、核燃料等。这些能源在地球上的储量有限且随着人类的利用只会越来越少，总有用完的时候。

（3）矿物能源和非矿物能源　这是按能源本身的性质来划分的。分为矿物能源（煤、石油、天然气等，它们又称之为化石燃料）、生物能源（薪柴、沼气、秸秆、稻草、稻壳、畜禽粪便等）、化工能源（甲醇、酒精、丙烷等）、核能源（铀、钍、钚、氘、氚等）共四类。它们又可称为含能体能源，也称载体能源，其特点是可以储存且便于运输。属于非矿物能源是指过程性能源，它们可以提供能量的物质运动所产生的能源，虽不能直接储存，但具有存在于某种过程之中的特点。其中最典型的有太阳能、风能、热能、海洋能等。

（4）常规能源和新能源　常规能源一般是指在相当长历史时期已被人类广泛利用的能源，如煤炭、石油、天然气等。新能源一般是指借助日益发展的新技术而开发利用的能源，如太阳能、生物质能、氢能、天然气水合物等。虽然它们在目前使用的能源中所占比例很小，且生产成本较高，但无疑是具有相当潜力的替代能源。常规能源与新能源只是相对而言。随着人类科技水平的不断提高，现在地球上储量有限的常规能源将逐渐被取之不竭的可再生性新能源所取代。

除此之外，能源的常用分类还有按其使用时对环境污染的轻重，称为清洁能源和非清洁能源，前者有太阳能、水能、氢能、核能等，后者则有煤炭、油页岩等，石油产品的污染比煤炭小不少，可也含有一定数量的硫、氮等化合物，但目前仍是一种较为合适的能源。

11.2　常规能源

目前人类日常广泛使用化石燃料能源是指煤炭、石油和天然气，它们被人们称之为常规能源，也叫一次性能源或不可再生能源。这类能源约占全球消费量的85%左右，据主导地位。所有化石燃料能源，都是天然的矿物资源，它们在推动人类社会进步和经济发展方面立下了显赫战功，从古至今，一直得到人们的称颂。

地质学家通过考察研究，最终得出结论：所有的化石燃料基本上是由地球早期植物内的碳水化合物经复杂的生物化学和物理化学变化逐步形成的。这些早期原生植物中的碳水化合物是通过光合作用将太阳能直接转换成化学能时产生的。它们经过漫长的时间变迁，并在缺氧条件下转变成了烃类物质，且一般化学式为 C_xH_y，就是由碳和氢两种元素组成的有机化合物，它们也可叫作碳氢化合物。大自然为了将储存在这些原生植物体内的太阳能缓慢地转化为煤、石油、天然气，花去了亿万年的时间。因此可以说，人类现在能与日俱增消费数亿年前由大自然恩赐的化石燃料能源，应该是十分幸运的。因为它们是不可再生的资源，当然也许在未来的地质年代中也会形成类似的化石燃料，但毕竟离我们太遥远了。

11.2.1 煤炭

在《现代汉语词典》中对“煤炭”的一般解释是“矿物，黑色固体，主要成分是碳、氢、氧和氮。是古代植物体在不透空气或空气不足的情况下受到地下高温高压而形成的。按形成阶段和炭化程度的不同，可分为泥煤、褐煤、烟煤和无烟煤，主要用做燃料和化工原料，也叫煤炭”。这不是权威注解，但可以作为对煤炭的基本认识。

煤炭是能源世界的主角，是传统的能源，它被誉为工业的粮食，并且也是重要的化工原料。煤炭是我国的第一能源，在一次性能源的构成中煤炭占70%以上。合理开发和利用煤炭，对发展国民经济和提高人民生活水平起着极其重要的作用。在可预见的时期内，它仍将继续作为人类的重要燃料和原料。因此，煤炭开发仍有必要继续发展。

1. 煤炭的形成

从植物死亡、堆积到转化成煤，经过一系列漫长的演变过程，这个过程称为成煤作用。一个深1000m厚度的植物堆积层转化后仅能形成大约深50m厚度的煤层。成煤作用根据植物条件、自然地理、气候影响和地壳运动等因素，一般可分为两个阶段，即泥炭化或腐泥化作用阶段和煤化作用阶段。

高等植物或低等植物死亡之后，它们在一定条件下，由于微生物的作用，分别转变成了泥炭或腐泥的过程称为泥炭化或腐泥化作用。

(1) 泥炭化作用　当生长在温暖潮湿环境下的高等植物由于地壳运动和气候灾变，突然大量死亡，其遗体堆积在一起，因为大气中氧的影响，并在喜氧细菌的作用下，使植物有机成分(如木质素、纤维素等)遭到一定氧化分解和水解，有的则彻底破坏，变为气体和液体；有的却转化为简单的化学性质活泼的化合物，经过生物化学作用，形成了新的化合物(主要为腐殖酸、沥青质等)。它们和一些泥沙等物质混合在一起，逐渐转化成了泥炭，这一过程即为泥炭的作用。

(2) 腐泥化作用　当生长在广阔而潮湿的地带，临近湖泊江海等区域的低等植物，一直与水体之间存在着斗争。当水退却后，植物会乘势大步向前发展，占据光秃的陆地；而水漫涨势，植物即遭到淹没，随之是死亡和氧化分解的命运。由于水层和不断而来的沉积物覆盖，在厌氧细菌的作用下，低等植物中的蛋白质、脂肪等物质被分解。然后经过化学合成作用，形成一种含水很多的棉絮状胶体物质(富含沥青质)。这种物质与泥沙混合后进一步变化，即形成腐泥。这一过程即为腐泥化作用。

泥炭或腐泥形成后，由于地壳下降，泥炭或腐泥被泥沙等沉积物覆盖掩埋，长期在地热及沉积物静压力的作用下，它们分别转变为腐殖煤或腐泥煤，这个过程称为煤化作用。这个作用又可分成岩作用和变质作用。目前，人类开采的煤层大部分都是腐殖煤。

(1) 成岩作用　泥炭形成后，因为地壳运动的影响，使其沉降到煤层深处，在沉积的作用下，泥炭逐渐被压紧、脱水、固结而趋于致密。同时，泥炭中有机质的分子结构和化学成分也发生了不少变化，其中碳含量增加，氢氧含量减少，腐殖含量降低。泥炭转为褐煤，这一过程称为成煤作用。中国一些地区第三纪的煤层很多是褐煤。褐煤层一般适于露天开采。

而腐泥形成后，经成岩作用，能够转变为腐泥煤。

（2）变质作用　褐煤形成后，当地壳继续运动，就使其沉降到地层更深处，在温度和压力的更大作用下，褐煤内部分子结构、物理性质和化学性质均产生巨大变化，含碳量进一步增加，氢氧含量继续减少，光泽增强，密度增大，挥发量继续降低，腐殖酸完全消失。褐煤转变成了烟煤、无烟煤。这一过程称为变质作用，同样，腐泥煤形成后，经变质作用，使煤的变质程度不断提高，可以形成高变质的腐泥煤。

2. 煤炭的组成和分类

煤是由有机物质和无机物质混合组成，有机物是煤的主要成分，它们是由多种元素组成，最主要的是碳(C)、氢(H)、氧(O)、氮(N)，其次是硫(S)、磷(P)及少量其他元素。这些元素在煤炭中的作用如下：

（1）碳(C)　碳是煤中有机物质的最主要成分，也是煤中最重要的可燃物质，燃烧时1kg碳能发生34.11MJ的能量。因此，一般煤中碳含量越高，煤的发热量就越大。煤中含碳量随煤的变质作用增高而增加。如褐煤中碳含量一般为60%~77%，烟煤中碳含量一般为75%~92%，而无烟煤中碳含量高达89%~98%。

（2）氢(H)　氢在煤中是仅次于碳的有机物质，也是重要的可燃物质。1kg的氢在燃烧时能产生143.25MJ的能量，大约相当于碳发热量的4.2倍。煤矿中氢含量一般随煤的变质程度增高而减少。此外，煤中氢含量还与成煤的原始植物有关，如由低等植物(如菌、藻类)形成的煤，氢含量较高，一般均大于6%，有时高达11%；而由高等植物形成的煤，氢含量较低，一般均小于6%，最低为1%左右。

（3）氧(O)　氧是煤中的不可燃成分。一般说来氧的含量也是随煤的变质程度增高而减少。如褐煤中氧含量为15%~30%，烟煤中氧含量为2%~15%。而无烟煤中氧含量为1%~3%。

（4）氮(N)　氮同样是煤中的不可燃成分。燃烧时氮常呈游离状态逸出，并不产生热量。但在炼焦过程中，氮能转化成氨及其他含氮化合物，回收后可作为化肥、硝酸等。煤中氮的含量随煤的变质程度增高而略为减少，但规律性不明显。煤中氮含量很少，一般只有1%~3%左右。

（5）硫(S)　硫是煤中的有害成分，包括有机硫和无机硫两种。有机硫是煤中有机质所含的硫。一般认为它是来自成煤植物本身或成煤过程中硫酸盐类与植物分解产物作用而成。有机硫在煤中分布均匀，难以分离。无机硫是煤中矿物质所含的硫，主要是硫化物，如黄铁矿(FeS_2)等，不时有些硫酸盐硫出现，如石膏($CaSO_4 \cdot 2H_2O$)等。无机硫分离的难易程度与矿物质的颗粒大小及分布状态有关。

硫的这种特征对煤的加工利用带来诸多不利的因素。当煤含硫量较高时，其燃烧过程中会产生大量二氧化硫(SO_2)，不仅能腐蚀设备机械，还严重污染空气和环境，影响人们健康。在炼焦时，煤中含的硫不可避免地有部分转入焦炭里，然后又进入生铁生产，这样无疑又会降低钢铁的质量。有专家计算出，每当焦炭中的含硫量增加1%，焦炭的消耗量就会增加18%~24%，熔剂(石灰岩)的消耗量也要增加2%，同时还降低高炉的生产率20%，因此煤中全硫(有机硫和无机硫)含量是评价煤质的重要指标。中国现阶段规定：工业用煤全硫不得超过3%。

（6）煤的无机成分　煤中常见的无机成分是一些矿物，主要是黏土矿、硫铁矿、氧化物和碳酸盐。而中国煤中经常存在的是黏土矿物、黄铁矿、石英和方解石。

随着社会的进步，科学的发展，煤的用途会越来越广泛。人们对煤的性质、组成结构和应用认识，也会越来越深入。根据所掌握的实践经验，专家们把各种不同的煤从理论上进行了归纳和划分，形成了煤分类的概念。通常最简单的科学分类方法是根据干燥无灰基挥发分含量和低位发热量将煤分为无烟煤、烟煤和褐煤三大类，见表 11-1。

表 11-1　煤的分类方法

煤　种	干燥无灰基挥发分含量/%	低位发热量/(MJ/kg)
无烟煤	≤9	26~33
烟煤	9~45	20~33
褐煤	40~66	10~17

3. 中国的煤炭储量

煤炭是中国储量最多、而且是分布最广泛的优势能源品种。据 1999 年中国煤炭地质总局进行的第三次全国煤炭资源调查，其总量为 5.57×10^{12} t，但探明储量为 1.04×10^{12} t，探明可经济开发的利余总储量为 1.145×10^{11} t。全国 34 个省级行政区划中，除上海、香港、澳门外都有不同质量和数量的煤炭资源。根据地质构造的特点，结合各地区的地质情况，中国形成了西多东少、北富南贫的煤炭资源总体分布格局。

中国煤炭资源品种齐全，在探明储量中，烟煤占 75%、无烟煤占 12%、褐煤占 13%，可为燃煤机组发电提供动力、冶金、化工、建材、气化等各种用途的煤源。但国内资源以低度质烟煤为主，优质无烟煤和优质炼焦煤等煤种储量较少，且综合开采条件在主要产煤国家中属中等偏下水平，适合露天开采的煤矿很少，煤田条件地质环境比较复杂，勘探程度偏低。

我国的主要能源消费以煤炭为主，这是因为同其他种类能源对比，在目前能源大规模使用的能源系统中，由于煤炭的可获得性好、资源相对充足，是最为可靠的能源，也是相对廉价的能源。在同样的热值下，国际石油、天然气价格是煤炭的 2~3 倍。

可以肯定地说，煤炭这种“太阳之神”恩赐给人类的重要能源，在相当长的时间内人们还不能离开它，或许在能源家庭中永远都有它一定的地位。如果经过科学家和工程师的努力，煤炭改头换面成为了一种清洁高效的能源，那会更加受到人们的青睐。

11.2.2　石油

1. 石油的概念

按照《现代汉语词典》中的解释，石油是“具有不同结构的碳氢化合物的混合物，液体，可以燃烧，一般呈褐色、暗绿色或黑色，渗透在岩石的空隙中，从中可以提取汽油、煤油、柴油、润滑油、石蜡、沥青等”。顾名思义，石油确实是储存于石头里的油，它就像煤、铁、铝、铜、金、银等矿藏一样是产于地壳中的资源，只不过它是以流体的形态赋存在地下。

世界上第一个提出“石油”名词的人是中国北宋年代的大博物学家沈括，他在其名著《梦溪笔谈》中曾有简短介绍。1556 年，德国人格奥尔格·阿格利柯拉(原名拜耳)，出版了著作《矿物谈 12 卷》，被公认为是矿物学、地质学和采矿学的创始人。他在这一年提出了具有近现代意义的“石油”(Petroleum)一词，即指岩石中的油。

现代科学从专业术语上对石油的准确解释为：它是气态，液态和固态的烃类混合物。烃是有机化合物，约占石油成分的97%~99%。烃又由碳和氢两种元素组成，并且按本身结构的不同形成迥异的碳氢化合物，其主要分为烷烃、环烷烃和芳香烃三类，而它们又由大小不同的烃分子组成。归结为一句话，石油主要是由大小悬殊的烃分子组成的混合物。

2. 石油的成因

石油是一种可燃性的、以烃类为主的复杂混合物。通过对石油成因的研究，还可以指导石油勘探、预测石油储量，并能更好地了解石油化学组成上某些特点与石油成因的关系。

长期以来，关于石油的成因国内外许多学者发表过种种假设，争论激烈。把各种观点归纳起来，可分为无机生油说和有机生油说。现在有机生油说占统治地位，但目前的地质勘探成果同时也给无机生油说提供了佐证。

（1）无机生油说　早在18世纪到19世纪中叶，由俄国科学家门捷列夫创立了石油无机生成说，该学说在当时得到许多人的拥护，曾盛行一时。

无机成油学说认为，由于地球上存在着雄厚的无机合成烃类的物质基，在地幔高温高压以及富含金属多价低氧化物条件下，多种烃类的无机合成是完全可能的。近年来，一些学者对我国新疆准噶尔盆地和塔里木盆地的沥青以及沙特阿拉伯某种原油的研究后推断，它们是由无机物(一氧化碳和氢)经费托合成而生成的，与生物化石有机质的热解无关。

（2）有机生油说　赞成有机生油说的学者认为，石油是由地质时期中的生物有机质形成的，而在石油中发现了一系列带有生物有机物所特有的某些特征结构的标记化合物(如聚异戊间二烯型烷烃和卟啉化合物)就是有力的证明。生物圈中大量存在于叶绿素中的植醇链就是异戊间二烯型化合物的丰富来源，卟啉化合物来源于叶绿素和血红素中的卟吩核。

石油的生成还必须具有一定的生油环境，一是要有使有机物遗体得以保存而免遭分解的缺氧、还原的环境；二是使沉积盆地保持相对长期稳定下沉，使富含有机体的沉积物不断堆积，以形成巨厚的沉积层。在具备上述条件后，有机物还需经物理、生物、化学等一系列复杂反应过程，才能产生石油烃。

死亡的动植物遗体在沉积盆地保持相对稳定下沉，且不断堆积，形成了巨厚的沉积层。随着地质历史的推移，沉积作用的不断进行，沉积物被埋藏在盆地的深部。这段时期，以生物化学降解为主，即由细菌引起的发酵作用，使有机物中的纤维素、蛋白质和多糖大分子得以降解在沉积岩中，不溶于有机溶剂的有机质叫做“腐殖组分”，也就是石油地质学家所称的“干酪根”。干酪根是由沉积物中的有机残体演化而来，是死亡的有机体在一定条件下被微生物降解后残留的不溶部分。在模拟实验条件下，可使干酪根转化为石油烃。于是，干酪根生油说成为有机生油说的核心。

石油的大部分来源于干酪根的分解，而温度是使干酪根演变的主要因素。

第一阶段是未成熟阶段，即干酪根形成生物甲烷气阶段。在这个阶段，温度不高(地层温度不超过60℃)，干酪根中含有杂原子的部分破碎，干酪根中氧元素和硫元素含量下降，但烃的形成量很少。

第二阶段是成熟阶段，即干酪根裂解成油阶段。该阶段是石油生成的主要阶段，此时地温超过60℃，干酪根分子断裂，大分子化学键进一步断裂，从而形成了更小的碎片，由于含氧键快速消失，使干酪根中的碳氢化合物开始产生。

第三阶段是过成熟阶段，也是干酪根裂解成气阶段。此时地温达到120℃以上，热裂解成为主要反应，留在干酪根中的烷基几乎全部消失，产生大量的低分子甲烷气，也叫干气生成阶段。

初生成的油气分散在生油层的孔隙中，经过漫长的运移，分散状的油、气由生油层进入储油层，又继续运转，到达阻碍油、气继续运转的地方，圈闭，聚集起来，成为矿藏-油、气藏。石油在运移过程中，在相应的环境下，如热催化作用、氧化作用、生物降解作用、硫化作用和脱沥青作用等的影响，使其组成和性质发生变化。

3. 原油的一般性质

从地下深处开采出来的流动或半流动的可燃性黏稠液体，称作天然石油(或原油)，常与天然气并存，主要是烃类和含氧、硫、氮的非烃衍生物所组成的复杂混合物。

天然石油绝大多数是黑褐色，同时带有绿色或蓝色荧光和特殊的气味。此外，石油也有暗黑、暗绿、暗褐色的，更有一些石油呈赤褐、浅黄乃至无色。天然石油的相对密度一般小于1，绝大多数的石油相对密度在0.80~0.98之间。但也有个别例外，如伊朗某原油的相对密度高达1.016，而美国加利福尼亚某地原油的相对密度仅为0.707。表11-2列出国内外部分油区所产原油的一般性质，由表中可见，我国原油的相对密度大多在0.85~0.95之间，属于偏重的常规原油。

表11-2 国内外部分原油一般性质

原油名称	埃斯卡兰特	大庆	胜利	孤岛	辽河	华北	中原	新疆	伊朗轻油	哈萨克斯坦
密度(20℃)/(g/cm^3)	0.9077	0.8554	0.9005	0.9495	0.9204	0.8837	0.8466	0.8538	0.8536	0.8095
运动黏度(50℃)/(mm^2/s)	150.8	20.19	83.36	333.7	109.0	57.1	10.32	18.80	4.67	2.05
凝点/℃	-7	30	28	2		36	33	12	-5.0	-24
倾点/℃					17					
蜡含量/%		26.2	14.6	4.9	9.5	22.8	19.7	7.2	4.13	4.5
庚烷沥青质/%	3.92	0	<1	2.9	0	<0.1	0	-	0.55	<0.1
残炭/%	7.9	2.0	6.4	7.4	6.8	6.7	3.8	2.6	3.69	1.13
硫含量/%	0.16	0.10	0.80	2.09	0.24	0.31	0.52	0.05	1.49	0.68
氮含量/%	0.35	0.16	0.41	0.43	0.40	0.38	0.17	0.13	0.12	0.08

4. 原油的元素组成

虽然原油的外观和物理性质千差万别，但是它们的元素组成是一致的，基本上都是由碳、氢、硫、氮、氧五种元素所组成。原油中碳和氢两种元素的含量约为95.0%~99.0%，其中碳含量为83.0%~87.0%，氢含量为10.0%~14.0%，其他元素中硫占0.05%~8.00%，氮占0.02%~2.00%，氧占0.05%~2.00%。表11-3是国内外一些原油的元素组成。

表11-3 原油中的元素组成

原油名称	元素组成/%				C/H原子比
	C	H	S	N	
大庆	85.87	13.73	0.10	0.16	0.53
胜利	86.26	12.20	0.80	0.44	0.60
辽河	85.86	12.65	0.18	0.31	0.57
孤岛	85.12	11.61	2.09	0.43	0.61

续表

原油名称	元素组成/%				C/H 原子比
	C	H	S	N	
大　港	85.67	13.40	0.12	0.23	0.53
渤海 36-1	87.62	11.62	0.34	0.42	0.63
南海流花	87.17	11.48	0.20	0.18	0.63
伊拉克	84.87	12.77	2.11	0.001	0.55
伊朗轻质	85.14	13.13	1.35	0.17	0.54
澳大利亚	85.13	14.37	0.038	0.007	0.49
印尼米纳斯	86.24	13.61	0.10	0.10	0.53
赤道几内亚	86.62	12.85	0.24	0.25	0.56
俄罗斯萨哈林	87.05	12.43	0.32	0.17	0.58
美国加州	84.00	12.70	0.40	1.70	0.56

由表中数据可以看出，在各种原油中，碳和氢的含量相差不大，所以不能作为原油分类和比较的指标。对表中各种原油的碳氢原子比(C/H)进行比较，发现大庆原油的碳氢比为 0.53，渤海 36-1 原油为 0.63，存在较为明显的差异。由于在原油的转化过程中，无外加氢条件下，转化前后总的碳氢比是不变的，所以，在转化后，如有部分产物的碳氢比高于原料，则必有一部分产物的碳氢比低于原料。故可用碳氢比作为研究石油的化学组成、结构及评价分析石油加工过程的一个重要参数。

原油的元素组成中，除碳、氢外，还含有硫、氮、氧以及一些微量元素，其总含量约为 1.0%~5.0%。原油中的微量金属元素以钒、镍最为重要。我国原油中钒含量很低，最多只有百万分之几，但镍含量较高，一般为百万分之几十。此外原油中还含有铁、铜、钙等其他元素。值得一提的是，在大庆原油中砷含量高达 $2.8\times10^{-3}\%$，也可能是世界砷含量最高的原油。

随着中国改革开放的深入发展，经济状况发生了根本性变化，城市化、重工业化建设和生产方兴未艾，汽车消费提前到来，此起彼伏，一浪高过一浪，使得包括石油在内的能源消费进入了快车道。1993 年，中国正式从石油出口大国变成了石油净进口大国，到 2012 年，我国石油的对外依存度已达 57%。

至于石油资源能不能满足各国对其的需求量，有两种观点。一种是乐观的，认为世界石油资源相当丰富，总体均呈增长趋势。另一种是悲观的，认为将出现供不应求的状况，更为严重的是 40 年以后，石油有面临枯竭的危险。因此，全球未来的石油供需矛盾相当突出，而国际突发事件和由此带来的国际石油市场价格激烈波动会对中国石油安全供应造成严重影响。

11.2.3　天然气

天然气指自然生成，在一定压力下蕴藏于地下岩层孔隙或裂缝中的混合气体，其主要成分为甲烷及少量乙烷、丙烷、丁烷、戊烷及以上烃类气体，并可能含有氮、氢、二氧化碳、硫化氢及水汽等非烃类气体及少量氦、氩等惰性气体。在石油工业范围内，天然气通常指从气田采出的天然气及油田采油过程同时采出的伴生天然气。

1. 天然气的组成

（1）链烷烃类　链烷烃类是已发现的大部分天然气的主要成分，属饱和脂肪族类烃，化学通式 C_nH_{2n+2}，常用 P 作代号。天然气中可能存在的链烷烃有甲烷、乙烷、丙烷、异丁烷、正丁烷、2，2-二甲基丙烷、2-甲基丁烷、正戊烷、2-甲基戊烷、3-甲基戊烷、2，2-二甲基丁烷、2，3-二甲基丁烷、正己烷等组分。在常压、20℃时，甲烷、乙烷、丙烷、丁烷为气态烃，戊烷至十七烷烃为液态烃。从丁烷开始，就存在同分异构体，随着碳数的增多，同分异构体也增多。尽管链烷烃中庚烷以上组分含量极低，但同分异构物的个数却很多，例如，戊烷有 3 个，己烷有 5 个，庚烷有 9 个，辛烷有 18 个，壬烷有 35 个，癸烷有 75 个。因此，若将天然气深度分析至 C_{10}，可能存在的链烷烃组分就可达到 150 个。

（2）环烷烃类　环烷烃类是大部分天然气中仅可能以极少量存在的饱和环构状烃类，其化学通式也是 C_nH_{2n}，结构式以环己烷为例，如图 11-1(a)所示。常用 N 作代号。

（3）芳香烃类　芳香烃类是大部分天然气中含量极少的一类不饱和环构状烃类，其结构式以苯为例，如图 11-1(b)所示，天然气中可能存在的芳香烃有苯，甲苯，邻、对、间位二甲苯，三甲苯，在天然气中极少发现乙苯、乙基甲苯或丙苯。常用 A 作代号。

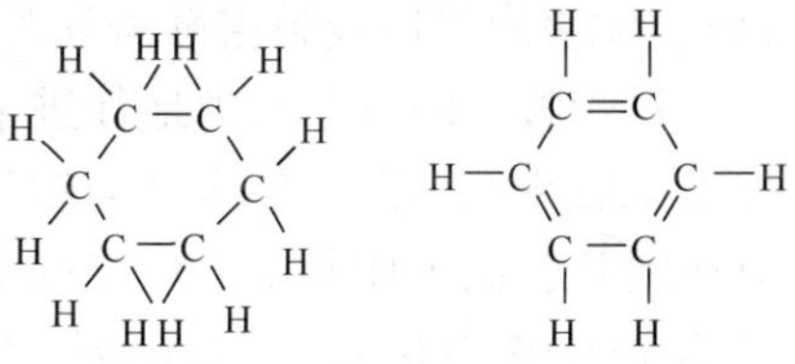

(a)　(b)

图 11-1　环己烷和苯的结构式

（4）非烃类化合物　非烃类化合物是一类视气田不同，存在的种类与含量高低悬殊甚大的组分，已发现的天然气中曾发现含有氮、二氧化碳、硫化氢、氢、氦、氩、水汽，还有硫醇类、硫醚类、硫氧化碳、二硫化碳等有机化合物，近年的资料中还报道了天然气中含有汞、氡-222，天然气凝液中含有汞和钋。

（5）其他成分　多硫化氢(H_2S_x)存在于某些含硫天然气藏中，当气藏的温度、压力降低时，有时会分解为硫化氢和硫磺。这些硫磺，当达到一定高温时，会变成硫蒸气，当温度降至硫磺的凝固点以下时，呈硫黄晶体析出，造成管道阀门堵塞。

沥青质以胶溶态粒子的形态存在于气相中，这些胶粒有一个带有芳香烃性质的、高相对分子质量的核，其外围包裹着较轻的、较少芳香烃性质的组分，到最外层，主要是脂肪族性质的化合物。分离这些沥青质，用一般重力分离器是困难的。

2. 天然气的分类

（1）天然气按矿藏特点分类：

纯气藏天然气：不论开采的任何阶段，矿藏流体在地层中均呈气态，但随成分的不同，采出到地面后，在分离器或管系中可能有部分液态烃析出。

凝析气藏天然气：矿藏流体在地层原始状态下呈气态，但开采到一定阶段，随着地层压力下降，流体状态跨过露点线进入相态反凝析区，部分烃类在地层中即呈液态析出。

油田伴生天然气：在地层中与原油共存，在采油过程中与原油同时被采出，经油、气分离后所得的天然气。

（2）按烃类组分关系分类：

干气：在地层中呈气态，采出后在一般地面设备和管线中也不析出液态烃的天然气。

湿气：在地层中呈气态，采出后在一般地面设备的温度、压力下即有液态烃类析出的天然气。

贫气：丙烷及以上烃类含量少于 $100mL/m^3$ 的天然气。

富气：丙烷及以上烃类含量大于 100mL/m^3 的天然气。

(3) 按硫化氢、二氧化碳含量分类：

酸性天然气，指含有显著量的硫化氢甚至有可能含有有机硫化合物、二氧化碳，需经处理使能达到管输商品气气质要求的天然气。

3. 天然气的储量与产量

广义的天然气包括可燃的烃类气体、二氧化碳、硫化氢、氦等可从地壳中取得的气资源，但一般狭义的天然气仅指烃气。根据 ISO 标准(ISO14532：2001)，天然气是指以甲烷为主的复杂烃类混合物，通常也含很少量的乙烷、丙烷和更重的烃类，以及若干不可燃气体，如氮气和二氧化碳。作为矿产资源，天然气分为常规和非常规两类。常规天然气主要指在沉积岩常见构造、地层和岩性圈闭中发现的有机成因气，包括煤成气、碳酸盐岩气、油田伴生气、生物气等。非常规天然气包括煤层甲烷、深盆气、水溶气、固体气(天然气水合物)、泥页岩气以及致密砂岩气等。目前已探明并开采利用的储量绝大部分是常规天然气。

科学技术的进步有力地促进了天然气的勘探开发，特别是大大拓宽了勘探开发范围，再加上采收率的提高，使全球天然气储量在连年加大开采量的情况下非但不下降，反而还逐年有所增长，储采比基本上保持稳定。美国《油气杂志》统计的 2007 年世界天然气探明可采储量为 175.08 万亿 m^3，同比增长 1.15%。在过去 60 年中，天然气是全球增长最快的一次能源。世界天然气的产量主要集中在西半球和东欧及前苏联，其产量占世界总产量的 62%。

目前世界天然气正处于由“区域市场阶段”向“全球市场阶段”过渡的发展时期，并且在未来 50~100 年间将取代石油而成为消费量最大的一次能源。但是，应当看到，目前也存在一些不利于天然气发展的因素：

① 世界天然气资源分布过于集中(俄罗斯和中东的天然气储量占世界 2/3)，产地远离天然气主要消费区；

② 天然气的国际贸易量仅占消费量的 20%左右；

③ 天然气单位容积的热量比石油低很多，储运比石油困难，运输成本较高；

④ 天然气利用的前期资金投入较高，建设周期长，投资回收期长(通常要求稳定供气 20 年以上)；

⑤ 天然气用量受季节影响较大，用气高峰和低谷的供气量相差好几倍，稳定供气的运作和后勤服务系统较为复杂；

⑥ 竞争对手多，包括石油、煤炭、电、LPG(液化石油气)和煤制气；

⑦ 除极少数国家以外，目前各国对天然气的控制程度比石油更大，面更宽，天然气的发展在很大程度上受到政策的制约。

11.3 核能

核能是一种威力无比的能源，与煤炭、石油天然气等相比，它属于新能源的范围。什么是核能？简言之，核能又称原子能，它是从原子核中释放出来的。原子很小，看不见摸不着，而原子核又在原子中占有更小的空间。如果把原子放大到足球场那么大的话，原子核就像一颗芝麻粒，但其释放出的能量却威力无比，相当巨大。一旦核能技术完全为人类所掌握，将造福千秋万代。

11.3.1　核能产生原理

爱因斯坦的划时代论文《论动体的电动学》中的著名方程 $E=mc^2$ 举世共知。通过了一系列实验成果，核物理学家们已经形成较为系统的认识，知道用中子去轰击铀原子核，它能分裂成两个大小差不多的原子核，这种现象就是原子核裂变。裂变后的两种原子核，每一个的质量都比铀原子核的质量小。铀核在裂变的同时，要发生质量亏损，就会放出很大的能量。当然，一个单独的铀原子核裂变所放出的能量是没有什么实用价值的，必须使大量的铀原子核产生裂变，才能有巨大的能量释放出来。据质能转换方程，1kg 铀如果全部发生裂变，它放出的能量约相当于 2800t 标准煤完全燃烧后所提供的能量。

铀核裂变时，不仅产生能量，还会同时产生 2~3 个新中子，这 2~3 个新中子打在 2~3 个新的铀原子核上引起裂变，再产生 4~6 个新中子，而它们打在 4~6 个新的铀原子核上引起裂变，再继续产生 8~12 个新中子……如此循环下去，就有可能产生无数个中子核裂变，这种反应就叫作核裂变的链式反应，或称为链式裂变反应。

核物理学家们了解到如果要利用铀核裂变所释放出的能量，必须使铀原子核发生链式反应才有可能。铀原子核裂变的链式反应一旦形成并顺其自然进行下去是不可控制的，它会在极短的时间内完成全部铀的裂变过程。经过计算，中子引起铀原子核裂变只需要百万分之一秒的时间，假如铀 235 的纯度很高(大于 90%)铀的质量超过临界质量时由一个中子在几十万分之一秒的一瞬间就会使几亿个铀原子原子核分裂，强大核能转眼就集中释放出来，这就是所谓的核爆炸，原子弹的爆炸就是这种不可控制的核链式反应。

11.3.2　核能的和平利用

原子弹具有极大的破坏和杀伤力，是战争武器，是人类所不希望拥有的。人类要和平利用原子能，只有设法控制核裂变的链式反应的速度，以便使核能能按照人类的需要和目的缓慢地释放，这就是核反应堆要完成的事情。

核能的和平利用，现阶段主要体现在核电方面。大家已经知道，电力是二次能源，由煤、石油、天然气等化石燃料转化后产生的电力，一般称为火电；由水能或风能转化的电力，一般称为水电或风电。而由核能转化为电能的即称为核电。

核反应堆的用途很多，但主要功能有两种，一是利用核裂变产生的能量；二是利用核裂变产生的中子。前者是利用反应堆产生的核能作为动力，以代替化石燃料转化的能量去推动舰船、发电和供热，这是核能对于人类经济发展的主要贡献。而核电站就是在核潜艇采用的压水堆和沸水堆的基础上发展起来的。

1946 年，美国开始进行核动力舰船研究，重点开始了潜艇用动力堆研究。1949 年，成功建造原型堆 SIW，并将其安装在位于爱达荷州沙漠中部的阿科海军反应堆试验站里。不久，为了进行核发电试验，美国原子能委员会又于 1951 年 8 月，在同一试验地点建成了一座钠冷快中子增殖试验反应堆。同年 12 月 20 日，在该反应堆进行了人类首次核能发电试验，发电功率为 100kW，点亮了 4 只电灯泡。

1954 年 1 月 21 日，由美国制造的人类第一艘核潜艇“鹦鹉螺”号(取自法国著名科幻小说家儒勒·凡尔勒作品《海底两万里》中的潜艇名)在康涅狄格州的格罗顿建成，其艇长为 98m，排水量 3000 多吨，一年后驶入大西洋试航，30 年后才退役。

有了动力堆在海军舰艇上的使用经验和前期核发电的试验，美国、英国及前苏联很快把这种技术应用到了电力工业上。继美国进行世界首次核能发电试验之后，1954 年 6 月 26 日，前苏联在莫斯科附近的奥勃宁斯克建成了人类历史上第一座试验核电站。该站的反应堆采用 5%富集度的铀做燃料，石墨作慢化剂，水作冷却剂，发电功率为 5000kW，为大约 2 千户居民提供了电源。1956 年 10 月，英国建成了其国内第一座、也是世界上第一座气堆冷核电站-考尔德霍尔核电站，它的发电功率为 92000kW。

为了获得核电，人们把核燃料铀 235 或钚 239 放置在反应堆中“燃烧”，实际上这是进行核裂变反应。裂变反应中释放的巨大能量，再通过载体，一般是水、空气或二氧化碳，又将能量带出供发电机运转。现在我们来大致了解一下核反应堆的结构和运行机理。

核反应堆是一种由人为可控式持续进行裂变反应的装置系统，首先，它要有一个能让链式反应持续发生的地方，这就是反应堆的堆芯，也称活性区。堆芯是反应堆的心脏设备，主要是由放在重水(由 1 个氧原子和 2 个氘原子组成，分子式为 D_2O)或普通水(又称轻水，由 1 个氧原子和 2 个氢原子组成，分子式为 H_2O)里的一组铀棒组成。铀棒由铀 235 或钚 239 制成，形状有圆形、长方形、球形等，以圆柱形居多。核燃料裂变时放出的多是动能大的快中子，由于它的速度快、和原子核发生作用的机会少，不容易引起裂变。为此要设计使活性区内的快中子减速，轻水、重水、石墨就是减速剂，快中子与这些物质的原子核发生碰撞，其速度减慢而成慢中子，它容易引起铀 235 的裂变反应。反应堆的活性区外面有一个包着石墨的反射层，它的目的是防止中子从里面逃逸出来，以减少中子的损失，使其在反应堆里发挥更有效的作用。

其次，就是要把链式反应产生的巨大能量加以利用，这是冷却设备的任务。为了将反应堆里裂变时产生的大量热能带出来，以免反应堆温度过高而烧毁，一般用水或空气，也可用二氧化碳作冷却剂，同时把带出来的热能用于发电、供热。在反应堆中，冷却水由第一回路经过下部进入堆芯，在通过它时将反应放出的核能转换为水的热能，水温升高，热水从堆芯上部泵出，出口水温可达 300 多摄氏度。这些高温冷却水出堆后即进入蒸汽发生器，而发生器内有许多细管，它们将进入的高温冷却水的热量通过热交换传递给管外流动着的第二回路水，使水产生高温高压蒸汽，经汽水分离器后，高温高压蒸汽就可以驱动汽轮机发电。

第三，必须设置控制系统对链式反应进行有效控制。核物理工程技术人员用镉、硼、铪、钆等材料制成控制棒，用其控制链式反应的速率。因为这些材料具有强烈吸收中子的功能。当控制棒插入堆芯时，由于它大量吸收中子，所以可以控制堆芯中的中子通量，并得以控制链式反应的规模。当反应堆中链式反应减缓时，可把控制棒拔出一些使其少吸收一些中子，中子数目就相对增加，链式反应也就加快。反之，链式反应过速，则把控制棒多插入一些，使其多吸收一些中子，从而减慢链式反应。人们就是这样实现了可控原子核裂变。

第四，由于链式反应会产生一些对人体有害的射线和放射性物质，必须要有安全防护设备。人们知道，可以发生核裂变的物质一般都存在放射性，而且裂变产物也存在放射性。居里夫人把一些元素的原子可以自发地放出射线的特性叫做放射性。这些射线实际上是核子流，它们有三种，即带正电的 α 射线、带负电的 β 射线和不带电的 γ 射线。其中 β 射线的贯穿能力很强，可以穿透几毫米的铝板或铅板，在裂变反应时会放出中子和 β 射线，还有大量放射性物质，它们对人体会带来严重损害，必须加以屏蔽。防护层通常是很厚的混凝土，以防止中子射线外泄，保证工作人员和环境安全。

11.3.3 核能系统的发展及展望

按照目前国际核物理界达成的共识，已把核能系统的发展分为四代。第一代核能系统为

20 世纪 50~60 年代建造的早期原型反应堆，如美国希平港核电站的压水堆、德累斯顿核电站的沸水堆、英国的考尔德霍尔石墨气冷反应堆等。

第二代核能系统是 20 世纪 60 年代后期至 90 年代大量建设的、单机容量为 600~1400MW 的标准型商用核电站反应堆，主要包括轻水堆和重水堆，如加拿大的坎杜重水堆、俄罗斯的压水堆等，它们是构成世界上目前运行的核电站的主体。

第三代核能系统是 20 世纪 80 年代后期开始发展、90 年代中期投入运行的先进轻水堆，主要包括改进型沸水堆、欧洲压水堆等。第三代核能系统初始定位市场是美国和欧洲的电力市场，但由于这种系统投资太高，建设周期又长，缺乏竞争力。为此，美国能源部提出了更为经济的第 3^{+} 核能系统。

21 世纪，美国能源部又提出了在经济性、安全性、核废物和防止核扩散处理等方面有重大革命性变革的第四代核能系统。2000 年 5 月，该部在华盛顿主持召开了“第四代核能系统研讨会”，这次会议达成共识，认为第四代核能系统必须满足如下主要指标：①能够与其他电力方式进行竞争，总的电力生产成本低于每度电 3 美分；②初始投资小于每千瓦发电装机容量 1000 美元；③建设期小于 3 年；④堆芯熔化概率低于 10~6 堆年(核电反应堆的安全指标用“堆年”表示。一座反应堆运行一年，包括正常的停堆的时间，叫做一个“堆年”)；⑤在事故条件下无放射性对外释放，不需外界应急，也就意味着无论核电站发生什么事故，对外也不会造成损害；⑥能够通过对核电站的整体实验向公众证明核电的安全性。

2001 年 7 月，正式成立了第四代核能系统国际论坛，参加的有美国、日本、英国、俄罗斯等 10 国，其事务局设在经济合作发展组织核能机构内，并开始进行研究计划，即 NERI 计划。

2001 年 4 月，美国能源部向有关国家征集第四代核能系统概念，此后有 12 个国家提出了 94 个反应堆概念，其中水冷堆 28 个，气冷堆 17 个，液态金属冷却堆 32 个，其他堆型 17 个。2002 年 9 月，美国、日本、法国、英国、俄罗斯等 10 国在东京召开的第四代核能系统国际论坛会议上选定了六种堆作为未来核电站使用系统，它们是：①气体快堆系统；②铅冷却快堆系统；③熔盐反应堆系统；④钠冷快堆系统；⑤超临界水冷反应堆系统；⑥超高温气冷堆系统。在这次论坛上还达成了共同研发第四代核能系统的协议。

在前面介绍的反应堆中，是以铀 235 为燃料，用能量较小的慢中子去轰击它而产生裂变反应的。因为铀 235 吸收慢中子才发生裂变。可链式反应产生的是快中子，所以需用慢化剂将它们减速成热中子(慢中子)后，才能被铀 235 吸收，维持裂变反应，因此人们又把这种反应堆叫做“热中子堆”，简称“热堆”。

在天然铀中，铀 235 的比例相当少，只占 0.7%，其余的 99.3%都是铀 238。但在热堆中，铀 238 不能形成链式反应。由此在热堆中，更多的铀 238 成了“废料”。

如何将这些“废料”利用起来，一度变成了核物理学家研究的重点方向。后来他们发现铀 238 有一特性，就是它能吸收能量较高的快中子而变成钚 239，最奇特的是钚 239 竟也能吸收中子并可以产生裂变，这样钚 239 同样成了一种核燃料，而“废料”铀 238 又有了用武之地。1g 钚 239 裂变时释放出来的热量，相当于 3t 标准煤释放的热量。

由于用钚 239 作燃料的反应堆中，无需慢化剂将裂变的中子慢化，快中子可直接与钚 239 进行裂变反应，所以这种堆被称为“快中子反应堆”，简称“快堆”。用快堆作动力的核电站叫做“快堆核电站”。

快堆内由核裂变产生的热量是将液态钠或氦气作为冷却剂再把热量带出。根据冷却剂的不同，可将快堆分为钠冷快堆和气冷快堆。气冷快堆因技术和工程相当复杂，目前还处于探索阶段。

快堆有一个特殊的效应，就是它会“增殖”。在人们看来，一般意义上的化石燃料的“燃烧”是燃料越烧越少，而在快堆里的核燃料在裂变反应过程中，会越烧越多，即燃料“增殖”了，故快堆又称“增殖堆”。原因在于快堆中是钚 239，而钚 239 吸收快中子后的裂变反应中平均一个钚 239 可放出 2.6 个快中子，由于维持钚 239 的链式反应只需一个快中子，多余的 1.6 个快中子又可被反应堆中的铀 238 吸收变成钚 239。如果减去吸收及少数泄漏的快中子外，每“烧掉”一个钚 239，就又生成 1.2 个钚 239。因此在快堆中只需添加一次铀 238，就能够不断获得产生裂变反应和增殖的核燃料钚 239。

美国是热堆的诞生地，也是快堆的发现地。早在 20 世纪 40 年代，美国物理学家就初步了解到铀 238 可由快中子引起核裂变反应，后来费米教授等人又提出建造快中子堆的设想。1946 年，美国建起了世界上第一座热功率为 10kW 的实验快堆，其燃料就是钚 239。

中国实验快堆是在中方首次自主设计的基础上，通过采用俄罗斯技术和引进有关设备建设起来的国内第一座快堆。虽然在整个设计建造中，遇到了许多复杂的技术问题和实施中的困难，但在中国原子能科学研究院、核工业第二研究设计院和其他研究、设计、施工单位的共同努力下，不仅解决了难题，而且取得了丰硕成果，走出了一条引进与自主创新并举的发展之路。

从铀资源的利用情况来看，热堆会受到限制，而快堆大有发展。根据国际原子能机构和经合组织于 2004 年发布的联合调查报告称，经过对全球核电站发电的需求计算，世界可识别铀储量约为 4700kt，其开采成本为每千克不到 130 美元。这份报告还指出，按照目前的开采速度，现已探明的铀矿还可供人类开采 85 年。另有资料说，世界铀矿资源约为 100 多万吨，可供 1000 座轻水堆使用 50 年。现已有 400 多座(400MW)热堆，显然铀资源不足以支撑热堆发展。而一座快堆可以从核燃料中产生的能量比热堆高 200 倍。如使用从轻水堆燃料(即核燃料后处理)可回收的钚(1000t)和未燃耗的铀 235(15000t)，就能为 4000 座(4000MW)快堆提供 2500 年的廉价核燃料。总而言之，快堆与热堆的组合体系，将为核电站的发展提供充足的核能资源基础，以保证人类对能源的不断需求。

11.4 新能源

11.4.1 太阳和太阳能

太阳能是太阳核聚变释放的巨大能量，地球出现的水能、风能、生物质能、海洋能、地热能等再生能源均来源于太阳能。从根本意义上来说，煤炭、石油、天然气等化石能源也来源于太阳能。

太阳一年中向外辐射的总能量达 3.8×10^{23} kW，相当于每秒钟燃烧 1.28×10^{16} t 标准煤所放出的热量。这个能量大得惊人，举个例子就可知道。这样的巨大能量能在 1 分钟内蒸干地球上所有海洋和江河湖川的水。那么为什么至今地球上的海洋照样翻腾着波浪，江河照样奔流不息？这是因为太阳辐射中只有总功率的 22 亿分之一能够到达地球大气的上界。其又有约 30%被大气分子和尘埃反射回太空、23%被大气吸收，只有 47%穿过大气层到达地球表面。经天体物理学测量，在每平方厘米的地面上每分钟可获得 8J 的能量。从目前人类消耗的能源计算，这些能量相当于全世界各种电厂(站)发电能力总和的 20 万倍。

太阳能具有许多优点。首先，它辐射广阔，获取方便，既不需要开采挖掘，也无需长途运输，只要有相应设备就可随取随用。其次，它是清洁干净的绿色能源，对生态环境无害，使用起来安全卫生。第三，太阳能是取之不尽、用之不竭的再生能源，如果能比较充分地利用，将彻底解决时隐时现的能源危机。尽管如此，太阳能也有若干致命缺陷，影响其充分发挥优势。第一，太阳能的能量密度低，投射到地球陆地表面每平方米面积上的太阳能只有1340W，也就是说相当 $1m^2$ 大的电炉功率只有 1340W。人们平常家用电炉的直径大约在 0.2m 左右，面积只有 $0.03m^2$，它的功率都在 1000W 上下。所以，太阳能的能量密度小，实用性就差。第二，太阳能存在间歇性，一天 24h 有一半是无光照的黑夜，即使白天也存在无光照的阴雨天气，它的使用受气候影响。第三，太阳能的不稳定性，一年四季中光照强度不同，夏季太阳辐射大大超过冬季，同一天的早晚也弱于中午。这些因素都有碍太阳能的开发利用。但太阳能仍是大有可为的可再生能源，随着能源短缺和科技进步，它的发展速度日益加快，成本正在不断降低，越来越被人类所重视。

1. 太阳能利用基本方式

目前太阳能利用最基本的方式有两种：

（1）光热利用　它的基本原理是把太阳辐射能(光和热)聚集起来，通过与物质的相互作用转换成热能而加以利用。为了科学分类，一般根据所能达到的温度和用途的不同，把太阳光热利用定为低温利用(<200℃)、中温利用(200~800℃)和高温利用(>800℃)。目前，低温利用主要有太阳能热水器、太阳能干燥器、太阳房、太阳能温室、太阳能蒸馏器、太阳能空调制冷系统等；中温利用主要有太阳灶、太阳能热发电聚光集热装置等；高温利用主要有高温太阳炉等。

（2）太阳能发电　它是将太阳辐射能量转换为电能的过程。目前，这种转换过程有两种基本途径：

① 光-热-电转换即利用太阳辐射能量所产生的热能发电。它的发电过程是太阳集热器-热媒-热机-发电机。也就是一般用太阳集热器将所吸收的热能转换为工质(主要是水或空气)的蒸汽，然后由蒸汽驱动汽轮机带动发电机。前一过程为光-热转换，后一过程为热-电转换。

② 光-电转换即光电直接转换为电能，中间不再经热转换；它的基本装置是太阳能电池。这种电池也叫光生伏打电池，简称光伏电池。1876 年，英国科学家亚当斯等人在研究半导体材料时，发现硒片经太阳照射后有电流通过。经过分析证明光能可直接转换为电能。当时他们把这种现象称为光-伏打效应。

2. 太阳能利用现状

人类实际开发太阳能这一再生能源只有短短几十年时间，但其应用范围已经十分广泛，如工农业生产、人民生活、建筑、通讯广播、交通信号、航空航天等领域都有不少成功的例子。特别是太阳能电池的应用越来越普遍，全世界数以千计的人造卫星和宇宙飞船，几乎都装上了布满太阳能电池的铁翅膀(太阳能电池方阵)，提供它们在太空飞行所需的电力。当这些宇宙飞行器向着太阳运转时，太阳能电池方阵受太阳照射产生的电能，除向它们供电外，同时还向其蓄电池充电。当宇宙飞行器背着太阳运转时，蓄电池开始放电，以保证所有设备仪器能够连续工作。航天科学家认为，太阳能光伏电池应该视为迄今为止最美妙、最理想、最可靠、最长寿的发电技术。

目前，影响光伏发电技术的主要“瓶颈”是光伏电池的成本过高、光电转换效率较低等问题，与化石燃料发电和核电相比，太阳能光伏发电的价格要高出10多倍左右。值得注意的一个好迹象是，当前国际最新的研发目标主要集中在低成本、高效率、高稳定性的薄膜光伏电池方向。这种高新技术生产工艺，首先将铜合金涂层及其他原料涂层“印”在塑料或金属箔上，使其能够吸收阳光而产生电能，然后制成太阳能电池并进行切割。其电能效率与一般太阳硅电池基本相当，而制造成本仅为它的五分之一。

11.4.2 风能

1. 世界风能发电境况

在当前不断攀升的高油价冲击下，风电已成为发展速度最快的一种可再生能源。

目前，欧洲仍是世界风力发电市场的领跑者。在欧洲国家中，德国的风力发电走在最前面，也最为发达。到2005年，德国的装机容量已达18000MW，占全欧总装机容量的一半以上。在此之前，德国已将修订后的《可再生能源法》颁布实施，其首要目标是提高可再生能源在整个电力供应中所占的比重。该法案明确规定，到2050年将占到50%。

英国的风能资源相当丰富。欧洲最大的陆地风力发电站坐落在在苏格兰最大城市格拉斯哥。这一发电厂使有“风笛之乡”美誉的苏格兰成为“可再生能源领域的沙特阿拉伯”。英国同时是世界海上风能发电大国。据该国风能协会估计，英国海上蕴藏的风能相当于其每年用电量的3倍。

丹麦的风力资源十分丰富，20世纪80年代初，丹麦开始发展现代风电。丹麦政府在其制定的《21世纪能源战略报告》中，还提出了雄心勃勃的近海风力资源开发战略，计划到2030年形成4000MW的海上风力发电量。

美国是现代并联网型风电的发源地，同时也是最早制定鼓励发展风电(包括其他可再生能源发电)法规的国家。20世纪70年代，因中东战争，欧佩克成员国减少石油产量，实行石油禁运，使美国人第一次意识到石油能源的供应危机。以此为契机，美国政府积极支持风电技术在内的可再生能源技术的研发，以应付将化石能源作为武器的经济战争。

2. 中国风能现状

中国可利用的风能约3.2×10^8kW，丰富的风能资源主要分布在西北、华北和东北的草原(平原)或戈壁，以及东部和东南沿海及岛屿。如新疆的阿拉山口，每年有8级以上大风的时间有165.8天，最大风速可达40m/s(12级以上飓风)，达坂城和哈密地区的风力也相当大，曾多次吹倒火车。而浙江舟山地区被称为风能库，其管辖之下的嵊泗列岛冬季的平均风速为7.7m/s(4级风)，年均风速7.3m/s(4级风)，全年风速在3~20m/s(3~8级风)的有效风时约为307天。故以上地区都被定为风能一级区。

中国的风能资源仅次于俄罗斯和美国，位居世界第三，根据利用年有效风能密度和年风速大于等于3m/s的风的年累积小时数的多少，将国内风能资源众寡分为四个风区：

(1) 最佳区　包括新疆克拉玛依、甘肃敦煌、内蒙二连浩特等地区和辽宁大连、山东威海、浙江舟山、福建平潭等沿海一带及岛屿，它们全年风速都在3m/s以上的时间超过4000h，6m/s的风速时间超过2200h。

(2) 较佳区　包括西藏高原的班戈地区、唐古拉山，西北的奇台、塔城，华北北部的集宁、锡林浩特、乌兰浩特，东北的嫩江、牡丹江、营口，沿海的塘沽、烟台、莱州湾、温州一带，全年风速3m/s以上的时间有4000h，6m/s以上的达到1500h。

(3) 可利用区　包括新疆乌鲁木齐、吐鲁番、哈密，甘肃酒泉、宁夏银川、山西太原、北京、沈阳、济南、上海、合肥等地，全年 3m/s 以上时间超过 3000h，6m/s 以上时间超过 1000h。

以上三类地区约占中国总面积的 2/3，是开发风能利用和发展风电的宝地，见表 11-4。

表 11-4 中国风能资源最佳和较佳的十四个省区

省区	风力资源/($\times10^4$kW)	省区	风力资源/($\times10^4$kW)
内蒙古	6178	山东	394
新疆	3433	江西	293
黑龙江	1732	江苏	238
甘肃	1143	广东	196
吉林	638	浙江	164
河北	612	福建	137
辽宁	606	海南	64

（4）贫乏区　包括云南、贵州、岭南山区和雅鲁藏布江及昌都地区、塔里木盆地西部，它们大约占中国总面积的 1/3，由于常年风力小，不易被利用。

风力发电技术与太阳能发电、生物发电、生物能发电、地热发电和海洋能发电等可再生资源电力相比，它更为成熟，优势应该属于首位。特别是风电环境效益好，不排放任何有害气体和废弃物，几乎不消耗化石燃料和水资源，是减排二氧化硫的有效设备；它不需要移民，既可以分散建设几百千瓦，又能够集中建设几十万千瓦，甚至上百万千瓦，非常灵活；而且基建周期短，从签订合同到投产发电，只需一年多时间，有利于资金周转、按时还贷，节省费用。风电发电成本也在继续下降，而火电和核电成本下降空间则十分有限或几乎没有。

11.4.3 生物质能

1. 生物质能的概念

生物质是指一切有生命的可生长的物质，包括地球上所有的动物、植物和微生物，而生物质能是指以生物质形态储存的可再生能量。

生物质能同样源于太阳能。自然界中的各种绿色植物，通过光合作用，能将太阳的能量转换为常规的固态、液态和气态。树木、草类、农作物、水生植物等，还有工农业生产加工过程中产生的有机废物、动物粪便、城市垃圾、有机废水及污泥中都储存这种生物质能，它们取之不尽，用之不竭。广义上说，生物质能是太阳能的一种表现形式。

生物质能可以说遍地都是，有生物存在的地方就有生物质能。生物质能种类和蕴藏量是极为丰富的。科学家一度估计世界上生物物种有 150 万种，后随着科学研究和考察活动的深入，这一数字已上升到 3000 万~5000 万种，特别是热带雨林的生物种类繁多，生活着全球半数以上的物种。据估计，地球上每年经光合作用生成的生物质能总量为 1725 亿吨(干重)，再加上动物排泄的粪便及各种垃圾、废水等物质，如能把它们所储存的生物质能全部释放并利用起来，可供全世界(以目前的能耗标准)消耗 10 年。可以说，生物质能是人类已在使用的最大可再生能源，也是仅次于煤炭、石油、天然气而居于世界能量总量第 4 位的能源。

2. 生物质能的应用

根据科学划分，生物质能的转换利用技术按其过程表观现象大致有三种：一是燃烧技术，就是通过直接燃烧或将生物质压制为成型燃料(如块形、棒形)燃烧，以此获取热量；二是干化学转换技术；三是液化转换技术。下面对三种生物质能的转换作一简单介绍：

(1) 燃烧技术　生物质燃烧技术是原始的能源转换形式，是人类发明火以后对能源的最早利用。最初生物质燃烧产生的能源一般应用于炊事、室内取暖，后来逐渐扩大到农业和工业生产，再进一步发展到发电及热电联产等领域。直接燃烧方式可分为炉灶燃烧、锅炉燃烧、垃圾燃烧和固型燃烧四种情况。其中，固型燃烧是新推广的技术，它可把生物质固化成型，使其能量密度得到提高，几乎与中煤相当，既便于运输储存，又可供传统的燃煤设备使用，还能消减大气二氧化碳和二氧化硫排放量。

(2) 干化学转换技术　实际上这种转换又叫生物质气化技术，它是通过化学方法将固体物质能转化为气体燃料，其基本原理是在充分氧化(燃烧)情况下，含碳物质与外部添加的二氧化碳、水蒸气或氢气等发生反应产生 CO、H_2 和 CH_4 为主要成分的可燃气体，称为生物质燃气(即煤气)。生物质气化技术的首次商业应用可追溯到 1833 年，当时西方以木炭作为原料产生煤气以驱动早期内燃机和农业灌溉机械。第二次世界大战期间，生物质气化技术应用达到了高峰，大约有 100 万辆以木材或木炭为原料的汽车奔跑于世界各地。中国在 20 世纪 50 年代，大都采用气化方法为汽车提供动力。到 20 世纪 70 年代，能源危机出现，又唤起人们对生物质气化技术的浓厚兴趣。由于这种气体燃烧高效、清洁、方便等优点，而且可直接用于内燃机、燃气透平等设备，实现高效率的先进循环工艺，因此生物质气化技术的研究和开发再次得到了国内外的广泛重视。

(3) 液化转换技术　液化是把固化状态的生物质经过一系列化学加工过程，使其转化为液体燃料(主要是指汽油、柴油、液化石油气等液体烃类产品，有时也包括甲醇、乙醇等醇类燃料)的清洁利用技术。根据化学加工过程的不同技术路线，液化可分为直接液化和间接液化。直接液化是将固体生物质在高压和一定温度下与氢气发生反应(加氢)，一步转化为液体燃料的热化学反应过程。与干化学转换技术中的热解工艺相比，直接液化可以生产出物理稳定性和化学稳定性都好的液体产品。间接液化是把生物质气化得到的合成气($CO+H_2$)经催化合成为液体燃料(甲醇或二甲醚等)。生成合成气的原料主要有煤炭、石油、天然气、泥炭、木材、农作物秸秆及城市固体废物等，这种混合气体由不同比例的 CO 和 H_2 组成。

由于生物质能的储量大、分布广泛、使用方便，而且是可再生能源，因此，合理开发和科学利用生物质能，是新能源开发的一个主要方向。根据构建资源节约型社会和环境友好型社会的发展目标，我们可以预计，生物质能极有可能成为未来持续能源系统的重要组成部分。到 21 世纪中期，采用新技术生产的各种生物质替代燃料，将占全世界总能耗的 40%。只要人类珍惜地球，它将成为更加宜居的星球，而且不用担忧，也不会出现所谓的能源匮乏和能源危机。

11.5　化学电源

11.5.1　化学电源概念

在公元前后，人类对化学电源就有了原始的认识，但直到 1800 年意大利人伏特(Volt)

发明电池后，才对化学电源有所了解，后来人们将电压单位定义为伏特(V)。

自从1859年，普兰特(Plante)试制成功铅-酸电池后，化学电源便进入了萌芽状态，铅-酸电池是最早得到应用的可充电电池(蓄电池)。1868年，法国工程师勒克朗谢(Leclanche)研制成功以氯化铵为电解质溶液的锌-二氧化锰电池，并得到了应用。1888年，加斯纳(Gassner)研制成功了锌-二氧化锰干电池，其用途更加广泛。1895年，琼格(Junger)发明了镉-镍电池。1901年，爱迪生(Edison)发明了铁-镍电池，上述电池在二次世界大战前曾被广泛应用。化学电源的主要发展历史阶段如图11-2所示。

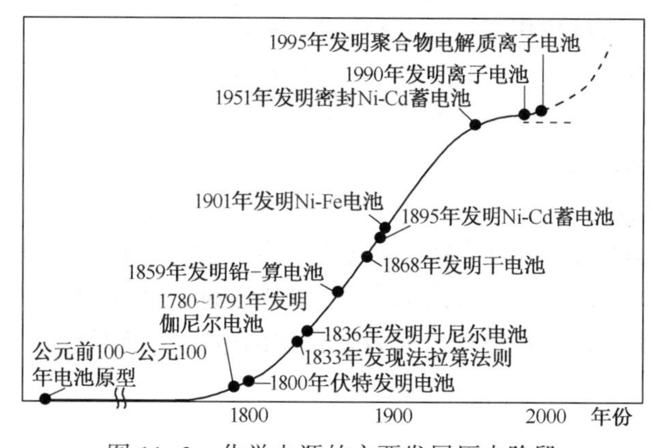

图11-2　化学电源的主要发展历史阶段

化学电源的发展与科学技术的发展、社会的进步和人类文明程度的提高是分不开的。首先科学技术的发展促进了各种新型电极材料的开发与应用研究，各种高能或新型化学电源不断涌现，如锂系电池和镍系电池等，其中锂离子电池发展速度最快；其次电极制备工艺和电池装配技术的完善和发展，大大提高了传统化学电源(铅-酸电池和锌-锰电池等)的使用性能，拓宽了应用领域；再次航空航天技术、深海技术、现代化通讯技术和电动汽车等特殊领域的发展，不仅为化学电源的研究开发指明了方向，而且对电源性能(如能量密度、功率密度和循环寿命等)提出了更高的要求；最后高能或新型化学电源的发展促进了各种高新技术的发展和社会的进步。可以预见，高性能化学电源将是影响21世纪人类生存方式的主要技术之一。

电源分为化学电源和物理电源。化学电源是指将物质化学反应所产生的能量直接转变为电能的一种装置，习惯上称为电池(或原电池)。化学电源由电极、电解质、隔膜和外壳四部分组成，化学电源在实现能量转化过程中，必须具有如下两个必要条件。

① 化学电源充放电时，电池内部同时进行着两个不同的电极反应，一个发生氧化反应，另一个则发生还原反应，两个电极反应过程分别在两个不同的区域进行，这一点区别于一般的氧化-还原反应。

② 两个电极反应发生时，电子交换必须由外电路传递，这一点区别于金属腐蚀过程中的微电池(短路原电池)反应。

化学电源工艺学是研究该能量转化装置的工作原理和生产制造工艺等的一门交叉学科，涉及化学、材料、电子和机械加工等领域。

11.5.2　锌-锰电池

锌-锰电池又称勒克朗谢电池或锌-二氧化锰电池。它是以金属锌为负极，二氧化锰为正极，采用不同隔膜和电解质溶液组成的一种原电池。

勒克朗谢于 1868 年研制成功第一只以氯化铵为电解质溶液的锌-锰湿电池，至今已有 100 多年的历史。在这一百多年中，随着应用领域的扩展和科学技术的发展，锌-锰电池的制造技术和性能不断改进和完善，特别是近 30 年来锌-锰电池的性能达到了更高水平。

锌-锰电池的优点：

① 使用方便；

② 原料来源丰富，价格低廉；

③ 可以以中等电流密度放电；

④ 储存寿命较长等。

锌-锰电池的缺点：

① 不能大电流放电；

② 储存时的自放电率高。

按照电解质溶液的性质，可以将锌-锰电池分为中性(或微酸性)和碱性两大类。按照电池外形，中性电池又分为筒式、叠层式和薄形(纸)三种，而碱性电池则分为筒式、扣式和扁平式等。筒式电池是最常用的电池，分为勒克朗谢电池、纸板电池、碱性电池和无汞电池四种类型。

11.5.3　铅-酸电池

1859 年，普兰特发明了铅-酸电池。随着科学技术的发展和人们对其应用领域的拓宽，铅-酸电池的结构、制造方法和工艺不断改进和完善，电池的性能有了很大提高。铅-酸电池一直是二次化学电源中产量最大和应用最广的品种。

铅-酸电池虽然能量密度较低，但是由于具有价格低廉、原料易得、性能可靠和可以大电流放电等特点，在将来很长时间内铅-酸电池仍具有其不可替代的作用。

1. 铅-酸电池的分类

我国铅-酸电池主要是按照用途分类，各种常用铅-酸电池的产品型号和特性见表 11-5。

表 11-5　我国常用铅-酸电池的产品型号和特性

产品系列	型　号	特性	用途
启动前	3-Q-60，3-Q-180 6-Q-60，6-Q-180	电池内阻小、启动电流大、低温性能好、涂膏式极板、正负极板薄	供各种汽车、拖拉机、柴油机、船舶启动和照明
固定用(开口式)	CT-3600 GG-720 等	正极板为厚管式极板、电解质溶液较稀、寿命长	发电厂、变电所、电报电话局、医院等照明、通讯、继电保护
固定用(放酸隔爆式)	GGF-300 GGT-2000 等	正极板为厚管式极板、电解质溶液较稀、寿命长。能防止雾酸逸出、防止蓄电池本身爆炸	发电厂、变电所、电报电话局、医院等照明、通讯、继电保护
内燃机车用	NG-462 等	车辆运行时充电、耐震正极板为管式	内燃机车启动和照明
铁路客车用	TG-189 TG-450 等		铁路客车照明和电器设备用

续表

产品系列	型　号	特性	用途
蓄电池车用	DG-200，DG-400，6-DG-50 等	极板后、容量大、3~5 小时率充放电	各种蓄电池车、叉车、铲车、矿车、起重车等的牵引与照明
轿车用	6-QA-60	常为干荷电式	同启动蓄电池
摩托车用	6V4-12Ah	坚固耐磨、不漏电解液	摩托车启动与照明
航空、潜艇用	12HK-28	容量大、大电流放电、充电快	供飞机启动、通讯和照明；潜艇动力源、照明和电器设备
其他	B-500	容量大小不等、放电率多样	矿灯、航标、闪光灯等

2. 铅-酸电池的结构

单体铅-酸电池由正极板、负极板、硫酸、隔板、槽(壳体)和密封盖等组成。正、负极分别焊接成群，包括汇流排和极柱，如图 11-3 所示。

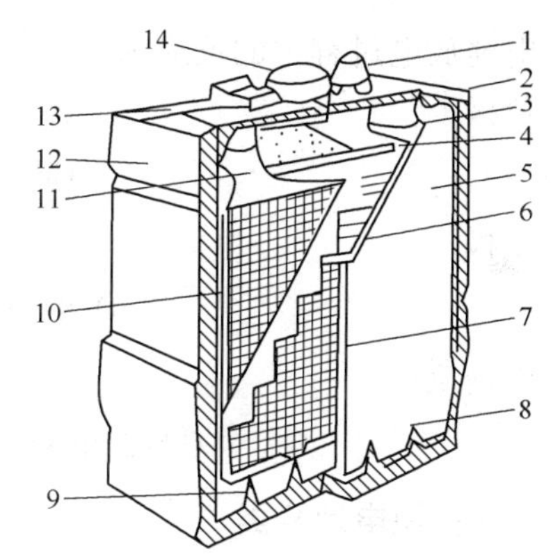

图 11-3　单体铅-酸电池的结构

1—负极柱；2—电池盖；3—汇流排；4—保护片；5—中间隔；6—负极板；7—隔板；8—鞍子；9—沉淀槽；10—正极板；11—汇流排；12—电池槽；13—连接条；14—注液盖

负极一般都是平板状结构，把铅膏填在板栅上制成涂膏式极板。正极板除有平板状涂膏式极板外，还有排管状的极板，其板栅是排柱形，每个柱芯套上玻璃丝管，把铅膏挤到套管里。

(1) 涂膏极板　涂膏极板是铅-酸电池中广泛采用的极板形式，具有活性物质的真实比表面积大、可用大电流放电、活性物质的利用率高、质量较小、制造工艺简单和价格低廉等优点，但是也存在机械强度较低、充放电过程活性物质易脱落和寿命较短等缺点。

(2) 管式正极板　管式正极板由于用玻璃纤维等织成的多孔管子把正极活性物质固定住，具有活性物质不易脱落与利用、寿命长和板栅节约铅等优点，但是存在电阻较大和不能大电流放电等缺点。

铅-酸电池的正负极板都浸在一定浓度的硫酸溶液中，用隔板将正负极隔开。硫酸起到参加电化学反应和离子导电的双重作用。硫酸中的杂质会发生副反应，损坏电极，因此硫酸的纯度要高。另外，硫酸还应具有合适的浓度，以保证有高的电导率，提高电池的电压、容量和寿命，抑制副反应的发生。

(3) 隔板(隔膜)的作用：一是防止正、负极板接触，发生短路现象；二是在正、负极之间具有良好的导电性；三是防止活性物质脱落；四是减轻极板弯曲变形。因此，隔板必须具有电绝缘性能、耐硫酸腐蚀、抗氧化性能和一定孔径且孔隙率高(60%)等特点，适宜的材料包括橡胶、塑料、玻璃和纤维等。

(4)槽体也应具有电绝缘、耐酸、耐温范围宽(-50~70℃，-50℃不裂纹，70℃不变形)和机械强度高等特点，一般用硬塑料、硬橡胶和玻璃衬铅皮等材料作槽体。

11.5.4　镉-镍电池

镉-镍电池又称为碱性镉-镍电池。负极采用海绵状(泡沫)镉，正极用碱性氧化镍

(NiOOH)，电解质为氢氧化钾或氢氧化钠水溶液，其具有以下优缺点。

（1）优点：① 循环寿命长，一般寿命为 500～1000 次，有的甚至达到 2000 次以上；② 自放电较小，镉的析氢过电位较高，在碱性溶液中不发生自溶解，因此自放电率较小；③ 性能稳定，并可以大电流放电；④ 使用温度范围宽，可在－40～40℃范围内正常使用；⑤ 良好的力学性能，牢固、耐冲击和振动等；⑥ 结构紧凑等。

（2）缺点：① 活性物质的利用率低；② 电流效率和能量效率低；③ 价格较高；④ 存在二次污染。

1. 镉–镍电池反应

镉–镍电池表示式为

$$(-)\mathrm{Cd}\,|\,\mathrm{KOH}\,|\,\mathrm{NiOOH}(+)$$

电池放电过程中的反应为

负极

$$\mathrm{Cd+2OH^- -2e^- \longrightarrow Cd(OH)_2}$$

正极

$$\mathrm{2NiOOH+H_2O+2e^- \longrightarrow 2Ni(OH)_2+2OH^-}$$

电池反应

$$\mathrm{Cd+2NiOOH+H_2O \longrightarrow 2Ni(OH)_2+Cd(OH)_2}$$

2. 镉–镍电池分类

镉–镍电池的规格和品种多，分类方法也不同，具体分类方法见表 11–6。

表 11–6 镉–镍电池的分类

<table>
<tr><th>分类方法</th><th colspan="2">电池种类</th><th>结构特点</th></tr>
<tr><td rowspan="6">按电池结构分</td><td rowspan="3">有极板合式</td><td>袋式、管式等</td><td>活性物质填充在穿孔镀镍钢带制成的袋式或壳子里</td></tr>
<tr><td>压成式</td><td>直接用活性物质干粉压制而成</td></tr>
<tr><td>涂膏式</td><td>将活性物质与黏接剂溶液配成膏状制成</td></tr>
<tr><td rowspan="2">无极板合式</td><td>烧结式</td><td>将镍粉通过烧结制成多孔板，然后填充活性物质</td></tr>
<tr><td>半烧结式</td><td>正极为烧结式电极，负极采用压成式或涂膏式</td></tr>
<tr><td colspan="2">双极性电极叠加式</td><td>金属基体的一边为正极，一边为负极，金属基体浸入电解质，隔开正、负极，再叠积成电池</td></tr>
<tr><td rowspan="3">按电池的封口结构分</td><td colspan="2">开口式</td><td>电池盖上有气孔</td></tr>
<tr><td colspan="2">封口式</td><td>电池盖上有压力阀</td></tr>
<tr><td colspan="2">全封闭式</td><td>有玻璃–金属、陶瓷–金属、陶瓷–金属–玻璃三种密封结构</td></tr>
<tr><td rowspan="4">按输出功率分</td><td colspan="2">超高倍率(C)</td><td>放电倍率 7.0～15C_5A</td></tr>
<tr><td colspan="2">高倍率(G)</td><td>放电倍率 3.5～7.0C_5A</td></tr>
<tr><td colspan="2">中倍率(Z)</td><td>放电倍率 0.5～3.5C_5A</td></tr>
<tr><td colspan="2">低倍率(D)</td><td>放电倍率 0.5C_5A</td></tr>
<tr><td rowspan="3">按电池外形分</td><td colspan="2">方形(F)</td><td>方块性形状</td></tr>
<tr><td colspan="2">圆柱形(Y)</td><td>圆柱形状</td></tr>
<tr><td colspan="2">扁形或扣式(B)</td><td>扣子形状</td></tr>
</table>

11.5.5 氢-镍电池

氢-镍电池也称镍-氢电池。属于新型二次碱性电池，镍氧化物或氢氧化物为正极活性物质，氢为负极活性物质，根据氢活性物质储存形式(性质)氢-镍电池分为高压氢-镍电池和低压氢-镍电池。

1. 高压氢-镍电池

美国的 M. Klein 和 J. F. Stockel 于 20 世纪 70 年代初，首先研制成功高压氢-镍电池。负极采用多孔气体扩散氢电极，高压氢气为活性物质，碳载铂作催化剂，拉伸镍网作导电层，PTFE 作黏结剂和防水层。正极采用 $Ni(OH)_2$ 镍电极，有压成式和烧结式两种结构。隔膜采用石棉，用密度为 1.30g/cm^3(20℃)的 KOH 水溶液进行浸渍处理后，起到隔膜和电解质的双重作用。

(1) 高压氢-镍电池的优点。

与镉-镍电池相比，高压氢-镍电池具有下列优点：

① 比能量和比功率高；

② 寿命长；

③ 耐过充和过放电性能好；

④ 可以通过调整氢气压力指示电池的获电状态。

(2) 高压氢-镍电池的缺点。

与镉-镍电池相比，高压氢-镍电池存在下列缺点：

① 充电后，氢气压力高达 3~5MPa，必须使用较重的耐高压容器，从而降低了电池的体积比能量和质量比能量；

② 自放电率较大；

③ 氢气泄漏不仅减小电池的容量，而且会引起爆炸事故，安全隐患大，因此电池的密封性能要求高；

④ 必须使用贵金属铂等作催化剂，致使电池成本偏高。

2. 低压氢-镍电池

根据氢气的储存形式，将低压氢-镍电池分为两种。

(1) 在电池中放入能够可逆吸放氢的合金　在氢-镍电池中，放入能够可逆吸放氢的合金(储氢材料)，以降低氢气的压力。如在 1.55A · h 的氢-镍电池中放入 5.29g $LaNi_5$，经过充电后，电池中氢气的压力由原来的 3~6MPa 降为 0.6MPa。

(2) 直接采用储氢合金为负极　采用储氢合金为负极，$Ni(OH)_2$ 为正极，KOH 为电解质溶液，这种金属氢化物-镍电池(MH-Ni)也简称氢-镍电池。金属氢化物-镍电池与镉-镍电池的不同点在于：用储氢合金活性材料带海绵状镉作电池的负极活性物质。

11.5.6 锂电池

20 世纪 60 年代以来，美国、日本、欧洲和中国等都在进行锂电池的研究和生产，在锂电池的研究和应用开发中，处于世界领先水平。$Li-I_2$、$Li-Ag_2CrO_4$、$Li-(FC_x)_n$、$Li-MnO_2$、$Li-SO_2$ 和 $Li-SOCl_2$ 六种锂电池现已商品化，广泛应用于医疗、电子、通讯、航空和军事等领域。

1. 锂电池的分类和特点

锂电池有多种分类方法。按照电池的可充性分为一次电池和二次电池；按工作温度分为室温、中温和高温电池，但是目前没有严格的温度界限；按照电解质分为液体电解质、固体电解质和熔融电解质锂电池等；按电极活性物质种类分为锂电池和锂离子电池。常用锂电池的分类方法和特点见表 11-7。

表 11-7　锂电池的分类方法及特点

<table>
<tr><th colspan="2" rowspan="2">电 解 质</th><th colspan="3">实用电池举例</th><th rowspan="2">适宜放电率</th><th rowspan="2">应 用 形 式</th></tr>
<tr><th>电池类型</th><th>电压</th><th>电极反应物质</th></tr>
<tr><td rowspan="8">液体电解质</td><td rowspan="5">有机溶液电解质（固体活性物质）</td><td rowspan="4">一次电池</td><td rowspan="2">1.5V 系列</td><td>Li-CuO</td><td rowspan="4">中～超低率</td><td rowspan="2">① 硬币型、干电池型（数十毫安・小时～数安・小时）（手表、计算器、照相机等）</td></tr>
<tr><td>$Li-FeS_2$</td></tr>
<tr><td rowspan="2">3.0V 系列</td><td>$Li-MnO_2$</td><td rowspan="2">② 长方形（数安・小时～1000 安・小时）（一般、浮标和遥测等装置）</td></tr>
<tr><td>$Li-(CF_x)_n$</td></tr>
<tr><td>二次电池</td><td rowspan="6">2.5V</td><td>$Li-TiS_2$</td><td>中～超低率</td><td>纽扣型（太阳能电子表）</td></tr>
<tr><td rowspan="4">有机（无机）电解质溶液（液体活性物质）</td><td>一次电池</td><td>Li-P. A</td><td>超高～低率</td><td rowspan="3">纽扣式、干电池型、超大型（数安・小时～1000 安・小时）（一般、浮标、遥测、存储器等）</td></tr>
<tr><td rowspan="4">一次电池</td><td>$Li-SO_2$</td><td>低～超低率</td></tr>
<tr><td>$Li-SOCl_2$</td><td>高～中高率</td></tr>
<tr><td>$Li-H_2O$</td><td rowspan="2">超高率</td><td>干电池型（无线电收发两用机等）</td></tr>
<tr><td></td><td>水解系电解质</td><td>Li-AgO</td><td>大型液体循环式（鱼雷、航行体等）</td></tr>
<tr><td colspan="2" rowspan="2">固体电解质（常温工作）</td><td rowspan="2">一次电池</td><td rowspan="2">2.8V</td><td rowspan="2">$Li-I_2$</td><td>超低率</td><td>小型（μW 级）（心脏起搏器等）</td></tr>
<tr><td colspan="2"></td></tr>
<tr><td colspan="2">熔融盐电解质（高温工作）</td><td>二次电池</td><td>2.53V</td><td>Li-FeS</td><td>高～中率</td><td>大型（kW～MW）（电动汽车、负载调整器等）</td></tr>
</table>

（1）优点　与其他电池相比，锂电池具有下列优点：

① 比能量高，是普通锌锰电池的 2～5 倍；

② 比功率大，并且可以大电流放电；

③ 电池电压高达 3.9V，而普通锌-锰干电池为 1.5V，镉-镍电池为 1.2V；

④ 放电电压平稳，大多数一次锂电池具有平稳的放电电压；

⑤ 工作温度范围宽和低温性能好，锂电池可以在-40～70℃温度范围内工作；

⑥ 储存寿命长，锂电池的湿储存寿命长达 10 年，这可能与锂表面形成的钝化膜阻止锂腐蚀有关。

（2）缺点　与其他电池相比，锂电池存在下列缺点：

① 锂枝晶生长明显，金属锂电极表面不均匀，充电时造成锂沉积不均匀，容易产生枝晶，枝晶脱落或折断时，产生“死锂”，造成锂的不可逆，降低活性材料的利用率；尖锐枝晶会穿透隔膜，使正负极短路发生自放电，同时产生大量热量，使电池着火，甚至发生爆炸。

② 锂的活性高，很容易与电解质溶液发生反应，产生高压，造成危险。

③ 高温下容易发生爆炸。当电池工作温度过高或者是局部过热，超过锂的熔点（180℃）时，液态锂的腐蚀性加重，腐蚀电池壳体等。同时由于溶剂蒸发或反应产生气体，从而产生很高的压力，有爆炸隐患。如 $Li-MnO_2$ 和 $Li-(CF_x)_n$ 电池，当电池以 0.1Ω 和 0.25Ω 放电

时，30min 内，温度超过 200℃，会引起爆炸。

④ 高氯酸锂等电解质和隔膜分解也是电池爆炸的因素。

(3) 防止锂电池发生爆炸的措施：① 通常在电池内安装透气片，当达到一定温度(如 180℃)或超过一定压力(如 3.5MPa)时，透气片破裂，气体逸出，电池不致爆炸。这种结构会使有毒气体和腐蚀性气体排除，产生污染。

② 在隔膜上镀上一层石蜡状材料，当温度超过一定值时，石蜡状物质熔融而将多孔隔膜的微孔堵塞，终止放电而防止爆炸。

③ 在单体电池内装一根保险丝，当温度超过某一数值后，保险丝熔融，电池开路，终止放电而防止爆炸。

2. 锂电池的电极反应

锂电池的负极活性物质是锂或锂合金，电极放电反应为

$$Li \longrightarrow Li^{+}+e^{-}$$

或

$$LiM \longrightarrow Li^{+}+e^{-}+M$$

正极反应分两种情况：一种是放电后，活性物质被还原为低价金属离子或元素，形成新相，这类电极包括卤化物、硫化物、氧化物、含氧酸盐及单质等。

氯化银正极反应： $AgCl+e^{-} \longrightarrow Ag+Cl^{-}$

硫化铜正极分两步还原： $2CuS+2e^{-} \longrightarrow Cu_2S+S^{2-}$

$$Cu_2S+2e^{-} \longrightarrow Cu+S^{2-}$$

另一种是放电后不出现新相，这类活性物质具有层状结构或隧道式晶体结构。电子进入晶格内，使晶体中的某一金属离子还原，晶体结构并不发生明显变化。晶体中多余的负电荷由电解质中的正电荷进入晶格而中和。这类活性物质有二氧化锰和二硫化钛等。

$$MnO_2+Li^{+}+e^{-} \longrightarrow LiMnO_2$$

$$TiS_2+Li^{+}+e^{-} \longrightarrow LiTiS_2$$

11.5.7 锂离子电池

锂离子电池是指以锂离子嵌入化合物为正极材料电池的总称。锂离子电池的充放电过程，就是锂离子的嵌入和脱嵌过程。在锂离子的嵌入和脱嵌过程中，同时伴随着与锂离子等物质的量电子的嵌入和脱嵌。正极习惯用嵌入或脱嵌表示，而负极习惯用插入或脱插表示。在充放电过程中，锂离子在正、负极之间往返嵌入–脱嵌和插入–脱插，被形象地称为“摇椅电池”(rocking chair batteries，RCB)。

锂离子电池正极材料常用锂离子嵌入化合物(含锂氧化物或复合氧化物)，如 $LiCoO_2$、$LiNoO_2$、$LiFeO_2$、$LiWO_2$ 和 $LiMn_2O_4$ 等，$LiCoO_2$ 应用最成功。有时锂离子嵌入化合物也称为金属酸锂，如钴酸锂、镍酸锂和锰酸锂等。

锂离子电池负极材料常用锂离子插入化合物，主要有：锂–碳层间化合物 Li_xC_6、TiS_2、WO_3、NbS_2 和 V_2O_5 等，Li_xC_6 应用最广，通常用石墨结构碳素材料，也可以用焦炭碳素材料。与纯金属锂相比，石墨化的碳素材料与金属锂形成的插入式化合物(intercalation compound) Li_xC_6 的电位约高 0.5V，因此用 Li_xC_6 代替纯金属锂作二次锂电池的负极材料可以获得与纯金属锂接近的电动势。在充电过程中，锂插入到石墨的层状结构中，放电时则从石墨层结构中脱插，该过程的可逆性很好，所组成二次锂电池的循环性能非常优异。另外，碳素材料具有价格

低廉、无毒性和在空气中存在稳定等优点，用 Li_xC_6 作负极的活性物质，一方面避免使用活泼的金属锂，另一方面避免了锂枝晶的产生，明显提高了二次锂电池的使用寿命。

锂离子电池电解质溶液有两种：① 有机溶剂-无机电解质体系，碳酸丙烯酯是最常用的有机溶剂，无机电解质有 $LiPF_6$、$LiBF_4$、$LiAsF_6$ 等，其中 $LiPF_6$ 最常用；② 固体聚合物电解质，如凝胶聚合物和全固态聚合物等。

以石墨负极和 $LiCoO_2$ 正极的锂离子电池为例，说明电池的工作原理，充电反应为

正极 $$LiCoO_2 \longrightarrow Li_{1-x}CoO_2 + xLi^+ + xe^-$$

负极 $$6C + xLi^+ + xe^- \longrightarrow Li_xC_6$$

电池反应 $$6C + LiCoO_2 \longrightarrow Li_{1-x}CoO_2 + Li_xC_6$$

放电过程的反应为

正极 $$Li_{1-x}CoO_2 + xLi^+ + xe^- \longrightarrow LiCoO_2$$

负极 $$Li_xC_6 \longrightarrow 6C + xLi^+ + xe^-$$

电池反应 $$Li_{1-x}CoO_2 + Li_xC_6 \longrightarrow 6C + LiCoO_2$$

在锂离子电池中，正极是锂离子嵌入化合物，负极是锂离子插入化合物。在放电过程中，锂离子从负极中脱插，向正极中嵌入，即锂离子从高浓度负极向低浓度正极的迁移过程；相反，在充电过程中，锂离子从正极中脱嵌，而向负极中插入，也即锂离子从高浓度正极迁移至低浓度负极中。由此分析可得，锂离子电池实际上是一种锂离子浓差电池，锂离子电池的充放电过程如图 11-4 所示。

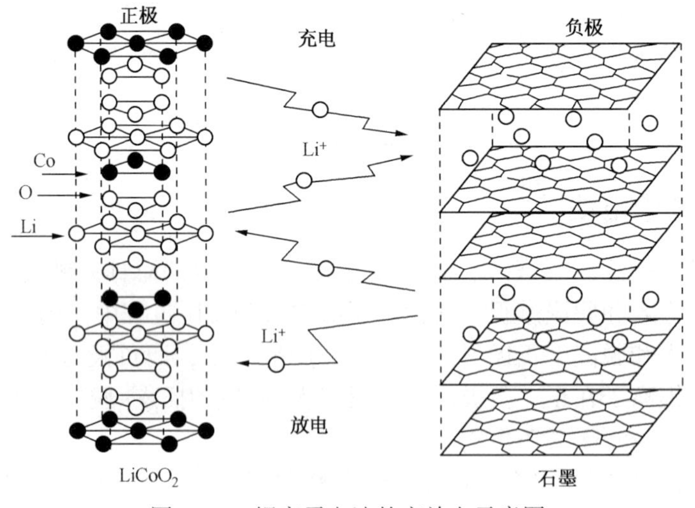

图 11-4　锂离子电池的充放电示意图

习题

1. 石油、煤炭、天然气等常规能源各有怎样的特点？
2. 核能的应用经历几个发展阶段，以及其应用的前景如何？
3. 查阅相关资料，如何解决现阶段我国光伏企业面临的困境。
4. 简述风能、生物质能应用的现状。
5. 试列出化学电源的种类。

第12章　化学与材料

内容提要： 材料的发展经历了天然材料、烧炼材料、合成材料、可设计材料及智能材料等5代。一般可分为金属材料、无机非金属材料、高分子材料及复合材料等4大类。按使用性能可分为结构材料和功能材料。本章就分别对这几大类材料作一些介绍，讨论不同种类材料的基本物理性质和重要化学性质，以及它们的实际应用。

学习要求：

(1) 了解材料的发展过程以及常用工程材料在周期表中的分布。

(2) 了解形状记忆合金与贮氢材料。

(3) 了解光导纤维、超导陶瓷与纳米陶瓷材料。

(4) 能举例说明加聚反应和缩聚反应的区别。

(5) 了解复合材料中的基体材料和增强材料分别在其中起何作用。

(6) 能简述液晶的特性与用途。

12.1　引言

材料是人类文明进步的里程碑。时代的发展需要材料，而材料又推动时代的发展，所以人们把材料视为现代文明的支柱之一。人类目前所进入的信息时代，正是以半导体材料的发现与广泛应用为主要标志。

材料科学是以物理、化学及相关理论为基础，根据工程对材料的需要，设计一定的工艺过程，把原料物质制备成可以实际应用的材料和元器件，使其具备规定的形态和形貌，如多晶、单晶、纤维、薄膜、陶瓷、玻璃、复合体、集成块等，同时具有指定的光、电、声、磁、热学、力学、化学等功能，甚至具备能感应外界条件变化并产生相应反应和执行行为的机敏性和智能性。虽然工程上要求于材料或器件的是材料的一些宏观物性及其技术参数，但要使材料具备这些特定的物性，就必须深入研究和掌握物质的内在组成、结构与物性之间的定量的以及定性的关系。因此物理学和化学就构成了材料科学的基础。近年来又进一步生长出材料物理和材料化学这两个新兴的边缘学科，使物理和化学这两门基础学科更直接地介入材料科学。

化学参与材料科学是理所当然和责无旁贷的，因为化学家对于物质的结构和成键的复杂性有着深刻的理解，并掌握着精湛的化学反应实验技术，这些在探索和开发具有新组成、新结构和新功能的材料方面，在材料的复合、集成、加工等方面，可以大有作为。

12.1.1　材料的发展过程

在遥远的古代，我们的祖先是以石器为主要工具的，选取玉石类之一的石英晶体作为武器和工具，这也是人类和晶体材料打交道的起源。

他们在寻找石器的过程中认识了矿石，并在烧陶生产中发展了冶铜术，开创了冶金技术。公元前5000年，人类进入青铜时代。公元前1200年左右，人类进入了铁器时代，开始使用的是铸铁，之后钢铁工业迅速发展，成为18世纪产业革命的重要内容和物质基础。人类社会发展到20世纪中叶以来，科学技术突飞猛进，作为发明之母和产业粮食的新材料研制更是异常活跃，出现了称之为聚合物时代、半导体时代、先进陶瓷时代和复合材料时代。

从古至今，人类使用过形形色色的材料，若按材料的发展水平来归纳，大致可分为五代。

第一代为天然材料。在原始社会，由于生产技术水平很低，人类所使用的材料只能是自然界的动物、植物和矿物，例如兽皮、甲骨、羽毛、树木、草叶、石块、泥土等。

第二代为烧炼材料。烧炼材料是烧结材料和冶炼材料的总称。随着生产技术的进步，人类早已能够用天然的矿土烧制砖瓦和陶瓷，以后又制出了玻璃和水泥，这些都属于烧结材料。从各种天然的矿石中提炼出铜、铁等金属，则属于冶炼材料。

材料发展史上第一次重大突破，是人类学会用黏土烧固制成容器。人类第一个化学上的发现就是火。火大概发现在公元前50万年。最早的陶器是在竹编、木制的容器上涂上一层烂泥而烧成的，后来发现，黏土直接加工成型、烧制，也能达到同样的目的。中国约在公元前8000~6000年，新石器时期早期，开始制作陶器。公元前4000年左右，巴比伦的城市已采用砖来筑城。

青铜时代大约起始于公元前5000年，青铜是铜、锡、铅等金属组成的合金，它与纯铜比较，熔点较低、硬度增高。我国的商、周时期，是使用青铜器的鼎盛时代。关于春秋战国时期的青铜兵器，流传着许多动人的故事。

我国的铁器时代由何时开始，至今尚难断言，但这项技术始于春秋，距现在约2700~2200年前的春秋战国时期，我国已掌握了炼铁技术，比欧洲早1800年左右。

随着金属冶炼技术的发展，人类掌握了通过鼓风提高燃烧的技术，并且发现，有一些经高温烧制的陶器，由于局部熔化变得更加致密坚硬，完全改变了陶器多孔与透水的缺点。从陶器发展到瓷器，是陶器发展过程中的一次重大飞跃。中国的瓷器大约始于魏、晋、南北朝时期，继而在宋、元时代发展到很高的水平。瓷器作为中华文明的象征，大量运往欧亚各地，以致迄今在许多拉丁语系国家中，仍以中国(China)一词作为瓷器的同义语。

第三代为合成材料。随着有机化学的发展，在20世纪初就已出现了化工合成产品，其中合成塑料、合成纤维、合成橡胶已广泛地用于生产和生活中了。

合成聚合物材料的工业发展是从1907年第一个小型酚醛树脂厂建立开始的，到1927年左右第一个热塑性聚氯乙烯塑料的生产实现了商品化。1930年聚合物概念建立后，从1940~1957年先后研制成合成橡胶(丁苯、丁腈、氯丁等)、合成纤维(尼龙66等)、聚丙烯腈、聚酯纤维、用齐格勒-纳塔催化剂合成的聚合物、低压聚乙烯、聚四氟乙烯(塑料王)、维尼龙等。聚合物材料工业发展大致经历了新型塑料和合成纤维的深入研究(1950~1970年)，工程塑料、聚合物合金、功能聚合物材料的工业化和应用(1970~1980年)，分子设计，高性能、高功能聚合物的合成(1990年)等几个时期。

第四代为可设计材料。随着高新技术的发展，对材料提出了更高的要求。前三代那样单一性能的材料已不能满足需要，于是一些科技工作者开始研究用新的物理、化学方法，根据实际需要去设计特殊性能的材料。近代出现的金属陶瓷、铝塑薄膜等复合材料就属于这一类。

复合材料的发展经历了古代-近代-先进复合材料的过程，对人类社会生活和科技进步起着重要的作用。人类自古以来不仅会使用天然的复合材料(如木材、竹材等)，而且还会用简单的方法制备复合材料，在脆弱的材料中掺加少量纤维状的添加剂以提高其强度和韧性。最原始的复合材料是在黏土泥浆中掺稻草，制成很好的土砖。在灰泥中加入马鬃，熟石膏里加入纸浆，或在磷酸水泥中加入石棉纤维等，制成纤维增强复合材料。公元前5000年在中东，人们已会使用沥青作为芦苇的黏合剂造船。在古代的复合材料中最引人瞩目的是中国的漆器。漆器出现在距今4000多年前的夏代，它以丝、麻等天然纤维作增强材料，用大漆作黏结剂而制成复合材料。

历经几千年的发展，由古代复合材料而发展到近代复合材料，包括软质复合材料(用各种纤维增强的橡胶)以及硬质复合材料(用纤维增强的树脂，如玻璃钢等)。20世纪60年代以来，由于航空、航天工业的迅速发展，需要高强度、高模量、耐高温和低密度的复合材料，于是先进的复合材料应运而生。所谓先进复合材料，一般是指具有比强度大和比模量高的结构复合材料。先进复合材料的出现源于航空、航天工业的需要，反之，它又促进了航空、航天等高技术产业的发展，被公认是当代科学技术中的重大关键技术。

第五代为智能材料。智能材料是指近三四十年来研制出的一些新型功能材料。它们能随着环境、时间的变化改变自己的性能或形状，好像具有智能。现在研究成功并崭露头角的形状记忆合金就属于这一类。这类材料是为21世纪准备的尖端技术，现已成为材料科学的一个重要的前沿领域，有关研究及发展备受人们的关注。

上述五代材料并不是新旧交替的，而是长期并存的，它们共同在生产、生活、科研等各个领域发挥着不同的作用。

通过多年来的努力，我国新材料的研究、发展和产业化的工作已经取得了长足的进步，一大批新材料填补了国内空白，其中有些已达到国际先进水平。例如信息材料在人工晶体方面，特别是在无机非线性光学晶体方面已达到国际先进水平。在世界市场上出现了一些性能优异的中国生产的晶体，如三硼酸锂(LBO)、偏硼酸钡(BBO)、高掺镁铌酸锂以及有机晶体精氨酸磷酸盐等。在能源材料方面，结合我国富有的稀土资源而研究发展的新型贮氢材料，已成功地应用于镍氢电池的制造。镍氢电池将逐步取代目前市场上流行的镍镉电池，提供更高性能和不含镉的无环境污染的新型电池。在高性能金属材料方面，我国继美国、德国等少数国家之后，已经成功地建成了年产百吨级的非晶合金中试线。我国在先进陶瓷材料方面也取得了世界瞩目的成就。1990年我国研制成功的无水冷陶瓷发动机组装在45座位的大客车上，顺利地通过了3500km道路试车。我国在先进复合材料方面也取得了显著进步，各种高性能增强体材料，包括纤维、颗粒和晶须等正在逐步立足于国内。一批具有特色的高性能树脂，如聚酰亚胺等热固性树脂以及聚醚砜、聚苯硫醚等热塑性树脂正在向中试规模发展。新一代树脂基、金属基和陶瓷基先进复合材料正在研究发展之中。总之，新材料在整个高技术发展中的先导作用和基础作用日趋明显，新材料本身已成为当代高技术的重要组成部分。在科学技术是第一生产力的思想指导下，中国新材料的研究、开发必将迅猛发展，它将推动传统材料工业的改造，并促进新材料工业的形成。

12.1.2 材料的分类

材料是指人类能用来制作有用物件的物质；新材料主要是指最近发展或正在发展中的比传统材料性能更为优异的一类材料。目前世界上传统材料已有几十万种，而新材料的品种正以每年大约5%的速度在增长。从1950年到现在，已知化合物已从200万种增至2000万种，而且还在以每年大于25万种的速度递增，其中相当一部分有发展成为新材料的潜力。

世界各国对材料的分类不尽相同，但就大的类别来说，可以分为金属材料、无机非金属材料、高分子材料及复合材料等四大类。

通常，也将材料分为传统材料和新型材料。其实，两者并无严格区别，它们是互相依存、互相促进、互相转化、互相替代的关系。传统材料的特征为：需求量大、生产规模大，但环境污染严重。新型材料是建立在新思路、新概念、新工艺、新检测技术基础上的，以材料的优异性能、高品质、高稳定性参与竞争，属高新技术的一部分。新型材料的特征是：投资较高、更新换代快、风险性大、知识和技术密集程度高，一旦成功，回报率也较高，且不以规模取胜。

如以使用性能分类，则主要利用材料力学性能的称结构材料，主要利用材料物理和化学性能的则称功能材料。

12.2　常用工程材料在周期系中的分布与应用

自然界的一切物质都是由周期表中一百多种元素组成，其中近 40 万种物质可作为人类生活与生产活动的原材料。为了正确选取材料，学习一些重要的工程材料在周期表中的分布及性质变化规律是十分重要的。

12.2.1　s 区元素组成的工程材料

s 区金属元素的外层电子构型为 $ns^{1\sim2}$，而且原子体积大，所以单质的密度均小于 $5g/cm^3$，属于轻金属。其中锂的密度仅为 $0.5g/cm^3$。是常温下最轻的固体单质。锂与固体碘构成的锂-碘电池应用于生物医学方面，使心腔起搏器的寿命延长到 10 年以上。

ⅠA 族元素最外层只有一个电子，该电子从金属表面逸出仅需很小的能量。当受到光照射时，电子就会从金属表面逸出，这种现象称为光电效应。

铯是最软的金属，比石蜡还软，又是仅次于汞的易熔金属（熔点为 28℃）。铷的熔点也只有 38℃。铷和铯都具有优良的光电性能，即使在极弱的光照作用下，也能逸出电子，因此常用来制造各种光电管的光电阴极材料，广泛用于过程的自动控制和调节等现代技术领域。

铍（密度为 $1.85g/cm^3$）是重要的合金之一，如铍铝合金含铍 62%、铝 38%。它具有质量轻、强度大、耐高温、加工性能好等优点，除应用于导弹、火箭、超音速飞机的结构部件外，还常用于电子计算机、核燃料包套（铍是最好的中子源、快中子减速剂和中子反射层材料）。铍与镍、铜、锡的合金因具有受冲击时不产生火花的优异性质，因而是石油化工、矿山工业和电器等行业中不允许有明火的场合所不可缺少的，以防止火灾和爆炸事故。

常用的镁（密度为 $1.74g/cm^3$）合金是镁和铝、锌、锰等的合金。该类合金的密度小，单位质量材料的强度高，能承受较大的冲击载荷，具有优良的机械加工性能，一般用于制造仪器、仪表零件、飞机的起落架等。

12.2.2　p 区与ⅡB 族元素组成的工程材料

p 区及ⅡB 族金属元素大多活泼性较差，其长周期元素次外层 d 电子已填满，不能参与成键，所以其长周期元素单质 Bi、Sn、Pb、Hg 等是常用的硬度较小的低熔点金属。汞（熔点-38.8℃）在室温时呈液态，且在 0~200℃时体积膨胀系数很均匀，常用作温度计、气压计中的液柱。铋（熔点 271.3℃）的某些合金的熔点在 100℃以下，如由 50%铋、25%铅、13%锡和 12%镉组成的“伍德合金”，其熔点为 71℃，应用于自动灭火设备、锅炉安全装置以及信号仪表等。由37%铅和63%锡组成的合金的熔点为183℃，用于制造焊锡。

p区的金属唯有铝较活泼，但它是易“钝化”的轻金属，密度大约只有铁或铜的三分之一，铝中加入少量铜、镁、锰、锌等合金元素后形成的合金，强度达到并超过钢材的强度，而质量却仅为钢材的四分之一左右，因此铝合金可用来代替钢铁和铜，用作航空、航天飞行器的主要结构材料。此外，铝还有良好的导电、导热性能，常用来代替铜制造导电材料，特别是高压电缆。

p区的非金属单质碳（金刚石）的熔点（3652℃）及硬度是所有单质中最高的，它在商业和工业有很大的需求。碳、氮、硼、硅等非金属元素间能以共价键结合成化合物。如碳化硅（SiC）、氮化硅（Si_3N_4）、氮化硼（BN）等，这类化合物属于原子晶体，熔点高、硬度大，是工业上常用的耐高温、耐磨硬质结构材料，除直接用于制造陶瓷刀具及发动机涡轮构件等外，还可将其作为高温陶瓷涂层涂覆在不锈钢、轻质合金、金属钛、钢等高温金属表面，以提高它们的耐热性、耐磨性和高温抗氧化性。

其中SiC晶体结构与金刚石相似，熔点高达2828℃，硬度仅次于金刚石，又称金刚砂。金刚石型BN，其硬度可与金刚石媲美。

位于p区对角斜线上的硼、硅、锗、砷、锑、硒、碲等都是半导体元素，在半导体单质中硅和锗被认为是最好的半导体材料。化合物半导体多由ⅢA和ⅤA族元素组成，较典型的有GaAs、AlP和InSb等。由于半导体的导电能力随温度、掺杂、辐射、光照、电场或磁场而发生显著变化，利用这些物性可以制成各种用途的半导体器件。如利用InSb已制成极为灵敏的红外检测器，用GaAs、AlP制成的半导体器件能在很高的温度（300~500℃）下工作，目前已在人造卫星、火箭、雷达等尖端技术中广泛应用。

12.2.3 d区与ⅠB族元素组成的工程材料

d区均为金属元素，外层电子构型为$(n-1)d^{1\sim9}ns^{1\sim2}$。d区金属元素的密度大于$5g/cm^3$（Sc，Ti除外），属于重金属。大多数是高熔点金属，其中以钨的熔点（3410℃）最高。除ⅢB族金属较软外，其余都有较高的硬度，铬是所有金属中最硬的。这是因为这些元素的原子有较多未成对的d电子参加金属键的形成，又具有较小的原子半径，所以金属键很强，根据以上特性，它们之中很多都是重要合金材料（如高温合金、硬质合金等）的主要组成元素。

高温合金又称耐热合金，大多是利用d区合金元素制成的，如铁基、镍基、钼基、铌基和钽基合金等。在高温下具有良好的高温性能（蠕变强度和持久强度等）和化学稳定性。它们广泛地应用于制造航空涡轮发动机、各种燃气轮机热端部件（如涡轮工作叶片、燃烧室等），应用领域涉及舰艇、火车、汽车、火箭发动机、核反应堆等高技术领域。

第ⅣB、ⅤB、ⅣB族金属与碳、氮、硼等所形成的金属型化合物，硬度和熔点特别高，统称为硬质合金。如钨钴硬质合金中含94%W和6%Co（Co用作黏结剂）。硬质合金是制造高速切削和钻探等工具主要部位的优良材料。

过渡金属的原子或离子由于具有能级相近的外层电子轨道$(n-1)d$，ns，np，因此其（水合）离子都具有颜色；又由于其离子的最外层一般为未填满的d^x结构，所以它们有很强的形成配合物的倾向，致使许多过渡元素及其化合物具有独特的催化性能。例如，工业上乙烯在$PdCl_2$催化下氧化生成乙醛，其反应首先生成Pd（Ⅱ）的配位化合物$[Pd(C_2H_4)(H_2O)]Cl_2$，再分解生成CH_3CHO。

某些过渡金属、合金或者金属互化物，在一定温度和压力条件下能大量吸收并可逆地释

放 H_2 气，可作为贮氢材料。当前研究认为，最有希望的是镧镍合金（如 $LaNi_5$）、钛铁合金（如 FeTi）、镁镍合金（如 Mg-Ni）和混合稀土类合金等。如 $LaNi_5$ 吸氢后可形成固体氢化物 $LaNi_5H_6$，单位体积的贮氢量可达 88kg/m^3，高于液氢的密度 70.6kg/m^3，相当于合金本身体积的1000倍以上（金属钯 Pd 吸氢量高达本身体积的2008倍，但因物稀价昂，一般只用于制造超纯氢而不用作贮氢材料）。性能优异的贮氢合金材料的研制，开辟了氢贮存和运输的新途径，必将为氢能的应用添写新篇章。

12.3 新型金属材料

金属材料的发展有着悠久的历史。人们在早期使用铜和铜合金，发展到使用铁和铁合金。随着钢铁的大规模发展和应用，使金属在材料中占有绝对优势。第二次世界大战后，随着合成高分子材料、无机非金属材料以及各种复合材料的发展，它们部分取代了金属材料，极大地冲击了金属材料的主导地位。尽管如此，金属材料在一个国家国民经济中仍占有举足轻重的地位。

近30年来金属材料科学发展十分迅速。除传统的金属材料外，相继出现了诸如超高纯金属、金属玻璃（非晶态）、准晶、微晶、低维合金、形状记忆合金以及纳米晶等一系列从结构到性能都有特色的新材料，预计在21世纪它们将获得广泛的应用。

新型金属材料种类繁多，这里简要介绍形状记忆合金和贮氢合金两种。

12.3.1 形状记忆合金

20世纪60年代初的一天，美国海军军械实验室的研究人员领来一批镍钛合金丝，合金丝被弄弯了，他们只能将合金丝一根一根地校直。有人顺手将校直的合金丝放在炉子旁边。这时意外的事情发生了．一些校直的合金丝在炉温的烘烤下，不一会儿都恢复到原来弯曲的形状。

美国海军军械实验室的研究人员高度重视这次意外事件，开始反复地实验，终于发现了50%的镍和50%的钛的合金在温度升到40℃以上时，能“记住”自己以前的形状。科学家把这种现象称为“形状记忆效应”。后来，经过许多科学家的辛勤劳动，人们又发现铜锌铝合金、铜镍合金和铁铂合金等也具有“形状记忆效应”。科学家把这类合金叫做“形状记忆合金”。

那么究竟为什么记忆合金具有和一般金属不同的特性呢？目前的解释是，这类合金具有结构改变型的马氏体相变，且其马氏体相比奥氏体相（母相）软很多。当这类合金在较低温度下成为马氏体时，由于马氏体相对称性差、软，相界面易移动，所以当受到外力时，易通过晶面或相界面间移动而改变形状，但经加热又转变为有序的奥氏体结构，即恢复原来的形状，如图12-1所示。

形状记忆合金有着广泛的应用，也为宇航事业作出了很大贡献。为了将月球上收集到的各种信息发回地球，必须在月球上架设好几类半月形天线。然而要把这种天线直接放进宇宙飞船的船舱中，是很困难的。于是美国宇航局先用镍钛合金在40℃以上制成半球形的月面天线（这种合金非常坚硬，刚度很好），再让天线折叠成小球似的一团。放进宇宙飞船的船舱里。到达月球后，宇航员把折叠成小球形状的天线放在月球表面上，借助于阳光辐射或其他热源的烘烤使环境温度超过40℃，这时天线能像折叠伞那样自动展开，恢复了原来的形状，并迅速投入正常工作。

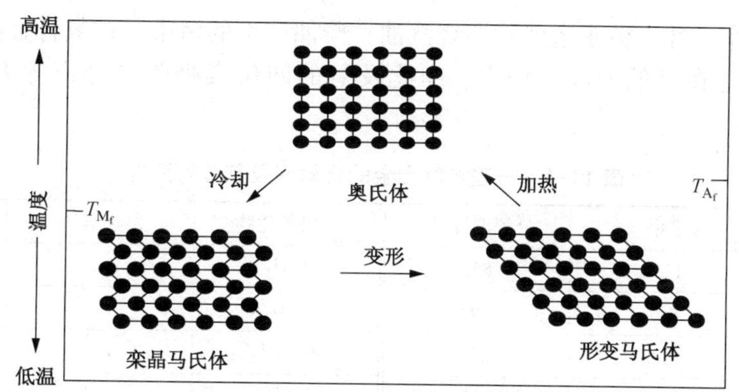

图 12-1　形状记忆合金中晶体转变的模式图

（注：T_{M_f}，T_{A_f} 分别为两个相变温度。不同的形状记忆合金，相变温度不同。）

形状记忆合金还是连接零件的“能手”。用它做铆钉，只要先加热到转变温度以上，把铆钉的两脚分开并弯曲，再冷却到转变温度以下把它拉直，插入被连接零件的孔中，最后再将其加热到转变温度以上，它就会自动地把两个零件紧紧地铆住，免去了锤打的麻烦。这种铆钉尤其适合在具有化学介质、放射性介质或其他恶劣的工作环境中应用。美国制造的 F-14 飞机上的液压系统管道，由于结构紧凑而无法焊接，用形状记忆合金制造连接套管，则解决了这个困难。

形状记忆合金在医疗器械方面也有广泛应用。例如，在治疗骨折的外科手术中，用形状记忆合金制造人工骨骼拉杆，依靠人的体温即可将骨缝接合固定，大大加快了骨折愈合速度。此外，它还可以用来制作人造心脏瓣膜、人造关节和脑动脉瘤手术钳等。

12.3.2　贮氢合金

氢是 21 世纪要开发和利用的新能源之一。氢能的优点是发热值高，没有污染且资源丰富。氢气燃烧将放出大量热能，其反应如下：

$$H_2(g)+\frac{1}{2}O_2(g)\longrightarrow H_2O(l)\text{，}\ \Delta_r H_m^{\ominus}=-286\text{kJ/mol}$$

每千克氢气燃烧产生的热能是煤的 4 倍以上。燃烧产物是水，没有任何污染气体产生。氢来源于水的分解，可以利用光能或电能分解水，而水是取之不尽的。

氢若作为常规能源，必须解决其贮存及输送问题。传统上氢以气态或液态贮存。前者在高压下把氢气压入钢瓶，后者在-253℃低温下将氢气液化，然后灌入钢瓶，但运送笨重的钢瓶很不方便。

贮氢合金是因金属或合金与氢形成氢化物，从而把氢贮存起来。金属都是密堆积结构，存在许多四面体和八面体空隙，可以容纳半径较小的氢原子。在贮氢合金中，一个金属原子能与 2 个、3 个甚至更多的氢原子结合，生成金属氢化物。但并不是每种贮氢合金都能作为贮氢材料，具有实用价值的贮氢材料，要求贮氢量大，金属氢化物既容易形成，稍稍加热又容易分解，室温下收、放氢的速度快，使用寿命长和成本低。目前正在研究开发的贮氢合金主要有三大系列：镁系贮氢合金如 MgH_2、Mg_2Ni 等；稀土系列贮氢合金如 $LaNi_5$，为了降低成本，用混合稀土 Mm 代替 La，可得到 MmNiMn、MmNiAl 等贮氢合金；钛系贮氢合金如 TiH_2、$TiMn_{1.5}$。表 12-1 列出了一些贮氢合金。

贮氢合金用于氢动力汽车的试验已获成功。随着石油资源逐渐枯竭，氢能源终将代替汽油、柴油驱动汽车，并一劳永逸消除燃烧汽油、柴油产生的污染。贮氢合金的用途不限于氢的贮存和运输，它在氢的回收、分离、净化及氢的同位素吸收和分离等方面也有具体的应用。

表 12-1　一些贮氢合金的含氢率及其分解温度

金属氢化物	含氢率/%	分解温度/℃	金属氢化物	含氢率/%	分解温度/℃
LiH	12.6	855	$TiFeH_{1.8}$	1.8	18
CaH_2	4.7	790	$TiCoH_{1.5}$	1.4	110
MgH_2	7.6	284	$TiMn_{1.5}H_{2.14}$	1.6	20
$MgNiH_4$	3.6	253	$TiCr_2H_{3.6}$	3.4	90
TiH_2	4.0	650	$LaNiH_6$	1.3	15

12.4　功能无机非金属材料

无机非金属材料又称陶瓷材料，它包括的范围非常广泛。陶瓷材料可分为传统陶瓷材料和精细陶瓷材料。前者主要成分是各种氧化物；后者的成分除了氧化物外，还有氮化物、碳化物、硅化物和硼化物等。传统陶瓷产品如陶瓷器、玻璃、水泥、耐火材料、建筑材料和搪瓷等，主要是烧结体；而精细陶瓷产品可以是烧结体，还可以做成单晶、纤维、薄膜和粉末，具有强度高、耐高温、耐腐蚀，并有声、电、光、热、磁等多方面的特殊功能，是新一代的特种陶瓷，所以它们的用途极为广泛，遍及现代科技的各个领域。

12.4.1　光导纤维

从高纯度的二氧化硅或称石英玻璃的熔融体中，拉出直径约 100μm 的细丝，称为石英玻璃纤维。玻璃可以透光，但在传输过程中光损耗很大，而石英玻璃纤维光损耗大为降低，故这种纤维称为光导纤维，是精细陶瓷中的一种。

利用光导纤维可进行通信。激光的方向性强、频率高，是进行光纤通信的理想光源。光纤通信和电波通信相比，光纤通信可提供更多的通信通路，可满足大容量通信系统的需要。光导纤维一般都由两层组成：里面一层称为内芯，直径几十微米，折射率较高；外面一层称为包层，折射率较低。从光导纤维一端入射的光线，经内芯反复折射而传到末端，由于两层折射率的差别，使进入内芯的光始终保持在内芯中传输。光的传输距离与光导纤维的光损耗大小有关，光损耗小，传输距离就长，否则就需要用中继器把衰减的信号放大。如果光导纤维的光损耗为 0.15dB/km，传输距离可达 500km；如降到 10^{-4}dB/km 时，则可传输 2500km。用最新的氟玻璃制成的光导纤维，可以把光信号传输到太平洋彼岸而不需任何中继站。

在实际使用时，常把千百根光导纤维组合在一起并加以增强处理，制成像电缆一样的光缆，这样就提高了光导纤维的强度，又大大增加了通信容量。

用光缆代替通信电缆，可以节省大量有色金属，每千米可节约铜 1.1t、铅 2～3t。光缆有质量轻、体积小、结构紧凑、绝缘性能好、寿命长、输送距离长、保密性好、成本低等优点。

光纤通信与数字技术及计算机结合起来，可以用于传送电话、图像、数据，控制电子设备和智能终端等，起到部分取代通信卫星的作用。

光损耗大的光导纤维可在短距离使用，特别适合制作各种人体内窥镜，如胃镜、膀胱镜、直肠镜、子宫镜等，对诊断医治各种疾病极为有利。

12.4.2 超导陶瓷

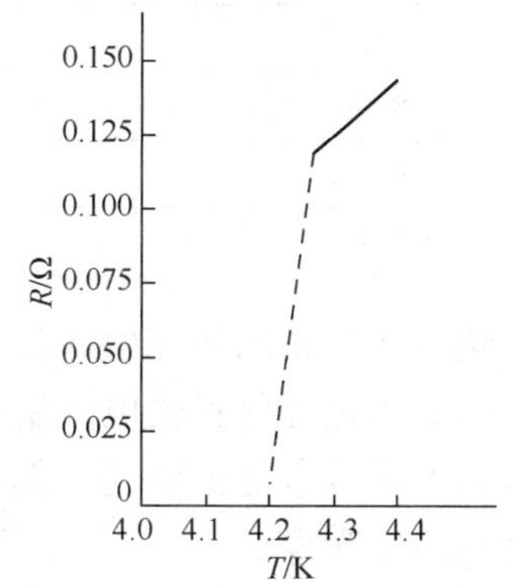

图 12-2 汞的电阻与温度关系

1911 年，荷兰物理学家 Onnes 发现汞(水银)在 4.2K 附近电阻突然下降为零，他把这种零电阻现象称为超导电性。图 12-2 示出了汞的电阻随温度变化的关系。汞的电阻突然消失时的温度称为转变温度或临界温度，常用 T_C 表示。

在一定温度下具有超导电性的物体称为超导体。金属汞是超导体。进一步研究发现，元素周期表中共有 26 种金属具有超导电性。它们的转变温度 T_c 列于表 12-2。从表中可以看到，单个金属的超导转变温度都很低，没有应用价值，因此，人们逐渐转向研究金属合金的超导电性。研究发现 Nb_3Ge 的转变温度为 23.2K，这在 20 世纪 70 年代算是最高转变温度的超导体了。

表 12-2 26 种超导金属的转变温度

元素	T_c/K	元素	T_c/K	元素	T_c/K
Ti	0.4	Re	1.7	In	3.41
Zr	0.54	Ru	0.49	Tl	2.38
Hf	0.16	Os	0.65	Sn	3.72
V	5.03	Ir	0.14	Pb	7.2
Nb	9.2	Zn	0.86	La	4.9
Ta	4.4	Cd	0.52	Th	0.37
Mo	0.92	Hg	4.15	Pa	1.4
W	0.01	Al	1.19	U	2
Tc	8.2	Ga	1.09		

低温超导材料要用液氦做制冷剂才能呈现超导态，因此在应用上受到很大的限制。人们迫切需要找到高温超导体，终于在 1986 年有了突破。瑞士 Bednorz 和 Mfiller 发现，他们研制的 CuO 混合氧化物具有超导电性，转变温度为 35K。这是超导材料研究上的一次重大突破。1987 年，由美国和中国科学家分别独立发现 Y-Ba-Cu-O 体系的 T_c 为 90K，用液氮冷冻即可实现超导(液氮的沸点为 77K)。后来又发现，Bi-Sr-Ca-Cu-O，T1-Ba-Ca-Cu-O 等一系列具有高温超导性能的新材料，它们的超导转变温度超过了 120K。高温超导体的研究方兴未艾，人们殷切地期待室温超导材料的出现。

1985 年以来化学家和物理学家合作，发现了碳的第三种单质 C_{60}。人们发现 C_{60} 与碱金属作用能形成 A_xC_{60}(A 代表钾、铷、铯等)，它们都是超导体，超导转变温度列于表 12-3。金属氧化物超导体是无机超导体，它们都是层状结构，属二维超导体。而 A_xC_{60} 则是有机超导体，它们是球状结构，属三维超导。因此 A_xC_{60} 这类超导体是很有发展前途的超导材料。

表 12-3　A_xC_{60}超导体的转变温度

超导体	T_c/K	超导体	T_c/K
K_3C_{60}	19	Rb_2CsC_{60}	30
Rb_3C_{60}	28		
Cs_3C_{60}	30	$RbCs_2C_{60}$	33

超导体材料的研究引起各国的重视，下面简单介绍超导体的一些应用。

(1) 用超导材料输电。发电站通过漫长的输电线向用户送电，由于电线存在电阻，电流通过输电线时电能被消耗一部分，如果用超导材料做成电缆用于输电，那么在输电线路上的损耗将降低为零。

(2) 超导发电机。制造大容量发电机，关键部件是线圈和磁体。由于导线存在电阻，造成线圈严重发热，如何使线圈冷却成为难题。如果用超导材料制造发电机，线圈由无电阻的超导材料绕制得，根本不会发热，冷却难题迎刃而解，而且功率损失可减小 50%。

(3) 磁力悬浮高速列车。要使列车速度达到 500km/h，普通列车是绝对办不到的。如果把超导磁体装在列车内，在地面轨道上敷设铝环，它们之间发生相对运动，铝环中产生感应电流，从而产生磁排斥作用，把列车托离地面约 10cm，使列车能悬浮在地面上而高速前进。

(4) 可控热核聚变。核聚变时能释放出大量的能量。为了使热核聚变反应持续不断，必须在 10^8℃下将等离子约束起来，这就需要一个强大的磁场，而超导磁体能产生约束等离子所需要的磁场。人类只有掌握了超导技术，才有可能使可控热核聚变成为现实，为人类提供无穷的能源。

12.4.3　纳米陶瓷

从陶瓷材料的发展历史来看，它经历了三次飞跃。由陶器进入瓷器这是第一次飞跃；由传统陶瓷发展到精细陶瓷是第二次飞跃，在这个期间，不论是原材料，还是制备工艺、产品性能和应用等方面都有长足的进展和提高，然而陶瓷材料的致命弱点——脆性问题却没有得到根本的解决。精细陶瓷粉体的颗粒较大，属微米级(10^{-6}m)。有人用新的制备方法把陶瓷粉体的颗粒加工到纳米级(10^{-9}m)，用这种超细粉体粒子来制造陶瓷材料，得到新一代纳米陶瓷，这是陶瓷材料的第三次飞跃。纳米陶瓷具有延性，有的甚至出现超塑性。因此人们寄希望于纳米技术去解决陶瓷材料的脆性问题，纳米陶瓷被称为 21 世纪陶瓷。

纳米陶瓷是纳米材料中的一种，纳米材料是当今材料科学研究中的热点之一。纵观纳米材料发展的历史，大致可分为三个阶段。第一阶段(1990 年以前)主要是在实验室探索用各种手段制备各种材料的纳米颗粒粉体，合成块体(包括薄膜)，研究评估表征的方法，探索纳米材料不同于常规材料的特殊性能。第二阶段(1994 年前)人们关注的热点是，如何利用纳米材料已挖掘出来的奇特物理、化学和力学性能，设计纳米复合材料。通常采用纳米微粒与纳米微粒复合(0-0 复合)，纳米微粒与常规块体复合(0-3 复合)，及发展复合纳米薄膜(0-2 复合)，国际上通常把这类材料称为纳米复合材料。第三阶段(1994 年到现在)，纳米组装体系、人工组装合成纳米结构的材料体系(nano structured assembling system)或称为纳米尺寸的图案材料(patterning material on the nano metre scale)，越来越受到人们的关注。它的基本内涵是以纳米颗粒以及它们组成的纳米丝、管为基本单元，在一维、二维和三维空间组装排列成具有纳米结构的体系。美国加利福尼亚大学洛伦兹佰克力国家实验室的科学家在

《Nature》上发表文章，指出纳米尺寸的图案材料是现代材料化学和物理学的重要前沿课题。

在纳米陶瓷中，具有良好高温力学性能的陶瓷材料，是该领域研究的重点之一。在这方面，十分重要的陶瓷粉体材料有 SiC、Si_3N_4 等纳米硅基陶瓷粉。气相法是目前制备纳米硅基陶瓷粉的主要方法，可以获得粒度更小的 Si、SiC、Si_3N_4 等。在气相法反应的过程中，含硅气体分子(如 SiH_4)或液相的有机硅汽化后与氨气等在高温下发生反应，快速形成核，长大生成 SiC、Si_3N_4 或 Si-C-N 复合粉等。

纳米硅基陶瓷粉具有量子尺寸效应、小尺寸效应、表面效应和宏观量子隧道效应，因而产生了许多特有的物理性能，使之在多学科领域有着许多的功能开发潜力和应用前景。

12.5 有机高分子材料

德国物理化学家斯陶丁格(staudinger)在 1920 年提出了高分子的长链结构，形成了高分子概念。经过 10 余载的争论，1930 年斯陶丁格提出的高分子概念得以确立，从而开始了用化学方法制备高分子的时代。为表彰斯陶丁格的功绩，授予他 1953 年诺贝尔化学奖。

从 1930 年高分子科学概念建立至今虽然只有半个多世纪，但由于高分子材料具有许多优良性能，适合工业和人民生活各方面的需要，而且它的原料丰富，适合现代化生产，经济效益显著，且不受地域、气候的限制，因而高分子材料工业取得了突飞猛进的发展。2003 年，全球合成高分子材料年产量超过 1.5 亿吨，我国年产量也超过 500 万吨。

12.5.1 高分子化合物的基本概念

高分子化合物又称高聚物(high polymer)。它是由一种或几种低分子化合物聚合而成的化合物，相对分子质量很大，一般约为 $10^4 \sim 10^6$。由于高分子化合物的相对分子质量很大，所以它的物理和化学性能与低分子化合物有很大差异，而且具有许多独特而优异的性能，正在现代人类的生活、生产诸方面得到广泛地应用。

1. 单体

形成高分子化合物的低分子化合物叫做单体。成千上万个单体分子通过聚合反应连接成高分子化合物。高分子化合物的化学组成与单体完全相同或基本相同，有的稍有差别。例如：氯乙烯是聚氯乙烯的单体；聚酰胺-66 的单体包括己二胺和己二酸。这两种高聚物和单体的结构可表示为

聚氯乙烯：$\left[CH_2—\underset{\underset{Cl}{|}}{CH} \right]_n$，单体是 $CH_2═\underset{\underset{Cl}{|}}{CH}$；

聚酰胺-66：$\left[\underset{\underset{H}{|}}{N}—(CH_2)_6—\underset{\underset{H}{|}}{N}—\underset{\underset{O}{\|}}{C}—(CH_2)_4—\underset{\underset{O}{\|}}{C} \right]_n$，单体是：

$H_2N(CH_2)_6NH_2$ 和 $HOOC(CH_2)_4COOH$。

2. 链节与链节数

高分子中重复的结构单元称为链节，重复的结构单元数 n 称为链节数，即聚合度(DP)。例如上述的聚氯乙烯和聚酰胺-66 中的链节分别为

$$—CH_2—\underset{\underset{Cl}{|}}{CH}— \quad , \quad —\underset{\underset{H}{|}}{N}—(CH_2)_6—\underset{\underset{H}{|}}{N}—\underset{\underset{O}{\|}}{C}—(CH_2)_4—\underset{\underset{O}{\|}}{C}—$$

如果链节的相对分子质量为 M_a，高分子化合物的相对分子质量 $M=nM_a$。由于高聚物的相对分子质量很大，计算相对分子质量时忽略分子两端的原子不会引起较大的误差。

同一种高分子化合物中分子链所含的链节数并不相同，所以，高分子化合物往往是由许多链节结构相同而链节数不等的同系聚合物所组成，因此，实验测得的高分子化合物的相对分子质量与链节数都是平均值。

12.5.2 高分子化合物的命名与分类

1. 命名

1）习惯命名法

天然高分子化合物，一般根据来源或性质都有专门的名称，如纤维素、木质素、淀粉、蛋白质等。由一种单体合成得到的高聚物，其名称习惯上是在单体名称前加一个“聚”字，如聚乙烯、聚氯乙烯等。由两种单体合成得到的高聚物，名称往往是在两种单体名称后加词尾“树脂”或“共聚物”。如苯酚-甲醛树脂(简称酚醛树脂)、乙烯-丙烯共聚物(简称乙丙共聚物)等。对于一些结构复杂的高聚物，习惯采用其商品名称，没有统一规则，如涤纶(又称的确良)、锦纶(锦纶 66)、腈纶(或称人造羊毛)、ABS 树脂等。

2）系统命名法

这是 1972 年国际纯粹和应用化学联合会(IUPAC)制定的以聚合物的结构重复单元(即高聚物分子中的最小重复单元)为基础的命名方法。采用该命名法命名时，先确定高聚物分子中的最小结构单元，排出次序，然后按小分子有机化合物的 IUPAC 命名规则给结构重复单元命名并加括弧，最后在名称前冠一“聚”字，即得高聚物的名称。例如：

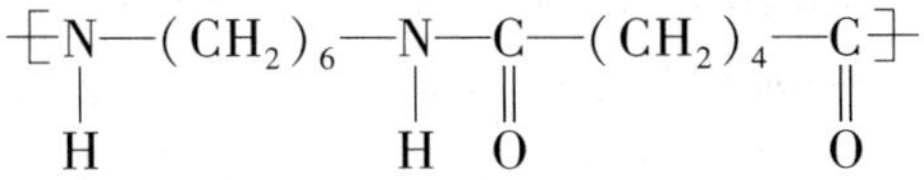

$$\left[\underset{\mathrm{H}}{\underset{|}{\mathrm{N}}}-(\mathrm{CH_2})_6-\underset{\mathrm{H}}{\underset{|}{\mathrm{N}}}-\underset{\mathrm{O}}{\underset{\|}{\mathrm{C}}}-(\mathrm{CH_2})_4-\underset{\mathrm{O}}{\underset{\|}{\mathrm{C}}} \right]$$

称为聚(亚氨基六甲基亚氨基己二酰)。

一些常见高聚物的结构式和名称列于表 12-4。

表 12-4 一些常见高聚物的结构式和名称

高聚物的结构式	习惯名称	系统命名	英文名缩写
$\left[\mathrm{CH_2-CH_2} \right]_n$	聚乙烯	聚亚甲基	PE
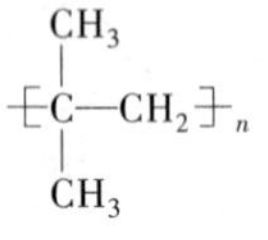 $\left[\underset{\mathrm{CH_3}}{\underset{\vert}{\overset{\mathrm{CH_3}}{\overset{\vert}{\mathrm{C}}}}}-\mathrm{CH_2} \right]_n$	聚异丁烯	聚(1，1-二甲基乙烯)	PIB
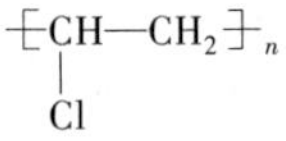 $\left[\underset{\mathrm{Cl}}{\underset{\vert}{\mathrm{CH}}}-\mathrm{CH_2} \right]_n$	聚氯乙烯	聚(1-氯代乙烯)	PVC
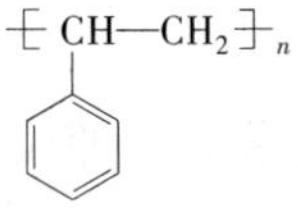 $\left[\underset{\mathrm{C_6H_5}}{\underset{\vert}{\mathrm{CH}}}-\mathrm{CH_2} \right]_n$	聚苯乙烯	聚(1-苯基乙烯)	PS
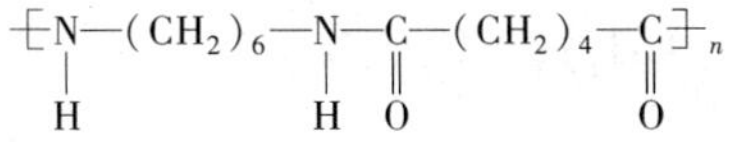 $\left[\underset{\mathrm{H}}{\underset{\vert}{\mathrm{N}}}-(\mathrm{CH_2})_6-\underset{\mathrm{H}}{\underset{\vert}{\mathrm{N}}}-\underset{\mathrm{O}}{\underset{\Vert}{\mathrm{C}}}-(\mathrm{CH_2})_4-\underset{\mathrm{O}}{\underset{\Vert}{\mathrm{C}}} \right]_n$	聚己二酰己二胺(尼龙 66)	聚(亚氨基六亚甲基亚氨基己二酰)	PA-66

续表

高聚物的结构式	习惯名称	系统命名	英文名缩写
$\lbrack \underset{\underset{\text{CN}}{\mid}}{\text{CH}}-\text{CH}_2 \rbrack_n$	聚丙烯腈(腈纶)	聚(1-氰基乙烯)	PAN
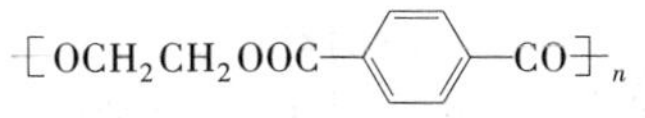 $\lbrack \text{OCH}_2\text{CH}_2\text{OOC}-\text{C}_6\text{H}_4-\text{CO} \rbrack_n$	聚对苯二甲酸乙二醇酯(涤纶)	聚(氧化乙烯氧化对苯二甲酰)	PETP

2. 分类

高分子化合物种类繁多，从不同的角度出发，就有不同的分类方法。常见的分类方法有以下三种。

(1) 按性能与用途分类，在工程上高聚物可分为塑料、纤维与橡胶三大类。

(2) 根据主链结构分类，高聚物可分为碳链聚合物(主链全部由碳元素一种原子组成)、杂链聚合物(构成主链的元素除碳原子外，还有 O、S、N、P 等元素)、元素聚合物(构成主链的元素不含碳，而是 Si、O、Ti、B、Al 或 As 等)三大类。例如：

碳链聚合物： $\lbrack \text{CH}_2-\text{CH}_2 \rbrack_n$

杂链聚合物： $\lbrack \underset{\underset{\text{H}}{\mid}}{\text{N}}-\underset{\underset{\text{O}}{\|}}{\text{C}}-(\text{CH}_2)_5 \rbrack_n$

元素聚合物： $\lbrack \overset{\overset{\text{R}}{\mid}}{\underset{\underset{\text{R}}{\mid}}{\text{Si}}}-\text{O} \rbrack_n$， $\lbrack \overset{\overset{\text{R}}{\mid}}{\underset{\underset{\text{R}}{\mid}}{\text{Ti}}}-\text{O} \rbrack_n$

(3) 按热性能不同，高聚物可分为热塑性聚合物和热固性聚合物两大类。热塑性聚合物(如聚烯烃)在受热时会发生物理软化，冷却时又重新固化。这一特性有利于加工成型。热固性聚合物(如不饱和聚酯)受热时由于发生了不可逆的交联化学反应，会形成坚硬的不熔性固体。

12.5.3 高分子化合物的合成

由煤、石油、天然气等自然资源经过一系列化工过程，可生产出合成高分子化合物的单体。根据单体分子结构的特征，由单体合成高聚物的反应可分为加聚反应和缩聚反应。

1. 加聚反应

一种或多种具有不饱和键的单体在一定条件下(光照、加热或化学试剂的作用等)聚合，直接得到高分子化合物的反应称为加聚反应。原则上，所有活泼的不饱和结构都可以发生加聚反应。由于在加聚反应中没有其他低分子物质析出，故高聚物的化学组成与单体相同。由加聚反应形成的高聚物通称加聚物。最重要的加聚反应是碳碳双键的加聚。例如，乙烯类单体在光或引发剂的作用下打开单体中的双键，发生加聚反应：

$$n\,\underset{\underset{\text{X}}{\mid}}{\text{CH}}=\text{CH}_2 \longrightarrow \lbrack \underset{\underset{\text{X}}{\mid}}{\text{CH}}-\text{CH}_2 \rbrack_n$$

上述反应式中，X 表示取代基，可以是—H，—Cl，—CN 以及烷基、苯基等。由于 X 的不同，通过加聚反应可以得到不同的乙烯类聚合物。像这样由一种单体参加的加聚反应又称为均聚反应。均聚反应的产物叫均聚物。聚乙烯、聚氯乙烯、聚丙烯腈、聚苯乙烯等都是均聚物。

由两种或两种以上单体参加的加聚反应又称为共聚反应，反应产物称为共聚物。例如：

$$n\,CH_2{=}CH{-}CH{=}CH_2 + n\,\underset{\displaystyle CN}{\underset{|}{CH}}{-}CH_2 \longrightarrow \left[CH_2{-}CH{=}CH{-}CH_2{-}\underset{\displaystyle CN}{\underset{|}{CH}}{-}CH_2\right]_n$$

丁二烯　　　　　　丙烯腈　　　　　　　　　　　　丁腈橡胶

共聚物往往可兼具两种或两种以上均聚物的一些优良性能。例如，用丁二烯制的橡胶，其耐油性差，而丁腈橡胶具有优良的耐油性。共聚方法是扩大单体来源、改善已有聚合物性能和增加聚合物品种的重要途径。

2. 缩聚反应

具有两个或两个以上官能团的一种或多种单体之间缩合，失去低分子化合物（一般是 H_2O、NH_3、醇、卤化氢等）而变为高聚物的过程叫做缩聚反应。缩聚反应中有低分子物质析出，所以形成的高聚物的化学组成与单体的不同。例如，含有两个氨基（$-NH_2$）的己二胺和含有两个羧基（$-COOH$）的己二酸合成的尼龙 66，就是前一个单体的氨基与后一个单体的羧基脱水缩合形成的高聚物。其反应为

$$n\,NH_2{-}(CH_2)_6{-}NH_2 + n\,HOOC{-}(CH_2)_4{-}COOH \longrightarrow$$

$$\left[\underset{\displaystyle H}{\underset{|}{N}}{-}(CH_2)_6{-}\underset{\displaystyle H}{\underset{|}{N}}{-}\underset{\displaystyle O}{\underset{\|}{C}}{-}(CH_2)_4{-}\underset{\displaystyle O}{\underset{\|}{C}}\right]_n + 2nH_2O$$

上述尼龙 66 分子中含有酰胺键（ $-\underset{\displaystyle O}{\underset{\|}{C}}{-}\underset{\displaystyle H}{\underset{|}{N}}-$ ），属于杂链高聚物。由于缩聚反应是逐步完成的，因此缩聚产物的相对分子质量会随时间的延长而增大，也可以得到中间产物。

按单体分类，缩聚反应可分为均缩聚和共缩聚；按产物结构分类，可分为线型缩聚和体型缩聚反应。若参加反应的单体含有两个能够参与反应的官能团，经缩聚反应得到线型结构的缩聚物，此反应称为线型缩聚反应；反应单体中至少有一个组分含有三个或三个以上能参加反应的官能团，经缩聚反应得到体型缩聚物，则此反应称为体型缩聚反应。

12.5.4　高分子化合物的结构与性能

高分子化合物的性能与结构密切相关，了解其结构与性能的关系，对于合理选用高分子材料、改善聚合物的性能及合成有指定性能的新聚合物具有重要意义。

1. 高分子链的结构形态

高分子化合物分子链的结构形态有三种：线型、支链型和体型，见图 12-3。聚合物的结构形态，由单体种类和聚合条件决定。高分子化合物的性能与其结构形态关系密切。

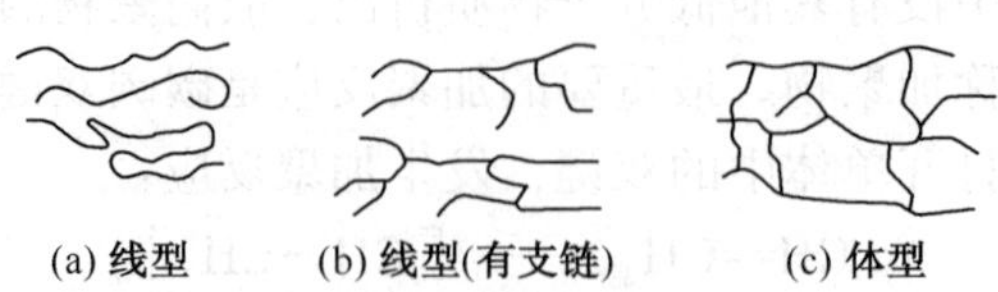

图 12-3　高分子链的结构形态

具有线型分子链的高分子化合物，其直径与长度之比达 1∶10000，在低温或拉伸情况下呈直线状，温度较高或在稀溶液中则呈卷曲状，见图 12-3（a）。由于高分子链间作用力较弱，大多数线型高分子化合物可溶于适当的溶剂中，加热时亦可熔融。聚乙烯、聚氯乙烯、

聚苯乙烯、尼龙、未硫化的天然橡胶等均属于线型高聚物。

不同的支链型高分子化合物，因分子中支链的数目、长短不同，其性能亦不相同。在支链化不太严重的情况下，支链的存在可使聚合物的结晶度降低，密度减小，而溶解性增大。支链型高分子化合物的性质与线型高分子基本相同。

体型高分子化合物的结构特点是分子长链之间通过若干条支链连接成网状，见图 12-3（c）。高度交联的高分子，弹性、可塑性较小，而具有刚硬、不易变形、不能软化的特性；低交联度的聚合物能溶胀，加热会软化。通常热固性聚合物是体型高分子，一次加工成型后不再熔化，在一般溶剂作用下也不溶解。离子交换树脂、硫化橡胶等属于体型高聚物。

2. 高分子链中单键的内旋转和链的柔顺性

高分子化合物的高分子主链上存在着许多单键，如 C—C、C—O、C—N、C—Si 等。主链上的单键可绕其邻近的单键（以其为轴）作旋转运动，这种现象称为单键的内旋转。内旋转是在保持键角、键长不变的情况下的一种转动。如图 12-4 所示，C_1—C_2 与 C_2—C_3 键的键角为 α，C_2—C_3 键可保持键角 α 不变，并以 C_1—C_2 键为键轴作内旋转。事实上，长链上的每一单键都可以发生内旋转。

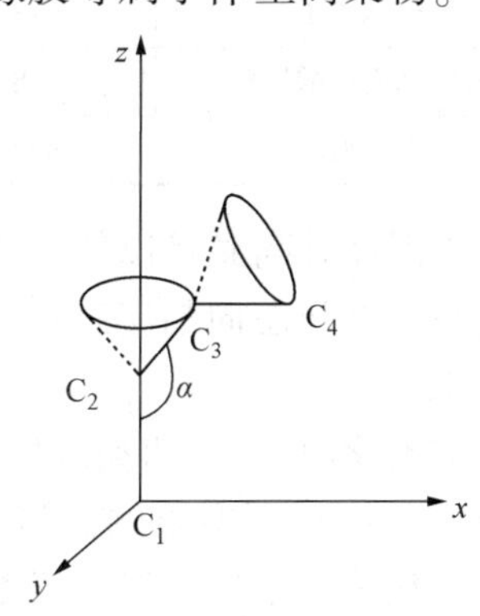

图 12-4　单键内旋转示意图

高聚物分子的主链上存在着成千上万个单键，若每个单键都同时发生内旋转，每条高分子长链变化的形式非常多，时而卷曲收缩，时而扩展伸长。高分子长链由于内旋转而表现出不同程度卷曲的特性称为高分子链的柔顺性。由于高分子链内单键的内旋转受分子结构的制约，所以分子链的柔顺性也与分子结构密切相关。一般来讲，主链上原子的取代基数目越少、体积越小（单键内旋转的位阻越小）、极性越弱，则单键的内旋转就越容易，分子链的柔顺性就越好。柔顺性是高分子链最重要的物理特性，它对高分子化合物的物理性能有重要的影响。

3. 非晶态高分子化合物的力学状态

常温下处于固态的聚合物，根据其分子链在空间的排列情况可分为晶态和非晶态。晶态高聚物中，分子链排列规则；非晶态高聚物中，分子链的堆砌是无规则的。事实上，同一种高聚物可以兼有晶态和非晶态两种结构。结晶部分在高聚物中所占质量分数（或体积分数）称为结晶度。高聚物的结晶度随其种类、结晶条件而变化。结晶度的大小是影响高分子材料力学强度、密度、耐热、耐溶等性能的重要因素。

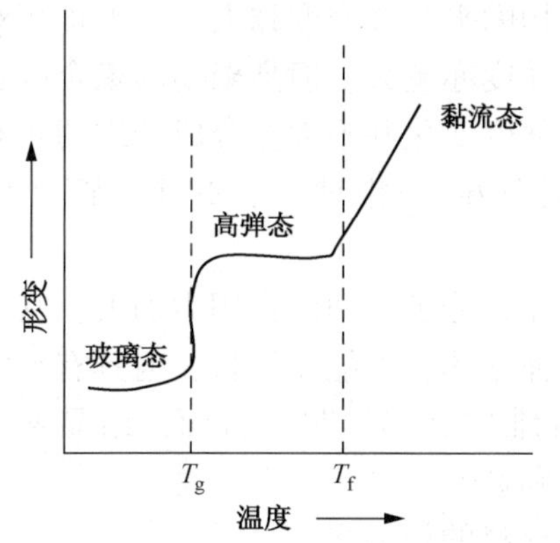

图 12-5　非晶态聚合物的形变-温度曲线

大多数合成树脂和合成橡胶属于非晶态结构，它们从固态变为液态时一般无确定的熔点。非晶态高聚物随温度的变化，从固态逐步变为液态的过程中，出现三种不同的力学状态，即玻璃态、高弹态和黏流态。它们是分子处于不同运动状态的宏观表现。图 12-5 是这种变化的示意图。

由图 12-5 可以看出，温度较低时高分子热运动和链节的自由旋转都很小，高分子化合物变成如同玻璃那样的硬块，叫做玻璃态。常温下的塑料就是处于这种状态。

温度升高到一定程度时，聚合物的高分子链仍不能自由移动，但链节可以自由转动。在较小的外力作用下，可产生较大的形变，除去外力后又能逐渐恢复原状，表现出很高的弹性。此时高聚物处于类似于橡胶的弹性状态，这种状态称为高弹态(或橡胶态)。高聚物由高弹态返回到玻璃态的转变温度叫做玻璃化温度，通常用 T_g 来表示。一些高聚物的 T_g 见表 12-5。

表 12-5　一些非晶态高聚物的 T_g 和 T_f

高分子化合物	T_g/K	T_f/K	高分子化合物	T_g/K	T_f/K
聚氯乙烯	354	448	天然橡胶	200	395
聚苯乙烯	373	408	顺丁橡胶	165	-
聚甲基丙烯酸甲酯	378	423	硅橡胶	148	523
聚碳酸酯	423	—			

当温度升高到足以使整个高分子链能自由运动时，高聚物呈现流动状态，这种状态称为黏流态。高弹态向黏流态转变的温度叫做黏流化温度，通常用 T_f 来表示。某些高聚物的 T_f 见表 12-5。

玻璃化温度 T_g 和黏流化温度 T_f 是高聚物的重要性质。通常将 T_g 高于室温的高聚物称为塑料，T_g 低于室温的高聚物称为橡胶。T_g 是塑性材料的最高使用温度，当温度高于 T_g 时，材料将发生较大形变或断裂。因此，从实用温度范围考虑，塑料的 T_g 越高越好；同时作为塑料，还要求它既易于加工又要很快成型，所以希望 T_g 与 T_f 的差值要小。

对于橡胶，T_g 是这类材料的最低使用温度，当温度低于 T_g 时，材料就会变脆。所以，对作为橡胶的高聚物，要求其在较低的温度下仍能具有较高的弹性，T_g 越低越好，而 T_f 则要高。$T_g \sim T_f$ 的温度范围为橡胶类高聚物的使用温度区间。T_g 与 T_f 的差值越大，橡胶的耐热性和耐寒性越好。T_f 与高聚物的使用和加工性能有关，T_f 越低，越有利于高聚物的塑制和加工，但是，若从高聚物耐热性考虑，则希望 T_f 越高越好。

4. 高分子化合物的性能

高分子化合物作为材料，实际应用中要求它具有良好的力学、电学、热学性能和化学稳定性。

(1) 力学强度　力学强度是指材料抵抗外力破坏作用的能力，通常用抗拉、抗压、抗弯曲、抗冲击等强度来衡量。它们主要取决于高分子主链的化学键、聚合度、结晶度和分子链之间的作用力大小。对同种高聚物而言，影响力学强度的主要因素是高聚物的聚合度和结晶度。高聚物分子主链的共价键越强，则强度越高。高聚物的平均聚合度越大，其平均相对分子质量就越大，分子链越长，分子链间的作用力越大，强度亦越大。但高聚物的聚合度超过某定值，其弹性和塑性将锐减而不利于加工，且其拉伸强度变化并不大。合成纤维的相对分子质量通常控制在几万以内，过高易堵塞纺丝孔。如尼龙 66 的相对分子质量一般为 $1.5\times10^4 \sim 2.3\times10^4$ 或 $2.5\times10^4 \sim 8\times10^4$ 范围。

提高高聚物的结晶度，使高分子链排列更加紧密有序，分子链间的作用力加大，其强度也随之增大。例如无规则聚丙烯是黏稠液体或橡胶状高弹性体，不能作塑料，但具有一定结晶度的等规聚丙烯，不仅可以用作塑料，而且能纺成纤维(丙纶)。另一方面，结晶度的提高使高分子链节的运动变得困难，会降低高聚物的弹性和韧性。

(2) 电学性能　聚合物的电学性能是工业部门选择材料的依据之一。

高聚物分子中各原子以共价键结合，不存在自由电子和离子，所以一般高分子材料的导电能力差，在直流电场下大多数具有良好的电绝缘性能。但是在交流电场中，含有极性基团或极性链节的高聚物，由于极性基团或极性链节会随电场方向发生周期性取向，因而具有一定的导电性。

高聚物的电性能与其分子的极性有关。一般来讲，非极性高聚物(如聚乙烯、聚四氟乙烯、聚丁烯等)，高分子链的链节结构对称，它们的相对介电常数(电容器中充满高聚物时的电容与真空时的电容之比，用 ε 表示)值较小，ε 值约为 1.8~2.0，可作为高频电介质。弱极性或中等极性高聚物的 ε 值约为 2.0~4.0，如聚苯乙烯、天然橡胶和聚氯乙烯、尼龙、有机玻璃等，可用作中频电介质。强极性高聚物的 ε 值高于 4.0，如酚醛树脂、聚乙烯醇等，只能作低频电介质使用。

(3) 高分子化合物的老化与防止　高分子化合物在长期使用中，受热、光、机械力等作用以及氧、酸、碱、水蒸气及微生物等因素的作用，逐渐失去弹性并出现裂纹，变硬、变脆或变软、发黏、泛黄等，它的物理、力学性能变坏。这种现象叫做高分子化合物的老化。例如聚氯乙烯薄膜经日光照射 1~2 年将完全丧失柔顺性，变得硬而易碎。

高聚物老化过程是一个复杂的化学变化过程，主要是在外界因素的作用下，高分子链发生交联反应和降解反应引起的。

高分子链间的交联反应，可使高聚物由线型结构转变为体型结构，增大了高聚物的聚合度，会使原来的聚合物变硬发脆而丧失弹性。如丁苯橡胶等合成橡胶的老化即是以交联反应为主。

含有双键的高聚物(如聚烯烃)，在含氧的环境中，由于光的作用，易发生氧化降解。天然橡胶氧化降解反应可用下式表示：

$$\cdots-CH_2-\underset{\displaystyle CH_3}{\underset{|}{C}}=CH-CH-\cdots+O_2 \longrightarrow \cdots-CH_2-\underset{\displaystyle CH_3}{\underset{|}{C}}=O+O=\underset{\displaystyle H}{\underset{|}{C}}-CH_2-\cdots$$

由于氧化降解，大分子链断裂，橡胶变软变黏，失去了原有的力学强度。

为了延缓或防止高聚物的老化作用，人们进行了大量的研究工作，采用了许多行之有效的方法。如在高聚物分子链中引入较多的苯环、杂环结构，或引入无机元素(如 Si、P、Al 等)，均可提高其热稳定性；在高聚物中加入光稳定剂(如 ZnO 及钛白粉、炭黑等)、抗氧剂(芳香胺类)等，提高了材料对光、氧等作用的稳定性。

12.6　复合材料

前面简单地介绍了金属材料、无机非金属材料和有机高分子材料，它们各有其优缺点。如果将两种或两种以上不同的材料通过复合工艺组成新的复合材料，它既能保持原来材料的优点，又能克服单一材料的缺点。例如金属材料易腐蚀，合成高分子材料易老化、不耐高温，陶瓷材料易碎裂等缺点，都可以通过复合的方法予以改善和克服。因此复合材料是在三大材料基础上发展起来的新材料。

通常复合材料是由以连续相存在的基体材料与分散于其中的增强材料两部分组成。

复合材料的品种繁多，按增强体的物质形态可分为：颗粒增强复合材料、夹层增强复合材料和纤维增强复合材料。目前发展较快的是纤维增强复合材料。按基体又可分为三类：树脂基复合材料、金属基复合材料和陶瓷基复合材料。

12.6.1 纤维增强树脂基复合材料

1. 玻璃钢

玻璃钢是由玻璃纤维和不饱和聚酯、环氧树脂、酚醛树脂、有机硅树脂等复合而成的。如将玻璃熔化并以极快的速度拉成细丝，则这种玻璃纤维非常柔软，可用来纺织。玻璃纤维的强度很高，比天然纤维或化学纤维高出 5~30 倍。在制造玻璃钢时，可将直径 5~10μm 的玻璃纤维成纱、带材或织物加到树脂中，也可以把玻璃纤维切成短纤维加到基体中。玻璃钢不仅强度高、质量轻、绝缘性能好，而且耐腐蚀、抗冲击性强。它已广泛应用于飞机、汽车、轮船、建筑、石油化工设备和家具等行业。

2. 碳纤维增强塑料

碳纤维是将有机纤维(如聚丙烯腈纤维)在 200~300℃的空气中加热，使其氧化，再在 1000~1500℃的稀有气体中炭化制得的，具有耐高温、质轻、硬度大和强度高等特点。

碳纤维增强塑料是根据使用温度的不同来选择不同的树脂基体，如环氧树脂的使用温度为 150~200℃，聚双马来酰亚胺为 200~250℃，而聚酰亚胺则超过 300℃。碳纤维增强塑料主要在飞机和宇航飞行器上作为结构材料，如宇宙飞行器外表面的防热层、火箭喷嘴等。

除了玻璃纤维、碳纤维外，作为纤维增强材料的还有硼纤维、碳化硅纤维和芳纶纤维等。芳纶纤维增强塑料除用于飞机、造船外，还用于体育用品，如羽毛球拍、撑杆跳用的撑杆、高尔夫球杆及弓箭等。

12.6.2 纤维增强金属基复合材料

树脂基复合材料已有较大发展，但其耐热性一般不超过 300℃，不导电、传热性差也是其主要缺点。这就限制了它们在某些条件下的使用。

采用高强度、耐热纤维与金属组成金属基复合材料，既可保持金属原有的耐热、导电和导热等性能，又可提高强度，降低相对密度。

基体金属使用较多的是铝、镁、钛以及某些合金。

碳纤维是金属基复合材料中应用最广泛的增强材料。碳纤维增强铝复合材料具有耐高温、耐热疲劳、耐紫外线和耐潮湿等性能，适合于作飞机的结构材料。

碳化硅纤维增强铝的复合材料比铝轻 10%，强度高 10%，刚性高一倍，具有更好的化学稳定性、耐热性和高温抗氧化性。它们主要用于汽车工业和飞机制造业。用碳化硅纤维增强钛的复合材料制成的板材和管材已用来制造导弹壳体和空间部件等。

12.6.3 纤维增强陶瓷基复合材料

纤维增强陶瓷基复合材料可以增加陶瓷的韧性，这是解决陶瓷脆性的途径之一。由纤维增强陶瓷做成的陶瓷瓦片，用黏接剂贴在航天飞机的机身上，使航天飞机能安全地穿越大气层返回地球。

近年来发展起来的纳米复合材料显示出了很好的应用前景。纳米复合材料是指，至少有一种组分材料的分散相尺度小于 10^2nm 量级的复合材料，它的性能优于相同组分的常规复合材料，尤其是在物理力学性能方面。

与常规的有机-无机复合材料相比，纳米复合材料具有独特的纳米尺寸效应，具有大的比表面积和强的界面相互作用，使高分子和无机材料的界面之间存在着强的化学结合力，达到理想的黏接性能，可解决高分子基体与无机材料基体的热膨胀系数不匹配的问题，从而充分发挥无机材料优异的力学性能和耐热性。

有机-无机纳米复合材料中的有机相可以是塑料、尼龙、有机玻璃和橡胶等；无机相可以是金属、氧化物、陶瓷和半导体等。复合后的材料，既有高分子材料良好的加工使用性能，又具备无机材料的光、电、磁等功能特性。这些材料在光学、电子、机械、生物学等领域有广阔的应用前景。

由钛基纳米金属粉与高分子聚合物制成的纳米复合材料作为防腐涂料，已在槽车、煤矿单体液压支柱等的防腐上取得良好效果，还可望在舰船的防腐上获得应用。

12.7 液晶材料

液晶是介于固态与液态之间各向异性的流体，是发现较晚的一种物质状态。液晶态的发现，打破了人们关于物质三态(固态、液态、气态)的常规概念。2000 年共有近 75000 种液晶和近 2000 种高分子液晶问世。液晶，作为一种新的物态和新的材料出现具有其重要意义。

此外，它与生命现象有着密切关联。近年来，随着科学技术的飞速发展，有关液晶的基础研究进展很快，实际应用技术的开发日新月异，它已引起人们极大的重视。

12.7.1 相转变和液晶相

如果构成固体的分子具有明显的几何形状各向异性，如棒状或碟状，它存在两种有序性：分子位置的有序性和分子排列取向的有序性，它们都会影响固体的物理性质。

低温时，这种几何结构明显各向异性的分子规则地周期排列，构成固相物质，其中分子不仅具备位置有序以形成晶体点阵，而且分子的排列也必然有一定的有序性。这是因为，固体分子间距离近，分子只有采用相同的排列取向，使体系的热能处于最小值。把处于固相的这类物质逐渐加热以增大分子的动能，当达到一定的温度，这种分子位置和取向有序的固体物质将通过两种途径变成各向同性液体。一种是物质保持固态，但是分子的取向有序性先遭到破坏，到更高的温度才破坏位置有序性而形成各向同性液体，称为塑晶。另一种是物质先失去位置有序性形成液体，但是保留取向有序，直至更高的温度才进一步破坏取向有序而形成各向同性液体。这类物质在位置有序受到破坏进入液态时，由于存在分子取向有序性，因此它们的物理性质仍然是各向异性，这种各向异性的液体就是液晶。液晶是自然界两大基本原则流动性和有序性的有机结合，人们又把液晶形象地称为“流动的晶体”。

12.7.2 液晶的种类

根据结构和分子排列，液晶可分为近晶相液晶、向列相液晶和胆甾相液晶，见图 12-6。

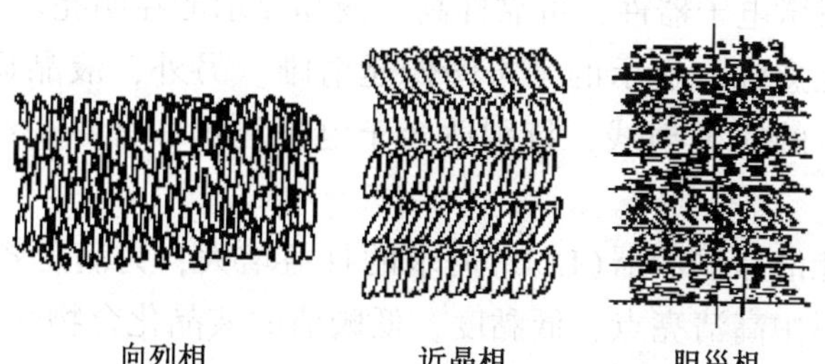

图 12-6　三类典型的的液晶结构示意图

(1) 近晶相液晶是由棒状分子分层排列组成的，层内分子互相平行，其方向可以垂直于层面，也可以与层面倾斜一定角度。分子质心只在层内无序，有流动性，其规整性近于晶体，是二维有序。

(2) 向列相液晶，其棒状分子大体上成平行排列，质心位置无长程序，分子不排列成层，能上下左右滑动，但在分子长轴方向上能保持相互平行或近于平行，即它只有取向有序。

(3) 胆甾相液晶可以看做由向列相平面重叠而成，平面内分子互相平行，但层与层之间分子的长轴稍有变化，形成螺旋状。当分子取向旋转 360°后，又回到原来取向，为一个螺距。胆甾相液晶可以从胆甾醇衍生物或手征性分子得到。

上面所讨论的三种类型液晶都是特定的纯的有机物质。液晶态是通过升温到特定的温区中显示的，这一类液晶通称为热致液晶。目前技术上直接应用的液晶都属于这一类。除此之外，还有一类被称为溶致液晶，有机分子溶解在溶剂中，当浓度足够高时，也可以呈现液晶相。

这种液晶广泛存在于自然界，特别是生物体内。

典型的溶致液晶是各种双亲分子(如肥皂)的水溶液，浓度不同时，这些液晶分子会呈现层状堆积、球状堆积等。

另一个溶致液晶的例子是聚对苯二甲酰对苯二胺的浓硫酸溶液。这种向列型液晶溶液经纺丝后，可得到一种分子高度取向的有机纤维——芳纶，其强度比钢高几倍，而密度还不到钢的 1/5。

12.7.3 液晶特性与用途

液晶是一类取向有序流体。一方面它是流体，另一方面又像晶体，具有双折射等各向异性，并且其结构会随外场(电、磁、热、力等)的变化而变化，从而导致其各向异性性质的变化。

电光效应是液晶最有用的性质之一。所谓电光效应是指在电场作用下，液晶分子的排列方式发生改变，从而使液晶光学性质发生变化的效应。绝大多数液晶显示器件的工作原理都是基于这种效应。

用于显示目的的液晶材料种类繁多，主要有酯类液晶、联苯类液晶、苯基环己烷类液晶、环己基环己烷类液晶、嘧啶类液晶及手征性液晶。液晶之所以用于显示技术，是因为液晶显示功耗低和占用体积很小。液晶显示的驱动电压低，通常只需几伏电压即可，并且易于和其他电路连接，组成微电子器件，可靠性高。液晶显示能在明亮环境下显示，不怕日光或强光干扰，相反，外光愈强，显示的字符图像越清晰。另外，液晶显示无闪烁，无畸变现象，不产生对人体有害的软 X 射线，特别适合于电视显示和计算机终端显示，保证工作人员的健康。

随着人们对高性能液晶显示器(LCD)需求的日益增大，为满足各种性能的 LCD 使用指标要求，实用液晶材料中高清亮点、低黏度、低阈值的液晶化合物受到了青睐。

除液晶显示外，液晶还用于温度检测、应力检测、无损检测、医疗诊断、色谱和各种波谱分析等。

习题

1. 简述材料的发展过程。
2. 举例说明加聚反应和缩聚反应的区别。
3. 非晶态高分子化合物在不同温度下存在哪三种状态？它的 T_g 与 T_f 值与哪些性质有关？
4. 复合材料中的基体材料和增强材料分别在其中起何作用？
5. 简述液晶的特性与用途。
6. 高分子材料可分为几大类？命名方法如何？复合材料又有哪几类？
7. 试简述陶瓷材料发展史上的三次飞跃。

第13章　化学与环境

内容提要： 本章主要讨论化学与环境的关系。介绍了大气环境、水环境、土壤环境和室内污染的组成与性质，分析了各圈层的化学特点，介绍一些污染物在环境各圈层中的迁移规律，并对21世纪关注的环境问题，如臭氧层耗损、水污染、重金属和有机污染物等问题进行了探讨。

学习要求：

(1) 了解环境与可持续发展的关系；

(2) 理解环境污染、环境污染物、环境污染源等有关知识并知道常见的环境污染的形成及危害，掌握环境污染的防治措施；

(3) 运用所学知识和技能对环境污染问题进行分析，并提出解决问题的方法；

(4) 增强对环境的保护意识和法制意识，形成科学发展观思想。

环境问题是当今世界上面临的重大问题之一。联合国把人口、资源、环境与发展并列为国际社会面临的四大问题。在近代工农业发展和技术进步过程中，化学为人类提供了品种繁多、琳琅满目的生产和生活用品，为人类进步和生活质量的提高起了不可替代的作用。但同时也带来了不可忽视的负面效应，降低了环境质量，直接或间接地损害人类的健康，影响生物的繁衍和生态的平衡。

13.1　环境与可持续发展

可持续发展概念与环境保护理念，是20世纪以来人类为解决威胁自身持久健康发展的资源和生态环境问题，在对其产生的经济、社会、政治、文化根源的认识过程中，形成的理论成果与战略思想。可持续发展概念主要着眼于环境与经济社会发展的关系，强调环境保护、经济发展、社会进步这三者之间的协调发展；环境保护理念是以可持续发展理论为基础，强调人与自然关系的和谐。在内涵上，可持续发展和环境保护一脉相承，次第渐进，前者是后者的基础，后者是前者的扩展和升华。在实践上，二者是紧密相连不可分割的，只有重视环境保护，才能加快可持续发展的步伐；走可持续发展道路，必须抓好环境保护。

13.1.1　可持续发展是历史发展的必然趋势

1972年6月5日，联合国在瑞典首都斯德哥尔摩召开了“人类环境会议”。会议通过了《联合国人类环境会议宣言》，并制定了斯德哥尔摩行动计划。宣言分为两个部分：第一部分扼要叙述了人与环境的关系，规定了在保护和改善人类生存环境方面所应采取的7个共同原则；第二部分阐述了在保护和改善人类生存环境方面所采用的共同原则，就有关自然保护、生态平衡、污染防治、城市化、人口、资源、经济、环境责任及赔偿，以及核试验、发展中国家的需求等一系列范围广泛的人类环境问题，从环境道德、环境战略、环境法制的不同角度，表明了与会者的“共同信念”。

继人类环境会议之后，1974年在墨西哥，由联合国环境规划署和联合国贸易与发展会议联合召开了资源利用、环境与发展专题讨论会。1982 年 5 月 10~18 日在内罗毕召开的人类环境特别会议。会议通过的内罗毕宣言指出："对环境保护的长远利益缺乏足够的预见和理解，在方法和努力方面没有进行充分的协调，以及由于资源缺乏和分配不平均，人类的一些无控制的或无计划的活动使环境日趋恶化。有害的环境状况引起的疾病继续造成人类的痛苦。大气变化(例如，臭氧层的变化、二氧化碳含量日益增加和酸雨)，海洋和内陆水域的污染，滥用和随便处置有害物质，以及动植物物种的灭绝，进一步威胁人类的环境。"从斯德哥尔摩(1972)到内罗毕(1982)经历了 10 年，虽然 20 世纪 70 年代中发达国家的城市环境污染状况有明显改善，但这只是局部有所改善，而整体仍在继续恶化，20 世纪 80 年代出现了第二次环境问题的高潮。80 年代末、90 年代初全球性的严重环境问题已威胁到人类的生存和发展。

全球性环境的不断恶化，引起了人们的深刻反思。1987 年，联合国世界环境与发展委员会，把经过长达 4 年研究和经充分论证的报告《我们共同的未来》提交给联合国大会，正式提出了可持续发展的模式。这种模式既包含了对传统发展模式的反思和批判，也包含了对规范的可持续发展模式的理性设计。就理性设计而言，可持续发展具体表现在：工业应当是低消耗高效益、能源应当被清洁利用，资源永续利用、粮食保障长期供给，人口与资源保持相对平衡，经济与环境协调发展等许多方面。这表明了世界各国都已意识到要从根本上解决环境与发展问题，必须从传统的发展模式转变为可持续发展模式。

为了促进可持续发展战略的实施，1992 年 6 月在巴西里约热内卢召开了联合国环境与发展大会。与相隔 20 年的斯德哥尔摩的人类环境会议对比，审视人类走过的足迹，人们对环境与发展的辩证关系和全球环境问题的严峻形势，取得了深刻而一致的认识；找到了环境问题的根源，找到了解决环境问题的正确道路，世界各国普遍接受了"可持续发展战略"。回顾 1972~1992 年的发展历程，可以清楚地看出，走可持续发展的道路是人类经过反思后所做的正确抉择，是历史发展的必然趋势。

13.1.2 可持续发展的内涵

可持续发展源于发展理论，是发展理论在研究深度和广度上的继续深化，而传统发展道路造成的环境问题及生态危机问题越来越突出，人类必须做出抉择，必须与传统发展思路决裂，依据新的发展观重新调整各项政策。而可持续发展正是在这种背景下应运而生，可持续发展是在保持城市功能正常发挥、经济增长、社会不断进步、生活质量逐步优化、现代化水平不断提高的前提下，实现资源的持续利用、环境质量的不断提高，并为未来城市的发展留有充分的条件与空间，其核心是经济发展与保护资源和生态环境的协调一致，让我们的子孙后代能够享有优质的资源和良好的环境。同时可持续发展绝对不是短期行为的发展，也不是人类以今天的利益换取明天的发展，它是有利于生态资源的次需利用和永续发展。

从内容上看，可持续发展理论不是孤立地指某个单一要素，而是诸多要素的全方位地协调发展，是人口、经济、社会、资源、环境等各个单一要素统一体之整体的运行状态；从时间上看，它是长期恒久的；从代际关系上看，它不仅能满足当代人发展的需要，而且也同样能满足子孙后代人发展的需要；从涉及的范围上看，它指的不是个别、局部的问题，而是整体的全局的问题，它不仅是个别区域能否可持续发展的问题，而是众多区域的，甚至是全世界的可持续发展问题。

13.1.3 中国环境与发展十大对策

联合国环境与发展会议之后，中国政府重视自己承担的国际义务，中共中央、国务院于1992年8月批准转发的《中国环境与发展十大对策》，是中国所制定的第一份环境与发展方面的纲领性文件。

“十大对策”的第一条实行持续发展战略，是整个纲领性文件的核心部分，主要论述了两方面的内容：走可持续发展道路，是加速我国经济发展、解决环境问题的正确选择。传统的发展模式不但严重污染环境，而且浪费资源，加大资源的供需矛盾，使经济效益下降，长此以往经济也难于维持发展。所以，必须转变经济增长方式，走可持续发展的道路。

“十大对策”中重申了“三同步”战略方针，即经济建设、城乡建设、环境建设同步规划、同步实施、同步发展。同步规划要求“各级人民政府和有关部门在制定和实施可持续发展战略时，要编制环境保护规划，切实将环境保护目标和措施纳入国民经济和社会发展中长期规划和年度计划，并将有关的污染防治费纳入各级政府预算”。同步实施是在项目建设中，必须严格按法律规定，先评价、后建设，并坚持“三同步”制度；对已经建成的项目，现有各类产业和工业企业，要严格执行产业政策，淘汰那些能源消耗高、资源浪费大、污染严重的工艺、装备和产品。只有严格把握住以上两个环节，才能做到经济建设、城乡建设与环境建设同步协调发展，保证经济、社会持续、快速、健康地发展。

13.1.4 实现可持续发展的具体对策

环境保护是推进可持续发展的着力点和攻坚方向。大力推进可持续发展，促进人与自然和谐，是经济社会发展全局赋予环境保护工作的时代重任，是新时期我国环境保护事业的灵魂所在。改革开放的三十多年是我国环保事业大力发展的三十多年，也是不懈探索中国环境保护新道路的三十多年，有成功的经验，也有沉痛的教训。总结三十多年来的探索实践，我们必须抓住和用好我国发展的重要战略机遇期，主动避免发达国家走过的“先污染后治理、牺牲环境换取经济增长”的环保老路，探索走出一条代价小、效益好、排放低、可持续的中国环境保护新道路，促进环境与经济的协调融合，实现清洁发展、节约发展、安全发展和可持续发展。

1. 工业污染的防治

影响环境质量的主要污染物约70%来源于工业生产。“十大对策”把防治工业污染作为战略重点之一，完全符合我国国情。防治工业污染要坚持“预防为主，防治结合，综合治理”和“污染者付费”等指导原则，严格控制新污染，积极治理老污染，推行清洁生产，实现生态可持续性工业发展。首先，预防为主，防治结合。严格按照法律规定，对一切新建、扩建、改建的工业项目，要求先评价、后建设，并严格执行“三同步”制度。对现有工业要紧密结合产业和产品结构调整，加强技术改造，提高资源利用率，大力开展综合利用，最大限度地实现“三废”资源化。其次，集中控制和综合治理，这是防治工业污染的方向性措施，也是提高污染防治的规模效益，实行社会化控制的必由之路。根据我国的实践经验，综合治理要处理好下列几方面的关系：① 合理利用环境的自净能力与人为措施相结合；② 集中控制与分散治理相结合；③ 生态工程与环境工程相结合；④ 技术措施与管理措施相结合。最后，转变经济增长方式，加速从“粗放型”经营向“集约型”经营转变，走资源节约型、科技先导型、质量效益型工业的道路。要大力推行清洁生产，积极开发绿色产品，实行污染物在各个生产工艺中的全过程控制。

2. 城市环境的综合整治

1984 年，中共中央在《关于经济体制改革的决定》中提出了城市环境综合整治，它是城市环境保护工作发展的必然趋势。内容涉及到加强城市基础设施建设，合理开发利用城市的水资源、土地资源及生物资源，防治工业污染、生活污染和交通污染，建立城市绿化系统，改善城市生态结构和功能，促进经济与环境协调发展，全面改善城市环境质量。这是改善投资环境、促进改革开放的需要，也是提高人民生活水平的需要。当前的主要任务是认真治理城市“四害”。在加强基础设施建设的基础上，通过工程设施和管理措施，有重点地减轻和逐步消除废气、废水、废渣(工业固体废物和生活垃圾)、噪声对城市的污染。

3. 能源利用率的提高

中国的能源利用效率长期偏低，而且提高缓慢。据联合国有关能源机构统计，1987 年度，在世界 10 个大国中(前苏联除外)，同样创造一美元的工业产值，中国能耗最高，不仅高于发达国家，也高于巴西、印度这样的发展中国家。20 世纪 90 年代以来，虽然在节能方面中国已取得明显成绩，但目前中国单位产品能耗仍然高，节能潜力很大。此外，调整能源结构，增加清洁能源比重，尽快发展水电、核电，因地制宜地开发和推广太阳能、风能、地热能、潮汐能、生物质能等清洁能源，对可持续发展有着重要意义。

4. 生态环境的保护

中国人口众多、人均耕地少，土壤污染、肥力减退、土地沙漠化，已成为农业生产发展的制约因素，出路就在于推广生态农业。从试点的经验看，开展生态农业建设后，粮食总产增长幅度达 15%以上，光能利用率提高 10%～30%，地力提高、有机质增加，生态环境得到明显改善。科学家预言，生态环境破坏的灾难将取代战争的恐怖而成为 21 世纪人类面临的最大危险，要避免这一危险的唯一出路是恢复和发展作为陆地生态系统的森林。我国森林覆盖率低，人均森林面积只有世界平均水平的 11.3%，而植被破坏的趋势至今尚未完全控制住。所以，必须加强保护植被，坚持不懈地植树造林，确保森林的稳定增长，控制水土流失和沙漠化。

中国生物资源极为丰富，蕴藏着巨大的经济价值和科学价值，应尽快查明中国生物资源家底和濒危物种现状，加强对生物多样性的保护和合理利用。扩大自然保护区面积，有计划地建设野生珍稀物种及优良家禽、家畜、作物、药物良种保护和繁育中心，切实抓好物种和遗传基因的保护和开发利用。

13.2 大气污染及其防治

自然界清新、洁净的空气，使人心旷神怡、精神振奋。但是随着工业的迅速发展和人口急剧增长，大量燃烧煤炭、石油所产生的化学物质以废气和烟尘等形式排放到大气中，超过了大气环境的容许量，给人类的生活、生产和身体健康带来有害影响。21 世纪以来，不断发生的公害，使人们认识到保护大气不受污染的重要性。我国政府十分重视环境保护工作，制订了防治大气污染的法规。例如“大气污染防治法”，“大气环境质量标准”等。人类只有一个地球，我们应该珍惜它，在不断发展生产的同时学会保护大气不受污染，保护地球环境，以使我们生活的大气永远洁净，天空永远蔚蓝。

13.2.1 大气圈的结构及大气组成

大气是地球上一切生命赖以生存的气体环境，充足洁净的空气对人类健康是不可缺少的。大气层的重要性还在于吸收来自太阳和宇宙空间的大部分高能宇宙射线和紫外辐射，是地球生命的保护伞。同时，大气层是地球维持热量平衡的基础，为生物创造了一个适宜的温度环境。

1. 大气圈及其结构

在自然地理学上，把由于地心引力而随地球旋转的大气层叫作大气圈。大气圈的结构是指大气的化学成分和物理性质（如温度、压力、大气组成、大气密度、电离状态等）在垂直方向上的分布情况。大气圈的厚度大约为 1×10^4km，由于大气圈与宇宙空间很难确切划分，在大气物理学和污染气象学研究中，常把大气圈层上界定为 1200～1400km，超出 1400km，气体非常稀薄，就是宇宙空间了。由于地心引力的作用，大气圈中的空气分布是不均匀的。根据大气圈在垂直高度上，温度变化、大气组成及其运动状态，可将大气圈按图 13-1 划分为若干层。

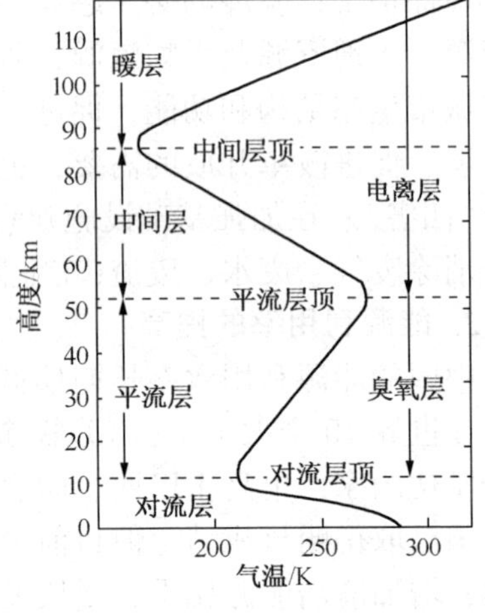

图 13-1　大气圈结构

距地球表面大约为 85km 高度，大气的主要成分的组成比例几乎没有什么变化，因而，称之为均质大气层（简称均质层）。根据气温在垂直方向上的变化情况还可将均质层分为对流层、平流层和中间层。在均质层以上的大气层，其气体的组成随高度而有很大的变化，称它为非均质层，在非均质层中又分暖层（电离层）和散逸层（外层）。

2. 大气的组成

大气是自然环境的重要组成部分，人类赖以生存必不可少的物质。大气是由多种气体组成的混合物，其总质量为 5.14×10^{18}kg。另外，大气中还含有少量的悬浮固体颗粒和液体微滴。大气中除去水汽、液体和固体杂质外的混合气体称为“干洁大气”，即干燥清洁的空气。

干洁大气的组成包括的主要成分是氮、氧、氩三种气体，占大气总体积的 99.99%，加上二氧化碳后，则占大气总体积的 99.995%。次要成分主要是惰性气体，还有微量的有毒气体（NO、NO_2、O_3、CO、SO_2、H_2S）。“干洁大气”的组成见表 13-1。

表 13-1　“干洁大气”的组成及总质量数

组分	体积分数	总质量/10^6t	组分	体积分数	总质量/10^6t
N_2	78.09×10^{-2}	4220000000	N_2O	0.25×10^{-6}	1700
O_2	20.94×10^{-2}	1290000000	CO	0.1×10^{-6}	540
Ar	0.93×10^{-2}	72000000	Xe	0.08×10^{-6}	2000
CO_2	0.033×10^{-2}	2700000	O_3	0.025×10^{-6}	190
Ne	18.18×10^{-6}	70000	NO_2	0.001×10^{-6}	9
He	5.24×10^{-6}	4000	NO	0.006×10^{-6}	3
CH_4	1.4×10^{-6}	4600	SO_2	0.002×10^{-6}	2
Ke	1.14×10^{-6}	16200	H_2S	0.002×10^{-6}	1
H_2	0.5×10^{-6}	290	NH_3	0.006×10^{-6}	2

大气中的二氧化碳、二氧化硫和水蒸气等，这些气体的含量由于受地区、季节、气象以及人们生活和生产活动等因素的影响而有所变化。其中，水汽的含量虽然很少，但其受时间、地点、气象条件而变化的幅度最大，也是导致出现各种复杂的天气现象(如雨、雪、霜、露等)的主要原因之一。二氧化碳和臭氧所占比例虽然也很小，但它们的组成比例发生变化会对气候产生较大的影响。另外，大气中还有一些组分，主要是由自然界的火山爆发、森林火灾、海啸、地震等暂时性灾害所产生的，由此形成的污染物有尘埃、硫氧化物、氮氧化物及恶臭气体等。它们是大气中的不确定组分，可以造成一定空间范围、一定时期的暂时性大气污染，影响到人类生存的环境。目前，人类还难以有效主动地防治这类大气污染。大气中不定组分除上述来源之外，还来源于人类社会的生活消费、交通、工业生产排放的废气。其排放不定组分的种类和数量与该地区的功能、人口密集程度、能源消耗、工业结构类型、技术水平和气象条件等多种因素有关。城市工业的布局、人们环境保护意识和环境管理水平高低等人为因素，都将决定着该地区大气污染的程度。目前，防治污染物的排放，是环境保护工作者主要的研究任务。

13.2.2 大气污染

按照国际标准化组织(ISO)的定义，大气污染通常是指由于人类活动或自然过程引起某些物质进入大气中，呈现出足够的浓度和达到足够的时间，并因此危害了人体的舒适、健康和福利或环境污染的现象。人类活动(包括生产活动和生活活动)和自然界都不断地向大气层排放各种各样的物质，这些物质都能在大气中停留一定的时间。当大气中某种物质的浓度超过了正常水平，并且对人类、生态环境的要素(如大气性质、水体性质、气候等)产生不良的影响时，就构成了大气污染。

按污染物的来源大气污染可分为自然源和人为源两大类。

自然源是来自自然界的生命活动或其他自然现象的变化而产生的污染。例如，火山喷发可以向大气排放大量的颗粒物和气体含硫化合物；森林火灾向大气释放大量的一氧化碳和二氧化碳；地球自然资源(如煤田、油田等)向大气释放有害气体；还有海洋有机体分解、动植物新陈代谢等。

人为源是指人类的生产活动和生活活动产生的污染物。危害严重的大气污染物主要来自人为源。人为源又可分为生活污染源、工业污染源、交通污染源、农业污染源等。

(1) 生活污染源　人们由于烧饭、取暖、沐浴等生活上的需要，燃烧化石燃料向大气排放煤烟所造成大气污染的污染源。在我国城市中，这类污染源具有分布广、排放污染物量大、排放高度低等特点，是造成城市大气污染不可忽视的污染源，称为生活污染源。

(2) 工业污染源　由火力发电厂、化工厂及水泥厂等工矿企业在燃料燃烧和生产过程中所排放的煤烟、粉尘及无机或有机化合物等所造成大气污染的污染源，称为工业污染源。它通过排放废气、废水和废渣污染大气、水体和土壤，产生噪声、振动等危害周围环境。这类污染源因生产的产品和工艺流程的不同，所排放的污染物种类和数量有很大差别。但其共同特点是排放源较集中，而且浓度较高，对局部地区或工矿的大气质量影响较大。工业污染是城市大气污染的罪魁祸首。

(3) 交通污染源　指由交通运输工具如汽车、飞机、火车及船舶等排放尾气所造成大气污染的污染源，称为交通污染源。主要污染物是烟尘、碳氢化合物、氮氧化物、金属尘埃等，是城市大气环境恶化的主要原因之一。这类污染源是在移动过程中排放污染物的，又称移动污染源。

(4) 农业污染源　在农业生产过程中对环境造成有害影响的农田和各种农业设施称为农业污染源。例如，化肥和农药的不合理使用，造成土壤污染，破坏土壤结构和土壤生态系统，进而破坏自然界的生态平衡；降水形成的径流和渗流将土壤中的氮、磷、农药以及牧场、养殖场、农副产品加工厂的有机废物带入水体，使水质恶化，造成水体富养化等。

13.2.3　主要大气污染物及分类

使大气产生污染的物质称为大气污染物。大气污染物中对人类和环境威胁较大的主要污染物有悬浮微粒、飘尘、二氧化硫、氮氧化物、一氧化碳和总氧化剂六种。

按物理状态分类，大气污染可以分为气态污染物和大气颗粒物。气态污染物指常温下是气体或蒸气的污染物，它以气态形式输入并停留在大气中，包括 SO_x、NO_x、CO_x、C_nH_m、CFC 等。大气颗粒物(或称气溶胶)指液体或固体微粒均匀地分布在气体中形成的相对稳定的悬浮体系。所谓液体或固体微粒，是指粒径在 0.002~100μm 的液滴和固体颗粒。

按形成过程分类，大气污染物又可以分为一次污染物和二次污染物。一次污染物是由各种排放源直接排入大气中的各种气体和颗粒物，其物理和化学性状未发生变化的污染物，又称原发性污染物。如颗粒物、二氧化硫、一氧化碳、氮氧化物、碳氢化合物等。二次污染物是进入大气中的一次污染物在空气中相互作用或与空气的正常组分发生化学反应或者光化学反应而生成的一系列新的污染物。常见的气体污染物的分类如表 13-2 所示。

表 13-2　大气中气体污染物的分类

类　别	一次污染物	二次污染物
含硫化合物	SO_2，H_2S	SO_3，H_2SO_4，MSO_4，硫酸酸雾
含氮化合物	NO，NH_3	NO_2，HNO_3，MNO_3，硝酸酸雾
碳氢化合物	C_1~C_5 与氢的化合物，CH_4 等	醛、酮、酸
碳的化合物	CO，CO_2	无
卤素及卤化物	Cl_2，HF，HCl	无
氧化剂	—	O_3，过氧化物
放射性物质	铀、钍、镭等	—

1. 颗粒污染物

颗粒污染物又称气溶胶状态污染物，是除气体之外的所有包含在大气中的物质，包括各种各样的固体或液体气溶胶。

(1) 粉尘　粉尘系指分散于气体中的微小固体颗粒，这些颗粒通常是由煤、矿石和其他固体物料在运输、筛分、碾磨、加料和卸料等机械处理过程或由风扬起的土壤尘等所致。粉尘的粒径一般在 1~200μm 之间。大于 10μm 的粒子，在重力作用下，能在较短时间内沉降到地面，称为降尘。小于 10μm 的粒子，能长期漂浮于大气，称为飘尘。

(2) 烟　烟系指由固体升华、液体蒸发、化学反应等过程生成的蒸气，在空气或气体中凝结成的浮游粒子的气溶胶。烟气溶胶粒子的粒径通常小于 1μm。

(3) 黑烟　黑烟系指在燃烧固体或液体燃料过程中所生成的细小粒子，在大气中漂浮出现的气溶胶现象。黑烟中含有煤烟尘和硫酸微粒。黑烟微粒成为大气中水蒸气的凝结核后可形成烟雾。在一些国家里，是以林格曼数、黑烟的遮光率、沾污的黑度或捕集沉降物的质量来定量表示黑烟的污染程度。黑烟微粒的粒径大约为 0.05~1μm。

（4）雾　雾系指由蒸汽状态凝结成液体的微粒，悬浮在大气中所出现的现象。其粒径小于 100μm。

（5）煤烟尘　煤烟尘是指伴随燃料和其他物质燃烧所发生的黑色烟尘，其中含有 50% 的碳。粒径大约在 1~20μm。目前对煤烟尘的发生机制还不是十分清楚。煤烟尘生成过程与燃料的种类、燃烧火焰的状态有关。一般来说，燃烧天然气，煤烟尘生产量少；燃烧煤或木材等碳化物，特别是燃烧其干馏生成物，如焦油(沥青)等一类燃料时，煤烟尘生成量就多。

粒径大于 10μm 的颗粒物，几乎都可被鼻腔和咽喉所阻隔，而不能进入肺泡。对人体健康危害最大的是 10μm 以下悬浮的颗粒物——飘尘，飘尘经过呼吸道沉积于肺泡。沉积在肺部的污染物如被溶解，就会直接侵入血液，造成血液中毒；未被溶解的污染物有可能被细胞所吸收，造成细胞破坏，侵入肺组织或淋巴结可引起尘肺。

2. 气态污染物

气态污染物是以分子状态存在的污染物。其种类很多，已经过鉴定的大气污染物就有 100 多种。

（1）硫氧化物和酸雨及其危害　硫氧化物主要是指 SO_2 和 SO_3。大气中的 H_2S 是不稳定的硫氢化物，在有颗粒物存在下，可迅速地被氧化成三氧化硫。大气中近一半多的硫氧化物是人为因素所造成的，主要是由燃烧含硫煤和石油燃料所产生的。此外，有色金属冶炼厂、硫酸厂等也排放出相当数量的硫氧化物气体。

SO_2 是无色具有恶臭刺激的窒息性气体，它对人的鼻腔和呼吸道黏膜都会出现刺激感。如果吸入浓度过高，人们不仅有强刺激感，而且还会发生鼻腔出血、呼吸受阻等现象。通常在被污染的大气中 SO_2 与多种污染物共存。吸入含有多种污染物的大气对人体产生的危害往往比它们各自作用之和要大得多。特别是在 SO_2 与颗粒物同时吸入时，对人体产生的危害更为严重。

SO_2 在干燥洁净的大气中氧化成 SO_3 的过程是很缓慢的，但是，在相对湿度比较大，特别是在有颗粒物存在时，可发生催化氧化反应，从而加快生成 SO_3。

大气中不同来源的酸性物质转移到地面的过程，称为酸沉降，即通常所说的酸雨。其形成过程如图 13-2所示。国际上有一个约定俗成的酸雨标准，即当雨水的 pH 值小于 5.6 时称酸性降水。经研究确定大气中硫氧化物和氮氧化物一样，都是形成酸雨或酸沉降的主要前提物。现在，世界酸雨区主要集中于欧洲、北美和中国三个地区。近年来，中国酸雨一直呈发展趋势。因此，应积极开展控制和治理烟气中 SO_2 排放的科学研究工作划分。争取在较短的时间内控制和消除烟害，保护环境，造福于人民。

图 13-2　酸雨的生成过程

（2）氮氧化物和光化学烟雾及其危害　NO_x 种类很多，它是 NO、N_2O、NO_2、N_2O_3、N_2O_4、N_2O_5 等的总称。造成大气污染的 NO_x 主要是指 NO 和 NO_2。大气中的 NO_x 几乎一半以上是由人为污染源产生的。它们大部分来源于化石燃料的燃烧过程(如燃煤炉、汽车、飞机及内燃机机车等的燃烧过程)。此外，硝酸的生产或使用过程，氮肥厂、有机中间体厂、有色及黑色金属冶炼厂的某些生产过程等也有 NO_x 的产生。

NO 是无色无嗅气体，它能刺激呼吸系统，且能与血色素结合形成亚硝酸基血色素，其结合能力约是 CO 的数百至千倍。NO_2 是棕色有特殊刺激性气味的气体，对呼吸系统有强烈刺激作用。NO_2 对人体的影响还与其他污染物的存在有关。NO_2 与 SO_2 和浮游粒状物共存时，其对人体的影响不仅比单独 NO_2 对人体的影响严重的多，而且也大于各自污染物的影响之和。

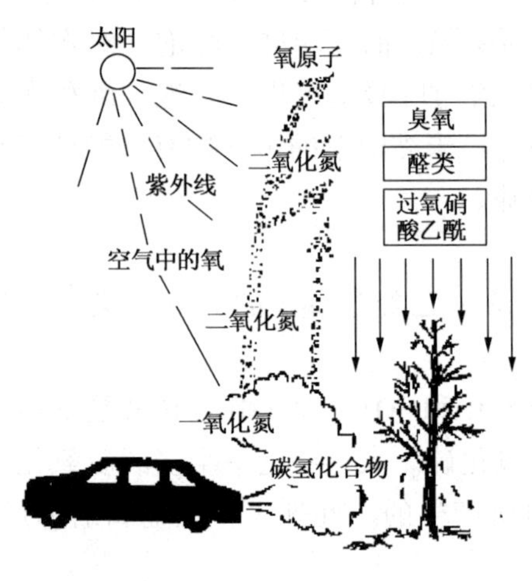

图 13-3　光化学烟雾的成因及危害示意图

光化学烟雾的形成比较复杂，如图 13-3 所示。其表现是城市上空笼罩着白色烟雾(有时带有紫色或黄色)，大气能见度降低，具有特殊气味，刺激眼睛和喉黏膜，造成呼吸困难。生成的强氧化剂臭氧可使橡胶制品开裂，植物叶片受害、变黄甚至枯萎。烟雾一般发生在相对湿度低的夏季晴天，高峰出现在中午或刚过中午，夜间消失。

1951 年，美国加利福尼亚大学生物有机化学教授哈根斯密特首先提出了关于"光化学烟雾"的形成理论，即光化学烟雾是大气中 NO_x、HC 及 CO 等污染物，在强太阳光作用下，发生光化学反应而形成的。他认为引起光化学烟雾的 NO_2 气体在波长 290~430nm 紫外光照射时，发生光分解反应而产生原子氧：

$$NO_2 \xrightarrow{h\nu} NO+O$$

这种在光的作用下进行的化学反应，称为光反应或光化反应。由于这个反应是形成烟雾的关键，所以这种污染称为光化学烟雾。光化反应生成的原子 O，很快又与大气中的氧分子反应生成臭氧：

$$O+O_2 \longrightarrow O_3$$

臭氧是一种强氧化剂。当大气中有烃类物质时，O_3 和 O 能氧化烃类成醛类、酮类、过氧乙酰硝酸酯(PAN)及过氧苯酰硝酸酯(PBN)等刺激性很强的物质。光化学烟雾就是上述各成分的混合物造成的污染，其中的 NO_2、O_3、PAN 等总称为光化学氧化剂，这些物质具有强烈的刺激性，轻者使人眼睛红肿、喉咙疼痛，重者使人呼吸困难、手足抽搐，甚至死亡。

(3) 一氧化碳及其危害　大气中 CO 既来源于人为污染源，也来源于天然污染源，是排放量最大的污染物之一。人为污染源排放的 CO，主要是由于燃料燃烧不完全所产生的。在缺氧条件下，CO 氧化成 CO_2 的速率很慢。由于近代不断对燃烧装置及燃烧技术的改进，从固定燃烧装置排放的 CO 量逐渐有所减少，而由汽车等移动污染源排放的 CO 量有所增加。

CO 是无色、无嗅的气体。由呼吸道吸入的 CO 容易与血红蛋白相结合生成碳氧血红蛋白。碳氧血红蛋白阻碍血红蛋白向体内供氧。当吸入过量的 CO 时，就发生中枢神经系统机能和酶活性中毒，出现头痛、眼睛发直等症状，甚至可使神经麻痹，发生生命危险。

(4) 碳氢化合物及其危害　大气中的碳氢化合物(C_nH_m)通常是指 C_1~C_8 可挥发的所有

碳氢化合物，属于有机烃类。碳氢化合物每年的总排放量中，天然源产生的部分几乎占了95%以上。其中，甲烷的最重要的来源就是天然源，主要是源于厌氧细菌的发酵过程，如水稻田底有机质的分解释放，原油和天然气的泄漏等。人为源产生的部分仅占总排放量的5%以下，其主要来源为汽油燃烧、有机物品焚烧、溶剂挥发、石油蒸发及运输损失、提炼过程废弃物。

碳氢化合物的种类比较多，有挥发性烃及其衍生物和多环芳烃等，挥发性烃是由燃料燃烧不完全(如汽车尾气)或石油裂解等过程产生的。它与氮氧化物一样同是形成光化学烟雾的主要物质。光化学反应产生的衍生物丙烯醛、甲醛等都对眼睛有刺激作用。多环芳烃中有不少是致癌物质，如苯并(a)芘就是公认的强致癌物，它是有机物燃烧、分解过程中的产物。

13.2.4 大气污染的防治

大气污染物主要是来自燃料的燃烧，一方面由燃料的结构与成分引起，另一方面是燃烧条件不当所致。据此防治大气污染的方法首先是减少燃料中的可能污染物，改进燃烧方法，增加消烟除尘设备以减少污染物的排出等。下面介绍几种治理有害气体的方法。

1. 大气颗粒物的控制对策

大气颗粒物污染控制的关键是严格控制污染物的排放量。通过改善能源结构，多采用清洁能源(如太阳能、风能、水电能)和低污染能源(如天然气)，推广对化石燃料进行预处理和先进的洁净燃烧技术。另外，在污染物未进入大气之前，使用除尘消烟技术、冷凝技术、液体吸收技术、回收处理技术等消除废气中的部分颗粒污染物，减少进入大气的污染物数量。

大气颗粒物污染控制的另一个要点是采取措施，合理安排，充分利用大气的自净化能力。气象条件不同，大气对污染物的容量便不同，排入同样数量的颗粒污染物，造成的污染物浓度也不同。对于风力大、通风好、对流强的地区和时段，大气扩散稀释能力弱，便不能接受较多的污染物，否则会造成严重的大气污染。因此应该对不同地区、不同时段进行排放量的有效控制。工厂厂址的选择、烟囱的布局设计、城区与工业区规划等要合理，不要造成重复叠加污染，形成局部地区的严重污染事件。

2. 二氧化硫和酸雨的控制对策

从排烟中去除 SO_2 的技术简称“排烟脱硫”。排烟脱硫方法，可分为湿法和干法两种。用水或水溶液作吸收剂吸收烟气中的 SO_2 的方法，称为湿法脱硫；用固体吸收剂或吸附剂吸收烟气中的 SO_2 的方法，称为干法脱硫。此外，根据工艺过程原理排烟脱硫方法又可分为吸收法(湿法和干法)、吸附法(干法)和氧化法(干法)等。下面简略介绍湿法和干法排烟脱硫的过程。

干法脱硫主要有活性炭法、活性氧化锰吸收法、接触氧化法及还原法等。

活性炭法是利用活性炭的活性和较大的表面积使烟气中的 SO_2 与其表面吸附的氧及水蒸气反应生成硫酸的方法，即：

$$2SO_2+O_2+2H_2O \longrightarrow 2H_2SO_4$$

接触氧化法与工业接触法制硫酸一样，以硅石为载体，以五氧化二钒或硫酸钾等为催化剂，使 SO_2 氧化制成无水或78%的硫酸。此法为高温操作，所需费用较高，但由于技术比较成熟，故目前国内外对高浓度的 SO_2 烟气的治理多采用此法。

湿法脱硫，由于使用的吸附剂不同，主要有氨法、碱法、钙法等。

氨法是用氨水作吸收剂吸收烟气中的 SO_2，其中间产物为亚硫酸铵和亚硫酸氢铵，吸收率可达 93%~97%，主要反应为：

$$2NH_3 \cdot H_2O+SO_2 \longrightarrow (NH_4)_2SO_3+H_2O$$

$$(NH_4)_2SO_3+SO_2+H_2O \longrightarrow 2NH_4HSO_3$$

采用不同的方法处理中间产物，可回收硫酸铵、石膏和单体硫等副产品。

碱法是用氢氧化钠、碳酸钠或亚硫酸钠水溶液为吸收剂吸收烟气中的 SO_2。因为该法具有对 SO_2 吸收速度快，管路和设备不容易堵塞等优点，所以应用比较广泛，其反应如下：

$$2NaOH+SO_2 \longrightarrow Na_2SO_3+H_2O$$

$$Na_2CO_3+SO_2 \longrightarrow Na_2SO_3+CO_2$$

$$Na_2SO_3+SO_2+H_2O \longrightarrow 2NaHSO_3$$

生成的 Na_2SO_3 和 $NaHSO_3$ 后的吸收液，可以经过无害化处理后弃去或经适当方法处理后获得副产品。

钙法，又称石灰-石膏法。是用 $CaCO_3$、$Ca(OH)_2$ 或二者的混合乳浊液作为吸收剂吸收烟气中的 SO_2。吸收过程生成的 $CaSO_3$ 经空气氧化后可得到石膏。此法所用的吸收剂低廉易得，回收的大量石膏可作建筑材料，因此被国内外广泛采用。

大气中的硫氧化合物和氮氧化合物是形成酸雨的主要污染物，因此，在治理大气污染措施中，严格控制硫氧化合物和氮氧化合物的排放量是防止酸雨的主要途径。推广使用低硫低灰分优质煤，大力推广和使用清洁燃料，增加无污染和少污染的清洁能源的比例，发展太阳能、风能、核能、水能、地热能等不产生酸雨污染的能源。严格法规和规定，严格管理落实，限制工厂企业的烟气废气排放。加强监测管理，及时准确地通过监测发出警报，采取应急措施，处理解决好酸雨问题。

3. 氮氧化物和光化学烟雾的控制对策

从排烟中去除 NO_x 的过程简称“排烟脱氮”（或称“排烟脱硝”）。它与“排烟脱硫”相似，也需要应用液态或固态的吸收剂或吸附剂来吸收或吸附 NO_x，以达到脱氮目的。但从燃烧装置排出的氮氧化物主要以 NO 形式存在。NO 比较稳定，在一般条件下，它的氧化还原速度比较慢，因此，不能用碱或盐溶液除去，但是氮氧化物都具有氧化性，可利用催化还原法除去。目前排烟脱氮的方法有非选择性催化还原法、选择性催化还原法、吸收法等。

预防光化学烟雾要采取一系列综合性的措施，其中包括改良汽车排放系统、提高汽油质量、减少涂料等挥发性有机物的使用、及时检测废气的排放、制定法律法规等。

汽车尾气是大气中氮氧化物和烃类化物的主要人为来源。采用新技术，控制汽车尾气中有害物质的排放是避免光化学烟雾的形成，保证空气环境质量的有效措施。目前，在汽车排气系统内加装催化反应装置，以除去尾气中的一氧化碳、碳氢化物和氮氧化物。反应如下：

$$2CO+2NO \xrightarrow{Pt-Pd} 2CO_2+N_2$$

$$C_nH_m+\left(n+\frac{m}{4}\right)O_2 \xrightarrow{Pt-Pd} nCO_2+\frac{m}{2}H_2O$$

$$CH_4+4NO \xrightarrow{Pt-Pd} CO_2+2N_2+2H_2O$$

另外，改善能源结构，改变燃料构成和燃烧方式。例如，用无污染或少污染的燃料代替煤炭，减少有害烟尘的排放量；发展区域集中供热供暖，以集中的高效锅炉代替分散的低效锅炉，设立大的燃煤电站实行热电并供；对现有炉窑进行技术改造，采用各种消烟除尘方式，改善城市环境质量；依据规定，严格限制炼油厂、石油化工厂及氮肥厂等企业的废气排放等等。

光化学烟雾是有先兆的，光化学反应会生产臭氧、PAN、醇、醛、酮等，其中臭氧约占85%以上，所以，光化学烟雾污染的标志是臭氧浓度的升高，可以通过监测发出警报，采取措施加以避免。

4. 温室效应的控制对策

气候变暖已严重威胁人类社会的可持续发展，应对气候变化已成为全球面临的重大挑战。气候变化除了受自然因素影响外，同人类的活动，特别是与使用化石燃料、排放二氧化碳的程度密切相关。对大气温室效应造成的全球变暖主要有以下两个方面的对策：

利用并减少大气中的 CO_2，目前，最切实可行的办法是广泛植树造林，加强绿化，停止滥伐森林。用太阳光的光合作用大量吸收和固定大气中的 CO_2。需要进一步研究开发通过绿色化学反应吸收利用 CO_2 的新工艺和新方法。

适应气候变化是人类必须认真考虑的问题。由于气候变化是一个相对缓慢的过程，只要能及早预测出气候变化趋势，选择好适应对策，是能够找到并可能实施的。例如，除了建设海岸防护堤坝等工程技术措施防止海水入侵外，有计划地逐步改变农作物的种类和品种，以适应逐步变化的气候。

加强国际合作，消减 CO_2 的排放量。近百年来，全球大气中的 CO_2 浓度的迅速升高，绝大部分是发达国家排放造成的。为减少 CO_2 的排放量，各国政府应加强国际合作，提高能源利用技术和能源利用效率，应积极采用新能源。2005 年 2 月 16 日，由联合国气候大会通过的《京都议定书》正式生效，这是人类历史上首次以法规的形式限制温室气体排放。《京都议定书》的生效促进了全球人类环境向更好的方向发展。

13.3 水体污染及其防治

水是地球上人类与生物体赖以生存和发展的重要物质，是工农业生产和城市发展不可缺少的重要资源。可以说，没有水就没有生命，也就没有人类。人类习惯于把水看作是取之不尽、用之不竭的最廉价的自然资源，但随着人口的膨胀和经济的发展，水资源短缺的现象正在很多地区相继出现，水污染及其所带来的危害更加剧了水资源的紧张，并对人类的生命健康形成了威胁。切实防治水污染、保护水资源已成了当今人类的迫切任务。

13.3.1 水的组成和性质

1. 水的化学组成

纯净的水是无色、无臭、无味的透明液体，是一种重要的天然溶剂。天然水多呈浅蓝绿色。水在气态的分子式为 H_2O。在液态，由于氢键的存在，可以以单分子水 H_2O、双分子水 $(H_2O)_2$ 与多分子水 $(H_2O)_n$ 的结合形态存在。温度不同，三者的比例不同。在固态，水以分子晶体形式存在。

水体指的是以相对稳定的陆地为边界的天然水域，如江河、湖海、沼泽、水库、地下水、冰川等的总称。天然水体中通常含有三大类物质，即悬浮物质、胶体物质和溶解物质，如表 13-3 所示。

表 13-3　天然水体的组成

分　类	主　要　物　质
悬浮物质	细菌、病毒、藻类及原生动物；泥沙、黏土等颗粒物
胶体物质	硅、铝、铁的水合氧化物胶体物质；黏土矿物胶体物质；腐殖质等有机高分子化合物
溶解物质	氧、二氧化碳、硫化氢、氮等溶解气体；钙、镁、钠、铁、锰等离子的卤化物；碳酸盐、硫酸盐等盐类；其他可溶性有机物

2. 水的物理和化学性质

水分子中的氧原子比氢原子具有大的多的电负性。氢原子可以与电负性大、原子半径小且具有孤对电子对的氧原子形成氢键。正是由于水分子之间氢键的存在，使天然水具有许多不同于其他液体的物理化学性质，决定了水在人类生命过程和生活环境中的无可替代的作用。

13. 3. 2　水体污染与自净

1. 水体污染及污染源

水体污染是指排入水体的污染物超过了该物质在水体中的本底值含量和水体对污染物的自净能力，使水和水体的物理、化学性质发生变化，降低了水体的使用价值和使用性能的现象。水体污染会使水质恶化，水体生态系统遭到破坏，造成对环境及人类的危害和影响。

随着人类生产、生活活动的不断扩大与增强，水体的污染程度有日益恶化的趋势。引起水体污染的主要污染源有工业废水、矿山废水和生活污水等。水体污染源是指造成水体污染的污染物发生源。按污染物的来源分类可以分为自然污染源和人为污染源。

自然污染源是指自然界自行向水体释放有害物质或造成有害影响的场所。例如，岩石和矿物的风化和水解、火山喷发、大气沉降物、有机物自然降解以及水体由于自然灾害等原因接受的放射性物质、硫化物和氟化物等。可以说，人为活动的结果也加速了天然源的污染进程。

人为污染源包括由工农业生产等经济活动产生的废水污染源以及生活污水污染源等。可以把由人类活动产生的污染源划分为工业污染源、农业污染源和生活污染源三大部分。

工业污染源是造成水体污染的主要来源和环境保护的主要防治对象。各种工业企业在生产过程中排出的生产废液、废水和污水等统称为工业废水，其特点是数量大、组成复杂多变，所含有的污染物包括生产废料、残渣以及部分原料、产品、半成品、副产品等。由于行业众多，各类废水组成复杂、差异很大，对工业废水污染源很难做出明确的分类。

农业污染源是指由农业生产而形成的水污染源，如降水形成的径流和渗流把土壤中的氮、磷和农药带入水体；由牧场、养殖场、农副产品加工厂排出的含有机物的废水等。农业废水污染源的特点是面广、分散、不便治理。

生活污水是人们日常生活中产生的各种污水的混合液，其中包括厨房、浴室等排出的炊事、洗涤污水和厕所排出的粪便污水等。生活污水中杂质组分主要是有机物，包括蛋白质、糖、油脂、尿素、酚、表面活性剂等，且多数呈颗粒物状态存在。

2. 水体污染分类

根据污染物质及其形成污染的性质，可以将水体污染分成化学性污染、物理性污染和生物性污染三类。

（1）化学性污染　包括有机物污染和无机物污染。常见的化学性污染有：

① 酸碱污染。酸碱污染会使水体的pH值发生变化，抑制细菌和其他微生物的生长，影响水体的生物自净作用，还会腐蚀船舶和水下建筑物，影响渔业，破坏生态平衡，并使水体不适于作饮用水源或其他工、农业用水。

② 重金属污染。电镀工业、冶金工业、化学工业等排放的废水中往往含有各种重金属。重金属对人体健康及生态环境的危害极大，如汞、镉、铅、砷、铬等。闻名于世的水俣病就是由汞污染造成的，镉污染则会导致骨痛病。重金属排入天然水体后不可能减少或消失，却可通过沉淀、吸附及食物链而不断富集，达到对生态环境及人体健康有害的浓度。

③ 需氧性有机物污染。又称耗氧性有机物污染。碳水化合物、蛋白质、脂肪和酚、醇等有机物可在微生物作用下进行分解，分解过程中需要消耗氧，因此被统称为需(耗)氧性有机物。生活污水、养殖场污水、食品加工厂等废水中都含有这类有机物。大量需氧性有机物排入水体，会引起微生物繁殖和溶解氧的消耗。当水体中溶解氧降低至4mg/L以下时，鱼类和水生生物将不能在水中生存。水中的溶解氧耗尽后，有机物将由于厌氧微生物的作用而发酵，生成大量硫化氢、氨、硫醇等带恶臭的气体，使水质变黑发臭，造成水环境严重恶化，危及鱼类的生存和人畜安全。

④ 营养物质污染。又称富营养污染。生活污水和某些工业废水中常含有一定数量的氮、磷等营养物质，农田径流中也常挟带大量残留的氮肥、磷肥。这类营养物质排入湖泊、水库、内海等水流缓慢的水体，会造成藻类大量繁殖，使水生生态系统遭到破坏，这种现象被称为水体的富营养化。大量藻类的生长覆盖了大片水面，减少了鱼类的生存空间，藻类死亡腐败后会消耗溶解氧，并释放出更多的营养物质。如此周而复始，恶性循环，最终将导致水质恶化，鱼类死亡，水草丛生，湖泊衰亡。

⑤ 有毒有机物污染。各种有机农药、有机染料及多环芳烃、芳香胺等有毒有机污染物，主要来源于化工、制药、炼油、焦化、染料、农药、塑料制造、涂料等工业废水。它们大多数属于难降解有机物，进入水体后会危害水中生物，尤其是引起生物的繁殖行为发生明显变化，进而影响到整个水体的生态系统。另外，它们的毒性会积累在水生生物体内，通过食物链进入其他生物体，最终进入人体，对人及生物体具有毒性，会干扰肌体的内分泌系统、扰乱生殖行为、影响免疫系统功能、致癌等。这些有机物大多具有较大的分子和较复杂的结构，不易被微生物所降解，因此在生物处理和自然环境中均不易去除。

⑥ 石油污染。在石油的开采、炼制、贮运和使用过程中，原油及其制品进入水体，在水面上形成薄膜，降低水中氧气的溶解量，而油膜自身又要大量消耗水中溶解的氧，使水体严重缺氧；另外油膜还会堵塞水生物的表皮和呼吸器官，使水生植物和鱼虾死亡。若用含油污水灌田，因油黏膜粘附在农作物上而使其枯死。后者的危害更大。

（2）物理性污染　包括悬浮物污染、热污染，放射性污染一般也划归物理性污染一类。

① 悬浮物污染。堆放在水边的固体工业垃圾和生活垃圾，如灰尘、木屑、泡沫、毛发、细菌残骸、金属细粒等经水的冲洗及径流进入水体形成悬浮物。悬浮物排入水体后影响水体外观，增加水体的浑浊度，妨碍水中植物的光合作用，对水生生物生长不利。另外，还会堵塞排水道，窒息水底栖息生物，破坏鱼类的产卵地。悬浮物还有吸附凝聚重金属及有毒物质的能力。

② 热污染。热污染是工业生产和生活中排放的废热所造成的环境污染。热电厂、核电站、石油、造纸等工厂排出的生产性废水中均含有大量废热。热污染首当其冲的受害者是水

生生物，由于水温的升高，一方面使水中溶解氧减少，水体处于缺氧状态；另一方面又使水生生物代谢率增高，需要更多的氧。这样就造成一些水生生物在热效力作用下发育受阻或死亡，影响环境和生态平衡。此外，河水水温上升会给一些致病微生物造成人工温床，使它们得以滋生、泛滥，引起疾病流行，危害人类健康。

③ 放射性污染。主要由原子能工业及放射性同位素应用时排放的含有放射性物质的粉尘、废水和废弃物引起，对人体有重要影响的放射性物质有^{90}Sr、^{137}Cs、^{131}I等。

(3) 生物性污染物　包括细菌、病毒和寄生虫等。生活污水，特别是医院污水，往往带有一些病原微生物，如伤寒、霍乱、细菌性痢疾的病原菌等。这些污水流入水体后，将对人类健康及生命安全造成极大威胁。

在实际的水环境中，上述各类污染往往是同时并存的，上述各类污染也常常是互有联系的。

3. 水体的自净作用

受污染的水体经过一系列变化，使污染物浓度逐渐降低，最后基本恢复到受污染以前的状态，这一自然净化称为水体的自净作用。水体的自净过程十分复杂，它包括了物理过程，如稀释、扩散、挥发、沉淀等；化学和物理化学过程，如氧化、还原、吸附、凝聚、中和等反应；以及生物和生物化学过程，如微生物对有机物的分解代谢，不同生物群体的相互作用等。在实际的水体中，这三种过程常常是相互交织在一起，可以使进入水体的污染物质迁移、转化，使水体水质得到改善。

(1) 物理自净　是指污染物进入水体后，由于水流的湍流扩散而被稀释、混合、沉淀等，使河水污染物质浓度降低或总量减少的过程。物理自净只改变其物理性状、空间位置，而不改变其化学性质，不参与生物作用。物理自净能力的大小取决于水体的环境条件，如温度、流速、流量等，物理自净能力也与污染物自身的物理性质如密度、蒸气压、形态、粒度等有关。物理自净对海洋和容量大的河段等水体起着重要的作用。

(2) 物理化学自净　是指污染物在水体中发生氧化还原、酸碱反应、分解和化合等一系列化学变化，使其浓度降低或转变成无害物质的过程。通过这些过程可以改变污染物在水体中的迁移能力和毒性大小，也能改变化学反应的条件。影响物理化学自净的环境条件有 pH 值、氧化还原电势、温度和化学组分等，污染物自身的形态对物理化学自净也会有很大影响。

(3) 生物自净　是指水体中的污染物经水生物吸收、分解作用，使污染浓度降低或消失的过程。水体生物自净主要指悬浮和溶解于水体中的有机污染物在微生物作用下，发生氧化分解，使有机化合物转化为低级有机物和简单无机物的过程。在这个过程中微生物消耗或吸收了水中的污染物，使得水或水体向净化的方向转变，这一生物化学过程常被称作生物降解。

从水体污染控制的角度看，对污染的稀释、扩散以及生物化学降解作用是水体自净的主要问题。其中，生物自净占主导地位。生物自净与生物的种类、环境的水热条件和供氧状况等因素有关。自然界水的自净化过程规模是巨大的，但比较脆弱，在许多情况下，人的活动超出了自然界净化过程的限度，就会引起污染水的积聚。

4. 水体的环境容量

水体的自净作用说明了自然环境的水体存在着对污染物的一定的容纳能力。充分利用水体自净作用和容纳能力，正确、经济、合理地确定污水处理的程度，对于环境管理或环境工程无疑是十分重要的。在规定的环境目标下，水体能容纳污染物的最大负荷量称为水体的环境容量。水体环境容量的大小与水体特征、污染物特征、水质目标等因素有关。

水体对污染物的纳污能力是相对于水体的用途和功能而言的。水体的用途和功能要求不同，允许存在于水体的污染物量也不同。

假如某种污染物排入某水体中，此水体的环境容量可用下式表示：

$$W = V(c_S - c_B) + C \tag{13-1}$$

式中 W——某地面水体对污染物的水环境容量，kg；

V——该地面水体的体积，m^3；

c_S——地面水中某污染物的环境标准(水质目标)，mg/L；

c_B——地面水中某污染物的环境背景值，mg/L；

C——地面水对该污染物的自净能力，kg。

十分明显，水体环境容量既能表征特殊功能条件下的水体对污染物的承受能力，也能反映污染物在水环境中的迁移、转化、降解、消亡的规律。当水质目标确定后，水体环境容量的大小取决于水体对污染物的自净能力。

13.3.3 水体污染的防治

水污染是当今很多国家面临的一个环境问题，它严重威胁着人类生命健康，阻碍了经济建设的发展，是可持续发展的制约因素。因此，必须积极进行水污染防治，保护水资源和水环境。

1. 水体污染防治的任务和原则

水体污染防治的主要任务是：①进行区域、流域或城镇的水体污染防治规划，在调查分析现有水环境质量及水资源利用需求的基础上，明确水体污染防治的具体任务，制订应采取的防治措施；②加强对污染源的控制，包括工业企业污染源，城市居民区污染源，畜禽养殖业污染源，以及农田径流等面污染源，采取有效措施减少污染源排放的污染物量；③对各类废水进行妥善的收集和处理，建立完善的排水系统及污(废)水处理厂，使污(废)水排入水体前达到排放标准；④加强对水环境水资源的保护，通过法律、行政、技术等一系列措施，使水环境水资源免受污染。

进行水体污染防治，根本的原则是将“防”、“治”、“管”三者结合起来。

“防”是指对污染源的控制，通过有效控制使污染源排放的污染物量减少到最小值。如对工业污染源，最有效的控制方法是推行清洁生产，即资源能源利用量最小，污染排放量也最少的先进的生产工艺。对生活污染源，也是可以通过有效措施减少其排放量。如推广使用节水用具，提高民众节水意识，可以降低用水量，从而减少生活污水排放量。为了有效地控制面污染源，更必须从“防”做起。提倡农田的科学施肥和农药的合理使用，可以大大减少农田中残留的化肥和农药，进而减少农田径流中所含氮、磷和农药的量。

“治”是水体污染防治中不可缺少的一环。通过各种预防措施，污染源可以得到一定程度的控制，但要实现“零排放”是很困难的，或者几乎是不可能的，如生活污水的排放就不可避免。因此，必须对污(废)水进行妥善的处理，确保在排入水体前达到国家或地方规定的排放标准。

“管”是指对污染源、水体及处理设施的管理。“管”在水体污染防治中也占据十分重要的地位。科学的管理包括对污染源的监测和管理，对污水处理厂的监测和管理，以及对水体卫生特征的监测和管理。

2. 污水处理的基本方法

根据处理方法的基本原理，废水处理技术主要分为物理法、化学法和生物降解法三大类。

（1）物理法　主要是应用于废水一级处理的工艺过程中，其核心技术是采用一般过滤、隔油、沉降、浮选或离心分离等物理过程，除去废水中粒径较大的固体悬浮物、胶体颗粒和悬浮油类，为废水的二级处理打下基础。如用吸附法除去废水中的重金属、酚、氰化物等，净化效率高；用萃取法将水中污染物转入有机相而分离，可广泛用于废水脱酚；用反渗透法将污水浓缩而抽提出纯水等。

（2）化学法　是加入化学物质与污水中有害物质发生化学反应，使之发生化学或物理状态的变化，从而将有害物质转化或分离出来。常用化学方法有：

① 中和法。是除去水体中重金属离子最经济有效的方法。即调节废水的 pH 值，使金属离子生成难溶的氢氧化物而除去。如用石灰与废水中 Cd^{2+}、Hg^{2+} 等重金属离子形成难溶于水的氢氧化物沉淀：

$$Cd^{2+}+Ca(OH)_2 \longrightarrow Cd(OH)_2\downarrow +Ca^{2+}$$

$$Hg^{2+}+Ca(OH)_2 \longrightarrow Hg(OH)_2\downarrow +Ca^{2+}$$

此外，在含磷和氮的污水中，也可通过酸碱中和法去除氮、磷。

例如在含磷酸盐的污水中加入石灰：

$$5Ca(OH)_2+3HPO_4^{2-} = Ca_5(OH)(PO_4)_3\downarrow +3H_2O+6OH^-$$

② 混凝法。又称化学凝聚法。加入化学药剂以破坏胶体和悬浮颗粒在水中形成的稳定分散系，使其凝聚为具有沉降性能的絮体，即为混凝。混凝所形成的絮体可以通过沉淀法去除。混凝包括凝聚和絮凝两个过程，凝聚指胶体脱稳并聚集为微絮粒的过程，絮凝则指微絮粒通过吸附、卷带和桥连而成长为更大絮体的过程。常用的混凝剂有硫酸铝、聚合氯化铝等铝盐，硫酸亚铁、三氯化铁等铁盐，以及有机合成高分子絮凝剂等。

③ 氧化还原法。此法特别适宜处理难以生物降解的有机物，如大部分农药、染料、酚、氰化物，以及引起色度、臭味的物质。常用的氧化剂有氯类（液态氯、NaClO、漂白粉等）和氧类（空气、O_3、H_2O_2、$KMnO_4$ 等）。

用氯、NaClO、漂白粉等可以氧化废水中的有机物和某些还原性无机物，以及用来杀菌、除臭、脱色等。如用氯、漂白粉，将 CN^- 转化为毒性较小的 CNO^-（氰酸根），再使之完全氧化；在碱性条件下（pH=8.5~11），液氯可将氰化物氧化成氰酸盐：

$$CN^-+2OH^-+Cl_2 \longrightarrow CNO^-+2Cl^-+H_2O$$

氰酸盐的毒性仅为氰化物的千分之一。若加过量氧化剂，可将氰酸盐进一步氧化为 CO_2 和 N_2，使水质得以进一步净化：

$$2CNO^-+4OH^-+3Cl_2 \longrightarrow 2CO_2\uparrow +N_2\uparrow +6Cl^-+2H_2O$$

④ 化学沉淀法。向水中投加某种化学药剂，使其与水中的溶解性污染物质发生互换反应，生成难溶于水的盐类，即可从水中沉淀而除去。这种方法多用于水处理中去除钙、镁硬度，及废水处理中去除重金属离子，如汞、镉、铅、锌等。

⑤ 溶剂萃取法。萃取过程是指与水不相互溶且密度小于水的特定有机溶剂（称为萃取剂或有机相）与处理水接触，在物理（溶解）或化学（络合、螯合或离子缔合）作用下，使原溶解于水中的某种组分由水相转移至有机相的过程。

⑥ 吸附法。吸附是一种物质附着在另一种物质表面上的过程，它可发生在气-液、气-固、液-固两相之间，用于水处理的吸附是液-固两相之间的物质转移过程。多孔性物质如活性炭、活化煤、焦炭、煤渣、吸附树脂、木屑等均可用作吸附剂。吸附剂具有巨大的表面，其吸附力可分为分子引力（范德华力）、化学键力和静电引力三种。水处理中大多数吸附是上述三种吸附力共同作用的结果。吸附法多应用于去除废水中的微量有害物质，包括生物难降解物质如杀虫剂、洗涤剂，以及一些重金属离子，也常用于去除水中的异味。

⑦ 离子交换法。用离子交换树脂与污水中有害离子进行交换，可回收有价值的金属原料，同时又净化了水质。树脂在处理后可重复使用。离子交换是一种特殊的吸附过程，通常是可逆性化学吸附。其反应可表达为：

$$RH+M^{+} \rightleftharpoons RM+H^{+}$$

式中 RH——离子交换剂；

M——交换离子；

RM——与 M 交换后的离子交换剂。

离子交换法被广泛地应用于水与废水的处理，如进行水质软化和除盐，去除废水中的重金属，以及净化放射性废水等。

（3）生物降解法　利用微生物的生化作用，将复杂的有机物降解成无毒物，使污水得到净化。厌氧微生物可在无溶解氧的水中将有机物分解为甲烷、二氧化碳等。生物法处理各类污水效果良好，且适用于大量污水的处理，应用广泛，价格低廉。但因污水的水质和水量经常变化，环境温度不能稳定，常会导致生物处理效果不稳定。

随着社会经济的发展，人类越来越意识到，征服和改造自然的同时，也破坏了我们的生存环境。人类面临的重大环境污染问题中的绝大多数都与水体中化学物质污染，尤其是有机物污染直接相关。污染废水的治理必须引起人们的高度重视，实现经济有效的废水治理是迫在眉睫的重要任务。

13.4 土壤污染及其防治

土壤是指陆地地表具有肥力并能够生长植物的疏松物质层，它处在岩石圈最外面，具有支持植物和微生物生长繁殖的能力，是岩石圈中的最重要的部分。土壤在整个地球环境系统中占据着特殊的空间地位，是联系无机界和有机界的纽带，它介于生物界与非生物界之间，是地球上一切生物生存的基础。土壤不仅是维系地球上大多数动物、植物生长、发育的基础，也为人类的发展提供了必要的条件。人们不仅向土壤索取了大量的粮食，还利用土壤的净化作用，消纳了各种污染物质，使其成为处理及处置各种废物的场所。随着人口的增长和工业化进程的加快，土壤与环境的保护及农业可持续发展成为当今世界人类面临的重要课题。

13.4.1 土壤的组成及性质

1. 土壤的组成

土壤是由固体、液体和气体三类物质组成的疏松多孔体系，如图 13-4 所示。固相物质包括土壤矿物质、有机质和微生物等。典型可耕性土壤的固相中有机质约占 5%，无机质约占 95%。土壤液相是指土壤中的水分和水溶物。土壤气相是指土壤空隙中存在的多种气体的混合物。

根据土壤种类和环境条件的不同，土壤三相物质的比率会经常发生变化。图 13-5 为土壤组分的大致比例。土壤中这三类物质构成了一个矛盾的统一体。它们相互联系，相互制约，为作物提供必需的生活条件，是土壤肥力的物质基础。

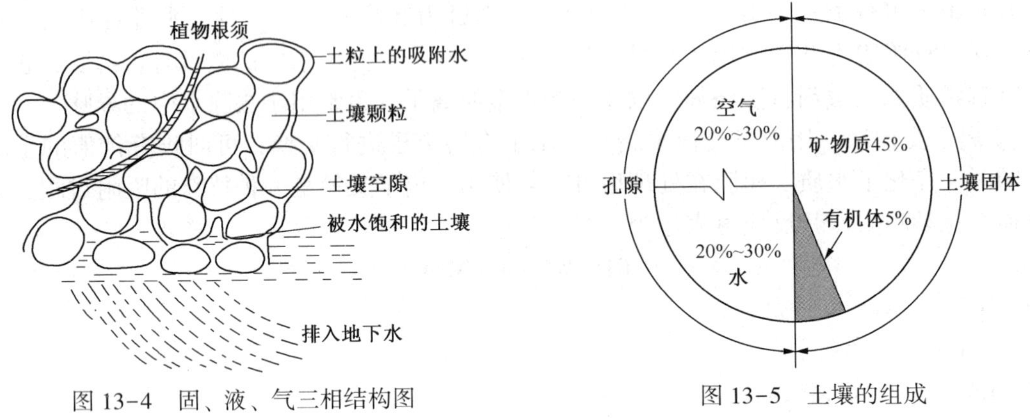

图 13-4　固、液、气三相结构图

图 13-5　土壤的组成

2. 土壤的性质

（1）吸附性　土壤中因含有土壤胶体而具有吸附性。所谓土壤胶体是指土壤中颗粒直径小于 2μm，具有胶体性质的微粒。土壤胶体的基本特征是具有巨大的比表面积，同时具有表面电性。土壤的吸附特性可以分为机械截留和物理吸附、化学反应淀积和离子交换三种类型。

（2）酸碱性　土壤是一个复杂体系，其中存在着各种化学反应和生物化学反应，因而使土壤表现出不同的酸碱性。土壤的酸碱性直接影响土壤环境中物质的存在形态和迁移转化，并可以影响土壤微生物的活性，影响有机污染物的分解强度和速率。此外，土壤酸度过大或碱度过大还将直接影响植物的生长发育等。正常土壤的 pH 值应在 5~8，中性土壤的 pH 值为 6. 5~7. 0。pH 值是土壤的重要指标之一。

（3）氧化还原性　土壤中存在着许多具有氧化性或还原性的有机物和无机物，因而使土壤具有氧化-还原特性。

（4）土壤的配合作用　土壤中的有机配位体和无机配位体可以与金属离子发生配合作用或螯合作用，从而影响金属离子的迁移转化等行为。土壤中的有机配位体主要是腐殖质、蛋白质、多糖类、木质素、多酶类、有机酸类等。其中，最主要的是腐殖质。土壤腐殖质具有与金属离子牢固络合的配位体，因此，重金属与土壤腐殖质可形成稳定的配合物或螯合物。

13. 4. 2　土壤环境的污染

土壤环境污染或简称土壤污染，系指人类活动产生的污染物进入土壤并积累到一定程度，引起土壤质量恶化的现象。随着现代工农业生产的发展，化肥、农药的大量使用，工业生产废水排入农田，城市污水及废物不断排入土体，这些环境污染物，其数量和速度超过了土壤的承受容量和净化速度，从而破坏了土壤的自然动态平衡，使土壤质量下降，造成土壤的污染。土壤污染就其危害而言，比大气污染、水体污染更为持久，其影响更为深远。因此也表明土壤污染具有复杂、持久、来源广、防治困难等特点。

1. 土壤环境污染物与污染源

（1）土壤的主要污染物　土壤污染物是指进入土壤环境中，能够影响土壤正常功能，降低物产量和生物学质量，对人畜健康形成危害的物质。按土壤污染物的属性可分为化学型、放射性污染型和生物污染型等。

化学型：包括有机污染型和无机污染型。有机污染物主要指农药(如有机氯类、有机磷类、苯氧羧酸和苯酰胺类)、酚、氰化物、苯(α)并芘、石油、有机洗涤剂、塑料薄膜等物质的污染；无机污染物包括重金属、酸、碱和盐类等物质的污染。

放射性污染型：是指人类活动排放出的放射性污染物，使土壤放射性水平高于自然本底值。如核爆炸产生的放射性物质的沉降、放射性废水排放、放射性固体废物的土地处理、核电站或其他核设施的核泄漏(如2011年日本地震导致的福岛核电站泄漏事件)等都有可能造成后果严重的土壤放射性污染。

生物污染型：是指外源性有害生物种群侵入土壤环境，并大量繁殖，使土壤生态平衡遭受破坏，对土壤生态系统和人体健康造成不良影响的污染。如，由于施用未经处理的粪便、垃圾、城市污水和污泥等都有可能造成土壤生物污染。有些病原体可长期存活于土壤中危害植物，影响植物产品的产量和质量。

(2) 土壤污染源　可以分为天然源和人为源两大类。

天然源：在某些自然矿床中，在一些元素或化合物的富集中心周围，由于矿物的自然分解与风化，往往形成自然扩散带，使附近土壤中某些元素的含量超出一般土壤的含量，造成地区性土壤污染。火山喷发的岩浆和降落的火山灰，含有重金属或放射性元素的矿床附近地区的土壤，由于这些矿床的风化分解作用，也不同程度地污染土壤。

人为源：土壤污染物主要是工业和城市的废水和固体废物、农药和化肥、牲畜排泄物、生物残体及大气沉降物等。为了提高农产品的数量和质量，大量施用化肥和农药，它们的残留物在土壤中累积起来；不合理的污水灌溉，使土壤结构功能遭受破坏；农用薄膜的使用增加其残留物的污染越来越广泛。土壤历来就作为废物(废渣、污水和垃圾等)的处理场所，工矿业废渣、城市垃圾的堆放或填埋，工业废水和生活污水的排放等，使大量有机污染物和无机污染物随之进入土壤。土壤是环境要素之一，因大气或水体中的污染物质的迁移、转化，进入土壤，使之受到污染。禽畜饲养场的厩肥和屠宰场的废物，其性质近似人粪尿，利用这些废物作肥料，如果不进行适当处理，其中的寄生虫、病原菌和病毒等可引起土壤和水体污染。总之，人为土壤污染的发生特征是与土壤的特殊地位和功能相联系的。

2. 土壤环境污染的特点及类型

(1) 土壤环境污染的特点　有隐蔽性和潜伏性、不可逆性和长期性两大特点。

隐蔽性和潜伏性。土壤污染是污染物在土壤中长期积累的过程，其危害也是持续的、具有积累性的。一般要通过观测到地下水受到污染、农产品的产量及质量下降，以及因长期摄食由污染土壤生产的植物产品的人体和动物的健康状况恶化等方式才能显现出来。这些现象充分反映出土壤环境污染具有隐蔽性和潜伏性，不像大气污染或水体污染那样容易为人们所觉察。

不可逆性和长期性。污染物进入土壤环境后，便与复杂的土壤组成物质发生一系列迁移转化作用。多数无机污染物，特别是金属和微量元素，都能与土壤有机质或矿物质相结合，而且，许多污染作用为不可逆过程，这样污染物最终形成难溶化合物沉积在土壤并长久保存在土壤中，很难使其离开土壤。因而，土壤一旦受到污染，就很难恢复，成为了一种顽固的环境污染问题。对于土壤环境污染的严重性、不可逆性和长期性，必须有足够充分的认识。

(2) 土壤环境污染的类型：

① 大气污染型。大气污染物通过干、湿沉降过程污染土壤。如，大气气溶胶的重金属、

放射性元素、酸性物质等土壤的污染作用。其特点是污染土壤以大气污染源为中心呈扇形、椭圆形或条带状分布，长轴沿主风向伸长，其污染面积和扩散距离，取决于污染物的性质、排放量和排放形式。大气型土壤污染物主要集中于土壤表层。

② 水质污染型。主要是工业废水、城市生活污水和受污染的地表水，经由灌溉而造成的土壤污染。此类污染约占土壤污染面积的 80%。其特点是污染物集中于土壤表层，但随着时间的延长，某些可溶性污染物可由表层渐次向心土层、底土层扩展，甚至通过渗透到达地下潜水层。污染土壤一般沿河流、灌溉干、支渠呈树枝状或片状分布。

③ 固体废物污染型。固体废物包括工矿业废弃物(矿渣、煤矸石、粉煤灰等)、城市生活垃圾、污泥等。固体废物的堆积、掩埋、处理不仅直接占用大量耕地，而且通过大气迁移、扩散、沉降或降水淋溶、地表径流等污染周围地区的土壤。属点源型土壤污染，其污染物的种类和性质都较复杂。且随着工业化和城市化的发展，有日渐扩大之势。

④ 农业污染型。农业污染型是指由于农业生产需要，在化肥、农药、垃圾堆肥、污泥长期施用过程中造成的土壤污染。主要污染物为化学农药、重金属，以及 N、P 富营养化污染物等。属面污染，污染物集中于耕作表层。

⑤ 综合污染型。土壤污染往往是多污染源和污染途径同时造成的，即某地区的土壤污染可能受大气、水体、农药、化肥和污泥施用的综合影响所致。其中以某一或两种污染源污染影响为主。

13.4.3 土壤污染的防治

由于土壤污染的潜伏性、不可逆性、长期性和后果严重性，土壤污染的预防和治理需要立足于防重于治，防治结合，综合治理的基本方针。土壤污染的防治应包括“防与治”的两方面任务。一方面是要采取有效措施，预防土壤环境的污染，另一方面则是对已被污染的土壤进行改造、治理，消除污染。防治土壤污染，首先要控制和消除污染源，同时应充分利用土壤本身具有的自净能力；对已经污染的土壤，要采取一切措施，消除土壤中的污染物，控制土壤中污染物的迁移，减少发生次生污染的可能性，而且要尽可能不使污染物进入食物链，防止对人类健康的危害。

1. 控制和消除土壤污染源

控制和消除土壤污染源是防止土壤污染的根本性措施。控制土壤污染源，就是控制进入土壤的污染物的数量和速率，使污染物在土壤中可能缓慢地自行降解，不至于因大量污染物的进入而造成土壤的严重污染。

控制土壤污染源需要对所在地区土壤的各种污染源和污染途径进行全面调查。在此基础上，采取有效措施，切断土壤污染源或尽可能避免工矿企业污染物的任意排放，尽量避免污染物输入土壤环境。土壤污染的途径主要是来自灌溉水、固体废物的农用及大气沉降。必须严格执行《灌溉水水质标准》，灌溉用水要符合标准，并控制污水超标排放；必须严格执行《农用污泥中污染物控制标准》及《垃圾农田施用污染物控制标准》，污泥和城市垃圾要符合标准才可施用，并需要控制施用污泥量等；必须严格执行《工业行业大气有害物质排放标准》，控制有害气体和粉尘的超标排放；大力发展清洁生产工艺，从源头上控制污染物的产生和排放。

合理安全地施用农药是控制土壤污染源的一项重要内容。合理安全施用农药包括对症施用农药，适时适量施用农药；制定施用农药的安全间隔期，提高合理使用农药的效果，使作物的农药残留不超过标准；禁止或限制施用高残留性、高毒性的农药品种等。

调整化肥结构，普及平衡施肥，合理使用化肥也是控制土壤污染源的重要内容。应该合理搭配氮素、磷素、钾素化肥以及无机肥和有机肥的施用，既提高肥效，又避免使用不当，造成土壤污染。对本身含有毒有害成分的化肥要严格控制使用。特别需要提及的是，化肥中含有其他有害重金属杂质或有害副产物(如硫氰酸盐、缩二脲、三氯乙醛以及多环芳烃等)，使用化肥时必须关注此类物质带来的污染。

总之，控制、切断和消除土壤污染源是土壤污染防治工作中的指导性原则。

2. 提高土壤环境容量及自净能力

土壤具有一定的环境容量和自然净化功能，在防治土壤污染时应充分利用土壤的这一特点，采取有效措施，提高土壤环境容量及自净能力。例如，通过增施有机肥料及黏粒，增加土壤有机质的含量、改良砂性土壤、增加土壤胶体的数量并改善其种类、调节土壤 pH 值等措施，增加土壤对有害物质的吸附能力和吸附量，降低污染物在土壤中的活性，增强土壤环境的自净能力，提高土壤环境容量。当输入土壤环境中的污染物的数量不大、输入速率不快时，或土壤遭受轻度污染时，采取相应措施提高土壤环境容量，对于防止土壤污染的发生或减轻污染物对作物的污染危害是有效的。

3. 实施治理土壤污染的有效措施

(1) 施加化学改良剂和强吸附剂　是治理土壤重金属轻度污染或农药污染的重要途径。一些化学反应物质的加入可以改变金属在土壤中的存在形态，使其固定，降低其在环境中的迁移性和生物可利用性。例如，对已受汞污染的土壤，可施用石灰-硫黄合剂，汞被更牢固地固定在土壤中，降低了汞从土壤向作物迁移的能力；由于汞的正磷酸盐较其氢氧化物或碳酸盐的溶解度更小，施用磷肥也是降低土壤中汞化合物活性的有效方法；在土壤中施用促进还原的有机物，使土壤中的镉与土壤中的硫生成 CdS 沉淀；在土壤中施加磷酸盐类物质，使土壤中的镉生成磷酸镉沉淀，在水田条件下这一措施更为奏效；在铅污染的土壤中施用改良剂钙、镁及磷肥等，可以降低土壤中铅的活性；在 Cr^{3+} 污染的土壤中，施用石灰石、硅酸钙或磷肥等调节土壤呈微碱性，使污染物形成 $Cr(OH)_3$ 状态而加以固定，可以减少铬对作物的危害；施加砷的吸附剂，如旱田施用堆肥，桃树果园中施加硫酸铁，都可以提高土壤吸附砷的能力，减少砷的危害，在土壤中施加各种铁、铝、钙、镁化合物，可使砷生成不溶性物质而加以固定，降低砷的活性等等。

对于被农药污染的土壤同样可以采用施加化学物质或吸附剂的方法，增加土壤的环境容量，增加土壤对农药的吸附能力，减轻农药对作物的污染。例如，埋入活性炭可降低磺乐灵或伏草隆在土壤中的活性；施入大量有机肥和植物残茬，可减轻残留农药的毒性；垃圾堆肥和绿肥也有明显减轻残留农药毒性的作用。某些金属离子或某些金属螯合物，对有机磷农药的水解具有催化作用，采用施加该类催化剂的方法，可提高土壤的化学降解作用。例如，二嗪农和毒死蜱通过与 Cu^{2+}-蒙脱石接触而迅速分解，在 20℃下，它们的半衰期分别为 4h 和 0.9h。

(2) 调节土壤水分、pH 值　可以促成污染物改变在土壤中的存在形态，是治理土壤污染的重要方法。例如，施用石灰以中和土壤的酸性，可降低作物根系对汞的吸收，当土壤 pH 值提高到 6.5 以上时，可能形成碳酸汞、氢氧化汞或水合碳酸汞等难溶化合物；钙离子能与任何微量的汞离子争夺植物根系表面的交换位，从而降低汞向作物内的迁移；此外，施入硝酸盐，高浓度硝酸盐能抑制甲基化微生物的生长，使土壤中汞化合物的甲基化过程减弱，从而减少汞向作物的迁移。又如，在土壤中加入石灰性物质，提高土壤环境的pH值，可以使镉生成不易被植物吸收的$Cd(OH)_2$或$CdCO_3$沉淀，此类方法较适合在旱田条件下使用。再如，提高土壤的pH值，当pH>6时，重金属离子很容易被黏土矿物吸附，这一措施可以有效地阻止植物对铅的吸收；施用有机肥，使土壤处于还原环境，可以有效减轻或消除六价铬对植物的危害，而且有机肥也能够通过吸附作用，降低六价铬对植物的毒害；在土壤中施加硫粉，降低土壤pH值，加强土壤排水，可提高土壤固砷的能力，降低砷的活性等等。

调节土壤水分、土壤pH值，可以增加农药的降解速率。例如，DDT在土壤灌溉水时，分解速率较干旱时为快；又如，二嗪农在中性pH值范围内最稳定，pH值为7.4，在20℃时，在水中的半衰期为155天，当pH值为3.1和10.4时，半衰期分别为0.5天和6天，说明二嗪农在酸性条件下不稳定。

(3) 采用土壤污染生物修复技术　就是利用特定的动、植物和微生物吸收或降解土壤中的污染物。土壤污染生物修复技术中，植物修复的应用引人注目，植物修复是利用绿色植物来转移、容纳或转化污染物，使其对环境无害。例如，种植富集镉的植物，如苋科植物，以吸收污染土壤中的镉；种植某些非食用但可富集铅的植物，如苔藓、木本植物等，逐渐降低土壤中铅的污染程度；选择种植非食用植物，利用植物累积铬的作用净化铬污染的土壤等等。当然，采用此类方法应该注意植物残体的处理。利用非食用植物来吸收除去土壤中的重金属，可以达到控制或切断重金属进入食物链的目的。

选育活性较高的、能够分解某种农药的土壤微生物或土壤动物，可以增加土壤的生物降解作用。例如，根固氮菌可将对硫磷迅速地还原为氨基对硫磷。又如，枯草杆菌可以将螟松转化为无毒的代谢物——氨基衍生物和去甲基衍生物，但不会转化为有毒的氧式代谢物等。

(4) 合理改良耕作制度　就是通过改变土壤环境条件，消除某些污染物的危害。例如，实行水旱轮作是轻度铬污染土壤的有效改良措施。水旱轮作使土壤pH值增高，有利于铬的吸附固定，从而降低土壤中铬的活性。又如，稻棉、水旱轮作，可以加速土壤中有机氯农药的分解排除。

(5) 采用换土深翻等措施　用客土法、换土法或翻土深耕等措施，可以稀释高背景区或污染区土壤中的污染物浓度，减轻污染物的污染程度。这种措施的经济支出高，只适用于小面积严重污染土壤的治理。

13.5　室内污染及其消除

居室是人们日常生活中的重要场所。随着生活方式的改变，人们生活和工作于室内的时间越来越长。据统计，人处在各种室内环境(居室、办公室、公共场所及交通工具等)中活动的时间约占人生活动时间的70%~80%，随着电脑的普遍使用，一些发达国家的人在室内度过的时间比率还会更大。因而室内环境质量是对人的健康至关重要。

现代建筑使用的建筑和装饰材料中，大量使用了多种化学品，其中大都含有有机污染物(简称VOC)。这些污染物的毒性、刺激性、致癌作用和特殊的气味，能导致人体呈现各种不适反应，主要引起眼、鼻、咽喉刺激干燥，感到疲乏、无力、头痛、头昏、记忆力减退、恶心、皮肤瘙痒等症状，称之为“不良建筑物综合症”，严重的可引发婴儿畸形、白血病和多种癌症。因此，室内空气污染问题严重地威胁和危害人体健康，室内空气污染、水污染、大气污染、噪声和电磁辐射被列入对公众健康危害最大的5种环境因素，室内空气污染已成为国内外研究的热点。

13.5.1 室内空气污染

室内空气污染的定义是：室内空气污染是指在封闭空间内的空气中存在对人体健康有危害的物质并且浓度已经超过国家标准达到可以伤害到人的健康程度，我们把此类现象总称为室内空气污染，并不主要指居室。

近20年来，研究人员对室内空气污染物的来源、浓度及其影响进行了研究，结果表明，在某些情况下，室内空气污染程度比室外的污染程度更严重。室内空气污染值得引起人们的密切关注。

人们在日常生活或生产环境中自觉或不自觉地接触各种室内空气污染物，对室内空气质量的管理也不可能做到彻底清除污染物。环境污染物主要是通过空气、水和食物侵入人体的。我们可以选择无污染的水和食物，却无法选择所呼吸的空气。不管空气污染程度如何，我们每时每刻都在呼吸，一个成年人平均每天吸入15kg空气，与每天摄入1.5kg食物和2kg水相比，吸入空气是接触环境污染物的主要途径。人的一生有80%以上的时间生活、工作在室内，室内空气污染是指造成人群健康危害的主要途径之一。因此，防治室内空气污染，保护人民健康，十分重要。

室内空气污染主要是人为污染，其中又以化学性污染最为突出。尽管化学污染物的浓度较低，但多种污染物共同存在于室内，长时间联合作用于人体，涉及面广，接触人多，包括老弱病幼等敏感人群，并可通过呼吸道、皮肤等途径进入肌体，其健康危害不容忽视。

室内空气污染是由于室内引入能释放有害物质的污染源或室内环境通风不佳而导致室内空气中有害物质不断增加的。室内空气化学污染来源于室内和室外两部分。据统计，至今已发现的室内空气化学污染物约有500多种，其中挥发性有机化合物达307种。室内来源包括消费品和化学品的使用以及个人造成的污染。室外来源包括室外空气工业排放污染、机动车废气、污染的地下水等。

室内环境涉及的面很广，包括建筑物地基选择和不同设计、建筑材料和装修材料的挑选、建筑物的施工工艺、居住新房的合适时间等等。室内环境质量好坏直接涉及建筑学、材料学、地质学、环境科学和生命科学等学科。

不良建筑物综合征亦称为病态建筑物综合症，是近年来国外有关专家提出的。某些建筑物内由于空气污染、空气交换率低，以致在该建筑物内活动的人群产生了一系列自觉症状，而离开了该建筑物后，症状即可消退。这种建筑物被称为“不良(或病态)建筑物”，产生的系列症状称为“不良建筑物综合症”。不良建筑物综合症的主要症状表现为眼、鼻、咽、喉部位有刺激感，头疼，易疲劳，呼吸困难，皮肤刺激，嗜睡，哮喘等非特异症状。目前认为，不良建筑物综合症是多因素综合作用而成。除了污染和通风以外，还可能由温度、湿度、采光、声响等舒适因素的失调，包括情绪等心理反应参与。因此，如何控制建材和室内用品释放的化学性和生物性污染，防治不良建筑物综合症，保证室内活动和生活者的健康水平是环境医学和建筑卫生学所面临的一项重要的挑战。

13.5.2 室内气态污染物

室内空气污染的种类可以划分为四种类型，即生物污染、化学污染、物理污染和放射性污染。生物污染物包括细菌、真菌、病菌、花粉和尘螨等，可能的来源是室内生活垃圾、室内植物花卉、家中宠物、室内装饰及摆设等。化学污染物如二氧化硫、一氧化碳、氨、甲醛、挥发性有机物等，主要来源于建筑材料、日用化学品、人体排泄物、香烟烟雾、燃烧产物等。放射性污染（如氡等）主要来源于地基、建材、室内装饰石材、瓷砖、陶瓷洁具等。物理污染主要指噪声、电磁辐射、光线等。

室内空气污染物按其形态可以分为气态污染物和颗粒物。室内空气污染物按照来源则可以分为室内发生源和进入室内的大气污染物。室内空气污染有其自身的特点，其影响因素主要是建筑物的结构和材料、通风换气状况、能源使用情况以及生活起居方式等。

1. 二氧化碳

二氧化碳主要来自动植物、燃料的燃烧过程以及有机物分解和呼吸作用。室内的来源是通风不良的燃烧器具、人和宠物等。室内的最高浓度在人们停留时间最长的地方，而且与室内人数有关。室外的主要来源是工厂的排放和化石燃料燃烧过程的排放。二氧化碳相对较低的污染浓度会引起脉搏频率上升、呼吸困难、头痛和反常的疲倦感觉；较高的污染浓度时可能的症状是头晕、恶心和呕吐；在极端的污染水平，二氧化碳浓度增高而氧气的浓度降低，大脑缺氧造成大脑神经局部受损。

2. 一氧化碳

一氧化碳主要来自燃料的不完全燃烧过程。室内的一氧化碳源包括燃气加热装置、煤气炉、通风不好的煤油炉、吸烟等。室外的来源则包括汽车排放、发电厂排放、化石燃料燃烧过程排放等。一氧化碳是一种无色、无味、无臭、无刺激性的有毒气体，几乎不溶于水，在空气中不容易与其他物质产生化学反应，故可在空气中停留时间很长。一氧化碳属于窒息性毒物，在极低浓度时就会对人和动物有很大的毒性。一氧化碳极易与血液中运载氧的血红蛋白结合，生成碳氧血红蛋白，阻碍氧与血红蛋白结合成氧合血红蛋白，形成缺氧，导致一氧化碳中毒。一氧化碳与血液中血红蛋白结合的速率比氧气与血红蛋白结合的速率要快200~300倍。所以，即使人处于只含微量的一氧化碳的环境中，也会迅速将一氧化碳吸入体内，遭到可怕的缺氧性伤害，轻者眩晕、头疼，重者脑细胞受到永久性损伤，甚至窒息死亡。有心脏病、贫血和呼吸道疾病的患者更易受到一氧化碳的攻击。

3. 氮氧化物

氮氧化物主要包括一氧化氮和二氧化氮。这两种气体的室内来源包括未通风燃料燃烧装置、反向气流加热装置和吸烟。室外来源主要包括汽车尾气排放和工业锅炉排放。一氧化氮和二氧化氮都高度刺激皮肤、眼睛和黏膜，高浓度时刺激喉咙，引起严重咳嗽。一氧化氮可与血红蛋白结合，高浓度时引起的症状与一氧化碳中毒时相似。二氧化氮的毒性是一氧化氮的4~5倍，可引起神经衰弱、肺部纤维化，造成心、肝、肾及造血系统的生理机能的破坏。

4. 二氧化硫

二氧化硫的室内来源是炊事、供暖用燃煤和燃油。二氧化硫的室外来源则主要是汽车、供暖锅炉和工业烟囱排放等。二氧化硫易溶于水，对上呼吸道有强烈的刺激作用，当其通过鼻腔、气管、支气管时，多被管腔内膜水分吸收阻留，使刺激作用增强。二氧化硫进入人体时，血中的维生素会与之结合，使体内维生素C的平衡失调，从而影响新陈代谢。二氧化硫还能抑制和破坏或激活某些酶的活性，使糖和蛋白质的代谢发生紊乱，从而影响肌体生长发育。

5. 臭氧

臭氧的室内来源主要是室内使用高压或紫外光设备，如复印机、激光打印机等。研究表明，室外的臭氧浓度对室内臭氧浓度起到决定性的影响。很低的室内臭氧浓度仍然会对人体产生相当程度的影响，要小心避免室内臭氧气体的积累。臭氧对于动物和人类有多种伤害作用，特别是伤害眼睛和呼吸系统。在较低的浓度下会引起咳嗽和胸部发紧；浓度较高时会削弱肺功能；长期暴露会和细菌感染、肺组织增厚、中枢神经系统病变等症状的增加相关联。

6. 甲醛

甲醛是一种无色易溶的刺激性气体，经呼吸道吸收，长期接触低剂量甲醛可引起慢性呼吸道疾病，甚至引起鼻咽癌。甲醛属于挥发性有机物，用于涂料、树脂和建筑材料的黏合剂。室内甲醛的主要来源是吸烟、炊事燃气、油漆、化纤地毯、复合木制品和碎料板等。使用的各类材料的甲醛混合物，除非密封良好，否则会向空气中释放甲醛气体。释放速率取决于空气的温度和相对湿度。温度升高 5～6℃，浓度会增大一倍；湿度由 30%提高到 70%，甲醛浓度增加40%；如果温度和湿度都升高，甲醛浓度可以升高到初始浓度的5倍。国家安全标准规定空气中的甲醛含量不得超过 0.08mg/m^3。否则会引起呼吸道疾病，甚至肺水肿。甲醛达到高浓度时，会引起不同的症状，先是对眼睛、鼻子、喉咙的刺激，然后是咳嗽和呼吸困难，哮喘、恶心、呕吐、头痛和鼻子出血都可能发生。甲醛还可能损害人的中枢神经，导致神经行为异常。

7. 苯

苯为无色具有特殊芳香味的液体，是室内挥发性有机物之一。苯主要来自装饰用的油漆、涂料和黏合剂，是严重的致癌物。短时间内吸入高浓度苯蒸气可引起急性苯中毒，主要以中枢神经系统抑制作用为主。轻者瞌睡、头痛、头晕、恶心、胸闷等，严重者心律不齐、视觉模糊、震颤，还可以引起血液系统的疾病。

8. 总挥发性有机物

总挥发性有机物（TVOC）是指沸点在 50～260℃之间、室温下饱和蒸气压超过 133.322kPa 的易挥发化合物，包括烃类、氧烃类、卤烃类、氮烃和硫烃类、低沸点的多环芳烃类等。它们是室内外空气中普遍存在且组分复杂的有机污染物。主要来源是各种化工原料加工及木材、烟草等有机物的不完全燃烧，汽车尾气排放，植物的自然排放等。TVOC 可以从建筑、装修、装饰房屋过程中使用的合成材料或复合材料中释放进入空气中，其他的一些来源还包括喷雾剂、涂料、清洁剂、炉灶、空气清新剂、办公用具和吸烟等。由于 TVOC 的成分复杂，表现出的毒性、刺激性、致癌作用和特殊气味等会使人类出现种种的不良反应，对人体健康造成很大影响。

13.5.3 室内颗粒污染物及其他污染物

1. 石棉

石棉是一系列纤维状硅酸盐材料的统称，呈化学惰性不可燃。石棉的不可燃特性和热的不良导体的特性，使之用以生产消防员的救生衣和绝热产品。石棉还可以制造建筑材料、纺织品、喷气机部件、涂料、防渗漏剂、刹车衬面等。与室内污染有关的是石棉绝缘材料的使用。石棉绝缘材料可以向空气中释放微小的纤维，它们粒径很小且不能降解，这些纤维若被人吸入，会在肺部长期留存，会导致一种慢性肺炎——石棉沉滞症，经过 30 年或更久的潜伏期后会转化为严重的癌症。

2. 尘与尘螨

尘用于表示不同来源和粒径的颗粒物。这些颗粒物包括植物和动物纤维、花粉、细菌、霉菌等。室内的尘对人体健康也有危害。确切地说，尘螨粪及其污染的颗粒物对人体健康有危害。沾染尘螨粪的颗粒物是有效的过敏源之一，导致的后果从非常重和到极其严重，视不同个体而不同。

3. 铅

室内铅污染主要来自装饰装修材料、家具、室内装饰用品、室外空气和家庭饮用水管道。铅对人体健康极度有害。铅进入人体，可大部分蓄积于人的骨骼中，损害骨骼造血系统和神经系统，对男性的生殖腺也有一定的损害。引起的临床症状为贫血、末梢神经炎，出现运动和感觉异常。伤害人的神经系统，降低人们的学习能力。

4. 微生物和人体自身

微生物包括细菌、酵母菌、病毒和藻类，其他形式还包括花粉、植物和昆虫残体、人和动物皮屑以及有机尘。

人体本身也是一个污染源，可排出400多种化学污染物。人体还能排出细菌、寄生虫卵等生物污染物。

5. 氡

氡是无色无味、自然界中唯一存在的天然放射性气体。广泛存在于墙体材料、天然石材、瓷砖和水泥等建筑装饰材料中。逸出的氡在空气中再衰变为铅、铋等放射性元素。这些元素经呼吸道进入人体，并附着在支气管黏膜上，溶入体液进入细胞组织诱发癌变。对于人的肺部来说，它比甲醛更致命。氡是仅次于吸烟的第2个肺癌致病因。世界上大约10%~25%的肺癌和白血病由氡诱发。科学研究表明，氡对人体的辐射伤害占人体一生中所受到的全部辐射伤害的55%以上，其潜伏期约为15~40年。

6. 电磁辐射污染

又称电子雾污染、电磁波污染。由微波炉、电视机、电脑以及手机等家用电器工作时产生。能危害人的中枢神经、心血管和血液等系统。使人头疼、疲乏、失眠、神经质、精神不集中、记忆力减退、耳鸣、心律不齐等；还可引起白细胞减少，是造成儿童患白血病的原因之一。使人的免疫、生殖、视觉和代谢功能下降，严重的还会诱发癌症，并会加速人体癌细胞增殖；易使孕妇流产和胎儿畸形；还可导致儿童智力残缺。值得注意的是，不同的人或同一个人在不同年龄阶段对电磁辐射的承受能力不同，老人、儿童、孕妇属于对电磁辐射的敏感人群。

此外家庭环境污染还有煤气或者煤炉燃烧中释放的苯并(a)芘、氨和其他有毒气体；食用油在烹调时散发出的污浊气体；使用化妆品和含磷清洁剂产生的污染；吸烟及噪音等污染。

13.5.4 室内污染的防治

减少居室污染的常用方法有：

（1）合理选用装饰材料，除采用符合国家标准的、污染小的装饰材料外，最好不要在房间里大面积使用一种装饰材料。尽量减少石材、瓷砖等容易产生辐射的装修材料。

（2）要经常通风换气，保持室内空气新鲜，这是最简单易行且效果好的方法。

（3）科学使用电器，家用电器不要摆放过于集中，尤其不要摆放在卧室里，并使人尽量远离电器(如人与彩电的距离应在4~5m之间、与日光灯管距离应在2~3m之间、微波炉在开启之后要离开至少1m远)；家用电器、办公设备、移动电话等都应尽量避免长时间操作。

(4) 正确使用消毒剂和清洁剂。

(5) 科学养殖花卉，如龟背竹、美人蕉、石竹能吸收SO_2、CO_2；菊花、铁树、生长藤能吸收苯；吊兰、芦荟、虎尾兰、叶兰、龟背竹对付甲醛特别有效；茉莉、米兰、桂花、紫薇、月季、玫瑰能散发具有杀菌作用的挥发油；山茶、米兰、石榴、铁树、菊花、常青藤、月季、万寿菊等能吸收家中电器、塑料制品等散发的SO_2、氟、氯、乙醚、乙烯、CO_2、过氧化氮等；兰花、桂花、腊梅等是天然的除尘器，其纤毛能截留空气中的漂浮微粒及烟尘。

目前治理室内空气污染的方法，常用的有：光触媒法(对重度污染，见效快。但有可能产生少量二次污染)、臭氧法(适用于中度、轻度污染，不会生成任何残留物及二次污染。但要避免人臭氧中毒)、高压电负离子法(见效快，无污染，不留死角)和活性炭法(成本低、无毒副作用。但见效慢)。

人类环境问题引起了全世界居住者和舆论的关注，人们越来越迫切地追求拥有健康的居住环境。今天的住宅建设要确保居住者广泛意义上的健康，包括生理的和心理的，社会的和人文的，近期的和长期的多层次的健康。现代科技的发展，一方面让我们享受了当代文明，同时又使我们容易忽视大自然赐予人类的阳光、空气和水。过分依赖于现代科技的生活方式，又容易削弱人与自然和谐共存的亲密关系。回归自然，亲和自然的健康生活方式已成为当今人类共同的心声。

13.6 绿色化学

人类生活的各方面，从衣、食、住、行的生活必需品到汽车、电视、洗衣机等，无不同化学有关。可以说化学改变了人类的生活方式，提高了人类的健康与生活水平。但是随着工业的不断发展，化工产品在给人带来越来越多便利的同时，化学物质对环境和人类健康造成的影响也越来越大，大量排放的工农业污染物和生活废弃物使人类生存的生态环境迅速恶化。人类正面临着有史以来最严重的环境危机，为了根治环境污染，人们开始从节约资源和防止污染的角度来重新审视和改革传统化学，提出了“绿色化学”这一新概念。

13.6.1 绿色化学的基本概念

绿色化学又称环境友好化学、环境无害化学或清洁化学。绿色化学是利用化学的原理、方法来防止化学产品设计、合成、加工、应用等全过程中使用和产生有毒有害物质，使所设计的化学产品或生产过程更加环境友好的一门科学。绿色化学与环境化学既相关，又有区别，环境化学研究影响环境的化学问题，而绿色化学研究与环境友好的化学反应。绿色象征人与自然的和谐，绿色化学是人类生存和社会可持续发展的必然选择。

绿色化学有其应用的原则。美国《科学》杂志2002年8月提出了绿色化学的12条原则，已被广泛认可：

(1) 预防废弃物的形成要比产生后再想办法处理更好；

(2) 合成方法应具“原子经济性”，即使工艺过程中耗用的材料最大化地进入最终产物；

(3) 在合成方法中，使用的原料和生产的产品都遵循对人体健康和环境的毒性影响最小；

（4）设计化学反应的生成物不仅具有高使用效益，还应具有低环境毒性；

（5）尽量不用辅料（如溶剂或析出剂），当不得已使用时，尽可能选择无害的；

（6）尽可能降低化学过程所需能量，生产过程尽可能在温和的温度和压强下进行；

（7）尽量采用可再生的原料；

（8）尽量减少副产品；

（9）使用高选择性的催化剂；

（10）化学产品在使用完后应能降解成无害的物质并且能进入自然生态循环；

（11）开发适应实时监测的分析方法，为在污染物产生之前就施行控制创造条件；

（12）参加化学过程中使用和生成的物质，都应尽量减少发生意外事故的风险（泄漏、爆炸、火灾等）。

为了更明确的表述绿色化学在资源使用上的要求，人们又提出了 5R 理论：

（1）减量（Reduction） 减量是从省资源少污染角度提出的。减少用量、在保护产量的情况下如何减少用量，有效途径之一是提高转化率、减少损失率；其二是减少“三废”（废气、废水及废渣）排放量。

（2）重复使用（Reuse） 重复使用这是降低成本和减废的需要。诸如化学工业过程中的催化剂、载体等，从一开始就应考虑有重复使用的设计。

（3）回收（Recycling） 回收主要包括：回收未反应的原料、副产物、助溶剂、催化剂、稳定剂等非反应试剂。

（4）再生（Regeneration） 再生是变废为宝，节省资源、能源，减少污染的有效途径。它要求化工产品生产在工艺设计中应考虑到有关原材料的再生利用。

（5）拒用（Rejection） 拒绝使用是杜绝污染的最根本办法，它是指对一些无法替代，又无法回收、再生和重复使用的毒副作用、污染作用明显的原料，拒绝在化学过程中使用。

13.6.2 开发“原子经济”反应

美国化学家 Barry Trost 在 1991 年首先提出了原子经济的概念，他认为化学合成应考虑原料分子中的原子进入最终所希望产品中的数量，原子经济性的目标是在设计化学合成时使原料分子中的原子更多或全部地变成最终希望的产品中的原子。所以，原子经济反应即是原料分子中究竟有百分之几的原子转化成了产物。

$$\text{原子经济性或原子利用率}(\%)=\frac{\text{目标产物中所有原子的相对原子质量之和}}{\text{原料中所有原子的相对原子质量之和}}\times 100\% \tag{13-2}$$

例如，丙烯催化加氢生产丙烷的加成反应：

$$H_3C—CH═CH_2+H_2 \xrightarrow{Ni} H_3C—CH_2—CH_3$$

其原子经济百分率为 100%。

又如，在利用 Al、H_2SO_4、$NH_3 \cdot H_2O$、NaOH 和 H_2O 等做原料，设计合成路线制备 $Al(OH)_3$ 固体时，可以设计几种方案，见表 13-4，并比较一下各种方案的原子经济百分数。

表 13-4 方案列表

方案	化学方程式	原子经济百分数/%
1	$2Al+3H_2SO_4 = Al_2(SO_4)_3+3H_2\uparrow$ $Al_2(SO_4)_3+6NH_3 \cdot H_2O = 3(NH_4)_2SO_4+2Al(OH)_3\downarrow$	28.0
2	$2Al+2NaOH+2H_2O = 2NaAlO_2+3H_2\uparrow$ $2NaAlO_2+H_2SO_4+H_2O = 2Al(OH)_3\downarrow+2Na_2SO_4$	54.5
3	$2Al+3H_2SO_4 = Al_2(SO_4)_3+3H_2\uparrow$ $2Al+2NaOH+2H_2O = 2NaAlO_2+3H_2\uparrow$ $6NaAlO_2+Al_2(SO_4)_3+12H_2O = 8Al(OH)_3\downarrow+3Na_2SO_4$	58.1

通过对比可知，第三种方案的原子利用率比较高，并且使用了比较廉价的水作为原料。该反应的原子经济百分率最高为 58.1%。

原子经济的目标就是设计合成路线时使原料中的多数原子(理想全部)都能成为最终目标产物中的原子，少(不)生成副产物，实现废物的零排放。对于大多数基本有机原料的生产来说，选择原子经济反应十分重要。近年来，开发新的原子经济反应已成为绿色化学研究的热点之一。

目前绿色化学的研究重点是：

(1) 设计或重新设计对人类健康和环境更安全的化合物，这是绿色化学的关键部分；

(2) 探求新的、更安全的、对环境更友好的化学合成路线和生产工艺，这可从研究、变换基本原料和起始化合物以及引入新试剂入手；

(3) 改善化学反应条件、降低对人类健康和环境的危害，减少废弃物的生产和排放。绿色化学着重于"更安全"这个概念，不仅针对人类的健康，还包括整个生命周期中对生态环境、动物、水生生物和植物的影响；除了直接影响之外，还要考虑间接影响，如转化产物或代谢物的毒性等。

绿色化学是一门新的交叉学科。绿色化学的内涵、原理、目标和研究内容需要不断地充实和完善。在全球性的人类生存环境日益恶化、资源日益短缺的今天，发展绿色化学，是我们化学工作者责无旁贷的历史使命。绿色化学的发展对保持良好的环境、社会和经济可持续发展具有重要的意义，我们应充分重视和大力支持。今后，从源头上防止污染，从根本上减少或消除污染，实现废物零排放，提高原子经济性，将是我国乃至世界环境保护的必由之路。

习题

1. 大气中硫氧化物、氮氧化物、一氧化碳的主要来源及其对环境的污染危害有哪些？
2. 什么是光化学烟雾？其特点是什么？
3. 汽车、飞机的尾气对大气造成污染的主要原因是什么？你认为减少或消除尾气污染的有效途径有哪些？
4. 试评述温室效应加剧的原因及其对环境的影响。
5. 酸雨是怎样产生的，有什么危害？如何防治？

6. 什么是水体污染？举例说明你所了解的水体污染源。
7. 什么是水体的自净作用，它有哪些影响因素？
8. 为什么说水体的富营养化现象会严重影响水体的质量？
9. 水体污染包括哪些内容？概述水体污染的治理方法的分类。
10. 土壤是如何形成的？土壤具有哪些基本环境机能？
11. 土壤有哪些主要性质？其影响因素是什么？
12. 化学农药在土壤中的迁移转化主要包括哪些内容？
13. 土壤污染防治应该坚持哪些基本原则？治理污染土壤包括哪些有效的措施？
14. 列举室内几种主要污染物的来源及其产生的危害。
15. 如何保持室内环境的健康性，实现室内空气的质量控制？
16. 简述防治室内甲醛污染的措施。
17. 何谓绿色化学？
18. 污染环境的因素有哪些？谈谈你对化学与环境保护的认识？
19. 你周围是否存在环境污染问题？你认为应该如何治理。
20. 查阅资料，写一篇“垃圾资源化”的小论文(2000字以内)。

第 14 章　化学与人类生活

内容提要：人类生活的各个方面，社会发展的各种需要都与化学息息相关。本章简要地论述了化学在人类日常生活中衣、食、住、用等方面的重要作用。讨论了生物体内微量元素的生理功能及微量元素与机体健康的关系。介绍了食品、日用品中的基本化学常识。同时对给现代社会造成负面影响的毒品及其对人体的危害问题进行了简要介绍。

学习要求：

(1) 理解生物体内微量元素的生理功能及微量元素与人体健康的关系。

(2) 掌握化学在食品、营养、日用品中的重要作用。

(3) 了解镇静剂和毒品的基本化学知识以及其对人体的危害。

随着生产力的发展，科学技术的进步，化学与人们生活越来越密切。众所周知，我们周围的事物都是由许许多多的化学元素组成的，包括我们人体不可缺少的许多元素。化学在人类的生产和生活中发挥了不可估量的作用，我们的衣、食、住、行、用无不与化学有关。

14.1　化学与营养

大自然的一切物质都是由化学元素组成的，人体也不例外。各种化学元素在人体中各有不同的功能。人体通过呼吸、饮水和进食，与地球表面的物质交换和能量交换达到某种动态平衡。所以生命过程就是生物体发生的各种物质转化以及能量转化的总结果。在生命活动过程中，化学元素和营养物质则通过食物链循环转化，再通过微生物分解返回环境。

健康长寿是人类的共同愿望。许多资料证明，危害人类健康的疾病都与体内某些元素平衡的失调有关。因此，了解生命元素的功能，并正确理解饮食、营养与健康的关系，树立平衡营养观念，通过食物链方法补充和调节体内元素的平衡，会有益于预防疾病、增强体质、保持身体健康。

14.1.1　营养与健康

世界卫生组织给予健康的定义是："一个人只有在躯体健康、心理健康、社会适应良好和道德健康四个方面健全，才是健康的。"这里的躯体健康一般指人体生理上的健康，要求能抵抗一般性感冒和传染病等。

营养就是人类从外界摄取适量有益的物质以谋求养生的目的，这是一个复杂的生理生化过程。它包括食物的消化、吸收和物质代谢的整个动态过程。人类通过营养过程才能维持生命、生长发育，才能完成各种生理活动和社会活动。因此，人类从胎儿开始直至死亡都离不开营养。人类身体素质的优劣除了决定于先天的遗传因素之外，与营养状况也有密切的关系。营养对人体健康的重要性可以概括为：合理的营养促进机体发育，合理的营养促进智力发育，合理的营养可减少疾病。

营养的物质基础是食物，因为食物中含有维持人体正常生理功能所需要的各种物质，这些物质称为营养素。因此，营养素可定义为维持人体正常生理功能和人体健康的基本要素。尽管食物的种类繁多，功用各异，但是营养素的种类为数极少。营养专家根据营养素的化学本质和生理功能，过去把它们分成六大类：蛋白质、脂类(或脂肪)、糖类(或碳水化合物)、维生素、无机盐(包括微量元素)和水。近年来流行病学调查结果发现，膳食纤维素对促进人体健康有很重要的作用，因此把原来属于糖类的膳食纤维素单独列为第七类营养素。

各类营养素具有不同的生理功能。蛋白质、脂类和糖类除构成细胞的组成之外，还可以在体内氧化产生热能，故称三大产能营养素。维生素和无机盐主要的功用是调节人体生理机能，后者也是构成某些组织细胞的成分。例如磷和钙是骨骼的主要成分，铁是红细胞内血红蛋白的重要成分。水在细胞内含量最多，是各种生化反应的介质。膳食纤维素虽然不被人体消化和吸收，但对人体的健康起着重要的作用。各类营养素的生理功能如表 14-1 所示。

表 14-1　营养素的生理功能

名　称	生　理　功　能	名　称	生　理　功　能
蛋白质	供能，细胞组成成分	无机盐	调节生理机能，细胞组成成分
脂　类	供能，细胞组成成分	水	生化反应介质，调节体温
糖　类	供能，细胞组成成分	膳食纤维素	促进机体健康，减少疾病
维生素	调节生理机能		

讨论营养时总离不开食物。所谓食物就是含有营养素且可充饥的物料。各种食物所含的营养素不同，营养价值各异。食物营养价值的高低取决于其所含营养素的种类和数量的多少。任何一种食物都因含有某种营养素而具有一定的营养价值。但是，几乎没有一种天然食物所含有的营养素能满足人体的生理需要。例如，人们说瘦猪肉的营养价值高主要是指它的蛋白质含量高，而其糖含量极低，膳食纤维素则完全没有；蔬菜和水果含有丰富的维生素、无机盐和膳食纤维，其脂肪含量则极少。因此，要获得人体所需要的全部营养素必须摄取多种食物，偏食或挑食则可能导致营养不良。营养学家提倡多种食物混食就是利用各种食物中所含种类多少不同的营养素相互弥补的作用，以满足人体营养素的需求，维持身体健康。

14. 1. 2　人体所需的基本营养素

民以食为天。人们为了维持生命与健康，保证正常的生长发育和从事各项劳动，每天必须从食物中摄取一定量的营养物质。有些食品还兼有保健、益寿、美容等功效。随着我国经济的快速发展和科学技术的巨大进步，人们对食物中所含的营养成分越来越关注，要求也越来越高众所用知，食品中的营养成分与化学科学息息相关。因此，下面着力从化学科学的视角研究化学与食物中营养成分的关联，好让我们从中了解到与自身密切相关的化学知识，科学合理补充营养元素，增进健康。

1. 蛋白质

蛋白质是构成生物体的基本物质。它存在于所有生物细胞中，在生命现象和生命过程中起着决定性的作用。人体中的蛋白质分子多达 10 万种。荷兰化学家马尔德从蛋白质与生命之间具有紧密的关系出发，用希腊文 proteios(“第一”)来命名蛋白质，并指出这是生命化学的起点。在人体内蛋白质的含量多，分布广，几乎所有的器官组织都含有蛋白质，并且它又与所有的生命活动密切联系。氨基酸是组成蛋白质的基本单位，也是蛋白质消化后的最终产物。其中谷氨酸、缬氨酸、异亮氨酸、蛋氨酸、苯丙氨酸、色氨酸、赖氨酸、精氨酸和组氨酸等10种为必需氨基酸，是人体不能合成或合成的速度远不能满足机体的需要，也不能由其他氨基酸转化，必须由食品提供。

生命的产生、存在与消亡，都与蛋白质有关。人体的神经、肌肉、血液、骨骼，甚至毛发中都含有蛋白质，人体反应中必需的酶和调节生理功能的一些激素也是蛋白质。人体内如果蛋白质供应不足，会导致生长发育迟缓，体重减轻，容易疲劳，对传染病抵抗力下降，病后不易恢复健康，甚至贫血，发生营养不良性水肿等疾病。所以人体每天需要通过食物摄入一定量的蛋白质，用以满足机体生长、更新、组织修补以及各种生理功能的需要。

人体摄入的蛋白质主要来源于肉类、鱼类、乳类、蛋类、粮食、豆类和硬壳果类等。日常食用的豆腐、大豆、瘦肉、鱼、蛋白、奶等都含有较多的蛋白质。

2. 糖类

糖类是人体热能最主要的来源。它在人体内消化后，主要以葡萄糖的形式被吸收利用。葡萄糖能够迅速被氧化并提供(释放)能量。我国以淀粉类食物为主食，人体内总热能的60%~70%来自食物中的糖类，主要是由大米、面粉、玉米、小米等含有淀粉的食物供给的。糖可分为三类：单糖、双糖、多糖。

糖的主要功能是供给能量，产生热能。它使人体保持温暖，人们常说“吃饱了就暖和了”、“又饿又冷”就是这个道理。脂肪在人体内完全氧化，需要靠糖供给能量，当人体内糖不足，或身体不能利用糖时(如糖尿病人)，所需能量大部分要由脂肪供给。糖在机体中参与许多生命活动过程。如糖蛋白是细胞膜的重要成分，糖脂是神经组织的重要成分；当肝糖元储备较丰富时，人体对某些细菌的毒素的抵抗力会相应增强；糖中不被机体消化吸收的纤维素能促进肠道蠕动，防治便秘，利于消化等。

3. 脂类

脂类是食物中的重要营养成分之一，其主要功用就是供给给人类生活所需的能量及促进脂溶性维生素的吸收。脂类是构成生物膜的重要物质，几乎细胞所含有的磷脂都集中在生物膜中，脂类包括脂肪和类脂。类脂则是指性质类似脂肪的物质，包括磷脂、糖脂、固醇等。脂肪即油脂，又称甘油三酯。我们日常食用的动、植物油，如猪油、牛油、豆油、花生油等均属于此类。

脂类是人体的重要组成部分，对人体具有多种重要作用。皮下脂肪能够帮助人体保持体温；内脏、组织周围的脂肪则起着保护和固定的作用；脑及其他神经组织中也含有磷脂和糖脂，对神经功能有重要影响；脂类还能提供脂肪酸，参与体内某些活性物质的合成；固醇是体内制造固醇类激素的必需物质；此外，脂类还能为人体贮存和供给能量。

在饮食方面，脂类有能够增进食物味道，刺激消化液分泌并促进食欲；促进脂溶性维生素的吸收；因排空时间较长而给人以饱腹感、不易感到饥饿等特点。然而，过量或不当食用油脂也不利于健康。

4. 维生素

维生素包含了人类生命活动中不可缺少的一大类形形色色的有机化合物。它们通常具有以下共同特点：维生素或其前体都在天然食物中存在，但是没有一种食物含有人体所需的全部维生素；它们在体内不提供热能；它们参与维持机体正常生理功能，需要量少却又绝不可缺少；它们一般不能在体内合成或合成量少，不能满足机体需要，必须由食物供给。维生素缺乏在人类历史的进程中曾经是引起疾病和造成死亡的重要原因之一，人类也正是在同这些维生素缺乏症的斗争中来研究和认识维生素的。

维生素依据其溶解性可分为脂溶性维生素及水溶性维生素两类。脂溶性维生素易溶于脂肪和大多数有机溶剂，不溶于水。脂溶性维生素吸收过程复杂，并与脂肪吸收平行。水溶性维生素易溶于水，大多是辅酶的组成部分，通过辅酶而发挥作用，以维持人体的正常代谢和生理功能。人体对水溶性维生素的贮量不大，当组织贮存饱和后，多余的维生素可迅速自尿液排出。脂溶性维生素主要储存于肝脏，而由粪便排出。由于这些维生素代谢极慢，超过剂量，即可产生毒性效应。

人体每日对维生素的需要量甚微，但如果缺乏，则可引起一类特殊的疾病，称为“维生素缺乏症”。食物是维生素和矿物质的最好来源，平衡膳食的健康者，另行补充维生素并无受惠之处，但对挑食、偏食的人，往往不能摄入适量维生素，就需要补充。现有提纯及合成制品中，有单项成分的，也有以不同成分组合的。用于预防的产品，应与用于治疗目的的制剂区分开来。

5. 矿物质

人体组织中几乎含有自然界存在的各种元素。在自然界中存在的94种天然元素中，仅在人体内就已检出81种。在这些元素中，已发现有20余种是构成人体组织、生化代谢所必需的，其中除碳、氢、氧和氮主要以有机物形式存在外，其余的统称为矿物质(又称无机盐)。根据对人体的生理作用角度，可以把矿物质分为三类：第一类是维持生命活动的必需元素；第二类为有毒元素；第三类是未知作用元素。机体对各种矿物质元素都有一个耐受剂量，既使是某些必需元素，当摄入过量时，也会对机体产生危害。实际上，某元素是必需元素还是有毒元素，与它在体内的浓度、存在状态和生物活性有关。

14.1.3 常量元素和微量元素的生理功能

1. 常见的常量元素的生理功能

(1) 钠、钾和氯　是人体必需的营养元素，在体内以离子状态存在于一切组织液之中，细胞内以 K^+ 含量多，而细胞外液(血浆、淋巴、消化液)中则 Na^+ 含量多。Na^+ 和 K^+ 是人体内维持渗透压的最重要的阳离子，而 Cl^- 则是维持渗透压的最重要的阴离子。它们对于维持血浆和组织液的渗透平衡有重要的作用，血浆渗透压发生变化，就将导致细胞损伤甚至死亡。

人体中的 Na^+ 和 Cl^- 主要来自食物中的食盐，K^+ 主要来自水果、蔬菜等植物性食物。钾呈离子状态存在于血液中，具有电化学和信使功能。缺钾可对心肌产生损害，引起心肌细胞变性和坏死，还可引起肾、肠及骨骼的损害，出现肌肉无力、水肿、精神异常等。钾过多则可引起四肢苍白发凉、嗜睡、动作迟笨、心跳减慢以至突然停止。因此，每人每日从食物中摄取2~4g钾为宜。当人体过度劳累出汗过多时，补充适量的钠会很快调节细胞平衡。钠还是骨骼收缩和心脏正常跳动必不可少的元素。但人体摄入钠过量，易引发高血压。

(2) 钙　在人体中钙也是含量较多的元素之一，仅次于氢、氧、碳、氮。正常成人体内总共约有1000~1200g的钙，约占人体重的2%，其中99%以上的钙都存在于骨骼中。钙作为构成骨、牙的重要部分，具有非常重要的生理功能。骨骸不仅是人体的重要支柱，而且还是具有生理活性的组织。它作为钙的贮库，在钙的代谢和维持人体钙的内环境稳定方面有一定的作用。钙不仅是机体完整性一个不可缺少的组成部分，而且在机体各种生理学和生物化学过程中起着重要的作用。它能降低毛细血管和细胞膜的通透性，防止渗出，控制炎症和水肿。

钙是人体内含量最多的一种元素，也是人体最容易缺乏的元素。从营养学角度看，造成人体缺钙的原因，第一是膳食中缺乏富含钙的食物；第二为特殊生理阶段，机体对钙的需要量增加；第三是膳食或机体内存在某种或多种影响钙吸收的因素。钙的吸收与年龄有关，随年龄增长其吸收率下降。一般40岁以后，钙的吸收率逐渐下降，老年人的骨质逐渐疏松与此有关。钙的食物来源以乳制品为最好，不仅含量丰富，而且又易于吸收利用。是婴幼儿的良好钙源。

（3）镁　是人体必需的营养元素，人体内71%的镁以 $Mg_3(PO_4)_2$ 和 $MgCO_3$ 的形式存在于骨骼和牙齿中，其余分布在软组织和液体中，Mg^{2+} 是细胞中的主要阳离子。镁和钙一样是人体骨骼成分的一部分。镁能调节神经活动，具有强心镇静的作用，还能与体内许多重要成分形成多种酶的激活剂，对维持心肌正常生理功能有重要作用。含镁高的矿泉水还可降低高血压、动脉粥状硬化、胆囊炎的发病率。

镁广泛分布在植物中，肉和脏器也富含镁，但奶中则较少。因此，平时应多吃绿色蔬菜、水果以补充镁。米、面、瘦肉、豆类、花生、芝麻、果仁和绿叶蔬菜中含有大量的镁。正常人膳食中，约有五成的镁被吸收，故一般不易发生缺乏病。缺镁者可多食海带、紫菜、芝麻、大豆、糙米、玉米、小麦、菠菜、胡萝卜叶、芥菜、黄花菜、香蕉、菠萝等。

2. 常见的几种微量元素的生理功能

（1）铁　是人体所需要的重要、含量最多的微量元素之一。铁在人体内的主要功能是以血红蛋白的形式参加氧的转运、交换和组织呼吸过程。此外，它除参加血红蛋白、肌红蛋白、细胞色素酶与某些酶的合成外还与许多酶的活性有关。由于许多自由基代谢环节需要铁的参与，所以缺铁时，白细胞杀菌能力下降，机体防御能力降低，使机体出现缺铁性或营养性贫血。但人体内的铁过度积累就会造成器官（如肝）铁沉积增加，通常称为血色素沉着。慢性肝铁过度积累会引起干细胞损伤和纤维化，最终可导致肝坏死。因此人体补铁要科学。

铁的主要来源：动物食品中以动物肝脏、瘦肉、蛋黄、鱼类及其他水产品中含量较多，植物食品以豆类、硬果类、叶菜、山楂、草莓等水果中含铁量较多。此外，发菜、干蘑菇、黑木耳、紫菜、海带、青虾等也含有丰富的铁元素。此外，“加铁酱油”也是补铁的一个重要手段。

（2）碘　人体内的碘有70%~80%存在于甲状腺中，是合成甲状腺素的主要成分。甲状腺素最显著的作用是促进许多组织的氧化作用，增加氧的消耗和热能的产生，促进生长发育和蛋白质代谢。体内缺碘，甲状腺素合成量减少，可引起脑垂体促甲状腺激素分泌增加，不断地刺激甲状腺而引起甲状腺肿大，民间叫“大脖子病”。当机体摄碘严重不足时，就会导致病变。其中对人类危害最大的是由于缺碘导致的地方性甲状腺肿和地方性克汀病。严重缺碘的妇女所生的婴儿，会发生克汀病，又称呆小病。然而值得注意的是，人体对碘的摄入量并不是越多越好。高碘也会危害人体健康，引起高碘甲亢、甲状腺功能低下及碘过敏和碘中毒等症。

碘的吸收快且完全，吸收率近100%。碘的吸收会受铅、镁、锌以及硫氰化钾、过氯酸钾的拮抗和干扰。人体所需要的碘，一般都从饮水、食物和食盐中获得。含碘高的食物主要为海产品，如海带、紫菜、海蜇、海虾、海蟹、海盐等。食盐加碘是最经济、有效预防碘缺乏病的措施，我国目前加的是碘的化合物——碘酸钾（KIO_3）。碘对人体的安全范围较宽，食用碘盐不会出现“碘过量”问题。但甲状腺机能亢进的患者，因治疗疾病的需要，不宜食用碘盐。

(3) 锌　是功能最多的微量元素之一，分布于人体一切器官和血液中。锌能增强机体免疫和抗感染力，促进创伤愈合。锌与维生素代谢有关，维持血浆中维生素 A 的水平，影响维生素 C 的排泄量，与脂肪酸和维生素 E 有协同作用。是叶绿素生成和形成糖类化合物的必需物质。它调节体内各种代谢过程，锌还能提高植物的耐旱和抗病能力。

人体缺锌会引起多种疾病，如侏儒症等。儿童缺锌可导致生长发育不良，伤口不易愈合，严重时可使性腺发育不全；孕妇缺锌可使胎儿中枢神经畸形，婴儿发育不全、智力低下，出生后即使补锌也无济于事；老年人缺锌常引起免疫功能不良，抵抗力低下，食欲不振，但补锌后可以得到改善；锌不足也影响人的视觉。若长期食用含锌量高的食物，可以增强人的耐力，而且血压普遍有所降低，心搏有力。

人体对食物中锌吸收率在 20%~30%。动物性食物比植物性食物锌的含量丰富得多，食物中锌含量的排放列次序为：动物性食物>豆类>谷类>水果>蔬菜。在肉类、动物肝脏、蛋品和海产品中特别是牡蛎都富含锌。其次，如牛奶、麦片、玉米、南瓜子等也含锌。经常食用这类食品，就不会缺锌。当锌与维生素 A、钙、磷一起作用时，功效最佳。

14.1.4　树立平衡营养观念

人类在长期进化过程中，不断地寻找和选择食物以改善膳食，使人体对营养的需要和膳食之间建立了平衡关系。一旦这种关系失调，即膳食不能适应人体的需要，就会对人体健康带来不利的影响，甚至导致某种营养性疾病。

营养学是理论较深但又结合实际的应用科学。近年来随着不同营养对细胞内各种亚细胞结构的影响，营养素通过各种酶对代谢影响的深入研究，使人们认识到体质强弱、智力高低、免疫能力优劣以及人体衰老的迟早、癌瘤的形成等都与营养质量、各种营养素之间的配比有一定的关系。合理的营养可以防治多种疾病。营养学家主张用食物来满足对营养的需求。但是营养学家提倡的仍然是合理的膳食，合理膳食是营养之本。

合理膳食就是要树立平衡营养观念。所谓平衡营养，就是指通过食物补充人体所需的热能和营养素，以满足人体的正常生理需要，并且各种营养素之间比例要适当，以利于营养素的吸收和利用。营养素的种类很多，它们可以互相补充，互相制约，共同调理，以求在人体中之和谐。在日常食物中，没有一种食物能满足人们所需的一切营养素，必须吃多样化的食物，来满足多种营养素的供给。如果某种或某些营养素摄入过多或过少，都会造成营养失调，使营养素互相补充，互相制约的作用被破坏，以致身体内平衡被打乱，造成肌体失调，从而诱发多种疾病。很多专家与学者的共识是：营养紊乱和营养过剩已成为诱发危及生命疾病的原因。例如锌过高可影响铁的吸收；维生素 A、维生素 D 过多也会中毒；适量的维生素 A、维生素 E 或锌会促进免疫功能的提高，而过高则可抑制等。片面强调营养越多越好是错误的，盲目追求全营养也是不恰当的。人体不可能同时大量缺乏所有营养素。肌体状态的不同，体内营养水平的不同，决定了人们对营养素的需求各不相同。全营养、高营养，也必然引起某种营养素摄入过多，一方面造成浪费，同时又会影响肌体对真正缺乏的营养素的吸收和利用。因此，树立科学的营养观念——平衡营养观念，正是指导人们合理膳食，正确补充营养素。

人体对营养的需要是多方面的，营养平衡就是要按各类人体不同需要，科学地安排搭配蛋白质、脂肪、维生素、矿物质、纤维素等各种营养成分。例如人体既需要动物蛋白，也要有植物蛋白。我们摄取的大多数氮正是来源于吃的植物蛋白和动物蛋白。人体内没有氨基酸的贮存形式，这与糖类、类脂物不同，糖类和类脂物分别以糖原和脂肪的形式贮存在体内。然而体内也有一个不断变化的氨基酸库，组织蛋白不断地分解和重新合成。健康的成人体内保持着氮的平衡，即排出的氮和通过食物吸收的氮一样多。正在成长的少年儿童处于氮的正平衡，即吸收的氮比排出的氮多，因为他们需要氨基酸合成新的组织。氮的负平衡则是排出的氮比吸收的氮多，常由于营养不良、饥饿等状况引起的。

健康长寿是人类的共同愿望，大量研究表明，肌体的衰老受各种因素的影响，而其中饮食状况是一项很重要的因素。可以说，人类健康长寿最关键的因素之一是维系人体内几十种元素的平衡。若体内元素平衡失调，就会导致患某种疾病，见表 14-2，而治疗疾病就是补充和调节人体元素平衡。人体内元素的平衡有两种含义：一是某个元素在人体内含量要适宜；二是人体内的各种元素之间要有一个合适比例才能协调工作，才会有益于健康。

表 14-2　人体必需微量元素功能与平衡失调症

元素	人体含量/g	日需量/mg	主要来源	主要生理功能	缺乏症	过量症
Fe	4.2	12	肝、肉、蛋、水果、绿叶蔬菜	造血，组成血红蛋白和含铁酶，传递电子和氧，维持器官功能	贫血，免疫力低，无力，头痛，口腔炎，易感冒，肝癌	影响胰腺和性腺，心衰，糖尿病，肝硬化
F	2.6	1	茶叶、肉、水果、谷物、土豆、胡萝卜	长牙骨，防龋齿，促生长，参与氧化还原和钙磷代谢	龋齿，骨质疏松，贫血	氟斑牙，氟骨症，骨质增生
Zn	2.3	15	肉、蛋、奶、谷物	激活 200 多种酶，参与核酸和能量代谢，促进性机能正常，抗菌，消炎	侏儒，溃疡，炎症，不育，白发，白内障，肝硬化	胃肠炎，前列腺肥大，贫血，高血压，冠心病
Sr	0.32	1.9	奶、蔬菜、豆类、海鱼虾类	长骨骼，维持血管功能和通透性，合成粘多糖，维持组织弹性	骨疏松，白发，龋齿	关节痛，大骨节病，贫血，肌肉萎缩
Se	0.2	0.05	虾、蟹等海产品、肉、谷类、豆类、中药黄芪	组酶，抑制自由基，护心肝，对重金属解毒	心血管病，克山病，大骨节病，癌，关节炎，心肌病	硒土病，心肾功能障碍，腹泻，脱发
Cu	0.1	3	干果、葡萄干、葵花子、肝、茶	造血，合成酶和血红蛋白，增强防御功能	贫血，心血管损伤，冠心病，脑障碍，溃疡，关节炎	黄疸肝炎，肝硬化，胃肠炎，癌
I	0.03	1.14	海产品、奶、肉、水果	组成甲状腺和多种酶，调节能量，加速生长	甲状腺肿，心悸，动脉硬化	甲状腺肿
Mn	0.02	8	干果、粗谷物、桃仁、板栗、菇类	组酶，激活剂，增强蛋白质代谢，合成维生素，防癌	软骨，营养不良，神经紊乱，肝癌，生殖功能受抑	无力，帕金森症，心肌梗塞
V	0.018	1.5	海产品	刺激骨髓造血，降血压，促生长，参与胆固醇和脂质及辅酶代谢	胆固醇高，生殖功能低下，贫血，心肌无力，骨异常，贫血	结膜炎，鼻咽炎，心肾受损

续表

元素	人体含量/g	日需量/mg	主要来源	主要生理功能	缺乏症	过量症
Sn	0.017	3	龙须菜、西红柿、桔子、苹果	促进蛋白质和核酸反应，促生长，催化氧化还原反应	抑制生长，门齿色素不全	贫血，肠胃炎，影响寿命
Ni	0.01	0.3	蔬菜、谷类	参与细胞激素和色素的代谢、生血、激活酶，形成辅酶	肝硬化，尿毒，肾衰，肝脂质和磷脂质代谢异常	鼻咽炎，皮肤炎，白血病，骨癌，肺癌
Cr	0.006	0.1	啤酒，蘑菇，面粉，红糖，蜂蜜，肉，蛋	发挥胰岛素作用，调节胆固醇、糖、和脂质代谢，防止血管硬化	糖尿病，心血管病，高血脂，胆石，胰岛素功能失常	伤肝肾，鼻中隔穿孔，肺癌
Mo	0.005	0.2	豆类、卷心菜、大白菜、谷物、肝、酵母	组成氧化还原酶，催化尿酸，抗铜贮铁，维持动脉弹性	心血管病，克山癌，食道癌，肾结石，龋齿	睾丸萎缩，性欲减退，脱毛，软骨，贫血，腹泻
Co	0.003	0.0001	肚、瘦肉、奶、蛋、鱼	造血，心血管的生长和代谢，促进核酸和蛋白质合成	心血管病，贫血，脊髓炎，气喘，青光眼	心肌病变，心力衰竭，高血脂，致癌

人们认为，多样化的膳食就是获得各种适量营养素的最后方法。随着对必需营养素及其相互关系知识的丰富和深入，对有效地利用食物资源、科学加工食品、合理调配膳食和充分发挥营养效能等，提供了科学基础。因此人在生命活动过程中，通过食物和食物链方法以补充和调节体内元素的平衡，对预防疾病，维护健康意义重大。

14.2 化学与食品加工

随着人们生活水平的提高，能不能吃饱已不再是人们关注的问题，而更多的是关注食品的质量。色、香、味是食品好坏的三个感观指标。近年来，食品的安全成为人们衡量食品好坏更为重要的条件。使各种食品呈现各自独特的色、香、味的物质都有其独特的化学结构，而这些物质的性质以及对人体健康可能造成的影响都依赖以化学为基础的化学与生物的合作研究。随着人们要求的不断提升，食品天然具有的色、香、味已不能满足多样化的需求，于是各种食品添加剂应运而生。食品添加剂从合成到应用，再到分析其对于人体健康的安全性，化学都起到了基础性和关键性的作用。由此可见，化学与食品加工的关系甚为密切。

14.2.1 食品的颜色

食品的颜色是构成食品感官质量的一重要因素。食品丰富多彩的颜色能诱发人的食欲，因此，保持或赋予食品良好的色泽是食品加工中的重要问题，已经越来越受到人们的关注。食品的颜色来源于天然或人工合成色素，不同色素对光具有选择性吸收，从而呈现出不同颜色。通常将色素按来源分为天然色素和人工合成色素。

1. 天然色素

随着人们对食品崇尚自然、安全的心理需求的增强，天然色素的安全性高、发展快等优点日渐凸显，但也存在染色较弱，稳定性较差，使用剂量大等缺点。食品中的天然色素主要来源于动物、植物、微生物及矿物，一般都对光、热、酸、碱等条件敏感，在加工、贮存过程中常因此而褪色或变色。

（1）动物色素　血红素是高等动物血液和肌肉中的红色素，如牛、猪肉的红色。动物血液中的血红蛋白和肌肉中的肌红蛋白都是由亚铁血红素分子与蛋白质复合组成的。

虫胶色素属于动物色素，它是紫胶虫分泌的紫胶原胶中的一种色素。

胭脂虫色素。胭脂虫是一种寄生在仙人掌上的昆虫，其雌虫体内含有一种蒽醌色素，叫胭脂红酸。胭脂虫色素是从雌虫干粉中用水提取出来的红色素。自古以来就作为化妆品和食品着色用。一般胭脂虫含有 10%～15% 的胭脂红酸。其性质为：红色梭形结晶，难溶于冷水，而溶于热水、乙醇、碱水和稀酸中；颜色随 pH 而变化，pH<4 为黄色，pH＝4 为橙色，pH＝6 为红色，pH＝8 为紫色；与铁等金属离子络合可变色；对热和光均稳定，特别是在酸性条件下稳定性更好；染色着色性较差；安全性高。一般用于饮料、果酱、番茄酱等着色剂。

（2）植物色素　叶绿素是由叶绿酸、叶绿醇和甲醇三部分组成的酯。叶绿素是一切绿色植物的绿色来源。叶绿素在活细胞中与蛋白质相结合构成叶绿体，当细胞死亡后叶绿素即被游离释出。游离叶绿素很不稳定。它会被细胞中的有机酸分解为暗橄榄褐色的脱镁叶绿素，叶绿素受光辐射发生光敏氧化，裂解为无色物质。

类胡萝卜素主要存在于植物中，如蔬菜、花、果实、块根等，最早发现的是存在于胡萝卜肉质根中的红橙色素，即胡萝卜素。这类色素在结构上的特点是存在大量共轭双键，形成生色团，产生颜色。目前已知的类胡萝卜素达 300 种以上，其颜色有黄、橙、红及紫色。

花青素是一类水溶性植物色素，呈碱性，多与糖以苷的形式存在于植物细胞液中，水果、蔬菜、花卉的五颜六色都与之有关。花青素作为一种天然的食用色素，安全、无毒、资源丰富，而且具有一定的营养和药理作用，在食品工业方面有较大的应用潜力，但易受酸碱度、温度、光照等影响。具有抗氧化、抗突变、预防心血管疾病、保护肝脏、抑制肿瘤细胞发生等多种生理功能。

花黄素广泛存在于植物的花、茎、叶和果实中，是水溶性的黄色色素。花黄素的颜色一般并不显著，常为浅黄色至无色，偶为鲜明橙黄色。它对食品感官性质的作用远不如其潜在的负面影响大。因为它在加工条件下会因 pH 值改变和金属离子的存在而产生难看的颜色，影响食品的外观质量。这类色素在空气中久置，易发生氧化而产生褐色的沉淀，这也是果汁久置变褐的原因之一。

（3）微生物色素　红曲色素来源于微生物，是红曲霉的菌丝产生的色素。经层析法分离，其中含有黄、橙、红、紫、青等颜色成分，以红橙色成分最多，其中有六种组分的化学结构已经分析清楚，即红色色素、黄色色素、紫色色素各有两种。六种色素中，具有应用价值的是醇溶性的红斑素和红曲色素。红曲色素有防腐和医疗保健功能，可以降低血清中的甘油三酯、降低胆固醇、防止动脉硬化、改善紊乱的脂质代谢保健作用。

2. 合成色素

在食品工业中，合成色素被广泛地使用着，由于一些色素有不同程度的毒性，所以世界各国对人工合成食用色素的品种、质量及用量等都有严格限制，食品中只准有限度地使用六种人工合成色素：苋菜红（食用红色 2 号）、胭脂红（食用红色 1 号）、柠檬黄、靛蓝、日落黄、亮蓝。其性质及用途见表 14-3。

表 14-3 几种合成色素的性质及用途

色素名称	性 状	用 途	最大使用量/(g/kg)
苋菜红	紫红色粉末，溶于水呈玫瑰红，不溶于油脂，耐光、热、酸，微溶于乙醇。	糕点、饮料、酒类、医药、化妆品	0.05
胭脂红	深红色粉末，溶于水呈红色，微溶于乙醇，不溶于油脂	糕点、饮料、农畜加工产品用于红肠肠衣、豆奶	0.05~0.025
日落黄	橙色粉末，易溶于水，溶于甘油，难溶于乙醇，不溶于油脂，耐光、热、酸	糕点、饮料、农产品	0.10
柠檬黄	橙黄色粉末，溶于水、甘油，微溶于乙醇，不溶于油脂，对光、热、酸有良好的耐受性	糕点、饮料、农产品	0.10~0.05
靛蓝	蓝色粉末，可溶于水，难溶于乙醇和油脂，染色力好，耐光性差	糕点、饮料、农产品	0.10
亮蓝	具有金属光泽，紫红色粉末，可溶于水、甘油、乙醇，耐光、酸性好	糕点、饮料、农产品	0.025

3. 食品颜色的变化

食品在加工、贮藏过程中，经常会发生变色现象，褐变就是一种最普遍的变色现象。在一些食品中，适当程度的褐变是有益的，如面包、糕点、咖啡等食品在焙烤过程中生成的焦黄色和由此而引起的香气等；而在另一些食品中，特别是水果和蔬菜，褐变是有害的，它不仅影响外观，还影响风味，并降低营养价值，而且往往是食品腐败、不堪食用的标志。

肉制品的颜色变化。冻肉在保藏过程中颜色逐渐变暗，主要是肌红蛋白的氧化(Fe^{2+}变成Fe^{3+})及表面水分蒸发，使色泽物质浓度增加。肉类加工制品，为保持肉制品鲜艳红色，也常添加亚硝酸盐，使形成亚硝基肌红蛋白和亚硝肌蛋白，它们都是鲜红色。

蔬菜的颜色及其颜色变化。蔬菜中含的色素主要是：叶绿素(绿)、类胡萝卜素(红、黄)、花黄素、黄酮类(黄或无色)、花青素(红、青、紫)、番茄红素等。对于同一种蔬菜，其颜色越鲜艳，所含的相应营养物质越多，营养价值也越高。绿色蔬菜在加热时，由于与叶绿素共存的蛋白质受热凝固，使叶绿素游离于植物中，并在酸性条件下，加速叶绿素转变为脱镁叶绿素，失去鲜绿色而变褐色。蔬菜在贮存过程，叶绿素受叶绿素水解酶、酸和氧作用，逐渐降解为无色，使绿色部分消失；同时，由于类胡萝卜素与叶绿素共存于叶绿体的叶绿板层中，黄色的类胡萝卜素则显露出来，使蔬菜变黄色。变黄是蔬菜出现衰老和食用品质降低的表现。叶绿素在干燥或低温下比较稳定，所以低温贮存蔬菜和脱水蔬菜都能较好地保持绿色。

14.2.2 食品的香味

食品的香气是由许多种挥发性的香味物质所组成的，其中某一种组分往往不能单独表现出食品的整个香气。食品中的香味物质虽是微量的，但近年来，凭借 GC-MS 等分析方法，已能鉴别出食品香味复杂组成中的各种物质。

1. 蔬菜的香味

蔬菜的总体香气较弱，但气味多样。如十字花科蔬菜(卷心菜、荠菜、萝卜等)具有辛辣气味；葫芦科和茄科(黄瓜、青椒、番茄等)具有显著的青鲜气味；百合科蔬菜(葱、蒜、洋葱、韭菜等)具有刺鼻的芳香；伞形花科蔬菜(胡萝卜、芹菜、香菜等)具有特殊芳香与清香。

十字花科蔬菜最重要的气味物质是含硫化合物。如卷心菜中的硫醚、硫醇和异硫氰酸酯及不饱和醇与醛，萝卜、荠菜中的异硫氰酸酯是主要的特征风味物；百合科蔬菜最重要的风味物也是含硫化合物。如洋葱中的二丙烯基二硫醚物、大蒜中的二烯丙基二硫醚、韭菜中的2-丙烯基亚砜和硫醇；伞形花科的风味物中，萜烯类是主要的物质，它们和醇类及碳化物共组成主要气味贡献物，形成特殊的清香。黄瓜和番茄具有清香气味，其特征气味物是 C_6 或 C_9 的不饱和醇和醛。青椒、莴苣和马铃薯也具有青鲜气味，它们的特征气味物是吡嗪类。

2. 水果的香味

水果香气浓郁，基本上都是芳香与清香的结合体。水果的香气物质类别比较单纯，主要包括萜、醇、醛、酯类及有机酸等。

苹果中的香气成分包括醇、醛和酯类。菠萝中酯类气味物十分丰富，己酸甲酯和己酸乙酯是其特征风味物。桃子中酯、醇、醛和萜烯为主要香气成分。桃的内酯含量较高，桃醛和苯甲醛为其特征风味物。葡萄因为品种的不同，香气的差别也较大。葡萄中特有的香气物是邻氨基苯甲酸甲酯，而醇、醛和酯类是各种葡萄中的共有香气物。圆柚酮是柚子中的主要的香味物质，呈香成分主要是醛、酯和醇类。西瓜、甜瓜等葫芦科果实的气味由两大类气味物支配，一是顺式烯醇和烯醛，二是酯类。

3. 肉的香味

生肉的风味是清淡的，但经过加工，熟肉的香气十足。肉香具有种属差异，如牛、羊、猪和鱼肉的香气各具特色。种属差异主要由不同种肉中脂类成分存在的差异决定。不同加工方式得到的熟肉香气也存在一定差别，如煮、炒、烤、炸、熏和腌肉的风味各不相同。各种熟肉中共同的三大风味成分为硫化物、呋喃类和含氮化合物，另外还有羰化物、脂肪醇、内酯、芳香族化合物等。

4. 乳品的香味

乳制食品种类较多，如鲜奶、黄油、奶粉、酸奶和干酪。鲜奶和黄油的香气物质大多是乳中固有的挥发成分，它们的差异主要来自于特定分离时鲜乳中的风味物按不同分配比进入不同产品。鲜奶经离心分离时，脂溶性成分更多地随稀奶油而分出，由稀奶油转化为黄油时，被排出的水又把少量的水活性风味物带去。因此，中长链脂肪酸、羰化物(特别是甲基酮和烯醛)在稀奶油和黄油中就比在鲜奶中含量高。

奶粉和炼乳中固有的一些香气物质在加热过程会挥发而部分损失，同时又产生了一些新的香味物质。甲基酮和烯醛等气味成分也在奶粉与炼乳中增加。在加热过程中产生这些香味物质的反应主要包括美拉德反应、脂肪氧化等。

5. 烘烤的香味

人们熟悉飘荡在焙烤或烘烤食品中的愉快的香气。例如：面包皮风味、爆玉米花气味、焦糖风味等都是这类风味。通常、当食品色泽从浅黄变为金黄时，这种风味达到最佳，当继续加热使色泽变褐时就出现了焦糊气味和苦辛滋味。吡嗪类、吡咯类、呋喃类和噻唑类中都发现有多种具有焙烤或烘烤类香气的物质。

不同焙烤或烘烤食品中气味物的种类各不相同，但从大的类别看，多有相似之处。比如，它们多富含呋喃类、羰化物、吡嗪类、吡咯类及含硫的噻吩、噻唑等等。

6. 发酵食品的香味

由于微生物作用于蛋白质、糖、脂肪及其他物质而使发酵食品出现香味，主要成分包括醇、醛、酮、酸、脂类等化合物。微生物的种类繁多、各种香味物质成分比例各异，从而使食品的风味各有特色。发酵食品包括酒类、酱类、发酵乳品等。

14.2.3 食品的味

每一种食物都有其特有的风味，风味是一种感觉现象。从看到食品到食品进入口腔所引起的感觉就是味觉，它包括：心理味觉：形状、色泽和光泽等；物理味觉：软硬度、黏度、冷热、嚼感及口感；化学味觉：酸、甜、苦及咸等。食品中的化学成分作用于味觉的感受器所引起的感觉叫做化学味觉。食品的味是多种多样的，但都是由于食品中可溶性成分溶于唾液或食品的溶液刺激舌表面的味蕾，再经过味觉神经纤维达到大脑的味觉中枢，经过大脑的分析，才能产生味觉。

味感有甜、酸、咸、苦、鲜、涩、碱、凉、辣及金属味等十种，其中甜、酸、咸、苦为基本的味觉。物质结构与其味感有内在的联系，但这种联系现在还不是很清楚。一般说来，化学上的“酸”是酸味的，化学上的“盐”是咸味的，化学上的“糖”是甜味的，生物碱及重金属盐是苦味的，但也有许多例外，如草酸就是涩的。

1. 甜味及甜味物质

食品中的甜味物质很多，一般分为：糖类甜味成分，如葡萄糖、蔗糖、果糖、麦芽糖、木糖等；糖醇类甜味物质，如山梨醇、木糖醇、麦芽糖醇；非糖天然甜味物质，如甜叶菊和甜叶菊苷、甘草和甘草苷、甘茶素等；天然衍生物甜味物质，如天门冬氨酰二肽衍生物、二氢查耳酮衍生物等；人工合成甜味物质，如糖精、糖精钠、甜蜜素(环已基氨基磺酸钠)等。各甜味物质的相对甜度如表 14-4 所示。

表 14-4 甜味物质的相对甜度

甜味物质名称	甜度(与蔗糖比较)	甜味物质名称	甜度(与蔗糖比较)
蔗糖	100	糖精钠	30000
果糖	120~180	糖精	50000~70000
乳糖	27	安赛蜜(乙酰磺胺酸钾)	15000~20000
半乳糖	60	甜蜜素(环已基氨基磺酸钠)	3000~5000
赤藓糖醇	80	三氯蔗糖	50000~60000
木糖醇	100~140	索马甜(非洲竹芋甜素)	300000~500000
山梨糖醇	70	甘草甜素二钠	15000~25000
葡萄糖	70	甜叶菊糖	30000
木糖	40~70	阿斯巴甜(甜味素)	100000~200000
麦芽糖醇	80~90	阿力甜	200000

糖精钠是最古老的甜味剂，其甜度很高，溶化在 1 万倍的水溶液里仍有甜味，其甜味接近蔗糖，但若浓度稍大时就会带若味。经证实，糖精钠对人体没有致癌性，认为糖精钠不被代谢，可经尿排出体外。目前尚有 100 个国家批准允许使用，但对其安全性一直存在争议，我国也采取了严格限制糖精钠使用的政策，并规定婴儿食品中不得使用糖精钠。糖精钠优点是价格低廉、性能稳定、用途广泛，且不易被人体所吸收，大部分以原型从肾脏排出；其缺点是味质较差、有明显后苦，一般用于饮料、酱菜类、复合调味料、蜜饯、配制酒、雪糕、

糕点、饼干、面包，最大使用量为0.15g/kg(以糖精计)；话梅、陈皮为5.0g/kg。

木糖醇是由德国科学家于1890年发现的，并最先用作糖尿病人的甜味剂。木糖醇是白色粉末状结晶。木糖醇以玉米芯、甘蔗渣为原料经水解催化氢化而制得，即在稀酸催化剂的作用下，水解富含木聚糖的植物纤维原料(如稻草、玉米芯、甘蔗渣等)后，分离、纯化制得木糖，木糖在一定压力下，以镍为触媒，被催化加氢还原制得木糖醇，反应式为：

$$(C_5H_8O_4)_n+nH_2O \xrightarrow{H^+} nC_5H_{10}O_5$$

$$C_5H_{10}O_5+H_2 \xrightarrow{Ni} C_5H_{12}O_5$$

此外，木糖醇的制备方法还包括电解还原法及微生物发酵法等。木糖醇的溶解度、溶液密度等理化性质与蔗糖基本相同，是蔗糖的理想替代品。它甜味清凉，甜度与蔗糖相当，是糖醇中最甜的一种，在人体内代谢与胰岛素无关。每克木糖醇能产生热量16.72kJ，可作糖尿病人的热源，还具有防治龋齿、减肥、改善肝功能、改善肠道功能等重要作用。它广泛存在于香蕉、胡萝卜和菠菜等果蔬中，但含量很少。木糖醇口香糖是当今超市中最受欢迎的食品之一。

2. 苦味及苦味物质

苦味在生理上能对味感器官起着强烈有力的刺激作用，对消化有障碍、味觉出现衰退或减弱有重要的调节功能。从味觉本身来说，如果调配得当，适量的苦味，却能起着丰富和改进食品风味的作用，不但能去腥解腻，而且有清淡爽口的感觉。苦味本身是不受欢迎的味感，但如果与甜、酸等其它味感恰当组合时，可形成特殊的风味，如苦瓜、莲子、白果等都有一定苦味，但均被视为美味食品。苦味是最易感知的一种，与甜、咸、酸相比，它的呈味阈值最小。苦味物质可分为无机苦味物质和有机苦味物质两种。

茶叶、可可、咖啡中的苦味物质。茶叶中的苦味物质除了单宁以外，主要的苦味物质是茶碱，而可可和咖啡中的主要苦味成分分别是可可碱和咖啡碱。这三种生物碱易溶于热水，在冷水中微溶，化学性质都比较稳定。它们的结构母核都是黄嘌呤，通常统称为咖啡因。

啤酒中的苦味物质。啤酒中的苦味物质主要来自于啤酒花中，大约有30多种，其中主要有葎草酮类和蛇麻酮类，即啤酒行业所称的α-酸和β-酸。啤酒花的质量标准中要求葎草酮类的含量达7%左右。

柑橘中的苦味物质。柑橘果实中存在天然的苦味物质柚皮苷和新橙皮苷等黄烷酮糖苷类化合物。柚皮苷的纯品比奎宁还要苦。由于柑橘中苦味物质的存在，使得柑橘果汁在直接饮用时往往让人难以接受，因此，在柑橘果汁的加工时，脱除苦味十分必要。

苦杏仁苷是由氯苯甲醇(苦杏仁素)与龙胆二糖所合成的苷，存在于桃、李、杏、樱桃、苹果等蔷薇科植物的果核种仁及叶子中，本身无毒，种仁中同时含有分解它的酶。生食杏仁、桃仁等过多引起中毒的原因是在同时摄入体内的苦杏仁酶作用下，苦杏仁苷分解出葡萄糖苯甲醛及氢氰酸。

3. 酸味及酸味物质

一般而言，酸味是氢离子的性质，但是酸的浓度与酸味强度并非简单的相关关系，酸感与酸根种类、pH值、缓冲效应、可滴定酸度及其它物质特别是糖的存在有关。乙醇和糖可减弱酸味，pH值在6~6.5之间无酸味感，在3以下则难适口。

柠檬酸，可由果实(如柠檬)提取或由含糖或淀粉的原料发酵生产获得，纯品为无色或白色晶体，可溶于水或乙醇等，酸味较强。它是使用最广的酸味物质，工业上用黑曲霉发酵法生产，它在柑桔类及浆果类水果中含量最多。并且大都与苹果酸共存，它酸味圆润、滋美，但后味延续较短。柠檬酸是人体正常代谢物质，安全性高。

乳酸，来自乳酸发酵。在发酵乳制品和腌制蔬菜中含量较高，也有食品级乳酸纯品供果酱、饮料、罐头和糖果等食品中添加调味。酸味比醋酸温和，也不挥发，但具有特异的收敛性酸感，有较强的杀菌作用。一般食品中可按生产需要量添加。

苹果酸，纯品为无色或白色结晶，易溶于水和乙醇。酸味为柠檬酸的 1.2 倍，酸味爽口，微有涩苦，呈味速度较缓慢，酸感维持时间长于柠檬酸。苹果酸安全性高，我国允许按生产需要量添加于食品。

4. 咸味和咸味物质

咸味是许多中性盐具有的味感之一。少数咸味物只具有单纯的咸味，多数兼具有苦味或其他味。食品中最重要的咸味物质是食盐——氯化钠(NaCl)。其咸味纯正，一个健康成年人每天要摄入 6~15g 食盐，其需要量之大，在食品调味料中居首位。食盐因常含杂质 KCl、$MgCl_2$ 和 $MgSO_4$ 等，所以粗盐略带苦味，而精盐不含苦味。

氯化钾也是一种成味较纯正的咸味物，食品工业中利用它在运动员饮料中和低钠食品中部分代替 NaCl 以提供咸味和补充体内的钾。除氯化物外，溴化物、碘化物、硝酸盐、硫酸盐等也具有咸味，它们的咸度依次如下：$SO_4^{2-}>Cl^->I^->HCO_3^->NO_3^-$。

苹果酸钠和葡萄糖酸钠也是为数有限的几个具有纯正咸味的物质，可作为肾脏病人的咸味剂替代品。

5. 鲜味和鲜味物质

食品的鲜味是一种较为复杂的美味，当酸、甜、苦、咸四种基本味感以及香气等协调时，可以感觉到可口的鲜味。食品中所含的鲜味物质主要有：核苷酸类、氨基酸类、酰胺、三甲基胺、肽、有机酸、有机碱等。如肉类中含有较多的 5-肌苷酸，海带中含有较多的谷氨酸钠，蔬菜中含有一定量的氨基酸、酰胺和肽，贝类中含有较多的氨基酸、酰胺、肽及琥珀酸钠等。

氨基酸，L-谷氨酸钠俗称味精，具有强烈的肉类鲜味。味精要在氯化钠存在下才有鲜味。味精不宜在高温下使用，150℃失去结晶水，210℃生成对人体有害的焦谷氨酸盐。水溶液的温度不会超过 100℃，故味精最好只用来做汤，不能在油炸或高温烧烤时加味精。

6. 辣味和辣味物质

辣味具有刺激舌和口腔的味觉神经，同时刺激鼻腔，产生刺激的感觉。辣味可以促进食欲，促进消化，具有杀菌作用。具有辣味的物质主要有辣椒、姜、葱、蒜等，其中的主要辣味物质有辣椒素、胡椒酰胺、姜醇、姜酮、烯丙基二硫醚等。

辣椒中的主要辛辣物质是辣椒碱类化合物，基本化学结构属于脂肪酸酰胺类，其中辣椒素的辣味最重，含量也最大，占所有脂肪酸酰胺的一半以上，一般可以通过辣椒素含量的测定来确定辣椒的辣度。

姜的辣味物质由一系列邻甲氧基酚基烷基酮类化合物组成。新鲜姜的主要辣味成分是姜醇，姜醇脱水后生成姜酚，姜酚是干姜中的主要辣味成分，较姜醇更为辛辣。姜醇和姜酚受热后其侧链均断裂生成姜酮，姜酮的辣味不如前两者。

洋葱、大蒜、韭菜中的辣味物质主要是以苷的形式存在，其基本化学结构属于巯基类。

7. 涩味及清凉味

由于把舌头表面的蛋白质凝固、麻痹味觉神经而起收敛味的感觉，通常称为涩味。金属类、酸类、多元酚类等物质均为造成涩味的原因，单宁是最为典型的涩味物质。柿子的涩味为单宁的多酚类化合物，即通常所说的植物鞣质。鞣质有涩味，是食品中涩味的主要来源。

柿子脱涩用乙醇，是由于乙醇变成醛与单宁反应而变为不溶物的缘故。热烫法、二氧化碳法是在无氧状态下，把柿子具有的糖变为醛，以致单宁不溶而不呈涩味。此外，制茶时的揉捻、柿饼去皮晾晒和揉捏都可以促进脱涩。

清凉味也是一种重要的味感，如薄荷中所含的簿荷醇能够产生清凉效应。

14.2.4　食品添加剂

随着食品工业在世界范围内飞速发展和生化技术的进步，食品添加剂工业已发展成为独立的行业，并且成为现代化食品工业的一大支柱。食品生产中使用食品添加剂可以改变食品品质，使之色、香、味、形和组织结构俱佳，还能延长食品保质期，便于食品加工、改进生产工艺和提高生产效率等，可以说“没有食品添加剂，就没有食品工业”。目前，国际上对食品添加剂的定义不尽相同，尚没有统一标准。根据《中华人民共和国食品卫生法》中的定义，食品添加剂是“为改善食品品质和色、香、味，以及为防腐或根据加工工艺的需要而加入食品中的化学合成或者天然物质”。

在我国《食品添加剂使用卫生标准》(GB 2760—1996)中，将食品添加剂按功能分为：防腐剂、抗氧化剂、营养强化剂、增味剂、膨松剂、增稠剂、酸度调节剂、抗结剂、消泡剂、漂白剂、着色剂、乳化剂、酶制剂、面粉处理剂、稳定和凝固剂、甜味剂等共23类。

1. 防腐剂

食品防腐剂是防止因微生物的作用引起食品腐败变质，延长食品保存期的一种食品添加剂，它还有防止食物中毒的作用。因此，加工的食品绝大多数有防腐剂。从防腐剂的组成和来源看，主要是指化学防腐剂，具体分类为：有机化学防腐剂：山梨酸及其盐类、苯甲酸及其盐类、对羟基苯甲酸酯类等；无机化学防腐剂：亚硫酸及其盐类、硝盐酸及亚硝盐酸类、游离氯及次氯酸盐等。

1998年我国研制出一种高效无毒的防腐剂，它的成分是单辛酸甘油酯，其在防止食品腐败、变质的同时，也有助于保持食品营养成分和风味，并且感官性状稳定。

2. 抗氧化剂

食品在生产、储存、运输和流通过程中，除受细菌霉菌等作用发生腐烂变质外，与空气中的氧作用也会出现褪色、变色、产生异味异臭等现象，不仅会使食品外观和营养发生各种变化，还会由于氧化而产生一些有害的物质，引起食物中毒。为了防止和减缓食品氧化，可以采用降温干燥、充氮密封、避光等方法，但在氧化变质前添加抗氧化剂是一种简单经济而又较理想的方法。

抗氧化剂是指添加到食品中用于阻碍或延缓周围空气中氧气对食品的氧化，提高食品质量的稳定性和延长食品储存期的一类食品添加剂。抗氧化剂的作用机理有两种：①通过自身的还原反应，减少食品内部和周围的氧气的量；②由于抗氧化剂可以提供氢离子，与脂肪酸在自动氧化过程中产生的过氧化物结合，使连锁反应中断，阻止氧化反应继续进行。

3. 营养强化剂

食品强化剂或营养强化剂是指为增加食品营养成分而加入食品中的天然的或者人工合成

的属于营养素范围的食品添加剂。营养强化剂包括氨基酸类、维生素类、矿物质类及不饱和脂肪酸类等。如在面粉、谷类及其制品中，加入 L-盐酸赖氨酸；在乳制品及婴儿食品中补充牛磺酸；另据调查，我国人群维生素 A 和核黄素普遍摄入不足、钙的平均摄入量仅达标准供给量的 50%左右、3 岁以下儿童和孕妇为缺铁性贫血的高发人群。所以可在植物油或含脂肪较高的食品中强化维生素 A，谷类及其制品中强化维生素 B_2，在饮料、谷类及其制品、婴幼儿食品中强化钙。如，葡萄糖酸钙中钙的含量为 9%，可溶于水，是一种营养补钙剂，具有易吸收，副作用小，价格低廉等优点。在谷类及其制品、乳制品、婴幼儿食品、食盐、夹心糖及饮料中强化铁元素。

4. 增稠剂

增稠剂是指可以提高食品黏度并改变其性能的一类食品添加剂，通常属于亲水性高分子化合物，常称作水溶胶，亲水胶体或食用胶。天然增稠剂大多数是由植物、海藻、动物或微生物提取的多糖类物质，如阿拉伯胶、卡拉胶、果胶、明胶、琼胶、黄原胶等；合成增稠剂种类繁多，主要有羧甲基纤维素钠、海藻酸丙二醇酯、羧甲基淀粉钠、羟丙基淀粉等等。增稠剂可以提高食品的黏稠度或形成凝胶，从而改变食品的物理性状，赋予食品黏润、适宜的口感，并兼有乳化、稳定或使呈悬浮状态的作用。

5. 乳化剂

乳化剂是指添加少量即可显著降低油水相界面张力，产生乳化效果的一类食品添加剂，乳化剂在食品中除了具有典型的表面活性作用以外，还具有悬浮作用、消泡作用、助溶作用等。乳化剂可分为三大类，即合成乳化剂如甘油脂肪酸酯等：天然乳化剂如植物卵磷脂等；特殊用途的乳化剂如硬脂酰乳酸钙等。食品乳化剂的使用不仅提高食品质量，延长食品储存期，改善食品感官性状，还可防止食品变质，便于食品加工和保鲜，有助于开发新型食品。

6. 膨松剂

膨松剂，又称疏松剂，指在颗粒或粉末食品加工过程中加入的，使面坯发起，使制品具有酥脆、膨松或柔软等特征的一类食品添加剂。膨松剂可分为单一膨松剂和复合膨松剂，常用的单一膨松剂如碳酸氢铵、碳酸氢钠等；常用的复合膨松剂如发酵粉。使用膨松剂后，食品的口感柔软可口、体积膨大，并且咀嚼时唾液很快渗入食品的组织中，食品内部可溶性物质很快溶出，最快的刺激味觉神经，使食品的口味迅速被感觉。

7. 漂白剂

漂白剂是指能够破坏、抑制食品的呈色因素，使食品褪色或免于褐变的一类食品添加剂。漂白的结果使食品变为白色或无色，食品漂白后再进行着色有利于获得均一整齐的颜色。此外，食品漂白后的颜色给人以清洁、卫生的印象，通常更为消费者所钟爱。漂白剂通常根据作用机理的不同分为氧化型漂白剂和还原型漂白剂，见表 14-5。

表 14-5 漂白剂的分类及其特性

类　型	氧化型漂白剂	还原型漂白剂
化合物名称	过氧化氢、漂白粉、高锰酸钾、次氯酸钠、过氧化丙酮、二氧化氯、过氧化苯甲酰	二氧化硫、亚硫酸氢钠、亚硫酸钠、偏重亚硫酸盐
特　性	作用强烈，通常食品漂白后，色素受氧化作用而分解褪去，同时食品中的营养成分也受到破坏，残留量也较大，应用很少，一般只作为面粉漂白剂	作用比较缓和，色素经还原后形成无色物质或被消除，但还原得到的无色或白色物质一旦被再次氧化，就会重新显色，应用较广

食品安全是全世界关注的问题。专家指出：人类癌症65%以上由食物污染引起。因此，控制食品污染，减少污染食品的摄入量是控制癌症发生的最有效办法。

14.3 化学与日用品

随着合成化学工业的不断发展，日用化学品便源源不断地进入到人们的现代生活中。很难想象，一个生活在现代社会中的人，完全告别日用化学品将会是怎样的情景。种类繁多的日用化学品，涉及到洗涤用品、美容化妆品、日用器皿与材料、文化体育用品等。日用化学品在走进人们生活的同时，也给人们带来了方便、洁净、卫生和美丽。

14.3.1 洗涤用品

日用化学洗涤剂正在逐步成为当今社会人们离不开的生活必需品。不管是在公共场所、豪华饭店，还是在每个家庭、大众小吃摊，我们都可以看到化学洗涤剂的踪迹。

1. 洗涤剂及其分类

洗涤剂是具有洗涤去污作用的多组分物质。按用途洗涤剂可分为工业用洗涤剂(用于纺织工业、金属表面处理和车辆洗刷)和日用洗涤剂(洗涤日常生活中的丝、毛、棉、麻等纺织物，餐具器皿和家用设备)。按洗涤去除污垢类型洗涤剂可分为重垢型洗涤剂(用于洗涤污染程度较重的物品，如汗渍斑斑的内衣)和轻垢型洗涤剂(用于洗涤污染程度较轻的物品，如水果、蔬菜)。根据原料来源不同，洗涤剂分为皂类洗涤剂和合成洗涤剂。

(1) 皂类洗涤剂 从广义上讲皂类洗涤剂是脂肪酸跟无机碱、有机碱起皂化反应得到的产物，其主要成分是高级脂肪酸钠盐或钾盐。它是用动、植物的油脂与氢氧化钠或氢氧化钾一起加热皂化后，就可以得到洗涤衣物的肥皂。

肥皂的质量取决于油脂的含量、油脂的种类、未皂化的杂质含量等，油脂含量越高，肥皂质量越好；植物性油脂(椰子油、橄榄油等)制造出来的肥皂的质量比用动物性油脂制造的肥皂好(后者用来洗手后，手上会感到发黏)；未皂化的氢氧化钠含量越高，肥皂的碱性越强，泡沫也少，质量较差(洗后手上会感到发黏)。

家用肥皂的品种主要有：

① 普通洗衣皂。油脂含量较少，一般只有42%~53%，同时还含有未被完全皂化的烧碱，质量较差，碱性较强，只适合用于洗涤棉、麻纺织品。长期接触这种洗衣皂，手上的皮肤就容易龟裂，千万不可用普通洗衣皂来洗脸和洗头，因其碱性较强会将皮脂洗掉，损害健康。

② 透明洗衣皂。除了含有一般的动植物油脂外，还加了较多的透明的化学制剂(如甘油等)，这种洗衣皂碱性较弱，对皮肤的刺激性小，适合用于洗涤合成纤维纺织品。

③ 剃须皂。在制造过程中以氢氧化钾为原料，皂质柔软，使用后能使胡须变软，皮肤润滑。

④ 药皂。在肥皂的原料中加入了少量的药物和消毒剂，其油脂含量比一般香皂还要高，刺激性小，不伤害皮肤，可用于洗脸、洗手和洗头。

⑤ 儿童香皂。这种香皂除了油脂的含量特别高以外，还加入了少量的硼酸和羊毛脂，使它比较润滑，刺激性很小。

⑥ 皂片。是用质量很好的油脂制成的鳞片状固体，原料中不含填充剂。其碱性很弱，易溶于水，可用于洗涤丝织品和毛料服装。

⑦ 液体皂。是一种透明的皂液，它和皂片一样，质量纯净，碱性很弱，对皮肤的刺激性小，适合用于洗涤精细纺织品。

肥皂易与硬水中的Ca^{2+}、Mg^{2+}及Fe^{3+}产生沉淀，降低去污效果，且生产又需要消耗大量油脂。但合成洗涤剂在硬水中不会和Ca^{2+}、Mg^{2+}等生成沉淀，所以随着石油化学工业的发展，合成洗涤剂便快速发展起来，大约占洗涤剂总产量的90%。

（2）合成洗涤剂　是指用化学方法合成出来的表面活性剂作主要成分的洗涤剂。如洗衣粉、液体洗净剂、洗手剂、洗头发用的香波、浴波等。合成洗涤剂的主要成分有：表面活性剂和辅助剂。

表面活性剂是指具有固定的亲水亲油基团，在溶液的表面能定向排列，并能使表面张力显著下降的物质。表面活性剂按照其在水中亲水基是否电离可分为离子型表面活性剂和非离子表面活性剂两大类。随着科技飞速发展和现代文明的不断进步，人们对表面活性剂使用要求也越来越高，即温和、易生物降解和多功能性，强调使用安全、生态保护和提高效率。

辅助剂：三聚磷酸钠它对Ca^{2+}、Mg^{2+}有很强的络合性能，从而软化硬水。对重金属有色离子（Fe^{2+}、Cu^{2+}、Mn^{2+}等）也能起络合作用，以提高织物洗涤后的白度。它还对脂肪微粒起分散、乳化作用。硅酸钠，俗称水玻璃，跟水里的高价金属离子形成沉淀，对污垢粒子有悬浮、乳化、分散等作用，还有稳定泡沫的作用。它是金属的缓蚀剂，可以有效地抑制三聚磷酸钠腐蚀洗衣机里的金属。纯碱，纯碱在水中显碱性，只适合加入重垢粉状洗涤剂中，用于洗涤棉织物上的脂肪污垢。由于碱性较强，对皮肤有刺激，损伤丝、毛纤维织物的强度，所以高档洗衣粉中不含碳酸钠。硫酸钠，主要用作填料，防止粉状洗涤剂结块，以便加工，还能提高洗涤剂活性物在织物上的吸着量，帮助去污。

合成洗涤剂发展很快，目前已合成出的新品种主要有：

① 加酶合成洗涤剂（如商品“衣领净”），这种洗涤剂中加了0.2%~0.7%的酶制剂，用于洗涤含有较多蛋白质的污垢，如衣服的领子、袖口及袜子上的污垢都含有10%~30%的蛋白质，酶能促使蛋白质迅速分解成溶于水的氨基酸。加酶合成洗涤剂对洗去新旧血迹及发黄的汗迹均有效。但丝、毛织物本身是由蛋白质组成的，故不能用加酶合成洗涤剂来洗涤。

② 无磷洗涤剂，磷酸钠是植物的重要肥料，如果含有大量磷酸钠的洗涤污水流入江河湖泊中，就会使水藻大量繁殖，引起严重的污染。同时含三聚磷酸钠的洗衣粉在洗涤时还会产生很多泡沫，使衣服漂洗不干净。因此，国内外正在研制有效的无磷合成洗涤剂。

③ 低泡洗衣粉，在洗衣粉中加进了一定量的肥皂，它能有效地除去过多的泡沫，使衣服容易漂洗干净。

④ 增白洗衣粉，在洗衣粉中加入荧光增白剂。

⑤ 香波，其成分要求既要去污能力强，但又不能将分泌的皮脂完全去掉，以免损伤皮肤，同时要求碱性小，对皮肤和眼睛无刺激和腐蚀作用，洗完后应不生成不溶于水的浮沫，还应含有香料和防腐剂。有的洗发香波还含有羊毛脂，羊毛脂可以使头发洗后柔软、润滑。

⑥ 珠光浴波，用于消除人体皮肤上的污垢，沐浴时用。

2. 洗涤及去污

（1）洗涤　什么样的水最适合于洗衣服呢？这主要取决于水的质量。如海水中含有较多的氯化钠，江河湖泊淡水中含有钙和碳酸氢盐，地下水因为经常和石灰石（$CaCO_3$）或白云石（$CaCO_3$和$MgCO_3$）接触而使水中含有较多的Ca^{2+}和Mg^{2+}，使水质变硬，含有硬度的水与肥皂作用会生成沉淀：

$$C_{17}H_{35}COONa+Ca^{2+}(Mg^{2+}) \longrightarrow (C_{17}H_{35}COO)_2Ca(Mg)\downarrow$$

肥皂　　　　　　　　　　　钙皂或镁皂

澡盆上的水垢和洗衣机中的水垢，都是这种沉淀的见证物。同时，钙皂和镁皂会使纺织品变成灰黄色，日子久了，会使纤维发硬变脆，甚至这种沉淀物质还会钻到纤维的孔隙里，将孔隙堵死，影响纤维的吸湿性和透气性。

此外，由于地底下还有铁的矿物，所以某些矿泉水中含铁比较多，当把它们加热时，会生成铁锈：

$$Fe+O_2+H_2O \xrightarrow{\triangle} Fe_2O_3 \cdot xH_2O$$

铁锈沉积在脸盆或衣服上成为棕色的斑点，不易除去。水中所含的沙粒、泥浆、动植物的悬浮体会沉积在纺织品的纤维上，将衣服弄脏，甚至将其空隙堵住，影响衣服的吸湿性和透气性。

那么，用什么样的水来洗涤呢？一般自来水已除去了水中的沙粒、泥浆、动植物的悬浮体，可用来洗涤。如果水的硬度高，则可用水质软化剂碳酸钠或磷酸钠将其软化：

$$Ca^{2+}(Mg^{2+})+Na_2CO_3 \longrightarrow CaCO_3\downarrow(MgCO_3\downarrow)+2Na^{2+}$$

$$Ca^{2+}(Mg^{2+})+2Na_3PO_4 \longrightarrow Ca_3(PO_4)_2\downarrow[Mg_3(PO_4)_2\downarrow]+6Na^{2+}$$

在一般的合成洗涤剂(洗衣粉)中都加入了磷酸钠，就是为了减少硬水的危害。

干洗是指使用化学洗涤剂，如四氯乙烯、三氯乙烯等，经过清洗、漂洗、脱洗、烘干、冷却等工艺流程，从而除去污垢脏渍的洗涤方法。之所以称为干洗是因为洗涤所用的溶剂中不含或只含有少量水。干洗最大的好处之一就是可以去除衣服上的油脂类污物，而水洗较差。一些天然纤维纺织物如羊毛衫及真丝服装如果水洗则可能会发生缩水、起皱、掉色等，而干洗效果非常好。

(2) 去污　肥皂和洗涤剂表面活性剂的表面活性和胶束的性能使它们具有多种作用。第一是润湿作用，就是洗涤剂溶液很容易润湿织物纤维，并浸入纤维的微孔中。第二是乳化作用，洗涤剂的亲油基溶入油滴，亲水基留在水中，能降低油水两相的表面张力，搅拌后能帮助油乳化。第三是分散作用，就是洗涤剂分子能钻进固体粒子的缝隙，减弱固体粒子的内聚力，使粒子破裂成微小质点而分散在水中。第四是起泡作用，就是使气液两相间表面张力降低而产生大量泡沫。第五是增溶作用，就是活性剂把油溶解在胶束的亲油基内，使油性物质的溶解度增大。肥皂和合成洗涤剂能去污，是润湿、乳化、分散、起泡和增溶等作用的综合表现。去污过程可用图 14-1 表示。

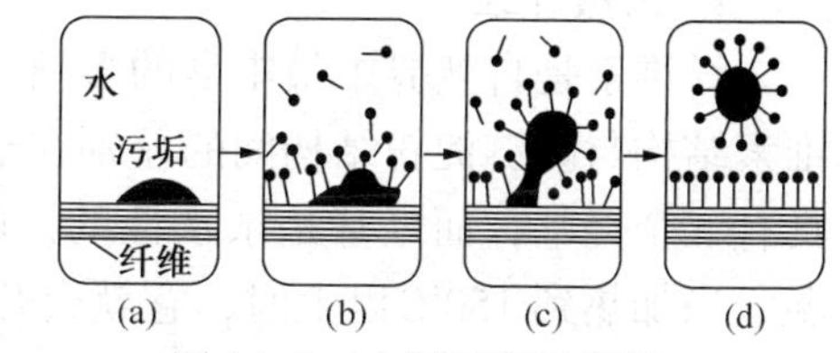

图 14-1　去污过程示意图

几种特殊污迹的去除：

① 去油污。油污不管是动物油脂还是植物油脂，不管是矿物油还是油漆，都可以用洗涤剂洗净，也可以将其溶解在有机溶剂中除去。

如果是刚沾染上的油脂，则可以把衣服放在桌子上摊平，在油渍的下面垫上吸水纸(草纸、卫生纸、滤纸等)，在油渍的上面也覆盖上吸水纸，然后用熨斗放在纸上熨烫，油脂遇到较高温度会从衣服上熔化下来而被纸吸收除去。

若油渍沾染时间较长，则可以把衣服放在桌子上摊平，在油渍的下面垫上一层或几层吸水纸或易吸湿的布，然后用蘸了有机溶剂(如汽油、松节油、丙酮、乙醚、四氯化碳等)的棉花球在油斑上揩擦，油脂就会溶解在有机溶剂里而被棉花吸收，也有一部分被吸水纸吸收。因有机溶剂易挥发，所以不会在衣服上留下任何痕迹。

② 去铁锈渍。铁锈渍的成分是氧化铁，一般分为棕色或棕黑色。常用草酸来除去铁锈：

$$Fe_2O_3+3H_2C_2O_4 \longrightarrow Fe_2(C_2O_4)_3+3H_2O$$

生成的草酸铁溶于水，无色。草酸的浓度以 5%～10% 为宜，可用棉花球蘸草酸溶液揩擦，很多时候亦可把衣服浸泡在 5%的草酸溶液中，再用清水漂洗去草酸。草酸对人体皮肤及衣服纤维均有腐蚀作用，一定要用清水漂洗干净。

③ 去墨渍。墨渍是由很细的炭粒附着在衣服表面而形成的，去除时先用适量水将墨渍处润湿，然后用米饭粒、干淀粉或薯类食物放在墨渍上揉搓，淀粉将会吸附墨渍中的炭粒而除去墨渍。

④ 去汗迹。汗的主要成分是水、氯化钠、蛋白质和脂肪。蛋白质在衣服上停留久了就会凝固，然后被空气氧化而变黄。肥皂和洗衣粉不能除去已凝固并被氧化了的蛋白质。一般可用 10%的氯化钠溶液或稀氨水溶液浸泡 1～2h，即可除去汗迹和黄斑。

⑤ 去水垢。铝壶、铝锅等中的水垢是由硬水中的 Ca^{2+} 、Mg^{2+} 等形成：

$$Ca^{2+}(Mg^{2+})+H_2O \xrightarrow[\triangle]{CO_2} CaCO_3\downarrow(MgCO_3\downarrow)+2H^+$$

$CaCO_3$ 或 $MgCO_3$ 沉淀沉积在壶底或壶壁上，形成水垢。水垢使壶或锅的传热性降低，浪费燃料，严重时甚至会损坏壶底。一般可用化学方法去除水垢。常用的化学试剂有醋酸、草酸：

$$CaCO_3+2H^+ \longrightarrow Ca^{2+}+CO_2+H_2O$$

铁壶比较耐酸、碱，可用盐酸来去除水垢。暖瓶是玻璃做的，不怕酸，暖瓶中的水垢也可用盐酸去除。水垢要经常去除，否则时间久了，结成硬块，就难以清除了。

14.3.2 纤维纺织品

1. 天然纤维

纤维素是自然界中最丰富的多糖。与直链淀粉一样，纤维素分子中含有葡萄糖单体，纤维素结构与直链淀粉结构间的差别在于葡萄糖单体之间的连接方式不同。葡萄糖单体中至少具有三个羟基，而羟基是亲水性的，所以天然纤维都具有很强的吸湿性。但纤维素不耐高温，当加热到 150℃以上时，它就会开始分解，变成焦黄色，遇到火还会燃烧，故纤维制品不能靠近高温物体或火种。

应用于人们日常生活中的天然纤维主要有：棉、麻、蚕丝和羊毛。

棉、麻纤维属于植物性纤维，其成分只含 C、H、O 元素。在棉、麻纤维中，纤维素分子排列得井井有条，使它们具有较好的机械强度和柔韧性，经得起拉伸和洗涤。棉纤维透气性好，吸湿性强，既可以吸汗，又可以保暖。麻纤维是麻的茎部的纤维，强度特别高，而且麻纤维的组织比较疏松，不但吸湿性和透气性好，散热也很快，特别适合做夏季服装。另外，麻纤维与棉纤维不同的地方是它的纤维比较直，不卷曲，所以麻织品做的衣服不像棉布会产生褶皱，洗后仍然很挺括。

棉、麻纤维不耐酸、碱的腐蚀，特别是硫酸、硝酸、盐酸等强酸或烧碱滴落在棉或麻织品上，会使它们受到严重损伤甚至烂成碎片。但弱碱性物质如普通洗衣皂则对它们的损伤很小。棉、麻纤维的吸湿性比较强。棉纺织品下水后会缩小，因为棉布在制造过程中受到机械拉伸，织物具有一定的内在张力，下水后棉布纤维松弛，张力消失，且纤维会向横向膨胀而收缩。麻织品缩水性较小，但它却比较粗糙，手感发硬。

蚕丝属于动物性纤维，其成分中除含 C、H、O 元素外，还含有 N 元素，即由含 C、H、O、N 的化合物——蛋白质构成。这类蛋白质在水中不能溶解。这种丝的纤维有美丽而明亮的光泽，质地轻薄柔软，外观精致，且由蛋白质构成的纤维弹性都比较好，吸湿性和透气性也好。这种纤维素不怕酸的侵蚀，但却不耐碱，碱对它的腐蚀性很大，甚至普通的洗衣皂对它均有腐蚀作用。蛋白质纤维还是蛀虫的良好营养食物，所以丝织品容易受虫蛀，保存时应在箱柜内放樟脑。

羊毛和蚕丝一样，属于动物性纤维，但羊毛蛋白质中，除 C、H、O、N 元素外，还含有 S 元素。羊毛纤维表面的皮质细胞是鳞片状的，它像鱼的鳞片一样起着保护内层皮质细胞的作用，在鳞片的外面还有胶和结实的角膜层，因而羊毛具有耐磨、光滑、不透水和保暖的性质。羊毛纤维的密度小，质轻，弹性好，具有适度的透气性和很好的吸湿性，且羊毛纤维表面光滑，污垢不容易沾染在上面，因此，毛衣、羊毛衫和其他毛织品，一般都不需要经常洗涤。羊毛纤维还具有较好的热塑性，毛料服装经过熨烫(温度不能太高)之后，可以长时间地保持平整挺括。因为羊毛纤维也是由蛋白质构成的，因此，它同蚕丝一样不耐碱，故要用皂片或专门洗丝、毛织物的洗涤剂来洗涤毛织物。羊毛纤维怕高温，故洗涤时，水温以 40~50℃为宜。另外，羊毛纤维对光敏感(光会促使蛋白质分解)，所以，羊毛织品应尽量避免烈日暴晒，洗涤后在阴凉通风处晾干即可。

2. 人造纤维

人造纤维主要有粘胶纤维、醋酸纤维和铜氨纤维。

粘胶纤维的化学组成和棉花纤维一致，但它毕竟是一种再生纤维，所以它的结构疏松、柔软，强度也比棉纤维差，但其吸湿和染色效果则和棉纤维不相上下。粘胶纤维可以根据需要加工成棉型纤维、毛型短纤维和长丝纤维。将粘胶纤维长丝按照棉纤维的长度切短以后制成的纺织品叫人造棉。其特点是质地柔软，布面细洁匀称，吸湿性和透气性都很好，染色性能也特别好，穿起来感觉特别舒适。但其强度比棉纤维差，特别是遇水浸湿后。因为人造棉浸到水里后，水分子就会大量地钻到粘胶纤维的空隙中，使纤维膨胀起来，膨胀后的纤维组织疏松，强度下降，将湿的人造棉取出晾干后则发生收缩，其恢复原状的能力很差。粘胶纤维原料都是农副产品，容易制造，因成本低而得到了广泛的应用。

另外两种人造纤维——醋酸纤维和铜氨纤维都是用来做人造丝的，其质量比粘胶纤维人造丝强度高，且更为精细匀称，质地柔软，可以制成较高级的绸缎衣料。但其成本较高，且醋酸纤维耐热性差，温度太高(高于 100℃)时，醋酸纤维会熔化而使衣服上出现窟窿。

3. 合成纤维

合成纤维是一种化学纤维，它是以小分子的有机化合物为原料，经加聚反应或缩聚反应合成的线型有机高分子化合物。它既不同于天然生长的棉、麻、丝、毛纤维，又不同于以粗纤维为原料经过再加工而成的粘胶纤维。合成纤维是一种高分子聚合物，不含纤维素和蛋白质。常用的合成纤维纺织品有：锦纶(尼龙)-聚酰胺纤维；涤纶(的确良)-聚酯纤维；腈纶(人造羊毛)-聚丙烯腈纤维；维纶(维尼纶)-聚乙烯醇纤维；丙纶-聚丙烯纤维；氯纶-聚氯乙烯纤维。

与天然纤维和人造纤维相比，合成纤维的原料是由人工合成方法制得的，生产不受自然条件的限制。合成纤维除了具有化学纤维的一般优越性能，如强度高、质轻、易洗快干、弹性好、不怕霉蛀等外，不同品种的合成纤维各具有某些独特性能。合成纤维可以纯纺，也可以与其他纺织纤维混纺、交织，用做衣料和室内装饰用品。合成纤维还具有耐摩擦、低吸水率、耐酸碱、电绝缘等特性。具有特殊性能的合成纤维，主要用于航天器、飞机、火箭、导弹的绝缘材料，特殊防护材料，增强材料，人工内脏、外科缝线等。目前，合成纤维在全世界得到了迅速的发展，已成为纺织工业的主要原料。它广泛用于服装、装饰和产业三大领域，它的使用性能有的已经超过了天然纤维。几种常见合成纤维的优缺点如表 14-6 所示。

表 14-6　几种常见合成纤维的优缺点

名称	优　点	缺　点	洗涤和保养
锦纶	耐磨性强、弹性好、不怕虫蛀，不会霉烂、不怕碱	吸湿性、透气性、耐热性差，怕日晒	需用冷水洗，耐碱不耐酸，不要用酸性洗涤剂洗衣，不可机洗和滚筒烘干
涤纶	抗皱、挺括、有弹性，缩水小，易洗快干，耐磨性好，耐腐蚀，耐日晒	吸湿性差，不透气，且易吸灰、起球、起静电	可用一般洗衣粉或普通肥皂，可机洗、手洗，水温不宜过高，不宜用力绞拧
腈纶	保暖性、弹性、吸湿性好，耐腐蚀，不霉不蛀，耐日晒	耐磨性和染色性差，容易着火，弹性差，怕碱	耐碱不耐酸，不要用酸性洗涤剂洗涤
丙纶	耐磨性和弹性较好，易洗快干、不缩水，耐酸碱腐蚀，不霉不蛀	耐光性差，极易氧化，不耐高温，回弹性较差	可用一般洗衣粉或普通肥皂，可机洗、手洗
维纶	凉爽舒适，不宜起静电和起球、吸湿性好	不挺括，易皱，缩水率高，耐热水性能差	洗涤时水温不宜过高。熨烫时不宜喷水或垫湿布

14.3.3　化妆品与化学

化妆品是指以涂擦、喷洒或者其他类似的方法，散布于人体表面任何部位，以达到清洁、消除不良气味、护肤、美容、修饰等目的的日用化学品。

化妆品能清洁皮肤和毛发的污垢，保持人体皮肤和毛发的柔滑滋润，抵抗恶劣环境的侵蚀，美化皮肤和毛发等，可改变人体形象和精神面貌。但化妆品的原料种类繁多，有的可能含有对人体有害的化学物质。因此，我们在发扬化妆品积极作用的同时，还得注意抑制它的消极作用。

1. 化妆品的成分

化妆品的成分分为基质原料和配合原料两大部分。基质原料是主要成分，包括油脂和蜡类原料(如椰子油、蓖麻油)，粉末类原料(如滑石粉、钛白粉)和溶剂部分(如酒精、丙酮、甘油)。配合原料起辅助作用，如使化妆品成型或赋予特定的颜色和香味等。配合原料常用的有表面活性剂(如硬脂酸钠、甲壳素)、色素(如天然色素和合成色素)、防腐剂(如苯甲酸脂酯、乙醇)、乳化剂(如果胶、阿拉伯树胶)、滋润剂(如甘油、山梨酸)、发泡剂(如烷基苯磺酸钠)、收敛剂(如碱式氯化铝)和香精(如天然香精、人工合成香精)等。

2. 化妆品的分类

化妆品的分类方法很多，一般按其对人体的作用进行分类。

(1) 护肤、美容化妆品　羊毛脂是一种优良的皮肤软化剂(润肤剂)，也是许多化妆品的组成部分。羊毛脂含有高比例的游离醇，特别是胆固醇。胆固醇等醇类能与水分子生成氢键而易吸水，从而使皮肤保持润湿，这是羊毛脂成为优良润肤剂的一个重要因素。

皮肤、毛发和指甲都是由蛋白质构成。皮肤的最外层叫角质层，角质层主要由含水量较低和表面 pH 值约为 4、略带酸性的死细胞所组成。角质层的结构既不溶于水，又能使水稍微透过。为了保持皮肤健康，皮肤的湿度应维持在 10%左右。湿度太高，容易繁殖细菌；湿度太低，则角质层容易脱落。洗涤皮肤会洗掉能保持正常水分的脂肪。因此，洗完之后在干燥的皮肤上涂点脂肪和润湿剂则可以起到保护皮肤的作用。

生活中常用的化妆品有：

① 香霜。香霜一般是乳状液或膏状物体。有水包油型和油包水型两种。水包油型是把油或蜡的微滴分散在整个水溶液中，这种香霜用自来水就能冲洗掉。油包水型则是把水溶液的极小微滴分散于油中，从而在皮肤上形成一层油腻的憎水的表面，使皮肤表面增加油或脂肪含量。

雪花膏是硬脂酸在水中的悬浮液，其中加了皂类(如硬脂酸钾)稳定剂。雪花膏涂在皮肤上分散成一层光滑的很薄的涂层。能防止皮肤干燥、干裂。

② 唇膏。我们嘴唇的皮肤上覆盖着一层没有脂肪因而很容易干燥的角质层。嘴唇的正常湿度是靠嘴来保持的。为了防止唇部组织变干而使用唇膏是有益的。

唇膏是高分子质量的烃或其衍生物与着色剂的混合物溶液或悬浮液。唇膏必须足够软、在嘴唇上能形成均匀的涂层且不易抹掉，着色剂也不能流失。唇膏的颜色来自曙红类染料制取的“色淀”(金属离子 Fe^{2+}、Ni^{2+}、Co^{2+}等与有机染料的沉淀)。

③ 雀斑霜。它是消除雀斑的化妆品。雀斑是皮肤内黑色素增多而出现的小斑点，妇女比男子多，多出现在身体暴露部分，如面颊、手背等处。氢醌、维生素 C、汞制剂等药物能阻止黑色素生成或促使它分解，因此能作雀斑霜的有效成分。

④ 防晒霜。太阳辐射出的紫外线(短波长的光)对皮肤危害很大，防晒霜就是能过滤掉紫外线的化学洗剂，其主要成分常用对氨基苯甲酸。像大多数芳香族化合物一样，它在紫外光区有强烈吸收作用。防晒霜中还混有其他物质使它既可以屏蔽紫外线又能使皮肤晒黑。在晒黑的过程中，皮肤因受刺激而增加黑色素的产生，同时皮肤增厚而更能抵抗深度晒伤。还有些防晒霜对皮肤有营养作用，还可防止表皮细胞角化。

⑤ 香水。典型的香水至少含有三种不同相对分子质量和挥发性的成分。第一种成分叫顶香，最容易挥发，香水最初使用时气味最明显。第二种成分叫中段香韵，挥发性较低，通常是紫罗兰、紫丁香等花的提取物。第三种成分叫尾香，最难挥发，通常是树脂或蜡状聚合物。香水一般含有 10%~25%的香精和 75%~90%的醇。乙醇是大多数香水的主要成分。香水除单独使用增加芳香外，还被加到大多数化妆品中使产品具有宜人的气味，同时香水还是温和的杀菌剂和防腐剂。

⑥ 指甲油。指甲油实质上是一种喷漆或清漆。它由硝化纤维、增塑剂、树脂和溶剂制成，另外还可加入染料。溶剂挥发后留下一层由硝化纤维、增塑剂、树脂和染料组成的膜。硝化纤维提供发光的膜，增塑剂使膜具有韧性，树脂使膜更牢固地附在指甲上并防止其剥落，染料提供所需的颜色。另外还可以加入香料以掩盖其他成分的气味。指甲油去除剂就是能溶解指甲油留下的薄膜的溶剂。其主要成分是丙酮或醋酸乙酯或两者的混合物，另外还加入了少量硬脂酸丁酯和二乙二醇一甲基醚以降低溶剂的干燥效应。

需要注意的是，不论指甲油或指甲油去除剂都是非常易燃的，因此，千万不要在有明火或点燃香烟时使用它们。

此外，生活中常见的一些美容类化妆品其成分与特点如表 14-7 所示。

表 14-7 常用美容类化妆品介绍

种类		主要成分与特点
粉剂	擦面粉	滑石粉或高岭土(有滑爽并光泽感)，锌氧粉和钛白粉(遮盖)，硬脂酸锌(黏合剂)等，外加接近肤色的颜料，杀菌剂及香料等
	痱子粉	以擦面粉主成分为基础，加收敛剂如硫酸铝，明矾(吸汗、消肿)，杀菌剂如水杨酸，香精
	粉底霜	润肤性油料如白油加钛白粉和锌氧粉。供化妆敷粉前搽用打底，以增强黏附力和遮盖力，防止粉粒钻进皮肤毛孔
膏霜类	胭脂	与擦面粉相同，外加各色颜料、黏合剂及香精
	香粉蜜	将粉料悬浮于甘油-水混合物中，用羊毛脂作乳化剂，功效和雪花膏相似，但遮盖和滋润功能更强
	眼影膏	与清洁霜相近，外加甘油与颜料搅和，涂于眼圈外，使眼轮廓更分明
	眉笔	将油脂和蜡共熔，加入炭黑或氧化铁搅和成芯状，使其软硬适中并易黏附于皮肤上
	面膜	由成膜物(高聚物如聚乙二醇、聚乙烯吡咯酮等)、添加剂(包括保湿剂，如甘油或丙二醇)、填料(如碳酸钙、氧化铝)、营养物(如果汁、维生素 E、中草药提取汁等)、香料及防腐剂混合而成
	清洁霜	由白油(去油污)、鲸蜡加表面活性剂(去水溶性污秽)和羊毛脂混合而成，借助按摩可在表皮留下一层滋润性膜，对干性皮肤护肤效果尤佳
液剂类	抑汗祛臭剂	氯化铝、苯磺酸锌等收敛剂再加阴离子或非离子型乳化剂及有滋润作用的甘油、丙二醇等组成。通常为杀菌剂，主要有硼酸和安息香酸、氧化锌及过氧化锌。将二者结合以水或酒精为基质即可
	化妆水(爽肤水)	由稀有机酸水溶液(pH=3~4)加无机盐，如铝盐或苯酚磺酸锌等组成，使皮肤蛋白质轻微收敛且杀菌，有爽感，适于油性皮肤
	驱蚊液	氨水或酚的酒精或香水溶液，能防蚊咬、消蚊痒，杀菌作用较强

(2) 护发、美发化妆品　护发化妆品通常是指使头发保持天然、健康和美观的外表，光亮而又不油腻以及用于修饰和固定发型的用品，还有易于梳理的作用。一般护发化妆品在出厂前应进行消毒和过敏性试验，以保证使用者的安全和健康。毛发化妆品主要有香波、护发品、修发剂及其他毛发处理剂。

① 香波。肥皂、洗衣粉可除去油污，但不宜洗发。香波不但可洗去头发污垢和头屑，还可使之柔顺、便于梳理。香波主要有乳状液香波，其主要成分为表面活性剂。

② 固发喷雾剂(摩丝、啫喱水)。固发喷雾剂即树脂溶于有机易挥发溶剂中的溶液。将其喷在头发上待溶剂挥发后，能提供一层有足够强度的薄膜使头发保持原位。其常用的树脂是聚乙烯吡咯烷酮(PVP)。固发喷雾剂中树脂的浓度为4%左右，另外还加了增塑剂使其薄膜更加柔韧，加了硅油使头发产生光泽。但吸入固发喷雾剂有可能对肺组织产生致癌作用。

③ 烫发剂。使头发卷曲最初采用加热卷烫的方法，所以叫烫发。随着化妆品生产技术的发展和对头发物理化学性质的进一步认识，现在可以不用热烫而使头发卷曲，即所谓的冷烫。现代卷发是通过化学方法完成的。化学卷发的卷曲度、弹性、柔韧性、色泽等与卷发剂的有效成分含量、各种辅助剂、酸碱度及卷发温度有关。烫发时，在还原液和氧化液中都加有各种添加剂，以便控制 pH 值、气味和颜色。同样道理也能把头发拉直，就是当拉直头发时进行“中和”(即氧化)。

④ 染发剂。头发含有两种色素：黑色素和含铁的红色素。深黑色头发中黑色素占优势，淡黄色头发中含铁的色素占优势。头发中的色素可被某些氧化剂氧化而使颜色被破坏，生成一种无色的新物质。利用这个反应，可以漂白头发。常用的氧化剂为过氧化氢。为迅速而有

效地漂白头发，可在过氧化氢中加入一些氨水作为催化剂，同时使用热风或热蒸汽加速色素的氧化过程。

$$黑色头发\xrightarrow{H_2O_2,\ NH_3\cdot H_2O}棕色\rightarrow红色\rightarrow金黄色\rightarrow白色$$

头发漂白脱色后，再用染料可将头发染成自己所喜爱的颜色。对染色剂的基本要求是染色时不影响皮肤，不损害头发结构，染色要迅速，色彩鲜艳且牢固。它的种类繁多，市场上多用氧化染料。先用还原剂染料刷在头发上，再涂上氧化显色剂，达到发色要求后洗去。

根据耐久性的不同，染发剂可分为临时染色和半永久染色两类。前者一般用水溶性染料作用于头发表面而染色(可用洗发剂洗去，多用于舞台化妆)，后者则渗透到头发内较深的部位，通常由有机染料和钴或镍的配合物所组成。永久性染料一般都是氧化性染料，能渗透到头发内部，然后被氧化成有色产物，新生成的有色物质在水中的溶解度很小，因而持久地附着在头发上。

需要注意的是，染发剂多是苯胺类衍生物，有一定的毒性，有的人会产生过敏，因此不要一味追求时尚而过多染发。

⑤ 脱毛剂。脱毛剂是除去毛发的化学制剂。我们知道毛发角朊中含有较多的胱氨酸，而胱氨酸中有 S—S 键存在。化学脱毛的原理是用碱金属或碱土金属硫化物拆开 S—S 键，软化并切断毛发。用作脱毛剂的化学药品有硫化钠、硫化钙和硫化锶等，它们可水解成氢硫化合物和氢氧化合物，从而迅速地软化毛发。硫化锶的水解反应方程式如下：

$$2SrS+2H_2O \longrightarrow Sr(SH)_2+Sr(OH)_2$$

巯基醋酸钙是冷烫卷发时用来打断蛋白质链间 S—S 键的钙盐，近年来已被用于制备脱毛剂。脱毛剂配方中的硫化物由于水解产生很臭的硫化氢，因此配方中加入氢氧化钙使 pH 值在 11 以上可以控制这种臭味。在脱毛过程中，皮肤对化学侵蚀敏感且难以避免，因此，使用脱毛剂要谨慎。

(3) 洁齿护齿类　最常用的是牙膏。牙膏是口腔卫生用品，用牙膏刷牙可使牙齿表面洁白光亮、保护牙龈、防止龋蛀和口臭。牙膏是较复杂的混合物，它通常由摩擦剂(如碳酸钙、磷酸氢钙)、保湿剂(如木糖醇、聚乙二醇)、表面活性剂(如十二醇硫酸钠)、增稠剂(如羧甲基纤维素、鹿角果胶)、甜味剂(如甘油、环己基氨基磺酸钠)、防腐剂(如山梨酸钾盐、苯甲酸钠)、活性添加物(如叶绿素、氟化物)，以及色素、香精等混合而成。若以水或酒精为基体就成为漱口水或液剂。

为了防治口腔疾病，有些牙膏中加入了一些特殊成分。如含氟牙膏加有活性物氟化钠、氟化亚锡、氟化锌等，对防止龋齿有效。叶绿素牙膏里加入叶绿素，对阻止牙龈出血、防止口臭有特效。加酶牙膏能分解残留食物，对清洁口腔、防止虫蛀有效果。药物牙膏在牙膏中添加药物，能治疗口腔疾病。如草珊瑚牙膏，其对牙龈出血、牙龈红肿、口臭、牙质过敏症等有明显减缓和治疗作用。

化妆品的原料很多是化学合成物，往往含有有害成分，如颜料中某些重金属超标；增白剂中的氯化汞、碘化汞会干扰皮肤中氨基酸类黑色素的正常酶转化；色素、防腐剂、香料等大多是有机合成物，对皮肤有刺激作用，引起皮肤色素沉积，并引发变应性接触性皮炎等。致使化妆品对人体的危害性增加，在使用时应注意。

14.4　化学与镇静剂和毒品

毒品一般指非医疗、非科研、非教学需要而滥用的有依赖性的药品，或指被国家管制的对人有依赖性的麻醉药品和精神药品，通常主要指海洛因、可卡因、大麻、冰毒、摇头丸等。毒品的主要特性是能使吸食者成瘾，产生精神和躯体的依赖性及耐药性。其危害可以概括为“毁灭自己，祸及家庭，危害社会”十二个字。毒品不但严重危害人的身心健康，还会诱发其他违法犯罪，破坏正常的社会和经济秩序。

毒品的分类方法有很多，可从不同的角度进行不同的分类：①根据国际公约的有关规定，可将毒品分为麻醉药品和精神药品。②根据毒品来源和生产方法不同，可分为天然毒品和合成毒品。③根据毒品对人体的作用，可分为麻醉剂、抑制剂(如巴比妥类、安定药类和非巴比妥酸类等，具有降低中枢神经系统功能的作用)、兴奋剂(如安非他命、脱氧麻黄素等，有着特有的中枢神经兴奋作用，可用来治疗抑郁症患者)、镇静剂和致幻剂。④根据毒品对人的危害程度，分为软性毒品和硬性毒品。

1. 鸦片

鸦片又称“阿片”，俗称“大烟”、“烟土”，是利用罂粟果实中的乳状汁液制成的一种毒品，有生鸦片和熟鸦片之分。罂粟果汁中含有一种有毒的物质是罂粟碱，这是一种异喹啉生物碱。罂粟碱为无色针状或棱状结晶，易溶于苯、丙酮、热乙醇、冰醋酸，稍溶于乙醚、氯仿，不溶于水，溶于浓硫酸。它与多种无机酸和有机酸结合生成结晶盐。

鸦片罂粟(以下简称罂粟)是两年生草本植物，其果实接近完全成熟之时，用刀将罂粟果皮划破，渗出的乳白色汁液经自然风干凝聚成黏稠的膏状物，颜色也从乳白色变成深棕色，这些膏状物用烟刀刮下来就是生鸦片。生鸦片有强烈的类似氨的刺激性气味，味苦，长时间放置后，随着水分的逐渐散失，慢慢变成棕黑色的硬块，形状不一，常以球状、饼状或砖状出售。

生鸦片一般不直接吸食，尚需经烧煮和发酵等进一步精制成熟鸦片方可使用。熟鸦片呈深褐色，手感光滑柔软。鸦片内含有30多种生物碱，其中主要含吗啡，含量为10%~15%，此外还含有少量的罂粟碱(约1%)、可待因(约1%)、蒂巴因(约0.2%)及那可汀(约3%)等。

一般来说，最初几口鸦片的吸食令人不舒服，可使人头晕目眩、恶心或头痛，但随后可体验到一种伴随着疯狂幻觉的欣快感。但如果吸食太多则变得瘦弱不堪，面无血色，目光发直发呆，瞳孔缩小，失眠，对什么都无所谓。长期吸食鸦片，可使人先天免疫力丧失，极易感染各种疾病。吸食鸦片成瘾后，可引起体质严重衰弱及精神颓废，寿命也会缩短，过量吸食鸦片可引起急性中毒，可因呼吸抑制而死亡。

2. 吗啡

吗啡是一种异喹啉生物碱，是鸦片的主要有效成分，在鸦片中的含量约为10%。纯净吗啡为无色或白色结晶或粉末(随着杂质含量的增加颜色逐渐加深，粗制吗啡则为咖啡似的棕褐色粉末)，味若，难溶于水，易吸潮。吗啡对人的致死量为0.2~0.3g。医用吗啡一般为吗啡的硫酸盐、盐酸盐或酒石酸盐，易溶于水，常制成白色小片状或溶于水后制成针剂。

吗啡能产生安静和镇痛的作用，起初它被作为镇痛剂应用于临床。由于它对呼吸中枢有极强的抑制作用，过量吸食吗啡后出现昏迷、瞳孔极度缩小、呼吸受到抑制，甚至于出现呼吸麻痹、停止而死亡。吸食吗啡的戒断症状有：流汗、颤抖、发热、血压高、肌肉疼痛和挛缩等。

3. 海洛因

海洛因俗称“白粉”、“白面”。纯净物是白色的晶体，味苦，微溶于水，易溶于有机溶剂，毒性是吗啡的2~3倍，是毒品之王。1874年英国化学家C·莱特在吗啡中加入冰醋酸等物质，首次提炼出镇痛效果更佳的半合成化衍生物二乙酰吗啡即海洛因。海洛因进入人体后，首先被水解为单乙酰吗啡，然后再进一步水解成吗啡而起作用。因为海洛因的水溶性、脂溶性都比吗啡大，故它在人体内吸收更快，易透过血脑屏障进入中枢神经系统，产生强烈的反应，具有比吗啡更强的抑制作用，其镇痛作用亦为吗啡的4~8倍。最初的海洛因曾被用作戒除吗啡毒瘾的药物，后来发现它同时具有比吗啡更强的药物依赖性。常用剂量连续使用两周甚至更短即可成瘾，由此产生严重的药物依赖。

目前国际上对毒品的排列分为十个号，主要是鸦片、海洛因、大麻、可卡因、安非他明、致幻剂等十类，其中海洛因占据第三、第四号，即三号毒品和四号毒品，因此世界上人们普遍称之为"三号海洛因"、"四号海洛因"。由于这样的习惯叫法使人们误以为还有一、二号海洛因，实际是吗啡或吗啡盐类。

三号海洛因又称为"香港石"、"棕色糖"、"白龙珠"等，是将盐酸吗啡经化学过程产生二乙酰吗啡后，再添加大量的稀释剂(如士的宁、阿斯匹林、咖啡碱等)而制成的颗粒状毒品，有时也有粉末状的，颜色从浅灰色到深灰色，三号海洛因中二乙酰吗啡和单乙酰吗啡的总含量一般为25%~45%，咖啡因含量在30%~60%。

四号海洛因是在盐酸吗啡经乙酰化反应后不对其进行稀释，而是提纯，然后经过沉淀，予以干燥。其中二乙酰吗啡含量一般在80%以上，最高可达98%，纯的或高纯的四号海洛因是一种白色、无味、透明的粉末，且非常细腻以致擦在皮肤上会消失。但如果制造不好则会呈现浅黄色、粉红色、沙色或棕色的粗糙粉末甚至是颗粒状。目前国际上对毒品海洛因的鉴定只定性不定号。

海洛因对人体无任何医疗作用，它吸食后极易上瘾，使食物在消化道中消化迟缓，引起恶心和呕吐、血管扩张、皮肤充血、两眼瞳孔收缩、脑神经受损、呼吸衰退。长期服用会引起心率失常、肾功能衰竭、皮肤感染(如脓肿、败血症破伤风、肝炎、艾滋病等)、全身化脓性并发症，还能引起便秘、肠梗阻、蛋白尿等多种症状，会使人消瘦，心理变态、性欲亢进、智力减退。女性服用后会使月经失调、乳房萎缩。海洛因吸入过量可致死。海洛因的戒断症状一般表现为：焦虑、烦躁不安、易激动、流泪、周身酸痛、失眠、起"鸡皮疙瘩"、有灼热感、呕吐、喉头梗塞、腹部及其他肌肉痉挛、失水等，还出现神经质、精神亢奋、全身性肌肉抽搐、大量发汗或发冷。

4. 可卡因

又称古柯碱，是从古柯的植物叶片中提炼出来的生物碱。古柯碱是一种无色无臭的单斜形结晶体，味先苦而后麻，几乎不溶于水，可溶于一般的有机溶剂，属于中枢神经兴奋剂。其盐类呈白色晶体状，无气味，味略苦而麻，易溶于水和酒精，兴奋作用强，也是一种局部麻醉剂。

可卡因能阻断神经传导，产生局部麻醉作用，对眼、鼻、喉部黏膜神经的效果尤其明显，因此在早期曾被广泛用于眼、鼻、喉等五官的外科手术中作为麻醉剂。可卡因通过加强人体内化学物质的活性刺激大脑皮层兴奋中枢神经，继而兴奋延髓和脊髓，表现为情绪高涨、思维活跃、好动、健谈，能较长时间地从事紧张的体力和脑力劳动，甚至胜任繁重的、平时不能承担的工作。尤其危险的是，服用可卡因具有一定的攻击性。

吸食可卡因可产生很强的心理依赖性，长期吸食可导致精神障碍，也称可卡因精神病。易产生触幻觉与嗅幻觉，最典型的是皮下虫行蚁走感，奇痒难忍，造成严重抓伤甚至断肢自残，情绪不稳定，容易引发暴力或攻击行为。长时间大剂量使用可卡因后突然停药，可出现抑郁、焦虑、失望、易激怒、疲惫、失眠、厌食。长期吸食者多营养不良，体重下降。

5. 大麻

大麻是从大麻叶中提取的一种药物，叫大麻酚，大麻叶中含有多种大麻酚类衍生物，目前已能分离出15种以上，较重要的有：大麻酚、大麻二酚、四氢大麻酚、大麻酚酸、大麻二酚酸、四氢大麻酚酸。大麻酚及它的衍生物都属麻醉药品，并且毒性较强。大麻的毒性仅次于鸦片，是一种大众化毒品，一般人吸入7mg即可引起欣快感。长期服用使人失眠、食欲减退、性情急躁、易怒、产生幻觉，使人的理解力、判断力和记忆力衰退，免疫力下降，人体虚弱、消瘦。大麻烟气中苯并(a)芘的含量比烟草中高70%，长期大量吸入大麻会引起组织发炎、肺气肿，可能还会导致肺癌。

6. 杜冷丁

杜冷丁学名哌替啶，又称作唛啶、地美露。其盐酸盐为白色、无嗅、结晶状的粉末，能溶于水，一般制成针剂的形式。作为人工合成的麻醉药物，杜冷丁普遍地使用于临床，它对人体的作用和机理与吗啡相似，但镇痛、麻醉作用较小，仅相当于吗啡的1/10~1/8，作用时间维持2~4h左右。毒副作用也相应较小，恶心、呕吐、便秘等症状均较轻微，对呼吸系统的抑制作用较弱，一般不会出现呼吸困难及过量使用等问题。

杜冷丁有一定的成瘾性，连续使用1~2周便可产生药物依赖性。研究表明，这种依赖性以心理为主，生理为辅，但两者都比吗啡的依赖性弱。停药时出现的戒断症状主要有精神萎靡不振、全身不适、流泪流涕、呕吐、腹泻、失眠，严重者也会产生虚脱。

7. 摇头丸

摇头丸是苯丙胺类兴奋剂，实际上是冰毒(甲基苯丙胺)的一种衍生物，属易制毒品。甲基苯丙胺，又称去氧麻黄素或甲基安非他明，是由麻黄素(或称麻黄碱)通过去氧反应制成。麻黄素为一种无色挥发性液体，可溶于水和多种有机溶剂，有吸湿性，在水中结晶可得水合物晶体。可与多种无机酸(如盐酸、硫酸)和有机酸(如草酸)成盐。其盐酸盐(即盐酸麻黄素)是制摇头丸的重要原料。

摇头丸有强烈的中枢神经兴奋作用，有很强的精神依赖性，对人体有严重的危害。服用后表现为：活动过度、感情冲动、性欲亢进、嗜舞、偏执、妄想、自我约束力下降以及出现幻觉和暴力倾向等。因此类毒品服用后不仅有强烈的兴奋作用，而且会出现一定的幻觉、性冲动，造成行为失控，所以又俗称“快乐丸”、“劲乐丸、“疯药”等，也有按药片、药丸的不同颜色和上面的不同图案、字母称为“蓝精灵”、“白天使”、“蝴蝶”等。

8. 冰毒

冰毒属于苯丙胺类中枢神经兴奋剂，是我国规定管制的精神药品。因其形状呈白色透明结晶体，与普通冰块相似，故又被称之为“冰”，亦称为“艾斯”。冰毒易溶于水，一般作为注射用。苯丙胺药物强烈的兴奋作用使它们刚应用于临床不久就开始被滥用。虽然问世较晚，但是它见效快、药效维持时间长的特点使它蔓延速度极快。苯丙胺类兴奋剂具有强烈的中枢兴奋作用。滥用者会处于强烈兴奋状态，长期使用可导致永久性失眠、大脑机能破坏、心脏衰竭、胸痛、焦虑、紧张或激动不安，更有甚者会导致长期精神分裂症，剂量稍大便会中毒死亡。

毒品不仅加剧艾滋病蔓延趋势，而且还带来传染性疾病传播、洗钱和腐败、向恐怖组织提供财政来源等一系列社会问题。1987年6月12~26日，联合国在维也纳召开了关于麻醉品滥用和非法贩运问题的部长级会议，会议提出了“爱生命、不吸毒”的口号。与会138个国家的3000多名代表一致同意将每年6月26日定为“国际禁毒日”，以引起世界各国对毒品问题的重视。吸毒严重地危害人体健康与社会安定，是社会的一大公害。

习题

1. 营养素包含哪几类物质？它们各有什么作用？
2. 人体必需的微量元素有哪些？人体如果缺铁和缺锌会造成哪些不良后果？
3. 人体缺铁或铁过量会对健康有何影响？
4. 人体缺碘有何症状？为什么建议用碘盐？碘盐中加的是碘的什么化合物？
5. 什么是平衡营养观念？如何做到平衡营养？
6. 你认为实现人类健康长寿的关键是什么？
7. 解释食品褐变的原因及抑制的方法。
8. 天然色素和合成色素各有什么优缺点？
9. 食品添加剂是食品中的有害物质吗？为什么？
10. 什么是化妆品？化妆品的主要作用有哪些？
11. 简述肥皂与合成洗涤剂的基本特性。
12. 水洗和干洗各有什么优缺点？
13. 牙膏主要成分有哪些？各起什么作用？
14. 简述“烫发”、“染发”的化学原理。
15. 蚕丝、羊毛是什么纤维？它具有什么特性？
16. 简述毒品的种类及其危害性。

第 15 章　化学与军事

内容提要：本章介绍了化学战简史、化学武器定义、种类以及二元化学武器等的基本概念，着重介绍了化学毒剂的发展历史和发展方向，并对典型的化学毒剂从简史、物理化学性质、前体制备与销毁等方面进行了介绍。

学习要求：

(1) 了解化学武器的定义、种类以及二元化学武器概念。

(2) 了解化学毒剂的发展历史和发展方向。

(3) 理解掌握化学毒剂的分类。

(4) 掌握毒剂的物理和化学性质。

(5) 了解毒剂及其前体的制备方法与销毁途径。

15.1　化学战简史

利用有毒物质在战争中杀伤对方，在古代就有。如发射毒箭、利用刺激性烟雾威迫对方后退等。现代化学武器是在 20 世纪初，第一次世界大战中才正式出现。这一方面是由于工业生产发展到 19 世纪末才有条件大量制造高毒性化学物质；另一方面在第一次世界大战初期，双方在常规武器的装备方面相差不大，战争很快进入对峙状态。战争的发展要求必须有一种能大规模杀伤对方的有威慑力量的新武器。化学武器就应运而生。首先使用的是溴乙酸乙酯、氯丙酮等刺激(催泪)剂。但因毒性小，使用规模又不大，未显示出化学武器的威力。大家公认的化学武器首次显示强大威力是在 1915 年 4 月 22 日在德法对峙的伊泊尔(Yprse)地区，德军用 6000 个吹放钢瓶将 180t 氯气，同时向法军实施毒气攻击。氯气是一种窒息性毒剂。当时由于突然性强、风向适宜，黄绿色云团滚向法军阵地纵深达 10~15km，造成了法军约 15000 人的伤亡，突破阵地 8~9km。从此，化学武器作为一种大规模毁灭性武器出现在人类战争史上。此后，双方都多次使用了化学武器。光气是在 1915 年 12 月被使用的。接着使用的有双光气、氢氰酸、氯化苦、氯化氰等通过呼吸道中毒的毒剂。毒剂的出现必然促进了防护器材的发展。主要保护呼吸道的防毒面具的出现削弱了上述毒剂的威力。1917 年 7 月 11 日仍在伊尔泊地区，德军向英军使用了一种芥子气。它是一种皮肤糜烂性毒剂。仅有防毒面具不能完全防护芥子气。因此这次战斗收到了比第一次使用氯气攻击更好的战斗效果。第一次世界大战期间双方都大量使用了芥子气，因而芥子气得到了“毒气之王”的称号。继芥子气之后还出现了含砷的糜烂性毒剂。刺激剂的使用后来也进行了改进，得到了较理想的效果。在整个大战期间，在欧洲因毒剂中毒的人员达到 88 万之多，如包括居民可达 130 万人，共用毒剂 45 种，114000t。

早在这次大战以前，估计到可能有大量有毒物质在战争中使用，1899 年第一次海牙和平会议各国签定的陆战法规惯例公约中就明确规定“禁止使用毒物和有毒武器”。这次大战结束以后，又在 1925 年 6 月 17 日在日内瓦各国签订了一个“关于禁用窒息性的、有毒的或其它类似的毒气及细菌武器”的日内瓦议定书。当时有 37 个国家签字，但写在书上的条约并不能捆住使用国家的手脚，化学武器仍在秘密地以更大的规模发展着。第一次世界大战后又出现了亚当氏剂、苯氯乙酮、路易氏剂、氮芥气等多种毒剂。1935~1936 年意大利对阿比西尼亚(今埃塞俄比亚)战争中又用了大量芥子气，造成了 3 万人伤亡。

到了第二次世界大战期间，出现了毒性很高的含磷毒剂。德国拥有年产 12000t 塔崩与 720t 沙林的毒剂工厂。只是由于交战双方已有良好的防护器材与防化训练，再加上法西斯最后惨败速度之快出乎意外，德军没有来得及实施化学攻击计划。在我国，日本侵略者先后在 13 个省的 78 个地区用毒达千余次，中毒伤亡 4 万余人。如 1941 年 8 月，日军围攻晋察冀抗日根据地时，用毒剂杀害我军民 5 千多人。1941 年 10 月在湖北宜昌对国民党部队使用了芥子气，中毒约 1600 人，其中死亡 600 人。日本投降后，在我国东北发现了大量日军遗留的散装芥子气与 270 余万发毒剂弹。当时日本侵略者使用过的毒剂有芥子气、光气、苯氯乙酮、亚当氏剂、二苯氯胂、二苯氰胂等。

二次大战后，美国研制了毒性更大的梭曼、维埃克斯(VX)等含磷毒剂和刺激性更强的西埃斯(CS)，并大量投入生产。20 世纪 60 年代美国又研制了一种新型的失能性毒剂，曾被装备的有毕兹(BZ)。美军在 50 年代初侵朝战争中也曾使用毒剂百余次，我方千余人中毒。使用的毒剂有芥子气、路易氏剂、光气、氢氰酸和刺激性毒剂。60 年代美军在侵越战争中，使用化学武器规模很大，主要使用了 CS 约 7000t 与植物杀伤剂(破坏农作物，污染水源，使树木脱叶)，共 22.7t，染毒面积 $5.20\times10^{10}m^2$。

现在拥有化学武器的国家越来越多。70 年代世界上拥有化学武器的国家有 7 个，现在据有关人士估计已增加到 20 个左右。由于化学武器与核武器相比，从原料与生产工艺设备上说较容易得到，在生产成本上说又较低，因而估计有条件可能生产化学武器的国家更多。实际上，近年来在一些局部战争中，小国也曾使用过化学武器。1963~1967 年埃及在也门的内战中曾使用化学武器，造成数百人死亡。1984~1988 年两伊战争中，伊拉克曾多次使用化学武器。使用过的毒剂肯定有芥子气，还可能有氢氰酸与塔崩。1988 年 3 月伊拉克在本国国土内对一座被伊朗人占领的城市哈拉卜贾投掷了化学炸弹而造成 4000 人死亡。

15.2 化学武器

化学武器是指利用化学物质的毒性以杀伤有生力量的各种武器和器材的总称。化学武器有三个部分组成，一是以其直接毒害作用干扰和破坏人体的正常生理功能，造成他们失能、永久性伤害或死亡的毒剂；二是装填毒剂并把它分散成战斗状态的化学弹药或装置，如钢瓶、毒烟罐、气溶胶发生器、布洒器、各种炮弹、航弹、火箭弹以及导弹弹头等；三是用以把化学弹药或装置投送到目标区的发射系统或运载工具，如大炮、飞机、火箭、导弹等。

毒剂的战斗状态(battling behaviour)有蒸气状、气溶胶状(雾状与烟状)、微粉状和液滴状。毒剂在弹体内或贮存容器内的一般状态是固体或液体。因此，毒剂由贮存状态到战斗状态必须有一个施放与分散的过程、常用的施放分散方法有四种：①爆炸型，利用炸药爆炸的能量将毒剂分散成雾状(液体微粒悬浮在空气中)或烟状(固体微粒悬浮在空气中)。此时，也有部分毒剂成蒸气状。毒剂以这些状态使空气染毒。成何种状态与炸药量有关。如炸药量少，液体毒剂被分散成液滴状，使地面、物体表面染毒。属于爆炸型的化学武器有化学炮弹、炸弹、导弹与地雷。②热分散型，利于燃烧剂或其它热源将固体毒剂加热蒸发，进入空气后再冷凝成烟状。毒烟罐、毒烟手榴弹属于这一类。③布洒型，将液体毒剂装填在一特殊容器内，利用外加压力将毒剂经喷头喷出，使毒剂布洒成雾状或液滴状。航空或车载布洒器

(dispenser)属于这一类。④微粉型，固体毒预制成微粉状，利用少量炸药或机械装置将粉状毒剂布洒在空气中，也可布洒在道路上，当汽车或人员经过时粉末被扬起成烟状。

毒剂成战斗状态后，①通过呼吸道吸入体内；②裸露的皮肤接触染毒的地面或物体表面，毒剂通过皮肤吸收进入体内；③毒剂直接接触眼、鼻、咽喉，通过黏膜进入体内；④被毒剂污染的水、食物、饲料通过口服进入体内。这些就是毒剂在战斗中的中毒途径。

化学武器相对于核武器、生物武器来说，生产技术简单，装备费用低廉，几乎有化工业生产能力的国家都能生产化学武器，因此受到各国的青睐，被世人称为“穷国的原子弹”。为了提高了化学武器在生产、运输、储存和销毁过程中的安全性，增强化学武器生产的隐蔽性，二元化学武器应运而生。

二元化学武器是指装填有可以生成毒剂的两种或两种以上无毒或低毒化学物质即毒剂前体的化学武器。二元化学武器的装料组分为固体或液体，分装在弹体中的不同装料筒内，相互间以隔膜分开。在发射或投掷过程中，凭借爆燃药燃烧产生的巨大压力使隔膜破裂，利用弹体在飞行过程中的旋转力使各组份迅速充分混合，发生化学反应，生成毒剂。

二元化学武器是化学武器的一种新构型，其设想始于20世纪30年代末。当时研制的是能生成砷化氢和代号为KB-16的糜烂性毒剂的二元化学武器。由于技术水平的限制，并未取得实际结果。美国于1954年正式提出化学武器的二元化的计划，60年代中期取得了突破，研制成功几种二元神经性毒剂航空炸弹，如能生成沙林、VX和中等挥发度毒剂的炮弹、航空炸弹、火箭弹以及导弹弹头等。70年代以来，美国又为此项工作投入了巨额经费，几乎占据了致死性化学武器研究和发展经费的全部。还有一些国家也曾研制二元化学武器。

在“禁止化学武器公约”生效后，传统化学战剂的研究受到了限制，但各国对化学武器的研究并未停止，而是在新的基础上加以发展。新一代毒剂是什么？它具有哪些特点？世界著名的化学战专家罗宾逊认为，新一代毒剂应当比剧毒的有机磷毒剂的毒性要高出30至300倍。在战场浓度下，人员只要吸一口就会立即致死，使敌方来不及进行防护。由此看来，新一代毒剂的毒性应当是超剧毒的，必须具备难防难治、中毒途经更多、便于军民结合，不受核查限制的特点。在可预见的将来，可能的发展方向主要有以下四条途径。

第一条途径，研究P—N键的高毒性物质。在“禁止化学武器公约”中并未禁止研究的、具有高生物活性的、分子结构相对简单的普通的有机化合物。如含P—N键的高毒性物质，它们与G类和V类毒剂同属含磷化合物，都是胆碱酯酶抑制剂，它们在物理性质、化学性质、毒型、毒理作用等方面都是非常相似的。不同之处在于，由于分子结构上的一些差异，它不属于“禁止化学武器公约”附表化合物，因此其研究工作不受“禁止化学武器公约”的禁止。这类化合物是致死性毒剂，具有很高的毒性。

第二条途径，发展生化武器。生化武器有两种不同的解释：一是生物武器和化学武器的简称；二是生物化学毒剂武器，这是我们所指的生化武器。生化武器是未来化学毒剂发展的主要方向。它是从动植物或微生物中获得、提取的有毒物质，但它们与生物战剂有着本质的区别，它即不是活体，也不具有繁殖和传染能力，这类毒剂简称生化毒剂。例如某些动物毒素、植物毒素和微生物毒素等。它们即可以是天然毒物或毒素，也可是结构简化了的模拟物，或是人工合成的天然类似物及仿制品。它介于生物科学和化学科学之间，有可能成为生物武器公约和化学武器公约的“灰色区域”。在天然毒物中有许多毒物的毒性要远远高于神经性毒剂好几个数量级。如肉毒毒素A的毒性是沙林的20万倍至500万倍，而且中毒机理十分特别，现有的抗毒药和解毒药都难以防治。

第三条途径，继续寻找新的失能剂。毕兹是现唯一已知列入化学武器库的失能剂。美军认为，其在使用中的剂量不易控制，且造价又高，毕兹每千克造价44美元，而沙林每千克造价只要3美元，因此，美军一直在寻找更理想的失能剂。1980年前后曾透露，已有了比毕兹更好的失能剂。原苏联在20世纪70年代开始进行了比毕兹更有效的化合物的研究。由于失能剂在战场和反恐斗争中有特殊、广泛的用途，因此，许多国家也在积极的从事新失能剂的研究。以芬太尼为代表的新型失能性战剂是非致死性物质，它们具有与已知毒剂完全不同的分子结构，因此也不包括在“禁止化学武器公约”中。

第四条途径，改进化学武器的使用方法。1954年在市场上出现由微胶囊技术制造的“无碳复写纸”后，该技术很快就用到了化学武器的研究上。所谓微胶囊技术就是将毒剂包裹在一个个胶质的保护膜中，直径可以小至1μm以下。微胶囊技术可以大大改善毒剂的使用性能、减少蒸发损失、提高利用率、保证分散质量、扩大布毒面积、延长作用时间、简化武器结构，还提供了多途径中毒的可能性，并给毒剂的侦、防、消等带来了一系列难题。在改进化学武器使用方法上，各国进一步研究了更为实用和有效的毒剂配伍使用技术，同时努力改善化学武器的施放技术。现已实现了通用化、系列化，并向密集化、精确化、远程化发展。

随着现代科学技术的进步，新一代毒剂的研究已经到突破的边缘，已有了用作武器的可能性。这给以和平为主题的世界蒙上了阴影，将给人类的生存带来更为严重的威胁。消灭化学武器的任务越显繁重，爱护和平的人们任重而道远。

15.3 化学毒剂

区分毒剂种类的方法多种，它们各有其优点。如按毒剂对人畜的伤害作用分类，有利于针对性地进行急救、防护和消毒；按毒剂是否造成人员伤亡以及杀伤作用的类型或产生伤害作用的快慢等战术作用分类，可便于判断敌人化学袭击的企图、遭袭击后可能出现的伤亡情况、对战斗力的影响和防护需要持续时间，从而便于定下决心；还可按化学结构进行分类。本节按毒剂对人畜的伤害作为即毒理进行分类介绍。

（1）神经性毒剂　这是一类破坏人体神经系统正常传导功能的毒剂。人员主要通过呼吸道吸入或皮肤吸收而引起中毒。其主要中毒症状是瞳孔缩小、胸闷、肌颤、流涎、多汗、全身痉挛等。这类毒剂的毒性很大，中毒严重时会因支气管收缩(呼吸道堵塞)、呼吸肌麻痹而死亡。当前，神经性毒剂主要指分子中含有磷元素的一类毒剂，一般是膦(磷)酸衍生物，所以也叫含磷毒剂。神经性毒剂主要包括塔崩、沙林、梭曼与维埃克斯。

（2）全身中毒性毒剂　这类毒剂是指破坏组织细胞从而引起全身细胞急性缺氧的一类毒剂。人员主要通过吸入引起中毒。其主要中毒症状为口舌麻木、流涎、头痛头晕、呼吸困难、瞳孔散大、强直性阵发性痉挛等。这类毒剂毒性较大，中毒后症状发展快，中毒严重时迅速死亡。全身中毒性毒剂主要是指分子中含氰基的一类毒剂，所以也称含氰毒剂。属于这一类的毒剂主要有氢氰酸与氯化氰。

糜烂性毒剂　这是一类使细胞组织变性坏死的毒剂。人员通过吸入和皮肤吸收而引起中毒。皮肤中毒的主要症状为皮肤红肿、起泡、溃疡。呼吸道中毒的主要症状为咳嗽、气管炎、黏膜坏死、肺水肿。这类毒剂以皮肤糜烂为主，作用比较缓慢。属于这一类的毒剂有芥子气与路易氏剂。

（3）窒息性毒剂　这是一类伤肺剂，通过吸入引起肺水肿。主要症状为咳嗽、呼吸困难、皮肤从青紫发展到苍白、口吐粉红色泡沫样分泌物等。这类毒剂作用较慢，但中毒严重时仍可引起死亡。属于这一类的主要是光气。

(4) 失能性毒剂　这是一类引起人员思想(精神)或运动(躯体)功能障碍而暂时丧失战斗力的毒剂。人员通过吸入中毒。主要中毒症状为思维障碍、精神错觉、嗜睡或躯体瘫痪、体温或血压失调等。失能性毒剂是一种正在研究发展中的毒剂，曾列入装备的有毕兹(BZ)。

(5) 刺激剂　过去曾列入军用毒剂。它主要引起眼睛刺痛、大量流泪或引起咳嗽、喷嚏，因而阻碍正常战斗。但其不能造成永久伤害，更不会造成死亡。目前不少国家把它作为平时警用的控暴剂。因此，刺激剂当前不列入毒剂，也不像毒剂一样属于非常规武器。但本书中仍有部分内容作为与毒剂有关，也可作为军用的毒物来详细介绍。刺激剂主要有苯氯乙酮、亚当氏剂、西埃斯(CS)、西阿尔(CR)。

15.3.1　神经性毒剂

神经性毒剂最初是在第二次世界大战期间，由德国农药专家在研究有机磷农药中发展起来的，1932 年朗格和克吕格尔首次提出有机磷化合物的毒性，随后几年，塔崩、沙林、梭曼和 VX 等毒性更高的神经性毒剂相继出现。由于其良好的理化特性及其高毒性，成为最受各国重视并被大力发展作为主要装备种类的毒剂之一。神经性毒剂大都属于含磷神经性毒剂，其主要分为两大类，一类是分子结构中含有 P—F 键或 P—CN 键的氟膦酸酯与氰磷酸酯化合物，称为 G 类毒剂，主要代表物有塔崩、沙林、梭曼；另一类是分子结构中含有 P—S—$(CH_2)_n$NR 基团的硫赶膦酸酯类化合物，称为 V 类毒剂，这类化合物具有高透皮毒性，易于透过皮肤使人中毒死亡，主要代表物是 VX。

含磷神经性毒剂分子结构的特征都很相似，它们的分子结构可以用一个通式来表示：

其中，A：甲基、二甲胺基；B：乙氧基、异丙氧基、片呐氧基(1，2，2-三甲基丙氧基)；X：氰基、氟、2-*N*，*N*-二异丙基胺基乙巯基。

分子中含有不同的 A、B、X 时，组成不同种类的毒剂。已报道其军用代号与化学名称的 G 类和 V 类毒剂见表 15-1。

表 15-1　G 类和 V 类毒剂军用代号与化学名称

代　码	名　称	化　学　名　称
GA	塔崩	二甲胺基氰磷酸乙酯
GB	沙林	甲氟膦酸异丙酯
GD	梭曼	甲氟膦酸特己酯
VX	维埃克斯	β，β'-二异丙胺基乙基硫赶甲基膦酸乙酯

1. 沙林

沙林的化学名称为甲氟膦酸异丙酯。美军代号为 GB，分子结构式为：

$$\begin{array}{c} CH_3 \quad O \\ CH_3 \quad P \\ CHO \quad F \\ CH_3 \end{array}$$

相对分子质量：140.10

（1）简史　1939 年德国施拉德尔博士继发现塔崩以后，又合成了沙林。并于 1943 年开始生产并装备部队，第二次世界大战中没有使用记录。战后，美国和原苏联开始生产并装填各种型号的炮弹、炸弹、火箭弹大量装备部队，成为最重要的毒剂之一，生产量和储备量最大，是各国装备的主要神经性毒剂。沙林制作并不困难，很容易被恐怖组织掌握。1995 年 3 月 25 日，日本奥姆真理教就用并不怎么先进的设备合成出了沙林，并一手制造了骇人听闻的东京地铁沙林事件。

（2）物理性质：

① 色、嗅、态　沙林纯品是无色、易流动的液体，工业呈淡黄色或棕色有微弱的水果香味，空气染毒浓度为 5μg/L 时可嗅出。含杂质的沙林贮存时间过长，颜色会变黄，有时还因有沉淀析出而混浊。

② 密度、蒸气相对密度　20℃时，沙林的液体密度为 1.1102～1.0943g/cm^3，蒸气相对密度为 4.83。

③ 沸点、凝固点、蒸气压和挥发度　沙林的沸点为 151.5℃；凝固点为-54℃，不影响冬季使用；蒸气压和挥发度随着温度的变化发生变化。沙林的沸点较低，蒸气压、挥发度较大，因此，战斗使用时，气雾态是空气染毒主要状态，初生云是沙林的主要伤害形式。初生云最大染毒浓度可达 1000μg/L，此时人员会遭受到致死性杀伤，渗入工事和战斗车辆内的初生云也能造成一定的战斗浓度。

④ 溶解性　沙林能与水和多种有机溶剂(如醇、酮、酯、卤代烷、苯、甲苯等)任意互溶，也易溶于脂肪等物质中。因此，人的眼睛不能发现落入水中的沙林；化验时可用萃取法，对染毒样品中的沙林进行检测。

沙林还易溶于芥子气、VX 等毒剂。它们配伍成混合毒剂使用，既可通过呼吸道中毒，可通过皮肤中毒，根据毒剂作用的快慢程度，中毒症状相继发生，同时造成复合伤，给防护、消毒、急救带来许多困难。

⑤ 被吸附性　沙林具有强烈的吸附性，易被活性炭、棉毛织品、木材、砖瓦等多孔性物质吸附。防毒面具能长时间防护沙林；土颗粒对沙林蒸气也有较好的吸附性，必要时，可用于制做简易的防护器材。服装装具、武器装备、工事、房屋的粗糙表面也能吸附沙林蒸气。

（3）化学性质：

① 水解反应　沙林水解时，能够使磷—氟键和磷—氧单键发生断裂，其中磷—氟键最为活泼，因此首先发生断裂。沙林可在中性、酸性或碱性条件卜发生水解反应，但它们的水解机理有所差别。

沙林在中性水中水解反应式如下：

$$(CH_3)_2CHO-\overset{\displaystyle O}{\overset{\|}{P}}(CH_3)-F \xrightarrow{H_2O} (CH_3)_2CHO-\overset{\displaystyle O}{\overset{\|}{P}}(CH_3)-OH + HF$$

沙林在酸性水溶液中，水解速度会加快，水溶液的酸性越强，即溶液中氢离子的浓度越高，水解速度越快。如在 20℃、染毒浓度为 16g/L、盐酸浓度为 3.65%的反应溶液中，沙林经 30min 可完全水解。沙林在酸性水溶液中的反应式如下：

$$(CH_3)_2CHO-P(=O)(CH_3)-F \xrightarrow{H_2O\ \ H^+} (CH_3)_2CHO-P(=O)(CH_3)-OH + HF + H^+$$

沙林在碱性水溶液中，水解速度要比中性水解速度和酸性水解速度快得多。水溶液的碱性越强，即溶液中氢氧根离子的浓度越高，水解速度越快。沙林碱性水解的反应式如下：

$$(CH_3)_2CHO-P(=O)(CH_3)-F \xrightarrow{H_2O\ \ OH^-} (CH_3)_2CHO-P(=O)(CH_3)-OH + F^- + H_2O$$

② 与酚钠的反应　沙林能与酚钠迅速发生亲核取代反应，生成无毒的甲基苯酚膦酸异丙酯，因此，可用酚钠的醇水溶液对沙林消毒。其反应式如下：

$$(CH_3)_2CHO-P(=O)(CH_3)-F + NaO-C_6H_5 \longrightarrow (CH_3)_2CHO-P(=O)(CH_3)-O-C_6H_5 + NaF$$

酚与沙林不易起反应，但在碱性醇水溶液中，反应加速，因此，苯酚的氢氧化钠醇水溶液可对沙林进行消毒。在个人消毒包中，就装有甲酚钠酒精溶液，用来对染毒皮肤消毒。

③ 热分解和贮存稳定性　对于含磷毒剂，通常用爆炸分散的方法来使用。因爆炸时产生高热，所以含磷毒剂对于热的稳定性就是一个非常重要的因素。此外，作为军用化学战剂，这些化合物需要能够稳定的保存一个较长的时期。实际上，研究含磷毒剂的热分解和贮存稳定性，都是要了解这些化合物在纯品条件下其自身可能会发生何种反应。热分解和贮存稳定性之间的差别仅在于热分解一般要考虑的是在高温条件下、较短时间内的反应，而贮存稳定性是要考虑在室温下、较长时间内的反应。虽然反应的条件很不相同，但这两种情况下发生的反应还是有一定的联系的。沙林在高温时会分解，其主要反应如下：

$$(CH_3)_2CHO-P(=O)(CH_3)-F \xrightarrow{\triangle} HO-P(=O)(CH_3)-F + CH_3-CH=CH_2$$

沙林的热分解实际上是沙林分子中异丙氧基的分解，生成的产物是甲基氟代膦酸和丙烯。酸性物质和水分可加速上述分解反应。

(4) 制备与销毁：

① 制备　合成沙林最常见的方法是以甲基膦酰二氯为原料，通过下列方法合成：

第一步：

$$CH_3-P(=O)Cl_2 + KHF_2 \longrightarrow CH_3-P(=O)F_2 + KCl + HCl$$

第二步：

$$CH_3P(=O)Cl_2 + CH_3P(=O)F_2 + 2\,(CH_3)_2CH{-}OH \longrightarrow 2\,(CH_3)_2CHO{-}P(=O)(CH_3)F + 2HCl$$

首先用甲基膦酰二氯与氟化氢钾作用，合成甲基膦酰二氟。再将甲基膦酰二氯、甲基膦酰二氟、异丙醇以1∶1∶3的比例混合反应。可得到产率为85%的沙林。合成沙林的最关键中间体化合物是甲基膦酰二氯(常被称为二氯甲膦酰)。

② 销毁：

a. 高温焚烧销毁　沙林在高温条件会迅速分解，其中富含的C、H、O、P等元素和热分解生成的各种中间产物，通入外界氧气遇明火而发生完全燃烧。

沙林完全燃烧的化学反应式如下：

$$2\,(CH_3)_2CHO{-}P(=O)(CH_3)F + 13O_2 \longrightarrow 8CO_2 + 9H_2O + P_2O_5 + 2HF$$

沙林完全燃烧的产物中含有 P_2O_5 和氟化氢等酸性气体，直接排放会引起大气酸化，必须经过净化处理之后，达到国家排放标准，才能排放焚烧产生的废气。

b. 化学法销毁　这种方法一般适用于小量的沙林销毁，常用销毁试剂有碱性销毁试剂、氧化氯化销毁试剂、碱醇胺体系销毁试剂三类。

2. 梭曼

梭曼的化学名称为1，2，2-三甲基丙基甲氟磷酸酯，也可叫做甲氟磷酸特己酯或甲氟磷酸片呐基酯。美军代号为GD。

分子结构式：

$$(CH_3)_3C{-}CH(CH_3){-}O{-}P(=O)(CH_3)F$$

相对分子质量：182. 18

(1) 简史　1944年由德国诺贝尔奖获得者理查德·库恩首次合成，毒性比沙林大，但生产比较困难。在希特勒垮台前，还处于实验室试验阶段，在第二次世界大战结束前没有进行工业化生产。战后，苏联对梭曼“情有独钟”，在其化学武器库中一种代号为BP-55的毒剂就是梭曼的一种胶黏配方。20世纪70年代以来，美国曾花了很大的力量去寻所谓的中等挥发性毒剂，无数实验结果表明，最好的中等挥发性毒剂还是梭曼。梭曼一个显著特点是中毒作用快，且无特效解药，因此被称为“最难防治的毒剂”。

(2) 物理性质：

① 色、嗅、态　纯梭曼为无色有水果香味的水样液体。工业品为黄褐色，有樟脑味，一般战斗浓度下嗅觉可以发现。

② 密度、蒸气相对密度　20℃时，梭曼的液体密度为 1.0443g/cm^3，蒸气相对密度为6.33。

③ 沸点、凝固点、蒸气压和挥发度　梭曼的沸点为198℃，挥发度介于暂时性和持久性毒剂之间，是一个中等挥发度毒剂。梭曼的凝固点为-42℃，可在冬季使用。其蒸气压和挥发度随着温度的变化发生变化。

④ 溶解性　梭曼能溶于水，0℃时溶解度约1%，室温时溶解度约1.5%；能溶于醇、酯、酮、醚、苯、卤代烷等多种有机溶剂。梭曼也易溶解脂肪、橡胶，因此，易渗透皮肤和橡胶制防毒衣。据有关资料报道，梭曼液滴约10min可穿透皮肤，约在15min内有10%的毒剂透过皮肤进入血管。梭曼易溶于芥子气，外军曾进行过梭曼和芥子气混合使用的毒剂实验研究，这样可提高毒性2~5倍。

⑤ 被吸附性　梭曼比沙林更易被活性炭等多孔性物质吸附，装填活性炭的防毒面具能有效的对梭曼进行防护。服装、木料、墙壁等的吸附量也较大，因此，必须重视服装吸附梭曼引起的中毒。

(3) 化学性质　梭曼的分子结构与沙林相比，除特已基和异丙基不同外，其他完全相同，因此它们的化学性质基本相同。但由于梭曼含有的特已基比沙林含有的异丙基空间体积大，化学反应时立体障碍显著；而且，梭曼与沙林比较，其烷基上的支链多，推电子能力较强，磷原子的正电性(δ^+)较小，不利于亲核试剂进攻，故化学反应速度一般比沙林慢。

① 水解反应　梭曼是沙林的同系物，它们的分子结构极为相似，因此它们的水解机理完全相同，实际水解情况也很相似。但是这两种化合物在水解的难易程度上存在一定的差异。梭曼的水解比沙林的水解缓慢，产物无毒性。加热、氢离子、氢氧根离子、次氯酸都能加速梭曼水解。水解反应式如下：

$$(CH_3)_3C\text{-}CH(CH_3)\text{-}O\text{-}P(=O)(CH_3)\text{-}F \xrightarrow{H_2O} (CH_3)_3C\text{-}CH(CH_3)\text{-}O\text{-}P(=O)(CH_3)\text{-}OH + HF$$

低浓度梭曼在室温下水解很慢，15~16℃时，浓度为100mg/L的梭曼，需要2个半月才能完全水解完毕。

梭曼在5%氢氧化钠水溶液中，只需5min就可以完全水解。0.1mol的梭曼溶液，在0.1mol的氯化氢水溶液中，20℃时需要45min完全水解；在3mol的氯化铵中，需要35min完全水解。

加热可加速水解，对梭曼的染毒水(毒剂已被溶解的染毒水)经煮沸1h可以达到消毒目的；对染毒服装也可用煮沸法消毒，消毒时应在水中加入2%碳酸钠。碱、次氯酸钙、三合二水溶液能对梭曼消毒。

② 与酚钠的反应　梭曼能与酚钠迅速发生亲核取代反应，生成无毒的酯。反应式如下：

$$(CH_3)_3C\text{-}CH(CH_3)\text{-}O\text{-}P(=O)(CH_3)\text{-}F + NaO\text{-}C_6H_5 \longrightarrow (CH_3)_3C\text{-}CH(CH_3)\text{-}O\text{-}P(=O)(CH_3)\text{-}O\text{-}C_6H_5 + NaF$$

此反应可以用于消毒。

③ 热分解和贮存稳定性　梭曼的热分解和贮存时的反应与沙林几乎相同，它们具有同样的反应机理。唯一不同之处是：由于梭曼的酯基结构复杂，所以分解后产生的气体不是一种，而是三种。其反应如下：

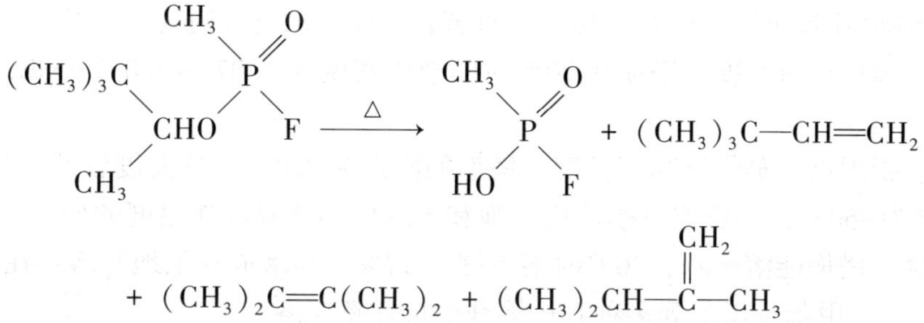

$$(CH_3)_3C-CH(CH_3)-O-P(=O)(CH_3)F \xrightarrow{\triangle} CH_3P(=O)(OH)F + (CH_3)_3C-CH=CH_2 + (CH_3)_2C=C(CH_3)_2 + (CH_3)_2CH-C(=CH_2)-CH_3$$

产生的三种气体是同分异构体，其中两种是通过分子重排后得到的。这三种气体分别是：3，3-二甲基-1-丁烯、2，3-二甲基-2-丁烯、2，3-二甲基-1-丁烯。

梭曼的热稳定性和贮存稳定性都不如沙林。这是由于梭曼的酯基更大一些，更易于分解。常温下梭曼分解很慢，150~170℃开始明显分解。对金属具有轻微的腐蚀作用，在梭曼中加入少量的三乙胺或碳化二亚胺类化合物，同样可以起到稳定作用。

梭曼可以耐受炸药爆炸的瞬时高温。

（4）制备与销毁：

① 制备　梭曼的制备与沙林制备的反应完全相同，差别是合成梭曼所用的醇为1，2，2-三甲基丙醇(俗称片呐醇)。其反应式如下：

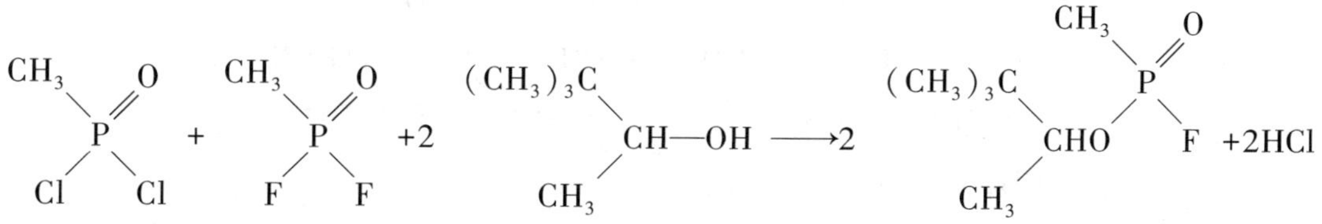

$$CH_3P(=O)Cl_2 + CH_3P(=O)F_2 + 2\,(CH_3)_3C-CH(CH_3)-OH \longrightarrow 2\,(CH_3)_3C-CH(CH_3)-O-P(=O)(CH_3)F + 2HCl$$

② 销毁　销毁梭曼的方法及原理主要也是利用高温焚烧和化学法，与沙林基本相同沙林，这里不再赘述。

3. 塔崩

塔崩的化学名称是二甲基胺基氰磷酸乙酯。美军代号GA。分子结构式：

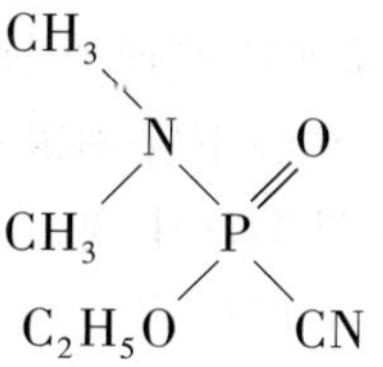

$$(CH_3)_2N-P(=O)(OC_2H_5)CN$$

相对分子质量：162.13

（1）简史　塔崩是含磷毒剂中历史最早的神经性毒剂，1936年由德国施拉德尔博士在研究杀虫剂时无意发现，德军首次生产并装备部队，时称“超级毒王”，是第二次世界大战中希特勒的“秘密武器”。1945年德国生产储备了约12000t，但在第二次世界大战中没有使用。希特勒垮台后，塔崩的生产技术被苏联俘获，1949年苏联开始生产并装备军队。由于继塔崩之后很快又出现了毒性更大、效能更好的神经性毒剂，世界多数化学武器国早已逐步淘汰此种毒剂，因而人们以为塔崩在世界上绝迹了。然而到了20世纪80年代，在两伊战争中，伊拉克向伊朗军队大量使用塔崩。联合国检验证实：这是世界上首次大规模使用塔崩的战争。

（2）物理性质：

① 色、嗅、态　纯塔崩是无色有轻微水果香味（纯品为无味）的易流动液体。工业品为黄-棕色，不纯时或部分分解而生成 HCN，有苦杏仁味，浓度高时还有胺味。

② 密度、蒸气相对密度　塔崩在20℃时的液体密度为1.077~1.097g/mL，蒸气相对密度为5.63。

③ 沸点、凝固点、蒸气压和挥发度　塔崩的沸点为220℃，挥发度较低，是一个持久性毒剂，凝固点为-50℃，不影响冬季使用。饱和蒸气压和挥发度随温度的变化而变化。

④ 溶解性　塔崩能溶于水，20℃时溶解度为12%，与水成有限地互溶；在丙酮、氯仿、乙醇、乙醚、苯、甲苯、氯苯等多种有机溶剂中可任意互溶。

⑤ 被吸附性　塔崩的蒸气易被活性炭所吸附。普通衣服能吸附塔崩蒸气，并可以解吸附，重新挥发出来造成空气染毒。

（3）化学性质　塔崩与沙林、梭曼不同之处是没有烷基—磷这种比较稳定的键，塔崩的三个与磷相联的单键都能通过取代反应而断裂。实际上它是酰胺、酰氯、酯三类酸的衍生物的混合体。

① 水解反应　塔崩水解时，首先是P—CN键断裂，生成无毒的酸式胺基磷酸酯。高温时，塔崩中的酯基也会水解，生产乙醇与二甲胺。其水解反应式如下：

$$(CH_3)_2N-P(=O)(OC_2H_5)(CN) + H_2O \longrightarrow (CH_3)_2N-P(=O)(OC_2H_5)(OH) + HCN$$

$$(CH_3)_2N-P(=O)(OC_2H_5)(OH) + 2H_2O \longrightarrow (CH_3)_2NH + C_2H_5OH + H_3PO_4$$

塔崩在中性水溶液中的水解速度很慢，时间很长。在低浓度下，20℃时的水解半衰期（即水解一半所需要的时间）为116s，远远达不到消毒的目的。

塔崩在碱性溶液中水解反应很快，常温下在强碱性溶液中，几分钟内就可以完全水解。在酸性溶液中水解也较快，但没有在碱性溶液中快。

② 稳定性　纯净的塔崩在储存时比较稳定，与金属不反应，但工业品因有一定量的$(CH_3)_2NPOCl_2$腐蚀性较强。塔崩加热到150℃时明显分解，200~210℃时剧烈分解。塔崩分解产物是：二甲胺基二氧磷酰胺、丙腈、氢氰酸、乙烯等。加入少量有机溶剂会增加其稳定性。

（4）制备与销毁：

① 制备　由于塔崩是4种含磷毒剂分子中唯一不含有甲基碳—磷键的化合物，所以它的合成要简单的多。合成塔崩的路线也有很多种，其中最为简单的合成路线只需两步反应。其合成路线如下：

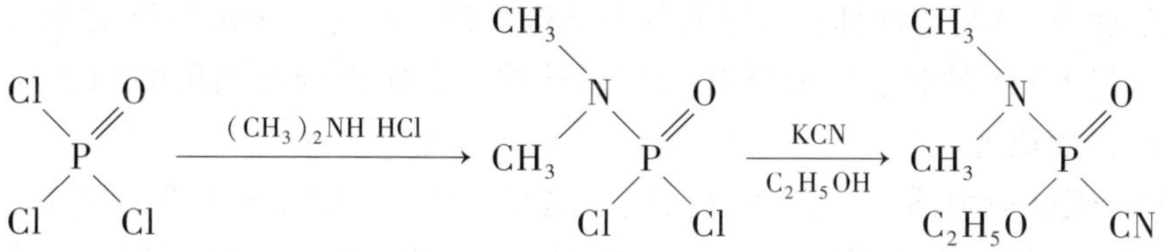

$$\mathrm{POCl_3} \xrightarrow{(CH_3)_2NH\ HCl} \mathrm{(CH_3)_2N{-}P(=O)Cl_2} \xrightarrow[C_2H_5OH]{KCN} \mathrm{(CH_3)_2N{-}P(=O)(OC_2H_5)(CN)}$$

在这条合成路线中，以三氯氧磷为起始原料，首先与二甲胺的盐酸盐作用，然后再与氰化钾和乙醇反应，就得到最终目标化合物——塔崩。

这条路线所需的反应条件简单，所用原料均为易于得到的化工产品，塔崩的产率约为80%，所以这是实验室和工业生产时通常使用的合成路线。

② 销毁　销毁塔崩的方法及原理主要也是利用高温焚烧和化学法，与沙林基本相同，可参照沙林，这里不再赘述。

4. VX

VX 的化学名称为 *S*-β-二异丙胺基乙基硫赶甲膦酸乙酯。美军代号为 VX。分子结构式：

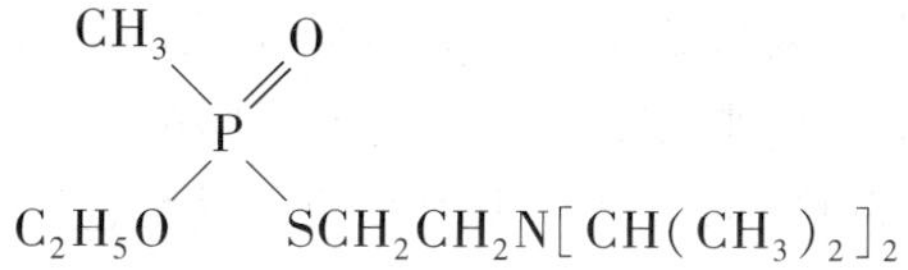

$$\mathrm{CH_3{-}P(=O)(OC_2H_5){-}SCH_2CH_2N[CH(CH_3)_2]_2}$$

相对分子质量：267.38

（1）简史　1952 年英国的拉纳吉特·戈什博士在研究新杀虫剂的过程中，发现了 VX 毒剂。1958 年美军正式列为装备毒剂。它最重要的特点是渗透皮肤的高毒性。60 年代原苏联军事化学专家披露，一种新的神经性毒剂，只要皮肤染毒 2mg 即可迅速致人死亡。另有关报道，1968 年 VX 引发震惊世界的羊群诉讼案，就是由于美军在 VX 布毒试验中，误杀而造成近 6000 只羊死亡。

（2）物理性质：

① 色、嗅、态　纯 VX 是一种无色、无气味的油状液体。工业品呈微黄色、黄色或棕色，贮存时会分解出少量的胺基硫醇，故有特殊的硫醇气味，VX 毒剂弹爆炸后也分解出硫醇，VX 染毒时，能被嗅觉发现。

② 密度、蒸气相对密度　20℃时，VX 的液体密度为 1.0148g/mL，液滴在水中呈油珠状沉入水底，若水量较大，油珠即溶解消失。VX 的蒸气相对密度为 9.2。

③ 沸点、凝固点、蒸气压和挥发度　VX 的沸点（298℃）很高，蒸气压和挥发度却很小，战斗状态主要以液滴态为主来杀伤人员，染毒密度可达 1~3g/m^2。VX 持久度很大，属持久性毒剂，其杀伤作用通常可持续几天至十几天。VX 的凝固点小于-39℃，可以在冬季使用。不同温度时的蒸气压和挥发度不同。

④ 溶解性　VX 能溶于水，但溶解度很小，25℃时溶解度为 3%。易溶于乙醇、乙醚、苯、汽油等多种有机溶剂。VX 还易溶于二甲亚砜及二甲酰胺类化合物。用二甲亚砜作助渗剂与 VX 混合使用，可增快毒剂渗透皮肤的速度，缩短人员或动物死亡时间。

⑤ 被吸附性　VX 有较大的相对分子质量，易被多孔性物质吸附。活性炭对它有较强的吸附作用，但防毒面具防 VX 主要不是依靠活性炭吸附，而是依靠滤烟层阻留。VX 一般形成蒸气的浓度极低，服装上吸附 VX 蒸气的量很少，解吸附的毒剂量一般不会对人员造成伤害。

(3) 化学性质　VX 与沙林、梭曼的分子结构相似，也是一个磷酸酯类化合物，故化学性质也相似。但 VX 无沙林、梭曼所含的酰氯结构，它所含的胺基硫醇酯结构没有酰氯活泼，故其性质比较稳定。

VX 中的磷硫键最为活泼，大多数反应在这里发生。VX 分子中含叔胺基，具有碱性，并含有低价硫，这些低价硫能够被氧化升高成为氧化数为+4 的磺酸基、氧化数为+6 的硫酸。

① 水解反应　从 VX 的物化性质可以看出，VX 在水中相当稳定，可造成水源长时间染毒，其液滴在潮湿地面上也能长时间保持杀伤作用。

VX 能够发生水解反应，生成物无毒，但水解速度比 G 类毒剂要小得多。VX 的水解也可分为中性水解、酸性水解、碱性水解三种情况。由于 VX 的分子结构特征与沙林、梭曼具有明显区别，所以它的水解机理也完全不同。

VX 中性水解(pH 值为 6~10)时，与沙林、梭曼的中性溶液水解完全不同，VX 在这种情况下的水解是相当复杂的，VX 分子中有三个键发生了断裂，VX 水解产物中，除了含有由于磷-硫键断裂所生成的甲基膦酸乙酯和二异丙胺基乙硫醇外，还含有由于磷-氧单键断裂而生成的 *S*-2-二(1-甲基乙基)胺基乙基-甲基硫代膦酸和乙醇，以及由于硫—碳键断裂而生成的 *O*-乙基-甲基硫代膦酸(通常被称为甲基硫代膦酸乙酯)和二(1-甲基乙基)胺基乙醇(通称被称为二异丙胺基乙醇)。反应式如下：

a.

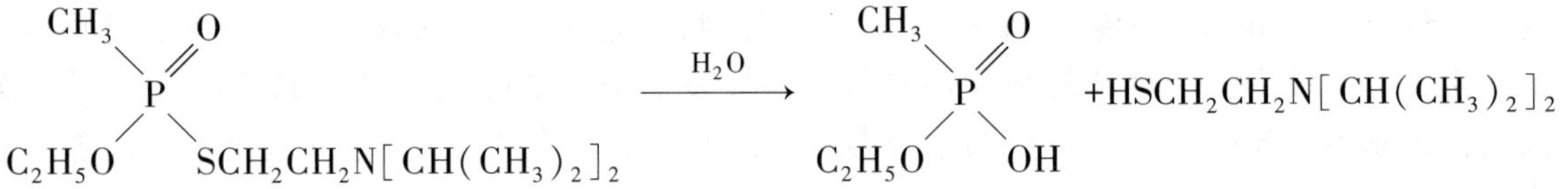

$$CH_3P(=O)(OC_2H_5)SCH_2CH_2N[CH(CH_3)_2]_2 \xrightarrow{H_2O} CH_3P(=O)(OC_2H_5)OH + HSCH_2CH_2N[CH(CH_3)_2]_2$$

b.

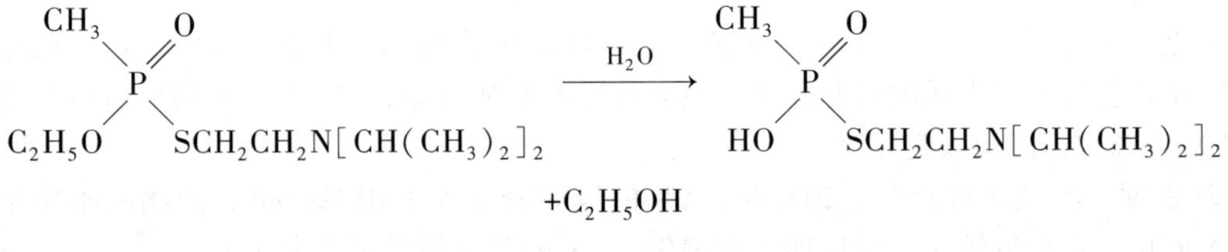

$$CH_3P(=O)(OC_2H_5)SCH_2CH_2N[CH(CH_3)_2]_2 \xrightarrow{H_2O} CH_3P(=O)(OH)SCH_2CH_2N[CH(CH_3)_2]_2 + C_2H_5OH$$

c.

$$CH_3P(=O)(OC_2H_5)SCH_2CH_2N[CH(CH_3)_2]_2 \xrightarrow{H_2O} CH_3P(=O)(OC_2H_5)SH + HOCH_2CH_2N[CH(CH_3)_2]_2$$

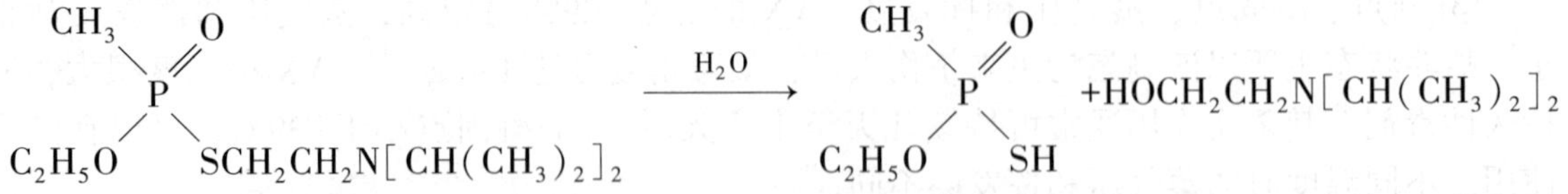

VX 碱性水解生成甲基膦酸负离子、二异丙胺基乙硫醇分子和水分子。水溶液的碱性越强，即溶液中氢氧根离子的浓度越高，水解速度也越快。可以看出，VX 与沙林、梭曼的碱性水解机理是颇为相似的。反应式如下：

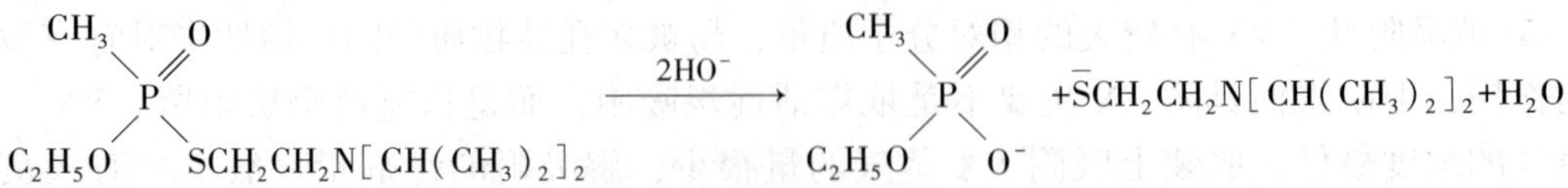

$$CH_3P(=O)(OC_2H_5)SCH_2CH_2N[CH(CH_3)_2]_2 \xrightarrow{2HO^-} CH_3P(=O)(OC_2H_5)O^- + \bar{S}CH_2CH_2N[CH(CH_3)_2]_2 + H_2O$$

VX 酸性水解生成甲基膦酸乙酯和呈季铵盐状态的二异丙胺基乙硫醇。反应式如下：

$$CH_3P(=O)(OC_2H_5)SCH_2CH_2N[CH(CH_3)_2]_2 \xrightarrow{H^+ \quad H_2O} CH_3P(=O)(OC_2H_5)OH + HSCH_2CH_2N[CH(CH_3)_2]_2 \quad H^+$$

② 氯化氧化反应　VX 的氯化氧化反应生成物无毒，对 VX 的洗消就是利用这一反应原理。如消毒氯胺、次氯酸钙、二氯三聚异氰酸钠对 VX 消毒的反应。在有水时反应式如下：

$$CH_3P(=O)(OC_2H_5)SCH_2CH_2N[CH(CH_3)_2]_2 + Cl_2 + 2(O) \longrightarrow$$

$$CH_3P(=O)(OC_2H_5)Cl + Cl-S(=O)_2CH_2CH_2N[CH(CH_3)_2]_2$$

$$CH_3P(=O)(OC_2H_5)Cl \xrightarrow{H_2O} CH_3P(=O)(OC_2H_5)OH$$

$$Cl-S(=O)_2CH_2CH_2N[CH(CH_3)_2]_2 \xrightarrow{H_2O} HO-S(=O)_2CH_2CH_2N[CH(CH_3)_2]_2 + HCl$$

VX 与氯化氧化剂反应时，氯化作用比氧化作用易于进行，起消毒作用的主要是有效氯的作用。因此，平常不使用只具有氧化作用的消毒剂对 VX 消毒。有效氯含量的高低决定着消毒效果的好坏，三合二虽能对 VX 消毒，但由于其产生的有效氯含量较低，消毒效果不够理想。

③ 与酸的反应　VX 分子含有的叔胺基是个碱性基团，能与酸作用生成盐。反应式如下：

$$CH_3P(=O)(OC_2H_5)SCH_2CH_2N[CH(CH_3)_2]_2 + HCl \longrightarrow CH_3P(=O)(OC_2H_5)SCH_2CH_2\overset{HCl}{N}[CH(CH_3)_2]_2$$

VX 与酸作用生成的盐仍有很大的毒性，但它可使 VX 的脂溶性减小，水溶性增，因此，可加盐酸来增加 VX 在消毒剂水溶液中的溶解度，可以提高消毒效果。VX 与酸反应生成的盐酸盐，可以利用重结晶的方法进行提纯，在提纯的结晶中加碱，又可将 VX 重新游离出来。

④ 热分解和贮存稳定性　VX 的热稳定性要比沙林、梭曼好，大约在 200℃左右时才有明显分解，主要发生磷—硫键的断裂。VX 弹爆炸时，只有少部分分解，适宜用爆炸法进行分散。

纯 VX 贮存时的稳定性较好，但如果容器不密闭，暴露在空气中的 VX 也会慢分解产生胺基硫醇。利用氮气保护，可以长期贮存而不变质。在 VX 中加入少量的碳化二亚胺类物质，也可大大提高其贮存稳定性。

由于 VX 稳定性好，持久度高，如果形成高浓度的气溶胶状态用于污染地面，作用效果远远超过芥子气，可以说具有暂时性、持久性毒剂的双重效果。

（4）制备与销毁：

① 制备　VX 的制备也是以甲基膦酰二氯为重要的合成原料，经多步反应完成的。VX

的制备有多条路线，其中被认为最好的是取代法。取代法合成路线如下：

$$CH_3P(=O)Cl_2 \xrightarrow{P_2S_5} CH_3P(=S)Cl_2 \xrightarrow[NaOH]{C_2H_5OH} CH_3P(=S)(OC_2H_5)(ONa)$$

$$\xrightarrow{ClCH_2CH_2N[CH(CH_3)_2]_2 \cdot HCl} CH_3P(=O)(OC_2H_5)SCH_2CH_2N[CH(CH_3)_2]_2$$

这个路线的优点是最后一步反应所使用的中间体化合物均可纯化。因此，最终产物的纯度较高，在合成高纯度的 VX 时使用该法。另外还有转化法和酯化法等。

② 销毁　销毁 VX 的方法及原理主要也是利用高温焚烧和化学法，与沙林基本相同，可参照沙林。

a. 酸性氯化法　VX 是碱性化合物，遇酸形成盐，易溶于水溶液中，通入氯气，使其 P—S 键断裂，并把硫氧化成磺酸，达到销毁的目的。反应式如下：

$$CH_3P(=O)(OC_2H_5)SCH_2CH_2N[CH(CH_3)_2]_2 + 3Cl_2 + 4H_2O \longrightarrow$$

$$CH_3P(=O)(OC_2H_5)OH + HO_3SCH_2CH_2N[CH(CH_3)_2]_2 + 6HCl$$

若将 1 体积的 VX 溶于 3 体积的 1.5mol/L 盐酸中，通入氯气，可达到最佳消毒效果，稍许改变 VX 和盐酸溶液的比率，不影响消毒效果。1molVX 需大约 3mol 的氯气反应。

b. 三合二销毁法　用三合二水溶液销毁 VX 时，反应不彻底，产物复杂，而且部分水解产物仍具有毒性。

15.3.2　糜烂性毒剂

糜烂性毒剂是指破坏机体细胞，以皮肤或黏膜糜烂为主要毒害特征的毒剂。糜烂性毒剂主要以破坏细胞中重要的酶及核酸，导致新陈代谢中断，造成组织坏死，破坏机体细胞，使皮肤或黏膜糜烂为明显毒害特征。凡是与糜烂性毒剂接触的部位，无论是体表（皮肤、黏膜、眼睛）或体内（胃肠道、呼吸道）都会引起一定的损伤，发生炎症以至坏死。这类毒剂以引起皮肤糜烂为主，一般不引起人员死亡，但如呼吸道中毒严重或皮肤大量吸收而引起严重的全身中毒时，也可能引起死亡。

糜烂性毒剂的蒸气压较低但持久度却较高，通常用作地面和设施表面染毒，迟滞敌方的行动，染毒时间可达数周至数月。它们还可以分散成气溶胶使空气染毒，或通过分散在地面和物体上毒剂的蒸发造成空气染毒。一般作为持久性毒剂使用，也可作暂时性毒剂使用。作持久性毒剂使用时，一般都有潜伏期。作暂时性毒剂使用时，潜伏期较短，甚至可立即产生伤害。

糜烂性毒剂主要通过皮肤接触和呼吸道吸入引起中毒，有全身中毒作用，严重时可致死。接触皮肤和黏膜时，引起红肿、起泡、溃烂，对眼睛可造成严重伤害甚至失明；吸入蒸气或气溶胶时，能损伤呼吸道、肺组织及神经系统。它可装填于炮弹、航空炸弹、地雷内以爆炸方式使用，也可装填于各种布洒器材，用布洒方法使用；主要以液滴状态造成地面、物体表面染毒，或以气溶胶和蒸气状态使空气染毒。

后来随着芥子气的发展，芥子气的同系物(如氧联芥子气、倍半芥子气等)也逐步出现，虽然毒性较高，但由于生产成本等问题并没有成为主要装备的毒剂。路易氏剂作为克服芥子气弱点被选入毒剂，评价结果发现其综合性能不及芥子气，胶黏化后的路易氏剂性能有所改变。糜烂性毒剂典型代表物是芥子气、路易氏剂。氮芥气曾为外军所装备，现已被淘汰，还有一种是光气肟有类似芥子气的作用，已不属于装备毒剂。

1. 芥子气

芥子气的化学名称为β，β'-二氯二乙硫醚、2，2′-二氯二乙硫醚或二(β-氯乙基)硫醚。后来出现了氮芥子气，为区别，我们将上述芥子气称为硫芥子气，通常也称芥子气。美军代号为H。分子结构式：

$$S\begin{cases}CH_2CH_2Cl\\CH_2CH_2Cl\end{cases}$$

相对分子质量：159.08

(1) 简史　芥子气是1822年由法国科学家德普雷首先发现，德国科学家梅耶等于1886年制得纯品。在第一次世界大战中，随着化学战的日趋广泛，交战各国军队装备了防护暂时性毒剂的防毒面具，防毒面具对眼睛和呼吸道具有良好的防护作用。因此，武器研究者们将攻击目标由呼吸道转向皮肤，芥子气的特殊性质被科学家们看中，英国科学家在1915年就建议把它作为毒剂，但没有引起军事当局的注意。而德国却悄悄地研制这种使皮肤中毒的糜烂性毒剂，为大规模在战场上使用进行准备，德国首先把它选为军用毒剂，并于1917年在比利时的伊珀尔地区首次使用，造成协约国部队1.5万人中毒伤亡。德军第一次使用的芥子气炮弹是以“黄十字”作标志，后来人们称芥子气为“黄十字”毒剂，直到现在人们还习惯以黄色来标志芥子气。在第一次世界大战中，各交战国共使用毒剂约125kt，其中芥子气约12kt，占总用毒量的十分之一，但其杀伤率却占88.7%，其良好的战斗性能，其毒性在当时居各类毒剂之首，因此有“毒剂之王”之称。

在第二次世界大战期间，美、英、法、德、苏、波、匈、意、日、加拿大等国曾生产过芥子气，并以各种型号的弹药装备部队。日本侵华战争期间，其先后在我国18个省、自治区78个地区使用毒剂2000多次，其中大部分也是芥子气。随着对芥子气使用技术的深入研究，芥子气气溶胶技术获得成功，由主要通过皮肤中毒途径，发展到了可以通过呼吸道途径中毒。长期以来，芥子气仍然在一些国家保持主要装备毒剂的地位。

(2) 物理性质：

① 色、嗅、态　纯品芥子气是无色无味的油状液体，工业品为黄色至深褐色，有较浓的大蒜味和芥末味。芥子气含杂质越多颜色越深，纯度越高气味越小。当空气染毒浓度达到1.3μg/L(工业品为0.7μg/L)时，即可被嗅觉嗅出。精馏芥子气的气味很弱，不易被嗅觉发现。

② 密度、蒸气相对密度　20℃时，芥子气的液体密度为1.274g/cm^3，蒸气相对密度为5.40℃时，固体比重为1.37g/cm^3。

③ 沸点、凝固点、蒸气压和挥发度　芥子气的沸点为217℃，是一个沸点较高，蒸气压、挥发度较小的毒剂。芥子气的凝固点为14.45℃，在冷天使用时易凝固，分散性和对服装的渗透性变差，影响使用效果。芥子气的蒸气压和挥发度随着温度的升高而增大。

将芥子气与路易氏剂混合使用，可以降低凝固点，改善芥子气在冷天的使用效果。

④ 溶解性　芥子气难溶于水，易溶于脂类物质中，在第二次世界大战期间，美军曾研究储备的芥子气与煤油混合剂，这种油溶芥子气能浮在水面，用在两栖作战防御的海面染毒。

⑤ 被吸附性　芥子气蒸气很易被多孔性物质吸附，并通过表面渗入物质内部，具有很强的渗透性，活性炭、针织品、木制品、砖瓦等。防毒面具中的活性炭能有效地过滤芥子气蒸气，达到良好的防护效果。若长时间穿着曾在芥子气染毒空气中停留过的服装不更换，能使皮肤中毒而受到损伤。

（3）化学性质　芥子气结构中的氯较活，易发生取代反应。芥子气具有两个氯代烷基，由于氯原子的吸电子能力大于碳原子，使碳带正电性，当遇到亲核试剂时，氯原子会被其他原子团所取代；与硫邻接的碳原子上的氢，较易被氯原子取代；芥子气分子含硫醚结构，硫原子为二价化合态，可被氧化成四价和六价。

① 水解反应　芥子气发生水解，最终生成的水解产物为二(2-羟基乙基)硫醚(通常被称为硫二甘醇)和氯化氢。反应式如下：

$$S\begin{matrix}\diagup CH_2CH_2Cl\\ \diagdown CH_2CH_2Cl\end{matrix} \xrightleftharpoons{H_2O} S\begin{matrix}\diagup CH_2CH_2OH\\ \diagdown CH_2CH_2OH\end{matrix} + HCl$$

芥子气的水解速度并不慢，已溶于水中的芥子气比沙林水解快。在室温时，溶于水中的芥子气在1小时内85%水解。但芥子气却能造成水源的长期染毒，原因是芥子气溶解度很低，落在水中的芥子气大部分沉在水底，溶于水中的芥子气不断水解，这些沉在水中的芥子气又不断的向水中溶解，使水中的芥子气浓度维持在一定水平，造成水源长期染毒。如1945年日本投降前倒入水井中的芥子气，十几年后还引起人员中毒。

实验表明，溶液的酸碱度影响芥子气的水解速度。溶液呈碱性时，芥子气水解速度较快，一般在强碱范围内的水解速度比中性范围内提高约20%。但碱量不能过大，因碱量过大时，会降低芥子气在水中的溶解度，影响芥子气的水解速度；而溶液中含较高浓度的氯化氢而呈酸性时，芥子气水解速度变慢。造成这种现象的原因是该反应是一个可逆反应。而当溶液中氯化氢浓度较高时，促使可逆反应发生，使得溶液中芥子气浓度下降速度变慢。

② 氧化反应　芥子气的氧化反应发生在低价硫原子上。由于芥子气的硫原子有两对未共用电子，因此，根据氧化剂氧化能力的强弱和氧化条件的不同，可以从二价氧化到四价和六价。

芥子气可被浓硫酸、过氧化氢、次氯酸钙、漂白粉水溶液、稀硝酸(1∶1)、碘液等氧化成亚砜。生成物芥子亚砜为白色结晶，无糜烂性毒，化学性质的稳定性比芥子气和芥子砜差，加热时可分解出芥子气，易溶于热水、醇、醚、苯和浓无机酸中。其反应式如下：

$$S\begin{matrix}\diagup CH_2CH_2Cl\\ \diagdown CH_2CH_2Cl\end{matrix} \xrightarrow{[O]} O{=}S\begin{matrix}\diagup CH_2CH_2Cl\\ \diagdown CH_2CH_2Cl\end{matrix}$$

芥子气还可被发烟硝酸、高锰酸钾或过量的次氯酸盐等氧化成砜。芥子砜为白色结晶，有糜烂性．对眼和呼吸道有刺激，能溶于水，易溶于热醇中。其反应式正如下：

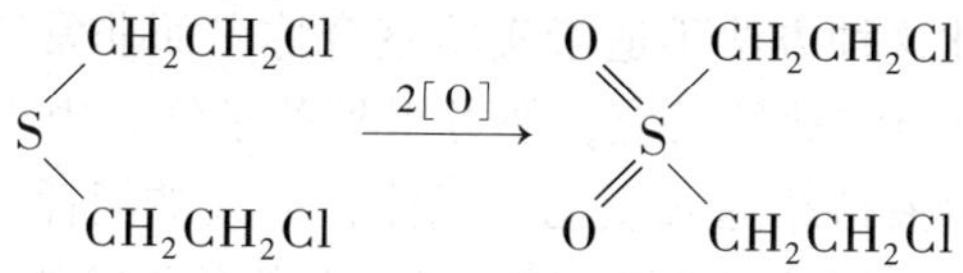

$$S(CH_2CH_2Cl)_2 \xrightarrow{2[O]} O_2S(CH_2CH_2Cl)_2$$

芥子气与氧化剂反应的产物，芥子亚砜无糜烂性毒，而芥子砜有糜烂性毒，但由于它们都是固体，较难挥发，难渗透服装和皮肤，因此，此反应可有选择性地应用于消毒。

一氯胺与芥子气氧化反应，生成无毒的苯磺酰二氯二乙硫亚胺结晶体。其反应式如下：

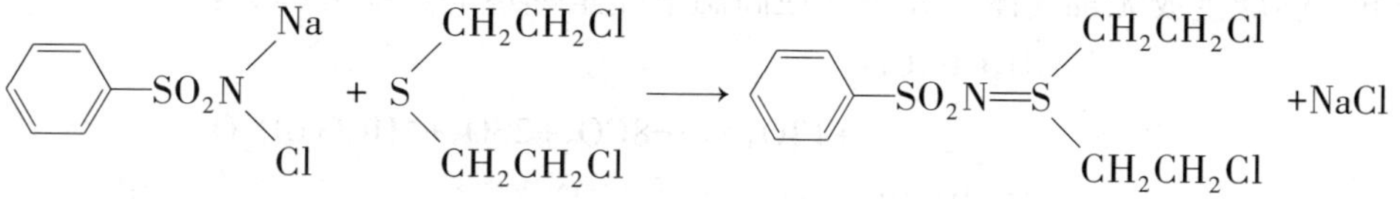

$$C_6H_5SO_2N(Na)Cl + S(CH_2CH_2Cl)_2 \longrightarrow C_6H_5SO_2N{=}S(CH_2CH_2Cl)_2 + NaCl$$

一氯胺是常用的消毒剂，在酸性水溶液中，一氯胺与水发生反应生成次氯酸；次氯酸与芥子气氧化反应，生成无毒的芥子亚砜，从而达到消毒的效果。

③ 氯化反应　芥子气的氯化反应本身是氧化反应的一种。在毒剂化学中，该反应对消毒有着特殊的意义，是芥子气的消毒反应，在实际反应中氯化反应与氧化反应是不易分开的，氯化氧化消毒剂也就因此得名。

芥子气很易发生氯化反应，反应较复杂，氯化产物还会分解成其他产物，而且在不同的条件下会产生不同的氯化物。芥子气发生氯化氧化反应时的氧化态都发生了变化，都高于广义上的氧化反应范畴，最终产物的分子结构特性都发生了变化，大多数产物的毒性都大大降低。如二氯胺、三合二、次氯酸钙、漂白粉对芥子气的消毒作用，除有氧化作用外还有氯化作用。

④ 稳定性　芥子气在常温下是稳定的，但会缓慢地分解，受热分解加快，150℃时分解明显，180℃后分解显著加速，500℃时 2h 就可完全分解。纯芥子气在常温下不腐蚀金属，100℃以上时，与锌、锡有显著作用，对铜和钢的腐蚀性较小或没有腐蚀性，对铅和铝有较好的抗腐蚀性能。

在盛装芥子气的容器中会产生氯化氢、硫化氢、乙烯、氯乙烯、氢气等气体，使容器内压增大，可能使容器破裂。因此，芥子气应贮存在干燥、阴凉的地方，并定期排放容器内的气体。开启芥子气容器时，应当排除高压气体，防止毒剂喷出造成染毒。

（4）制备与销毁：

① 制备　制备芥子气的合成途径主要有两条诠径。第一条途径是首先合成芥子气的前体化合物二-(2-羟基乙基)硫醚(硫二甘醇)，再经过氯代反应，生成芥子气。该合成途径是化学家梅耶首次合成芥子气所使用的路线，因此，被称为梅耶法。第二条途径是用乙烯气体和二氯化硫或二氯化二硫(也被称为一氯化硫)反应，直接得到芥子气。该途径是美国雷文斯坦公司合成芥子气所使用的路线，所以，被称为雷文斯坦法。

梅耶法合成芥子气的反应式如下：

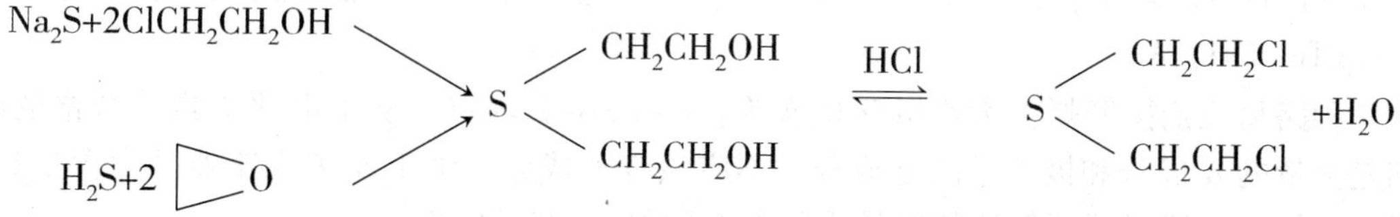

$$Na_2S+2ClCH_2CH_2OH \longrightarrow S(CH_2CH_2OH)_2$$

$$H_2S+2\,C_2H_4O\ (\text{环氧乙烷}) \longrightarrow S(CH_2CH_2OH)_2$$

$$S(CH_2CH_2OH)_2 \overset{HCl}{\rightleftharpoons} S(CH_2CH_2Cl)_2 + H_2O$$

合成二-(2-羟基乙基)硫醚的方法有两种。在实验室中，通常使用第一种方法，因为反应原料易得，反应条件易控制。第二种方法使用的两个原料都是气体，环氧乙烷易燃易爆，而硫化氢具有高毒性，因此这种方法不适于实验室合称，而非常适合于工业化生产。

二-(2-羟基乙基)硫醚与浓盐酸反应，便可得到芥子气。由于这是一个可逆反应，所以在反应过程中，要向反应溶液持续通入氯化氢气体，补充被消耗掉的氯化氢，使反应平衡大大的移向芥子气生成的方向。用这种方法可以95%的产率合成芥子气。

② 销毁：

a. 高温焚烧法　芥子气在150℃时开始分解，180℃时加速分解，在高温下芥子气被氧化、分解，燃烧生成无毒气体。芥子气在高温下完全燃烧的反应方程为：

$$2\,S\begin{matrix}\diagup CH_2CH_2Cl\\ \diagdown CH_2CH_2Cl\end{matrix} + 13O_2 \longrightarrow 8CO_2 + 2SO_2 + 4HCl + 6H_2O$$

反应产物中包含大量的二氧化硫和氯化氢等酸性气体，必须经过净化处理之后才能排放。该法是一种比较理想的销毁方法，只要燃烧系统设计合理，基本不会产生二次污染。

b. 化学法　分为氧化法和取代法：

氧化法：常温下，芥子气可被氧化为芥子亚砜和芥子砜。常用的氧化剂有硝酸、铬酸、过氧化氢等，由于该法的主要产物芥子砜仍具有糜烂毒性，芥子亚砜很容易发生歧化反应。因此，此法销毁芥子气并不彻底。

取代法：芥子气在有机胺中发生软碱亲核取代反应，若使用正已胺作溶剂，产物从体系析出，补充硫磺后硫胺消毒液可重复使用。由于该方法需要使用大量硫磺和有机胺，而有机胺的排放标准十分严格，反应产物还要进一步处理，三废处理困难。

2. 路易氏剂

路易氏剂的化学名称为β-氯乙烯二氯胂。美军代号为L。

分子结构式：

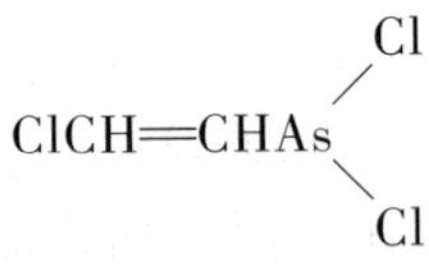

相对分子质量：207.32

(1) 简史　路易氏剂是1918年美国W·L·路易氏研究成功并由此得名。路易氏剂包括：

路易氏剂1，又称α-路易氏剂，代号为α-L，化学名称为β-氯乙烯二氯胂，分子结构为：$ClCH{=}CHAsCl_2$；

路易氏剂2，又称β-路易氏剂，代号为β-L，化学名称为双(β-氯乙烯)氯胂，分子结构为：$(ClCH{=}CH)_2AsCl$；

路易氏剂3，又称γ-路易氏剂，代号为γ-L，化学名称为三(β-氯乙烯)胂，分子结构为：$(ClCH{=}CH)_3As$。

三种路易氏剂按糜烂性大小顺序依次为：α-L>β-L>γ-L，γ-L几乎无毒。合格的路易氏剂是大量的α成分和极少量的β成分，不应该有γ成分。由于α-L在工业品中含量最高、糜烂性也最大，所以下面叙述的路易氏剂都指的是α-路易氏剂。

由于α-路易氏剂分子中含有一个烯键，所以该分子可以由有顺式和反式两种异构体。在一般的路易氏剂中，顺式异构体约占总量的10%，而反式异构体约占总量的90%，这两种顺反异构体在物理性质和化学性质上都有一些差别。由于通常情况下人们所接触到的路易氏剂都是以上述比例混合的α-路易氏剂混合物。

路易氏剂是为了克服芥子气凝固点高的弱点而被选入的一种毒剂，它作用迅速，可使眼睛、皮肤感到疼痛，中毒皮肤起疱糜烂，严重部位会坏死，并且在吸收后会引起全身中毒。最初，美国军方赋予了路易氏剂以很大的意义，报刊上将其称为“死亡之露”，经研究表明，它的作用与芥子气不相上下。但由于路易氏剂存在的一些缺点，如其蒸气毒性却不及芥子气，液滴对皮肤的伤害也比芥子气轻，对服装的穿透作用不及芥子气，遇水又极易分解，一般不单独使用；制造困难，成本比芥子气高等，在各国装备毒剂中不被重视。由于路易氏剂易与其他毒剂相溶，在配制战术混合剂时具有一定的意义。

（2）物理性质：

① 色、嗅、态　纯路易氏剂为无色、无臭(或气味微弱)的油状液体，工业品为棕褐色，有天竺葵(洋绣球、臭海棠)和强烈刺激气味。路易氏剂的气味是一种很令人讨厌的特殊气味，很容易觉察和辨别。空气染毒浓度为8μg/L时可感到刺激，染毒浓度为14μg/L时可嗅到天竺葵味。

② 密度、蒸气相对密度　20℃时，路易氏剂的液体密度为1.89g/cm^3，蒸气相对密度为7.1，是现有毒剂中密度最大的一个毒剂。

③ 沸点、凝固点、蒸气压和挥发度　路易氏剂的沸点为190℃，沸点较高，能造成初生云、再生云、液滴三种伤害形式，通常以液滴杀伤为主。路易氏剂的凝固点为-18℃。路易氏剂与芥子气混合使用，既降低了凝固点，又使其毒效多样化，增加了医治的难度。路易氏剂比芥子气的蒸气压、挥发度大数倍，路易氏剂比芥子气形成的蒸气浓度高，而持久度则比芥子气小，但仍属持久性毒剂。路易氏剂在不同温度下的蒸气压、挥发度也不相同。

④ 溶解性　路易氏剂微溶于水，溶解度约为0.5g/L，易溶于无水乙醇、苯、氯代烷、汽油等大多数有机溶剂，也易溶于动植物油脂中。路易氏剂的渗透性比芥子气更强，落在皮肤上的芥子气液滴需15~20min渗入皮肤，路易氏剂液滴只需5min就可完全被皮肤吸收；对橡胶制品如防毒服也有一定的渗透作用，并能使其变质而降低防毒能力。

⑤ 被吸附性　路易氏剂的蒸气易被多孔性物质吸附，防毒面具中的活性炭能达到良好的防护效果。

（3）化学性质　路易氏剂的化学性质比芥子气活跃，从结构上可以看作是$AsCl_3$的衍生物，$AsCl_3$是亚砷酸的酰氯，直接与砷相连的氯原子比较活跃。路易氏剂属于三价砷化物，可以被氧化成五价。

① 水解反应　由于路易氏剂水解反应的可逆性和水解产物仍有全身中毒和皮肤糜烂作用，单靠水解难以彻底消毒。路易氏剂水解反应式如下：

$$ClCH{=}CHAs\begin{matrix}Cl\\Cl\end{matrix} + 2H_2O \rightleftharpoons ClCH{=}CHAs\begin{matrix}OH\\OH\end{matrix} + 2HCl$$

这个产物不稳定，失去一份水生成氯乙烯氧胂。

$$ClCH{=}CHAs\begin{matrix}OH\\ OH\end{matrix} \longrightarrow ClCH{=}CHAs{=}O + H_2O$$

加碱水可以加速水解，且反应较为彻底。

② 在$-AsCl_2$上取代反应：

a. 与醇、硫醇反应　路易氏剂与醇、硫醇的反应是酯化反应，生成物毒性相对较小，具有砷毒。反应式如下：

$$ClCH{=}CHAsCl_2+2ROH \longrightarrow ClCH{=}CHAs(OR)_2$$

$$ClCH{=}CHAsCl_2+2RSH \longrightarrow ClCH{=}CHAs(SR)_2$$

路易氏剂与硫醇既是一个中毒反应也是一个解毒反应，可利用路易氏剂与硫醇的反应机理进行解毒。

人体中已知的二十几种巯基酶的活性，主要是依赖于巯基，路易氏剂与巯基结合后，这种酶便失去活性，从而破坏人体正常的代谢功能，表现出中毒症状。

许多二巯基化合物都可以与路易氏剂迅速反应，成为路易氏剂的特效解毒药。如二巯基丙醇(BAL)、二巯基丙酸钠(俗名解砷灵)、二巯基丁二酸钠(二巯琥钠)等与路易氏剂迅速反应。在人体内，二巯基化合物的解毒作用除了与路易氏剂直接结合外，还有与酶结合物发生竞争作用，与胂化物结合而将酶释放出来，恢复活力。

b. 与H_2S的反应　路易氏剂的醇溶液与H_2S作用，生成具有强烈刺激性气味的白色沉淀。其他卤代胂都有类似的反应，因此，这个反应可作为含砷毒剂的共同检定方法。反应式如下：

$$ClCH{=}CHAsCl_2+H_2S \longrightarrow ClCH{=}CHAs{=}S\downarrow +2HCl$$

③ 与碱性物质的反应　路易氏剂与氢氧化钾、氢氧化钠的水溶液反应迅速，生成无糜烂性的亚砷酸盐和乙炔，但亚砷酸盐具有砷毒。此反应应用于对染毒的武器消毒。如氢氧化钠的水溶液反应，反应式如下：

$$ClCH{=}CHAsCl_2+6NaOH \longrightarrow HC{\equiv}CH\uparrow + As(ONa)_3 + 3NaCl + 3H_2O$$

凡是与路易氏剂产生乙炔的反应，都可以用于路易氏剂的侦检分析。

④ 氧化反应　路易氏剂很易发生氧化反应，在有水时，路易氏剂能被一氯胺、二氯胺、过氧化氢、三合二、次氯酸钙和高锰酸钾等氧化剂氧化。产物氯乙烯胂酸为白色针状结晶，无毒、能溶于水。因此这些氧化剂的水溶液，都可以对路易氏剂进行消毒。反应式如下：

$$ClCH{=}CHAs\begin{matrix}Cl\\ Cl\end{matrix} +[O]+2H_2O \longrightarrow ClCH{=}CHAs\begin{matrix}Cl\\ {=}O\\ Cl\end{matrix}+2HCl$$

⑤ 稳定性　路易氏剂在常温、干燥条件下较稳定，受热、受潮易分解。不易腐蚀钢和铜，但对铝及其合金有强烈的腐蚀作用，不能用铝制品贮存路易氏剂。铁对路易氏剂的歧化有催化作用，促使其变成其他β-和γ-路易氏剂。

(4) 制备与销毁：

① 制备　路易氏剂是乙炔与三氯化砷等摩尔加成的产物．但由于两者不易直接起反应，必需有氯化汞、氯化铝等金属氯化物催化。

a. 用氯化汞作催化剂　将固体氯化汞溶于浓盐酸中，再加入氯化砷溶液，最后通入乙炔气体，同时加热，反应温度60℃。乙炔的量不能太多，否则β-L的含量会增多。

$$C_2H_2+HgCl_2 \longrightarrow ClCH{=}CHHgCl$$

$$ClCH{=}CHHgCl+AsCl_3 \longrightarrow ClCH{=}CHAsCl_2 + HgCl_2$$

b. 用氯化铝作催化剂　将氯化砷和氯化铝加在一起，搅拌下通入乙炔气体，反应温度不高于35℃。

$$3C_2H_2+AlCl_3 \longrightarrow (ClCH{=}CH)_3Al$$

$$(ClCH{=}CH)_3Al+3AsCl_3 \longrightarrow 3ClCH{=}CHAsCl_2+AlCl_3$$

从上述反应来看，氯化汞、氯化铝实际上起了一种 Lewis 酸的作用，加强了乙炔与氯化砷的反应能力。

② 销毁　对路易氏剂可以利用高温焚烧法和等离子体销毁法销毁，但尾气中含有砷化物，这些物质必须经过严格的后处理，固化封埋，小量应急时还可用化学销毁，方法如下：

a. 碱性水解销毁法　α-路易氏剂在常温下与氢氧化钠水溶液(浓度>10%)定量反应，生成亚砷酸钠并放出乙炔。反应式如下：

$$ClCH{=}CHAsCl_2+6NaOH \longrightarrow HC{\equiv}CH\uparrow +As(ONa)_3+3NaCl+3H_2O$$

b. 硫化钠亲核取代销毁法　路易氏剂和硫化钠水溶液反应，生成三硫化二砷。该化合物是天然砷矿石“雌黄”，为红色或黄色单斜晶体，溶于乙醇和碱液，微溶于水，但在酸化反应液回收雌黄时，放出大量硫化氢气体，污染空气。

应急销毁时，还可用足量的三合二洗消液消毒，消毒时间必须大于4.5h，废液要回收处理。

另外，氮芥气是糜烂性毒剂的一种。结构类似于芥子气，在第二次世界大战期间曾被广泛研究，现属已淘汰的毒剂。氮芥气具有消毒不易彻底、其盐可使水源染毒等特点，并且随着使用技术的提高，氮芥气可成为通过呼吸道吸入中毒的一种毒剂。因此，对氮芥气性能的了解还是有一定的意义。此外，有一种氮芥气类型的化合物是第一种被用于治疗癌症的化学药物，虽然由于它的毒副作用过于强烈，现已被淘汰。但这个化合物是一种现在仍在被用于临床的抗癌药物—环磷酰胺的合成前体。具有军事价值的氮芥气有以下三种：HN-1(氮芥气-1)、HN-2(氮芥气-2)和HN-3(氮芥气-3)。它们的结构式如下：

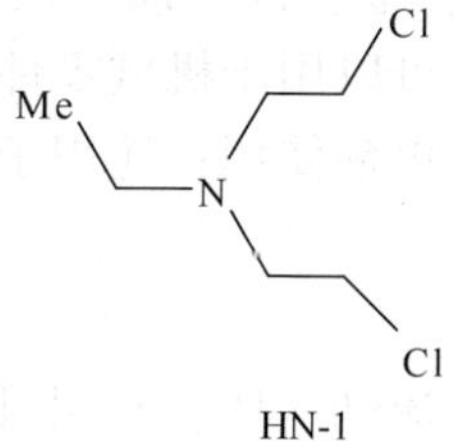

HN-1 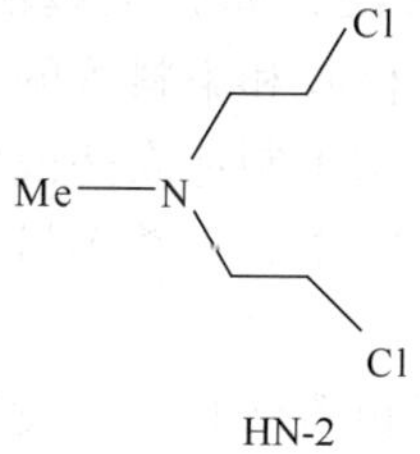　　HN-2 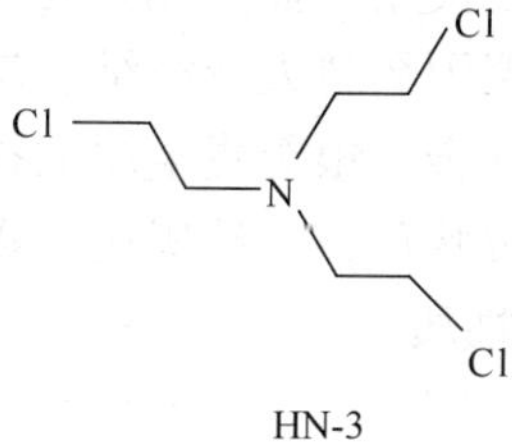　　HN-3

美国较重视HN-2，而前苏联和德国则重视HN-3。在三种氮芥气中，以HN-3的毒性最高，氮芥气-3的分子结构特征与芥子气具有相似之处。不同之处仅在于以氮原子取代了硫原子，并因此多连接有一个2-氯乙基。具体的有关内容本教材不作介绍。

15.3.3　全身中毒性毒剂

全身中毒性毒剂是指抑制组织细胞内的呼吸酶系，致使全身不能正常利用氧气而引起组织细胞内窒息的毒剂，又称“血液中毒性毒剂”或“氰类毒剂”。属于暂时性毒剂(挥发性毒剂），主要代表物是氢氰酸、氯化氰等。全身中毒性毒剂主要经呼吸道吸入中毒，其中毒机理是进入体内后氰离子与组织细胞线粒体内的细胞色素氧化酶结合，抑制其活性，使细胞不能利用氧而引起窒息，导致中枢神经系统缺氧等一系列症状，最终因呼吸抑制而死。它可装填在炮弹、航空炸弹和火箭弹中使用，造成空气染毒，通过呼吸道侵入机体，抑制细胞色素氧化酶，中断细胞的氧化反应，造成全身性组织缺氧，特别是呼吸中枢易因缺氧而受到损伤。中毒者在几分钟内出现昏迷、痉挛和呼吸麻痹等症状，严重时会立即死亡。该类毒剂对防毒面具的活性碳具有较强的穿透力，因此，使用防护面具对这类毒剂的防毒时间是有限的。

氢氰酸是一种典型的全身中毒性毒剂，其化学名称为氰化氢。美军代号为 AC。

分子结构式：

$$H—C\equiv N$$

相对分子质量：27.026

1. 简史

氢氰酸是一种毒性较高的毒剂，1782 年由瑞典科学家舍勒在一种叫普鲁士蓝的染料中分离出来的，据说这位科学家后来死于氢氰酸中毒。它与氯化氰是现有毒剂中仅有的两个无机物。1916 年 7 月法军首先使用了氢氰酸炮弹，而后在第一次世界大战期间法国共使用了约 4000t 氢氰酸，但因达不到实际战斗浓度效果较差。人们也提出过许多改进方法，到了 30 年代，美国和日本证明，使用大口径弹药加大氢氰酸装填量，可造成高浓度染毒空气，但在第二次世界大战前一直没能解决在弹药爆炸时氢氰酸燃烧的问题，直到后来美国和原苏联在其中加入“消焰剂”氯化钾才克服了这一缺陷。德国也曾用飞机布洒器进行超低空布洒氢氰酸的试验，形成了极高浓度的染毒空气，使得当时的防毒面具无法防护。德国还在集中营内使用氢氰酸屠杀了数以百万计的战俘。美国在第二次世界大战期间生产的氢氰酸达 514t。前苏联对使用氢氰酸也十分重视，专门使用氢氰酸设计了大口径装备弹，如喀秋莎火箭等。

氢氰酸以苦杏仁甙的形式存在于杏子、桃子、李子等多种水果的仁核中，在木薯及其他一些植物中和蜈蚣等多种虫类的反应腺中，都含有能生产氢氰酸的甙。在食用这些东西时，如果方法不当或大量食用，就有可能造成人员中毒。

氢氰酸在民用工业中用途也十分广泛，如它是镀铜、锌、金、银、镉电渡液的主要原料；是生产聚丙烯腈人造纤维、塑料、橡胶和染料等的原料；可以用于机械零件、工具的淬火渗碳工艺和金、银等贵金属的提取；用于制造农药或作为杀虫剂使用；还用于生产氨基酸等。作为剧毒物质，也屡屡用于毒杀、暗杀和自杀等目的。

2. 物理性质

（1）色、嗅、态　氢氰酸是一种无色澄清具有挥发性的易流动液体，有明显的苦杏仁气味。当空气染毒浓度达到 34μg/L 时，就可被人的嗅觉发现，人员在此浓度下短时间暴露一般不会中毒。较高浓度时，有独特的麻醉气味，低浓度时才有苦杏仁气味。

（2）密度、蒸气相对密度　20℃时，氢氰酸的液体密度为 0.6884g/cm^3，蒸气相对密度为 0.93。它的液体在挥发时将吸收较多的热量，使得液体本身温度下降，阻碍液体继续蒸发。这一特性使得氢氰酸的染毒空气团能在短时间内成为稳定的染毒云团贴于地面，有利于发挥其杀伤作用，但在弹坑中有时可能发现凝固成白霜状的氢氰酸。在第一次世界大战时，曾因蒸气相对密度小等原因而很难在战场上造成杀伤浓度，如今用大装填量弹药的方法解决这个问题。

（3）沸点、凝固点、蒸气压和挥发度　氢氰酸是一种沸点很低、蒸气压和挥发度很大的毒剂，它的沸点为25.7℃，凝固点为-13.3℃。氢氰酸毒剂的初生云团是唯一的伤害形式。用爆炸法分散使用时，迅速蒸发，可造成染毒浓度达几毫克/升至十几毫克/升的毒剂初生云团。在冬季不会影响使用效果，但可能会凝固成白霜状的结晶体。

（4）溶解性　在室温下，氢氰酸可与水任意比例混合，温度升高后溶解度减小，因此，可利用加热煮沸法将水中的氢氰酸除去。氢氰酸易溶于乙醚、乙醇、甲苯等多种有机溶剂，也易溶于氯化氰、光气、三氯化砷及有机磷化合物中，但在矿物油、全氟烷中较难溶解。在第一次世界大战中，曾使用过氢氰酸与氯化氰、三氯化砷等混合毒剂。无机盐类（如氯化钾、硝酸钾等）也能溶于氢氰酸，但溶解度不大。

（5）被吸附性　氢氰酸的相对分子质量小，多孔物质（如活性炭、硅胶等）对它的吸附能力差。含水量在50%以上的受潮活性炭不能吸附氢氰酸。因此，单独使用活性炭对氢氰酸的防护达不到理想的防毒效果。硅胶对氢氰酸具有物理吸附和化学吸附两个作用。在25℃时，每克硅胶可吸附氢氰酸100mg。物理吸附的氢氰酸在300～350℃时，全部被解吸附；化学吸着的氢氰酸也能被解吸附，若氢氰酸被较长时间吸附，会发生氢氰酸的聚合与分解反应，这样就不存在被解吸附的问题。氢氰酸也能被锗、镍、银、铱、铂、钨等金属表面吸附（主要是化学吸着），将这些金属粉末与硅胶混合在一起能较好地吸附氢氰酸。因此，当前滤毒罐中必须添加金属氧化物（氧化镁、三氧化二铝、氧化亚铜等），与氢氰酸形成络合物，方能对氢氰酸进行有效防护。

砖瓦、混凝土、木材、谷草和某些纤维织品对氢氰酸吸附能力不强，通常可以通过对物件的抖动、风吹的方法，将大部分氢氰酸解吸附出来。因此，应注意被解吸附的氢氰酸对人员引起的伤害。

3. 化学性质

从氢氰酸的分子结构看，C、N之间有不饱和键，可以发生加成反应；氰基氮原子上有孤对电子，可以发生络合、聚合反应；氢氰酸是一个弱酸，具有酸的通性；氢氰酸可被氧化。

（1）水解反应　氢氰酸的水解是发生在碳、氮不饱和键上的加成反应。它在水中首先水解成甲酰胺，甲酰胺进一步水解成甲酸胺。反应式如下：

$$\mathrm{H{-}C{\equiv}N + H_2O \longrightarrow H{-}\underset{}{\overset{\displaystyle OH}{\overset{|}{C}}}{=}NH \longrightarrow H{-}\overset{\displaystyle O}{\overset{\|}{C}}{-}NH_2 \xrightarrow{H_2O}}$$

$$\mathrm{H{-}\overset{\displaystyle O}{\overset{\|}{C}}{-}OH + NH_3 \rightleftharpoons H{-}\overset{\displaystyle O}{\overset{\|}{C}}{-}ONH_4}$$

这个反应十分缓慢，加热和在强酸（盐酸、氢溴酸、硫酸等）的催化下可加速水解。液态氢氰酸可使水源染毒。用煮沸法可对氢氰酸染毒水消毒。消毒时每升水中可加入3～4mL醋酸，煮沸十几分钟，经鉴定无毒即可饮用。

（2）络合反应　氢氰酸能与氧化铜、氧化银等金属氧化物迅速反应，该反应的生成物氰化铜、氰化银有剧毒，性质稳定，是不挥发固体，而成的络盐则无毒。目前，防毒面具中的防毒炭表面就浸渍有铜、银等金属的氧化物，对氢氰酸起化学吸附作用，能有效地对氢氰酸进行防护。反应式如下：

$$\mathrm{Ag_2O + 2HCN \longrightarrow Ag[Ag(CN)_2] + H_2O}$$

$$Cu_2O+2HCN \longrightarrow Cu[Cu(CN)_2]+H_2O$$

$$2CuO+4HCN \longrightarrow Cu[Cu(CN)_4]+2H_2O$$

氢氰酸在碱性溶液中能与硫酸亚铁反应，生成稳定的络合物亚铁氰化钾(俗称黄血盐)是无毒的。这个反应可应用于对氢氰酸、氰化钾、氰化钠等彻底消毒。反应式如下：

$$6HCN+FeSO_4+6KOH \longrightarrow K_4[Fe(CN)_6]+K_2SO_4+6H_2O$$

氢氰酸在碱性溶液中与硫酸亚铁作用生成的亚铁氰化钾，还能与三氯化铁作用产生普鲁士兰沉淀。此反应可用于对氰化物的鉴定。反应式如下：

$$3K_4[Fe(CN)_6]+4FeCl_3 \longrightarrow Fe_4[Fe(CN)_6]_3\downarrow+12KCl$$

(3) 聚合反应　氢氰酸在纯净状态或有强酸存在时，是稳定的，不发生聚合反应。但在碱性条件可发生聚合，形成二聚、三聚、四聚和多聚物，并有一氧化碳、氨气、甲烷等气体产生。聚合过程中放出大量的热，生成的碱性气体氨气又可作为催化剂加速氢氰酸的聚合，因而其聚合是一个自催化过程，反应会越来越快，以致最后发生炸裂事故。

氢氰酸长期贮存时如有水存在，水解产生氨，也会发生聚合。氢氰酸在贮存时，除了要纯净、防水外，还要加入稳定剂防止聚合反应的发生。常用的稳定剂有酸性稳定剂(0.01%~0.02%的盐酸、硫酸、硼酸等)和钴、镍盐(0.5%~1%的草酸钴、草酸镍、磷酸镍等)。即使加入了稳定剂，但还要定期开启储存容器放气，以免容器压力过高发生危险。

(4) 氧化反应　氢氰酸中C的氧化数是+2，N的氧化数是-3。氢氰酸可被弱氧化剂(过氧化氢、在0.1摩尔硫酸中的氧化锰、氧化硼等)氧化成C的氧化数为+3的氰；被强氧化剂(次氯酸、氢溴酸等)氧化成C的氧化数为+4的氰酸。

氰(N≡C—C≡N)是一种无色的有毒气体，溶于水，纯净态下稳定，有杂质时聚合成$(CN)_4$。

氰酸是液体，不稳定，在水中能分解成二氧化碳和氨气。反应式如下：

$$HOCN+H_2O \longrightarrow CO_2+NH_3$$

氢氰酸在空气中的燃烧亦是氧化反应之一，反应放出大量的热。其着火点为535℃~538℃，与空气相混引起爆炸的氢氰酸浓度下限为5.6%，上限为40.0%，在此情况下着火可引起爆炸。燃烧的反应式如下：

$$HCN+O_2 \longrightarrow H_2O+CO_2+N_2$$

氢氰酸使用时有易发生燃烧而使大量氢氰酸损失的弱点，过去曾因此而影响其使用。经过科学家的研究，发现在TNT炸药中按1∶1的重量比，加入氯化钾作为消焰剂，可避免氢氰酸的燃烧。

(5) 硫化反应　氢氰酸在碱(氢氧化钾、氢氧化钠、吡啶)存在下，与硫作用，生成无毒的硫氰酸盐。反应式如下：

$$HCN+KOH+S \longrightarrow KSCN+H_2O$$

硫代硫酸钠、连四硫酸钠也能与氢氰酸起同样的反应，而且后者反应更快。反应式如下：

$$Na_2S_2O_3+HCN+NaOH \longrightarrow Na_2SO_3+NaSCN+H_2O$$

$$Na_2S_4O_6+HCN+2NaOH \longrightarrow Na_2SO_3+HSCN+H_2O+Na_2SO_4$$

人体内的一些含硫物质，如含巯基(—SH)的氨基酸等，也能使氢氰酸硫化，生成无毒的SCN^-。因而，氢氰酸或CN^-进入人体后，只要不立即引起中毒，均可自动解毒。

(6) 与碱的反应　氢氰酸是个极弱的酸，它可与氢氧化钠、氢氧化钾、氢氧化钙等强碱水溶液迅速发生中和反应。反应式如下：

$$HCN+NaOH \longrightarrow NaCN+H_2O$$

产物含氰根的盐仍有剧烈的毒性，且性质不够稳定，遇水和二氧化碳能置换出氢氰酸。反应式如下：

$$NaCN+H_2O+CO_2 \longrightarrow HCN+NaHCO_3$$

由于氢氰酸与碱作用生成的盐是不挥发的固体，因此，该反应对防护、消毒仍有一定的实用意义。

弱碱氨水与氢氰酸的作用和强碱不同，当 pH 值等于或大于 10 时，能促进氢氰酸完全水解；当 pH 值小于 10 时，能促进氢氨酸发生聚合反应。

（7）稳定性　纯净的氢氰酸比较稳定。氨等碱性物质、氧化物、水份可促使氢氰酸聚合，聚合反应往往会导致容器炸裂。为防止氢氰酸聚合，可加入 0.01%～0.02%的盐酸等无机酸，也可加入甲酸、乙酸等有机酸，还可加 8%～15%的氯化氰作稳定剂，用以除去能促使氢氰酸聚合的氨。

普通钢、铸铁、铬钢和铅易被腐蚀，不宜作储存容器，但银、钴、镍、铝、锌和镍钢不易被腐蚀。加入抗聚合稳定剂如草酸镍、草酸钴可以防止氢氰酸对金属容器的腐蚀。由于氢氰酸的蒸气压很大，通常用钢瓶作为贮存的容器。在氢氰酸钢瓶和弹药的贮存中，加入稳定剂以后也应经常检查。氢氰酸还可用陶瓷或氯化橡胶制成的容器储存。

氢氰酸除具有上述化学性质外，还能与氢、卤素及羰基化合物等反应。

4. 制备与销毁

（1）制备　实验室少量制各氢氰酸，通常可用氰化钠或氰化钾与硫酸反应，生成的氢氰酸以气体的形式放出。经脱水干燥，用冰水冷凝成液态氢氰酸。反应式如下：

$$NaCN+H_2SO_4 \longrightarrow HCN\uparrow+NaHSO_4$$

$$KCN+H_2SO_4 \longrightarrow HCN\uparrow+KHSO_4$$

工业化生产氢氰酸的方法很多，它可以用碳、氮、氢三种单质合成，也可以用低碳烃、一氧化碳为原料合成。如甲烷与氨气在一定条件下反应，可制得氢氰酸。以铂铑为催化剂，甲烷、氨气和空气于高热条件下催化氧化，生成氢氰酸与水。反应如下：

$$CH_4+NH_3+\frac{3}{2}O_2 \xrightarrow[900-1100℃]{\text{催化剂}} HCN\uparrow+3H_2O+\text{热量}$$

以　氧化碳(来白水煤气)与氨反应，生成氢氰酸。反应式如下：

$$CO+NH_3 \xrightarrow[500-800℃]{\text{活性炭}} HCN\uparrow+H_2O$$

（2）销毁　对氢氰酸的销毁一般大量的使用焚烧炉焚烧法，应急小量的用化学分解法处置。化学销毁法用以下两种方法：

① 中和与氧化销毁法　氰氢酸与氢氧化钠发生中和作用，生成氰化钠，该物剧毒，遇空气中的二氧化炭和水发生分解，又放出氰氢酸。因此需要三合二进一步氧化，生成无毒产物。

该反应需要搅拌，并少量多次加入三合二。在反应中要密切注意温度变化，不能超过 60℃，反应 4h 后，再加入适量三合二继续反应 4h，排放至澄清池放置 2 天，清液排放，固体深埋。

② 生成黄血盐销毁　在碱的存在下，氢氰酸转化为氰化物后和硫酸亚铁生成黄血盐，该盐无毒性。反应式如下：

$$KCN+KOH \longrightarrow KCN+H_2O$$

$$KCN+FeSO_4 \longrightarrow K_4[Fe(CN)_6]+K_2SO_4$$

该反应需要搅拌，并少量多次加入固体硫酸亚铁，反应需 4h，排放至澄清池放置 2 天，随后将固体深埋。

本节前面所述毒剂是破坏细胞氧化过程而引起全身中毒症状的，除了 HCN，比较典型的代表还有氯化苦等。实际上，按过去对这类毒剂的研究应分两大类，即还有一类是血浓中毒性毒剂。后者则是因为影响了血液循环系统的功能而出现全身性中毒症状。至于“全身中毒性毒剂”这一命名是否恰当，确实存在一些问题，但历史的沿革形成了这样习惯性的名称。在美国及其它一些国家，也有把氰类毒剂命名为血液中毒性毒剂，理由是血液中也有细胞色素氧化酶，在本教材中，仍然把氰类毒剂作为全身中毒性毒剂，而把血液中毒性毒剂作为另一类全身中毒性毒剂。

因此，全身中毒性毒剂还有磷化氢、砷化氢以及一氧化碳和一些金属羰基化合物，本教材就不做介绍了。

15.3.4　窒息性毒剂

窒息性毒剂是指主要损害肺组织，引起肺水肿，导致呼吸功能破坏的毒剂，又称“伤肺性毒剂”。窒息性毒剂主要有光气、双光气、氯气和氯化苦等。这类毒剂的典型代表物是光气；氯化苦还是一种催泪性毒剂，现在一般作为训练用毒剂使用，主要用于防毒面具的检漏；双光气已被淘汰；氯气是一种常用有毒化学气体。

1915 年 12 月德军首次使用了光气，1916 年 5 月德军又首次使用了双光气，1916 年 6 月 22 日夜间，德军在凡尔登附近连续 7h 的射击中，共发射了 1.16×10^5 发双光气炮弹。1916 年 8 月俄军首先使用了氯化苦，它的优点主要在于能穿透当时只装填有化学吸附剂的滤毒罐。

在第二次世界大战中，光气是储备最广泛的毒剂之一，多数交战国将其列为制式毒剂。光气弹药生产量美国达 18000t，德国达 10500t。另外，英国、法国、苏联、意大利、日本和加拿大等国都建立了一定数量的光气弹药生产工厂，日本和苏联还生产了双光气。第二次世界大战后，神经性毒剂出现后，光气的军事价值已逐步减弱，通常把它作为备用毒剂。

含氟有机化合物的出现，给寻找可以有效穿透防毒面具的有毒化学物质工作带来生机，经过科学家们的大量筛选，全氟异丁烯较强穿透防毒面具的能力被科学家们看中，其在数分钟内可以透过防毒面具使人中毒。因此，《禁止化学武器公约》已将其列入控制毒物。

1. 光气

光气的化学名称为二氯化碳酰，碳酰二氯，碳酰氯，氯氧化碳。美军代号为 CG。

分子结构式：

$$O=C\begin{matrix}\diagup Cl\\ \diagdown Cl\end{matrix}$$

相对分子质量：98.92

（1）简史　光气也叫肺刺激剂或肺损伤剂。1812 年由英国化学家戴维首先合成。由于当初是用一氧化碳与氯气在强光照射下合成的，故称“光源性气体”，简称光气。光气首次在战争中使用是 1915 年 12 月。在第一次世界大战期间，几乎所有交战国都使用过这种毒剂，施放方式从吹放钢瓶发展到了装填炮弹使用，由于光气中毒死亡的人数占总的毒剂中毒死亡人数的 80%，是第一次世界大战期间主要的致死性毒剂。如 1916 年 6 月奥匈军队在对意军的攻击中用了近 100t 光气与氯气的混合气体，使 6000 多人受到伤害。根据有关报道，1915 年~1918 年交战各国生产总量达 15 万吨之多。

随着毒剂化学的发展，光气已被毒性更大的毒剂所代替，属于被淘汰的毒剂。但是，光气和它的衍生物是生产塑料、合成纤维、染料等的重要原料，是制备药物或杀虫剂的中间体，化学工业发达的国家都有生产光气的车间。因此，光气作为一种备用毒剂，在化学武器家族中仍占有一席之地。

（2）物理性质：

① 色、嗅、态　纯光气为无色、有烂干草味或烂苹果味的气体。工业品因含有氯、盐酸及三氯化铁等杂质而呈浅黄色或橙黄色。染毒浓度达到 5μg/L 时能被嗅觉发现。微量的光气就能使吸烟者品尝不出正常的香烟味。光气以液体态贮存和装填在弹药中。

② 密度、蒸气相对密度　20℃时，光气的液体密度为 1.388g/cm^3，蒸气相对密度为 3.48。光气的密度比空气重，最初产生的高浓度云团，在条件适当时会逐渐下沉贴近地面移动，或移向低洼地带，毒剂云团在传播过程中与空气不断混合，毒剂浓度会不断下降，直至基本平衡。

③ 沸点、凝固点、蒸气压和挥发度　光气的沸点为 7.6℃，凝固点为-128℃。光气的蒸气压和挥发度随着温度的变化而变化。光气在常温时就有很大的饱和蒸气压和挥发度，在战斗使用时，能达到很高的染毒浓度。光气弹药爆炸后，毒剂很快就能达到战斗浓度，其液滴在 20℃时不到 0.5min 就蒸发完毕，在-10℃时，也只需要 2min 的时间就蒸发完毕，在野战条件下能造成很高的染毒浓度。光气是个典型的暂时性毒剂，夏季光气的持久度不超过 30min，在严寒季节-20℃时，持久度可达 3h 以上。

光气可用吹放法施放造成染毒。光气依靠自身在容器内造成的压力，将液态光气从容器中喷出，在空气中蒸发成毒剂云团形成战斗状态。

④ 溶解性　光气在水中的溶解度为 1%。略溶于冷水，冷水中可溶解 0.9%。液滴态光气滴入水中可看见油珠，但随着时间的推移而因水解完全消失。在甲苯、二甲苯、氯苯、卤代烷、煤油等有机溶剂中，具良好的溶解性。可将光气溶于甲苯等有机溶剂中，不溶于油脂。作为实验室少量贮存，使用时通入干燥空气，光气即被带出。光气在有机溶剂中的溶解度随着温度升高而急剧下降。

液体光气是芥子气、路易氏剂、氯化苦等毒剂的良好溶剂，可将光气与之配伍使用。光气还可溶于四氯化硅、四氯化锡、四氯化钛等酸性发烟剂中，可随烟幕施放。在第一次世界大战期间，某交战国曾使用过装填有光气和氯化苦混合毒剂的炮弹；也曾使用过装填有光气和四氯化锡混合物炮弹，这种炮弹可构成有毒烟幕。

⑤ 被吸附性　光气易被多孔物质吸附。活性炭对其具有很高的吸附性能，因此现装备的防毒面具都能有效地对光气进行防护。

（3）化学性质　光气是酰卤结构，化学性质很活泼，主要发生亲核取代反应，能与水、氨、胺、醇、酚等物质反应。在这些反应中光气既起到酰化剂的作用，还起到氯化剂的作用。

① 水解反应　光气在水中很易水解，即使在冷水中水解速度也很快，生成物无毒。其反应式如下：

$$O{=}C\begin{matrix}Cl\\ \diagup\\ \\ \diagdown\\ Cl\end{matrix} + H_2O \longrightarrow CO_2 + 2HCl$$

水解时，由于产物中盐酸的存在，水溶液呈酸性，二氧化碳立刻从水中逸出，产生大量气泡。0℃时，1g光气溶于100g水中，20s就能完全水解。光气在大量的水中水解的速度很快，因此，光气不会使水源染毒。长时间暴露于光气中的武器金属部分，会受光气水解产生的盐酸的腐蚀，应注意及时擦拭。

加碱能加速光气水解。光气碱性水解时，亲核试剂是OH^-而不是整个H_2O，更有利于反应的进行。因为氢氧根离子对碳的亲核进攻能力比水分子大得多，它更易促使碳氯键断裂而取代氯原子。反应式如下：

$$O{=}C\begin{matrix}Cl\\ \diagup\\ \\ \diagdown\\ Cl\end{matrix} + 4NaOH \longrightarrow Na_2CO_3 + 2NaCl + 2H_2O$$

此时，光气与氢氧化钠的分子比是1∶4，反应时无CO_2逸出。碳酸钠水溶液也能很快水解光气，反应式如下：

$$O{=}C\begin{matrix}Cl\\ \diagup\\ \\ \diagdown\\ Cl\end{matrix} + Na_2CO_3 \longrightarrow CO_2 + 2NaCl$$

综上可知，用清水浸过的口罩可在应急情况下防护光气，用苏打水浸泡过的口罩效果更好。

② 与含羟基化合物的反应　这也是一类亲核取代反应或酰化反应。

光气与伯醇、仲醇在低温下就可快速发生反应，生成相应的氯甲酸酯。反应式如下：

$$O{=}C\begin{matrix}Cl\\ \diagup\\ \\ \diagdown\\ Cl\end{matrix} + ROH \longrightarrow O{=}C\begin{matrix}OR\\ \diagup\\ \\ \diagdown\\ Cl\end{matrix} + HCl$$

在第二次世界大战中，曾使用甲醇和乙醇与光气制得催泪剂氯甲酸甲酯和氯甲酸乙酯用于战场。氯甲酸甲酯氯化后便可制得双光气。

光气与叔醇反应首先生成酯，然后酯分解得相应的叔卤代烷，光气此时作为一种氯化剂。反应式如下：

$$O{=}C\begin{matrix}Cl\\ \diagup\\ \\ \diagdown\\ Cl\end{matrix} + R_3COH \longrightarrow CO_2 + R_3CCl$$

③ 与氨、胺的反应　光气与氨、胺(指伯胺、仲胺)的反应比与水、醇的反应快，也是亲核取代反应。

将光气通入氨水中能迅速反应，即使在-50℃时反应也能顺利进行，生成无毒的脲和氯化铵。反应式如下：

$$O=C(Cl)_2 + 4NH_3 \longrightarrow CO(NH_2)_2 + 2NH_4Cl$$

将氨气通入光气的甲苯溶液中，反应也很快。

光气与伯胺、仲胺的反应与光气与氨的反应相似。伯胺、仲胺的氮上有活泼氢存在，故能与具有酰卤结构的光气作用。将光气通入苯胺的水溶液中，能迅速生成无毒的二苯脲和本胺盐酸盐。反应式如下：

$$O=C(Cl)_2 + 4\,C_6H_5NH_2 \longrightarrow O=C(NH-C_6H_5)_2 + 2\,C_6H_5NH_2 \cdot HCl$$

生成物二苯脲不溶于水，呈白色沉淀。可用此反应对光气进行检测分析。

④ 作为氯化剂的反应　锌、铝等金属在常温下可被光气氯化，生成氯化物和一氧化碳。在 70℃以上时，铁也可被光气氯化。如与锌的反应，反应式如下：

$$O=C(Cl)_2 + Zn \longrightarrow ZnCl_2 + CO$$

光气除与金属反应外，还可与酮、金属氧化物、硫化物、金属盐等反应。

⑤ 稳定性　无水光气在常温下稳定，加热时也会分解。光气在 150℃时分解逐渐显著，800℃时完全分解。光气弹爆炸时虽然温度很高，但因爆炸是瞬间发生的，产生的热量不会传布到整个光气而造成大量分解，故光气能以爆炸法施放。

铅对光气最稳定，贮存光气的容器内壁可衬铅。光气必需贮存在抗压力较强的容器中，存放在阴凉的地方。

（4）制备与销毁：

① 制备　实验室制备少量光气，最常用的方法是用四氯化碳和发烟硫酸反应，制得光气。反应如下：

$$CCl_4 + H_2SO_4 \cdot SO_3 \longrightarrow COCl_2 + 2HSO_3Cl$$

在工厂中较大量生产光气时，将一氧化碳与氯气在活性炭催化下加热至 90~100℃而成。反应式如下：

$$CO + Cl_2 \longrightarrow COCl_2$$

此法产率可在 90%以上。

② 销毁　对于小量的光气销毁，可利用碱性水解反应原理进行销毁。

光气与氢氧化钠水溶液反应很快水解，生成无毒物。反应式如下：

$$COCl_2 + 4NaOH \longrightarrow 2NaCl + Na_2CO_3 + H_2O$$

碳酸钠又与光气作用，生成氯化钠和二氧化碳。反应式如下：

$$COCl_2 + Na_2CO_3 \longrightarrow 2NaCl + 2CO_2$$

另外，还有一种是窒息性毒剂，双光气，其化学名称为：氯甲酸三氯甲酯。美军代号：DP，其结构式如下：

$$\mathrm{ClC(=O)OCCl_3}$$

双光气在一次世界大战中由德军首先使用，它也是在第一次世界大战中被频繁使用的毒剂之一。自四十年代出现了剧毒、速杀的神经性毒剂之后，双光气逐渐被淘汰，不再作为正式装备毒剂。

2. 全氟异丁烯

全氟异丁烯(PFIB)是氟工业发展起来后发现的一种窒息性毒剂，是聚四氟乙烯等含氟高分子化合物的裂解产物，该化合物作为氟塑料生产的副产物，来源极其广泛，毒性高并且难以治疗，是一种有可能用作战剂的化合物，可以在数分钟内穿透防毒面具使人中毒，因此，全氟异丁烯即成为可穿透防毒面具的代表物。在 1992 年 11 月 30 日联大审议通过了关于《禁止化学武器公约》第 39 号决定，并把全氟异丁烯列为禁控有毒化学品附表。

全氟异丁烯结构为 $(CF_3)_2C{=}CF_2$。常温下为无色气体，有类似光气的刺激性气味，略带有青草味，低温下为无色透明液体，不易被嗅觉发现。相对相对分子质量为 200，沸点为 6. 5~7. 0℃，气体密度为 8. 2mg/L。不溶于水(或微溶)，能溶于乙醚、苯等有机溶剂中。在遇水可缓慢水解，生成不同的反应性产物和氟光气，最终产物是二氧化碳和氟化氢。其热稳定性好，温度达到 200℃以上才开始分解。

活性炭等不易吸附，因此，对现有的以活性炭为滤毒的防毒面具有一定的穿透能力，建议使用自给氧式呼吸器材。

全氟异丁烯毒性比光气大 10 倍左右，该化合物是不燃的剧毒气体，危险性大，对呼吸道深部有强烈刺激作用，对上呼吸道刺激一般不明显。人员吸入后，有头晕、恶心、胸闷、咳嗽等症状，数小时后可造成肺部急性损伤或肺水肿、窒息死亡。空气中如果含有百万分之一的全氟异丁烯，人员吸入后，1h 内就会出现头痛、咳嗽、胸痛、呼吸困难和高热。6~8h 症状加剧，8~12h 死于肺水肿。在动物实验中，全氟异丁烯对大鼠单个中毒，10min 吸入的半数致死浓度为 17μg/g，大鼠于 12. 2μg/g 下暴露 10min，发生肺水肿的潜伏期为 8h。

全氟异丁烯中毒机理有以下两个学说。第一氢氟酸学说，全氟异丁烯可以直接作用于细胞，其分解产物氢氟酸等可以引起肺水肿，目前这个学说在酸性条件下是成立的。第二自由基学说。生物实验表明，全氟异丁烯损伤肺的严重程度与肺内游离的巯基化合物的多少有直接关系，其作用机制是全氟异丁烯分子上的 CF_3 有强的吸电性，使 C ═C 双键活跃起来，几乎能与所有的亲核物质反应，而产生自由基。自由基的产生与肺水肿的形成有着十分密切的关系。根据科学家的推测，如果能提高人体内游离巯基化合物，使其与全氟异丁烯结合，可达到阻止全氟异丁烯对细胞的损伤作用。

全氟异丁烯中毒后的急救治疗研究中，发现口服 *N*-乙酰半胱氨酸对全氟异丁烯吸入中毒致死效应有一定的保护作用。由于目前对全氟异丁烯中毒机理还不明确，因此，现还没有特效的治疗措施，临床上主要是靠利尿药以减轻肺水肿。

15. 3. 5　失能性毒剂

失能性剂毒剂在军事上，除要求失能剂量小外，还要求其安全比相当大(安全比=半致死剂量/半失能剂量，如毕兹的安全比大于 1000 以上)；持续作用时间长，通常几小时至几天；不会引起实质性的损伤和后遗症，无致癌、致突变、致畸胎效应，中毒后不用急救药物能在一定时间内自行恢复正常。失能性毒剂的定义有广义的和狭义的解释。

从广义定义的失能性毒剂，是一类能使人员暂时丧失战斗能力的毒剂，一般不会引起人员死亡，也不会造成人员永久性的伤害。从这个角度看，刺激剂就是一种失能性毒剂。我们在这里说的失能性毒剂是从狭义上讲的，它是一种能改变或破坏人的中枢神经系统功能的，引起人员精神功能或躯体功能发生障碍的毒剂。即失能性毒剂是造成人员暂时失去正常的精神、躯体功能，从而丧失战斗能力的毒剂，简称失能剂，其致死量远远大于失能剂量，通常不引起死亡或永久性伤害，故也被人称为“人道武器”。

失能性毒剂按毒效作用一般分为精神失能剂和躯体失能剂两种。前者主要是引起精神活动障碍，如知觉、情感、思维活动的异常和紊乱。主要代表物为替代羟乙酸酯和四氢大麻醇类化合物以及麦角酰二乙胺、蟾蜍色胺、西洛赛宾、麦司卡林等化合物；后者主要是引起运动功能障碍、血压或体温失调、视觉或听觉障碍、持续呕吐腹泻等，主要代表物有苯咪胺、芬太尼、震颤素等。失能性毒剂主要使用在交战双方混杂在一起或对特定重要目标实施袭击，以获取重要情报、设施和俘虏。其典型代表物是毕兹。

1915 年 W. Hill 提出来了失能性毒剂概念后，由于科学技术条件等原因，一直未发展起来，到了 20 世纪 50 年代科学技术的发展创造了物质条件，大量的可作为失能性毒剂的化合物不断出现。美国于 20 世纪 50 年代初发现了二苯羟乙酸酯类有致幻作用，并在此基础上进行了广泛的研究，于 1962 年少量装备储存了失能剂毕兹。美国在越南战场多次使用过毕兹，还可能使用过包括其他失能剂在内的毒剂；原苏联也于 60 年代研究了毕兹、LSD、苯已啶等失能剂，同时，对肌松剂、震颤剂等也有一定的研究。1980 年后有关报导透露，已有比毕兹作用更快、更有效的化合物来取代毕兹。

毕兹的化学名称为二苯羟乙酸-3-喹咛环酯，美国代号为 BZ，译名毕兹。

分子结构式：

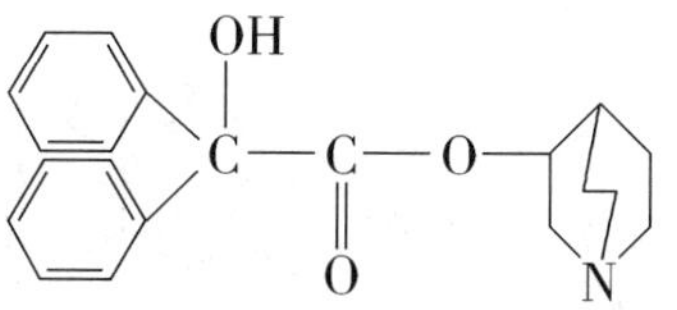

相对分子质量：337.42

1. 简史

毕兹是 1951 年美国的施特恩巴赫和凯泽尔在寻找水解稳定性好的解痉剂时合成的，经药理实验证实该化合物有特殊的中枢效应。1962 年，美军正式装备了代号为毕兹(BZ)的失能性毒剂，建立了炸弹、毒烟罐和烟雾发生器等武器装备系统，但数量不多。苏联也在 60 年代进行过毕兹的研究，是否装备，尚不清楚。据载，美军曾在越南战争期间多次使用过毕兹。但从实际效果上看，并不很理想，被认为是一种不够成熟的失能剂。

在这之前，美国军方不但用动物，还用活人做了一系列试验。1958 年美国军方在国会上进行了一次轰动世界的“猫怕老鼠”的实验，其目的就是为了妄图消除当时人们对化学武器的反感。该试验把一只白猫放在玻璃柜中，然后放入一只小白鼠，白猫见了老鼠，一下就扑了上去将其擒住，随后，穿白色工作服的试验人员，将猫提出，给猫注射了一针失能性毒剂毕兹后，又将其放入柜中，随后放入另一只活蹦乱跳的小白鼠。此时的白猫由于失能性毒剂毕兹的作用，一改其凶猛的气势，诚惶诚恐地望着这只可爱的小白鼠，步履蹒跚，最后小白鼠竟跑到了猫的身上，凶猛的猫完全失去了作为老鼠天敌的本能。

毕兹的合成成本很高，制造单价要比沙林贵很多；使用技术要求也很高，需要将毕兹微胶囊化后方可使用；使用效果难以预测，使用后甚至会出现难以预料的情况，中毒后引起眩晕、极度疲劳、神志不清、精神错乱、某些条件下可能会出现疯狂的精神症状，美国进行了大量的药理试验，认为它不是一个完全适用的军用失能剂。

2. 物理性质

(1) 色、嗅、态　纯品毕兹为白色、无臭味的固体化合物，稍有杂质时呈淡黄色。由于毕兹常温下是固体，战斗中必须使其形成气溶胶态使用，或予制成微粉状使用，所以战斗使用时要比液体毒剂困难得多。当前装备的各种弹药主要是使用微粉胶状技术进行战斗分散。

(2) 密度、蒸气相对密度　毕兹的晶体密度为 $1.33g/cm^3$，容积密度为 $0.51g/cm^3$，蒸气相对密度为 11.6。

(3) 沸点、熔点、蒸气压和挥发度　毕兹的沸点为 412℃，熔点为 167.5℃。温度在 70℃时，毕兹的饱和蒸气压为 0.0039Pa，70℃时，最大挥发度为 0.0005mg/L。

(4) 溶解性　25℃时，毕兹不溶于水，在水中的溶解度小于 0.01g/100mL，在苯中的溶解度为 0.6g/100mL，溶于稀酸，稍溶于乙醇，能溶于氯仿、二氯乙烷等有机溶剂。毕兹易溶于二甲亚砜，毕兹的二甲亚砜溶液可使皮肤吸收的毒性大大提高。

3. 化学性质

毕兹是含酯结构，并有叔胺基，能水解，也能与酸反应。从毕兹的分子结构上来看，在羰基两侧有苯环、羟基与喹咛基团存在，空间位阻较大，并且这些基团的刚性较强，不易扭曲，妨碍了亲核试剂向羰基 C^+ 进攻．亲核取代反应较为困难。

(1) 水解反应　毕兹在常温下不易水解，加热、加碱可加速水解。毕兹在酸性水溶液中的水解很慢。反应式如下：

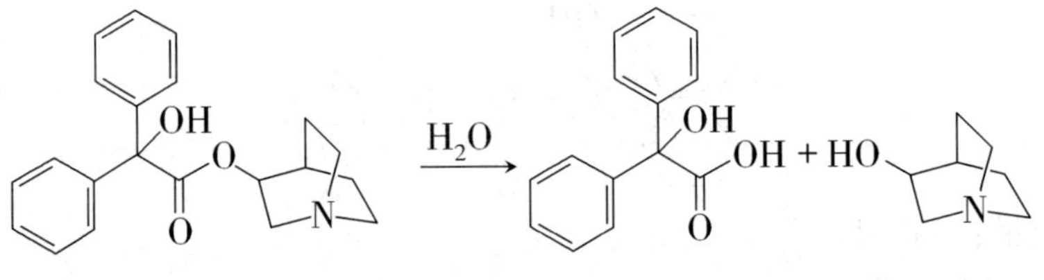

OH　O　N　$\xrightarrow{H_2O}$　OH　OH + HO　N　O

毕兹的水解是酯的水解，产物是酸和醇。毕兹的水解稳定性较好，可作破坏性毒剂使用，使水源染毒。为了解毕兹的染毒水能否饮用，曾在 106～107℃下减压蒸馏半个小时，此时有 2/3 的水被蒸出，在馏出液中，99.8%的毕兹已被水解；而 1/3 的残液中，也有 75.8%的毕兹被水解。

(2) 与酸反应　毕兹中含有喹咛环，是一个叔胺化合物．具有碱性，可与酸成盐。如与盐酸作用，则生成可溶于水的盐酸盐，仍保持毕兹原有的毒性，但在水中的溶解度增大；与碘铋酸作用，则生成橙红色难溶于水的碘铋酸盐，这个反应用于对毕兹的侦检分析。反应式如下：

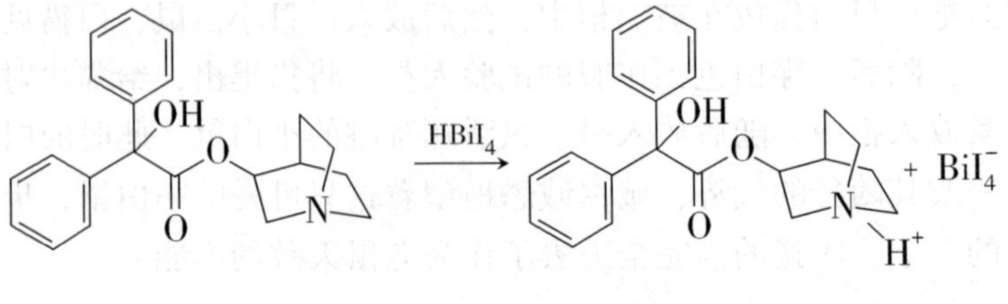

OH　O　N　O　$\xrightarrow{HBiI_4}$　OH　O　N　O　H^+　+ BiI_4^-

（3）稳定性　毕兹的热稳定性以及生化稳定性都很好，能储存于各种容器中都很稳定。200℃下加热 2h 只有百分之十几的分解，可用热分散法或爆炸法形成有毒气溶胶状态。毕兹进入体内后也十分稳定，不易被体内的生化物质所破坏，在体内主要通过排泄达到自行解毒的目的。

4. 制备与销毁

（1）制备　毕兹属于酯类化合物。酯类化合物的合成方法有很多，其中一种方法可以由酯和醇进行酯交换反应而生成另外一种酯。合成毕兹最常用的方法是利用二苯羟乙酸甲酯与 3-喹咛醇进行酯交换反应合成，反应式如下：

$$(C_6H_5)_2C(OH)COOMe + HO\text{-}C_7H_{12}N \longrightarrow (C_6H_5)_2C(OH)COO\text{-}C_7H_{12}N + MeOH$$

酯交换反应是一个可逆反应。该反应可用甲醇钠作为催化剂，并在反应进行的过程中将反应产物甲醇及时蒸除，能使反应向生成物一方移动，可以加快反应速度、提高反应产率。反应通常用甲苯、正庚烷或者石油醚作溶剂。

（2）销毁　对于毕兹的销毁，可用焚烧炉直接高温销毁方法。

15. 3. 6　刺激剂

刺激剂是指主要作用为刺激眼、鼻、喉及皮肤感觉神经末梢的化学物质。能使人迅速出现流泪、眼痛、喷嚏、咳嗽、恶心、呕吐、胸痛、头痛以及皮肤灼痛等症状。刺激剂又称控暴剂、防暴剂和抗暴剂。它是最早出现的一类毒剂，曾在化学战的历史上广泛使用，军事上用于扰乱敌方或将敌方逐出掩蔽地域。在许多国家中，又作为驱散群众，控制暴乱的重要警用控暴武器。也常装填于笔型、香水型等小型喷射装置中，作为个人防身装备器材使用。刺激剂最重要的是产生瞬时性的刺激作用，对人员不会造成伤亡以及后遗症。但是也不排除人员在密闭空间内造成致死的可能。

根据刺激剂的理化特性和毒害作用分析，刺激剂的作用是速效性的，同时也是暂时性的。

刺激剂中毒的共同特点是低浓度即可对眼和上呼吸道产生强烈刺激，几乎没有潜伏期；伤员的主观感觉很严重，客观检查体征少而轻；脱离刺激剂染毒区域后，症状能很快减轻或较快消失（亚当氏剂中毒后可有后继作用）。由于刺激剂是非致死性的、暂时性的毒物，相比其他毒剂的凶猛、残酷作用而言，是比较“温和”、“人道”的，因此有人将其称为毒物中的“人道武器”。

刺激剂通常装填于发烟罐、手榴弹、炮弹、火箭弹、航空炸弹和布洒器材中使用，分散成气溶胶或粉末状态，造成空气染毒。在战斗浓度下，人员暴露 1 分钟至数分钟即可引起各种刺激症状而影响战斗力，脱离接触几分钟至几小时后症状便可消失，一般不需要特殊治疗。而且，刺激剂生产方便、成本低、性质稳定，易于大量储备。

刺激剂按其对刺激作用部位不同，刺激剂可分为催泪剂、喷嚏剂和复合型刺激剂三类。催泪剂主要以刺激眼睛为主，典型代表物苯氯乙酮。喷嚏剂主要以强烈刺激鼻、喉等上呼吸道作用为主，典型代表物有亚当氏剂。复合型刺激剂，对眼及鼻、喉均有明显的刺激作用，典型代表物有 CS 和 CR。在实际作用过程中，任何一种刺激剂的作用都是多方面的，将它们分类只是为便于理解和学习，只有相对的意义。

目前，在各个国家装备的刺激剂中，最为常见的有苯氯乙酮、亚当氏剂、CS 和 CR 等 4 种。另外天然化合物辣椒素作为一种新发展的刺激剂，具有刺激极强，效果很好的特点，也在逐步被推广和应用中。

1. 苯氯乙酮

苯氯乙酮的化学名称为苯氯乙酮或 2-氯代苯乙酮。美军代号为 CN。

分子结构式：

$$C_6H_5-\overset{\overset{\displaystyle O}{\|}}{C}-CH_2Cl$$

相对分子质量：154.59

（1）简史　苯氯乙酮属于催泪性刺激剂，1871 年由德国卡尔·格雷伯首次合成，是美国在第一次世界大战后期研究生产出来的一种刺激剂，但由于种种原因没有来得及在战争中使用，第一次世界大战结束后，许多国家大量制造，以备军用。第二次世界大战时期，它是重要的刺激剂之一，除用于战争外，还是一种重要的防暴剂，直到战争结束后，苯氯乙酮仍然是各国的制式装备刺激剂。有关资料报道，美国曾在越南战场多次使用苯氯乙酮刺激剂。目前，许多国家已用性能更好的复合性刺激剂——CS 取代了苯氯乙酮。现在该化合物作为警用防暴剂限量使用，并且在个人防卫器材中也经常用到这种刺激剂。

（2）物理性质：

① 色、嗅、态　苯氯乙酮纯品为无色晶体，有微弱的荷花芳香味；工业品为黄色、棕色或绿色，有强烈的芳香味。虽然苯氯乙酮有荷花的清香味，但由于其强烈的刺激、催泪作用，使人不敢尽情的欣赏闻味，一但吸入就会立即泪流不止，故有“香不可闻”或“催人泪下”的刺激剂之称。一般以热分散法使其产生灰白烟云团造成染毒空气。

② 密度、蒸气相对密度　20℃时，苯氯乙酮的固体密度为 $1.321g/cm^3$。蒸气相对密度 5.33。

③ 沸点、熔点、燕气压和挥发度　苯氯乙酮的沸点为 248℃，纯品苯氯乙酮的熔点为 54℃，工业品苯氯乙酮的熔点为 46～48℃。苯氯乙酮在不同温度时的蒸气压和挥发度不同。

④ 溶解性　苯氯乙酮很难溶于水，常温下在水中的溶解度为 0.1%。易溶于苯、氯代烷、二硫化碳、醇、醚、酮等有机溶剂。还可溶于光气、芥子气、氯化苦、氯化氰等毒剂，形成混合毒剂。苯氯乙酮混合毒剂的持久作用时间可达几小时，甚至可达几周。

⑤ 被吸附性　活性炭等多孔物质对苯氯乙酮蒸气的吸附力很强。当苯氯乙酮呈烟雾状态使用时，必须使用带有滤烟层的防毒面具防护。

（3）化学性质　苯氯乙酮的化学性质与 CS 和 CR 相比较为活泼。苯氯乙酮发生化学反应主要分为三类，即苯环上的取代反应、羰基上的加成反应、氯甲基上的取代反应。

① 苯环上的取代反应　苯氯乙酮可与硝酸、浓硫酸在苯环间位上发生硝化、磺化反应。反应式如下：

$$C_6H_5COCH_2Cl + HNO_3 \longrightarrow m\text{-}O_2NC_6H_4COCH_2Cl$$

$$C_6H_5COCH_2Cl + H_2SO_4 \longrightarrow m\text{-}HO_3SC_6H_4COCH_2Cl$$

② 羰基上的加成反应　在羰基上的反应有二类：一是加成，二是缩合。但所谓的缩合基于加成。苯氯乙酮与醇钠、硫醇钠反应的同时，就发生苯氯乙酮分子间的加成。

苯氯乙酮与羟胺反应，缩合成苯氯乙酮肟。反应式如下：

$$C_6H_5COCH_2Cl \xrightarrow{NH_2OH} C_6H_5C(OH)(NHOH)CH_2Cl \xrightarrow{-H_2O} C_6H_5C(=NOH)CH_2Cl$$

苯氯乙酮肟(即氯甲基苯基酮肟)是无色结晶，熔点 88.5～89℃，有强烈的催泪作用，接触皮肤可引起荨麻疹。

③ 氯甲基上的取代反应：

a. 水解反应　苯氯乙酮很难水解，即使煮沸水解也极微，加碱时水解仍然很慢；在碱溶液中长时间煮沸，才能完全水解，水解产物为苯羟乙酮(熔点 86℃)。反应式如下：

$$C_6H_5COCH_2Cl + NaOH \longrightarrow C_6H_5COCH_2OH + NaCl$$

苯氯乙酮水解困难的原因主要是它难溶于水引起的。在醇溶液中可很快完成这个反应，因此，可用氢氧化钠的醇水溶液对苯氯乙酮进行消毒。

b. 其他取代反应　在醇溶液中，苯氯乙酮可与硫化钠、硫氢化钠迅速发生消毒反应，其生成物无毒。反应式如下：

$$2\,C_6H_5-\overset{O}{\overset{\|}{C}}-CH_2Cl + Na_2S \longrightarrow \left[C_6H_5-\overset{O}{\overset{\|}{C}}-CH_2\right]_2 S + 2NaCl$$

$$2\,C_6H_5-\overset{O}{\overset{\|}{C}}-CH_2Cl + 2NaHS \longrightarrow \left[C_6H_5-\overset{O}{\overset{\|}{C}}-CH_2\right]_2 S + 2NaCl + H_2S$$

在醇、醚、丙酮等有机溶剂中，还可与醇钠、硫醇钠、氨、胺、硫代硫酸钠、碘化钾发生取代反应。

④ 氧化氯化反应：

a. 氧化反应　苯氯乙酮在适易的溶剂(如：苯、水等)中，可被高锰酸钾、铬酸、次氯酸盐等强氧化剂氧化成无刺激性苯甲酸，副产物有苯乙酸和苯代乙二醛。反应式如下：

$$C_6H_5COCH_2Cl \xrightarrow{3[O]} C_6H_5COCH_2OH + CO_2 + HCl$$

b. 氯化反应　苯氯乙酮还可进一步氯化，氯化反应依条件不同，有的在支链上，有的在苯环上。以三氯化铁作催化剂进行氯化时，生成苯二氯乙酮和3，4-二氯苯氯乙酮。反应式如下：

$$C_6H_5COCH_2Cl + Cl_2 \xrightarrow{FeCl_3} C_6H_5COCHCl_2 + HCl$$

$$C_6H_5COCH_2Cl + 2Cl_2 \xrightarrow{FeCl_3} 3,4\text{-}Cl_2C_6H_3COCH_2Cl + 2HCl$$

在高温和紫外光照射下，可制得苯三氯乙酮。反应式如下：

$$C_6H_5COCH_2Cl + 2Cl_2 \xrightarrow[UV]{\triangle} C_6H_5COCCl_3 + 2HCl$$

这些氯化产物都有很强烈的糜烂作用，曾考虑作为糜烂性毒剂。

因此，次氯酸钙等强氧化剂可对苯氯乙酮进行消毒。还可利用高锰酸钾溶液的颜色变化进行苯氯乙酮的定性鉴定。高锰酸钾溶液呈紫红色，发生氧化反应后其颜色消失。

⑤ 贮存稳定性和热稳定性　纯苯氯乙酮不与金属作用，但工业品中如有盐酸存在，则严重腐蚀金属容器。苯氯乙酮可长期贮存不易变质，即使有少量水份也不影响贮存。

苯氯乙酮的热稳定性很好，在600℃高温下加热15min，只有15%分解，可用热分散法造成气溶胶使空气染毒。

（4）制备与销毁：

① 制备　苯氯乙酮在工业生产或实验室中，都可以用以下两种方法合成制得。

a. 苯乙酮氯化　氯化可以在二硫化碳或醋酸中进行，也可直接通氯气于苯乙酮中进行反应。反应式如下：

$$C_6H_5COMe + Cl_2 \longrightarrow C_6H_5COCH_2Cl + HCl$$

反应须在干燥条件下进行，所得粗品可用乙醇重结晶。所产生的氯化氢要及时除去，否则，它可促使苯乙酮发生羟醛缩合。

b. 苯与氯代氯乙酰缩合　以三氯化铝作为催化剂的条件下，苯和氯乙酰氯反应生成苯氯乙酮。反应式如下：

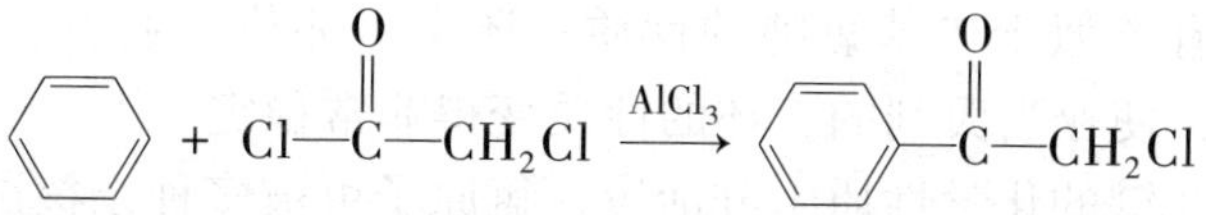

$$C_6H_6 + Cl-\overset{\overset{\large O}{\|}}{C}-CH_2Cl \xrightarrow{AlCl_3} C_6H_5-\overset{\overset{\large O}{\|}}{C}-CH_2Cl$$

这个反应可用二硫化碳作溶剂，也可用反应物苯做溶剂。反应完成后，将溶剂蒸去，制得苯氯乙酮粗品，再用乙醇重结晶得纯品。

② 销毁　苯氯乙酮可用等离子体销毁系统销毁处理或焚烧炉直接高温销毁。

对少量(千克级)的苯氯乙酮的销毁处理，可选用强氧化剂，如15%的重铬酸钾-浓硫酸溶液，浓硝酸进行氧化。然后再用石灰粉进行中和固化，深埋。

对苯氯乙酮进行氧化处理时，会引起大量放热，操作时一要慢，二要有降温措施，防止消毒液大量外溢和形成大量烟雾，影响环境和人员安全。

2. 亚当氏剂

亚当氏剂化学名称为氯化二苯胺胂，10-氯-9，10-二氢砷氮杂蒽。美军代号为DM。

分子结构式：

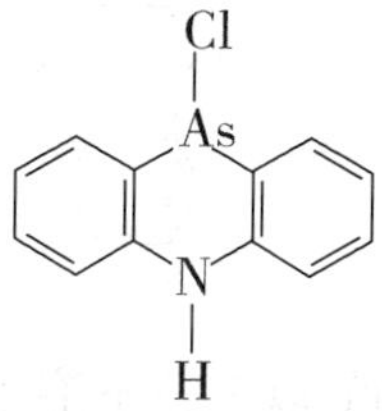

Cl
As
N
H

相对分子质量：277.58

（1）简史　第一次世界大战期间，不论德国还是美国都研制了属于鼻喉刺激剂的化合物，并研究了作为毒剂使用的可能性。美国化学家亚当详细研究了亚当氏剂，并以自己的姓作为刺激剂的名称，当时称喷嚏性毒剂。1913年德国首次合成，1918年9月法国首次使用。由于它的刺激作用强烈、制造容易、性质稳定，因此，它是一些国家的装备刺激剂。目前，主要应用于防暴等警用领域。

（2）物理性质：

① 色、嗅、态　纯品的亚当氏剂为金黄色无味结晶，工业品亚当氏剂为深绿色结晶或小块，其毒烟为浅黄色。由于亚当氏剂是固体，饱和浓度非常低，因此，只有在气溶胶状态才能有良好的使用效果。

② 密度、蒸气相对密度　亚当氏剂的晶体密度为1.65g/cm^3，蒸气相对密度为9.58。

③ 沸点、熔点、蒸气压和挥发度　亚当氏剂的沸点为410℃，稳棱晶体的熔点为195℃，亚稳单斜晶体的熔点为186℃，亚稳三斜晶体的熔点为195℃，工业品在160℃时开始熔解。亚当氏剂的蒸气压和挥发度都极低，在不同温度时的饱和蒸气压和挥发度不同。

亚当氏剂可成良好的气溶胶，装填于炮弹、航弹、手榴弹和发烟罐中使用时，可造成较高的战斗浓度，气溶胶落于地面后，由于其蒸气压低而使用达不到毒害作用。工业品亚当氏剂在固态时由于其蒸气压很低，只有很小的刺激作用，因而可安全操作。

④ 溶解性　亚当氏剂不溶于水，在冷的有机溶剂中溶解度也很小，故不能制成溶液布洒。加热时可溶于苯、甲苯、二甲苯、氯苯、冰醋酸、甲酸等有机溶剂且能溶于一些无机溶剂中，如浓硫酸和三氯化砷。

（3）化学性质　亚当氏剂是一个氯代胂，它有类似于路易氏剂的性质；同时，它又是一个仲胂的衍生物，又有类似于二苯氯胂的性质；还由于邻位上的氮原子与二个苯环连成桥键，构成为氮胂杂蒽，使亚当氏剂的三环的性质变得非常稳定。

亚当氏剂的 As-Cl 键的化学性质十分活泼，氯原子可被多种亲核试剂所取代。

① 水解反应　亚当氏剂几乎不水解，即使加热也是如此，常年在潮湿空气中或在水中浸泡也不会变质。但是，强碱溶液能使亚当氏剂定量的发生反应，生成 10，10′-氧化双(9，10-二氢氮胂蒽)。反应式如下：

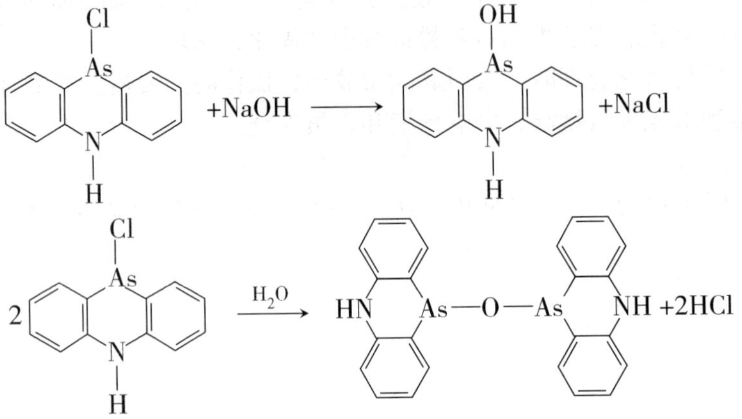

Cl As N H $+NaOH \longrightarrow$ OH As N H $+NaCl$

2 Cl As N H $\xrightarrow{H_2O}$ HN As—O—As NH $+2HCl$

这个氧化物为无色晶体，熔点 300℃以上，不溶于水，仅溶于吡啶和硝基苯，难溶于一般有机溶剂，刺激作用与亚当氏剂相当。

② 其他取代反应：

a. 与氨的反应　将氨直接通入沸腾的亚当氏剂二甲苯溶液中，生成三氮胂蒽胺。反应式如下：

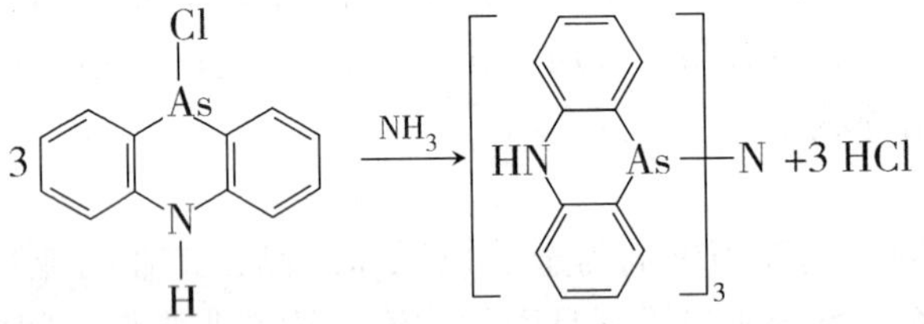

3 Cl As N H $\xrightarrow{NH_3}$ [HN As]$_3$—N $+3\ HCl$

三氮胂蒽胺为无色结晶，熔点 295~300℃，具有刺激性，容易水解。水解生成二氢氮胂蒽的氧化物。

通常情况下，亚当氏剂与胺不发生反应。

b. 与硫化氢的反应　这是一个可逆反应，亚当氏剂与硫化氢反应生成黄色晶体二氢氮胂蒽的硫化物。硫化物与氯化氢作用又成为亚当氏剂。反应式如下：

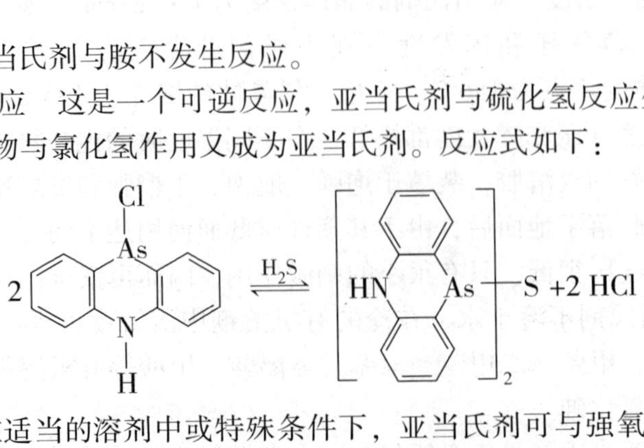

2 Cl As N H $\underset{}{\overset{H_2S}{\rightleftharpoons}}$ [HN As]$_2$—S $+2\ HCl$

③ 氧化反应　在适当的溶剂中或特殊条件下，亚当氏剂可与强氧化剂或某些较弱的氧

化剂发生反应，生成二氢氮胂蒽酸。反应式如下：

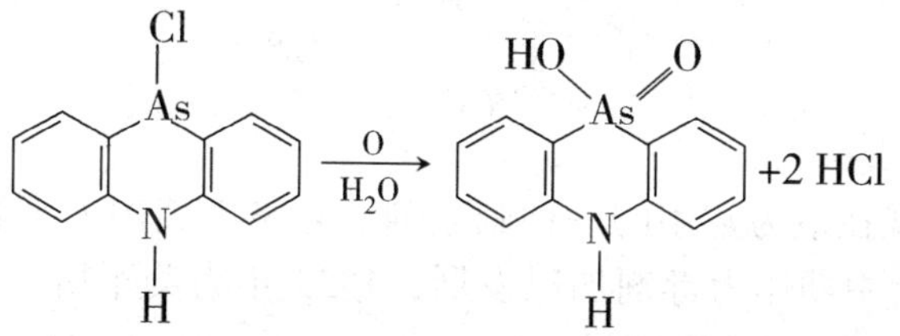

工业品亚当氏剂遇浓硝酸及浓硫酸成绿色。主要原因是亚当氏剂硝化后得黄色产物，所含的杂质二苯胺氧化成暗蓝色衍生物，故综合色为绿色。

亚当氏剂还能被次氯酸钙、漂白粉、高锰酸钾、一氯胺等氧化剂氧化，但生成物具有砷毒。在使用这些化合物消毒时，必须对洗消后的废液进行严格处理。

④ 稳定性　亚当氏剂的热稳定性很好，加热至 320℃时才缓慢分解，410℃时长时间加热也分解很少。亚当氏剂的贮存稳定性是已知毒剂中最好的。工业品对钢铁、铜很少腐蚀，不侵蚀塑料、木材，不怕水和潮湿，热稳定性又好，因此长期贮存在各种容器中不会变质。

（4）制备与销毁：

① 制备　亚当氏剂的结构看起来比较复杂，但实际合成上是非常简单的。可用多种方法制取，通常工厂和实验室主要采用以下两种方法合成亚当氏剂。

a. 康塔基法　在 120～140℃条件下，将二苯胺盐酸盐与三氧化二砷共热，即可制得亚当氏剂。反应式如下：

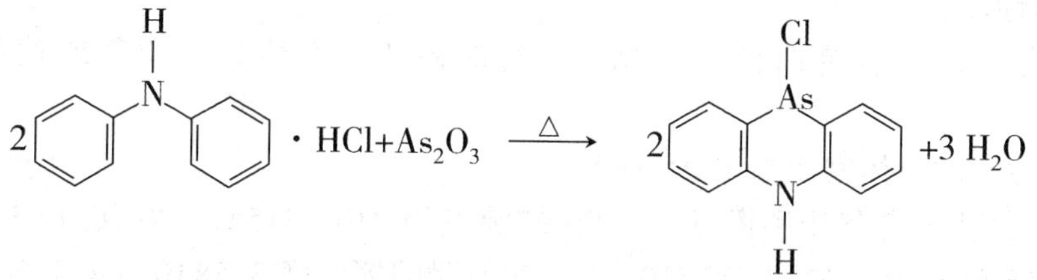

在此反应过程中，须经历一个不断搅拌和熔化的过程。

b. 维兰德法　将二苯胺与三氯化砷加热至 200℃时，发生缩合反应而制得亚当氏剂。该反应的产率几乎是定量的。

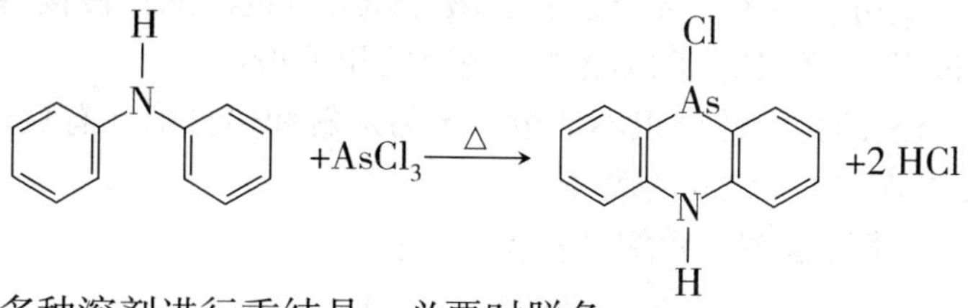

亚当氏剂可用多种溶剂进行重结晶，必要时脱色。

② 销毁　亚当氏剂可用等离子体销毁系统销毁处理或焚烧炉直接高温销毁，由于销毁后的废渣含砷，因此，必须进行固化深埋处理。

对少量(千克级)的亚当氏剂的销毁处理，可参照对苯氯乙酮的处理。

3. CS

CS 的化学名称为邻氯代苯亚甲基丙二腈，美军代号为 CS。分子结构式：

$$\text{2-ClC}_6\text{H}_4\text{–CH=C(CN)}_2$$

相对分子质量：188.62

（1）简史 CS是现在最为常用的一种刺激剂。它是由美国人卡森和斯托顿两人于1928年最先合成的，50年代中期作为毒剂加以发展，1959年为美军所装备。其后，一些国家的警察部门也装备了CS，名白"暴动控制剂"。

提起卡森和斯托顿两人的合作，曾经有过一段充人耳目的故事。那就是他们在研究CS的时候，因科学实验的需要总是形影不离，合作非常亲密和谐，以致被人怀疑是同性恋者。当他们两人的科研成果一公布，谣言便不攻自破，反而赢得了人们的尊敬。为了纪念他们的科研成果以及他们的友谊，便各取两姓氏的头个字母命名该化合物。

美军在1964年底之前主要使用苯氯乙酮和亚当氏剂，此后改为CS。曾在越南战场大量使用CS刺激剂，主要分三种形式使用，第一种是普通的CS用热分散法造成的毒烟，代号是CS；第二种是将CS研成细粉状后，加入硅胶作为抗凝剂，这种混合后的CS代号为CS_1；第三种是将CS研成更细粉状后，外包硅酮形成的微胶囊，代号为CS_2。它们通过装在手榴弹、掷弹筒、施放器和气溶胶发生器中使用。据不完全统计，1965年至1969年，美军共进行了714次化学袭击，使用了将近7000t以上的CS。在一些国家CS被广泛作为控暴剂使用，不但成为军警控暴、维持治安的有力武器，而且也成为西方公众，特别是妇女防身的有力武器。

（2）物理性质：

① 色、嗅、态 CS为白色片状晶体，有胡椒味。不纯时为微黄或黄色，毒烟呈灰白色。

② 密度 CS的晶体密度为1.04g/mL。

③ 沸点、熔点、蒸气压和挥发度 CS的沸点为310~315℃，熔点为93~95℃。CS在60℃时的饱和蒸气压为$6.67 \sim 9.33 \times 10^{-4}$Pa，20℃时的挥发度$3.5 \times 10^{-4}$mg/L。

CS以热分散法造成的毒烟，持续时间很短；以爆炸法或撒粉法造成的微粉状时，CS_1持续时间为5天，CS_2持续时间为2~5天。

④ 溶解性 CS微溶于水，在25℃时的溶解度0.008%（重量比）；微溶于醇、乙醚、四氯化碳；易溶于苯、氯仿、丙酮、环已烷、乙酸乙酯等有机溶剂；慢慢溶于甲醇、乙二醇等溶剂中。国外曾有过将CS配成溶液以喷洒法施放的相关报道。

（3）化学性质 CS的化学性质很不活泼，不易水解和热分解，有良好的战斗使用性能。CS的化学性质主要表现在C═C的活泼性上。

① 水解反应 CS不易水解，水解产物无刺激性。

$$\text{2-ClC}_6\text{H}_4\text{–CH=C(CN)}_2 \xrightarrow{H_2O} \text{2-ClC}_6\text{H}_4\text{–CHO} + \text{NC–CH}_2\text{–CN}$$

加热、加碱都可以达到加速水解的目的。因此，对于布撒在地面的CS微粉，可用氢氧化钠、氢氧化钙水溶液进行消毒。但因CS在水中的溶解度小，而消毒不易彻底。

② 氧化反应 CS与高锰酸钾、次氯酸盐等氧化剂发生反应，反应产物不尽相同。CS

与高锰酸钾反应，双键的两个 C 原子上加上两个羟基，即发生所谓羟基化反应。反应式如下：

$$\text{(2-ClC}_6\text{H}_4\text{)CH=C(CN)}_2 \xrightarrow[H_2O]{KMnO_4} \text{(2-ClC}_6\text{H}_4\text{)CH(OH)C(OH)(CN)}_2 + MnO_2 + KOH$$

CS 与次氯酸盐作用，生成一个环氧化物。反应式如下：

$$\text{(2-ClC}_6\text{H}_4\text{)CH=C(CN)}_2 \xrightarrow{ClO^-} \text{(2-ClC}_6\text{H}_4\text{)}\overset{O}{\widehat{CH-C}}\text{(CN)}_2 + Cl^-$$

CS 还能被各种强氧化剂氧化，生成邻氯苯甲酸：

$$\text{(2-ClC}_6\text{H}_4\text{)CH=C(CN)}_2 \xrightarrow{[O]} \text{(2-ClC}_6\text{H}_4\text{)COOH}$$

CS 被各种氧化剂氧化的产物均无毒，因而，CS 可用氧化反应进行消毒，如三合二、次氯酸钙等都可以对 CS 进行消毒。

（4）制备与销毁

① 制备　CS 可用等摩尔的邻氯代苯甲醛和丙二腈反应来制得。反应式如下：

$$\text{(2-ClC}_6\text{H}_4\text{)C(=O)OH} + CH_2(CN)_2 \longrightarrow \text{(2-ClC}_6\text{H}_4\text{)CH=C(CN)}_2 + H_2O$$

反应以乙醇为溶剂，在六氢吡啶、乙酸钠、三乙胺、10%的氢氧化钾等碱性物质作催化剂时，反应迅速，产率很高。可用重结晶的方法提纯。

② 销毁　CS 可用焚烧炉直接高温销毁，销毁后的“三废”要经过处理达标后才能排放。对少量（千克级）的 CS 的销毁处理，可参照对苯氯乙酮的处理。

4. CR

CR 的化学名称为二苯并［b，f］［1，4］氧杂吖庚因。美军代号为 CR。分子结构式：

$$\text{C}_{13}\text{H}_9\text{NO}\ \text{(dibenz[b,f][1,4]oxazepine: two benzene rings bridged by –N=CH– and –O–)}$$

相对分子质量：195.21

（1）简史　CR 是在药物合成研究过程中发现的一种化合物，它是 20 世纪 70 年代初期，美军和英军联合发展的一种新的刺激剂。在现主要装备的四种刺激剂中是最新的一种刺激剂。因为 CR 有很强的刺激性，英国作了几年研究后移交美国进行全面评价，1973 年英国和美国于同年装备所属部队。

CR 的刺激性类似于 CS，其刺激作用广泛，对眼睛、皮肤的刺激作用比 CS 强烈而又不易产生实质性损伤，并且性质稳定，使用性好，容易合成。现已是多数国家装备的主要防暴装备和个人防身器材。

（2）物理性质　纯品 CR 是淡黄色的固体粉末，无臭味。CR 的熔点为 72℃。难溶于水，易溶于乙醇、丙酮、丙二醇、苯、二氯甲烷等有机溶剂。据报导，可配成 1%CR 的丙二醇、水(4∶1)溶液使用，该溶液为胶沫状，布洒时，具有覆盖性能好、受气象条件影响小的特点。

（3）化学性质　CR 的分子组成并不复杂，但却很有特色。它具有并合三环的结构，中间含有杂原子的是一个七元环，这是一个较为特殊的结构。

CR 的化学性质极为稳定，很难水解，在浓盐酸或 20%氢氧化钠中回流数小时仍不被破坏。CR 在水中具有刺激作用，可使水源染毒；乙醇钠可破坏 CR 的醚键，硫酸二甲酯使 CR 甲基化，即 —C═N— 键被破坏，生成物无毒，可用于消毒。

CR 的热稳定性和贮存稳定性都很好，可用热分散法使用。

（4）制备与销毁：

① 制备　CR 的分子结构较为特别，但它的合成较为简单。合成 CR 的路线有多种，通常比较常用的是下列合成路线。分 4 步反应：

第一步，由邻氯代硝基苯与苯酚缩合成邻硝基二苯醚。反应式如下：

$$\text{(2-}NO_2\text{-}C_6H_4\text{Cl)} + \text{HO-}C_6H_5 + KOH \xrightarrow{Cu} \text{(2-}NO_2\text{-}C_6H_4\text{-O-}C_6H_5\text{)} + KCl + H_2O$$

第二步，由邻硝基二苯醚还原制得邻氨基二苯醚。反应式如下：

$$\text{(2-}NO_2\text{-}C_6H_4\text{-O-}C_6H_5\text{)} + 3\ Zn + H_2O \longrightarrow \text{(2-}NH_2\text{-}C_6H_4\text{-O-}C_6H_5\text{)} + 3\ ZnO$$

第三步，将邻氨基二苯醚甲酰化得 2-甲酰氨基二苯醚。反应式如下：

$$\text{(2-}NH_2\text{-}C_6H_4\text{-O-}C_6H_5\text{)} + \text{H-C(=O)-OEt} \longrightarrow \text{(2-(NH-CHO)-}C_6H_4\text{-O-}C_6H_5\text{)} + EtOH$$

第四步，将 2-甲酰氨基二苯醚环化得 CR。反应式如下：

$$\text{(2-(NH-CHO)-}C_6H_4\text{-O-}C_6H_5\text{)} \xrightarrow[H_3PO_4]{POCl_3} \text{CR (N═CN, O bridged dibenzo ring)}$$

② 销毁　CR 可用焚烧炉直接高温销毁，销毁后的“三废”要经过处理达标后才能排放。对少量(公斤级)的 CR 的销毁处理，可参照对苯氯乙酮的处理。

5. 辣椒素

辣椒素是从辣椒中提取的天然化合物，在 1876 年首次从辣椒中分离出来的。在第一次世界大战期间，曾经有人建议将辣椒素用作军用刺激剂，但由于各种原因，并未在实战中得到应用，在后来的发展中也未得到真正的推广。第二次世界大战期间，辣椒素系列化合物又被重新提出来研究，后来由于战争的发展使这类化合物没能有机会出现在战争舞台上。根据目前的技术，大约 2kg 辣椒中只能提取 10g 辣椒素。

辣椒素是一种高效、无色的物质，具有十分强烈的刺激作用，即使在 10 万滴水中滴入几滴辣椒素，仍能使人感觉到它的辣味。辣椒素不易挥发，它的刺激效果只有与人的皮肤、黏膜(眼睛、鼻子、口腔)直接接触才能显现出来。一旦人员皮肤沾上了辣椒素，立刻就会出现灼烧感；如果眼睛接触到了辣椒素，就会出现灼痛、流泪、肿胀，视力暂时受损等症状；口鼻吸入了辣椒素，也会导致呼吸道内表面黏膜肿胀，引起咳嗽，使人呼吸不畅等。

辣椒素的刺激作用与苯氯乙酮、CS 等刺激剂相比较，辣椒素有着自己独特的刺激功能。尤其是在对付高度亢奋者、精神病人乃至吸毒与酗酒这类无痛感或忍痛能力较强的人员，使用苯氯乙酮和 CS 的效果就相对较差，这时就显现出辣椒素独特的刺激作用了。因为，辣椒素具有炎性作用，眼睛一旦沾染上了辣椒素，无论人员是否有痛苦感觉，都能使人员无法睁开眼睛。此时，纵然有“火眼金睛”也恐怕无济于事。

在目前，辣椒素已被许多国家执法机构和军方日益看好并迅速发展。1995 年在美国的联合盾牌行动中，海军陆战队还专门就这种新型的被称为“辣椒油树脂”的化学战剂进行了演示。随着人们对个人防护意识的提高和个人防护装备器材的快速发展，辣椒素将成为个人防身武器的新宠，迅速在世界范围内推广使用。

习题

1. 举例说明为什么说化学武器是贫国的原子弹？
2. 什么是化学毒剂，化学毒剂分为哪些种类？
3. 什么是二元化毒剂，化学毒剂的发展方向是什么？
4. 举例说明物理性质与化学毒剂毒性性能发挥的关系。
5. 举例说明含磷毒剂的前体制备方法。
6. 含磷毒剂的水解、热解反应特点是什么？
7. 目前应用于军事中的神经性毒剂有哪些？各有什么特点？
8. 目前重要的糜烂性毒剂有哪些，各有什么特点？
9. 失能性毒剂按照毒效发挥分成哪几类、目前主要应用于军事中的都有什么？
10. 化学毒剂的一般销毁方法有哪些？举例说明如何针对各种毒剂的化学性质选择合理的销毁途径。
11. 谈谈你对于化学毒剂在战争中应用的基本看法？

附　　录

附录 1　一些基本物理常数

物理量	符号	数值	物理量	符号	数值
真空中的光速	c	2.99792458×10^8 m/s	普朗克(Planck)常数	h	$6.6260755 \times 10^{-34}$ J/s
电子电荷	e	$1.60217733 \times 10^{-19}$ C	法拉第(Faraday)常数	F	9.6485309×10^4 C/mol
质子质量	m_p	$1.6726231 \times 10^{-27}$ kg	波尔兹曼(Boltzmann)常数	k	1.380658×10^{-23} J/K
电子质量	m_e	$9.1093897 \times 10^{-31}$ kg	原子质量单位	u	$1.6605402 \times 10^{-27}$ kg
摩尔气体常数	R	8.314510J/mol·K			
阿伏伽德罗(Avogadro)常数	N_A	6.0221367×10^{23} mol^{-1}			

附录 2　一些物质的标准生成焓、标准生成吉布斯自由能、标准熵(101.3kPa，298.15K)

物质	$\Delta_f H_m^\ominus$ /(kJ/mol)	$\Delta_f G_m^\ominus$ /(kJ/mol)	$S_m^\ominus$ /[J/(mol·K)]
Ag(s)	0	0	42.55
Ag^+(aq)	105.58	77.12	72.68
AgCl(s)	-127.068	-109.789	96.2
Ag_2O(s)	-31.05	-11.20	121.3
AgI(s)	-61.84	-66.19	115.5
AgBr(s)	-100.37	-96.9	107.1
AgF(s)	-204.6		
Al(s)	0	0	28.83
Al^{3+}(aq)	-531	-485	-322
$AlCl_3$(s)	-704.2	-628.8	110.67
Al_2O_3(α，刚玉)	-1675.7	-1582.3	50.92
B(s，β)	0	0	5.86
Ba(s)	0	0	62.8
Ba^{2+}(aq)	-537.64	-560.74	9.6
$BaCO_3$(s)	-1216	-1138	112
$BaSO_4$(s)	-1473	-1362	132
Br_2(l)	0	0	152.231
Br_2(g)	30.907	3.110	245.463
Br^-(aq)	-121.5	-104.0	82.4
HBr(g)	-36.40	-53.43	198.59

物质	$\Delta_f H_m^\ominus$ /(kJ/mol)	$\Delta_f G_m^\ominus$ /(kJ/mol)	$S_m^\ominus$ /[J/(mol·K)]
C(s，金刚石)	1.895	2.900	2.377
C(s，石墨)	0	0	5.740
$CO(g)$	−110.525	−137.168	197.674
$CO_2(g)$	−393.509	−394.359	213.74
$CO_3^{2-}(aq)$	−667.14	−527.90	−56.9
$HCO_3^-(aq)$	−691.99	−586.85	91.2
H_2CO_3(aq，非解离)	−699.65	−623.16	187
$Ca(s)$	0	0	41.42
$Ca^{2+}(aq)$	−542.83	−553.54	−53.1
$CaCO_3$(s，方解石)	−1206.92	−1128.79	92.9
$CaO(s)$	−635.09	−604.03	39.75
$Ca(OH)_2(s)$	−986.09	−898.49	83.39
$CaSO_4(s)$	−1432.70	−1320.30	106.7
$Cl_2(g)$	0	0	223.066
$Cl^-(aq)$	−167.16	−131.26	56.5
$HCl(g)$	−92.307	−95.299	186.908
$Co(s)$	0	0	30.04
$CoCl_2(s)$	−312.5	−269.8	109.16
$Cr(s)$	0	0	23.77
$Cr_2O_3(s)$	−1139.7	−1058.1	81.2
$Cr_2O_7^{2-}(aq)$	−1490	−1301	262
$CrO_4^-(aq)$	−881.2	−727.9	50.2
$Cu(s)$	0	0	33.15
$Cu_2^+(aq)$	64.77	65.22	−99.6
$CuO(s)$	−157.3	−129.7	42.63
$Cu_2O(s)$	−168.6	−146.0	93.14
$F_2(g)$	0	0	202.78
$F^-(aq)$	−332.6	−278.8	−14
$Fe(s)$	0	0	27.28
$Fe^{2+}(aq)$	−89.1	−78.87	−138
Fe^{3+}(aq)	−48.5	−4.6	−316
$FeO(s)$	−207	−244	59.4
Fe_2O_3(s，赤铁矿)	−824.2	−742.2	87.40
Fe_3O_4(s，磁铁矿)	−1118.4	−1015.4	146.4
$H_2(g)$	0	0	130.684
$H^+(aq)$	0	0	0
$H_3O^+(aq)$	−285.85	−237.19	69.96

续表

物质	$\Delta_f H_m^\ominus$ /(kJ/mol)	$\Delta_f G_m^\ominus$ /(kJ/mol)	$S_m^\ominus$ /[J/(mol·K)]
HF(g)	-271.2	-273.1	173.779
H_2O(g)	-241.818	-228.572	188.825
H_2O(l)	-285.830	-237.129	69.91
Hg(g)	61.317	31.820	174.96
Hg(l)	0	0	76.02
HgO(s，红)	-90.83	-58.539	70.29
I_2(g)	62.438	19.327	260.69
I_2(s)	0	0	116.135
I^-(aq)	-55.19	-51.59	111
K(s)	0	0	64.18
K^+(aq)	-252.4	-283.3	103
KCl(s)	-436.747	-409.14	82.59
$KClO_3$(s)	-397.7	-296.3	143
Mg(s)	0	0	32.68
Mg^{2+}(aq)	-466.85	-454.8	-138
$MgCl_2$(s)	-641.32	-591.79	89.62
MgO(s，方镁矿)	-601.70	-569.43	26.94
$Mg(OH)_2$(s)	-924.54	-833.58	63.18
$MgCO_3$(s，菱镁矿)	-1095.8	-1012.1	65.7
Mn(s，a)	0	0	32.01
Mn^{2+}(aq)	-220.7	-228.0	-73.6
MnO(s)	-385	-363	60.3
MnO_2(s)	-520.03	-465.18	53.05
MnO_4^-(aq)	-518.4	-425.1	189.9
N_2(g)	0	0	191.61
NH_3(g)	-46.11	-16.45	192.45
NH_4^+(aq)	-132.5	-79.37	113
NH_4Cl(s)	-315.4	-203.9	94.6
NO(g)	90.25	86.57	210.761
NO_2(g)	33.18	51.31	240.06
NO_3^-(aq)	-207.4	-111.3	146
Na(s)	0	0	51.21
Na^+(aq)	-240.2	-261.98	59.0
NaCl(s)	-411.153	-384.138	72.13
Na_2O(s)	-414.22	-375.46	75.06
Ni(s)	0	0	29.87
NiO(s)	-244	-216	38.6

续表

物质	$\Delta_f H_m^\ominus$ /(kJ/mol)	$\Delta_f G_m^\ominus$ /(kJ/mol)	$S_m^\ominus$ /[J/(mol·K)]
O_2(g)	0	0	205.138
O_3(g)	142.7	163.2	238.93
OH^-(aq)	-229.99	-157.29	-10.8
P(s，白色)	0	0	41.09
PCl_3(g)	-287	-268.0	311.7
PCl_5(s)	-443.5	—	—
Pb(s)	0	0	64.81
Pb^{2+}(aq)	-1.7	-24.4	10
$PbCl_2$(s)	-359.41	-314.10	136.0
PbO(s，黄)	-217.32	-187.89	68.70
S(s，斜方)	0	0	31.80
H_2S(g)	-20.6	-33.6	205.7
H_2S(aq)	-40	-27.9	121
HS^-(aq)	-17.7	12.0	63
S^{2-}(aq)	33.2	85.9	-14.6
SO_2(g)	-296.830	-300.194	248.22
SO_3(g)	-395.72	-371.06	256.76
Si(s)	0	0	18.83
SiO_2(s，石英)	-910.94	-856.64	41.84
SiF_4(g)	-1614.94	-1572.65	282.49
Ti(s)	0	0	30.63
TiO_2(s，锐钛矿)	-939.70	-884.5	49.92
TiO_2(s，金红矿)	-944.7	-889.5	50.33
Zn(s)	0	0	41.63
Zn^{2+}(aq)	-153.9	147.0	-112
ZnO(s)	-348.28	-318.30	43.64
CH_4(g)	-74.81	-50.72	186.264
C_2H_2(g)	226.73	209.20	200.94
C_2H_6(g)	-84.68	-32.82	229.20
C_2H_5OH(l)	-277.63	-174.8	161
CH_3OH(l)	-238.66	-166.27	126.80
CH_3COOH(aq，非离解)	-485.76	-396.6	179
CH_3COO^-(aq)	-486.01	-369.4	86.6

注：摘自 Wagman D. D，et al，《NBS 化学热力学性质表》，刘天和、赵梦月译，中国标准出版社 1998 年 6 月出版。

附录 3　一些物质的溶度积 $K_{sp}^{\ominus}$(25℃)

难溶电解质	$K_{sp}^{\ominus}$	难溶电解质	$K_{sp}^{\ominus}$
AgCl	1.77×10^{-10}	AgBr	5.35×10^{-13}
AgI	8.51×10^{-17}	Ag_2S	6.69×10^{-50}
Ag_2CrO_4	1.12×10^{-12}	Ag_2SO_4	1.20×10^{-5}
$Al(OH)_3$	2×10^{-33}	$BaCO_3$	2.58×10^{-9}
$BaSO_4$	1.07×10^{-10}	$BaCrO_4$	1.17×10^{-10}
$CaCO_3$	4.96×10^{-9}	CaC_2O_4	2.3×10^{-9}
CaF_2	1.46×10^{-10}	$Ca_3(PO_4)_2$	2.07×10^{-33}
CdS	1.40×10^{-29}	$Cd(OH)_2$	5.27×10^{-15}
CuS	1.27×10^{-36}	CuI	1.3×10^{-12}
$Fe(OH)_3$	2.64×10^{-39}	$Fe(OH)_2$	4.87×10^{-17}
FeS	1.59×10^{-19}	Hg_2I_2	5.2×10^{-29}
Hg_2Cl_2	1.4×10^{-18}	Hg_2Br_2	6.4×10^{-23}
$MgCO_3$	6.82×10^{-6}	$Mg(OH)_2$	5.61×10^{-12}
$Mn(OH)_2$	2.06×10^{-13}	MnS	2.5×10^{-13}
$PbCl_2$	1.17×10^{-5}	$PbCO_3$	1.46×10^{-13}
PbI_2	8.49×10^{-9}	$PbCrO_4$	2.8×10^{-13}
PbS	9.04×10^{-29}	$Pb(OH)_2$	1.4×10^{-15}
$Zn(OH)_2$	3×10^{-17}	ZnS	2.93×10^{-25}

附录 4　一些酸和碱的离解常数(298K)

弱电解质	分子式	级数	$K_a^{\ominus}$	pK_a	弱电解质	分子式	级数	$K_a^{\ominus}$	pK_a
砷酸	H_3AsO_4	1	6.0×10^{-3}	2.22	磷酸	H_3PO_4	1	6.92×10^{-3}	2.15
		2	1.73×10^{-7}	6.76			2	6.10×10^{-8}	7.20
亚砷酸	$HAsO_2$		5.13×10^{-10}	9.28			3	4.79×10^{-13}	12.34
硼酸	H_3BO_3	1	5.81×10^{-10}	9.24	亚磷酸	H_3PO_3		3.72×10^{-2}	1.43
溴酸	$HBrO_3$		1.0×10^{-3}	1.02				2.09×10^{-7}	6.68
碳酸	H_2CO_3	1	4.46×10^{-7}	6.35	焦磷酸	$H_4P_2O_7$	1	1.23×10^{-1}	0.91
		2	4.68×10^{-11}	10.33			2	7.94×10^{-3}	2.10
氰酸	HCNO		3.47×10^{-4}	3.46			3	1.99×10^{-7}	6.70
氢氰酸	HCN		6.17×10^{-10}	9.21			4	4.47×10^{-10}	9.35
氢氟酸	HF		6.31×10^{-4}	3.20	硒酸	H_2SeO_4	2	2.19×10^{-2}	1.66
过氧化氢	H_2O_2		2.40×10^{-12}	11.64	亚硒酸	H_2SeO_3	1	2.40×10^{-3}	2.62
硒化氢	H_2Se	1	1.29×10^{-4}	3.89			2	5.01×10^{-9}	8.30
		2	1.00×10^{-11}	11.0	硅酸	H_4SiO_4	1	2.51×10^{-10}	9.60
硫化氢	H_2S	1	1.07×10^{-7}	6.97			2	1.55×10^{-12}	11.81
		2	1.26×10^{-13}	12.90	硫酸	H_2SO_4	2	1.0×10^{-2}	2.00
次溴酸	HBrO		2.82×10^{-9}	8.55	亚硫酸	H_2SO_3	1	1.29×10^{-2}	1.89
次氯酸	HClO		2.90×10^{-8}	7.537			2	6.17×10^{-8}	7.21
次碘酸	HIO		3.16×10^{-11}	10.55	碲酸	H_6TeO_6	1	2.19×10^{-8}	7.66
碘酸	HIO_3		1.58×10^{-1}	0.80			2	9.77×10^{-12}	11.01
亚硝酸	HNO_2		7.24×10^{-4}	3.14	亚碲酸	H_2TeO_3	1	5.4×10^{-7}	6.27
高碘酸	HIO_4		2.29×10^{-2}	1.64			2	3.0×10^{-9}	8.43
甲酸	HCOOH		1.78×10^{-4}	3.75	四氟硼酸	HBF_4		3.2×10^{-1}	0.50
乙酸	HAc		1.75×10^{-5}	4.756	柠檬酸	$C_6H_8O_7$		1.74×10^{-5}	4.76
草酸	$H_2C_2O_4$	1	5.37×10^{-2}	1.27	苯酚	C_6H_5OH		1.02×10^{-10}	9.99
		2	5.37×10^{-5}	4.27	氨	NH_3		5.6×10^{-10}	9.25
硫氰酸	HSCN		6.31×10^{1}	-1.80	乙胺	$C_2H_5NH_2$		2.34×10^{-11}	10.63

附录 5　标准电极电势(298.15K)

(1) 酸性溶液中的标准电极电势(水溶液，298K)

元　素	电　极　反　应	$E^{\ominus}$/V
	氧化态+$ne^-\rightleftharpoons$还原态	
Ag	$Ag^++e^-\rightleftharpoons Ag$	+0.7996
	$AgBr+e^-\rightleftharpoons Ag+Br^-$	+0.07133
	$AgCl+e^-\rightleftharpoons Ag+Cr^-$	+0.22233
Al	$Al^{3+}+3e^-\rightleftharpoons Al$	−1.662
As	$HAsO_2+3H^++3e^-\rightleftharpoons As+2H_2O$	+0.248
	$H_3AsO_4+2H^++2e^-\rightleftharpoons HAsO_2+2H_2O$	+0.560
Au	$Au^++e^-\rightleftharpoons Au$	+1.692
	$Au^{3+}+2e^-\rightleftharpoons Au^+$	+1.401
	$Au^{3+}+3e^-\rightleftharpoons Au$	+1.498
Ba	$Ba^{2+}+2e^-\rightleftharpoons Ba$	−2.912
Be	$Be^{2+}+2e^-\rightleftharpoons Be$	−1.847
Br	$Br_2+2e^-\rightleftharpoons 2Br^-$	+1.066
	$BrO_3^-+6H^++5e^-\rightleftharpoons \frac{1}{2}Br_2(l)+3H_2O$	+1.482
C	C(石墨)$+4H^++4e^-\rightleftharpoons CH_4(g)$	+0.1316
	$C_2H_2(g)+2H^++2e^-\rightleftharpoons C_2H_4(g)$	+0.731
	$CO_2(g)+2H^++2e^-\rightleftharpoons HCOOH(aq)$	−0.199
Ca	$Ca^{2+}+2e^-\rightleftharpoons Ca$	−2.868
Cd	$Cd^{2+}+2e^-\rightleftharpoons Cd$	−0.4030
Cl	$Cl_2(g)+2e^-\rightleftharpoons 2Cl^-$	+1.35827
	$ClO_3^-+6H^++5e^-\rightleftharpoons \frac{1}{2}Cl_2+3H_2O$	+1.47
	$ClO_3^-+6H^++6e^-\rightleftharpoons Cl^-+3H_2O$	+1.451
	$ClO_4^-+8H^++7e^-\rightleftharpoons \frac{1}{2}Cl_2+4H_2O$	+1.39
	$HClO+H^++e^-\rightleftharpoons \frac{1}{2}Cl_2+H_2O$	+1.611
	$HClO_2+2H^++2e^-\rightleftharpoons HClO+H_2O$	+1.645
Co	$Co^{2+}+2e^-\rightleftharpoons Co$	−0.28
	$Co^{3+}+e^-\rightleftharpoons Co^{2+}$	+1.83
Cr	$Cr_2O_7^{2-}+14H^++6e^-\rightleftharpoons 2Cr^{3+}+7H_2O$	+1.232
	$Cr^{3+}+3e^-\rightleftharpoons Cr$	−0.744
Cs	$Cs^++e^-\rightleftharpoons Cs$	−2.92
Cu	$Cu^++e^-\rightleftharpoons Cu$	+0.522
	$Cu^{2+}+e^-\rightleftharpoons Cu^+$	+0.153
	$Cu^{2+}+2e^-\rightleftharpoons Cu$	+0.3419
F	$F_2(g)+2e^-\rightleftharpoons 2F^-$	+2.866
	$F_2(g)+2H^++2e^-\rightleftharpoons 2HF$	+3.053

续表

元　素	电　极　反　应	$E^{\ominus}/V$
Fe	$Fe^{2+}+2e^- \rightleftharpoons Fe$	-0.447
	$Fe^{3+}+3e^- \rightleftharpoons Fe$	-0.037
	$Fe^{3+}+e^- \rightleftharpoons Fe^{2+}$	+0.771
Ga	$Ga^{3+}+3e^- \rightleftharpoons Ga$	-0.560
H	$2H^++2e^- \rightleftharpoons H_2$	0.0000
Hg	$Hg^{2+}+2e^- \rightleftharpoons 2Hg$	+0.851
	$Hg_2^{2+}+2e^- \rightleftharpoons 2Hg$	+0.7973
	$Hg_2Cl_2+2e^- \rightleftharpoons 2Hg+2Cl^-$	+0.26808
I	$I_2+2e^- \rightleftharpoons 2I^-$	+0.5355
	$IO_3^-+6H^++5e^- \rightleftharpoons 1/2I_2+3H_2O$	+1.195
In	$In^{3+}+3e^- \rightleftharpoons In$	-0.3382
K	$K^++e^- \rightleftharpoons K$	-2.931
La	$La^{3+}+3e^- \rightleftharpoons La$	-2.522
Li	$Li^++e^- \rightleftharpoons Li$	-3.0401
Mg	$Mg^{2+}+2e^- \rightleftharpoons Mg$	-2.372
Mn	$Mn^{2+}+2e^- \rightleftharpoons Mn$	-1.185
	$MnO_4+e^- \rightleftharpoons MnO_4^{2+}$	+0.558
	$MnO_2+4H^++2e^- \rightleftharpoons Mn^{2+}+2H_2O$	+1.224
	$MnO_4^-+4H^++3e^- \rightleftharpoons MnO_2(s)+2H_2O$	+1.679
	$MnO_4^-+8H^++5e^- \rightleftharpoons Mn^{2+}+H_2O$	+1.507
N	$HNO_2+H^++e^- \rightleftharpoons NO+H_2O$	+0.983
	$NO_3^-+2H^++e^- \rightleftharpoons NO_2+H_2O$	+0.80
	$NO_3^-+3H^++2e^- \rightleftharpoons HNO_2+2H_2O$	+0.934
	$NO_3^-+4H^++3e^- \rightleftharpoons NO+2H_2O$	+0.957
Na	$Na^++e^- \rightleftharpoons Na$	-2.71
Ni	$Ni^{2+}+2e^- \rightleftharpoons Ni$	-0.257
O	$H_2O_2+2H^++2e^- \rightleftharpoons 2H_2O$	+1.776
	$O_2+2H^++2e^- \rightleftharpoons H_2O_2$	+0.695
	$O_2(g)+4H^++4e^- \rightleftharpoons 2H_2O(l)$	+1.229
Pb	$Pb^{2+}+2e^- \rightleftharpoons Pb$	-0.1262
	$PbO_2+SO_4^{2-}+4H^++2e^- \rightleftharpoons PbSO_4+2H_2O$	+0.16913
	$PbO_2+4H^++2e^- \rightleftharpoons Pb^{2+}+2H_2O$	+1.455
	$PbSO_4+2e^- \rightleftharpoons Pb+SO_4^{2-}$	-0.3588
S	$H_2SO_3+4H^++4e^- \rightleftharpoons S+3H_2O$	+0.449
	$S_2O_8^{2-}+2e^- \rightleftharpoons 2SO_4^{2-}$	+2.010
	$SO_3^{2-}+6H^++4e^- \rightleftharpoons S+3H_2O$	+0.3572
	$SO_4^{2-}+4H^++2e^- \rightleftharpoons SO_2+2H_2O$	+0.17
	$SO_4^{2-}+4H^++2e^- \rightleftharpoons S_2O_6^{2-}+2H_2O$	-0.22

续表

元素	电极反应	$E^{\ominus}/V$
Sn	$Sn^{2+}+2e^- \rightleftharpoons Sn$	-0.1375
	$Sn^{4+}+2e^- \rightleftharpoons Sn^{2+}$	+0.151
Sr	$Sr^{2+}+2e^- \rightleftharpoons Sr$	-2.89
Tl	$Tl^{+}+e^- \rightleftharpoons Tl$	-0.336
V	$V(OH)_4^{+}+4H^{+}+5e^- \rightleftharpoons V+4H_2O$	-0.254
	$VO^{2+}+2H^{+}+e^- \rightleftharpoons V^{3+}+H_2O$	+0.337
	$V(OH)_4^{+}+2H^{+}+e- \rightleftharpoons VO^{2+}+3H_2O$	+1.00
Zn	$Zn^{2+}+e^- \rightleftharpoons Zn$	-0.7618
Zr	$Zr^{4+}+4e^- \rightleftharpoons Zr$	-1.53

（2）碱性溶液中的标准电极电势(水溶液，298K)

元素	电极反应	$E^{\ominus}/V$
	氧化态$+ne^- \rightleftharpoons$还原态	
Ag	$Ag_2O+H_2O+2e^- \rightleftharpoons 2Ag+2OH^-$	+0.342
Al	$H_2AlO_3^-+H_2O+3e^- \rightleftharpoons Al+4OH^-$	-2.33
As	$AsO_4^{3-}+2H_2O+2e^- \rightleftharpoons AsO_2^-+4OH^-$	-0.71
Br	$BrO_3^-+3H_2O+6e^- \rightleftharpoons Br^-+6OH^-$	+0.61
Cl	$ClO_3^-+H_2O+2e^- \rightleftharpoons ClO_2^-+2OH^-$	+0.33
	$ClO_4^-+H_2O+2e^- \rightleftharpoons ClO_3^-+2OH^-$	+0.36
	$ClO_4^-+8H^{+}+7e^- \rightleftharpoons \frac{1}{2}Cl_2+4H_2O$	+1.39
	$ClO^-+H_2O+2e^- \rightleftharpoons Cl^-+2OH^-$	+0.81
	$ClO_2^-+H_2O+2e^- \rightleftharpoons ClO^-+2OH^-$	+0.66
Co	$CO(OH)_2+2e^- \rightleftharpoons Co+2OH^-$	-0.73
	$Co(NH_3)_6^{3+}+e^- \rightleftharpoons Co(NH_3)_6^{2+}$	+0.108
	$Co(OH)_3+e^- \rightleftharpoons Co(OH)_3+OH^-$	+0.17
Cr	$CrO_4^{2-}+4H_2O+3e^- \rightleftharpoons Cr(OH)_3+5OH^-$	-0.13
	$Cr(OH)_3+3e^- \rightleftharpoons Cr+3OH^-$	-1.48
Cu	$Cu_2O+H_2O+2e^- \rightleftharpoons 2Cu+2OH^-$	-0.360
Fe	$Fe(OH)_3+e^- \rightleftharpoons Fe(OH)_2+OH^-$	-0.56
H	$2H_2O+2e^- \rightleftharpoons H_2+2OH^-$	-0.8277
Hg	$HgO+H_2O+2e^- \rightleftharpoons Hg+2OH^-$	+0.0977
I	$IO_3^-+3H_2O+6e^- \rightleftharpoons I^-+6OH^-$	+0.26
	$IO^-+H_2O+2e^- \rightleftharpoons I^-+2OH^-$	+0.485
Mg	$Mg(OH)_2+2e^- \rightleftharpoons Mg+2OH^-$	-2.690
Mn	$Mn(OH)_2+2e^- \rightleftharpoons Mn+2OH^-$	-1.56
	$MnO_4^-+2H_2O+3e^- \rightleftharpoons MnO_2+4OH^-$	+0.595
	$MnO_4^{2-}+2H_2O+2e^- \rightleftharpoons MnO_2+4OH^-$	+0.60

续表

元素	电极反应	$E^{\ominus}$/V
N	$NO_3^- + H_2O + 2e^- \rightleftharpoons NO_2^- + 2OH^-$	+0.01
O	$O_2 + 2H_2O + 4e^- \rightleftharpoons 4OH^-$	+0.401
S	$S_4O_6^{2-} + 2e^- \rightleftharpoons 2S_2O_3^{2-}$	+0.08
	$2SO_3^{2-} + 3H_2O + 4e^- \rightleftharpoons S_2O_3^{2-} + 6OH^-$	−0.571
	$SO_4^{2-} + H_2O + 2e^- \rightleftharpoons SO_3^{2-} + 2OH^-$	−0.93
Sn	$Sn(OH)_6^{2+} + 2e^- \rightleftharpoons HSnO^{2-} + H_2O + 3OH^-$	−0.93
	$HSnO^{2-} + H_2O + 2e^- \rightleftharpoons Sn + 2OH^-$	−0.909

附录6 一些配离子的稳定常数 $K_{稳}$ 和不稳定常数 $K_{离}$

配离子	$K_{稳}$	$\lg K_{稳}$	$K_{离}$	$\lg K_{离}$
$[AgBr_2]^-$	2.14×10^{7}	7.33	4.67×10^{-8}	−7.33
$[Ag(CN)_2]^-$	1.26×10^{21}	21.1	7.94×10^{-22}	−21.1
$[AgCl_2]^-$	1.10×10^{5}	5.04	9.09×10^{-6}	−5.04
$[AgI_2]^-$	5.5×10^{11}	11.74	1.82×10^{-12}	−11.74
$[Ag(NH_3)_2]^+$	1.12×10^{7}	7.05	8.93×10^{-8}	−7.05
$[Ag(S_2O_3)_2]^{3-}$	2.89×10^{13}	13.46	3.46×10^{-14}	−13.46
$[Co(NH_3)_6]^{2+}$	1.29×10^{5}	5.11	7.75×10^{-6}	−5.11
$[Cu(CN)_2]^-$	1×10^{24}	24.0	1×10^{-24}	−24.0
$[Cu(NH_3)_2]^+$	7.24×10^{10}	10.86	1.38×10^{-11}	−10.86
$[Cu(NH_3)_4]^{2+}$	2.09×10^{13}	13.32	4.78×10^{-14}	−13.32
$[Cu(P_2O_7)_2]^{6-}$	1×10^{9}	9.0	1×10^{-9}	−9.0
$[Cu(SCN)_2]^-$	1.52×10^{5}	5.18	6.58×10^{-6}	−5.18
$[Fe(CN)_6]^{3-}$	1×10^{42}	42.0	1×10^{-42}	−42.0
$[HgBr_4]^{2-}$	1×10^{21}	21.0	1×10^{-21}	−21.0
$[Hg(CN)_4]^{2-}$	2.51×10^{41}	41.4	3.98×10^{-42}	−41.4
$[HgCl_4]^{2-}$	1.17×10^{15}	15.07	8.55×10^{-16}	−15.07
$[HgI_4]^{2-}$	6.76×10^{29}	29.83	1.48×10^{-30}	−29.83
$[Ni(NH_3)_6]^{2+}$	5.50×10^{8}	8.74	1.82×10^{-9}	−8.74
$[Ni(en)_3]^{2+}$	2.14×10^{18}	18.33	4.67×10^{-19}	−18.33
$[Zn(CN)_4]^{2-}$	5.0×10^{16}	16.7	2.0×10^{-17}	−16.7
$[Zn(NH_3)_4]^{2+}$	2.87×10^{9}	9.46	3.48×10^{-10}	−9.46
$[Zn(en)_2]^{2+}$	6.76×10^{10}	10.83	1.48×10^{-11}	−10.83

参 考 文 献

[1] 郭永等．普通化学[M]．南京：南京大学出版社，2002.

[2] 李梅君，陈娅如．普通化学[M]．上海：华东理工大学出版社，2001.

[3] 罗志刚．普通化学[M]．广州：华南理工大学出版社，2000.

[4] 任丽萍．普通化学[M]．北京：高等教育出版社，2006.

[5] 周公度，段连运．结构化学基础(第2版)[M]．北京：北京大学出版社，1995年．

[6] 东北师范大学，华东师范大学，西北师范大学．结构化学[M]．北京：高等教育出版社，2003.

[7] 马树人．结构化学[M]．北京：化学工业出版社，2001.

[8] 张运法．价键理论教学策略[J]．广州化工，2010，3：229.

[9] 程学礼．浅谈鲍林的科学成就和创新方法[J]．泰山学院学报，2011，6(33)：141.

[10] 苏金昌．关于中心原子杂化轨道数的计算方法[J]．大学化学，2011，3(26)：91.

[11] 蔡炳新，王玉枝，汪秋安主编．化学与人类社会[M]．长沙：湖南大学出版社，2005.

[12] 杨秋华，曲建强编著．大学化学(第3版)[M]．天津：天津大学出版社，2009.

[13] 唐有祺，王夔主编．化学与社会[M]．北京：高等教育出版社，1997.

[14] 康立娟，朴凤玉主编．普通化学[M]．北京：高等教育出版社，2005.

[15] 张瑾，戴猷元主编．环境化学导论[M]．北京：化学工业出版社，2008.

[16] 林肇信等主编．环境保护概论(第2版)[M]．北京：高等教育出版社，1999.

[17] 周生贤等主编．生态文明建设与可持续发展[M]．北京：人民出版社：党建读物出版社，2011.

[18] 江棂主编．工科化学[M]．北京：化学工业出版社，2003.

[19] [美]R. 布里斯罗著，等译．化学的今天和明天[M]．北京：科学出版社，1998.

[20] 浙江大学普通化学教研组．普通化学(第五版)[M]．北京：高等教育出版社，2002.

[21] 华彤文，陈景祖．普通化学原理(第三版)[M]．北京：北京大学出版社，2007.

[22] 周天泽．现代生活化学[M]．北京：首都师范大学出版社，1997.

[23] 吴旦．化学与现代社会[M]．北京：科学出版社，2003.

[24] 崔建华．基础化学[M]．北京：中国医药科技大学出版社，2006.

[25] 魏世强．环境化学[M]．北京：中国农业出版社，2006.

[26] 中国科学技术协会主编．现代高技术丛书——新能源[M]．上海：上海科学技术出版社，1994.

[27] 李梅君，陈娅如．普通化学[M]．上海：华东理工大学出版社，2001.

[28] 王强，杨清镇．化学武器与战争[M]．北京：国防工业出版社，1997.

[29] 肖占中，宋效军．新概念核、生、化武器与网络战[M]．北京：海潮出版社，2003.

[30] 刘天和，赵梦月，译．Wagman D D. NBS 热化学性质表[M]．北京：中国标准出版社，1998.

[31] 尚久方　译．迪安 J A. 兰氏化学手册[M]．北京：科学出版社，1991.

[32] Skoog D A，Holler F J，Crouch S R. Principles of Instrumental Analysis. 6th ed. Pacific Grove：Brooks/Cole Pub Co，2006.

[33] Danil N，Dybtsev. Angew Chen In Ed，2004，(43)：5033.